『十二五』國家重點圖書出版規劃項目
二〇一一—二〇二〇年國家古籍整理出版規劃項目
國家古籍整理出版專項經費資助項目

中國古農書集粹

王思明——主編

鳳凰出版社

ISBN 978-7-5506-4075-7

圖書在版編目（ＣＩＰ）數據

授時通考 / （清）鄂爾泰等撰. -- 南京 : 鳳凰出版社, 2024.5
（中國古農書集粹 / 王思明主編）
ISBN 978-7-5506-4075-7

Ⅰ. ①授… Ⅱ. ①鄂… Ⅲ. ①農學－中國－清代 Ⅳ. ①S-092.49

中國國家版本館CIP數據核字(2024)第042339號

書名	授時通考
著者	(清)鄂爾泰 等
主編	王思明
責任編輯	孫 州
裝幀設計	姜 嵩
責任監製	程明嬌
出版發行	鳳凰出版社(原江蘇古籍出版社) 發行部電話025-83223462
出版社地址	江蘇省南京市中央路165號,郵編:210009
印刷	常州市金壇古籍印刷廠有限公司 江蘇省金壇市晨風路186號,郵編:213200
開本	889毫米×1194毫米 1/16
印張	54
版次	2024年5月第1版
印次	2024年5月第1次印刷
標準書號	ISBN 978-7-5506-4075-7
定價	540.00圓(全二册)

(本書凡印裝錯誤可向承印廠調換,電話:0519-82338389)

《中國古農書集粹》編委會

序

中國是世界農業的重要起源地之一，農耕文化有着上萬年的歷史，在農業方面的發明創造舉世矚目。中國幾千年的傳統文明本質上就是農業文明。農業是國民經濟中不可替代的重要的物質生産部門，在傳統社會中一直是支柱産業。農業的自然再生産與經濟再生産曾奠定了中華文明的物質基礎。在漫長的歷史進程中，中華農業文明孕育出南方水田農業文化與北方旱作農業文化、漢民族與其他少數民族農業文化等不同的發展模式。無論是哪種模式，都是人與環境協調發展的路徑選擇。中國之所以能够在十九世紀以前的一兩千年中，長期保持着世界領先的地位，就在於中國農民能够根據不斷變化的人口狀況以及自然、經濟環境作出正確的判斷和明智的選擇。

中國農業文化遺産十分豐富，包括思想、技術、生産方式以及農業遺存等。在傳統農業生産過程中，形成了以尊重自然、順應自然，天、地、人『三才』協調發展的農學指導思想；形成了以種植業爲主，種植業和養殖業相互依存、相互促進的多樣化經營格局；凸顯了『寧可少好，不可多惡』的農業經營策略和精耕細作的技術特點；蘊含了『地可使肥，又可使棘』『地力常新壯』的辯證土壤耕作理論；總結了輪作復種、間作套種和多熟種植的技術經驗；形成了北方旱地保墒栽培與南方合理管水用水相結合的農業生産模式。與世界其他國家或民族的傳統農業以及現代農學相比，中國傳統農業自身的特色明顯，既有成熟的農學理論，又有獨特的技術體系。

世代相傳的農業生產智慧與技術精華，經過一代又一代農學家的總結提高，涌現了數量龐大、種類繁多的農書。《中國農業古籍目錄》收錄存目農書十七大類，二千零八十四種。閔宗殿等學者在此基礎上又根據江蘇、浙江、安徽、江西、福建、四川、臺灣、上海等省市的地方志，整理出明清時期二百三十六種『新書目』。〔一〕隨着時間的推移和學者的進一步深入研究，還將會有不少沉睡在古籍中的農書被不斷地揭示出來。作爲中華農業文明的重要載體，這些古農書總結了不同歷史時期中國農業經營理念和傳統農業科技的精華，是人類寶貴的文化財富。

中國古代農書豐富多彩、源遠流長，反映了中國農業科學技術的起源、發展、演變與轉型的歷史進程與發展規律，折射出中華農業文明發展的曲折而漫長的發展歷程。這些農書中包含了豐富的農業實用技術、農業經濟智慧、農村社會發展思想等，覆蓋了農、林、牧、漁、副等諸多方面，廣泛涉及傳統社會中農業生產、農村社會、農民生活等主要領域，還記述了許許多多關於生物學、土壤學、氣候學、地理學、水利工程等自然科學原理。存世豐富的中國古農書，不僅指導了我國古代農業生產與農村社會的發展，也包含了許多當今經濟社會發展中所迫切需要解決的問題——生態保護、可持續發展、農村建設、鄉村振興等思想和理念。

作爲中國傳統農業智慧的結晶，中國古農書通過各種途徑傳播到世界各地，對世界農業文明産生了深遠影響，例如《齊民要術》在唐代已傳入日本。被譽爲『宋本中之冠』的北宋天聖年間崇文院本《齊民要術》被日本視爲『國寶』，珍藏在京都博物館。而以《齊民要術》爲对象的研究被稱爲日本『賈學』。江户時代的宫崎安貞曾依照《農政全書》的體系、格局，撰寫了適合日本國情的《農業全書》十

〔一〕閔宗殿《明清農書待訪錄》，《中國科技史料》二〇〇三年第四期。

卷，成爲日本近世時期最有代表性、最系統、水準最高的農書，被稱爲『人世間一日不可或缺之書』。據不完全統計，受《農政全書》或《農業全書》影響的日本農書達四十六部之多。〔一〕中國古農書直接或間接地推動了當時整個日本農業技術的發展，提升了農業生產力。

朝鮮在新羅時期就可能已經引進了《齊民要術》。〔二〕高麗宣宗八年（一〇九一）李資義出使中國，宋哲宗（一〇八六—一一〇〇）要求他在高麗覆刊的書籍目錄裏有《氾勝之書》。高麗後期的一三四九年與一三七二年，曾兩次刊印《元朝正本農桑輯要》。朝鮮太宗年間（一三六七—一四二二），學者從《農桑輯要》中抄錄養蠶部分，譯成《養蠶經驗撮要》，摘取《農桑輯要》中穀和麻的部分譯成吏讀，並以此爲底本刊印了《農書輯要》。朝鮮的《閒情錄》以《陶朱公致富奇書》爲基礎出版，《農政會要》則主要引自《授時通考》。《農家集成》《農事直説》以及姜希孟的《四時纂要》主要根據王禎《農書》等多部中國古農書編成。據不完全統計，目前韓國各文教單位收藏中國農業古籍四十種，〔三〕包括《齊民要術》《農政全書》《授時通考》《御製耕織圖》《江南催耕課稻編》《廣群芳譜》《農桑輯要》等。

中國古農書還通過絲綢之路傳播至歐洲各國。《農政全書》至遲在十八世紀傳入歐洲，一七三五年法國杜赫德（Jean-Baptiste Du Halde）主編的《中華帝國及華屬韃靼全志》卷二摘譯了《農政全書》卷三十一至卷三十九的《蠶桑》部分。至遲在十九世紀末，《齊民要術》已傳到歐洲。達爾文的《物種起源》和《動物和植物在家養下的變異》援引《中國紀要》中的有關事例佐證其進化論，達爾文在談到人

〔一〕韓興勇《〈農政全書〉在近世日本的影響和傳播——中日農書的比較研究》，《農業考古》二〇〇三年第一期。
〔二〕［韓］崔德卿《韓國的農書與農業技術——以朝鮮時代的農書和農法爲中心》，《中國農史》二〇〇一年第四期。
〔三〕王華夫《韓國收藏中國農業古籍概況》，《農業考古》二〇一〇年第一期。

工選擇時説：『如果以爲這種原理是近代的發現，就未免與事實相差太遠。……在一部古代的中國百科全書中，已有關於選擇原理的明確記述。』[一]而《中國紀要》中有關家畜人工選擇的内容主要來自《齊民要術》。[二]中國古農書間接地爲生物進化論提供了科學依據。英國著名學者李約瑟（Joseph Needham）編著的《中國科學技術史》第六卷『生物學與農學』分册以《齊民要術》爲重要材料，説它『即使在世界範圍内也是卓越的、傑出的、系統完整的農業科學理論與實踐的巨著』。[三]

世界上許多國家都收藏有中國古農書，如大英博物館、巴黎國家圖書館、柏林圖書館、聖彼得堡（列寧格勒）圖書館、美國國會圖書館、哈佛大學燕京圖書館、日本内閣文庫、東洋文庫等，大多珍藏有《齊民要術》《茶經》《農桑輯要》《農書》《農政全書》《授時通考》《花鏡》《植物名實圖考》等早期刻本。不少中國著名古農書還被翻譯成外文出版，如《齊民要術》有日文譯本（缺第十章），《天工開物》與《茶經》有英、日譯本，《農政全書》《授時通考》《群芳譜》的個别章節已被譯成英、法、俄等文字，《元亨療馬集》有德、法文節譯本。法蘭西學院的斯坦尼斯拉斯·儒蓮（一七九九—一八七三）翻譯的法文版《蠶桑輯要》廣爲流行，並被譯成英、德、意、俄等多種文字。顯然，中國古農書已經是全世界人民的共同財富，也是世界了解中國的重要媒介之一。

近代以來，有不少學者在古農書的搜求與整理出版方面做了大量工作。晚清務農會於光緒二十三年（一八九七）鉛印《農學叢刻》，但是收書的規模不大，僅刊古農書二十三種。一九二〇年，金陵大學在

〔一〕[英]達爾文《物種起源》，謝蘊貞譯。科學出版社，一九七二年，第二十四—二十五頁。

〔二〕《中國紀要》即十八世紀在歐洲廣爲流行的全面介紹中國的法文著作《北京耶穌會士關於中國人歷史、科學、技術、風俗、習慣等紀要》。一七八〇年出版的第五卷介紹了《齊民要術》，一七八六年出版的第十一卷介紹了《齊民要術》中的養羊技術。

〔三〕轉引自繆啓愉《試論傳統農業與農業現代化》，《傳統文化與現代化》一九九三年第一期。

全國率先建立了農業歷史文獻的專門研究機構，在萬國鼎先生的引領下，開始了系統收集和整理中國古代農業歷史文獻的研究工作，着手編纂《先農集成》，從浩如煙海的農業古籍文獻資料中，搜集整理了三千七百多萬字的農史資料，後被分類輯成《中國農史資料》四百五十六册，是巨大的開創性工作。

民國期間，影印興起之初，《齊民要術》、王禎《農書》、《農政全書》等代表性古農學著作均有石印本或影印本。一九四九年以後，爲了保存農書珍籍，曾影印了一批國内孤本或海外回流的古農書珍本，如中華書局上海編輯所分別在《中國古代科技圖録叢編》和《中國古代版畫叢刊》的總名下，影印了《天工開物》（崇禎十年本）、《便民圖纂》（萬曆本）、《救荒本草》（嘉靖四年本）、《授衣廣訓》（嘉慶原刻本）等。上海圖書館影印了元刻大字本《農桑輯要》（孤本）。一九八二年至一九八三年，農業出版社以《中國農學珍本叢書》之名，先後影印了《全芳備祖》（日藏宋刻本），《金薯傳習録、種薯譜合刊》（前者刊本僅存福建圖書館，後者朝鮮徐有榘以漢文編寫，内存徐光啓《甘薯蔬》全文），以及《新刻注釋馬牛駝經大全集》（孤本）等。

古農書的輯佚、校勘、注釋等整理成果顯著。萬國鼎、石聲漢先生都曾對《四民月令》《氾勝之書》等進行了輯佚、整理與深入研究。到二十世紀末，具有代表性的古農書基本得到了整理，如夏緯瑛的《管子地員篇校釋》和《呂氏春秋上農等四篇校釋》，石聲漢的《齊民要術今釋》《農桑輯要校注》《農政全書校注》等，繆啓愉的《齊民要術校釋》和《四時纂要》，王毓瑚的《農桑衣食撮要》，馬宗申的《授時通考校注》等。特別是農業出版社自二十世紀五十年代一直持續到八十年代末的《中國農書叢刊》，先後出版古農書整理著作五十餘部，涉及範圍廣泛，既包括綜合性農書，也收録不少畜牧、蠶桑、水利等專業性農書。此外，中華書局、上海古籍出版社等也有相應的古農書整理著作出版。

一些有識之士還致力於古農書的編目工作。一九二四年，金陵大學毛邕、萬國鼎編著了最早的農書簡目《中國農書目錄彙編》，存佚兼收，薈萃七十餘種古農書。但因受時代和技術手段的限制，規模較小。一九四九年以後，古農書的編目、典藏等得以系統進行。一九五七年，王毓瑚的《中國農學書錄》出版（一九六四年增訂），含英咀華，精心考辨，共收農書五百多種。一九五九年，北京圖書館據全國二十五個圖書館的古農書書目彙編成《中國古農書聯合目錄》，收錄古農書及相關整理研究著作六百餘種。一九九〇年，中國農業歷史學會和中國農業博物館據各農史單位和各大圖書館所藏農書彙編成《農業古籍聯合目錄》，收書較此前更加豐富。二〇〇三年，張芳、王思明的《中國農業古籍目錄》收錄了古農書存目二千零八十四種。經過幾代人的艱辛努力，中國古農書的規模已基本摸清。上述基礎性工作爲古農書的搜求、彙集、出版奠定了堅實的基礎。

目前，以各種形式出版的中國古農書的數量和種類已經不少，具有代表性的重要農書還被反復出版。但是，仍有不少農書尚存於各館藏單位，一些孤本、珍本急待搶救出版。部分大型叢書已經注意到古農書的彙集與影印，《續修四庫全書》『子部農家類』收錄農書六十七部，《中國科學技術典籍通匯》『農學卷』影印農書四十三種。相對於存量巨大的古代農書而言，上述影印規模還十分有限。可喜的是，在鳳凰出版社和中華農業文明研究院的共同努力下，《中國古農書集粹》被列入《二〇一一—二〇二〇年國家古籍整理出版規劃》。本《集粹》是一個涉及目錄、版本、館藏、出版的系統工程，工作於二〇一二年啓動，經過近八年的醞釀與準備，影印出版在即。《集粹》原計劃收錄農書一百七十七部，後根據時代的變化以及各農書的自身價值情況，幾易其稿，最終決定收錄代表性農書一百五十二部。《中國古農書集粹》填補了目前中國農業文獻集成方面的空白。本《集粹》所收錄的農書，歷史跨度時間長，從先秦早期的《夏小正》一直至清代末期的《撫郡農産考略》，既展現了中國古農書的萌芽、形成、發展、成熟、定型與轉型的完整過程，也反映了中華農業文明的發展進程。明清時期是中國傳統農業發展的巔峰，它繼承了中國傳統農業中許多好的東西並將其發展到極致，而這一階段的農書恰是本《集粹》收録的重點。本《集粹》還具有專業性强的特點。古農書屬大宗科技文獻，而非傳統意義的歷史文獻，本《集粹》更側重於與古代農業密切相關的技術史料的收録。本《集粹》所收農書覆蓋面廣，涵蓋了綜合性農書、時令占候、農田水利、農具、土壤耕作、大田作物、園藝作物、竹木茶、植物保護、畜牧獸醫、蠶桑、水産、食品加工、物産、農政農經、救荒賑災等諸多領域。收書規模也爲目前中國農業古籍集成之最。

《中國古農書集粹》彙集了中國古代農業科技精華，是研究中國古代農業科技的重要資料。同時，中國古農書也廣泛記載了豐富的鄉村社會狀況、多彩的民間習俗、真實的物質與文化生活，反映了中國古代農民的宗教信仰與道德觀念，體現了科技語境下的鄉村景觀。不僅是科學技術史研究不可或缺的第一手資料，還是研究傳統鄉村社會的重要依據，對歷史學、社會學、人類學、哲學、經濟學、政治學及其他社會科學都具有重要參考價值。古農書是傳統文化的重要載體，是繼承和發揚優秀農業文化遺産的主要文獻依憑，對我們認識和理解中國農業、農村、農民的發展歷程，乃至整個社會經濟與文化的歷史脉絡都具有十分重要的意義。本《集粹》不僅可以加深我們對中國農業文化、本質和規律的認識，還可以鑒古知今，把握國情，爲今天的經濟與社會發展政策的制定提供歷史智慧。

本《集粹》的出版，可以加强對中國古農書的利用與研究，加深對農業與農村現代化歷史進程的必然性和艱巨性的認識。祖先們千百年耕種這片土地所積累起來的知識和經驗，對於如今人們利用這片土地仍具有指導和借鑒作用，對今天我國農業與農村存在問題的解決也不無裨益。現代農學雖然提供了一些『普適』的原理，但這些原理要發揮作用，仍要與這個地區特殊的自然環境相適應。而且現代農學原理並不否定傳統知識和經驗的作用，也不能完全代替它們。中國這片土地孕育了有中國特色的傳統農業，積累了有自己特色的知識和經驗，有利於建立有中國特色的現代農業科技體系。人類文明是世界各個民族共同創造的，人類文明未來的發展當然要繼承各個民族已經創造的成果。中國傳統的農業知識必將對人類未來農業乃至社會的發展作出貢獻。

王思明

二〇一九年二月

目錄

授時通考（上）

（清）鄂爾泰　等　撰

《授時通考》，（清）鄂爾泰等撰。此書爲清代的官修農書，書名取『敬授人時，農事之本』之意，乾隆帝『命内庭詞臣，廣加搜輯』『凡言之關於農者，匯萃成編』。參加編寫與校對的人員共有四十人，歷時五年，於乾隆七年（一七四二）編成。據統計，該書共徵引經、史、子、集、農書、方志等各種古籍五百五十餘種，插圖五百一十二幅，是一部集大成的著作。

該書共七十卷，分爲八大門：天時門、土宜門、穀種門、功作門、功課門、蓄聚門、農餘門、蠶桑門。這八大門是全書的綱。每門又包括目和卷，目錄上所列卷名較確切地反映出各卷的實際内容。『天時門』輯錄農家四季的農事活動；『土宜門』分爲辨方、物土、田制、水利等目；『穀種門』輯錄歷代文獻中有關糧食、豆類等作物的品種名稱和釋名，羅列歷代所謂嘉禾瑞穀的記載，没有涉及栽培管理技術；『功作門』按照墾種、耙耮、播種、淤陰（即施肥）、耘耔、灌溉、收穫、攻治等生産環節，摘錄歷代文獻資料，是全書的重要部分；『勸課門』收錄歷代有關的詔令、奏章、官司、祈報、祈穀、耕織等官方文告，並把御制詩文和《耕織圖》列入；『蓄聚門』分述常平倉、社倉和義倉，輯錄有關倉儲、積穀和備荒的資料；『農餘門』包含大田生産以外的果蔬、經濟林木及畜牧等内容；『蠶桑門』除輯錄有關蠶桑生産的資料外，還收錄棉花、麻、葛、蕉等纖維作物。

該書對中國古代農業的歷史成就進行了全面總結，文獻價值很高。其不足之處是它衹摘錄前人文獻，没有結合清代的農業生産情況補充新内容，也未融入編者個人的見解；至於收錄過多詔令、奏章，旨爲統治者歌功頌德，更不足取。

該書版本不少，主要有乾隆七年武英殿（内府）刊本，乾隆九年江西巡撫陳弘謀刊本，道光六年（一八二六）四川藩署本，沈秉成廣東刻本，日本明治十四年（一八八一）東京有鄰堂翻刻本，一九五六年中華書局排印本。一九九一至一九九五年中國農業出版社出版馬宗申校注、姜義安參校的《授時通考校注》（四册）。今據國家圖書館藏清武英殿版翻刻本影印。

（惠富平）

御製授時通考序

孟子言不違農時穀不可勝食蓋民之大事在農農之所重惟時敬授人時載於堯典周公七月一篇於日星霜露之候昆蟲草木之化詳哉其言之故先王之民莫不震動恪恭於農以修其事者懼失時也我
聖祖仁皇帝勤咨民隱首重農桑率育蒸黎涵濡德澤六十餘載戶慶盈寧

皇考世宗憲皇帝歲舉耕耤之儀率先天下興水利廣儲蓄為萬世規凡兹薄海蒼生得荷鋤饁餉優游隴畝之間樂生遂性衣食滋豐者何莫非我
祖宗宵旰勤勞以貽樂利於無疆耶朕纘承基緒鑒前代生深宮之中長阿保之手誠知稼穡艱難日與中外臣工為斯民籌食用至計胼胝機杼之作苦日厪於

懷曰稽前人農桑通訣農政全書諸編其用意勤而於民事切也命內廷詞臣廣加蒐輯舉物候早晚之宜南北土壤之異耕耘之節儲偫之方蠶織畜牧

之利自經史子集以及農家者流凡言之關於農者彚萃成編命之曰授時通考夫天道廣運於上而四時行萬彙生地道載育於下而庶品蕃百昌遂人事參贊其中而六府修三農殖輔相裁成固國家之大政也趨事赴功亦閭閻之本業也貴穀勤農服田力穡上下交勉弗懈於時以副朕阜成海宇之至願覽

斯編者尚有取焉

乾隆七年歲在壬戌春正月下澣八日御筆

惟精惟一

乾隆宸翰

乾隆二年五月十四日
諭總理事務王大臣農桑爲致治之本我
皇祖聖祖仁皇帝嘗繪耕織圖以示勸農德意
皇考世宗憲皇帝屢下勸農之詔親耕耤田率先天下所以敦本計而卽田功意至厚也朕思爲耒耜教樹藝皆始於上古聖人其播種之方耕耨之節與夫備旱驅蝗之術散見經籍至詳且備後世農家者流其說亦各有可取所當薈萃成書頒布中外庶三農九穀各得其宜望杏瞻蒲無失其候著南書房翰林同武英殿翰林編纂進呈欽此

欽定授時通考

目錄

欽定授時通考

凡例

一敬授人時農事之本故是編冠以天時土會土宜辨其名物物土次焉誕降嘉種百穀用成穀種次焉力穡有秋良耜畟畟功作次焉簡器修政保介是咨勸課次焉餘三餘九家有蓋藏蓄聚次焉場圃無棄地林麓無棄材農之餘也故列爲農餘蠶織之事授衣所先故次以蠶桑棉葛之利近世尤蕃故附諸桑餘凡以備法制品節之詳俾知所盡心云

一是編以致用爲主凡採摭經史俱取其切於實用及名物根据所自詩文藻麗之詞槩置弗錄惟歷代詔令章奏有關農事者詳悉採入至我
朝重農務本超越千古凡布諸
綸綍者無不曲盡民情周知稼穡
聖祖仁皇帝御製耕織圖詩咏農人胼胝之勞織女機絲之瘁周詳往復田家作苦瞭然在目
世宗憲皇帝敬和於前我
皇上敬和於後敦崇本業不啻豳風無逸諸篇矣敬謹編輯爲
本朝重農五卷固非尋常詩文可擬也

一百穀九穀五穀註家詮解不一且南北異宜即

老農亦未能悉辨。今取其廣種而利溥者。羅列於前。而附以直省土產。至瑞穀嘉禾瑞麥。雖靈異攸鍾。迥異凡品。然亦如人類之有聖賢。鱗羽之有麟鳳。其莖苗秀實。固非別爲一種也。故以冠於穀種之首。

一物土之宜。水利爲重。然惟陂池渠岸溝洫畎澮之用。切近農功者。始爲採輯。至河道海塘。雖關係民生大利。而非農家所能講求。不具錄焉。

一民間儲蓄。歷代以常平社倉爲要。其斂散糶糴。與閭閻休戚相關。司牧者所當留意。農書所載甚畧。今益加增輯。至農政全書中有救荒振䘏

諸條。今已刊行康濟錄一書。救饑條件畧具。是編不復採入。蓋徐書以農政爲名。自不得獨遺賑贍。是編以授時爲重。惟取家裕蓋藏。固各有義例也。又農政全書載明周憲王救荒本草多至四百餘種。固仁者之用心。然使政事克修。自可無憂捐瘠。若令糠覈不飽。延喘須臾。何暇按圖考傳。今日性味若何。烹芼若何。是鳴和鸞於救焚拯溺之時。而論殽蔵於羅雀掘鼠之日也。亦從刪省。

一農餘以蔬茹果蓏爲主。而材木之用。漆蠟之饒。牧字之蕃息。生計咸所取資。弗可遺也。惟飲食

製造之方。雖備載於齊民要術諸書。然古今異宜。南北異嗜。且籩豆之司。非所重也。亦槩弗錄。

一桑餘之利。木棉最廣。麻葛蕉桐次之。若裘褐氈罽之屬。既非草野所需。並非紅女所辦。更不採入。

一分門編纂。凡所採經書諸說。有不能不互見數見之處。惟於節錄原文中。各從本門所重。以免複出。其必不可節者。乃並載焉。至如畜牧種植。皆農餘也。而耕牛之飼養。歸於功作。桑柘之栽培。詳於蠶事。亦各舉其重言之。

乾隆六年十一月二十九日奉
旨開列經理諸臣銜名

監理
和碩和親王臣弘晝

總裁
經筵講官太保議政大臣保和殿大學士總理兵部事務世襲三等伯加十五級臣鄂爾泰
經筵日講官起居注太保保和殿大學士兼管吏部尚書翰林院掌院事世襲三等伯加十三級臣張廷玉

南書房纂修
吏部左侍郎世襲一等輕車都尉臣蔣溥
經筵講官戶部左侍郎臣梁詩正
兵部左侍郎臣汪由敦

都察院左僉都御史臣彭啓豐
日講官起居注翰林院侍讀學士世襲三等伯臣張若靄
日講官起居注翰林院侍讀臣介福
左春坊左諭德臣嵇璜
日講官起居注翰林院修撰臣金德瑛
翰林院編修臣秦蕙田
日講官起居注翰林院修撰臣莊有恭

武英殿纂修
經筵講官刑部左侍郎臣張照
工部左侍郎臣許希孔
原任刑部右侍郎臣勵宗萬
原任日講官起居注詹事府詹事兼翰林院侍讀學士臣陳浩
日講官起居注詹事府少詹事兼翰林院侍講學士臣呂熾
日講官起居注右春坊右中允兼翰林院編修臣朱良裘
翰林院編修臣董邦達
翰林院編修臣夏廷芝
翰林院編修臣張映斗
翰林院編修臣陸嘉穎
翰林院檢討臣唐進賢
翰林院檢討臣吳泰
翰林院檢討臣萬松齡
翰林院編修臣吳紱

翰林院編修臣馮祁
監察御史臣沈廷芳

校對
翰林院編修臣田志勤
翰林院檢討臣郭肇鐄
候補主事武英殿行走今補山西隰州直隸州知州臣王祖庚
拔貢生臣費應泰
舉人臣盧明楷
拔貢生臣徐顯烈
拔貢生臣龔世楫
優貢生臣王男

拔　　貢　　生臣王積光
恩　　貢　　生臣曾尚渭
拔　　貢　　生臣李長發
拔　　貢　　生臣鄧獻章
舉　　　　　人臣方廷棟
監造
內務府南苑郎中兼佐領加五級紀錄十次臣雅爾岱
內務府錢糧衙門郎中兼佐領加五級紀錄十一次臣永保
內務府錢糧衙門主事臣永忠
內務府廣儲司司庫加二級臣三格
監造加一級臣李保

監　　　　造臣鄭桑格
庫　　　　掌臣李延偉
庫　　　　掌臣虎什泰

欽定授時通考卷一

天時

總論上

書堯典敬授人時。

集傳人時謂耕穫之候。民事早晚之所關。

舜典咨十有二牧曰食哉惟時。

傳所重在於民食惟當敬授民時。疏立君所以牧民。民生在於粒食是君之所重論語云所重民食謂年穀也種殖收斂及時乃穫故惟當敬授民時。

洪範八庶徵曰雨曰暘曰燠曰寒曰風曰時五者來備。各以其敘庶草蕃廡。

傳雨以潤物暘以乾物煖以長物寒以成物風以動物五者備至各以次序則衆草蕃滋廡豐茂也舉草茂盛則穀成必矣。

又歲月日時無易百穀用成。

傳各順常則百穀成。

左傳凡分至啓閉必書雲物為備故也。

註分春秋分也至冬夏至也啓立春立夏閉立秋立冬。

汲古叢語分至啓閉順四時而成八節也以其得陰陽之中謂之分以其當寒暑之極謂之至以其生長謂之啓以其收藏謂之閉然則四孟啓閉者陰陽闔闢之功二至二分者陰陽老少之變也。

又九扈爲九農正扈民無淫者也

疏春扈鳻鶞相五土之宜趣民耕種者也夏扈竊元趣民耘苗者也秋扈竊藍趣民收斂者也冬扈竊黃趣民蓋藏者也棘扈竊丹爲果驅鳥者也行扈唶唶晝爲民驅鳥者也宵扈嘖嘖夜爲農驅獸者也桑扈竊脂爲蚕驅雀者也老扈鷃鷃趣民收麥令不得晏起者也扈止也止民使不淫放

論語行夏之時

集註夏以寅爲人正商以丑爲地正周以子爲天正然時以作事則歲月自當以人爲紀故孔子嘗曰吾得夏時焉而說者以爲夏小正之屬

孟子不違農時穀不可勝食也

註使民得務農不違奪其時則五穀饒足不可勝食也

爾雅春爲青陽夏爲朱明秋爲白藏冬爲元英四時和謂之玉燭春爲發生夏爲長贏秋爲收成冬爲安寧四時和爲通正謂之景風甘雨時降萬物以嘉謂之醴泉

疏此釋太平之時四氣和暢以致嘉祥之事也青陽言春之氣和則青而温陽也朱明言夏之氣和則赤而光明也白藏言秋之氣和則白而收藏也元英言冬之氣和則黑而清英也玉燭言四時和氣温潤明照故曰玉燭李巡曰人君德美如玉而明若燭聘義

云君子比德於玉焉是知人君若德輝動於內則和氣應于外統而言之謂之玉燭也春爲發生夏爲長贏秋爲收成冬爲安寧此亦四時之別號也四時和爲通正者言上四時之功和是爲通暢平正也謂之景風言所以致景風景風即祥風也甘雨時降萬物以嘉者嘉善也甘雨即時雨也不爲萬物所苦故曰甘甘雨既以時降則萬物莫不嘉善之也謂之醴泉者言四時平暢即所以使地出醴泉也

管子歲有四秋而分有四時故曰農事且作請以什伍農夫賦耜鐵此之謂春之秋大夏且至絲纊之所作此之謂夏之秋而大秋成五穀之所會此之謂秋之秋大冬營室中女事紡績緝縷之所作也此之謂冬之秋

又陰陽者天地之大理也四時者陰陽之大經也東方曰星其時曰春其氣曰風風生木與骨宗正陽治隄防耕芸樹藝正津梁修溝瀆甃屋行水柔風甘雨乃至百姓乃壽百蟲乃蕃此謂星德南方曰日其時曰夏其氣曰陽陽生火與氣九暑乃至時雨乃降五穀百果乃登此謂日德中央曰土土德實輔四時入出以風雨節土益力土生皮肌膚其德和平用均此謂歲德西方曰辰其時曰秋其氣曰陰陰生金與甲其德靜正嚴順百物乃收此謂辰德北方曰月其時曰冬其氣曰寒寒生水與血大寒乃至五穀乃熟此謂月德是故聖王務時而

寄政焉。

又春三月。天地乾燥。水絣列之時也。山川涸落。天氣下。地氣上。萬物交通。故事已。新事未起。草木荑生可食。寒暑調。日夜分。分之後。夜日益短。晝日益長。利以作土功之事。土乃益剛。當夏三月。天地氣壯。大暑至。萬物榮華。利以疾薅殺草薉。使令不欲擾。當秋三月。山川百泉踊。降雨下。山水出。海路距。雨露屬。天地湊汐。利以疾作。收斂無留。一日把。百日餔。民毋男女皆行於野。不利作土功之事。當冬三月。天地閉藏。暑雨止。大寒起。萬物實熟。利以塡塞空郄。繕邊城。塗郭術。實廥倉。凡一年之事畢矣。

呂氏春秋黃帝曰。四時之不可正。正五穀而已耳。凡稼。早者先時。暮者不及時。寒暑不節。稼乃生災。冬至以後。五旬有七日而昌生。於是乎始耕。事農之道。見生而藝生。見死而獲死。追時而作。遇時而止。老弱之力。可使盡起。不知時者。未至而逆之。既往而慕之。當其時而薄之。此從事之下也。

又春之德風。風不信。其華不盛。華不盛。則果實不生。夏之德暑。暑不信。則土不肥。土不肥。則長遂不精。秋之德雨。雨不信。其穀不堅。穀不堅。則五種不成。冬之德寒。寒不信。其地不剛。地不剛。則凍閉不開。天地之大。四時之化。而猶不能以不信成物。又況乎人事。

又得時之禾。長稠而穗。大本而莖殺。疏穖而穗大。其粟圓而薄糠。其米多沃而食之彊。如此者不風。先時者莖葉帶芒以短衡。穗鉅而芳奪。秮米而不香。後時者莖葉帶芒而末衡。穗閱而青零。多秕而不滿。得時之黍。芒莖而徼下。穗芒以長。搏米而薄糠。舂之易而食之不噮而香。如此者不飴。先時者。大本而華。莖殺而不遂。葉藁短穗。後時者小莖而麻長。短穗而厚糠。小米鉗而不香。得時之稻。大本而莖葆。長稠疏穖。穗如馬尾。大粒無芒。搏米而薄糠。舂之易而食之香。如此者不益。先時者。大本而莖葉格對。短稠短穗。多秕厚糠。薄米多芒。後時者纖莖而不滋。厚糠多秕。厖辟米。不得恃定熟。卬天而死。得

時之麻。必芒以長。疏節而色陽。小本而莖堅。厚枲以均。後熟多榮。日夜分復生。如此者不蝗。得時之菽。長莖而短足。其美二七以爲族。多枝數節。競葉蕃食。大菽則圓。小菽則搏以芳。稱之重。食之息以香。如此者不蟲。先時者必長以蔓。浮葉疏節。小莢不實。後時者短莖疏節。本虛不實。得時之麥。稃長而莖黑。稱之重。食之致香以息。使人肌澤且有力。如此者不蚼蛆。先時者暑雨未至。胕動蚼蛆而多疾。其次羊以節。後時者弱苗而穗蒼狼。薄色而美芒。是故得時之稼興。失時之稼約。莖相若稱之。得時者重。粟之多。量粟相若而舂之。得時者多米。量米相若而食之。得時者忍饑。是故得時之稼。其臭香。其味甘。

其氣章百日食之耳目聰明心意叡智四衛變彊凶氣不入身無苛殃黃帝曰四時之不正也正五穀而已矣

淮南子攝提格之歲歲早水晚旱稻疾蠶不登菽麥昌民食四升單閼之歲歲和稻菽麥蠶昌民食五升執除之歲歲早旱晚水小饑蠶閉麥熟民食三升大荒落之歲蠶小登麥昌菽疾民食二升敦牂之歲歲大旱蠶登稻疾菽麥昌禾不爲民食二升協洽之歲蠶登稻昌菽麥不爲民食三升涒灘之歲歲和小雨行蠶登菽麥昌民食三升作鄂之歲蠶不登菽麥不爲禾蟲民食五升閹茂之歲歲小饑蠶不登麥不爲菽昌民食七升大淵獻之歲大饑蠶開菽麥不爲禾蟲民食三升困敦之歲

歲大霧起大水出蠶稻麥昌民食三升赤奮若之歲早水蠶不出稻疾菽不爲麥昌民食一升

又仲春始出仲秋始內昏張中則務種穀大火中則種黍菽虛中則種宿麥昴中則收斂蓄積

晉書藝文志炎帝分八節以始農功

氾勝之書耕之本在於趣時和土務糞澤早鋤穫春凍解地氣始通土一和解夏至天氣始暑陰氣始盛土復解夏至後九十日晝夜分天地氣和以此時耕田一而當五名曰膏澤皆得時功

陳旉農書四時八節之行氣候有盈縮踦贏之度五運六氣所主陰陽消長有太過不及之差其道甚微其效甚著蓋萬物因時受氣因氣發生其或氣至而時未至或時至而氣未至則造化發生之理因之也若仲冬而梅李實季秋之月而昆蟲不蟄藏類可見矣陰陽一有愆忒則四序亂而不能生成萬物寒暑一失代謝即節候差而不能運轉一氣傳曰不先時而起不後時而縮故農事必知天地時宜則生之蓄之長之育之成之熟之無不遂矣由庚萬物得其道崇邱萬物得極其高大由儀萬物之生各得其宜者謂天地之間物物皆順其理也故堯命羲和曆象日月星辰以欽授民時俾咸知東作南訛西成朔易之候稽之天文則星鳥星火星虛星昴於是乎審矣驗之物理則鳥獸孳尾希革毛毨氄

毛亦以詳矣而厥民析因夷隩可得而稽倣之也大則取象於天地無乖升降之機明則取法乎日星不亂經營之度定之以時應之以數此欽天勤民旨意豈率然哉其所以時和歲豐良由此也今人雷同以建寅之月朔爲始春建巳之月朔爲首夏殊不知陰陽有消長氣候有盈縮冒昧以作事其克有成耶設或有成亦幸而已聖王之涖事物皆設官分職以掌之各置其官師以教導之農師之職其可已耶春秋之時法度並廢宜凶荒荐至乃書有年書大有年蓋幸而書之抑見天道有常而人自愆忒也詩稱豐年穰穰其崇如墉其比如櫛以言其得法度時宜故豐登有常也洪範九疇彛倫攸

敘。則百穀用成。彝倫攸斁。則百穀用不成。然則順天地時利之宜。識陰陽消長之理。則百穀之成。斯可必矣。古先哲王所以頒朔明時者。匪直大一統也。將使斯民知謹時令樂事赴功也。故農事以先知備豫為善。

授時之圖

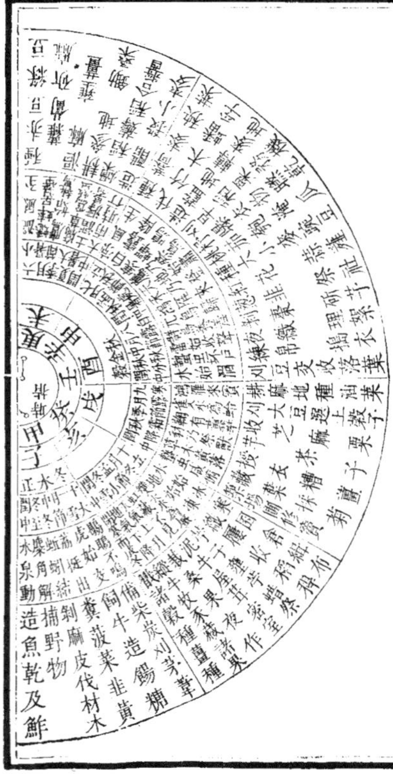

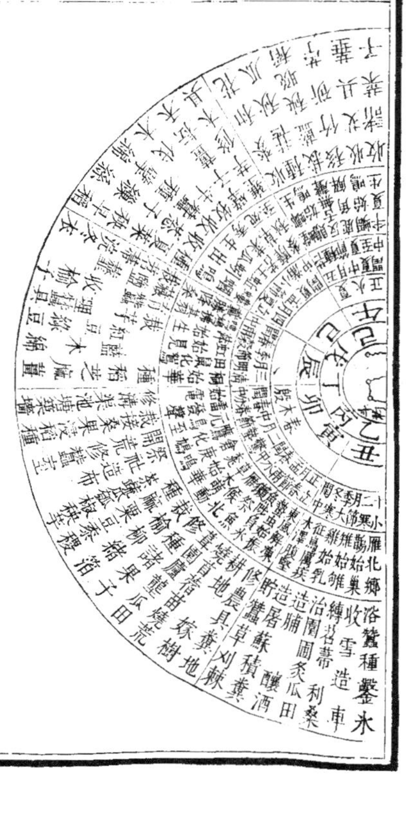

農桑通訣 舜在璿璣玉衡。以齊七政。說者以為天文器。後世言天之家。如洛下閎鮮于妄人輩。述其遺制。營之度之。而作渾天儀。曆家推步。無越此器。然而未有圖也。蓋二十八宿周天之度。十二辰日月之會。二十四氣之推移。七十二候之遷變。如環之循。如輪之轉。農桑之節。以此占之。四時各有其務。十二月各有其宜。先時而種。則失之太早而不生。後時而蓺。則失之太晚而不成。故曰。雖有智者。不能冬種而春收。此圖之作。以交立春節為正月。交立夏節為四月。交立秋節為七月。交立冬節為十月。北斗旋於中。以為準則。每歲立春。斗杓建於寅方。日月會於營室。東井昏見於牛。建星辰正於南。由此

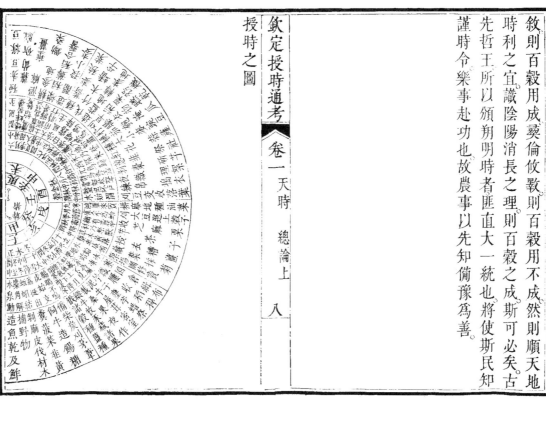

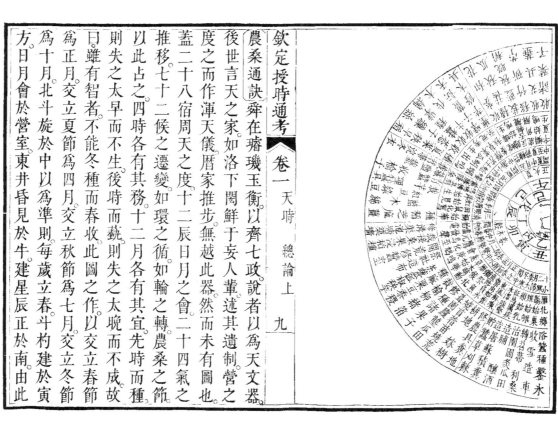

以往積十日而爲旬積三旬而爲月積三月而爲時積四時而成歲一歲之中月建相次周而復始氣候推遷與日曆相爲體用所以授民時而節農事即謂用天之道也夫授時曆每歲一新時圖常行不易非曆無以起圖非圖無以行曆表裏相參轉運而無停渾天之儀察然具在是矣然按月農時特取天地南北之中氣立作標準以示中道非膠柱鼓瑟之謂若夫遠近寒暖之漸殊正開常變之或異又當推測晷度斟酌先後庶幾人與天合物乘氣至則養之節不至差謬此又圖之體用餘致也不可不知務農之家當家置一本攷曆推圖以定種蓺如指諸掌故亦名曰授時指掌活法之圖

二十四氣七十二候之圖

五日爲候　三候爲氣

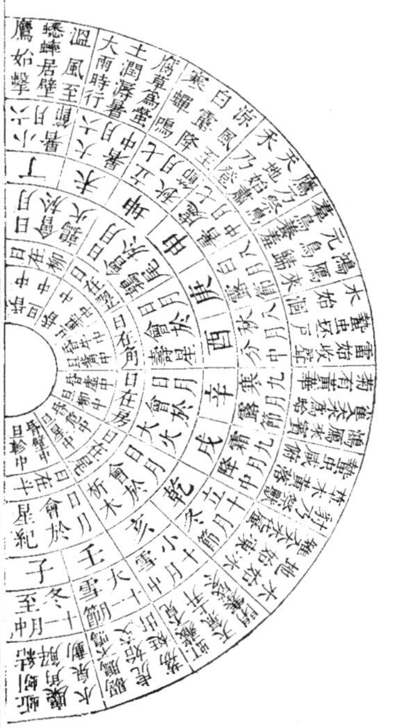

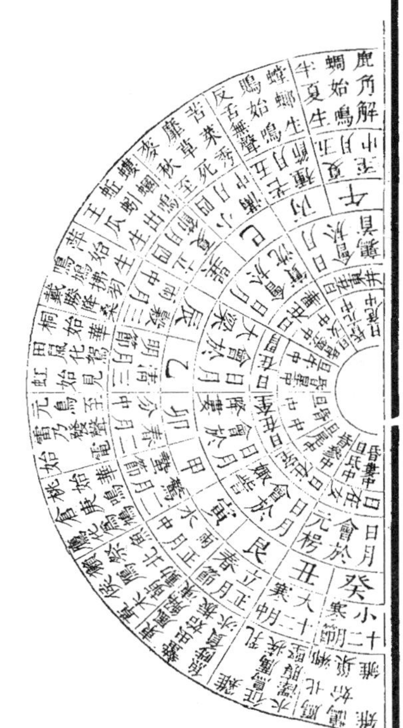

六氣爲時　四時爲歲

羣芳譜一歲共十二月二十四氣七十二候大寒後十五日斗柄指艮爲立春正月節立始建也春氣始至而建立也一候東風解凍凍結於冬遇春風而解也二候蟄蟲始振蟄藏也振動也感三陽之氣而動也三候魚陟負冰上遊而近水也立春後十五日斗柄指寅爲雨水正月中陽氣漸升雲散爲水如天雨也一候獺祭魚歲始而魚上則獺取以祭二候候雁北陽氣達而北也三候草木萌動天地交泰故草木萌生發動也雨水後十五日斗柄指甲爲驚蟄二月節蟄蟲震驚而出也一候桃始華二候倉庚鳴倉庚黃鸝也倉清也庚新也感春陽清新之氣而初出故鳴三候鷹化爲鳩即布穀也

仲春之時鷹喙尚柔不能捕鳥瞪目忍饑如痴而化化者反歸舊形之謂春化鳩秋化鷹如田鼠之于鴽也若腐草雉爵皆不言化不復本形者也驚蟄後十五日斗柄指卯爲春分二月中分者半也當春氣九十日之半也一候元鳥至元鳥燕也春分來秋分去二候雷乃發聲四陽漸盛陰陽相薄爲雷乃者象氣出之難也三候始電電陽光也四陽盛長氣洩而光生也凡聲屬陽光亦屬陽春分後十五日斗柄指乙爲清明三月節萬物至此皆潔齊而明白也一候桐始華桐有三種華而不實曰白桐亦曰花桐爾雅謂之榮桐至是始華也二候田鼠化爲鴽鴽鶉也鼠陰而鴽陽也三候虹始見虹日

與雨交天地之淫氣也清明後十五日斗柄指辰爲穀雨三月中雨爲天地之和氣穀得雨而生也一候萍始生萍陰物靜以承陽也二候鳴鳩拂其羽拂羽飛而翼迫其聲也三候戴勝降於桑蠶候也穀雨後十五日斗柄指巽爲立夏四月節夏大也物至此皆假大也一候螻蟈鳴螻蟈一名鼫鼠一名鷇陰氣始故螻蟈應之二候蚯蚓出蚯蚓陰類出者承陽而見也三候王瓜生王瓜土瓜也立夏十五日斗柄指巳爲小滿四月中物長至此皆盈滿也一候苦菜秀荼爲苦菜感火氣而苦味成不榮而實曰秀榮而不實曰英此苦菜宜言英二候靡草死靡草草之枝葉靡細者葶藶之屬凡物感陽生者強而立感陰生者柔而靡靡草則陰至所生也故不勝陽而死三候麥秋至麥以夏爲秋感火氣而熟也小滿後十五日斗柄指丙爲芒種五月節言有芒之穀可播種也一候螳螂生螳螂飲風食露感一陰之氣而生至此時破殼而出二候鵙始鳴鵙百勞也惡聲之鳥梟類也不能翱翔直飛而已三候反舌無聲諸書謂反舌爲百舌鳥能反覆其舌感陽而鳴遇微陰而無聲也芒種後十五日斗柄指午爲夏至五月中萬物至此皆假大而極至也一候鹿角解夏至一陰生鹿感陰氣故角解二候蜩始鳴莊子謂蟪蛄夏蟬也語曰蟪蛄鳴朝三候半夏生半夏藥名居夏之半而生也夏至後十五日

斗柄指丁爲小暑六月節暑氣至此尚未極也一候溫風至溫熱之風至小暑而極故曰至二候蟋蟀居壁感肅殺之氣初生則在壁感之深則在野三候鷹始摯摯擊也月令鷹乃學習殺氣未肅鷙鳥始學擊搏迎殺氣也小暑後十五日斗柄指未爲大暑六月中暑至此而盡洩一候腐草爲螢離明之極則幽陰至微之物亦化而爲明不言化者不復原形也二候土潤溽暑土氣潤故欝蒸爲溽濕三候大雨時行前候濕暑而後候則大雨時行以退暑也大暑後十五日斗柄指坤爲立秋七月節秋揫也物至此而揫斂也一候涼風至西方凄清之風也溫變而肅也二候白露降大雨之後涼風來天

氣下降。茫茫而白。尚未凝珠。故曰白露降。三候寒蟬鳴。今初秋夕陽。聲小而急疾者是也。立秋後十五日。斗柄指申爲處暑。七月中。陰氣漸長。暑將伏而潛處也。一候鷹乃祭鳥。金氣肅殺。鷹感其氣始捕擊。必先祭。二候天地始肅。三候禾乃登。禾者穀之連藁秸之總名。成熟曰登。處暑後十五日。斗柄指庚爲白露。八月節。陰氣漸重。露凝而白也。一候鴻鴈來。淮南子作候鴈。自北而南來也。二候元鳥歸。元鳥北方之鳥。故曰歸。三候羣鳥養羞。養羞謂藏美食以備冬月之養。白露後十五日。斗柄指酉爲秋分。八月中。至此而陰陽適中。當秋之半也。一候雷始收聲。雷屬陽。八月陰中。故收聲入地。萬物隨以入

也。二候蟄蟲坏戶。坏益其蟄穴之戶。使通明處稍小。至寒甚乃墐塞之也。三候水始涸。水春氣所爲。春夏氣至。故長。秋冬氣返。故涸也。秋分後十五日。斗柄指辛爲白露。九月節。氣漸肅。露寒而將凝也。一候鴻鴈來賓。鴈後至者爲賓。二候雀入大水爲蛤。嚴寒所至。蜚化爲潛也。三候菊有黃華。菊獨華於陰。故曰有也。寒露後十五日。斗柄指戌爲霜降。九月中。氣愈肅。露凝爲霜也。一候豺乃祭獸。以獸祭天報本也。方鋪而祭。秋金之義。二候草木黃落。色黃搖落也。三候蟄蟲咸俯。皆垂頭畏寒不食也。霜降後十五日。斗柄指乾爲立冬。十月節。冬終也。物終而皆收藏也。一候水始冰。水而初凝。未至于堅。故曰始冰。二候地始凍。土氣凝寒。未至於坼。故曰始凍。三候雉入大水爲蜃。大水淮也。立冬後十五日。斗柄指亥爲小雪。十月中。氣寒而將雪矣。第寒未甚而雪未大也。一候虹藏不見。陰陽氣交爲虹。陰氣極。故虹伏。言其氣下伏也。二候天氣上升。三候地氣下降。天地變而各正其位。不交則不通。故閉塞也。小雪後十五日。斗柄指壬爲大雪。十一月節。言積寒凜冽。雪至此而大也。一候鶡鴠不鳴。陽鳥感六陰之極而不鳴。二候虎始交。虎感微陽萌動。故氣益盛而交也。三候荔挺生。大雪後十五日。斗柄指子爲冬至。十一月中。日南陰極而陽始生也。一候蚯蚓結。六陰寒極之時。蚯蚓交結如繩。二候麋角解。冬

至一陽生。麋感陽氣。故角解。三候水泉動。水者一陽所生。一陽初生。故泉動也。冬至後十五日。斗柄指癸爲小寒。十二月節。時近小春。故寒氣猶小。一候鴈北鄉。鴈避熱而南。今則北飛。禽鳥得氣之先故也。二候鵲始巢。至後二陽。已得來年之氣。鵲遂爲巢。知所向也。三候雉雊。雉陽鳥也。雊雌雄同鳴。感於陽而有聲也。小寒後十五日。斗柄指丑爲大寒。十二月中。時已二陽。而寒威更甚者。閉塞不盛。則發洩不盛。所以啓三陽之泰。此造化之微權也。一候雞乳。乳育也。雞不畜麗於陽而有形。故乳。二候征鳥厲疾。至此而猛厲迅疾也。三候水澤腹堅。冰徹上下皆凝。故曰腹堅。一元默運。萬彙化生。四序循環。

千古不易。極之而陽九百六。不過此氣之推遷耳。

吳下田家志 一九二九。扇子不離手。三九二十七。冰水甜如蜜。四九三十六。拭汗如出浴。五九四十五。頭戴秋葉舞。六九五十四。乘涼入佛寺。七九六十三。床頭尋被單。八九七十二。思量蓋夾被。九九八十一。家家打炭墼。

又 一九二九。相喚弗出手。三九二十七。籬頭吹篳篥。四九三十六。夜眠如露宿。五九四十五。太陽開門戶。六九五十四。貧兒爭意氣。七九六十三。布衲兩肩攤。八九七十二。猫狗尋陰地。九九八十一。犁耙一齊出。

欽定授時通考卷二

天時

總論下

馬一龍農說 農爲治本。知時爲上。時謂天時。畜陽不極。發生乃微。陽主發生。陰主歛息。物之生息。隨氣升降。故冬至之後。一陽起于下。則羣陰推而漸出。寒凝固結于上。所以遏其洩耳。及陽氣出地。物生呈露。流衍布濩而不窮。畜之盛大致然。是以桃李冬花。無冰不殺草。春秋紀之以病慾陽。農家者有云。冬耕宜早。春耕宜遲。云早。其在冬至之前。云遲。其在春分之後。冬至前者。地中陽氣未生也。春分後者。陽氣半於土之上下也。其意皆在陽榮陰衛。欲使微陽之氣不洩。求其壯盛而已。於此不知所避。一則初升而踣其踵。一則方啓而裂其膚。豈非童而牿。未壯盛而先亢者乎。亢則害。牿則亡。傷氣殆盡。其生安得不微乎。畜陽之意。不止於冬。凡日爲陽。雨爲陰。和暢爲陽。沍結爲陰。展伸爲陽。歛詘爲陰。動爲陽。靜爲陰。淺爲陽。深爲陰。晝爲陽。夜爲陰。繁殖之道。惟欲陽含土中。運而不息。陰乘其外。謹毖不出。若陽洩於外。而陰入其中。生機轉爲殺機矣。凝陰在土。其氣固嗇。歲久不畊之地。純陰固結。非假太陽之力追攝。何以得散。又冬春二時。不見天陽。亦猶是耳。今夫圖埴之上。未嘗生物。正以內不含陽。陰不外固。而火煅之地。藏冰不融者。絕其地脈。而中無陽氣來至也。竊窺神化之妙。陽根陰。物之所以生也。陰根陽。物之所以成也。生者謂之化。成者謂之變。陽自下起。發其內之一本以出於外。諸陰皆死者。陰自下起。歛其外之散齊以入於內。諸陽皆生者。此蓋言二氣始終之定理也。諸陽謂自復以至夬也。復十一月之卦也。夬三月之卦也。十二月爲臨。正月爲泰。二月爲大壯。復自坤中來。一陽始生。成位於冬至。至泰而開。開而壯。壯而夬。四月復全乎乾矣。諸陰謂自姤以至剝也。姤五月之卦也。剝九月之卦也。六月爲遯。七月爲否。八月爲觀。姤自乾中來。一陰始生。成位於夏至。至否而塞。塞而觀。觀而剝。十月復全乎坤矣。上下者。乾坤分列之位。升降者。陰陽往來之氣。內外者。神化闔闢之妙。歛發者。萬物生成之機。出入者。循環無窮之端。一本散殊。相禪以爲始終者也。大抵二氣陰陽之至。當主日月爲義。春秋二分。晝夜相半。氣之平也。春分後。晝漸永。日在地下之刻少。秋分後。夜漸永。日在地下之刻多。陰陽消長。係於是矣。陽上而不抑。遂以精泆。陰下而不濟。亦難以形堅。損有餘。補不足。則精不泆。而形可堅矣。天地之間。陽常有餘。陰常不足。然扶陽抑陰。古聖至言。易曰。亢龍有悔。又曰。下濟而光。以是見陽之精泆。由於不抑。陰之形脆者。由於無所濟也。今有上農。土地饒。糞多而力勤。其苗勃然興之矣。其後徒有美穎而無實。粟。俗名肥腸。此正不知抑損其過而精泆者耳。其法何以。斷其浮根。翦其附葉。去田中積汚。以燥裂其膚理則抑矣。及其總秸俱成。農功已畢。或土力既衰。潤滋不繼。淫潦未去。淸氣有傷。此正不知補助。故粒米有空頭枯幹粉黛諸病也。是故含生者陽以陰化。達生者陰以陽變。察陰陽之故。參變化之機。其知生物之功乎。生則化。成則變。然必成而後有生。陽根陰也。生而後有成。陰根陽也。成者謂之變。脫其本根。易其故體。生者謂之化。融液所畜。暢茂其緒。故冬至之後。生意皆含。夏至之後。生色皆達。含者化之機。達者變之漸。陰陽互爲其根。求其所以然。微妙而難悉也。一化一變。理不盡顯。物自相形。機緘所存。非審察參詳。則天地生物之功。莫之有知矣。夫含生者。先天也。以後天爲之體。達生者。後天也。以先天爲之神。養生家欲求先天之氣。當思化裏一變。非化不能變。非變則化者終於化矣。推之事理亦然。凡事之立。其始甚幾微。充廣必盛大。盛必衰。衰必敝。敝則變。不變則毀。毀則熄。此知道者之所深憂乎。圖善變而不毀者。其諸取法於農。故聖人推日星。定四時。分節候。而示民以則。陰陽列於四時。早晚見於節候。歲氣係於日星。期三百有六旬有六日也。日窮於次。月離於紀。星回於天。此一歲之終也。日行速而月遲。故有餘日。而以閏月收之。天行健而日月不能及。故有歲差。而以六十年約之。一歲之中。春而夏。夏而秋。秋而冬。四時順布也。四時有八節。立春春分。立夏夏至。立秋秋分。立冬冬至也。冬至以後。陽漸長。立春陽之出也。春分陽氣之中也。立夏得陽三之二。至夏至而極矣。夏至以後。陰漸長。立秋陰之出也。秋分陰氣之中也。立冬得陰三之二。至冬至而極矣。堯命羲和。日中星鳥。以殷仲春。日永星火。以正仲夏。宵中星虛。以殷仲秋。日短星昴。以正仲冬。不詳其餘者。以一中星一極前後測之耳。冬至一陽生。主生主長。夏至一陰生。主殺主成。故日生者陽也。成者陰也。含雖未見其生。達雖未見其殺。而幾已在矣。夫發其生者。與其晚也寧早。收其成者。與其早也寧晚。此陽進而前。陰退而後之道也。

〔四民月令〕正月地氣上騰。土長冒橛。陳根可拔。急菑強土黑壚之田。二月陰凍畢澤。可菑美田緩土。及河渚水處。三月杏花勝。可菑沙白輕土之田。五月六月。可菑麥田。

〔齊民要術〕凡愛田常以五月耕。六月再畊。七月勿耕。謹摩平以待種。

〔又〕二月三月種者爲植禾。四月五月種者爲穉禾。二月上旬及麻菩楊生種者爲上時。三月上旬及清明節桃始花爲中時。四月上旬及棗葉生桑花落爲下時。歲道宜晚者。五月六月初亦得。春種欲深。宜曳重撻。夏種欲淺。直置自生。

〔又〕大小麥皆須五月六月暵地。穬麥非良地則不須種。八月中戊社前種者爲上時。下戊前爲中時。八月末九月初爲下時。小麥宜下種。八月上戊社前爲上時。中戊前爲中時。下戊前爲下時。正月二月。勞而鋤之。三月四月。鋒而更鋤。

〔又〕五穀大判。上旬種者全收。中旬中收。下旬下收。

〔農桑通訣〕農書云。種蒔之事。各有攸序。正月種麻枲。二月種粟脂麻。三月種旱麻。四月種荳。五月中旬種晚麻。七夕以後種菜菔菘芥。八月社前卽可種麥。如此則種有次第。所謂順天之時也。

占驗總附

董仲舒雨雹對太平之世。風不鳴條。開甲散萌而已。雨
不破塊。潤葉津莖而已。
京房易候太平之時。十日一雨。凡歲三十六雨。此休徵
時若之應。
春秋說題辭一歲三十六雨。天地之氣宣。十日小雨應
天文。十五日大雨以斗運也。
論衡太平瑞應。五日一風。十日一雨。
田家雜占天下太平。夜雨日晴。言不妨農也。以上總論風雨。
農政全書日暈則雨。諺云。月暈主風。日暈主雨。　日脚
占晴雨。諺云。朝又天。暮又地。主晴。反此則雨。　日沒後
起清白光數道。下狹上闊。直起亘天。此特夏秋間有之。

俗呼青白路。主來日酷熱。　日生耳主晴雨。諺云。南耳
晴。北耳雨。日生雙耳。斷風截雨。若是長而下垂通地。則
又名白日幢。主久晴。　日出早主雨。出晏主晴。老農云。
此特言久陰之餘。夜雨連旦。正當天明之際。雲忽一掃
而捲。卽光。日出所以言早。少刻必雨。立驗。言晏者。日出
之後。雲晏開也。必晴。亦甚准。葢日之出入自有定刻。實
無早晏也。愚謂但當云晴得早主雨。晏開主晴。不當言
日出早晏也。　日外有雲障中起。主晴。諺云。日頭趕雲
障。曬殺老和尚。　日沒返照主晴。俗名爲日返塢。一云
日沒臙脂紅。無雨也有風。徐光啓曰。日返塢。明朝水沒
路。日打洞。明朝曬背痛。或問二候相似。而所主不同。何

也。老農云。返照在日沒之前。臙脂紅在日沒之後。諺
云。烏雲接日。明朝不如今日。又云。日落雲沒。不雨定寒。
又云。日落雲裏走。雨在半夜後。此言一朶烏雲漸起。而
日正落其中者。　諺云。日落烏雲半夜枵。明朝曬得背
皮焦。此言半天元有黑雲。日落雲外。其雲夜必開散。明
必甚晴也。又云。今夜日沒烏雲洞。明朝曬得背皮痛。此
言半天上雖有雲。及日沒下去。都無雲而見日。狀如巖
洞者也。
古今諺日出早。雨淋腦。日出晏。曬殺鴈。
吳下田家志壬子日雨。主久陰。
田家雜占諺云。久晴逢戊雨。久雨望庚晴。又云。久雨不

晴。且看丙丁。
浩然齋抄俗諺云。逢庚雙變。遇甲卽晴。蓋遇庚於雙日
則變。遇甲於雙日則晴。多驗。以上論日。
詩小雅月離于畢。俾滂沱矣。
傳畢。噣也。月離陰星則雨。疏以畢爲月所離而雨。是
陰雨之星。故謂之陰星。
玉歷璇璣凡孟月七日。仲月八日。季月九日之夜。皆當
月暈。暈而不已。其下三日內有暴風甚雨。　月初生色
黑有水。月滿色赤爲旱。又月初生而偃有水。月始生有
黑雲貫月。名曰繳雲。不出三日暴雨。
雜占每月朔一日管上旬。二日管中旬。三日管下旬。月

色青黑潤明。是旬有雨。若黃赤乾枯。則旬中無雨。

師曠占 候月知雨多少。八月一日二日三日。月色赤黃者其月少雨。月色青者其月多雨。

農政全書 月暈主風。何方有闕。卽此方風來。 新月下有黑雲橫截。主來日雨。諺云。初三月下有橫雲。初四日裏雨傾盆。月盡無雨。則來月初必有風雨。諺云。廿五廿六若無雨。初三初四莫行船。 廿五日謂之月交日。有雨主久陰。 廿七廿八交月雨。初二初三勿肯晴。已上論月。

後漢書郎顗傳 石氏經曰。歲星出左有年。出右無年。

孝經援神契 歲星守心。年穀豐。

宋史天文志 歲星色光明潤。君壽民富。又主福。主大司

農。主五穀。

農家諺 乾星照濕土。明日依舊雨。

農政全書 諺云。一個星。保夜晴。此言雨後天陰。但見一兩星。此夜必晴。 星光閃爍不定。主有風。 夏夜見星密。主熱。 諺云。明星照爛地。來朝依舊雨。言久雨正當黃昏。卒然雨住雲開。便見滿天星斗。豈但明日有雨。當夜亦未必晴。 黃昏上雲。半夜消。黃昏消雲。半夜澆。若半夜後。雨止雲開。星月朗然。則必晴無疑。已上論星。

又 夏秋之交。大風及有海沙雲起。俗呼謂之風潮。古人名之曰颶風。言其具四方之風。故名颶風。有此風。必有霖淫大雨同作。甚則拔木偃禾。壞房室。決堤堰。其先必有如斷虹之狀者。見名曰颶母。航海之人見此。則又名破帆風。 凡風單日起。單日止。雙日起。雙日止。 諺云。西南轉西北。搓繩來絆屋。又云。半夜五更西。天明拔樹枝。又云。日晚風和。明朝再多。又云。惡風盡日沒。又云。日出三竿。不急便寬。大凡風。日出之時必畧靜。謂之風讓日。大抵風自日內起者必善。夜起者必毒。日內息者必和。夜半息者必大凍。 諺云。風急雨落。人急客作。又云。東風急。被蓑笠。風急雲起。愈急必雨。 諺云。東北風。雨太公。言艮方風雨卒難得晴。俗名曰牛筋風雨。指丑位故也。 諺云。行得春風。有夏雨。言有夏雨應時。可種田也。非謂水必大也。經驗。 諺云。西南早。到晏弗動草。言

早有此風。向晚必晴。 諺云。南風尾。北風頭。言南風愈吹愈急。北風初起便大。 春南夏北。有風必雨。 冬天南風。三兩日必有雪。 天氣濕熱鬱蒸。主有風。古諺云。熱極則生風。 語云。東南風。跳擲三日退一尺。

陶朱公書 青龍風急。大雨將來。朱雀風回。烈日晴燥。白虎風生。必有雨霧。元武風急。雨水相隨。寅卯時爲青龍。巳午時爲朱雀。申酉時爲白虎。亥子時爲元武。隨方起風。應乎雨晴。

田家五行 風自月建方來。爲得其正。萬物各得其所。晴雨各得其宜。又風吹月建方位。主米貴。

師曠占 常以十月朔日。占春糴貴賤。風從東來。春賤。逆

此者貴。以四月朔占秋糴。風從南來西來者。秋皆賤。逆此者貴。以正月朔占夏糴。風從南來東來者皆賤。逆此者貴。已上論風。

朝野僉載 春雨甲子。赤地千里。夏雨甲子。乘船入市。秋雨甲子。禾頭生耳。冬雨甲子。牛羊凍死。

吳下田家志 戊午原同甲子期。始終七日最稀奇。七日多晴兩月燥。七日多雨兩月泥。甲申主米暴貴。春主五穀不收。夏主傷田禾。秋主六畜死。冬主人多病。 諺云。甲申猶且可。乙酉怕殺我。

又 上旬交月雨。謂朔月之雨也。主月內多雨。

田家雜占 壬子日。春雨人無食。夏雨牛無食。秋雨魚無食。冬雨鳥無食。

又 自正月至五月。五朔皆有大雨。主人饑蝗起。

易飛候 凡候雨。以晦朔弦望。雲漢四塞者皆當雨。如斗牛彘。當暴雨。有異雲如水牛。不三日大雨。黑雲如羣羊奔。如飛鳥。五日必雨。雲如浮船。皆雨。北斗獨有雲。不五日大雨。四望青白雲。名曰天寒之雲。雨徵。蒼黑雲細如杼軸。蔽日月。五日必雨。雲如兩人提鼓持桴者。皆爲暴雨。

金樓子 旦雨。謂之月額。

雜占 江淮俗驗。每月初二十六日雨。則月內多雨。

田家五行 二十七日最宜晴。諺云。交月無過廿七晴。月盡無雨。則來月初必有風雨。

農政全書 諺云。雨打五更。日曬水坑。言五更忽然雨。日中必晴甚驗。 晏雨不晴。 雨著水面上有浮泡。主卒未晴。 諺云。一點雨似一個釘。落到明朝也不晴。一點雨似一個泡。落到明朝未得了。諺云。上牽晝。下牽齋。晝雨嚌嚌。 諺云。雨落怕天亮。言天明時忽雨。此日可晴。若久雨正當昏黑。忽自明亮。反是雨候也。 雨夾雪。難得晴。 諺云。夾雨夾雪。無休無歇。 諺云。快雨快晴。道德經云。飄風不終朝。驟雨不終日。 凡久雨至午少止。謂之遣晝。在正午遣或可晴。午前遣則午後雨不可勝。 竈灰帶溫作塊。天將變作雨兆。 齋前風。晝後雨。

並言難止。已上論雨。

陶朱公書 朝看東南有雲氣。隨太陽上下不遠者。此雲在日初出應巳午時。巳午時隨太陽。則應未申時。未申時隨太陽則應酉戌時有雷雨。 又太陽未出將晨之先。看東南黑雲如雞頭。如旗幟。如山峯。如陣鳥。如龍頭。如魚如蛇。如靈芝。如牡丹。應當日未申時有雨。或紫黑雲貫穿。或在日上下者。並應當日雨。

農政全書 雲行占晴雨。諺云。雲行東。雨無踪。車馬通。雲行西。馬濺泥。水沒犁。雲行南。雨潺潺。水漲潭。雲行北。雨便足。好曬穀。 上風雖開。下風不散。主雨。 諺云。上風皇。下風隘。無蓑衣。莫出外。 雲若砲車形起。主大風。

雲起下散四野滿日如烟如霧名曰風花主風起。諺云西南陣單過也落三寸言雲陣起自西南來者雨必多尋常陰天西南障上亦雨。諺云太婆年八十八弗曾見東南陣頭發。又云千歲老人不曾見東南陣頭雨没于田言雲起自東南來者絕無雨。凡雨陣自西北起者必雲黑如潑墨又必起作眉梁陣主先大風而後雨終易晴。天河中有黑雲生謂之河作堰又謂之黑豬渡河黑雲對起一路相接亘天謂之雨作橋雨下潤則又謂之合羅陣皆主大雨立至少頃必作滿天陣名通界雨言廣潤普徧也若是天陰之際或作或止忽有雨作橋則必有掛帆兩脚又是雨脚將斷之兆也不可

一例而取。諺云旱年只怕沿江跳水年只怕北江紅一云太湖晴上文言亢旱之年望雨如望恩纔見四方遠處雲生陣起或自東引而西自西而東所謂沿江跳也則此雨非但今日不至必每日如之即是久旱之兆也澇年每至晚時雨忽至雲稍浮北似霞非霞紅光耀日雨必隨作當主夜夜如此直至大暑而後已謂之北江紅此吳語也故指北江爲太湖若是晚霽必兼西天但晴無雨諺云西北赤好曬麥。陰天卜晴諺云朝要天頂穿暮要四脚懸又云朝看東南暮看西北。諺云魚鱗天不雨也風顛此言細細如魚鱗斑者一云老鯉斑雲障曬殺老和尚此言滿天雲大片如鱗故云老鯉斑往往試驗各有准。秋天雲陰若無風則無雨。冬天近晚忽有老鯉斑雲起漸合成濃陰者必無雨名曰護霜天諺云識每護霜天不識每著子一夜眠。

京房風角要訣候雨法有黑雲如一匹布于日中即日大雨二匹爲二日雨三匹爲三日雨。

京房占六甲日雲四合皆當日雨雲多雨多雲少雨少又六甲無雲一旬少雨。

師曠占常以五卯日候西北有雲如羣羊者即有雨至。

陶朱公書拂曉看南方黑雲最高謂之雷信明日巳午時至中天而止應未申時。

孔氏談苑大理少卿杜純之京東人言朝霞不出門暮

霞行千里言雨後朝晴尚有雨須得晚晴乃眞晴。

田家五行諺云朝霞暮霞無水煎茶主旱此言久晴之霞也朝霞不出市暮霞走千里此皆言雨後乍晴之霞暮霞若有火焰形而乾紅者非但主晴必主久旱之兆朝霞雨後乍有定雨無疑或是晴天隔夜雖無今朝忽有則要看顏色斷之乾紅主晴間有褐色主雨滿天謂之霞得過主晴霞不過主雨若西方有浮雲稍厚雨當立止。

雜占早看東南暮看西北空則無雨雖有雲而片色分明亦晴夜觀北斗魁罡之間有黑潤雲在畔則當夜有雨如北斗前有黃氣者明日當風若潤則當夜或明日

必大雨。

古今諺：早霞紅丟丟。向午雨瀏瀏。晚來紅丟丟。早辰大日頭。（已上論雲霞。）

農政全書：莊子云。騰水上溢爲霧。爾雅云。地氣上天不應曰霧。凡重霧三日。主有風。諺云。三朝霧露起西風。若無風。必主雨。又云。霧露不收卽是雨。（已上論霧。）

又：諺云。東鱟晴。西鱟雨。諺云。對日鱟。不到晝。主雨。言西鱟也。若鱟下便雨。還主晴。虹。俗呼曰鱟。（已上論虹。）

又：諺云。未雨先雷。船去步來。主無雨。諺云。當頭雷無雨。卯前雷有雨。凡雷聲響烈者。雨陣雖大而易過。雷聲殷殷然響者。卒不晴。雷初發聲微和者。歲內吉。猛烈者凶。雪中有雷。主陰雨百日方晴。東州人云。一夜起雷三日雨。言雷自夜起。必連陰。（已上論雷。）

又：夏秋之間。夜晴而見遠電。俗謂之熱閃。在南主久晴。在北主便雨。諺云。南閃半年。北閃眼前。北閃俗謂之北辰閃。主雨立至。諺云。北閃三夜。無雨大怪。言必有大風雨也。（以上論電。）

又：冰後水長。名長水冰。主來年水。冰後水退。名退水冰。主旱。若冰堅可履。亦主水。（已上論冰。）

又：每年初下只一朝。謂之孤霜。主來年歉。連得兩朝以上。主熟。上有鎗芒者吉。平者凶。春多主旱。毛頭霜。主明日風雨。雪霽不消。名曰等伴。主再有雪。久經日照而不消。亦是來年多水之兆也。（已上論霜雪。）

又：夏初水中生苔。主有暴水。諺云。水底起青苔。卒逢大水來。水際生靛青。主有風雨。諺云。水面生青靛。天公又作變。諺云。大水無過一週時。言天道久雨。山澤發洪。大水橫流。江河陡漲之易也。諺云。大旱不過週時雨。大水無非百日晴。言天道須是久晴。則水方能退也。故論潮者云。晴乾無大汛。合而言之。可見水漲之易。退之難也如此。凡東南風退水。西北反爾。此理葢只是吳中太湖東南之常事。初冬大西北風。湖水泛起。吳江人家皆浸水中。風息復平。謂之翻湖水。纔是南風連吹半月十日。便可退水三二尺。又不還漲。水邊經行。聞得水有香氣。主雨。水驟至。極驗。或聞水腥氣。亦然。河內浸成包稻種。既沒復浮。主有水。（已上論水。）

又：草得氣之先者。皆有所驗。薺菜先生。歲欲甘。葶藶先生。歲欲苦。藕先生。歲欲雨。蒺藜先生。歲欲旱。蓬先生。歲欲流。水藻先生。歲欲惡。艾先生。歲欲病。孟月占之。五穀草占稻色。草有五穗。近本莖爲早色。腰末爲晚禾。隨其穗之美惡。以斷豐歉。未必極驗。但其草每年根根相似。草屋久雨。菌生其上。朝出晴。暮出雨。諺云。朝出曬殺。暮出濯殺。看窠草。一名干戈。謂其有刺故也。蘆葦之屬。叢生於地。夏月暴熱之時。忽自枯死。主有水。諺云。頭苧生子。沒殺二苧。二苧生子。旱殺三苧。茭草水草也。村人嘗剝其小白嘗之。以卜水旱。味甘甜主水。已來亦未止。味餿氣主旱。未來亦已定。　梧桐花初生時。赤色主旱。白色主水。扁荳五月開花。主水。　杞夏月開結。主水。　藕花謂之水花魁。開在夏至前。主水。　野薔薇開在立夏前。主水。　麥花晝放。主水。　扁豆鳳仙花開在五月。主水。　槐花開一遍。糯米長一遍價。

雜陰陽書禾生于棗或楊。大麥生于杏。小麥生于桃。稻生于柳或楊。黍生于榆。大豆生于槐。小豆生于李。麻生于楊或荊。

師曠占術杏多實不蟲者。來年秋禾善。五木者五穀之先。欲知五穀。但視五木。擇其木盛者。來年多種之。萬不失一也。已上論草木。

農政全書諺云。鴉浴風。鵲浴雨。八哥兒洗浴斷風雨。鳩鳴有還聲者。謂之呼婦。主晴。無還聲者。謂之逐婦。主雨。鵲巢低主水。高主旱。俗傳鵲意既預知水。則云終不使我沒殺。故意愈低。既預知旱。則云終不使曬殺。故意愈高。　海燕忽成羣而來。主風雨。諺云。烏肚雨。白肚風。　赤老鴉含水叫早。主雨多。人辛苦。叫晏晴多。人安閒。農作次第。　夜間聽九逍遙鳥叫。卜風雨。諺云。一聲風。二聲雨。三聲四聲斷風雨。　鸛鳥仰鳴則晴。俯鳴則雨。　鵲噪早報晴。名曰乾鵲。　冬寒天雀羣飛。翅聲重。必有雨雪。　鬼車鳥。北人呼爲九頭蟲。夜聽其聲出入。以卜晴雨。自北而南謂之出窠。主雨。自南而北謂之歸窠。主晴。故詩云。月黑夜深聞鬼車。　喫鵲叫。主晴。俗謂之賣蓑衣。　鶻叫。諺云。朝鶻晴。暮鶻雨。　夏秋間雨陣將至。忽有白鷺飛過。雨竟不至。名曰截雨。　家雞上宿遲。主陰雨。　燕巢做不乾淨。主田內草多。　母雞背負雞鶵。謂之雞跓兒。主雨。　喫井水禽也。在夏至前叫。主旱。諺云。夏前喫井叫。有車個。恰喫無車個嘯。　鵜鶘。一名淘河。鵝鸛之屬。其狀異常。每來必主大水。元至正庚寅五月十八日。方梅水漲。忽見此怪數十。自西而東。衆謂沒田先兆。一老農云。不妨。夏至前來曰犁湖。至後曰犁途。以其嘴之形狀相似。湖言水深。途言水淺。今至後八日。

此後雨腳斷。水退矣。雖然。疑信不決。後果天晴。高下皆得成熟。若此至前至後。便分禍福兩端。可謂奇驗。占候者慎之。　獺窟近水主旱。登岸主水。有驗。　圍塍上野鼠爬泥。主有水。必到所爬處方止。　鼠咬麥苗。主不見收。咬稻苗亦然。　狗爬地。主陰雨。每眠灰堆高處。亦主雨。狗咬青草吃。主晴。　狗向河邊吃水。主水退。　鐵鼠其臭可惡。白日銜尾成行而出。主雨。　猫兒吃青草。主雨。　絲毛狗褪毛不盡。主梅水未止。已上論禽獸。

又龍下便雨主晴。凡見黑龍下。主無雨。縱有亦不多。白龍下雨。必多水。鄉諺云。黑龍護世界。白龍讓世界。　龍下頻主旱。諺云。多龍多旱。　龍陣雨始自何一路。只多行此路。無處絕無。諺云。龍行熟路。已上論龍。
又魚躍離水面。謂之秤水。主水漲。高多少。增水多少。凡鯉鯽魚在四五月間。得暴漲。必散子。散不盡。水未止。盛散。水勢必定。夏至前後。得黃鱨魚甚散子。時雨必止。雖散不甚。水終未定。最緊。　車溝內。魚來攻水逆上。得鮎主晴。得鯉主水。諺云。鮎乾鯉濕。又云鯽魚主水。鱨魚主晴。　黑鯉魚脊翼長接其尾。主旱。　夏初食鯽魚。脊骨有曲。主水。　漁者網得死鱖。謂之水惡。故魚著網即死也。口開主水立至。易過。口閉來遲。水旱不定。已上論魚。
又水蛇蟠在蘆青高處。主水。高若干。漲若干。回頭望下。水即至。望上稍慢。　水蛇及白鰻入鰕籠中。皆主大風水作。　春暮暴煖。屋木中出飛蟻。主風雨。平地蟻陣作。亦然。　鸑探頭。占晴雨。諺云。南望晴。北望雨。　田角小螺兒。名曰鬼螄。浮于水面。主有風雨。　石蛤。蝦蟆之屬。叫得響亮。成通。主晴。諺云。杜蛤叫三通。不用問家公。言報晚晴有准也。　田雞噴水叫。主雨。　蚱蜢蜻蜓黃蝱等蟲。在小滿以前生者。主水。俗呼是魚口中食。謂其纔經風雨。俱死于水故也。　黃梅三時內。蝦蟆尿曲有雨。大曲大雨。小曲小雨。　二蠶初出。變化得多。主水。蚯蚓俗名曲蟮。朝出晴。暮出雨。　夏至日。蟹上岸。夏至後。水到岸。已上論蟲。

欽定授時通考

天時

卷三之六

欽定授時通考卷三

天時

春

易說卦萬物出乎震震東方也

疏震是東方之卦斗柄指東爲春春時萬物出生也

書堯典分命羲仲宅嵎夷曰暘谷寅賓出日平秩東作

傳宅居也東表之地稱嵎夷日出於谷而天下明故稱暘谷寅敬賓導秩序也歲起於東而始就耕謂之東作東方之官敬導出日平均次序東作之事以務農也

日中星鳥以殷仲春厥民析鳥獸孳尾

傳日中謂春分之日鳥南方朱鳥七宿殷正也春分之昏鳥星畢見以正仲春之氣節冬寒無事並入室處春事旣起丁壯就功

國語先時五日瞽告以協風至

注協和也風氣和時候至也立春日融風

又農祥晨正日月底於天廟土乃脈發

注農祥房星也晨正謂立春之日晨中於午也農事之候故曰農祥

管子發五正赦薄罪出拘民解仇讎所以建時功施生穀也

注謂及時立農功施力爲生穀凡此皆春令

又日至六十日而陽凍釋七十日而陰凍釋陰凍釋而藝稷百日不藝稷故春事二十五日之內耳

淮南子明庶風至則正封疆修田疇

注春分播穀

又春風至則甘雨降生育萬物

漢書律歷志少陽者東方東動也陽氣動物於時爲春春蠢也物蠢生乃動運

後漢書郎顗傳雷者所以開萌芽辟陰除害萬物須雷而解資雨而潤王者崇寬大順春令則雷應節

古三墳物象春春主發生物之象也

說文辰者農之時也故農字從辰田候也

談撰卉木皆感於春氣而後發生者以木旺寅卯然也

師曠占春雷初起其音格格霹靂者所謂雄雷旱氣也其鳴依依音不大霹靂者謂之雌雷水氣也

農桑通訣孟春立春節氣首五日東風解凍次五日蟄蟲始振後五日魚上冰次雨水中氣初五日獺祭魚次五日鴈候北後五日草木萌動次仲春驚蟄節氣初五日桃始華次五日倉庚鳴後五日鷹化爲鳩次春分中氣初五日元鳥至次五日雷乃發聲後五日始電次季春淸明節氣初五日桐始華次五日田鼠化爲鴽後五日虹始見次穀雨中氣初五日萍始生次五日鳴鳩拂其羽後五日戴勝降於桑凡此六氣一十八候皆春氣

正發生之令。
說苑主春者。張昏而中。可以種穀。
農政全書東作既興。早起夜眠。春間最爲緊要。古語云。一年之計在春。一日之計在寅。

占驗

田家五行凡春宜和而反寒。必多雨。諺云。春寒多雨水。
又諺云。春風踏脚報。言易轉方。如人傳報不停脚也。一云。既吹一日南風。必還一日北風。報答也。二說俱應。
師曠占春辰巳日雨。蝗蟲食禾稼。
田家雜占春甲子日雨。主夏旱六十日。春甲申日雨。主米暴貴。

又茆蕩內春初雨。菌生。俗呼爲雷蕈。多則主旱。無則主水。
風角書春甲寅日。風高去地三四丈。鳴條以上。常從申上來。爲大赦。期六十日應。

正月 立春 雨水

禮記月令孟春之月。日在營室。昏參中。旦尾中。
註日月之行。一歲十二會。聖王因其會而分之。以爲大數焉。觀斗所建。命其四時。此云孟春者。日月會於娵訾。而斗建寅之辰也。
其日甲乙。其帝太皡。其神句芒。
註乙。軋也。日之行。春東從青道。發生萬物。月爲之佐。時萬物皆解孚甲。自抽軋而出。太皡。宓羲氏也。句芒。少皡氏之子曰重。爲木官。
又東風解凍。蟄蟲始振。魚上冰。獺祭魚。鴻雁來。
陳澔曰。此記寅月之候。振。動也。來。自南而北也。
又是月也。以立春。先立春三日。太史謁之天子曰。某日立春。盛德在木。天子乃齊。立春之日。天子親帥三公九卿諸侯大夫。以迎春於東郊。
又天子乃以元日祈穀於上帝。
集說元日。辛日也。郊祭天而配以后稷。爲祈穀也。
又天氣下降。地氣上騰。天地和同。草木萌動。
註此陽氣蒸達。可耕之候。農書曰。土長冒橛。陳根可

拔。耕者急發。
又王命布農事。命田舍東郊。皆修封疆。審端經術。善相邱陵阪險原隰。土地所宜。五穀所植。以敎道民。必躬親之。田事既飭。先定準直。農乃不惑。
管子正月之朝。穀始也。
又正月令農始作服於公田。
呂氏春秋冬至後五旬七日。菖始生。菖者。百草之先生者也。於是始耕。
後漢書祭祀志立春之日。皆青幡幘。迎春於東郭外。
唐六典正月上辛。祈穀於圜丘。以高祖配。
唐書王仲邱傳開元中。王仲邱上言。貞觀禮。正月上辛。

祀感帝於南郊。顯慶禮。祀昊天上帝於圜丘以祈穀。

宋史禮志 景德三年。十二月。陳彭年言來年正月三日上辛祈穀。至十日始立春。按月令春秋傳。當在建寅之月。迎春之後。後齊永明元年。立春前郊。議者欲遷日。王儉啟云。宋景平元年元嘉六年並立春前郊。遂不遷日。然則左氏所記啟蟄而郊。乃三代彝章。王儉所啟郊在春前。乃後世變禮。望常以正月立春之後。行上辛祈穀之禮。從之。

四民月令 正月可種瓜瓠葵芥大小葱蒜苜蓿。及雜蒜亦種。

齊民要術 元日五更雞鳴時。點火把照桑棗果木等樹。則無蟲。以刀斧班駁敲打樹身則結實。此之謂稼樹。是日用尖刀刮破桃樹皮。 是月命女工趨織布。典饋釀春酒。 是月教牛。修農具。築墻園。開溝渠。修蠶室。整屋漏。織蠶箔。 此月栽樹為上時。上半月栽者多結子。南風不可栽。

下子。 茄 瓜 薏苡 諸般花子 葫蘆 匏

扦插。 楊柳 石榴 梔子

栽種。 松 桑 榆 柳 棗 葱 葵 韭 麻

胡桃 榛子 松子 杏子 椒 牛蒡子 菠菜

竹宜初二日。 雜樹木宜上日。 木棉花 苦蕒 山藥

冬瓜宜十日。 黃瓜 萵苣生菜 四月芥 種蕈

種芋

接換。 梨子 林檎 棗 柿 栗 桃 梅李 杏

以上並雨後。

澆培。 石榴 梨子 海棠 棗 柿 梅 桃 杏

林檎 胡桃 以上並下旬。

收藏。 無灰臘糟 蒸臘酒 合小豆醬

雜事。 接諸般花木果樹 移諸般花木果樹 壠瓜地 修諸色果木 修接桑樹 騸諸色樹木騸與嫁同。

占驗

禮記月令 孟春行夏令。則雨水不時。草木早落。國時有恐。行秋令。則其民大疫。猋風暴雨總至。藜莠蓬蒿並興。行冬令。則水潦為敗。雪霜大摯。首種不入。

史記天官書 正月旦決八風。風從南方來大旱。西南小旱。西方有兵。西北戎菽為。小雨趣兵。北方為中歲。東北為上歲。東方大水。東南民有疾疫。歲惡。

註 戎菽。胡豆也。為。成也。

又 故八風各與其衝對課。多者為勝。多勝少。久勝亟。疾勝徐。旦至食為麥。食至日昳為稷。昳至餔為黍。餔至下餔為菽。下餔至日入為麻。欲終日有雨有雲有風有日。日當其時者。深而多實。無雲有風日。當其時。淺而多實。有雲風無日。當其時。深而少實。有日無雲不風。當其時者。稼有敗。如食頃。小敗。熟五斗米頃。大敗。則風復起。有

雲。其稼復起。各以其時用雲色占。種其所宜。其雨雪若寒。歲惡。

【正義】正月旦欲其終一日有風有日。則一歲之中。五穀豐熟無災害也。

【又】從正月旦數雨。率日食一升。至七升而極。過之不占。數至十二日。日直其月。占水旱。為其環城千里內占。則其為天下候。竟正月。

【注】月一日雨。民有一升之食。二日雨。民有二升之食。如此至七日。月一日雨。正月水。月三十日周天歷二十八宿。然後可占天下。

【又】月所離列宿。日風雲。占其國。然必察太歲所在。金穰。水毀。木饑。火旱。　正月上甲。風從東方宜蠶。風從西方若旦黃雲。惡。

【易說】立春氣當至不至。則多疾瘧。

【古史考】元日太史占氣候以知水旱吉凶。隨分野書之。

【陶朱公書】元日有雷。禾麥皆吉。有雪。夏秋大旱。日出時有紅霞主絲貴。天晴為上。西北風主米貴。每月如之。諺云。歲朝東北。五禾大熟。壬癸亥子之方。謂之水門。其方風來主水。諺云。歲朝西北風。大雨定妨農。西南風主米貴。東南及南風。皆主旱。

【又】占桑葉貴賤。只看正月上旬。木在一日。則為蠶食一葉。為甚貴。木在九日。則為蠶食九葉。為甚賤。上元日晴。

春水少。括云。上元無雨多春旱。清明無雨少黃梅。夏至無雲三伏熱。重陽無雨一冬晴。　元宵前後。必有料峭之風。謂之元宵風。

【黃帝占】正月二十日為秋收日。晴主秋成百穀蕃茂。

【師曠占】立春雨傷五禾。

【又】正月甲戌日。大風東來折樹者。穀熟。甲寅日。大風西北來者貴。庚寅日風從西來者皆貴。

【齊民要術】欲識歲所宜。以布囊盛粟等諸物種。平量之。埋陰地。冬至後五十日發取。量之息最多者。歲所宜也。

【玉海】祥符四年正月已丑。司天言農丈人星見。主歲豐。

【物理論】正月朔旦。四面有黃氣。其歲大豐。此黃帝用事。土氣黃均。四方並熟。有青氣雜黃。有螟蟲。赤氣大旱。黑氣大水。正朔占歲星上有青氣。宜桑。赤氣宜豆。黃氣宜稻。

【又】正月望夜占陰陽。陽長即旱。陰長即水。立表以測其長短。審其水旱。表長二尺。月影長二尺以內。大旱。二尺五寸至三尺。小旱。三尺五寸至四尺。調適。高下皆熟。四尺五寸至五尺。小水。五尺五寸至六尺。大水。月影所極則正面也。立表中正。乃得其定。

【羣芳譜】元日值甲。穀賤。乙。穀貴。丙。四月旱。丁。絲綿貴。戊。米麥魚鹽貴。己。米貴。蠶傷多風雨。庚。田熟。辛。米平。麥麻貴。壬。絹布豆貴。米麥平。癸。主禾傷。多風雨。一說元日值戌主春旱四十五日。

又三日得甲爲上歲四日中歲五日下歲月内有甲寅米賤。

占書一日得辛旱二日小收三四日主水麥半收五六日小旱七分收八日歲稔一云春旱不收。

通書月内有三卯宜豆無則早種禾一云一日得卯十分收二日低田半收三四日大水五日六日半收七日八日春澇全收。

周益公日記正月内有三子葉少蠶多無三子則葉多蠶少有三卯則早豆收無則少收有三亥主大水一云正月得三亥湖田變成海在正月節氣方準。

便民書元日晴和無日色主有年日有暈主小熟有雷主一方不寧有電人殃霞氣主蟲蝗蠶少婦人災果蔬盛有霜主七月旱禾苗吉有霧主桑貴而民疾有雪主夏旱秋水如未過立春而元日雪主大有年。

通考歲旦天氣晴朗氣溫和主民安國泰五穀豐登人少病犧牲旺寇盜息。

類占正朔之日天氣和潤風不鳴條兼有雲迎送出入者歲美無疾朔日晚至連三日内無風雨而陰和不見日色者主一歲大美。

探春歷記甲子日立春高鄉豐稔水過岸一尺春雨如錢夏雨調匀秋雨連綿冬雨高懸。

紀歷撮要八日穀夜見星辰五穀豐登。

研北雜志世謂正月三日爲田本命浙西人謂之夏正三言夏正之三日俗以是日稱水以重爲上有年極驗

朝野僉載正月三白田公笑赫赫西北人諺曰要宜麥見三白。

耀仙神隱立春天陰無風民安蠶麥十倍東風吉人民安果穀盛

田家五行正月十六日喜西南風爲入門風主低田大熟。

又春牛占歲事頭黄主熟又專主菜麥大熟青主春多瘟赤主春旱黑主春水白主春多風身色主上鄉脚色

主下鄉。

農政全書上八日宜晴此夜若雨元宵如之諺云上八夜弗見參星月半夜弗見紅燈。

又雨水後陰多主少水高下大熟諺云正月罯坑好種田。

二月 驚蟄 春分

詩豳風四之日舉趾。

傳四之日周四月也民無不舉足而耕矣。

禮記月令仲春之月日在奎昏弧中旦建星中。

註仲春日月會於降婁斗建卯之辰孔穎達曰餘月昏旦中星皆舉二十八宿此云弧與建星者以弧星

近井。建星近斗。井斗度多星體廣。不可的指。故舉弧建以定昏旦之中。

又 始雨水。桃始華。倉庚鳴。鷹化爲鳩。

陳澔曰。此記卯月之候。倉庚。黃鸝也。鳩。布谷也。鷹化爲鳩。以生育氣盛。故鷙鳥感之而變。

又 擇元日。命民社。

註 社。后土也。使民祀焉。神其農業也。祀社日用申。

又 是月也。日夜分。

陳澔曰。晝夜五十刻。

雷乃發聲。始電。蟄蟲咸動。啟戶始出。

疏 雷是陽氣之聲。將上與陰相衝。電是陽光。陽微則

光不見。此月陽氣漸盛以擊於陰。故云始電。戶。穴也。謂發所蟄之穴。

國語 自今至於初吉。陽氣俱蒸。土膏其動。

註 初吉。二月朔日也。

又 土發而社。助時也。

註 土發。春分也。社者。助時求福。爲農始也。

呂氏春秋 開春始雷。則蟄蟲動矣。時雨降。則草木育矣。

又 太簇之月。陽氣始生。草木繁動。令農發土。無或失時。

洪範五行傳 雷以二月出震。其卦曰豫。言萬物隨雷出地。皆逸豫也。

淮南子 二月官倉。

注 二月播種。故官倉也。

白虎通 仲春獲禾。報社祭稷。以三牲何。重功故也。

說文 膢。楚俗以二月祭飲食也。一曰祈穀食新曰離膢。

又 春分而禾生。

夏小正 祈麥實。

傳 麥者。五穀之先見者。故急祈而記之也。

又 二月往耰黍禪。

傳 禪。單也。

論衡 二月之時。龍星始出見。出雩。祈穀雨。

唐書李泌傳 二月朔。里閭釀宜春酒。以祭勾芒神。祈豐年。

荆楚歲時記 春分日。民竝種戒火草於屋上。有鳥如烏。先雞而鳴。架架格格。民聞此鳥。則入田以爲候。

四民月令 二月陰凍畢澤。可菑美田緩土。及河渚水處。

氾勝之書 種麻子。二月下旬。傍雨種之。麻生布葉。鋤之。以蠶矢糞之。天旱以流水澆之。無流水。曝井水。殺其寒氣以澆之。如此美田。則畝五十石及百石。薄田尚三十石。

齊民要術 二月昏參夕。杏花盛。桑椹赤。可種大豆。謂之上時。家政法曰。二月可種瓜瓠。

又 二月順陽習射。以備不虞。春分中。雷乃發聲。先後各五日。寢別內外。蠶事未起。命縫人浣冬衣。徹複爲袷。其

有羸帛。遂供秋服。（凡浣故帛。用灰汁。則色黃而且肥。擣小豆細末。下絹簁。投湯水以洗之。潔白而柔韌。勝皂莢矣。）可糶粟黍大小豆麻麥子等。收薪炭。（炭聚之下。碎末勿令棄之。擣簁煮淅米泔溲之。更擣令熟。丸如雞子。曝乾。以供籠爐種火之用。輒得達曙。堅寔耐久。逾炭十倍。）

初二日。東作興。俗謂上工日。田家雇傭工之人。俱此日執役之始。故名上工。　泥蠶室。　春百果木根。則子牢。

此月雨水中。埋諸花樹條。則活。　中旬種稻爲上時。

下子。　麻子　紅花　山藥　白扁豆　桑椹

扦插。　蒲桃　石榴

栽種。　槐　穀楮　栗　松　銀杏　棗　皂莢　菊　茶　木瓜　薤　桐樹　決明　百合　胡麻　黃精　木槿　茨菰　甘蔗　雜菜　藕　芋（宜雨多。）

竹　茄　瓜　莧　枸杞　萱草　蒼朮　芭蕉　萵苣　紫蘇　烏豆　豌豆　茱萸　韭　夏蘿蔔　茗帚　大葫蘆　菘菜　大蜱豆

壓條。　桑條

接換。　柑　橘　柹　棗　橙　柚　杏　栗　桃　梅　梨　李　胡桃　銀杏　楊梅　枇杷　沙柑　石榴　紫丁香（以上春分前後皆可。）

澆培。　柑　橘　橙　柚　蒲萄

收藏。　百合曲　槐芽　皂角　新茶

雜事。　移諸般花木。（並忌南風火日。）理蠶事。春耕宜遲。恐陽氣未透。　插諸色樹木。　解樹上裹縛。　二月二日。取枸杞煮湯沐浴。令人光澤。不老不病。

【續文獻通考】元武宗至大三年。命祀先農。樂用登歌。日用仲春上丁。或用上辛或甲日。

占驗

【禮記月令】仲春行秋令。則其國大水。寒氣總至。寇戎來征。行冬令。則陽氣不勝。麥乃不熟。民多相掠。行夏令。則國乃大旱。暖氣早來。蟲螟爲害。

【陶朱公書】二月朔日值驚蟄。主蝗蟲。值春分。主歲歉。風雨。主米貴。

【又】二月初八日。東南風。謂之上山旗。主水。西北風。謂之下山旗。主旱。

【又】十五日爲勸農日。晴和主年豐。風雨主歲歉。

【又】二月虹見在東。主秋米貴。在西。主蠶貴。　驚蟄前後有雷。謂之發蟄。雷聲初起。從乾方來。主人民災。坎方來。主水。艮方來。主米賤。震方來。主歲稔。巽方來。主蝗蟲。離方來。主旱。兌方來。主五金長價。詩曰。初二天晴東作興。初七八日看年成。花朝此夜晴明好。何處連綿夜雨傾。

【師曠占】二月甲戌日。風從南來者稻熟。　二月乙卯日。不雨晴明。稻上塲不熟。

【通考】二月甲子日發雷。大熟。一云大熟。

【又】十六日。乃黃姑浸種日。西南風主大旱。高鄉人見此風。即懸百文錢於簷下。風力能動。則舉家失聲相告。風愈急愈旱。又主桑葉貴。

經世民事錄二月內有三卯。則宜豆。無則早種禾。

談薈二月二十日。謂之小分龍日。晴分嬾龍。主旱。雨分健龍。主水。

農政全書二月十二日夜宜晴。可折十二夜夜雨。二月最怕夜雨。若此夜晴。雖雨多亦無所妨。越人陳元義云。二月內得十二個夜晴。則一年雨晴調勻。更十二夜中又雨。爲水潦年歲矣。十夜以上雨。水鄉人盡叫苦。　初四有水。謂之春水。　初八日。前後必有風雨。

諺云。清明斷雪。穀雨斷霜。言天氣之常。

四時占候二月朔日雨。稻惡糴貴。晦日雨。人多疾。

萬寶全書春分日西風麥貴。南風先水後旱。北風米貴。

三月　清明　穀雨

禮記月令季春之月。日在胃。昏七星中。旦牽牛中。

註季春日月會於大梁。斗建辰之辰。　陳澔曰。七星。二十八宿之星宿也。

又桐始華。田鼠化爲鴽。虹始見。萍始生。

陳澔曰。此記辰月之候。鴽鶉鴾之屬。

又薦鮪於寢廟。乃爲麥祈實。是月也。生氣方盛。陽氣發泄。句者畢出。萌者盡達。

註於含秀求其成也。句屈生者。芒而直曰萌。

又是月也。命司空曰。時雨將降。下水上騰。循行國邑。周視原野。修利隄防。道達溝瀆。開通道路。毋有障塞。

淮南子清明加十五日。斗指辰。則穀雨。音比姑洗。

孝經緯斗指辰爲穀雨。言雨生百穀也。

說文辰震也。三月陽氣動。雷電振。民農時也。物皆生。

嘉定縣志三月十一日爲麥生日。喜晴。

祛疑說農家以霜降前一日見霜。則清明前一日霜止。霜降後一日見霜。則清明後一日霜止。五日十日而往。前後同占。欲出秧苗。必待霜止。每歲推驗。若合符節。

氾勝之書三月榆莢時有雨。高田可種大豆。土和無塊。畝五升。土不和則益之。

又種禾無期。因地爲時。三月榆莢時雨。膏地强。可種禾。

齊民要術穀雨三月上旬及清明節。桃始華爲中時。

又三月可種稉稻。

又是月也。蠶農尚閑。可利溝瀆。葺治墻屋。修門戶。警設守備。以禦春饑草竊之寇。是月盡夏至。煖氣將盛。日烈暵燥。利用漆油。作諸日煎藥。可糶黍買布。四月繭既入簇。趨繰剖線。具機杼。敬經絡。草茂可燒灰。是月也。可作棄蛹以禦賓客。可糴麵及大麥弊絮。

下子。　茨菰宜穀雨日。　麻子

栽種。　菉豆　茶宜陰地。　粟　穀　秫稌　石榴　大豆宜上旬。　松　百合　山藥　黃瓜　紫草　紅花　甘蔗　菱　早芝蔴　雞頭　薑　葵菜　絲瓜　兒宜社日。　香菜　早稻宜上旬。　地黃　梔子　藍

紫蘇　芋　綿花　杏　瓠子　葫蘆　菱白　菠菜宜月末　桑椹　紵麻

收藏。芥菜　桐花　毛羽衣物　清明醋　次茶書晝入焙中　又可栽茶宜陰地　諸般瓜宜初三日或辰戌時　葫蘆宜清明日

移植。椒　茄秧　枸杞苗　蒲百合　柚　橘　橙　柑

接換。楊梅　橙　柑　棗　栗　柿　枇杷

雜事。犁秧田　梅上接杏杏上接梅　埋楮樹　收菌　開溝　修墻　防雨　浸穀種　修蜜

占驗

禮記月令季春行冬令。則寒氣時發。草木皆肅。國有大恐。行夏令。則民多疾疫。時雨不降。山陵不收。行秋令。則天多沉陰。淫雨早降。兵革並起。

陶朱公書朔日值清明。主草木榮茂。值穀雨。主年豐。風雨主人災。百蟲生。有雷主五穀熟。

種樹書常以三月三日雨。卜桑葉之貴賤。諺云。雨打石頭徧。桑葉三錢片。或曰。四日尤甚。杭人曰。三日尚可。四日殺我。言四日雨尤貴。

田家五行清明午前晴。早蠶熟。午後晴。晚蠶熟。

又三月初三晴。桑葉掛銀瓶。雨打石頭斑。桑葉錢上䢭。雨打石頭流。桑葉好餧牛。

又三月無三卯。田家米不飽。

又穀雨日辰值甲辰。蠶麥相登大喜忻。穀雨日辰值甲午。每箔絲綿得三觔。清明無雨少黃梅。又雨打紙錢頭。麻麥不見收。雨打墓頭錢。今年好種田。門前插柳青。農人休望晴。門前插柳焦。農人好作嬌。

嘉定縣志三月三上巳日。聽蛙聲占水旱。諺云。田雞叫得啞。低田好稻把。田雞叫得響。低田好牽槳。唐詩田家無五行。水旱聽蛙聲是也。

農政全書若清明寒食前後有水而渾。主高低田禾大熟。四時雨水調。穀雨日雨。主魚生。諺云。一點雨一個魚。穀雨前一兩朝霜。主大旱。是日雨則魚生。必主多

雨。二麥紅腐。不可食用。月內有暴水。謂之桃花水。則多梅雨。無澇亦無乾。雪不消。則九月霜不降。雷多。歲稔。虹見。九月米貴。

欽定授時通考卷四

天時

夏

書堯典申命羲叔宅南交平秩南訛敬致

傳申重也南交言夏與春交此居治南方之官訛化也掌夏之官平敘南方化育之事敬行其教以致其功

日永星火以正仲夏厥民因鳥獸希革

傳永長也謂夏至之日火蒼龍之中星舉中則七星見可知以正仲夏之氣節季孟亦可知因謂老弱因就在田之丁壯以助農也夏時鳥獸毛羽希少改易革改也

農桑通訣孟夏立夏節氣初五日螻蟈鳴次五日蚯蚓出後五日王瓜生次小滿中氣初五日苦菜秀次五日靡草死後五日麥秋至次仲夏芒種節氣初五日螳螂生次五日鵙始鳴後五日反舌無聲次夏至中氣初五日鹿角解次五日蜩始鳴後五日半夏生次季夏小暑節氣初五日溫風至次五日蟋蟀居壁後五日鷹始鷙次大暑中氣初五日腐草爲螢次五日土潤溽暑後五日大雨時行凡此六氣一十八候皆夏氣正長養之令

埤雅江湘二浙四五月間梅欲黃落則水潤土溽柱礎皆汗蒸鬱成雨謂之梅雨也

瑣碎錄立夏後逢庚日爲入梅芒種後逢辰日爲出梅

四民月令五月六月可菑麥田

四月　立夏　小滿

禮記月令孟夏之月日在畢昏翼中旦婺女中

註孟夏日月會於實沈斗建巳之辰

其日丙丁其帝炎帝其神祝融

註丙之言炳也日之行夏南從赤道長育萬物月爲之佐時萬物皆炳然著見而強大炎帝大庭氏也祝融顓頊氏之子曰犁爲火官陳澔曰大庭氏即神農也

又螻蟈鳴蚯蚓出王瓜生苦菜秀

陳澔曰此記巳月之候註螻蟈蛙也王瓜草挈也今月令云王萯生夏小正云王萯秀朱氏曰王瓜色赤感火之色而生苦菜味苦感火之味而成

又是月也以立夏先立夏三日太史謁之天子曰某日立夏盛德在火天子乃齊立夏之日天子親帥三公九卿大夫以迎夏於南郊

又是月也天子始絺命野虞出行田原爲天子勞農勸民毋或失時命司徒循行縣鄙命農勉作毋休於都是月也驅獸毋害五穀毋大田獵農乃登麥

又是月也聚畜百藥靡草死麥秋至

左傳龍見而雩

註建巳之月蒼龍宿之體昏見東方萬物始盛待雨而大故祭天遠爲百穀祈膏雨

春秋考異郵三時惟有禱禮惟四月龍星見始有常雩

呂氏春秋孟夏之昔三葉而穫大麥

注昔終也三葉薺亭歷菥蓂也是月之季枯死大麥熟而可穫大麥旋麥也

淮南子孟夏之月以熟穀禾雄鳩長鳴爲帝候歲

注雄鳩蓋布穀也

又立夏加十五日斗指巳則小滿音比太簇

孝經緯斗指巳爲小滿小滿者言物於此小得滿盈也

嬾眞子錄小滿四月中謂麥之氣至此方小滿而未熟也

荊楚歲時記四時有鳥名穫穀其名自呼農人候此鳥則犁杷上岸

氾勝之書黍者暑也種必待暑先夏至二十日此時有雨彊土可種黍一畝三升黍心未生雨灌其心心傷無實黍心初生畏天露令兩人對持長索槩去其露日出乃止

齊民要術是月收諸色菜子斫倒就地曬打收之用瓶罐盛貯標記名號　是月收蜜蜂　此月伐木不蛀

下子　芝麻

扦插　梔子

栽種　椒　松　大豆　紫蘇　麻宜夏至前十日　晚黃瓜　葵　蓮　菉豆　白莧　荷根宜立夏前三日　梔子　枇杷

收藏　絲綿　大麥　乾葚　蒿芥　鹽春菜　蘿蔔子　筍乾　芋魁　蠶豆　甜菜乾　晚菜乾

雜事　曬白菜　移茄　包梨　鋤葱芋　斫竹

占驗

禮記月令孟夏行秋令則苦雨數來五穀不滋四鄙入保行冬令則草木蚤枯後乃大水敗其城郭行春令則蝗蟲爲災暴風來格秀草不實

羣芳譜諺云有穀無穀且看四月十六立一丈竿量月

影月當中時影過竿雨水多沒田夏旱人饑長九尺主三時雨水八尺七尺主雨水六尺低田大熟高田半收五尺主夏旱四尺蝗三尺人饑

嘉定縣志四月初四爲稻生日喜晴

談苑江南民於四月一日至四日卜一歲之豐凶云一日雨百泉枯言旱也二日雨傍山居言避水也三日雨騎木驢言踏車取水亦旱也四日雨餘有餘言大熟也

農政全書四月以清和天氣爲正　必作寒數日謂之麥秀寒卽月令麥秋至之候　夏至日風色看交時最要緊屢驗　月中看魚散子占水黃梅時水邊草上看散子高低以卜水增止　立夏日看日暈有則主水諺

云一番暈添一番湖塘是夜雨損麥諺云二麥不怕神共鬼只怕四月八夜雨大抵立夏後夜雨多便損麥蓋麥花夜吐雨多花損故麥粒浮秕也

五月　芒種　夏至

禮記月令仲夏之月日在東井昏亢中旦危中

註仲夏日月會於鶉首斗建午之辰

又小暑至螳螂生鵙始鳴反舌無聲

陳澔曰此記午月之候螳螂一名蚚父一名天馬鵙博勞也反舌百舌鳥凡物皆稟陰陽之氣而成質其陰類者宜陰時陽類者宜陽時得時則興失時則廢

又是月也農乃登黍

又日長至

孔穎達曰謂此月之時日長之至極

又鹿角解蟬始鳴半夏生木菫榮

鄭氏曰半夏藥草木菫王蒸也

周禮春官女巫旱暵則舞雩

疏此謂五月已後修雩故有旱暵之事旱而言暵者暵謂熱氣也

管子以春日至始數九十二日謂之夏至而麥熟天子祀於大宗其盛以麥麥者穀之始也

淮南子小滿加十五日斗指丙則芒種音比大呂

三禮義宗五月芒種爲節者言時可以種有芒之穀故以芒種爲名

嬾真子錄芒種五月節種該數類之種謂之有芒者麥也至是當熟矣周禮稻人澤草所生種之芒種註云澤草之所生其地可種芒種芒種稻麥也過五月節則稻不可種所謂芒種五月節者謂麥至是而始可收稻過是而不可種也

齊民要術五月芒種節後陽氣始虧陰慝將萌煖氣始盛蟲蠹並興乃弛角弓弩解其徽絃張竹木弓弩弛其絃以灰藏旃裘毛毳之物及箭羽以竿挂油衣勿辟藏霖雨將降儲米穀薪炭以備道路陷滯不通是月也陰陽爭血氣散夏至先後各十五日薄滋味勿多食肥醲

距立秋無食煮餅及水引餅夏月食水時此二餅得水即堅強難消惟酒引餅即化可糴大小豆胡麻糶穬大小麥收弊絮及布帛至後糴麰麲曝乾置甖中密封使不生蟲至冬可養馬　十三是竹醉日可移竹

下子　夏松菜　夏蘿蔔

栽種　插稻秧　晚大豆　晚紅花　香菜

收藏　豆醬　烏梅　酸豆　木綿　菜子　蠶種

豌豆　紅花　白酒　芝麻　槐花　小麥　大蒜

藍青　椹子　蘿蔔子

雜事　斫苧　埋桃杏李梅核在牛糞內尖向上易出

浸蠶種　斫桑　芒種後壬日入梅梅日種草無不

活者。　五月五日蒿苣成片。放廚櫃內。辟蟲蛀衣帛等物。收蒿苣葉亦得。

東陽縣志夏至。凡治田者。不論多少。必具酒肉祭土穀之神。束草立標。插諸田間。就而祭之。爲祭田婆。蓋麥秋既登。稻禾方茂。義兼祈報矣。

占驗

禮記月令仲夏行冬令。則雹凍傷穀。道路不通。暴兵來至。行春令。則五穀晚熟。百螣時起。其穀乃飢。行秋令。則草木零落。果實早成。民殃於疫。

月令占候圖朔日夏至。并二日三日至六日夏至。五穀熟。二十二日二十四日夏至不熟。二十五日三十日夏

至。時價平和。梅日夏至。五穀貴。

便民圖纂五月宜熱。諺云。黃梅寒。井底乾。又夜亦宜熱。諺云。晝暖夜寒。東海也乾。俱主旱。　五月暴熱之時。看窠草忽自枯死。主有水。

老農俚語上半月夏至前。田內蠼殺小魚。主水。口開。水立至。易過。口閉反是。

田家五行朔日值芒種。六畜災。值夏至。冬米大貴。又夏至在月初。主雨水調。諺云。夏至端午前。坐了種田年。

又五月十三連夜雨。來年早種白頭田。

嘉定縣志五月朔旦爲旱禾本命日。尤忌雨。

又夏至日起時。時分三節。共十五日。初雨爲迎時。末雨爲送時。諺云。高田只怕迎時雨。低田只怕送三時。蓋初時雨則旱。末時雨則潦也。若中時而雷。謂之腰報。亦主多雨。諺云。中時腰報沒低田。

農政全書諺云。初一雨落井泉浮。初二雨落井泉枯。初三雨落連太湖。又云。一日值雨。人食百草。又云。一日晴。一年豐。一日雨。一年歉。　立梅。芒種日是也。宜晴。陰陽家云。芒後逢壬立梅。至後逢壬梅斷。或云芒種逢壬是立黴。按風土記云。夏至前芒種後雨爲黃梅雨。田家初插秧。謂之發黃梅。逢壬爲是。　芒後半月內西南風。諺云。梅裏西南。時裏潭潭。但此風連吹兩日。雨立至。　畏雷。諺云。梅裏雷。低田拆舍回。言低田巨浸。屋無用也。甚

驗。或云聲多及震响反旱。往往經試。才有雷便有雨遍插秧之患。大抵芒後半月。謂之禁雷天。又云。梅裏一聲雷。時中三日雨。　立梅日早雨。謂之迎梅雨。一云主旱。諺云。雨打梅頭。無水飲牛。雨打梅額。河底開坼。一云主水。諺云。迎梅一寸。送梅一尺。雜占云。此日雨。卒未晴。試以二日比較。近年纔是無雨。雖有黃梅亦不多。不可不知也。　重五日只宜薄陰。但欲曬得蓬癟。步結切。枯病也。便好。大晴主水。雨主絲綿貴。大風雨主田內無邊帶風水多也。　至後半月爲三時。頭時三日。中時五日。末時七日。時雨中時主大水。若末時縱雨亦善。括云。夏至未過。水袋未破。諺云。時裏一日西南風。准過黃梅兩日雨。又云。

時雨西南老龍奔潭皆主旱全不應晚轉東南必晴諺云朝西暮東風正是旱天公 末時得雷謂之送時主久晴諺云迎梅雨送時雷送去了便弗回 諺云黃梅天日幾番顛 冬青花占水旱諺云黃梅雨未過冬青花未破冬青花已開黃梅雨不來 夏至端午前叉手種年田 夏至日雨落謂淋時雨主久雨 其年必豐 夏至有雲三伏熱如吹西南風急吹急沒慢吹慢沒 端午日雨來年大熟 分龍之日農家於是日早以米綈盛灰籍之紙至晚視之若有雨點迹則秋不熟穀價高人多閉糴 五月二十日大分龍無雨而有雷謂之鎖雷門 田家五行曰至正壬辰春末夏初水至既非桃

花亦非黃梅去而復來進退不已余家所種低田數多正苦於插種過時田中積水車淺未有乾期此日尚且勉強督工喜晴固好然八風周旋正不知吉凶如何至申時忽東南陣起見掛帆雨隨有雷三四聲方且驚愕忽見一老農拱手仰天且連稱慚愧不已因問其故答云今日無雨而有雷謂之鎖龍門復拱手相賀喜躍或問此處無雨他處却雨如何老農云晴雨各以本境所致爲占候也幼聞父老言前宋時平江府崑山縣作水災隣縣常熟却稱旱上司謂接境一般高下之地豈有水旱如此相背之理不准申後其里人直赴於朝訴諸史丞相丞相怪問亦然衆人因泣下而告曰崑山日日雨常熟只聞雷丞相謂有此理悉聽所陳至今吳中相傳以爲古諺又諺云夏雨隔田晴又云夏雨分牛脊又云龍行熟路正此謂也其年果熟晴多雨少自此日至立秋止雨兩番 月內虹見麥貴有三卯宜種稻有應時雨 諺云二十分龍廿一雨破車閣在弄堂裏二十分龍廿一鬣拔起黃秧便種豆

六月 小暑 大暑

易說卦坤也者地也萬物皆致養焉故曰致役乎坤

函史土寄王于四時莫盛于季夏於易卦爲坤坤也者土也致役致養也土乘其旺竭精華養萬物也

禮記月令季夏之月日在柳昏火中旦奎中

註季夏日月會於鶉火斗建未之辰

又溫風始至蟋蟀居壁鷹乃學習腐草爲螢

陳澔曰此記未月之候疏蟋蟀生於土中至季夏羽翼未能遠飛但居其壁鷹感陰氣乃學習搏擊之事腐草得卑濕之氣故爲螢

又是月也土潤溽暑大雨時行燒薙行水利以殺草如以熱湯可以糞田疇可以美土疆

中央土

陳澔曰土寄旺於四時各十八日共七十二日除此則木火金水亦各七十二日矣土於四時無乎不在故無定位無專氣而寄旺於辰戌丑未之末未月在

火金之間。又居一歲之中。故特揭中央土一令以成五行之序。

其日戊巳。其帝黃帝。其神后土。

註戊之言茂也。日之行四時之間。從黃道。月爲之佐。至此萬物皆枝葉茂盛。其含秀者屈抑而起。黃帝。軒轅氏也。后土亦顓頊氏之子曰犁。兼爲土官。

內經中央生濕。濕生土。土生甘。甘在天爲濕。在地爲土。

註六月四陽二陰。合蒸以生濕氣。蒸腐萬物成土也。霧露雲雨。濕之用也。安靜稼穡。土之德也。

管子中央曰土。土德實輔四時。

淮南子六月官少內。

注六月植稼成熟。故官少內也。

春秋繁露土者。夏中成熟百種君之官。

吳志華覈傳是時盛夏興工。覈上疏曰。六月戊巳。土行正旺。既不可犯。加又農月。時不可失。昔魯隱公夏城中邱。春秋書之。垂爲後戒。

齊民要術鋤地六月以後。雖濕亦無嫌。

註濕鋤則地堅。夏苗陰厚。地不見日。故雖濕亦無害矣。

六月。命女工織縑練。絹及紗縠之屬。可燒灰染青紺雜色七。此月斫竹不蛀。

扦插。　楊柳

栽種。　小蒜　冬葱　油麻宜上旬。　白莖秋葵　葵菜

淋漓　蘿蔔　菉豆　葫蘿蔔　晚瓜　蔓菁

收藏。　米麥醋　三黃醋　豆豉　醬瓜　瓜乾　剳

蘇　紫草　綿絲　蘿蔔　楮實　白朮　雨衣

麻皮　麴宜伏中。　七寶瓜　酒藥　鰲魚　槐花

二麥　椒

雜事。　洗甘蔗　鋤竹園地　染水藍　培灌橙橘

斫柴　做氷梅　打炭墼　打糞墼　耕麥地　耘

稻　鋤芋　是月飯不餿法。用生莧菜薄鋪在上。蓋之過夜。則不致餿壞。

又種瞿麥法。以伏爲時。畝收十石。渾蒸曝乾。舂去皮。米全不碎。炊作飱。甚滑細。磨下絹篵作餅亦滑美。

食物本草種小豆以初伏爲上。中伏次之。後則難爲種子。

占驗

禮記月令季夏行春令。則穀實鮮落。國多風欬。民乃遷徙。行秋令。則邱隰水潦。禾稼不熟。乃多女災。行冬令。則風寒不時。鷹隼蚤鷙。四鄙入保。

陶朱公書伏裏西北風。主冬氷堅。諺云。伏裏西北風。臘裏船弗通。虹見主麥貴。日蝕主旱。有霧亦主旱。諺云。六月裏迷霧。要雨到白露。西南風主蟲損稻。　朔日值大暑。人多疾。遇甲歲多飢。風雨主米貴。西北風主七八月

內水橫流。六月初八西北風。驚動海中龍。

通考初六日晴。主收乾稻。雨謂之湛轆耳。主有秋水。諺云。六月無蠅。新舊相登米價平。

四時占候六月雷不鳴。蝗蟲生。冬民不安。

望氣經六月三日有霧。則歲大熟。

田家五行月內有西南風。主生蟲損稻。秋前損根。可再抽苗。秋後損者。不復抽矣。諺云。秋前生蟲。損一莖。發一莖。秋後生蟲。損了一莖。無了一莖。

農政全書六月初頭一剎雨。夜夜風潮到立秋。六月蓋夾被。田裏不生米。六月西風吹遍草。八月無風秕子稻。三伏中天熱。冬必多雨雪。蝍蟟蟬叫稻生芒。

六月有水謂之賊水。言不當有也。小暑日晴雨。亦要看交時最緊。六月初三日晷得雨。主秋旱收乾稻。蘇秀人云。此日晷得雨。則西山及南海不斫篙竿。初三日雨難槁稻。諺云。六月初三晴。山篠盡枯零。小暑日雨。名黃梅顛倒轉。主水。東南風及成塊白雲起。至半月舶趠風。主水退兼旱。無南風。則無舶趠風。水卒不能退。諺云。舶趠風雲起。旱魃精空歡喜。仰面看青天。頭巾落在麻圻裏。東坡詩云。三時已斷黃梅雨。萬里初來舶趠風。正此日也。諺云。六月不熱。五穀不結。老農云。三伏中稿稻天氣。又當下壅時。最要晴。晴則熱故也。

欽定授時通考卷五

天時

秋

書堯典分命和仲。宅西。曰昧谷。寅餞納日。平秩西成。

傳昧。冥也。日入於谷而天下冥。故曰昧谷。此居治西方之官。掌秋天之政也。餞。送也。日出言導。日入言送。因事之宜。秋西方萬物成。平序其政。助成物。

宵中。星虛。以殷仲秋。厥民夷。鳥獸毛毨。

傳宵。夜也。春言日。秋言夜。互相備。虛。元武之中星。亦言七星。皆以秋分日見。以正三秋。夷。平也。老壯在田。與夏平也。毨。理也。毛更生整理。

春秋襄公五年秋。大雩。左傳秋大雩。旱也。

注雩。夏祭。所以祈甘雨。若旱則又修其禮。故雖秋雩。非書過也。

大戴禮方秋三月。收斂以時。於時有事。嘗新於皇祖皇考。食農夫九人。以成秋事。

書傳主秋者虛。昏中可以種麥。

莊子正得秋而萬寶成。

農桑通訣立秋之節。初五日涼風至。次五日白露方降。後五日寒蟬鳴。次處暑氣。初五日鷹乃祭鳥。次五日天地始肅。後五日禾乃登。次仲秋白露之節。初五日鴻雁來。次五日元鳥歸。後五日羣鳥養羞。次秋分氣。初五日。

雷乃收聲。次五日蟄蟲坏戶。後五日水始涸。次季秋寒露之節。初五日鴻雁來賓。次五日雀入大水爲蛤。後五日菊有黃花。次霜降氣。初五日豺乃祭獸。次五日草木黃落。後五日蟄蟲咸俯。凡此六氣一十八候。皆秋氣正收斂之令。

占驗

史記天官書 辰星之色。秋青白而歲熟。

春秋繁露 王者心不能容。則稼穡不成而秋多雷。雷者。土氣也。其音宮也。故應之以雷。

戎事類占 秋甲子雷。歲凶。秋月暴雷。謂之天收。百穀虛耗不成。

田家五行 秋天雲陰。若無風則無雨。

七月 立秋 處暑

詩豳風 七月流火。

箋 大火者。寒暑之候也。火星中而寒暑退。故言寒先著火所在。疏 服虔云。火。大火心也。季冬十二月平旦正中在南方。大寒退。季夏六月黃昏火星中。大暑退。是火爲寒暑之候事也。

又 七月烹葵及菽。

疏 葵菽當烹煮乃食。

禮記月令 孟秋之月。日在翼。昏建星中。旦畢中。

註 孟秋日月會于鶉尾。斗建申之辰。其日庚辛。其帝少皡。其神蓐收。

註 庚之言更也。辛之言新也。日之行秋。西從白道。成熟萬物。月爲之佐。萬物皆肅然改更。秀實新成。少皡金天氏也。蓐收。少皡氏之子曰該。爲金官。

又 涼風至。白露降。寒蟬鳴。鷹乃祭鳥。

陳澔曰。此記申月之候。

又 是月也。以立秋。先立秋三日。太史謁之天子曰。某日立秋。盛德在金。天子乃齊。立秋之日。天子親帥三公九卿諸侯大夫。以迎秋於西郊。

又 是月也。農乃登穀。天子嘗新。先薦寢廟。

又 命百官始收斂。完隄防。謹壅塞。以備水潦。

陳澔曰。所以爲水潦之備者。酉中有畢星。好雨也。

春秋繁露 嘗者。七月嘗黍稷也。

陶朱公書 稻田立秋後不添水。晒十餘日。謂之擱稻。

東京夢華錄 中元前一日。卽賣練葉。享祀時鋪襯桌面。又賣麻穀窠兒。亦是繫在桌子脚上。乃告祖先秋成之意。十五日供養祖先素食。纔明卽賣穄米飯。巡門叫賣。亦告成意也。

齊民要術 七月四日。命置麴室。具箔槌。取淨艾。六日饌治五穀磨具。七日遂作麴。及曝經書與衣。作乾糗。採葸耳。處暑中向秋節。浣故製新。作袷薄以備始涼。糶大小麥豆。收縑練。

栽種。蕎麥 蒿菜 葱 苜蓿蘿蔔 菠菜宜月末日。

赤豆 姜 菜 蔓菁 早菜 冬葵 芥菜立秋前。

雜事。斫伐竹木 分薤 剝棗 刈草 作澱 耕菜地 秋耕宜早恐霜後掩入陰氣 收黃葵花治湯火傷。 七月七日晒曝革裘無蟲

收藏。採松子 製藍 米醋 鹹豉 茄乾 瓜乾 瓜種 瓜蔕 紫蘇 地黃 角蒿可辟蚰。 花椒 荆芥 松栢子 糟茄 糟瓜 醬瓜 荷葉 楮子 芙蓉葉治腫。

占驗

禮記月令孟秋行冬令。則陰氣大勝。介蟲敗穀。戎兵乃來。行春令。則其國乃旱。陽氣復還。五穀無實。行夏令。則國多火災。寒熱不節。民多瘧疾。

易通卦驗離氣見立秋分。則歲大熟。

月令占候圖立秋坤卦用事。晡時申西南涼風至。黃雲如羣羊。宜粟穀。望西南坤上有黃雲氣。是正氣。立秋應節。萬物皆榮。豆穀熟。

又立秋日午時。豎竿影。得四尺五寸二分半。五穀熟。

望氣經七月三日有霧。歲熟。

紀歷撮要立秋日天氣晴明。萬物多不成熟。

又立秋日要西南風。主稻禾倍收。三日三石。四日四石。立秋日雷。名蹤踣。損晚禾。亦名秋霹靂。主晚稻秕。

又七夕天河去探米價。回快米賤。回遲米貴。

又朝立秋暮颼颼。夜立秋熱到頭。

又處暑雨不通白露枉相逢。

家塾事親七月雷大吼。有急令。

又虹以立秋四十六日內出正西貫兌中。秋則有水有旱。

田家五行七月朔日虹見。主年內米貴。

嘉定縣志處暑有雨。則物成熟。諺云處暑若還天不雨。總然結實也難收。

萬寳全書立秋日申時。西南方有赤雲。宜粟。

農政全書七月秋。蒔到秋。六月秋。便罷休。

又立秋日小雨吉。大雨主傷禾。

又七月有雨名洗車雨。主八月有蓼花。諺云。七月七。無洗車。八月八。無蓼花。

八月　白露　秋分

詩豳風八月萑葦。

傳蒹爲萑。葭爲葦。豫蓄萑葦。可以爲曲薄也。

又八月其穫。

疏八月其禾可刈穫也。

又八月剝棗。

疏棗須就樹擊之。

八月斷壺。

傳壺瓠也。疏甘瓠可食。就蔓斷取而食之。

禮記月令仲秋之月日在角。昏牽牛中。旦觜觿中。

註仲秋日月會于壽星。斗建酉之辰。

又盲風至。鴻雁來。元鳥歸。羣鳥養羞。

陳澔曰此記酉月之候。來自北而來也。羞者所美之食。藏之以備冬月之養也。

又乃命有司趨民收斂。務畜菜。多積聚。乃勸種麥。毋或失時。其有失時。行罪無疑。

又是月也日夜分。雷始收聲。蟄蟲坏戸。水始涸。

註坏益也。蟄蟲益戸。謂稍小之也。

國語辰角見而雨畢。

又五間南呂贊陽秀物也。

註南任也。陰任陽事。助成萬物也。

夏小正八月剝瓜。

傳蓄瓜之時也。

漢書五行志于易雷以八月入。其卦曰歸妹。言雷復歸入地。則孕毓根核。保藏蟄蟲。避盛陽之害。

舊唐書神龍元年改秋社用仲秋。

唐書歷志秋分後五日。日在氐十三度。龍角盡見。時雨可以畢矣。

六典旱甚則修雩。秋分以後。雖旱不雩。

宋書禮志祠大社帝太稷。常以歲八月。秋社日祠之。

金史食貨志金宣宗元光元年。京南司農卿李蹊言。按齊民要術。麥晚種則粒小而不實。故必八月種之。今南方輸秋稅。皆以八月爲終限。若輸遠倉及泥淖。往返不下二十日。使民不暇趨時。乞寬徵斂之限。使先盡力於二麥。不從。

管子以夏日至始數九十二日。謂之秋至。秋至而禾熟。

淮南子秋分蔈定。蔈定而禾熟。

註蔈禾穗粟孚甲之芒。定者成也。

東京夢華錄八月秋社。各以社糕社酒相齎送。貴戚宮院以猪羊肉腰子。嬭房肚肺鴨餅瓜姜之屬。切作棊子片樣。滋味調和。鋪于飯上。謂之社飯。

孝經援神契仲秋穰禾。拜祭社稷。

內經寒風曉暮。蒸熱相薄。草木凝烟。濕化不流。則白露陰布。以成秋令。

又金鬱之發。夜零白露。林莽聲悽。

註夜濡白露。曉聽風悽。乃秋金發徵也。

說文酉爲秋門。萬物已入。

易通卦驗秋分日入酉。白氣出直兌。此正氣也。

又白露黃陰雲出。秋分白陰雲出。

白虎通律中南呂。南者任也。言陽氣尚有任生。薺麥也。故陰拒之也。

齊民要術崔實曰。凡種大小麥。得白露節。可種薄田。秋分種中田。後十日種美田。
又八月暑退。涼風戒寒。趨練縑帛。染綵色。擘絲治絮。製新浣故。及韋履賤好。預買以備冬寒。刈萑葦芻茭。涼燥可上弓弩。繕理檠鋤。正縛鎧紘。遂以習射。弛竹木弓弧。糶種麥。糴黍。

栽種。 大蒜 罌粟 寒荳 苦蕒 苧蔴 蔓菁 諸般菜 葱子 大麥 牡丹 芍藥 分薤根 芥子 麗春 小麥 蔘 淤芋根 木瓜 花椒

收藏。 醋姜 茄醬 茄乾 糟茄 棗子 淹韭 晚黃瓜 地黃酒 芝蔴 栗子 柿子 韭花 柿漆 斫竹

移植。 早梅 橙橘 枇杷 牡丹

雜事。 蹈麴 鋤竹園地 是月防霧傷棗。棗熟着霧則多損。縈蔴散絟於樹枝上。則可辟霧氣。或用稭稈於樹上四散絟縛亦得。

田家五行八月中旬作熱。謂之潮熱。又名八月小春。
田家雜占八月中氣前後起西北風。謂之霜信。未風先雨。謂之料信雨。
農桑通訣八月社前。即可種麥。麥經兩社。即倍收而堅好。
農政全書種麥。八月白露節後。逢上戊爲上時。中戊爲中時。下戊爲下時。

又八月早禾怕北風。晚禾怕南風。 朔日晴。主冬宜薑。暑得雨宜麥。一云風雨宜麥。又云凡朔要晴。唯此月要雨。好種麥。 白露雨爲苦雨。稻禾霑之則白颯。蔬菜霑之則味苦。諺云白露日個雨。來一路苦一路。又云白露前是雨。白露後是鬼。其時之雨。片雲來便雨。稻花見日吐出。陰雨則收。正吐之時。暴雨忽來。卒不能收。遂致白颯之患。若連朝雨。反不爲災。不免擔閣吐秀。有皮殼厚之病。

占驗

禮記月令仲秋行春令。則秋雨不降。草木生榮。國乃有恐。行夏令。則其國乃旱。蟄蟲不藏。五穀復生。行冬令。則

風災數起。收雷先行。草木早死。
京房易候虹八月出西方。粟貴。
通攷朔日値白露。果穀不實。値秋分。主物價貴。
又秋分諺云。分社同一日。低田盡叫屈。秋分在社前。斗米換斗錢。秋分在社後。斗米換斗豆。
楊升菴集蜀西南多雨。名日漏天。杜子美詩。鼓角漏天東。是也。自秋分後遇壬。謂之入霑。吳下日入液。
談叢中秋無月。則兎不孕。蚌不胎。蕎麥不實。兎望月而孕。蚌望月而胎。蕎麥得月而秀。
又八月一日雨。則角田下熟。角田。豆也。
經鉏堂雜誌八月一日。雁門開。懶婦催將刀尺裁。

嘉定縣志秋分在社日前則田有收而穀賤後則無收而穀貴諺云分後社白米徧天下社後分白米如錦墩

又八月二十四日爲稻藁生日雨則雖得穀藁必腐

農政全書秋分要微雨或天陰最妙主來年高低田大熟　喜雨諺云麥秀風搖稻秀雨澆此言將秀得雨則堂肚大穀穗長秀實之後雨則米粒圓見收數　畏旱諺云田怕秋乾人怕老窮秋熱損稻旱則必熱　怕秋水潦稻諺云雨水浄没產全收不見半　八月又作新宗諺云處暑後十八盆湯　又云立秋後四十五日浴堂乾　十八日潮生日前後有水謂之横港水

九月　寒露　霜降

詩唐風蟋蟀在堂歲聿其暮

傳蟋蟀蛬也箋蛬在堂歲時之候是時農功已畢

又蟋蟀在堂役車其休

箋庶人乘役車役車休農功畢無事也疏春官中車注云役車方箱可載任器以供役收納禾稼亦用此車故役車休息是農功畢無事也

豳風九月授衣

箋九月霜降始寒蠶績之功成可以授衣矣

又九月叔苴

疏叔拾也苴麻之有實者也以麻九月初熟拾取以供羹菜其在田收穫者猶納倉以供常食也

又九月築場圃

箋場圃同地自物生之時耕治之以種菜茹至物盡成熟築堅以爲場

又九月肅霜

傳肅縮也霜降而收縮萬物

禮記月令季秋之月日在房昏虛中旦柳中

註季秋日月會于大火斗建戌之辰

又鴻鴈來賓爵入大水爲蛤鞠有黃花豺乃祭獸戮禽

陳澔曰此記戌月之候鴈以仲秋先至者爲主季秋後至者爲賓爵爲蛤飛物化爲潛物也鞠色不一而專言黃者秋令在金鞠色以黃爲正也祭獸者祭之于天戮禽者殺之以食也

又是月也霜始降

又草木黃落乃伐薪爲炭蟄蟲咸俯在內皆墐其戶

疏俯垂頭向下以隨氣陽也墐塗也塗塞其戶穴以避地上陰氣也

天子乃以犬嘗稻先薦寢廟

國語天根見而水涸

註天根亢氐之間也涸竭也謂寒露雨畢之後五日天根朝見水潦盡竭也

本見而草木節解

註本氐也謂寒露之後十日陽氣盡草木之枝節皆

理解也。

夏小正樹麥。

傳鞠榮而樹麥。時之急也。

春秋繁露季秋九月陰乃始多于陽。天乃于是時出凓下霜。

說文戌滅也。九月陽氣微。萬物畢成。陽下入地也。

易通卦驗寒露正陰雲出。如冠纓。霜降太陽雲出。上如羊。下如磻石。

三禮義宗寒露者九月之時。露氣轉寒也。

又九月霜降爲中。露變爲霜。故以爲霜降節。

齊民要術大豆九月中候近地葉有黃落者。速刈之。

註葉少不黃。必浥鬱。刈不速。逢風則葉落盡。遇雨濕爛不成。

又茄子九月熟時。摘取擘破。水淘子。取沉者速曝乾裹置。至二月畦種。

又九月治場圃。塗囷倉。修竇窖。繕五兵。習戰射。以備寒凍窮厄之寇。存問九族孤寡老病不能自存者。分厚撤重。以救其寒。

栽種。椒 菊 茱萸 地黃 蠶豆 牡丹 水仙（宜月初。） 柿 蒜 萱草 芥菜 苡麥 芍藥 罌粟（九月。） 諸般冬菜

分栽。櫻桃 桃 楊

移植。枇杷 橙 雜果木

收藏。栗 諸色豆稈 五穀種 油麻 甘蔗 梔子 紫蘇 木瓜 韭子 牛旁子 冬瓜子 蓁豆 茄種 栗子 枸杞 榧子 皂角 黃菊

雜事。槐子 蟹殼（治産後兒枕疼。） 茶子 紫草子 米菊 築墻圃 斫竹木 斫苧 收雞種

續本事詩北方白雁。似雁而小。色白。秋深乃來。白雁至。則霜降。河北人謂之霜信。杜甫詩云。故國霜前白雁來。謂此。

嘉興縣志九月藝麥豆。栽桑。築場。亦謂之忙月。

占驗

禮記月令季秋行夏令。則其國大水。冬藏死敗。民多鼽嚏。行冬令。則國多盜賊。邊竟不寧。地土分裂。行春令。則暖風來至。民氣解惰。師興不居。

師曠占粟米常以九月爲本。若貴賤不時。以最賤之日爲本。粟以秋得本貴在來夏。以冬得本貴在來秋。此收穀遠近之期也。

戎事類占自一日至九日。以日占月。遇此日風。則此月穀貴。九月雷。主穀貴。

又霜不下。則來年三月多陰寒。多雨。主米貴。

文林廣記九月庚辰辛卯日雨。主冬穀貴一倍。

又虹以九月出西方。大小豆貴。又朔日虹見。麻貴油貴。

雜占朔日值寒露。主冬寒嚴凝。值霜降。主歲歉。

又朔日風雨。主春旱夏雨。芝麻貴。又朔日東風半日不止。主米麥貴。

又九月上卯日北風。來年三七月米大貴。東風亦然。西北平平。

又十三日晴。則冬晴柴賤。

田家五行重九日晴。則冬至元日上元清明四日皆晴。雨則皆雨。諺云。重陽無雨一冬晴。又諺云。九日雨。米成脯。又云重陽濕漉漉。穰草錢千束。

四時占候九月雨大宜收禾。又云九月九日是雨歸路日。有雨來年熟。

嘉定縣志九月十三為稻藿生日。宜晴。又云十三晴。不如十四霊。十四晴。釘靴掛斷鼻頭繩。

農政全書九月初有雨多。謂之秋水。　中氣前後起西北風。謂之霜降信。有雨謂之濕信。未風先雨。謂之料信雨。霜降前來信易過。善後來信必嚴毒。此信乾濕。後信必如之。諺云。霜降了。布衲著得。言已有暴寒之色。

欽定授時通考卷六

天時

冬

書堯典申命和叔宅朔方。曰幽都。平在朔易。

傳北稱朔。亦稱方。都謂所聚也。易謂歲改易於北方。平均在。察其政以順天常。疏一歲之事。在東則耕作。在南則化育。在西則成熟。在北則改易。故以方名配歲事為文。言順天時氣以勸課人務也。春則生物。秋則成物。日之出也。物始生長。人當順其生長。致力耕耘。日之入也。物皆成熟。人當順其成熟。致力收斂。東方之官。當恭敬導引日出。平秩東作之事。使人耕耘。

西方之官。當恭敬從送日入。平秩西成之事。使人收斂。日之出入。自是其常。但由日出入。故物有生成。雖氣能生物。而非人不就。勤於耕稼。是導引之。勤於收藏。是從送之。平秩南訛。亦是導日之事。平在朔易。亦是送日之事。依此春秋而共為賓餞。勸課下民。皆使致力。是敬導之。平均次序。即是授人田里。各有疆埸。是平均之也。

日短星昴。以正仲冬。厥民隩。鳥獸氄毛。

傳日短冬至之日。昴白虎之中星。亦以七星並見。以正冬之三節。隩室也。民改歲入此室處。以辟風寒。鳥獸皆生耎毳細毛以自溫焉。

詩豳風一之日觱發二之日栗烈。
傳一之日周正月也觱發風寒也二之日殷正月也栗烈氣寒也疏仲冬之月待風乃寒季冬之月無風亦寒。
小雅上天同雲雨雪雰雰。
傳雰雰雪貌豐年之冬必有積雪疏明年將豐必有積雪爲宿澤也
左傳襄公十三年冬城防書事時也於是將早城臧武仲請俟畢農事禮也
注土功雖有常節通以事間爲時。
大戴禮方冬三月草木落庶虞藏五穀必入於倉於時

有事烝於皇祖皇考息國老六人以成冬事。
書傳主冬者昴昏中可以收斂。
農桑通訣立冬之節首五日水始氷次五日地始凍後五日雉入大水爲蜃次小雪中氣初五日虹藏不見次五日天氣騰地氣降後五日閉塞而成冬次仲冬大雪節氣初五日鶡鴠不鳴次五日虎始交後五日荔挺出次冬至中氣初五日蚯蚓結次五日麋角解後五日水泉動次季冬小寒節氣初五日鴈北鄉次五日鵲始巢後五日雉始鴝次大寒中氣初五日鷄始乳欵冬華次五日征鳥厲疾後五日水澤腹堅凡此六氣一十八候皆冬氣正養藏之令。

十月 立冬 小雪

詩豳風十月穫稻爲此春酒以介眉壽。
傳春酒凍醪也疏穫稻爲酒雅助養老
又十月滌場朋酒斯饗曰殺羔羊躋彼公堂稱彼兕觥萬壽無疆。
箋十月民事男女俱畢無饑寒之憂國君閒於政事而饗群臣。
禮記月令孟冬之月日在尾昏危中旦七星中。
註孟冬日月會于析木之津斗建亥之辰。
其日壬癸其帝顓頊其神元冥。
註壬之言任也癸之言揆也日之行東北從黑道閉

藏萬物月爲之佐時萬物懷任于下揆然萌芽顓頊高陽氏也元冥少皥氏之子曰脩曰熙爲水官
又水始氷地始凍雉入大水爲蜃虹藏不見
陳澔曰此記亥月之候蜃蛟屬此飛物化爲潛物也。虹非有質而曰藏言其氣之下伏也
又是月也以立冬先立冬三日太史謁之天子曰某日立冬盛德在水天子乃齊立冬之日天子親帥三公九卿大夫以迎冬于北郊
又天氣上騰地氣下降天地不通閉塞而成冬。
又命有司循行積聚無有不斂。
注謂芻禾薪蒸之屬

又天子乃祈來年於天宗。

注此周禮所謂蜡祭也。天宗。謂日月星辰也。

郊特牲天子大蜡八。伊耆氏始爲蜡。蜡也者。合聚萬物而索饗之也。蜡之祭也。主先嗇而祭司嗇也。饗農及郵表畷。禽獸。仁之至。義之盡也。迎貓。爲其食田鼠也。迎虎。謂其食田豕也。祭坊與水庸。事也。曰土反其宅。水歸其壑。草木歸其澤。

注歲十二月。周之正數。謂建亥之月也。

白虎通律中應鐘。鐘。動也。言萬物應陽而動下藏也。

三禮義宗十月立冬爲節者。冬。終也。立冬之時。萬物終成。因爲節名。十月小雪爲中者。氣敘轉寒。雨變成雪。故以小雪爲中。

齊民要術十月培築垣墻。塞向墐戶。上辛命典饋漬麯釀冬酒。作脯腊。先氷凍作凉餳。煮暴飼。可折麻緝績布縷。作白履不借。草履之賤者曰不借賣縑帛弊絮。糴粟豆麻子。

移植。　橙　柑　橘

栽種。　大小荳　春菜　生薑　蘿蔔

收藏。　地黃　君薘菜　天蘿子　茶子　橘皮　天豆　栗子　薏苡　椒　冬瓜子　芙蓉條　石橘　蘿蔔　山藥　枸杞　皂角　苧

雜事。　移葵　接花果　澆灌花木　穫稻　納禾稼　開磚　煮膠　收炭　造牛衣　修牛馬　塞北戶　用蓋爐　石堦砌　收二桑葉　壅苧麻　耘麥地　收豬種　泥飾牛馬屋　壓桑

占驗

西域志天竺國以十月二十六日爲冬至。冬至則麥秀。

歲時事要十月天時和暖似春。花木重花。故曰小春。

禮記月令孟冬行春令。則凍閉不密。地氣上泄。民多流亡。行夏令。則國多暴風。方冬不寒。蟄蟲復出。行秋令。則雪霜不時。小兵時起。土地侵削。

師曠占五穀貴賤。常以十月朔日占。風從東來春賤。逆此者貴。

家塾事親朔日值立冬。主災異。值小雪。有東風。春米賤。

西風春米貴。其日用斗量米。若綴在斗。來春陡貴。甚驗。

又十月有三卯。糴平。無則穀貴。

農政全書十月立冬晴。則一冬多晴。雨則一冬多雨。亦多陰寒。諺云。賣絮婆子看冬朝。無風無雨哭號咷。立冬日西北風。主來年旱。天熱。　晴過寒。諺云。立冬晴過寒。弗要櫪柴積。又主有魚。　雨主無魚。諺云。一點雨。一個模魚鴿。　冬前霜多。主來年旱。冬後多。晚禾好。　十六日爲寒婆生日。晴主冬暖。此說得之崇德舉人徐伯和。自江東石洞秩滿而歸。云彼中客旅遠出。專看此日。若晴暖則但隨身衣服而已。不必他備。言極有准也。　月內有雷主災疫。有霧俗呼日沫露。主來年水大。仍相去

二百單五日水至。老農咸謂極驗。或云要看霧著水面則輕。離水面則重。諺云十月沫露塘灩十一月沫露塘乾。 冬初和暖謂之十月小春。又謂之晒糯穀天。漸見天寒日短。必須夜作。諺云十月無工。只有梳頭吃飯工。又云河東西好使犁河射角好夜作。 立冬前後起南北風。謂之立冬信。月內風頻作。謂之十月五風信。 諺云冬至前後。瀉水不走。

十一月 大雪 冬至

禮記月令仲冬之月。日在斗。昏東壁中。旦軫中。

注仲冬日月會于星紀。斗建子之辰。

又冰益壯。地始坼。鶡旦不鳴。虎始交。

陳澔曰。此記子月之候。鶡旦夜鳴求旦之鳥。

是月也。日短至。

陳澔曰。短至。短之極也。

又芸始生。荔挺出。蚯蚓結。麋角解。水泉動。

注芸與荔挺皆香草。結屈也。解脫也。水者天一之陽所生。陽生而動。言枯涸者漸滋發也。

漢書律曆志律中黃鐘。黃者中之色。鐘者種也。陽氣施種於黃泉。孳萌萬物。爲六氣元也。

三禮義宗十一月大雪爲節者。形於小雪爲大雪。時雪轉甚。故以大雪名節。

孝經說斗指子爲冬至。至有三義。一者。陰極之至。二者。陽氣始至。三者。日行南至。

四民月令冬十一月。糶秔稻粟豆麻子。

便民圖纂十一月。種大小麥稻收割畢。將田鋤成行壠。令四畔溝洫通水。下種以灰糞蓋之。諺云無灰不種麥。須灰糞均調爲上。宜雪壓易長。

務本新書十一月種油菜。稻收畢。鋤田如麥田法。既下菜種。和水糞之。芟去其草。再糞之。雪壓亦易長。明年初夏間收子。取油甚香美。

齊民要術冬十一月。陰陽爭。血氣散。冬至日先後各五日寢別內外。可釀醢。糴秔稻粟豆麻子。 此月如有雪。則收貯雪水。埋地中。混穀種。倍收不怕。

栽種 小麥 油菜 萵苣 桑

移植 松 栢 檜

收藏 鹽水蘿蔔 牛旁子 豆餅 水果子 鹽菜

澆培 宜冬至前 石榴 柑 橘 橙 柚 梨 栗 棗 柹

雜事 做酒藥 接雜木 造農具 夾笆籬 澆菜 伐木 斫竹 打豆油 罯碎草牛脚下春糞田 龕芙蓉條 試穀種 鋤油菜

占驗

禮記月令仲冬行夏令。則其國乃旱。氛霧冥冥。雷乃發聲。行秋令。則天時雨汁。瓜瓠不成。國有大兵。行春令。則蝗蟲爲敗。水泉咸竭。民多疥癘。

【四時纂要】冬至數至元旦五十日者。民食足。

【陶朱公書】冬至日觀雲須于子時至平旦觀之。若青雲北起。主歲稔民安。赤雲主旱。黑雲主水。白雲主人災。黃雲大熟。無雲主凶。

【又】冬至日占風。若南風主穀貴。北風主歲稔。西風主禾熟。若東南風久有重霧主水。西南風主久陰。諺云冬至西南百日陰。半晴半雨到清明。

【易通卦驗】冬至日謹候見雲迎送從其鄉來。歲美民和。

【春秋感精符】南至有雲迎日。年豐之象。

【尚書璇璣鈐】冬至陰雲祁寒。有雲迎日者。來歲大美。

【京房易占】虹以冬至四十六日內出東方貫艮中。春多旱。夏多火災。粟貴。

【玉海】開元十一年十一月癸酉日長至。太史奏有雲迎日。祥風至。日有冠珥。太平之嘉應。

【紀歷撮要】冬至前米價長。貧兒受長養。冬至前米價落。貧兒轉消索。

【清臺占法】冬至後一日得壬。炎旱千里。二日得壬。小旱。三日得壬。平。四日得壬。五穀豐。五日得壬。少水。六日得壬。大水。七日得壬。河決流。八日得壬。海翻騰。九日得壬。大熟。十日至十二日得壬。五穀不成。

【農政全書】十一月冬至。諺曰乾冬濕年。坐了種田。又云鬧熱冬至冷淡年。蓋吳人尚冬至。欲晴故也。或云冬至雨年必晴。冬至晴年必雨。此說頗准。

【嘉興縣志】冬至晴。主來歲稔。

【嘉定縣志】十一月十七爲彌陀生日。忌南風。相傳有偈云南風吹我面。有米也不賤。北風吹我背。無米也不貴。極驗。

【沈存中筆談】是月中遇東南風。謂之歲露。有大毒。若飢感其氣。開年著瘟病。又云風色多與下年夏至相對。

【農桑輯要】欲知來年五穀所宜。是日取諸種各平量一升。布囊盛之。埋窖陰地。後五日發取量之。息多者。歲所宜也。

十二月　小寒　大寒

【禮記月令】季冬之月。日在婺女。昏婁中。旦氐中。

【注】季冬日月會于元枵。斗建丑之辰。

【又】鴈北鄉。鵲始巢。雉雊。雞乳。

陳澔曰。此記丑月之候。雊。雉鳴也。

【又】冰方盛。水澤腹堅。命取冰。

【注】腹。厚也。此月日在北陸。冰堅厚之時。

【又】日窮于次。月窮于紀。星迴于天。數將幾終。歲且更始。

【又】專而農民。毋有所使。

【註】言專一汝農民之心。令之豫有志于耕稼之事。不可傜役。傜役之則志散失業也。

國語及寒擊菒除田以待時耕。

註菒菒同寒。謂季冬大寒時也。

漢書律歷志律中大呂呂旅也言陰大旅助黃鐘宣氣而牙物也。

後漢書禮儀志季冬之月星廻歲終陰陽以交勞農大享臘。

註漢氏以午祖以戌臘午南方故以祖冬者歲之功。物畢成故以戌臘。

白虎通大大也呂者拒也言陽氣欲出陰不許也呂之爲言拒者旅抑拒難之也。

三禮義宗小寒爲節者亦形於大寒故謂之小言時寒

氣猶未極也。

又大寒爲中者上形於小寒故謂之大十一月一陽爻初起至此始徹陰氣出地方盡寒氣併在上寒氣之逆極故謂大寒。

易通卦驗小寒合凍蒼陽雲出氐大寒降雪黑陽雲出心。

風俗通臘者所以迎刑送德也大寒至常恐陰勝故以戌日臘戌者溫氣也。

齊民要術十二月休農息役惠必下浹遂合耦田器養耕牛選任田者以俟農事之起去豬盍車骨後三歲可合瘡膏藥。及臘日祀炙箑箑一作萋燒飲治刺入肉中。及樹瓜田中四角去㚇蟲。

栽種。 橘 松 花樹 麥宜臘日。 桑 糯麻

收藏。 臘米 臘水 臘酒 臘肉 臘葱 風魚 脯腊 臘糟 猪脂 氷

雜事。 造農具 春米 春粉 浸米可止瀉痢。 浸燈心 剝桑 壓果木 添桑泥 墩牡丹土 合臘藥 掃 以猪脂罯馬 臘水作麪糊標背不蛀。 伐竹木

春稻必須冬時積日燥暴一夜置霜露中卽春若冬春不乾卽果青赤脉起不經霜不燥暴則米碎矣

范成大冬春行序臘日春米爲一歲計多聚杵臼盡臘中畢事藏之土瓦倉中經年不壞謂之冬春米詩臘中

儲蓄百事利第一先春年米計羣呼步碓滿門庭運杵成風雷動地篩匀箕健無粞糠百斛只費三日忙齊頭圓潔箭子長隔籬耀日雪生光土食瓦龕分蓋藏不蠹不腐常新香去年薄收飯不足今年頓頓炊白玉春耕有種夏有糧接到明年秋刈熟鄰叟來觀還嘆嗟貧人一飽不可賒官租私債紛如麻有米冬春能幾家

占驗

禮記月令季冬行秋令則白露早降介蟲爲妖四鄙入保行春令則胎夭多傷國多固疾命之曰逆行夏令則水潦敗國時雪不降氷凍消釋

陶朱公書朔日值大雪或冬至皆主有灾風雨主麥好。

西風主盜賊起。

〔又〕念四夜黄昏時候。鄉人束稻草於竿。點火在田間行走。名曰照田蠶。看火色。卜水旱。色白主水。色赤主旱。猛烈年豐。葳蕤歲歉。取北風爲上。又除夜燒盆爆竹。與照田蠶看火色同。是夜取安靜爲吉。

〔通考〕十二月朔日值大寒。主有虎出爲災。值小寒。主有祥瑞。東風半日不止。主六畜大災。風主春旱。

〔又〕月內有霧。亦主來年有水。有冷雨暴作。主來年六七月內横水。

〔又〕常以歲除夜。五更視北斗。占五穀善惡。其星明則成熟。暗則有損。貪狼主蕎麥。巨門主粟。祿存主黍。文昌主芝蔴。廉貞主麥。武曲主粳糯。破軍主赤豆。輔星主大荳。

〔雜占〕臘月柳眼青。主來年夏秋米賤。臘月雷鳴雪裡。主陰雨百日。又月內雷。主來年旱澇愆期。

〔紀歷撮要〕冰結後水落。主來年旱。結後水漲。名上水冰。主水。若緊後來年大水。

〔又〕除夜東北風。五禾大熟。

〔農政全書〕冬天南風三兩日。必有雪。至後第三戌爲臘。臘前三兩番雪。謂之臘前三白。大宜菜麥。諺云。臘雪是被。春雪是鬼。又主來年豐稔。諺云。一月見三白。田翁笑嚇嚇。又主殺蝗子。　十二月謂之大禁月。忽有一日稍暖。即是大寒之候。諺云。一日赤膊。三日齷齪。　又云。大寒須守火。無事不出門。　又云。大寒無過丑寅。大熱無過未申。　十二月立春在殘年。主冬暖。諺云。兩春夾一冬。無被暖烘烘。

欽定授時通考

土宜

卷七之九

欽定授時通考卷七

土宜

彙考

易泰卦輔相天地之宜以左右民

疏天地之宜者謂天地所生之物各有其宜若大司徒云其動物植物及職方云揚州其貢宜稻麥雍州其貢宜黍稷人君輔助天地所宜之物使各安其性得其宜也宜者據物言之程傳天地通泰則萬物茂遂人君體之而爲法制使民用天時因地利輔助化育之功成其豐美之利也折中蔡氏淵曰春生秋殺此時運之自然高黍下稻亦地勢之所宜聖人則輔相之使當春而耕當秋而斂高者種黍下者種稻此輔相天地之宜也

又繫辭觀鳥獸之文與地之宜

疏地之宜者若周禮五土動物植物各有所宜是也

春秋左傳先王疆理天下物土之宜而布其利

集解疆界也理正也物土之宜播殖之物各從土宜

禮記王制自恒山至於南河千里而近(冀州域)自南河至於江千里而近(豫州域)自江至於衡山千里而遙(荊州域)自東河至於東海千里而遙(徐州域)自東河至於西河千里而近(亦冀州域)自西河至於流沙千里而遙(雍州域)西不盡流沙南不盡衡山東不盡東海北不盡恒山凡四海之內

斷長補短方三千里爲田八十萬億一萬億畝方百里者爲田九十億畝山陵林麓川澤溝瀆城郭宮室塗巷三分去一其餘六十億畝

又月令善相邱陵阪險原隰土地所宜五穀所殖

集說土地有高下五種有宜否

又禮運聖王所以順山者不使居川不使渚者居中原而弗敝也

註鄭氏曰山者利其禽獸渚者利其魚鹽中原利其五穀使各安其居不易其利

周禮地官大司徒以天下土地之圖周知九州之地域廣輪之數辨其山林川澤邱陵墳衍原隰之名物

註周猶徧也九州揚荆豫青兗雍幽冀幷也輪從也積石曰山竹木曰林注瀆曰川水鍾曰澤土高曰邱大阜曰陵水崖曰墳下平曰衍高平曰原下濕曰隰名物者十等之名與所生之物疏釋曰馬融云東西爲廣南北爲輪案王制南北兩近一遙東西兩遙一近是南北長東西短謂知此數也又辨其山林川澤以下十等形狀名號及所出之物也九州揚荆以下據職方周之九州而言故有幽幷無徐梁禹貢據夏以前九州故有徐梁無幽幷也積石曰山者案詩云節彼南山維石巖巖巖巖積石貌鄭據此而言按爾雅山邱別釋則邱是純土其山皆石亦有兼土者故曰石戴土謂之崔嵬又周語云夫山土之聚是其山有土也竹木曰林者謂生平地注瀆曰川者按釋水云注川曰谿注谿曰谷注谷曰溝注溝曰澮注澮曰瀆彼注云皆以小注大此云注瀆曰川者爾雅無此言鄭以義增之耳此瀆與四瀆義異四瀆則亦川故職方云其川三江其川江漢也水鍾曰澤者周語虞太子晉之言也土高曰邱者爾雅山邱別釋則邱無石者也大阜曰陵者按爾雅釋地云高平曰陸大陸曰阜大阜曰陵大陵曰阿可食者原是陵與邱高下異稱皆無石者也其有石者亦曰陵故左氏僖三十二年云殽有二陵是有石者也水崖曰墳者按爾雅

云重崖岸墳大防是墳爲崖岸之峻者故詩云遵彼汝墳是汝水之大防亦是水崖曰墳也下平曰衍者墳既水崖而高明衍爲下平此下平又與下濕曰隰者別也高平曰原者按爾雅云高平曰原廣平曰陸此對下濕曰隰而言其實高平卽廣平者也下濕曰隰者爾雅釋地文

又以土宜之灋辨十有二土之名物以相民宅而知其利害以阜人民以毓草木以任土事辨十有二壤之物而知其種以教稼穡樹藝

註十二土分野十二邦上繫十二次各有所宜也相占視也阜猶盛也毓生也任謂就地所生因民所能

壤亦土也。以萬物自生焉，則言土；以人所耕而樹藝焉，則言壤。壤，和緩之貌。藝猶蒔也。疏辨十二壤之物者，分別物之所生，而知其所殖之種，遂即以教民春稼秋穡，以樹其木，以藝其黍稷也。王氏曰：名所以命其土，則邱陵墳衍原隰之屬；物所以色其土，則青黎赤埴黑墳之屬。鄭鍔曰：壤所以種藝，然穀之種於此壤，則有宜有不宜。如冀之白壤，兖之黑墳，青之白墳，徐之赤埴，揚荊之塗泥，豫之墳壚，梁之青黎，雍之黃壤，則有宜稻者，宜麥者，宜五種者，宜三種者。不知其所宜，何以教民稼穡？周官辨之以土宜之法，既別其名，又別其物，所以有土壤之殊也。

又地官土訓掌道地圖，以詔地事；道地慝，以辨地物，而原其生，以詔地求。

註道，說也。說地圖九州形勢山川所宜，若云荊揚地宜稻，幽幷地宜麻。地慝若瘴蠱然也。辨其物者，別其所有所無。原其生，生有時也。

孝經分地之利。朱子孝經刊誤本分改作因。

註分別五土，視其高下，各盡所宜，此分地利也。疏五土，周禮大司徒山陵川澤邱陵墳衍原隰也。謂庶人須能分別視此五土之高下，隨所宜而播種之。職方氏所謂青州其穀宜稻粱，雍州其穀宜黍稷之類是也。劉炫云：黍稷生於陸，秔稻生於水。又小學註陳氏選曰：高卑燥濕，生植農桑者，地之利也。辨地之宜，而稌黍菽麥各遂其性，則所入有餘矣。

管子地者，政之本也。地之不可食者，百而當一，命之曰地均。

註政從地生，土地就中論不可食者而除之，紀其可食之實。

又辨於地利而民可富。

吳越春秋稷爲兒時，好種樹禾黍桑麻五穀，相五土之宜，青赤黃黑陵陸地也水高下，粢稷黍禾蕖麥豆稻，各得其理。

淮南子后稷墾草發菑，糞土樹穀，使五種各得其宜，因地之勢也。

通鑑外紀黃帝畫野分州，以分星次；經地設井，以塞爭端；立步制畝，以防不足。

大學衍義補邱氏濬曰：臣按人君之治，莫先於養民，而民之所以得其養者，在稼穡樹藝而已。稼穡樹藝，地土各有所宜，故禹平水土，別九州，必辨其土之質與色，以定其田之等第，因其宜以與地利，制其等以定賦法，不責有於無，不取多於少，無非以爲民而已。

又臣按地土高下燥濕不同，而同於生物。生物之性雖同，而所生之物則有宜不宜焉。土性雖有宜不宜，人力亦有至不至。人力之至，亦或可以勝天，況地乎？宋太宗詔江南之民種諸穀。江北之民種秔稻。眞宗取占城稻種散諸民間。是亦裁成輔相以左右民之一事。今世江南之民皆雜蒔諸穀。江北民亦皆種秔稻。昔之秔稻。惟秋一收。今又有早禾焉。二帝之功。及民遠矣。後之有志於勸民者。宜倣宋主此意。通行南北。俾民兼種諸穀。有司以其勸相之數爲考課焉。

農桑通訣 封畛之別。地勢遼絶。其間物產所宜者。往往而異。蓋風行地上。各有方位。土性所宜。因隨氣化。所以遠近彼此之間。風土各有別也。孟子謂后稷教民稼穡。樹藝五穀。謂之教民。意者不止教以耕耘播種而已。其亦因九州之別。土性之異。視其土宜而教之歟。今按禹

貢所載。九州田土。土各有差。田各有等。山川阻隔。風氣不同。凡物之種。各有所宜。故宜於冀兗者。不可以青徐論。宜於荆揚者。不可以雍豫擬。此聖人所謂分地之利者也。周禮保章氏掌天星。以星土辨九州之地。淮南子分別五方星野。其土產名物。各有證驗。此天地覆載一定。古今不可易者。蓋其土地之廣。不外乎是。但所屬邊裔。不無遼絶。若能自內而外求。由近而及遠。則土產之物。皆可推而知之矣。大抵風土之說。總而言之。則方域之多。大有不同。詳而言之。雖一州之域。一縣一里之間。亦有幾種之分。似無多異。周禮大司徒以土會之法。辨五地之物生。辨十有二壤之物而知其種以敎稼穡樹藝。草人掌土化之物。以物土相其宜以爲之種。若今之善農者。審方域田壤之異。以分其類。參土化土會之法以辨其種。如此可不失種土之宜。而能盡稼穡之利矣。

農政全書 五地十二壤。周官舊法。此可通變用之者也。若謂土地所宜。一定不易。此則必無之理。立論若斯。固後世惰窳之吏。游閒之民。媮不事事者之口實耳。古來蔬果。如頗稜安石榴海棠蒜之屬。自外國來者多矣。今薑葶薺之類。移栽北方。其種特盛。亦向時所謂土地不宜者也。凡地方所無。或是昔無此種。或有之而偶絶。果若盡力樹藝。殆無不可宜者。就令不宜。或是天時未合。人力未至耳。試爲之無事空言抵捍也。第其中亦有不

宜者。則是寒暖相違。天氣所絶。無關於地。若荔枝龍眼不能踰嶺。橘柚橙柑不能過淮。他若蘭茉莉之類。亦千百中之一二。吾意欲於農書中。載南北緯度。如云某地北極出地若干度。令知寒暖之宜。以辨土物。以興樹藝。庶爲得之。

欽定授時通考卷八

土宜

方輿圖說

方輿圖說

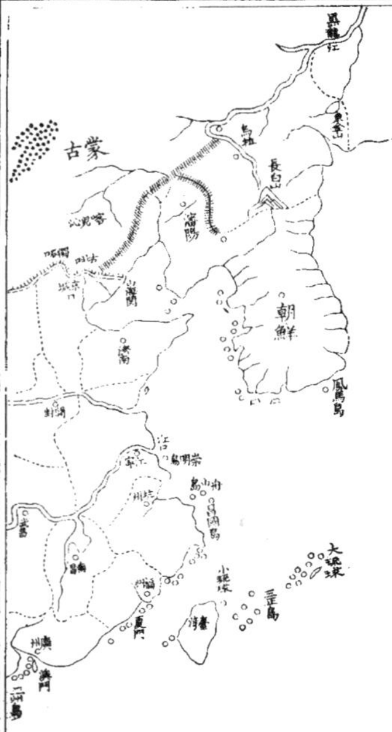

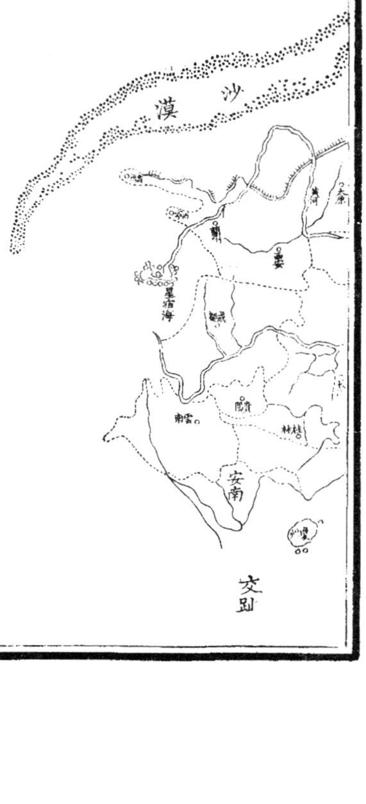

文獻通考昔堯時禹别九州至舜分爲十二州周職方復分爲九州而又與禹異漢承秦分天下爲郡國而復以十三州統之晉時分州爲十九自晉以後爲州寖多所統寖狹且建治之地亦不一所南北分裂之後務爲夸大僑置諸州離析碎裂循名失實而禹跡之九州寖不復可考矣夾漈鄭氏曰州縣之設有時而更山川之形千古不易故禹貢分州必以山川定疆界使兗州可移而濟河之兗州不可移梁州可遷而華陽黑水之梁州不可遷故禹貢爲萬世不易之書後之作史者主於郡縣故州縣移易其書遂廢矣善哉言也

直隸全圖

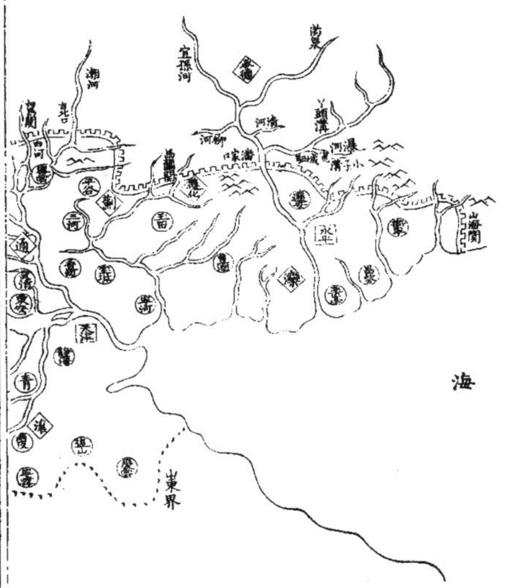

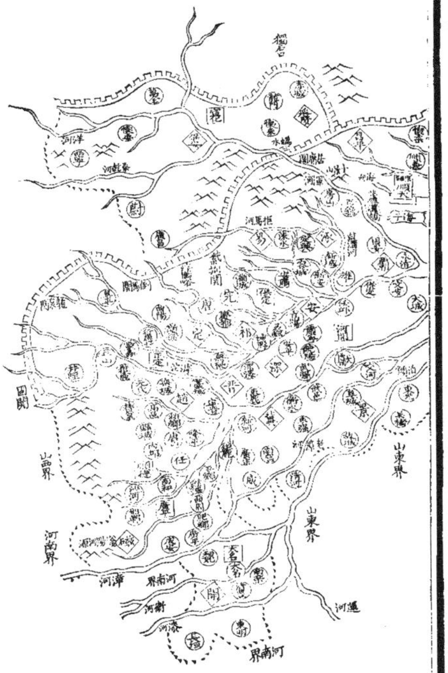

分野考順天府古幽州尾箕分野。永平府古幽州尾分野。保定府古幽州尾箕分野。易州古幽州尾箕分野。河間府古幽州尾箕分野。天津府古幽州尾箕分野。正定府古冀州昴畢分野。冀州古冀州昴畢分野。趙州古冀州昴畢分野。深州古冀州昴畢分野。定州古冀州昴畢分野。順德府古冀州昴分野。廣平府古冀州昴分野。大名府古冀兗二州室壁分野。宣化府古幽州尾分野。

一統志地勢寬厚。關塞險固。總握中原之夷曠者莫過燕薊。雖云長安有崤函之固。洛邑爲天下之中。要之帝王都會。億萬年悠久之業。莫燕薊若矣。

又水有九河滄溟之雄。山有太行居庸之固。玉泉之流。

經緯乎禁籞之中。碣石之壯。盤踞乎畿甸之內。故其風氣之清淑。山川之壯觀。誠有以卓冠四方。爲萬國之都會。

盛京全圖

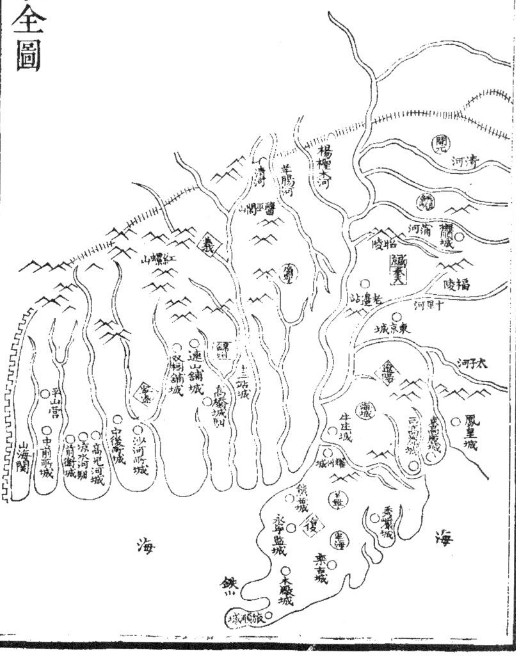

分野考。奉天府古冀青二州。箕尾分野。錦州府古冀青二州。箕尾分野。

一統志。滄海朝宗。白山拱峙。渾河遼水遶帶西南。黑水混同襟環東北。控制諸邦。跨馭六合。允

帝業之根本海留守之雄都也。又西接畿輔。東控朝鮮。瀕瀛海以帶龍江。俯登萊而通朔漠。此其大勢然也。司民牧者兩郡攸分。統軍政者三鎭是賴。既星羅以棊布。因晝井以分疆。念

王業之所基。苞桑培及于萬世。知邊防之爲重。屏翰永共

子

神京矣。

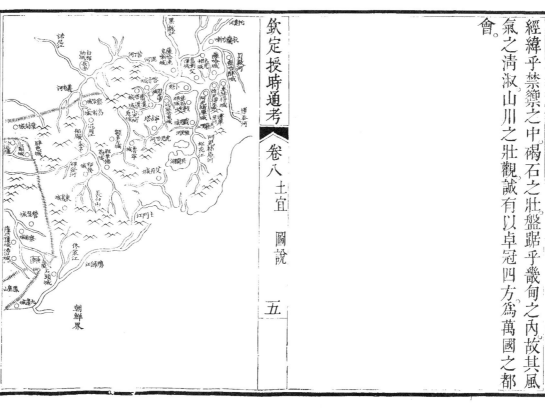

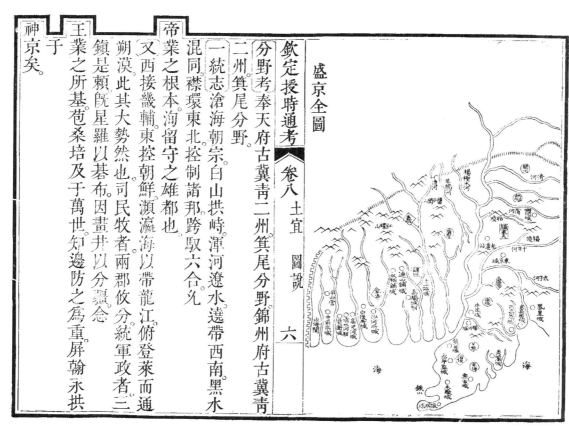

江南全省圖

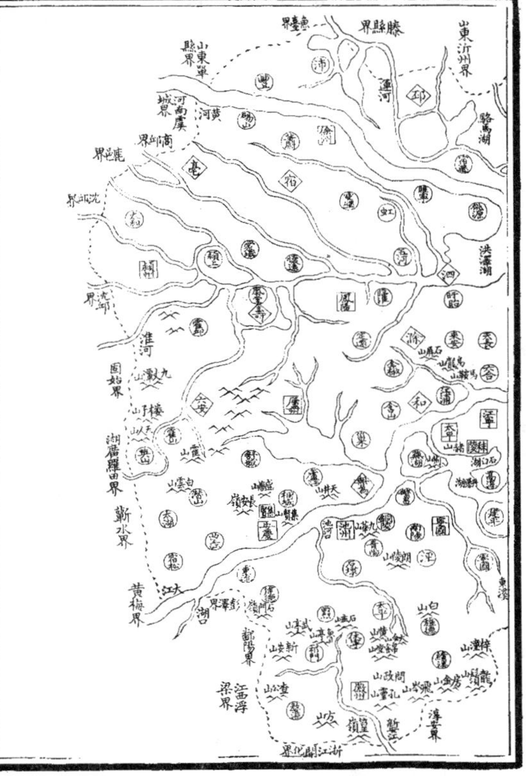

分野考江寧府古揚州。斗分野。蘇州府古揚州。斗分野。太倉州古揚州。斗分野。松江府古揚州。斗分野。常州府古揚州。斗分野。鎮江府古揚州。斗分野。淮安府古揚州。斗分野。海州古徐州。奎婁分野。揚州府古揚州。斗分野。通州古揚州。斗分野。徐州府古豫州。房心分野。安慶府古揚州。斗分野。徽州府古揚州。斗分野。寧國府古揚州。斗分野。池州府古揚州。斗分野。太平府古揚州。斗分野。廬州府古揚州。斗分野。六安州古揚州。斗分野。鳳陽府古揚州。斗分野。泗州古徐州。斗分野。潁州府古豫州。房心分野。和州古揚州。斗分野。滁州古揚州。斗分野。廣德州古揚州。斗分野。

江南通志鍾茅八公天柱九華黃塗潛霍。山之作鎮而著名者。不可勝數。黃河江淮運河三江泗海潁睢淝滁。水之經行而浸衍者。不可勝數。藪則震澤巢湖洮湖。關則東關清流二峴。名都雄鎮。襟帶江淮。

江西全省圖

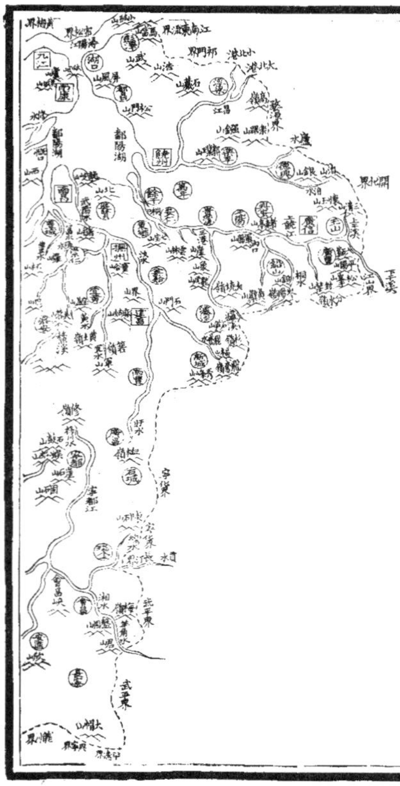

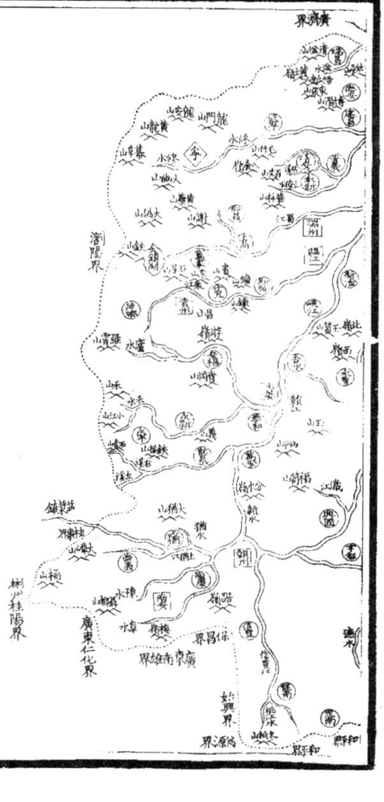

分野考南昌府古揚州。斗分野。饒州府古揚州。斗分野。廣信府古揚州。斗分野。南康府古揚州。斗分野。九江府古揚州。斗牛分野。建昌府古揚州。斗分野。撫州府古揚州。斗分野。臨江府古揚州。斗分野。吉安府古荆揚二州。斗分野。瑞州府古揚州。斗分野。袁州府古揚州。斗分野。贛州府古揚州。斗分野。南安府古揚州。斗分野。

一統志東接閩浙。西連荆蜀。北踰淮汴。以達于京師。據嶺海之全。斥交廣之境。提封數千里。此江右之大較也。

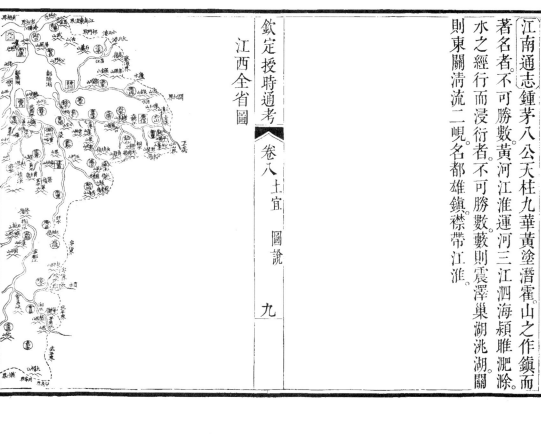

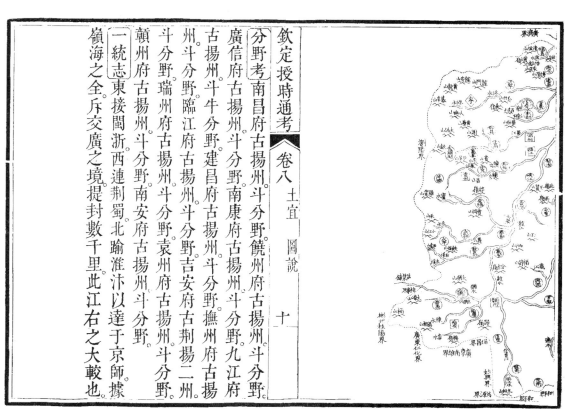

欽定授時通考 卷八 土宜 圖說 十二

浙江全省圖

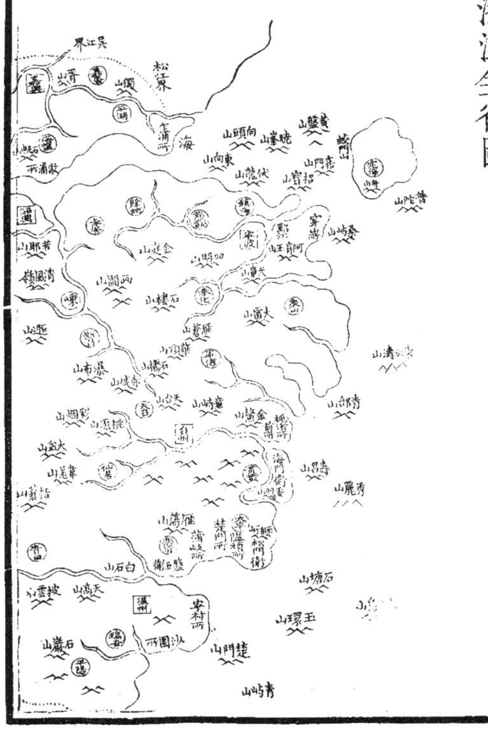

欽定授時通考 卷八 土宜 圖說 十三

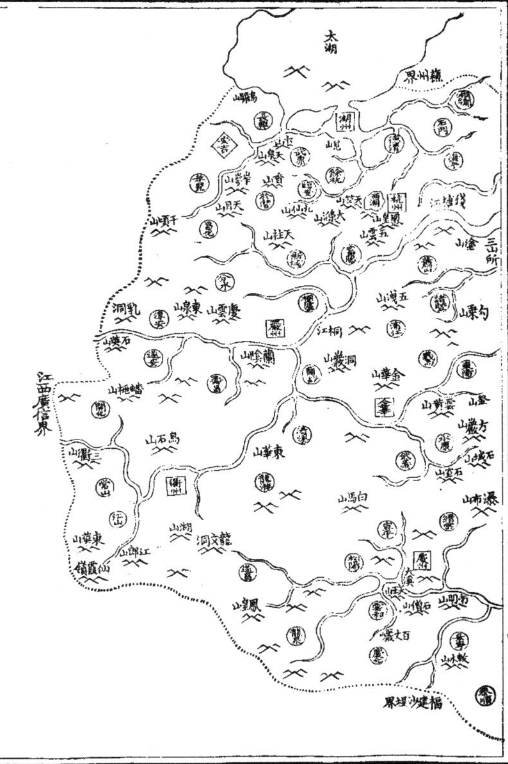

分野考杭州府古揚州斗分野嘉興府古揚州斗分野湖州府古揚州斗牛分野寧波府古揚州牛女分野紹興府古揚州牛女分野台州府古揚州牛女分野金華府古揚州牛女分野衢州府古揚州牛女分野嚴州府古揚州牛女分野溫州府古揚州斗牛女分野處州府古揚州斗分野。

一統志崇山巨嶺所在限隔然嘉湖二郡實與江淮相表裏嚴衢二郡實與徽饒爲鄰郊左接信都右連閩關大海東蟠繞出淮揚之城四通八達之區也。

又山川秀發風土淸佳民人視爲樂郊遊客引爲福地東晉以后風流掩映粤自有宋建都臨安景物之嘉甲

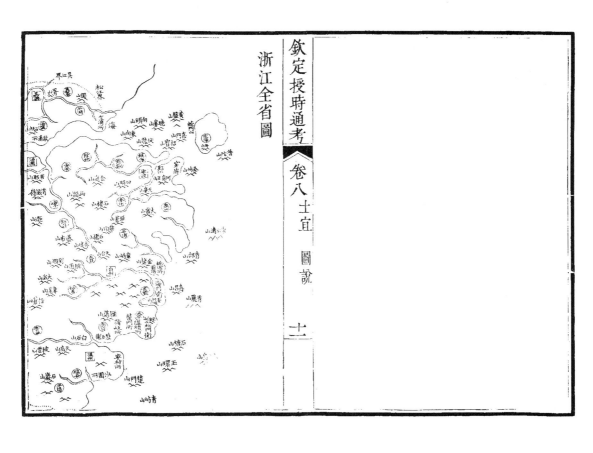

于南服。士大夫類能形諸歌咏。蓋越中之風致。至是而極盛矣。

福建全省圖

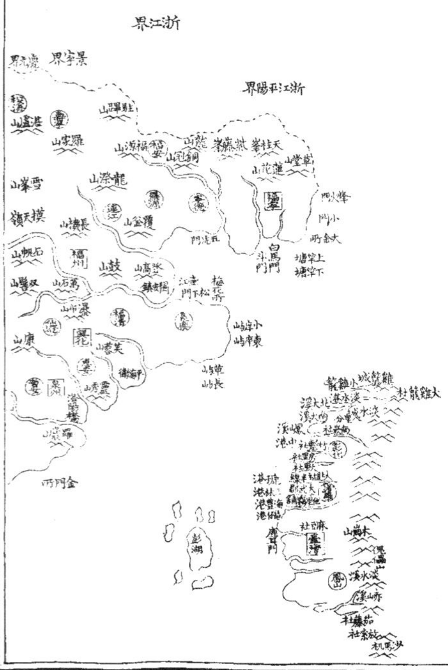

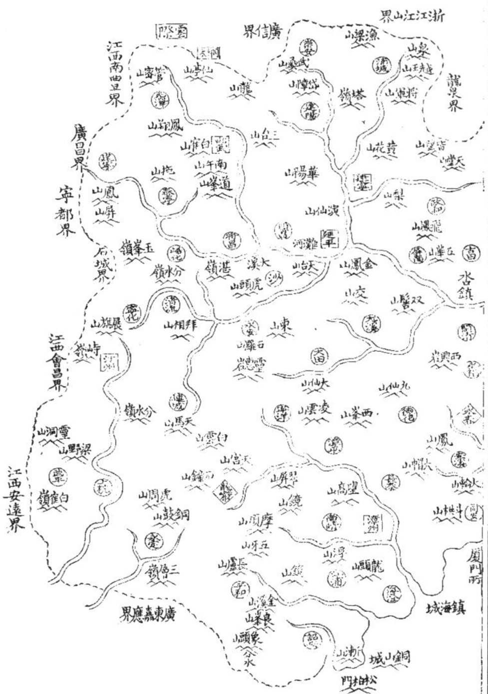

分野考　福州府古揚州牛女分野。泉州府古揚州牛女分野。建寧府古揚州牛女分野。延平府古揚州牛女分野。汀州府古揚州牛女分野。興化府古揚州牛女分野。邵武府古揚州牛女分野。漳州府古揚州牛女分野。福寧府古揚州牛女分野。永春州古揚州牛女分野。龍巖州古揚州牛女分野。臺灣府古海外地牛女分野。

福建通志　閩地幅幁廣輪之數。計四千餘里。控豫引閩。亙為唇齒。福泉四郡則襟帶大海。長溪汀邵諸處綿亘崇岡。建劍則溪灘互相環抱。實為兩浙之鎖鑰。區分障扼。繡錯綺分。以云形勢。可謂備矣。

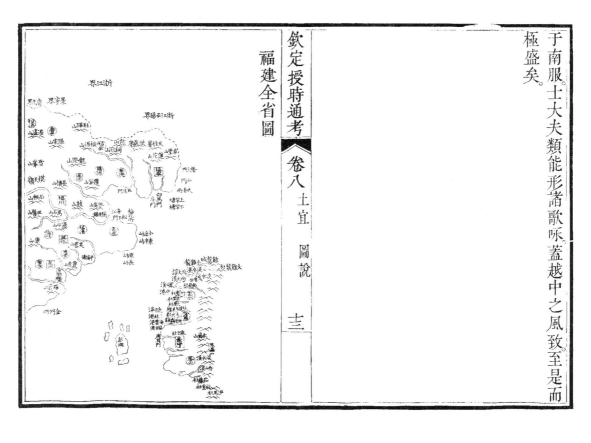

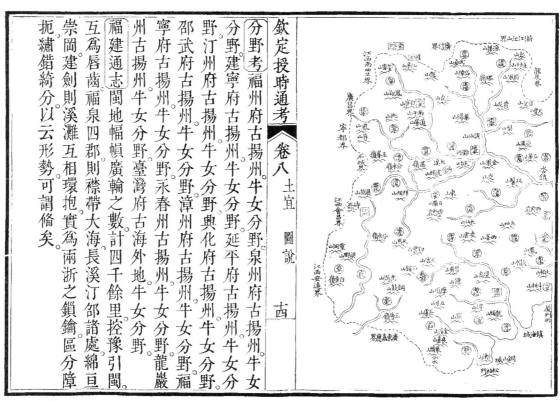

湖北省圖

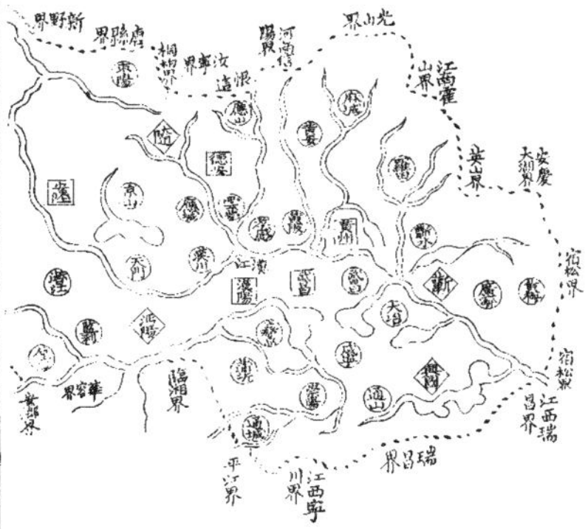

分野考武昌府古荆州。翼軫分野。漢陽府古荆州。翼軫分野。安陸府古荆州。翼軫分野。襄陽府古荆豫二州。翼軫分野。鄖陽府古荆豫二州。翼軫分野。德安府古荆州。翼軫分野。黄州府古荆州。翼軫分野。荆州府古荆州。翼軫分野。宜昌府古荆州。翼軫分野。施南府古荆梁二州。翼分野。

一統志荆于九州之土最稱閎衍。迴絡衡貫。神禹之跡遍焉。

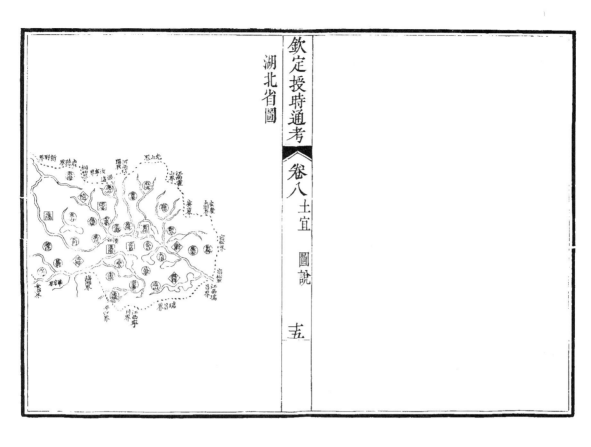

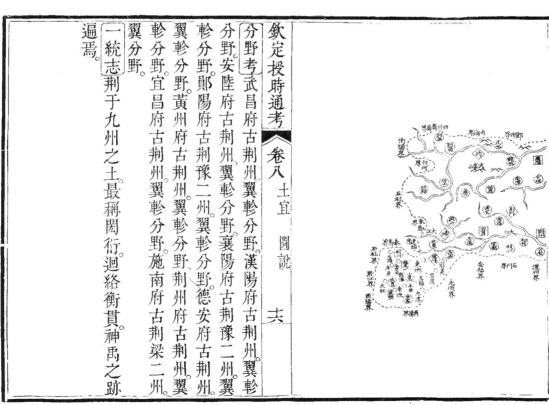

湖南省圖

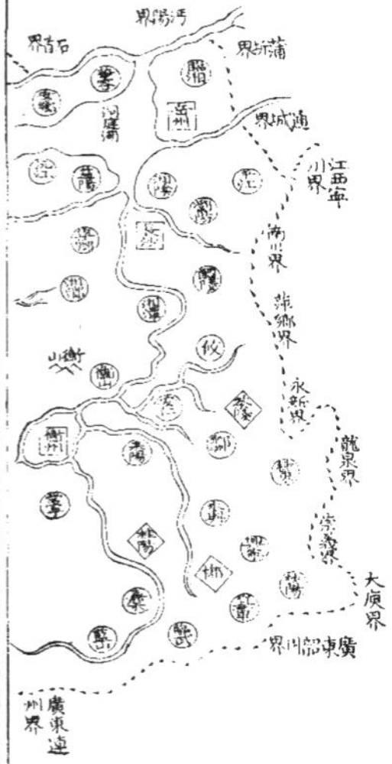

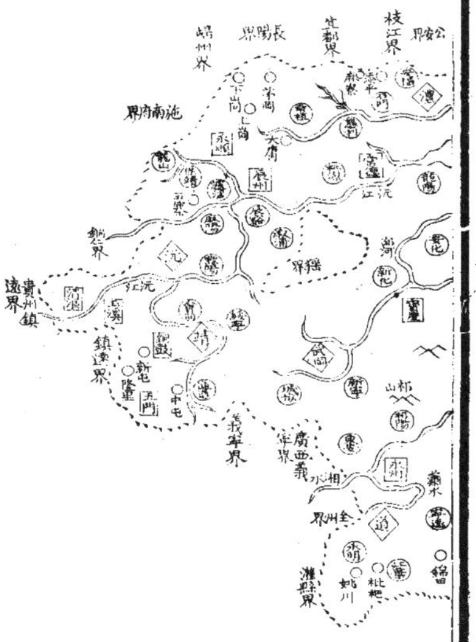

分野考長沙府古荊州翼軫分野。岳州府古荊州翼軫分野。澧州古荊州翼軫分野。寶慶府古荊州翼軫分野。衡州府古荊州翼軫分野。桂陽州古荊州翼軫分野。常德府古荊州翼軫分野。辰州府古荊州翼軫分野。沅州府古荊州翼軫分野。永州府古荊州翼軫分野。靖州古荊州軫分野。郴州古荊州翼軫分野。永順府古荊州翼軫分野。

廣輿記湖廣大江中貫。五溪外錯。衡岳爲鎮。洞庭雲夢爲池。此形勢之大槩也。辰沅南蔽滇黔。郴永上連兩粤。地之四通五達。莫楚若矣。

河南全省圖

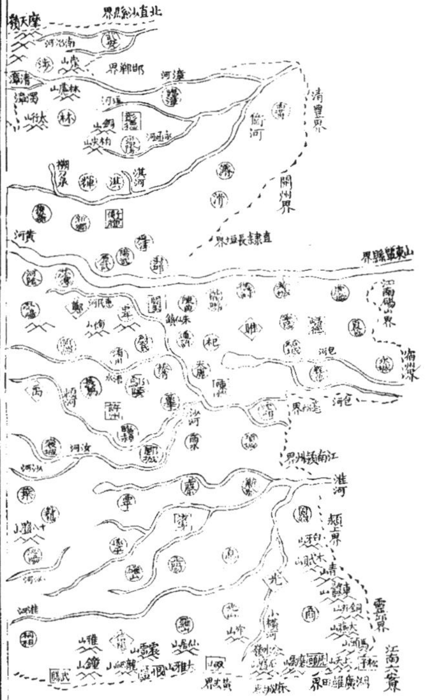

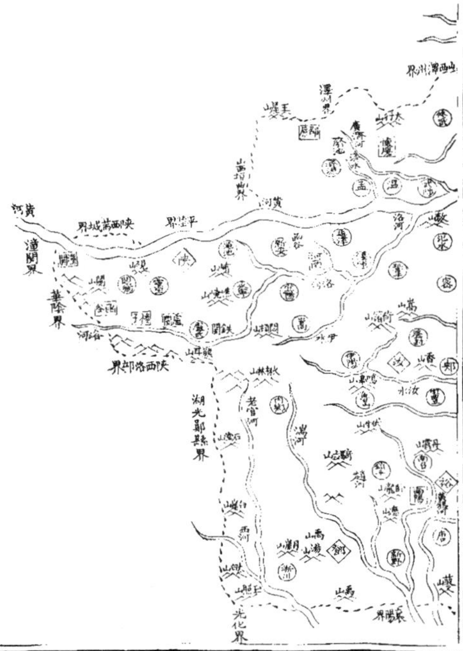

分野考開封府古兗豫二州。角亢分野。陳州府古兗豫二州。角亢分野。許州府古兗豫二州。角亢分野。歸德府古兗豫二州。角亢分野。彰德府古冀州。室壁分野。衛輝府古冀州。室壁分野。懷慶府古冀州。覃懷地。室壁分野。河南府古豫州。柳分野。陝州古豫州。柳分野。南陽府古豫州。張分野。汝寧府古豫州。角亢氐分野。光州古豫州。角亢氐分野。汝州古豫州。張分野。

一統志東連淮魯。西接秦晉。南絡荊襄。北拱燕趙。伊洛蟠乎地府。河南比乎秦關。　大河蜿蜒。嵩高聳峙。鎖天之中區。控地之四鄙。　居南北要衝。綿亘數千餘里。實為九州咽喉。

欽定授時通考　卷八　土宜　圖說　三十一

山東全省圖

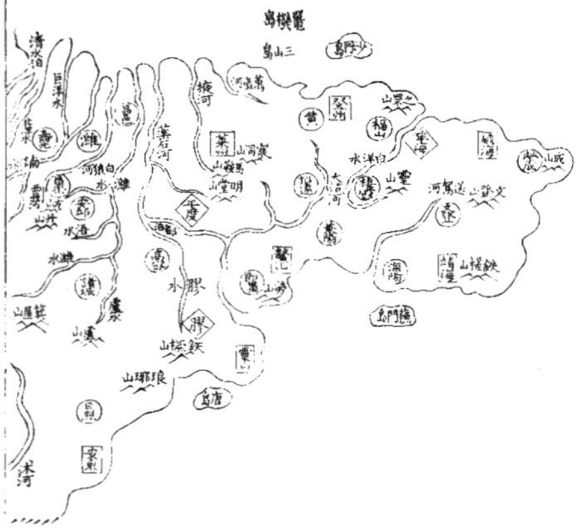

欽定授時通考　卷八　土宜　圖說　三十二

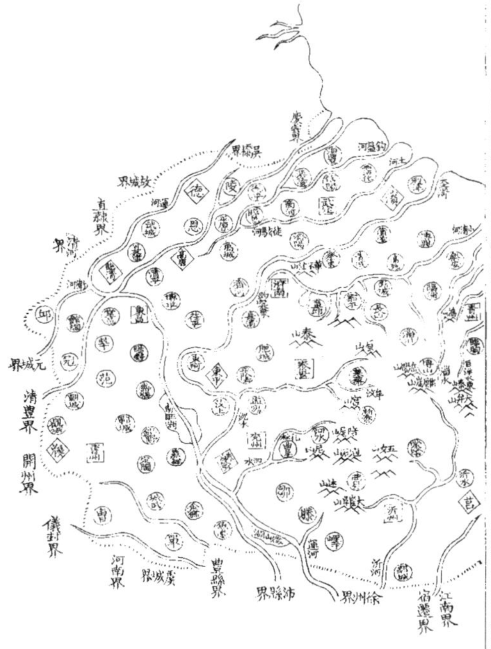

分野考濟南府古青州。危分野。泰安府古青州。危分野。武定府古青州。危分野。兗州府古徐兗二州。奎婁分野。沂州府古徐兗二州。奎婁分野。曹州府古徐兗二州。奎婁分野。東昌府古兗州。危室分野。青州府古青州。虛危分野。登州府古青州。危分野。萊州府古青州。危分野。安東衛古徐州。奎婁分野。

山東通志南連淸濟。北接滄瀛。右控平原。左環渤海。所以屏藩畿甸。權衡南北也。　襟帶齊河。控援魏博。舟車四達。迄爲要津。

山西全省圖

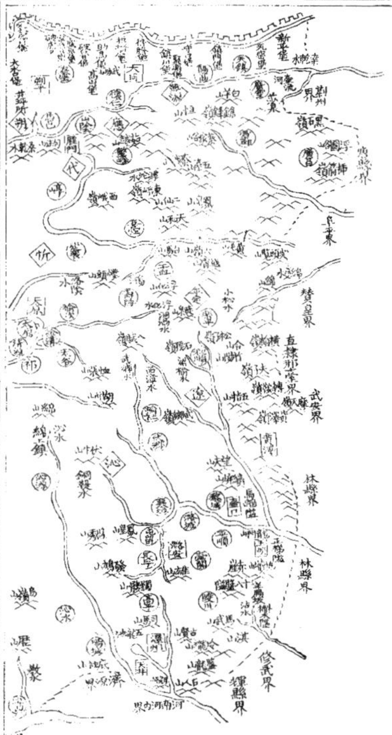

分野考太原府古冀州參井分野平定州古冀州參井分野忻州古冀州參井分野代州古冀州參井分野保德州古冀州參井分野平陽府古冀州觜參分野蒲州府古冀州觜參分野解州古冀州觜參分野絳州古冀州觜參分野吉州古冀州觜參分野隰州古冀州觜參分野潞安府古冀州參井分野汾州府古冀州參分野沁州古冀州參分野澤州府古冀州觜參分野遼州古冀州參井分野大同府古冀州昴畢分野寧武府古冀州昴畢分野朔平府古冀州昴畢分野

一統志左有恒山之險右有大河之固襟四塞之要衝控五原之都邑　土瘠民貧勤儉朴質憂深思遠有

堯之遺風。人物殷阜。不甚機巧。然頗勁悍。習於戎馬
前代以來。亦多文雅之士。

西安省圖

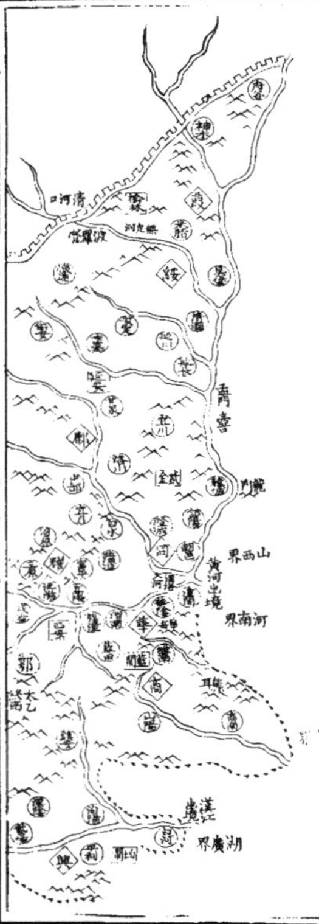

分野考西安府古雍州。井鬼分野。商州古雍州。井鬼分野。同州府古雍州。井鬼分野。乾州古雍州。井鬼分野。邠州古雍州。井鬼分野。鳳翔府古雍州。井鬼分野。漢中府古雍梁二州。井鬼翼軫分野。興安州古雍梁二州。井鬼翼軫分野。延安府古雍州。井鬼分野。鄜州古雍州。井鬼分野。綏德州古雍州。井鬼分野。榆林府古戎狄地。

一統志關中形勝。西自崑崙發脉。落于三輔。長河自西北而南。華嶽自西而東。會于潼關。關鎖之密。天下莫僉。

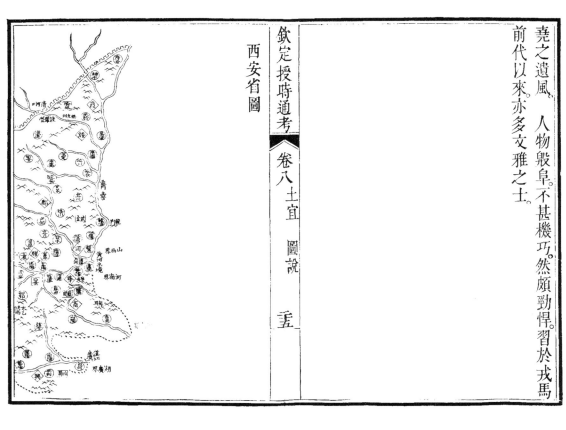

甘肅省圖

欽定授時通考　卷八　土宜　圖說　三十七

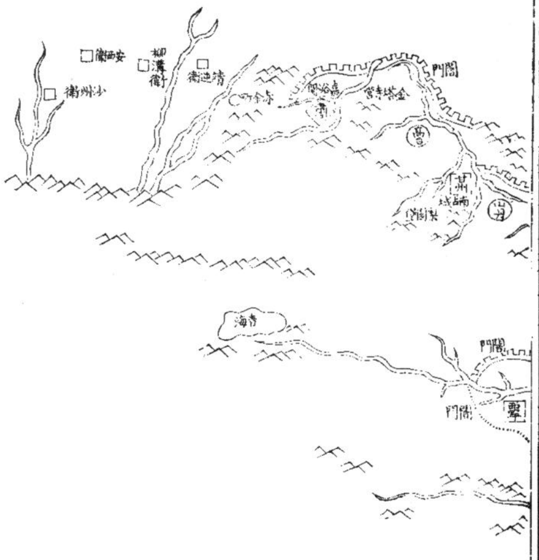

欽定授時通考　卷八　土宜　圖說　三十八

分野考　蘭州府古雍州。西羌地。平涼府古雍州。井鬼分野。鞏昌府古雍州。井鬼分野。階州古雍梁二州。井鬼翼軫分野。秦州古雍州。井鬼分野。臨洮府古雍州。井鬼分野。慶陽府古雍州。井鬼分野。寧夏府古雍州。井鬼分野。西寧府古雍州。井鬼分野。涼州府古雍州。井鬼分野。甘州府古雍州。井鬼分野。肅州古雍州。井鬼分野。安西古雍州。西羌地。靖逆衛古雍州。西羌地。洮州衛古雍州。井鬼分野。

廣輿記　慶陽平涼近邊。臨洮鞏昌鄰接羌番。洮岷西寧地入西羌。甘涼以西暨肅州籍爲內地藩蔽。猶榆林之蔽延安。花馬池之蔽慶陽。固原之蔽平涼。莊浪之蔽臨洮岷文之蔽葦昌焉爾。

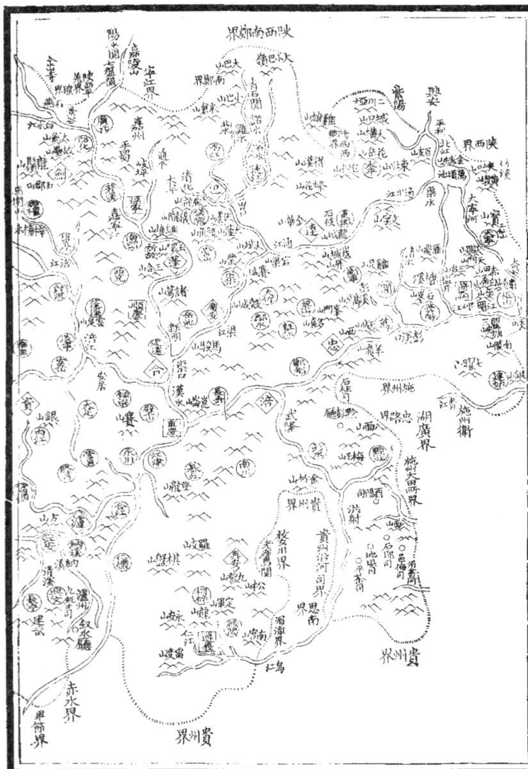

四川全省圖

分野考成都府古梁州。井鬼分野。資州古梁州。井鬼分野。綿州古梁州。井鬼分野。茂州古梁州。井鬼分野。寧遠府古梁州。井鬼分野。保寧府古梁州。井鬼分野。順慶府古梁州。參井分野。敘州府古梁州。井鬼分野。重慶府古梁州。井鬼分野。酉陽州古梁州。井鬼分野。忠州古梁州。井鬼分野。夔州府古荊梁二州。翼軫分野。達州古荊梁二州。翼軫分野。龍安府古梁州。井鬼分野。潼川府古梁州。井鬼分野。眉州古梁州。井鬼分野。嘉定府古梁州。井鬼分野。邛州古梁州。井鬼分野。瀘州古梁州。井鬼分野。雅州府古梁州。井鬼分野。越巂衛古梁州。井鬼分野。

一統志褒斜爲前門。熊耳爲后戶。緣以劍閣。阻以石門。

東連荆楚。北接秦隴。南撫蠻部。西控吐蕃。屹然天府也。

廣東全省圖

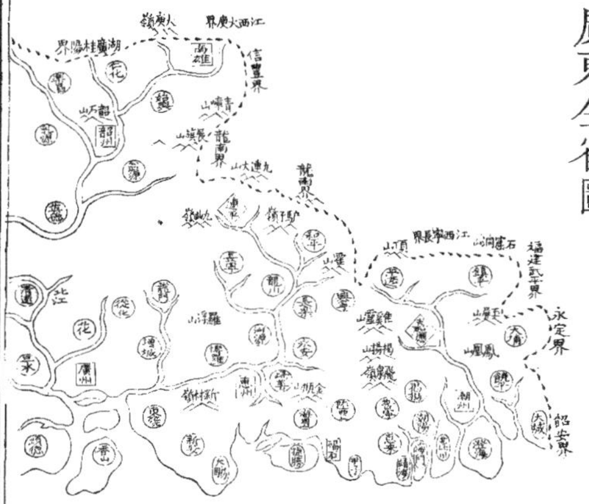

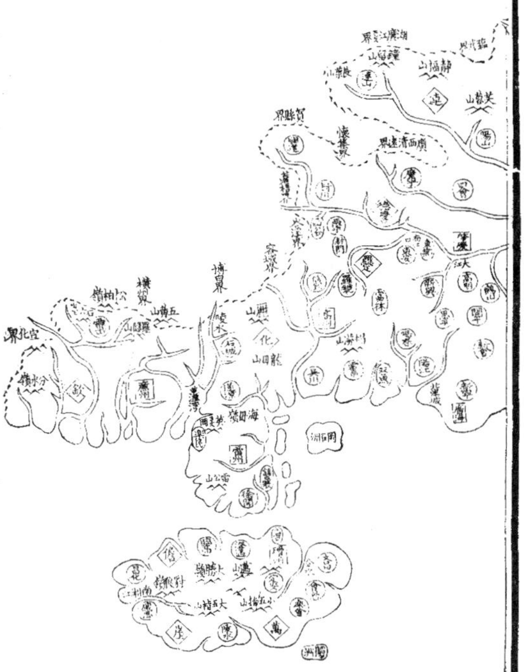

分野考廣州府古揚州南境。牛女分野。連州古揚州。牛女分野。韶州府古揚州牛女分野。南雄府古揚州牛女分野。惠州府古揚州牛女分野。潮州府古揚州牛女分野。嘉應州古揚州。牛女分野。肇慶府古揚州南境牛女分野。高州府古南越地。牛女分野。廉州府古南越地。翼軫分野。雷州府古百粵地。牛女分野。瓊州府古百粵地。牛女分野。羅定州古揚州南境牛女分野。

一統志大庾聳其巔。漲海浸其趾。羅浮為其鎮。諸山羅列若兒孫焉。諸水環繞若襟帶焉。洋洋乎南天之巨鎮也。

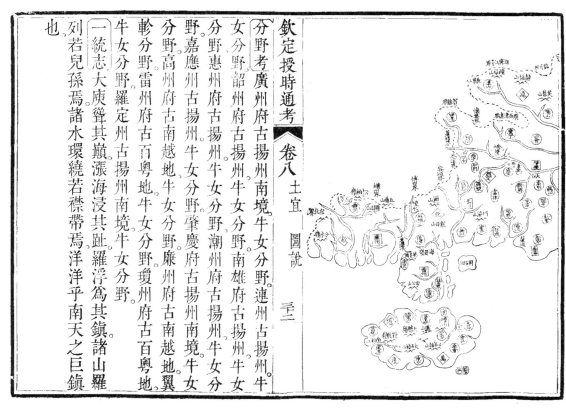

廣西全省圖

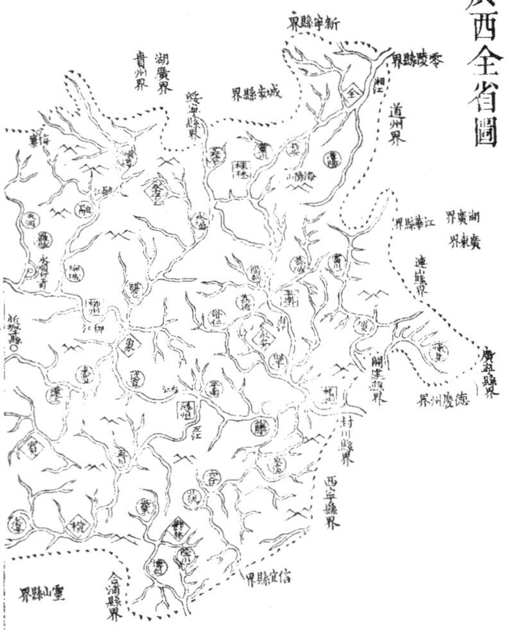

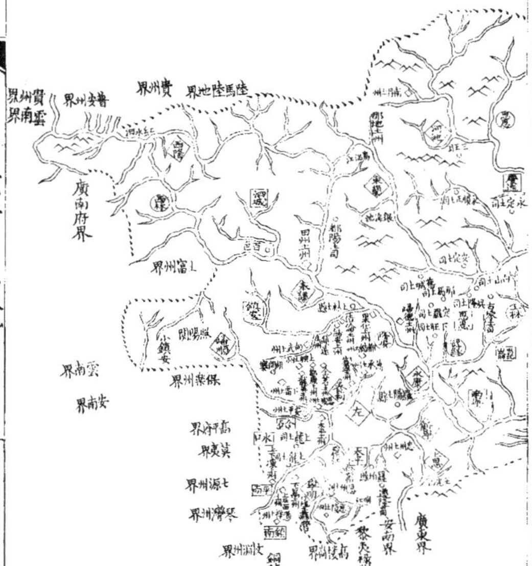

分野考桂林府古荆州翼軫分野。柳州府古百粵地。翼軫分野。慶遠府古百粵地。翼軫分野。思恩府古百粵地。泗城府古百粵地。西隆州古蠻夷地。平樂府古荆州翼軫分野。梧州府古荆州牛女分野。鬱林州古百粵地。翼軫分野。潯州府古百粵地。翼軫分野。南寧府古揚州西南境。翼軫分野。太平府古南粵地。思明府古百粵地。鎮安府古百粵地。

廣西通志東錯廣東。西際滇黔。南界交阯。北連永寶。幅幀之廣。輪延袤數千里。萬山戟立。三江帶盤。允爲中土之屏障。

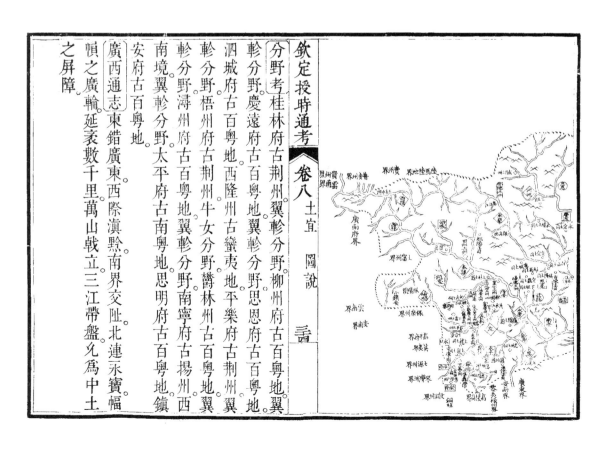

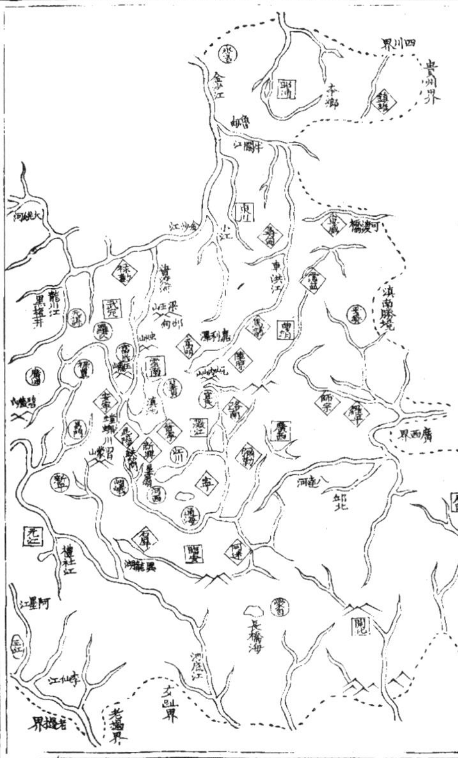

雲南全省圖

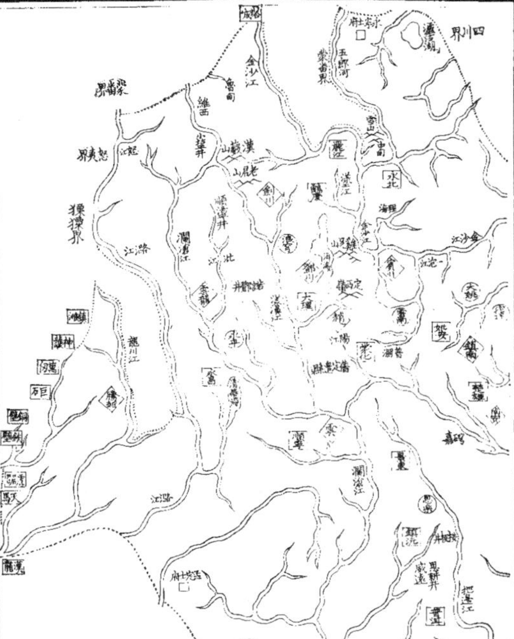

分野考雲南府古梁州。井鬼分野。大理府古梁州。井鬼分野。臨安府古梁州。井鬼分野。楚雄府古梁州。井鬼分野。澂江府古梁州。井鬼分野。景東府古柘南地。廣南府宋名特磨道。廣西府古梁州界。順寧府木蒲蠻之地。曲靖府古梁州。井鬼分野。姚安府本滇國地。鶴慶府東漢屬永昌郡。武定府古梁州。井鬼分野。麗江府古梁州。井鬼分野。元江府古西南夷極邊之地。普洱府古西南夷極邊地。蒙化府漢爲益州郡地。永昌府古梁州。西南徼外之地。古哀牢國。永北府古白國地。開化府漢爲句町國邊地。東川軍民府古梁州。參分野。威遠府唐南詔銀生府之地。鎮沅府古西南極邊。昭通府古西南極邊地。

一統志中國地勢起西北。會東南。獨滇居西南。凡大江南之山。多由滇派分。論形勢有登高而呼之槩焉。

貴州全省圖

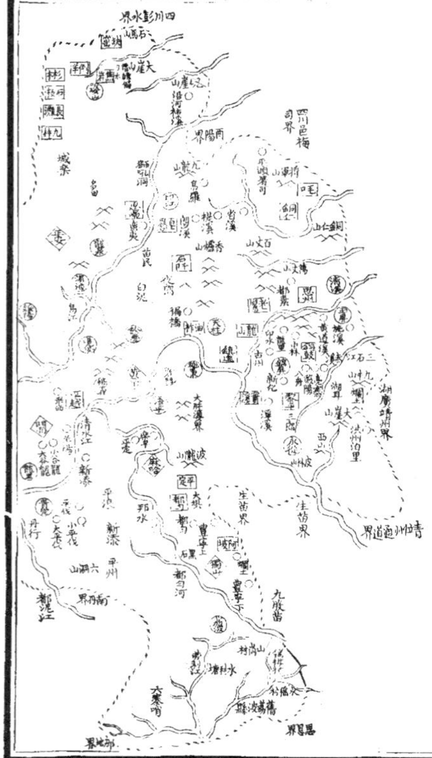

分野考貴陽府古荊梁二州南境。參井分野。思州府古黔中地。思南府古荊州荒裔。鎮遠府古荊州南境。石阡府古荊州南裔。銅仁府古荊州南裔。星分野。黎平府古荊州荒裔。翼軫之餘分野。安順府古荒服地。南龍府古梁州井鬼分野。都匀府古西南夷地。平越府古荊揚南境。大定府古羅甸鬼國。遵義府古梁州井鬼分野。

一統志居天下之西南。東阻五溪。西控六詔。南連百粵。北踞三巴。　上則盤江旋繞。下則潕溪順流。路繞羊腸。關雄虎踞。

土宜

辨方

尚書堯典 分命羲仲宅嵎夷。曰暘谷。平秩東作。

傳 日出于谷而天下明。故稱暘谷。歲起于東而始就耕。謂之東作。東方之官。平均次序東作之事。以務農也。

又 申命羲叔宅南交。平秩南訛。

傳 南交言夏與春交。訛化也。掌夏之官。平秩南方化育之事。

又 分命和仲宅西。曰昧谷。平秩西成。

傳 日入于谷而天下冥。故曰昧谷。秋西方萬物成。平序其政。助成物。

又 申命和叔宅朔方。曰幽都。平在朔易。

傳 都謂所聚也。易謂歲改易于北方。平均在察其政。以順天常。

禹貢 冀州。厥土惟白壤。厥田惟中中。

傳 堯所都也。無塊曰壤。田之高下肥瘠。九州之中爲第五。疏 冀州。帝都于九州近北。故首從冀起。九章算術。穿地四爲壤。五壤爲息土。則壤是土和緩之名。此色白而壤。雍州色黃而壤。豫州直言壤不言色。蓋州內之土。不純一色。故不得言色也。鄭康成云田著高下之等者。當爲水害備也。則鄭謂地形高下爲九等也。王肅云言其土地各有肥瘠。則肅定其肥瘠以爲九等也。如鄭之義。高處地瘠出物既少。不得爲上。如肅之義。肥處地下水害所傷出物既少不得爲上。故孔云高下肥瘠共相參對以爲九等。田土異者。鄭康成云地當陰陽之中。能吐生萬物者曰土。據人功作力競得而田之。則謂之田。蔡傳 夏氏曰。教民樹藝與因地制貢。不可不先辨土。然辨土之宜有二。白以辨其色。壤以辨其性。曾氏曰。冀州之土。豈皆白壤。土會之法。從其多者論也。

又 濟河惟兗州。厥土黑墳。厥草惟繇。厥木惟條。厥田惟

中下。

傳 東南據濟。西北距河。色黑而墳起。田第六。疏 八州發首言山川者。皆謂境界所及也。繇是茂之貌。條是長之體。言草茂而木長也。宜草木則地美。而田非上者。爲土下濕故也。集說 陳氏大猷曰。兗徐揚居河濟江淮下流。水未平則爲下濕。水既平則爲沃衍。于草木尤宜。故三州言草木。

又 海岱惟青州。厥土白墳。海濱廣斥。厥田惟上下。

傳 東北據海。西南距岱。濱涯也。說文云。東方謂之斥。田第三。疏 舜爲十二州。分青州爲營州。營州卽遼東也。海畔迥闊。地皆斥鹵。故云廣斥。集說 林氏之奇曰。

此州土有二種。平地之土。色白而性墳。海濱之土。彌望皆斥鹵。

【又】海岱及淮惟徐州。厥土赤埴墳。草木漸包。厥田惟上中。

【傳】東至海。北至岱。南及淮。土黏曰埴。田第二。【疏】考工記。用土爲瓦。謂之摶埴之工。是埴爲黏土。【蔡傳】埴膩也。粘泥如脂之膩也。周有摶埴之工。老氏言埏埴以爲器。惟土性粘膩細密。故可摶可埏也。漸。進長也。包。叢生也。【集說】王氏樵曰。埴土性之美者也。而又墳起。最宜于生物。故草木漸包。胡氏瓚曰。土稟沖和之氣。故壤爲上。太燥者不凝。故墳次之。墳。膏起也。

【又】淮海惟揚州。篠簜既敷。厥草惟夭。厥木惟喬。厥土惟塗泥。厥田惟下下。

【傳】北據淮。南距海。地泉濕。田第九。【蔡傳】篠。箭竹。簜。大竹。敷。布也。少長曰夭。喬。高也。塗泥。水泉濕也。下地多水。其泥淖。說文曰。泥。黑土在水中者也。【集說】王氏炎曰。南方地煖。故草木皆少長。而木多上竦。河朔地寒。雖合抱之木。不能高也。兗徐言草木。皆居厥土之下。凡土無高下燥濕。其性皆然。兼山林言之。若揚之塗泥。惟言沮洳之多。山林不與。故先草木也。土塗泥。故其田下下。大抵南方水淺土薄。不如北方地力之厚也。金氏曰。古人尚黍稷。田雜五種。故雖水潦旱乾。而各有所收。塗泥之土。其田獨宜稻。故第爲最下。自唐以來。則江淮之田。號爲天下最。

【又】荊及衡陽惟荊州。厥土惟塗泥。厥田惟下中。

【傳】北據荊山。南及衡山之陽。田第八。

【又】荊河惟豫州。厥土惟壤。下土墳壚。厥田惟中上。

【傳】西南至荊山。北距河水。高者壤。下者墳壚。田第四。【疏】壚。黑剛土也。【蔡傳】土不言色者。其色雜也。壚疏也。顏氏曰。元而疏者謂之壚。【集說】呂氏不韋曰。凡耕之道。必始于壚。爲其寡澤而後枯。王氏炎曰。下土下等之土也。壤則沃。墳壚則爲瘠。金氏曰。其壤者無塊而柔。其下者或膏而起。或剛而疏。如今轘轅之濘淖。汜闕之沙陷。皆所謂下土者。

【又】華陽黑水惟梁州。厥土青黎。厥田惟下上。

【傳】東據華山之南。西距黑水。色青黑而沃壤。田第七。【疏】孔以黎爲黑。故云色青黑。其地沃壤。言其美也。王肅曰。青黑色。黎。小疏也。【集說】吳氏澄曰。土不言質。質不一也。傅氏寅曰。獨言色青黑而不及其性。則非壤非墳可知。使其果爲沃壤。如孔氏之說。則田宜上品。而顧乃止居下上。何耶。金氏曰。梁土色青。故生物易。性疏。故散而不實。

【又】黑水西河惟雍州。厥土惟黃壤。厥田惟上上。

【傳】西距黑水。東據河。龍門之河。在冀州西。田第一。【蔡傳黃者土之正色。集說林氏之奇曰物得其常性者最貴。雍州之土黃壤故其田非他州所及陳氏櫟曰土黃壤最貴故雍田上上塗泥最下故揚田下下。

周禮地官以土圭之法測土深正日景以求地中日南則景短多暑日北則景長多寒日東則景夕多風日西則景朝多陰。

注土圭所以致四時日月之景也晝漏半而置土圭。表陰陽審其南北景短于土圭謂之日南是地于日爲近南也景長于土圭謂之日北是地于日爲近北也東于土圭謂之日東是地于日爲近東也西于土圭謂之日西是地于日爲近西也集說陳氏仁錫曰

其景短于土圭則其地在日南而多暑其景長于土圭則其地在日北而多寒景夕謂日中時景已如夕也如此則其地多風景朝謂日中時景尚如朝也如此則其地多陰。

又日至之景尺有五寸謂之地中天地之所合也四時之所交也風雨之所會也陰陽之所和也然則百物阜安。

注土圭之長尺有五寸以夏至之日立八尺之表其景適與土圭等謂之地中集說陳氏仁錫曰以其地當天地之中故曰合交者四時皆協其候也會者風雨以序而至也和者陰陽調而不乖也百物阜安有生者遂有形者育。

又春官以星土辨九州之地所封封域皆有分星以觀妖祥

注星土星所主之土也封猶界也鄭司農說星土以春秋傳曰參爲晉星商主大火國語曰歲之所在則我有周之分野之屬是也康成謂大界則曰九州之中諸國中之封域于星亦有分焉十二次之分星紀吳越也元枵齊也娵訾衛也降婁魯也大梁趙也實沈晉也鶉首秦也鶉火周也鶉尾楚也壽星鄭也大火宋也析木燕也此分野之妖祥主用客星彗孛之氣爲象疏按春秋緯文耀鉤云布度定紀分州繫象

華岐以西龍門積石至三危之野雍州屬魁星大行以東至碣石王屋砥柱冀州屬樞星三河雷澤東至海岱以北兗州青州屬機星蒙山以東至南江會稽震澤徐揚之州屬權星大別以東至雷澤九江荆州屬衡星荆山西南至岷山北崏鳥鼠梁州屬開星外方熊耳以至泗水陪尾豫州屬搖星此九州屬北斗星有七州有九但兗青徐揚并屬二州故七星主九州也。

夏官職方氏掌天下之圖以掌天下之地辨其邦國都鄙四夷八蠻七閩九貉五戎六狄之人民與其財用九穀六畜之數要周知其利害

注天下之圖。如今司空輿地圖也。四八七九五六。周之所服國數也。財用。泉穀貨賄也。利。金錫竹箭之屬。害。神奸鑄鼎所象百物也。

又乃辨九州之國使同貫利。

注貫事也。疏釋曰職方主九州之事。故須分別九州之國使同其事利不失其所也。

又東南曰揚州其穀宜稻。

疏釋曰自此以下陳九州之事。總爲三道陳之。先從南方起。蓋取尊其陽方。周改禹貢以徐梁二州合之于雍青分冀州地以爲幽并。東南曰揚州。次正南曰荆州。周之西南不置州。統屬雍州。即次河南曰豫州。爲一道也。次正東曰青州。次河東曰兗州。次正西曰雍州。爲二道。又次東北曰幽州。次河內曰冀州。次正北曰并州。爲三道。集說易氏祓曰。稻生于水澤之地。經言稼下地是已。揚州居東南之極。及支川下流之所歸。厥土爲塗泥。爲沮洳。故其穀宜稻。

又正南曰荆州。其穀宜稻。

又河南曰豫州。其穀宜五種。

注五種。黍稷菽麥稻。疏此州東與青州相接。青州有稻麥。西與雍州相接。雍州有黍稷。故知有此四種。但此州不言麻與菽及菰。鄭必知取菽者。蓋以當時自驗而知。故添爲五種也。

又正東曰青州。其穀宜稻麥。

又河東曰兗州。其穀宜四種。

注四種。黍稷稻麥。疏以其東與青州相接。青州有稻麥。西與冀州相接。冀州有黍稷。故知也。

又正西曰雍州。其穀宜黍稷。

疏雍州宜麥不言者。但黍稷麥並宜。以黍稷爲主云。

又東北曰幽州。其穀宜三種。

注三種。黍稷稻。疏西與冀州相接。冀州皆黍稷。幽州見宜稻也。

又河內曰冀州。其穀宜黍稷。

又正北曰并州。其穀宜五種。

注五種。黍稷菽麥稻也。疏若饋用六穀。則兼有菰若氏之要用則去菰。故知是此五者。六穀之內。三種已上即言種。二者則指穀名云。

遂師掌四方之地名。辨其邱陵墳衍邍隰之名。

注地名。謂東原大陸之屬。集說陳氏仁錫曰。地之廣平曰邍。四郊之地名。如禹貢冀之太原大陸。徐之東原。雍之原隰是也。

冬官考工記天有時。地有氣。橘踰淮而北化爲枳。此地氣然也。

山海經西南黑水之間。有廣都之野。爰有膏菽膏稻膏黍膏稷。百穀自生。

詩緯含神霧大齊之地處孟春之位海岱之間土地汚泥流之所歸利之所聚

春秋元命苞五星流爲兗州鉤鈐星别爲豫州昴畢散爲冀州分爲趙國箕星散爲幽州分爲燕國營室流爲并州分爲衞國參伐流爲益州虛危流爲青州天氐流爲徐州軫星散爲荆州牽女流爲揚州

春秋說題辭西乃金之位米爲陽之精故西合米爲粟稻太陰精含水漸洳江旁多稻乃其宜也

管子黄帝得大常而察于地利得奢龍而辨于東方得祝融而辨于南方得大封而辨于西方得后土而辨于北方

又常山之東河汝之間蚤生而晩殺五穀之所蕃孰也四種而五穫

注四種謂四時皆種五穫謂五穀皆宜而有所穫

越絶書少昊治西方蚩尤佐之使主金元冥治北方白辯佐之使主水太皞治東方袁何佐之使主木祝融治南方僕程佐之使主火后土治中央后稷佐之使主土並有五方以爲綱紀是以易地而輔萬物之常

吳越春秋越地肥美其種甚嘉

淮南子星部地名角亢鄭氏房心宋尾箕燕斗牽牛越須女吳虛危齊營室東壁衞奎婁魯胃昴畢魏觜巂參趙東井輿鬼秦柳七星張周翼軫楚歲星之所居五穀豐昌其對爲衝星歲乃有殃

又東南神州曰農土正南次州曰沃土西南戎州曰滔土正西弇州曰并土正中冀州曰中土西北台州曰肥土正北濟州曰成土東北薄州曰隱土正東陽州曰申土

注農神農之所經緯沃盛也稼穡盛張滔大也五穀成大并猶成也百穀成熟冀大也四方之主故曰中薄猶平也氣所隱藏申復也陰氣盡于北陽氣復起

又汾水濛濁而宜麻濟水通和而宜麥河水中濁而宜菽雒水輕利而宜禾渭水多力而宜黍江水肥仁而宜稻平土之人慧而宜五穀

又東方川谷之所注日月之所出其地宜麥南方陽氣之所積暑濕居之其地宜稻西方高土川谷出焉日月入焉其地宜黍北方幽晦不明天之所閉也寒水之所積也蟄蟲之所伏也其地宜菽中央四達風氣之所通雨露之所會也其地宜禾

釋名青州在東取物生而青也徐州徐舒也土氣舒緩也揚州州界多水水波揚也荆州取名於荆山也荆警也豫州地在九州之中京師東都所在常安豫也凉州西方所在寒凉也雍州在四山之内雍翳也并州其州或并或設故因以爲名也幽州在北幽昧之地也冀州亦取地以爲名也其地有險有易帝王所都亂則冀治

弱則冀强荒則冀豐也兗州取兗水以爲名也司州司
隷校尉所主也益州益阸也所在之地險阸也古有營
州齊衞之地于天文屬營室取其名也
又燕宛也北方沙漠平廣地在涿鹿山南宛宛然以爲
國都也宋送也接淮泗而東南傾以爲殷後若云滓穢
所在送使隨流東入海也鄭町也其地多平町町然也
楚辛也其地蠻多而人性急數有戰爭辛楚之禍也周
地在岐山之南其山四周也秦津也其地沃衍有津潤
也晉進也其土在北有事於南則進而南也又取晉水
以爲名其水迅進也趙朝也本小邑朝事於大國也魯
魯鈍也國多山水民性樸魯也衞衞也既滅殷立武庚

爲殷後三監以守衞之也齊齊也地在渤海之南渤齊
之中也吳虞也太伯讓位而不就歸封之於此虞其志
也越夷蠻之國度越禮義無所拘也此十二國上應列
宿各以其地及於事宜制此名也
又秦置郡縣隨其所在山川土形而立其名漢就而因
之河南在河之南也河內河水從岐山而南從雷首而
東從譚首而北郡在其內也河東在河水東也河西在
河水西也上黨之所也在山上其所最高故曰上也潁
川因潁水爲名也汝南在汝水南也汝陰在汝水陰也
東郡南郡以京師方面言之也北海海在其北也西海
海在其西也南海在海南也宜言海南欲同四海名故

言南海東海海在其東也濟南濟水在其南也濟北濟
水在其北也義亦如南海也南陽在國之南而地陽也
凡若此類郡國之名取號於此其餘可知也縣邑之名
亦如之
崔寔政論 三輔左右及凉幽州內附近郡皆土曠人稀
厥田宜稼
博物志 東方少陽日月所出山谷清西方少陰日月所
入其土窈冥南方太陽土下水淺北方太陰土平廣深
中央四析風雨交山谷峻
廣雅 神農度四海內東西九十萬里南北八十一萬里
帝堯所治九州地二千四百三十萬八千二百四頃其

墾者九百一十萬八千二十四頃
史記貨殖列傳 山西饒材竹穀纑山東多魚鹽漆絲江
南出柟梓薑桂關中自汧雍以東至河華膏壤沃野千
里好稼穡殖五穀地重（重於稼穡也）巴蜀亦沃野地饒巵薑
竹木之器天水隴西北地上郡畜牧爲天下饒三河在
天下之中土地狹小民人衆故其俗纖儉習事中山地
薄人衆民俗懁急仰機利而食燕有魚鹽棗栗之饒綰
穢貉朝鮮眞番之利齊帶山海膏壤千里宜桑麻人民
多文綵布帛魚鹽鄒魯濵洙泗頗有桑麻之業無林澤
之饒堯作游成陽舜漁於雷澤湯止於亳其俗好稼穡
致其畜藏淮北沛陳汝南南郡地薄寡於積聚江陵故

郢都有雲夢之饒陳在楚夏之交通魚鹽之貨吳有海鹽之饒三江五湖之利江南卑濕多竹木總之楚越之地地勢饒食無饑饉之患以故呰窳偷生無積聚而多貧是故江淮以南無凍餓之人亦無千金之家沂泗水以北宜五穀桑麻地小人衆數被水旱之害民好蓄藏故秦夏梁魯好農而重民三河宛陳亦然齊趙設智巧仰機利燕代田畜而事蠶汶山之下沃野下有蹲鴟芋也至死不饑

又地理志巴蜀廣漢土地肥美有江水沃野山林竹木疏食果實之饒

又溝洫志平原東郡左右其地形下而土疏惡

又東方朔列傳汧隴以東商雒以西厥壤肥饒天下陸海之地有秔稻棃栗桑麻竹箭之饒故豐鎬之間號爲土膏

又東夷列傳夫餘於東夷之域最爲平敞土宜五穀挹婁古肅慎之國有五穀麻布土氣極寒常爲穴居東沃沮土肥美背山向海宜五穀善田種馬韓人知田蠶辰韓土地肥美宜五穀

又南蠻列傳牂柯地多雨潦句町縣有桄榔木可以爲麪百姓資之益州郡有池周回二百餘里水源深廣而末更淺狹有似倒流故謂之滇池河土平敞有鹽池田漁之饒汶山郡土氣多寒在盛夏冰猶不釋土地剛鹵不生穀粟麻菽惟以麥爲資而宜畜牧武都土地險阻有麻田

又西羌列傳大小榆谷土地肥美

又雍州之域厥田惟上沃野千里穀稼殷積又有龜茲鹽池以爲民利水草豐美土宜產牧

又伊吾地宜五穀桑麻蒲萄其北又有柳中皆膏腴之地

又烏桓列傳其土地宜穄及東墻東墻似蓬草實如穄子至十月而熟

帝王世紀自斗十一度至婺女七度一名須女曰星紀之次于辰在丑謂之赤奮若于律爲黃鍾斗建在子今

吳越分野自婺女八度至危十六度曰元枵之次一名天黿于辰在子謂之困敦于律爲大呂斗建在丑今齊分野自危十七度至奎四度曰豕韋之次一名娵訾于辰在亥謂之大淵獻于律爲大簇斗建在寅今衞分野自奎五度至胃六度曰降婁之次于辰在戌謂之閹茂于律爲夾鍾斗建在卯今魯分野自胃七度至畢十一度曰大梁之次于辰在酉謂之作噩于律爲姑洗斗建在辰今趙分野自畢十二度至東井十五度曰實沈之次于辰在申謂之涒灘于律爲仲呂斗建在巳今晉魏分野自井十六度至柳八度曰鶉首之次于辰在未謂之叶洽于律爲蕤賓斗建在午今秦分野自柳九度至

張十七度曰鶉尾之次于辰在巳謂之大荒落于律爲夷則斗建在申今楚分野自軫十二度至氐四度曰壽星之次于辰在辰謂之執徐于律爲南呂斗建在酉今韓分野自氐五度至尾九度曰大火之次于辰在卯謂之單閼于律爲無射斗建在戌今宋分野自尾十度至斗七度百三十五分而終曰析木之次于辰在寅謂之攝提格于律爲應鍾斗建在亥今燕分野

隋書地理志正西曰雍州上當天文自東井十度至柳八度爲鶉首于辰在未得秦之分野安定北地上郡隴西天水金城六郡之地勤于稼穡梁州于天官上應參之宿漢中之人多事田漁豫州其在天官自氐五度至

尾九度爲大火于辰在卯宋之分野屬豫州自柳九度至張十六度爲鶉火于辰在午周之分野屬三河則河南淮之星次亦豫州之域梁郡好尚稼穡兗州其于天官自軫十二度至氐四度爲壽星于辰在辰鄭分野冀州其于天文自胃七度至畢十一度爲大梁屬冀州自尾十度至南斗十一度爲析木屬幽州自危十六度至奎四度爲娵訾屬并州自柳九度至張十六度爲鶉火屬三河則河內河東也淮之星次本皆冀州之域信都清河河間博陵恒山趙郡武安襄國其俗務在農桑長平上黨人多重農桑河東絳郡文城臨汾龍泉西河土地沃少瘠多正東曰青州其在天官自須女八度至危

十五度爲元枵于辰在子齊之分野多務農桑徐州自奎五度至胃六度爲降婁于辰在戌賤商賈務稼穡揚州在天官自斗十二度至須女七度爲星紀于辰在丑吳越得其分野江南之俗火耕水耨食魚與稻宣城毗陵吳郡會稽餘杭東陽數郡州澤沃衍有海陸之饒豫章之俗勤耕稼自嶺已南二十餘郡大率土地下濕荊州上當天文自張十七度至軫十一度爲鶉首于辰在巳楚之分野

宋史地理志京東路兗豫青徐之域當虛危房心奎婁之分西抵大梁南極淮泗東北至于海有鹽鐵絲石之饒其俗勤耕紝營邱號稱富衍物產尤盛京西路冀豫

荊兗梁五州之域而豫州之壤爲多當井柳星張角亢氐之分東暨汝潁西被陝服南略鄢郢北抵河津絲枲漆纊之所出而洛邑爲天地之中民性安舒然土地褊薄迫于營養汝蔡率多曠田太宗遷晉雲朔之民于京洛鄭汝之地墾田頗廣河北路兗冀青三州之域而冀兗爲多當畢昴室東壁尾箕之分南濱大河北際幽朔東瀕海岱西壓上黨繭絲織紝之所出土平而近邊置方田以資軍廩河東路冀雍二州之域而冀州爲多當觜參之分其地東際常山西控黨項南盡晉絳北控雲朔當大行之險地有鹽鐵之饒勤農織之事業寡桑柘而富麻苧陝西路雍梁冀豫四州之域而雍州全得焉

當東井輿鬼之分西接羌戎東界潼陝南抵蜀漢北際朔方有絲枲林木之饒其民慕農桑好稼穡鄠杜南山土地膏沃二渠灌溉兼有其利兩浙路揚州之域當南斗須女之分東西際海西控震澤北濱于海有魚鹽布帛杭稻之産淮南路荊徐揚豫四州之域而揚州爲多當南斗須女之分東至于海西抵濉渙南濱大江北界清淮土壤膏沃有茶鹽絲帛之利江南東西路揚州之域當牽牛須女之分東限七閩西畧下口南抵大庾北際大江川澤沃衍有水物之饒永嘉東遷茗荈冶鑄金帛杭稻之利歲給縣官用度蓋半天下之入焉荊湖南北路荊州之域當張翼軫之分東界鄂渚西接溪洞南

抵五嶺北連襄漢其土宜穀稻南路有袁吉壤接者其民往往轉徙自占深耕穊種北路農作稍惰多曠土福建路蓋古閩越之地其地東南際海西北多峻嶺抵江有茶鹽海物之饒民安土樂業川源浸灌田疇膏沃無凶年之憂而土田迫陿生藉繁夥雖磽确之地耕耨殆盡川峽四路梁雍荊三州之地而梁州爲多天文與秦同分南至荊峽北控劒棧西南接蠻夷土植宜柘繭絲織文織麗者窮于天下地狹而腴民勤耕作無寸土之曠歲三四收廣南東西路荊揚二州之域當牽牛婺女之分南濱大海西控夷洞北限五嶺宋初人稀土曠儋崖萬安三州地狹戶少

金史食貨志中都西京北京上京遼東臨潢陝西地寒稼穡遲熟夏稅限以七月爲初

通鑑注太行爲河北脊其山脊諸州皆山險至太行山盡頭地始平廣田皆腴美俗謂小江南古所謂覃懷也

海槎餘錄儋耳境山百倍于田土多石少雖絕頂亦可耕植

農政全書三吳古稱澤國其西南翕受太湖陽城諸水形勢尤卑而東北際海岡隴之地視西南特高高者田常苦旱卑者田常苦澇

又中州濱河之區歲苦馮夷衝嚙關中引涇通渭并州西南若汾若沁盡可引注爲農田用三楚漢沔西來大

江中貫開渠建閘在在沃壤廣南沿海多淤沙饒沃容有未興之利八閩江右畝窄人稠

欽定授時通考

土宜

卷十之十二

欽定授時通考卷十

土宜

物土

尚書禹貢庶土交正。

傳衆土俱得其正謂墳壤壚。葉氏夢得曰謂以九土相參而辨其等也。集傳土者財之自生謂之庶土則非特穀土也庶土有等當以高下名物交相正焉以任土事如周大司徒以土宜之法辨十有二土之名物以任土事之類。

又咸則三壤。

集傳則品節之也九州穀土又皆品節之以上中下三等如周大司徒辨十有二壤之名物以致稼穡之類陳氏祥道曰冀州白而壤雍州黃而壤豫州厥土惟壤則壤色非一而已壤與墳壚塗泥雖殊而墳壚塗泥亦壤中之小別耳此禹貢總言三壤而周官總言十二壤也夏氏允彝曰三壤之中又各有三品復有上下錯而總之爲三壤禹之法亦密矣。

左傳書土田。

注書土地之所宜。

辨京陵。

注辨別也絕高曰京大阜曰陵。

表淳鹵。

注淳鹵埆薄之地表之輕其賦稅疏賈逵云淳鹹也說文云鹵西方鹹地也東方謂之斥西方謂之鹵呂氏春秋稱魏文侯時吳起爲鄴令引漳水以灌田民歌之曰決漳水兮灌鄴旁終古斥鹵生稻粱是鹹薄之地名爲斥鹵禹貢之海濱廣斥是也

數疆潦

疏賈逵以疆爲彊檗墝埆之地鄭衆以爲疆界內有水潦者鄭元云彊檗經堅者則彊地猶堪種植非水潦之類故從鄭衆之說數其疆界有水潦者計數減其租入也

規偃豬

注偃豬下濕之地規度其受水多少疏豬者停水之名偃豬謂偃水爲豬故爲下濕之地規度其地受水多少得使田中之水注之

町原防

注廣平曰原防隄也隄防間地不得方正如井田別爲小町畦也疏史游急就篇云頃町界畝是町亦頃類故連言之謂廣平爲原者因爾雅之文其實此原謂隄防之間也釋地於陸陵阿之下云可食者曰原孫炎曰可食謂有井田也陸阿山田可種穀者亦曰原也謂彼陵阿之間可食之地非廣平也

井衍沃

注衍沃平美之地則如周禮制以爲井田六尺爲步步百爲畝畝百爲夫九夫爲井疏衍是高平而美者沃是底平而美者皆是良田故如周禮之法制之以爲井田賈逵云下平曰衍有漑曰沃所指雖異而俱爲良美之田也

公羊傳原者何上平曰原下平曰隰

注分別之者地勢各有所生原宜粟隰宜麥當教民所宜

禮記王制凡居民材必因天地寒煖燥濕

注使其材藝堪地氣也疏言五方之人其能各殊各須順其性氣材藝使堪其地氣也

周禮天官大宰以九職任萬民一曰三農生九穀

注三農原隰平地疏鄭司農以三農爲平地山澤積石曰山水鍾曰澤不生九穀故後鄭不從之也爾雅高平曰原下濕曰隰原及平地可種黍稷之等隰中可種稻及粱菰也

又地官大司徒以土會之灋辨五地之物生一曰山林其植物宜皁物二曰川澤其植物宜膏物三曰邱陵其植物宜覈音核物四曰墳衍其植物宜莢物五曰原隰其植物宜叢物

注會計也以土計貢稅之法因別此五者也積石曰山竹木曰林注瀆曰川水鍾曰澤土高曰邱大阜曰

陵。水涯曰墳。下平曰衍。高平曰原。下溼曰隰。植物。凡根生者皆是也。皂物。柞栗之屬。今謂柞實爲皂斗。膏當爲櫜字之誤。蓮芡之實有櫜韜。叢物。李梅之屬。莢物。薺莢王棘之屬。叢物。萑葦之屬。疏以土地計會所出貢稅之法。貢稅出於五地。五地所生不同。故以土會之法辨之也。五地以高下言。山林高之極。川澤下之極。故以爲對也。五地之物。皆方以類聚。物以羣分。因地氣所感不同。故有異也。刪翼魏氏校曰。五地隨氣異形。氣行地中。人物之生。復隨形異稟。蓋天氣以爲父。地質以爲母。子肖母形。聖人仰稽天運。俯察地理。以土會之法。通計所生物何者爲多。因而知其土之所宜。所以通知地利而盡人物之性也。

又以土均之法。辨五物九等。制天下之地征。以作民職。以令地貢。以斂財賦。以均齊天下之政。

注均。平也。五物。五地之物也。九等。騂剛赤緹之屬。征。稅也。民職。民九職也。地貢。貢地所生。謂九穀也。財謂泉穀。賦謂九賦及軍賦。

又乃分地職。奠音定地守。制地貢。而頒職事焉。以爲地灋而待政令。

注分地職。分其九職所宜也。定地守。謂衡麓虞侯之屬。制地貢。謂九職所稅也。頒職事者。分命使各爲其所職之事。疏既授民以上中下地矣。此分地職。是分九職所宜也。九職則大宰云三農生九穀是也。所宜謂若孝經注。高田宜黍稷。下田宜稻麥之類是也。

又遂人掌邦之野。凡治野。以土宜教甿稼穡。

疏以土宜教甿稼穡者。高田種黍稷。下田種稻麥。是教之稼穡也。

又草人掌土化之法。以物地。相其宜而爲之種。

注土化之法。化之使美。若氾勝之術也。以物地。占其形色。爲之種。黃白宜以種禾之屬。疏化之使美者。謂若騂剛用牛糞種。化騂剛之地使美。如下文所云也。漢時農書數家。氾勝爲上。故云氾勝之術也。黃白宜以種禾之屬者。鄭依孝經緯援神契而言也。

又夏官土方氏。辨土宜土化之灋。而授任地者。

注土宜。謂九穀植穉所宜也。土化。地之輕重糞種所宜用。如地官草人所掌之法也。任地者。載師之屬。疏授謂以書作法授之。

爾雅釋地。下溼曰隰。大野曰平。廣平曰原。高平曰陸。大陸曰阜。大阜曰陵。大陵曰阿。可食者曰原。陂者曰阪。下者曰隰。

疏此釋地高下不同之名也。下溼。謂地形卑下而水溼者。李巡曰。土地窊下常沮洳。名爲隰也。大野曰平者。大野之澤一名平。魯有大野是也。高平曰陸。大陸曰阜。大阜曰陵。大陵曰阿者。李巡曰。高平謂土地豐正名爲陸。土地高大名爲阜。最大名爲陵。陵之大者名阿。詩大雅皇矣云無矢我陵我陵我阿是也。原阪隰三者。地形雖有高下不同。皆可種穀給食。高而可食者名原。詩大雅篤公劉于胥斯原是也。陂陀不平而可食者名阪。詩小雅正月篇瞻彼阪田有菀其特是也。下平而可食者名隰。公羊傳下平曰隰是也。

【大戴禮】子曰。平原大藪。瞻其草之高豐茂者。草可財也。如艾而夷之。其地必宜五穀。

【孝經援神契】黃白土宜禾。黑墳宜黍麥。赤土宜菽。汚泉宜稻。

【古三墳】山地險徑。川地廣平。雲地高林。氣地下濕。

【管子】桑麻不植於野。五穀不宜其地。國之貧也。桑麻植於野。五穀宜其地。國之富也。相高下。視肥墝。觀地宜。明詔期前後。農夫以時均脩焉。使五穀桑麻皆安其處。田田之事也。朱長春曰。田田畯之類。

【又】凡地十仞見水者不大潦。五尺見水者不大旱。

【又】地道不宜則有飢饉。

【又】高下肥磽物有所宜。故曰地不一利。

【又】管仲之匡天下也。其施七尺。

【注】施者。大尺之名。其長七尺。

【又】瀆田悉徙。五種無不宜。其木宜蚖菕音元論。與杜松。其草宜楚棘。見是土也。命之曰五施。五七三十五尺而至於泉。其木倉。其民彊。

【注】瀆田謂穿溝瀆而漑田。悉徙謂其地每年皆須更易也。五施謂其地深五施。每施七尺。故五七三十五尺而至於泉也。朱長春曰。瀆田五施。赤壚四施。黃唐三施。斥埴再施。黑埴一施。五土惟五施者最爲土厚水深也。集韻。菕。露香草。

【又】赤壚歷彊肥。五種無不宜。其麻白。其布黃。其草宜白茅與雚。其木宜赤棠。見是土也。命之曰四施。四七二十八尺而至於泉。其水白而甘。其民壽。

【注】歷。疎也。彊。堅也。爾雅。雚。芄蘭。

【又】黃唐無宜也。唯宜黍秫。宜縣澤。其草宜黍秫與茅。其

木宜櫄同椿。擾桑。見是土也。命之曰三施。三七二十一尺而至於泉。其泉黃而糗。流徙。

【注】唐。虛脆也。縣澤常宜縣注而澤。擾。桑柔桑也。糗謂其水糗糒之氣。泉居地中而流。故曰流徙。

【又】斥埴宜大菽與麥。其草宜萯音婦雚。其木宜杞。見是土也。命之曰再施。二七十四尺而至於泉。其泉鹹。水流徙。

【又】黑埴宜稻麥。其草宜苹蓨。其木宜白棠。見是土也。命之曰一施。七尺而至於泉。其水黑而苦。

【又】墳延者六施。六七四十二尺而至於泉。陜之芳七施。七七四十九尺而至於泉。祀陜八施。七八五十六尺而至於泉。杜陵九施。七九六十三尺而至於泉。延陵十施。

七十尺而至於泉。環陵十一施。七十七尺而至於泉。蔓山十二施。八十四尺而至於泉。付山十三施。九十一尺而至於泉。付山白徒十四施。九十八尺而至於泉。中陵十五施。百五尺而至於泉。

又青山十六施。百一十二尺而至於泉。青龍之所居。庚泥不可得泉。

注庚續也。其處既有青龍居。又沙泥相續。故不可得泉也。朱長春曰。庚金剛。庚泥。泥剛也。

又赤壤勢音敖山十七施。百一十九尺而至於泉。其下淸商。不可得泉。

注淸商。神怪之名。

又陘山白壤十八施。百二十六尺而至於泉。其下騂石。不可得泉。

注言有石騂密。故不可得泉。

又陡山十九施。百三十三尺而至於泉。其下有灰壤。不可得泉。

又高陵土山二十施。百四十尺而至於泉。

又山之上。命之曰縣泉。其地不乾。其草如茅與走。其木乃樠。鑿之二尺乃至於泉。

注茅走皆草名。朱長春曰。上文自墳延而至陡山十四。加不得泉已四矣。又一加至十四丈而高陵土山。反不言無泉。何也。地經曰。山之吉者。地泉鍾於下。靈光發於頂。故高山之首。多生雲煙。降雨澤。山上出泉。謂之天池。今名山至高多有之。其旁其側。則其脈氣所落而結也。故爲天眼。石井。珠簾。瀑布。玉乳。玉潭。龍湫。虎跑。蛟飛。杖錫。或天生。或人力。或神通。其泉多有名。飲之益人。冬夏常注。大旱不竭。上頂氣仰而升。故得泉淺。傍氣在中。側氣在下。則泉漸深矣。

又山之上。命之曰復呂。其草魚腸與蕕。其木乃柳。鑿之三尺而至於泉。山之上。命之曰泉英。其草蘄白昌。其木乃楊。鑿之五尺而至於泉。

又山之材。其草兢與蔷。其木乃格。鑿之二七十四尺而至於泉。山之側。其草葍與蔞。其木乃品榆。鑿之三七二

十一尺而至於泉。

注材。猶旁也。爾雅。薔虞蓼。注。蓼之生澤者。

又凡草土之道。各有穀造。或高或下。各有草土。葉下於鑾。鑾下於莧。莧下於蒲。蒲下於葦。葦下於雚。雚下於蔞。蔞下於荓。荓下於蕭。蕭下於薜。薜下於萑。萑下於茅。凡彼草物。十有二衰。各有所歸。

注穀造。謂此地生某草宜某穀。造。成也。葉。草名。唯生葉無莖。在鑾之下。鑾。卽鬱也。莊周所謂鬱西也。萑。一作蓷。茺蔚草也。衰。謂草上下相重次也。

又九州之土。爲九十物。每州有常而物有次。羣土之長。是唯五粟。五粟之物。或赤或青或白或黑或黃。五粟五

章五粟之狀淖而不肕剛而不觳不濘車輪不汚手足其種大重細重白莖白秀無不宜也五粟之土若在陵在山在墳在衍其陰其陽盡宜桐柞莫不秀長其榆其柳其檿其桑其柘其櫟其槐其楊羣木蕃滋數大條直以長其地其樊俱宜竹箭藻龜楢檀五臭生之薜荔白芷蘼蕪椒連其泉黃白其人夷姤五粟之土乾而不格湛而不澤無高下葆澤以處是謂粟土

注肕堅也觳薄也濘泥也杸謂馨烈之氣夷平也姤好也言均善也格謂堅䨏也葆澤以處言常潤也

又粟土之次曰五沃五沃之物或赤或青或白或黃或黑五沃五物各有異則五沃之狀剽怸橐土蟲易全處

怸剽不白下乃以澤其種大苗細苗赨莖黑秀箭長五沃之土若在丘在山在陵在岡若在陬陵之陽其左其右宜彼羣木桐柞枎櫄及彼白梓其梅其杏其桃其李其秀生莖起其棘其棠其槐其楊其榆其桑其杞其枋羣木數大條直以長其陰則生之楂藜其陽則安樹之五麻若高若下不擇磽所其麻大者如箭如葦大長以美其細者如雚如蒸五臭疇生蓮與蘼蕪藁本白芷其泉白清其人堅勁寡有疥騷終無痟酲五沃之土乾而不斥湛而不澤無高下葆澤以處是謂沃土

注剽堅也怸密也橐土謂其土多竅穴若橐之多竅故蟲處之易全也怸剽不白下乃以澤者土既堅密故常潤濕而不乾白此乃葆澤之地也赨卽赤也箭長謂若竹箭之長也疇隴也痟首疾也酲酒病也斥潟鹵也

又沃土之次曰五位五位之物五色雜英各有異章五位之狀不塥不灰青怸以菭（與苔通又音墀）及其種大葦無細葦無赨莖白秀五位之土若在岡在陵在隫在衍在丘在山皆宜竹箭求龜楢檀其山之淺有蘢與斥羣木安逐條長數丈其桑其松其杞其茸種木胥容榆桃柳楝羣藥安生薑與桔梗小辛大蒙其山之梟多桔符榆其山之末有箭與苑其山之旁有彼黃虻及彼白昌山藜葦芒羣藥安聚以圉民殃其林其漉其槐其楝其柞其穀羣木安逐其泉青黑其人輕直省事少食無高下葆

澤以處是謂位土

注塥謂堅不相著也菭地衣也青怸以菭及謂色青而細密利菭以相及也求龜竹類蘢斥並草名安和易逐競長數謂速長也大蒙藥名梟猶巔也少食言其性廉也

又位土之次曰五蘟（音隱）五蘟之狀黑土黑菭青怵以肥芬然若灰其種櫑葛赨莖黃秀恚目其葉若苑以蓄植果木不若三土以十分之二是謂蘟土

注芬然墳起貌恚目謂殼實怒開也苑蘊結也三土謂五粟五沃五位言於三土十分已不如其二分餘

倣此。

又 蘟土之次曰五壤。五壤之狀。芬然若澤若屯土。其種大水腸細水腸。赨莖黃秀。以慈忍水旱。無不宜也。蓄植果木。不若三土以十分之二。是謂壤土。

注 屯土言其土得澤則墳起爲堆。故曰屯土也。忍耐也。

又 壤土之次曰五浮。五浮之狀。捍然如米以葆澤。不離不坼。其種忍蘟。忍葉如藿葉以長。狐茸黃莖黑秀。其粟大無不宜也。蓄殖果木。不如三土以十分之二。凡上土三十物。種十二物。

注 捍堅貌。言其土屑細如米也。忍蘟草名。狐茸言草之狀若狐也。類篇。蘟葱菜名。似蕨。

又 中土曰五怷。五怷之狀。廪焉如壏。咸上聲。周禮通作槳 潤濕以處。其種大稷細稷。赨莖黃秀。慈忍水旱。細粟如麻。蓄殖果木。不若三土以十分之三。

注 壏猶彊也。朱長春云。下有糠以肥。此壏與濫同。如麻。言其繁美如麻也。

又 怷土之次曰五纑音盧五纑之狀。彊力剛堅。其種大邯鄲細邯鄲。莖葉如枎音符櫄。其粟大。蓄殖果木。不若三土以十分之三。

注 邯鄲草名。粟大。言其粒大也。

又 纑土之次曰五壏。五壏之狀。芬焉若糠以肥。其種大荔小荔。青莖黃秀。蓄殖果木。不若三土以十分之三。

注 若糠以肥。謂其地色黃而虛。

又 壏土之次曰五剽。五剽之狀。華然如芬以脈。其種大秬細秬。黑莖青秀。蓄殖果木。不若三土以十分之四。

注 脈謂其地色青紫若脈然。秬黑黍也。

又 剽土之次曰五沙。五沙之狀。粟焉如屑塵厲。其種大萯細萯。白莖青秀以蔓。蓄殖果木。不如三土以十分之四。

注 粟焉如屑塵厲。言其地粟碎若屑塵之厲。厲踊起也。

又 沙土之次曰五塥。五塥之狀。累然如僕累。不忍水旱。

其種大樛杞細樛杞。黑莖黑秀。蓄植果木。不如三土以十分之四。凡中土三十物。種十二物。

注 僕附也。僕累言其地附著而重累也。樛杞木名。

又 下土曰五猶。五猶之狀如糞。其種大華細華。白莖黑秀。蓄殖果木。不如三土以十分之五。

注 大華細華草名。

又 猶土之次曰五壯。五壯之狀。如鼠肝。其種青粱。黑莖黑秀。蓄殖果木。不如三土以十分之五。

又 壯土之次曰五殖。五殖之狀。甚澤以疏。離坼以臞塉。音寂。本借瘠。 其種雁膳黑實。朱跗黃實。蓄殖果木。不如三土以十分之六。

注雁膳草名跗花足也

又五殖之次曰五觳五觳之狀婁婁然不忍水旱其種大菽細菽多白實蓄殖果木不如三土以十分之六

注婁婁然疏也

又觳土之次曰五鳧五鳧之狀堅而不骼其種陵稻黑鵝馬夫蓄殖果木不如三土以十分之七

注堅而不骼言雖堅不同骨之骼也陵稻陵生稻也黑鵝馬夫皆草名

又鳧土之次曰五桀五桀之狀甚鹹以苦其物爲下其種白稻長狹蓄殖果木不如三土以十分之七凡下土三十物其種十二物凡土物九十其種三十六

注長狹謂稻之形長而狹也

荀子相高下視肥磽序五種君子不如農人

呂氏春秋厚土則孽不通薄土則蕃轓而不發壚埴冥色剛土柔種免耕殺草使農事得

淮南子欲知地道物其樹

注五土之宜各有所宜種

說苑山川汙澤陵陸邱阜五土之宜聖王就其勢因其便不失其性高者黍中者稷下者秔蒲葦菅蒯之用不乏麻麥黍粱亦不盡

又農人擇田而田田者擇種而種之豐年必得粟

風俗通阜者茂也言平地隆踊不屬於山陵也部者阜之類也齊魯之間田中少高卬名之爲部藪之言厚也草木魚鱉所以厚養人民與百姓也澤者言其潤澤萬物以阜民用也陂者繁也言因下鍾水以繁利萬物也

釋名地者底也其體底下載萬物也易謂之坤坤順也上順乾也土吐也吐生萬物也已耕者曰田田塡也五稼塡滿其中也壤瀼也肥濡意也土青曰黎似黎草色也土黃而細密曰埴埴膩如脂也土赤曰鼠肝似鼠肝色也土白曰漂漂輕飛散也土黑曰壚壚然解散也

博物志地以名山爲輔佐石爲之骨川爲之脈草木爲之毛土爲之肉三尺以上爲糞三尺以下爲地

又五土所宜黃白宜種禾黑墳宜麥黍蒼赤宜菽芋下

泉宜種稻得其宜則利百倍

齊民要術地勢有良薄山澤有異宜

注山田種強苗以避風霜澤田種弱苗以求華實

又土壤氣脈其類不一肥沃磽确美惡不同黑壤之地信美矣故肥沃之過不有生土以解之則苗茂而實不堅磽确之土信惡矣然糞壤滋培則苗蕃秀而實堅栗

後山談叢田理有橫有立橫土立土不可稻爲其不停水也

袁黃寶坻勸農書禹別九州之土色辨爲九等葢風行地上各有方位土性所宜因隨氣化所以九州之土各有別也然禹亦辨其大槩耳一州之中土脈各異豈惟

一州。即一縣之土。亦有不齊。寶坻縣西北之地白而壤。東南之地黑而塗泥。就西北之中。高者白壤而或兼赤。下者青壚。就東南之中。高者埴壚。下者純塗泥。而近海者則鹹潟而斥鹵。此皆地氣之不齊也。周禮司稼掌巡邦野之稼而辨穜稑之種。周知其名與其所宜地以爲法而教於邑閭。故耕稼得宜而閭閻充實。後世此官不設。此政不修。而農民狃於故見。不察土脈。茫昧而種。北方尤甚。今吾寶邑。高鄉宜麥宜麻宜黍宜穀宜棉花者。悉仍其舊。低鄉宜薥宜秔宜稗者。亦且隨意植之。但稗之入最薄。惟初開荒地宜種之。鹵氣既盡。即當種穀矣。種薥亦不若種秔。但開井於隴首。旱則每月澆三四次。

無不成熟者。海濱一帶。皆爲鹹鹵之地。棄而不耕。荒蕪彌目。此與抛黃金於路旁而自傷窮窘者何異哉。

〔又〕地利不同。有强土。有弱土。有輕土。有重土。有緊土。有緩土。有肥土。有瘠土。有燥土。有濕土。有生土。有熟土。有寒土。有煖土。皆須相其宜而耕治布種之。苟失其宜。則徒勞氣力。反失其利。齊民要術云。春地氣通。可耕堅硬强地黑壚土。輒磨平其塊以待時。所謂强土而弱之也。杏始花。輒耕輕土弱土。閱數日草生。復耕之。遇雨又復耕之。土甚輕者以牛羊踐之。如此則土强。所謂弱土而强之也。緊土宜深耕熟耙。多耙則土鬆。用灰壅之最佳。緊甚用浮沙壅之。此緊者緩之也。緩者曳磟碡重滾壓之。不滾壓則土浮而根虛。雨後日炙易萎。此土用河泥壅之最妙。此緩者緊之也。燥土宜遇雨而耕。或作圍蓄水。冬間遇雪。於上邊風來處起土作障。勿使雪從風飛去。使雪融化入土。則所種倍收。按此是燥者潤之。寒土宜焚草根壅之。寒甚用石灰。此寒者煖之也。生土則去草宜淨。耕耙宜多。此生而熟之也。熟土須識代田之法。如上年此一行下種。今年須空此一行。而以舊時空地種之。上年此地種黍。今年則種稷。此熟而生之也。肥沃之土。不有生土以解之。則苗茂而實不堅。磽确之土。得糞壤滋培。則苗蕃秀而實堅栗。肥者瘠之。瘠者肥之。亦一定之理也。孝經援神契曰。黃白土宜禾。黑土宜麥。赤土宜菽。

污泉宜稻。北人類以洿下之地爲劣。而不知其宜稻。惟不講水田之法故也。

〔又〕瀕海之地。潮水往來。淤泥常積。有鹹草叢生。此須挑溝築岸。或樹立樁橛。以抵潮汛。其田形中間高。兩邊下。不及十數丈。即爲小溝。百數丈即爲中溝。千數丈即爲大溝。以注雨潦。此甜水淡水也。其地初種水稗。斥鹵既盡。漸可種稻。所謂瀉斥鹵兮生稻粱。非虛語也。

〔又〕周禮草人土化之法。鄭康成注。謂所以糞土者。以牛羊諸骨煮取汁也。今固不能分析土性。亦無麋鹿貆狐之骨可用。然熟玩此章。可以知古人用糞之意。騂剛者色赤而性剛也。赤緹者色赤而如緹。謂薄也。說卦坤爲牛兌爲羊。牛性前順。羊性前逆。牛屬土。其糞和緩。可以化剛土。羊屬金。其糞燥密。可以治薄土也。墳謂土脈墳起而柔解也。潟澤謂水去而澤乾也。墳壤屬陽。潟澤屬陰。月令夏至鹿角解。冬至麋角解。鹿陽故遇陰生而角解。麋陰故遇陽生而角解。今以麋矢化陽土。以鹿矢化陰土也。鹹潟。鹵也。勃壤。粉解也。鹹鹵之地常濕。粉解之地常乾。貆貉屬。貆好睡。狐好疑。貆貪殘之物。狐陰媚之物。貪殘者其氣在外。故以化濕土。陰媚者其氣在內。故以化乾土也。埴壚。黏黑也。輕爂。輕脆也。埤雅云。犬喜雪。豕喜雨。犬屬火。其性輕佻。故以化黏土。豕屬坎。其性負塗。故以化脆土也。此可以想古人變化之義矣。得其意而推之。則隨土用糞。各有攸當也。

春明夢餘錄 湖蕩之間。可以水耕者。則引水鑿渠。高衍之地。可以陸種者。則分經定界。

欽定授時通考卷十一

土宜

田制上

詩小雅 信彼南山。維禹甸之。

箋 禹治而邱甸之。六十四井爲甸。甸方八里。居一城之中。城方十里。出兵車一乘。以爲賦法。正義曰。禹甸之者。決除其災。使成平田。定貢賦於天子。是以治爲義也。

我疆我理。南東其畝。

大全 長樂劉氏曰。疆謂有夫有畛有塗有道有路以經界之也。理謂有遂有溝有洫有澮有川以疏道之也。又安成劉氏曰。地之勢東南下。水勢皆趨之。故順其勢。以縱爲遂。以橫爲溝。而南其畝。東其畝也。

詩大雅 迺疆迺理。迺宣迺畝。

注 疆謂畫其大界。理謂别其條理也。宣。布散而居也。畝。治其田疇也。

穀梁傳 古者三百步爲里。名曰井田。井田者。九百畝。公田居一。私田稼不善。則非吏。公田稼不善。則非民。

禮記王制 制農田百畝。

注 農夫皆授田於公。疏 王者制度授農以田。是農夫授田於公也。

州二百一十國。其餘以爲附庸閒田。

天子之縣內。凡九十三國。其餘以祿士以爲閒田

【疏】畿外州建二百一十國之外。則閒田少。畿內立九十三國之外。閒田多者。以畿外諸侯有大功德。始有附庸。故閒田少。畿內每須盼賜。故閒田多。

田里不粥。

【注】皆授於公民。不得私也。

方一里者。爲田九百畝。方十里者。爲方一里者百。爲田九萬畝。方百里者。爲方十里者百。爲田九十億畝。方千里者。爲方百里者百。爲田九萬億畝。

方百里者。爲田九十億畝。山陵林麓川澤溝瀆城郭宮室塗巷。三分去一。其餘六十億畝。

諸侯之有功者。取於閒田以祿之。其有削地者。歸之閒田。

【周禮地官】大司徒。不易之地家百晦。一易之地家二百晦。再易之地家三百晦。

【注】不易之地歲種之。地美。故家百晦。一易之地。休一歲乃復種。地薄。故家二百畝。再易之地。休二歲乃復種。故家三百畝。

小司徒。乃均土地。以稽其人民而周知其數。上地家七人。中地家六人。下地家五人。

【注】均平也。周猶徧也。一家男女七人以上。則授之以上地。所養者衆也。男女五人以下。則授之以下地。所養者寡也。

【又】乃經土地而井牧其田野。九夫爲井。四井爲邑。四邑爲丘。四丘爲甸。四甸爲縣。四縣爲都。以任地事。

【疏】匠人營溝洫於田。掌其經界。故云乃經土地。經。謂爲之里數。在土地之中。立其里數。謂井方一里。兼言二里之等是也。而井牧其田野者。井方一里。邑方地是次田。二牧當上地一井。授民田之時。上地不易家百畝。中地一易。家二百畝。下地再易。家三百畝。通率三家受六夫之地。一家受二夫。與牧地同。故云井牧其田野。【刪翼】邱氏曰。野外之田。不無美惡肥磽之差。豈必盡如指掌之平。棊盤之畫哉。唯有井有牧。比析而行。乃是活法。易氏曰。井則上地。中地下地之殊。牧則不易一易再易之辨。王氏曰。此法與遂人百夫洫。千夫澮。萬夫川相表裏。

【又】載師。以宅田士田賈田任近郊之地。以官田牛田賞田牧田任遠郊之地。以公邑之田任甸地。以家邑之田任稍地。以小都之田任縣地。以大都之田任畺地。

【注】鄭司農云。民宅曰宅。宅田者。以備益多也。士田者。士大夫之子得而耕之田也。賈田者。吏爲縣官賣財與之田。官田者。公家之所耕田。牛田者。以養公家之牛。賞田者。賞賜之田。牧田者。牧六畜之田。司馬法曰。王國百里爲郊。二百里爲州。三百里爲野。四百里爲

縣五百里爲都杜子春云五十里爲近郊百里爲遠郊鄭元謂宅田致仕者所受田也士讀爲仕仕者亦受田所謂圭田也賈田在市賈人其家所受之田也官田庶人在官者其家所受田也牛田牧田畜牧者之家所受田也公邑謂六遂餘地天子使大夫治之自此以外皆然二百里三百里其上大夫如州長四百里五百里其下大夫如縣正是以或謂二百里爲州四百里爲縣云家邑大夫之采地小都卿之采地大都公之采地畺五百里王畿界也

〔圖書篇〕載師掌任地之法有宅田士田賈田有官田牛田賞田牧田有公邑之田有小都大都之田且國有四民農之受田無疑矣惟工商之受田初無明文而二鄭之釋周禮則有異議司農謂士田士大夫之子得而耕之田也賈田吏爲縣官責材者與之田也後鄭則引漢食貨志之言謂農民戶一人已受田其家衆男爲餘夫亦以口受田如比士工商家受田五口乃當農夫一人據後鄭之意則直謂賈田爲賈之家所受田也予以爲不然夫四民不相業亦不相雜處其來久矣四民自農之外惟士爲然蓋使之耕且養也果如後鄭之言以賈爲商賈之賈則工商一也何載師獨載賈田而不言工田乎夫先王之所重者農民也所輕者末作也不耕者出屋粟宅不毛者出里布莫非使

農之爲優而商賈不足事也今使爲工者得以械器易粟而復受田則誰不爲工乎使爲商者日中而市交易而退而復受田則誰不爲商乎然則載師無商田工田之明文而後鄭必爲之說予以爲不知先王重本抑末之意

〔又〕遂人辨野之土上地中地下地以頒田里上地夫一廛田百晦萊五十晦餘夫亦如之中地夫一廛田百晦萊百晦餘夫亦如之下地夫一廛田百晦萊二百晦餘夫亦如之

〔注〕萊謂休不耕者六遂之民奇受一廛雖上地猶有萊皆所以饒遠也

〔通考〕馬端臨曰按周家授田之制如大司徒遂人之說則是田肥者少授之田瘠者多授之如小司徒之說則口衆者授之肥田口少者授之瘠田如王制孟子之說則一夫定以百畝爲率而良農食多惰農食少三者不同

〔又〕凡治野夫間有遂遂上有徑十夫有溝溝上有畛百夫有洫洫上有涂千夫有澮澮上有道萬夫有川川上有路以達於畿

〔注〕十夫二鄰之田百夫一酇之田千夫二鄙之田萬夫四縣之田遂溝洫澮皆所以通水於川也遂廣深各二尺溝倍之洫倍溝溝廣二尋深二仞徑畛涂道路皆所以通車徒於國都也徑容牛馬畛容大車涂

容乘車一軌。道容二軌。路容三軌。都之野涂。與環涂同可也。萬夫者。方三十三里。少半里。九而方一同。以南畝圖之。則遂從溝橫。洫從澮橫。九澮而川周其外焉。去山陵林麓川澤溝瀆城郭宮室涂巷三分之制。其餘如此以至於畿。則中雖有都鄙。遂人盡主其地。

集說 葉氏曰。司徒言井邑。遂人言溝洫。非鄉遂異制也。井邑定田畝多寡以出稅。故以四井四邑言。溝洫定水道大小以興利。故以十夫百夫言。

孟子 夏后氏五十而貢。殷人七十而助。周人百畝而徹。

注 陳祥道曰。夏商周之授田。其畝數不同。禹貢九州之地。或言土。或言作。或言乂。蓋禹平水土之後。有土見而未作。有作焉而未乂。是時人工未足以盡地力。故家五十畝而已。沿歷商周。則田浸闢而法備矣。故商七十而助。周百畝而徹。詩曰。信彼南山。維禹甸之。畇畇原隰。曾孫田之。我疆我理。南東其畝。則法略於夏。備於周可知矣。

卿以下。必有圭田。圭田五十畝。餘夫二十五畝。

注 古者卿以下至於士。皆受圭田五十畝。所以供祭祀也。圭。潔也。井田之民。養公田者受百畝。圭田半之。故五十畝。餘夫者。一家一人受田。其餘老少尚有餘力者。受二十五畝。半於圭田也。

方里而井。井九百畝。其中爲公田。八家皆私百畝。同養公田。

注 方里者。九百畝之地也。八家各私得百畝。公田八十畝。其餘二十畝。以爲廬井園圃。家二畝半也。

爾雅 釋地田一歲曰菑。二歲曰新田。三歲曰畬。

注 今江東呼初耕地反草爲菑。詩曰。于彼新田。易曰。不菑畬。

疏 菑。災也。畬。和柔之意也。孫炎云。菑。始災殺其草木也。新田。新成柔田也。畬。和也。田舒緩也。

公羊傳註 聖人制井田之法而口分之。一夫一婦受田百畝。以養父母妻子。五口爲一家。公田十畝。即所謂什一而稅也。廬舍二畝半。凡爲田一頃十二畝半。八家而九頃。共爲一井。故曰井田。井田之義。一曰無泄地氣。二曰無費一家。三曰同風俗。四曰合巧拙。五曰通財貨。司空謹別田之高下善惡。分爲三品。上田一歲一墾。中田二歲一墾。下田三歲一墾。故三年一換土。選其耆老有高德者。名曰父老。其有辨護伉健者爲里正。皆受倍田。

司馬法 六尺爲步。步百爲畝。畝百爲夫。夫三爲屋。屋三爲井。井十爲成。成十爲通。通十爲終。終十爲同。

通典 文王在岐。用平土之法。以爲治人之道。地著爲本。故建司馬法。民受田。上田夫百畝。中田夫二百畝。下田夫三百畝。三歲更耕之。自爰其處。農民戶已受田。其家衆男爲餘夫。亦以口受田。士工商家受田。五口乃當農夫一人。山林藪澤原陵淳鹵各以肥磽多少爲差。民年二十受田。六十歸田。

管子周岐山至於崢邱之西塞邱者。山邑之田也。周壽陵而東至少沙者。中田也。

商子地方百里者。山陵處什一。藪澤處什一。谿谷流水處什一。都邑谿道處什一。惡田處什二。良田處什四。

呂氏春秋上農后稷曰。上田棄畝。下田棄甽。是以六尺之耜。所以成畝也。其博八寸。所以成甽也。

氾勝之書湯有旱災。伊尹作爲區田。教民糞種。區田非必須良田也。諸山陵近邑高危傾阪及邱城上。皆可爲區田。區田不耕旁地。庶盡地力。凡區種不先治地。便荒地爲之。以畝爲率。令一畝之地。長十八丈。廣四丈八尺。

當橫分十八丈。作十五町。町間分爲十四道。以通人行。道廣一尺五寸。町皆廣一尺五寸。長四丈八尺。尺直橫鑿町作溝。溝一尺。深一尺。積穰於溝間。相去亦一尺。嘗悉以一尺地積穰不相受。令弘作二尺地。以積穰。上農夫區方深各六寸。間相去九寸。一畝三千七百區。一日作千區。區種粟二十粒。畝用種二升。秋收區別三升粟。畝收百斛。中男夫區方九寸。深六寸。相去二尺。一畝千二十七區。用種一升。收粟五十一石。一日作三百區。下農夫區方九寸。深六寸。相去二尺。一畝五百六十七區。用種六升。收二十八石。一日作二百區。

漢書食貨志武帝末年。以趙過爲搜粟都尉。過爲代田。一晦三甽。歲代處。故曰代田。古法也。后稷始甽田。以二耜爲耦。廣尺深尺曰甽。長終晦。一晦三甽。一夫三百甽。而播耕於三甽中。率十二夫爲田一井。一屋。故晦五頃。用耦犂二牛三人。一歲之收。常過縵田晦一斛以上。善者倍之。過使敎田太常三輔。率多人者田日三十晦。少者十三晦。以故田多墾闢。過試以離宮卒田其宮壖地。課得穀皆多其旁地晦一斛以上。令命家田三輔公田。又敎邊郡及居延城。是後邊城河東弘農三輔太常民。皆便代田。用力少而得穀多。

晉書食貨志武帝平吳之後。有司奏詔書王公以國爲家。京城當使有芻藁之田。今可限之。近郊田大國十五

頃。次國十頃。小國七頃。男子一人占田七十畝。女子三十畝。其外丁男課田五十畝。丁女二十畝。次丁男半之。女則不課。

魏書食貨志太和九年。詔均給天下民田。諸男夫十五以上。受露田四十畝。婦人二十畝。奴婢依良。丁牛一頭。受田三十畝。限四牛。所受之田率倍之。三易之田再倍之。以供耕作。及還受之盈縮。諸民年及課則受田。老免及身沒則還田。奴婢牛隨有無以還受。諸桑田不在還受之限。但通入倍田分。於分雖盈。沒則還田。不得以充露田之數。不足者以露田充倍。諸初受田者。男夫一人給田二十畝。課蒔餘。種桑五十樹。棗五株。榆三根。非桑

之土。夫給一畝。依法課蒔榆棗。奴各依良。限三年種畢。不畢。奪其不畢之地。于桑榆地分雜蒔榆果。及多種桑榆者不禁。諸應還之田。不得種桑榆棗果。種者以違令論。地入還分。諸桑田皆爲世業。身終不還。恒從見口。有盈者無受無還。不足者受種如法。盈者得賣其盈。不足者得買所不足。不得賣其分。亦不得買過所足。諸麻布之土。男夫及課。別給麻田十畝。婦人五畝。奴婢依良。皆從還受之法。諸有舉戸老小癃殘無受田者。年十一以上及癃者。各授以半夫田。年逾七十者不還所受。寡婦守志者。雖免課亦授婦田。諸還受民田。恒以正月。若始受田而身亡。及賣買奴婢牛者。皆至明年正月。乃得還

受。諸土廣民稀之處。隨力所及。官借民種蒔。役有土居者。依法封授。諸地狹之處。有進丁受田而不樂遷者。則以其家桑田爲正田分。又不足。不給倍田。又不足。家內人別減分。無桑之鄉。準此爲法。樂遷者聽逐空荒。不限異州他郡。惟不聽避勞就逸。其地足之處。不得無故而移。諸民有新居者。三口給地一畝。以爲居室。奴婢五口給一畝。男女十五以上。因其地分口。課種菜五分畝之一。諸一人之分。正從正。倍從倍。不得隔越他畔。進丁受田者。恒從所近。若同時俱受。先貧後富。再倍之田。放此爲法。諸遠流配讁無子孫及戸絕者。墟宅桑榆盡爲公田。以供授受。授受之次。給其所親。未給之間。亦借其所親。諸宰民之官。各隨地給公田。刺史十五頃。太守十頃。治中別駕各八頃。縣令郡丞六頃。更代相付。賣者坐如律。

隋書食貨志北齊武成帝河清三年。定令男率以十八受田輸租調。二十充兵。六十免力役。六十六退田免租調。京城四面諸坊之外。三十里內爲公田。受公田者三縣代遷戸內執事官一品以下。逮於羽林武賁各有差。其外畿郡華人官第一品以下。羽林武賁已上各有差。職事及百姓請墾田者名爲永業田。奴婢受田者。親王止三百人。嗣王止二百人。第二品嗣王以下。及庶姓王。止一百十人。正三品以上。及皇宗。止一百人。七品以上。

限止八十人。八品以下。至庶人。限止六十人。奴婢限外。不給田者。皆不輸。其方百里外及州人。一夫受露田八十畝。婦四十畝。奴婢依良人。限數與者在京百官同。丁牛一頭。受田六十畝。限止四年。又每丁給永業二十畝爲桑田。其中種桑五十根。榆三根。棗五十根。不在還受之限。非此田者悉入還受之分。土不宜桑者。給麻田如桑田法。

又開皇十二年。發使四出。均天下之田。狹鄉每丁纔至二十畝。老小又少焉。

唐書食貨志度田以步。其濶一步。其長二百四十步爲畝。百畝爲頃。授田之制。丁及男年十八以上者。人一頃。

其八十畝爲口分。二十畝爲永業。老及篤疾廢疾者。八四十畝。寡妻妾三十畝。當戶者增二十畝。皆以二十畝爲永業。其餘爲口分。田多可以足其人者爲寬鄉。少者爲狹鄉。狹鄉授田減寬鄉之半。其地有薄厚。歲一易者倍授之。寬鄉三易者不倍授。工商者寬鄉減半。狹鄉不給。凡庶人徙鄉及貧無葬者。得賣世業田。自狹鄉而徙寬鄉者。得并賣口分田。已賣者不復授。死者收之。以授無田者。凡收授皆以歲十月。授田先貧及有課役者。凡田鄉有餘以給比鄉。縣有餘以給比縣。州有餘以給近州。

又永徽中。禁買賣口分世業田。買者還地而罰之。

宋史食貨志農田之制。五代條章多闕。周世宗始遣使均括諸州民田。太祖即位。循用其法。命官分詣諸道均田。課民種樹。定民籍爲五等。第一等種雜樹百。每等減二十爲差。梨棗半之。男女十歲以上種韭一畦。闊一步。長十步。乏井者鄰互爲鑿之。

又神宗患田賦不均。熙寧五年。重修定方田法。詔司農以均稅條約并式頒之天下。以東西南北各千步。當四十一頃六十六畝一百六十步爲一方。歲以九月。縣委令佐分地計量。隨陂原平澤而定其地。因赤淤黑壚而辨其色。方量畢。以地及色參定肥瘠。而分五等。以定稅則。至明年三月畢。揭以示民。一季無訟。即書戶帖連莊帳付之。以爲地符。凡田方之角。立土爲峰。植其地之所宜木以封表之。有方帳。有莊帳。有甲帖。有戶帖。其分烟析產。典賣割移。官給契。縣置簿。皆以今所方之田爲正。先自京東路行之。諸路倣焉。每方差大甲頭二人。小甲頭三人。同集方戶。令各認步畝。方田官驗地色。更勒甲頭方戶同定。元豐八年。帝知官吏擾民。詔罷之。天下之田已方而見於籍者。至是二百四十八萬四千三百四十有九頃。

文獻通考元豐間。天下墾田之數。四百六十一萬六千餘頃。比治平時增二十餘萬頃。然前代混一之時。漢元始時。定墾田八百二十七萬五千餘頃。隋開皇

時。墾田一千九百四十萬餘頃。唐天寶時。應受田一千四百三十萬餘頃。其數比之宋朝。或一倍。或三倍四倍有餘。雖曰宋之土宇。北不得幽薊。西不得靈夏。南不得交阯。然三方之在版圖。亦半爲邊障屯戍之地。墾田未必多也。按治平會計錄。謂田數特計其賦租。以知其頃畝。而賦租所不加者。十居其七。祖宗重擾民。未嘗窮按。故莫得其實。至治平熙寧間。相繼開墾。然凡百畝之內。起稅止四畝。欲增至二十畝。則言者以爲民間苦賦重。再至轉徙。遂不增。以是觀之。則田之無賦稅者。又不止於十之七而已。蓋田數之在官者。雖劣於前代。而遺利之在民者多矣。

金史食貨志量田以營造尺五尺爲步闊一步長二百四十步爲畝百畝爲頃民田業各從其便賣質與人無禁但令隨地輸租而已凡桑棗民戶以多植爲勤少者必植其地十之三猛安謀克戶少者必課其地十之一除枯補新使之不闕凡官地猛安謀克及貧民請射者寛鄉一丁百畝狹鄉十畝中男半之請射荒地者以最下第五等減半定租八年始徵之作已業者以第七等減半爲稅七年始徵之自首冒比鄰地者輸官租三分之二佃黄河退灘者次年納租

又承安元年四月初行區種法男年十五以上六十以下有土田者丁種一畝丁多者五畝止二年二月九路提刑馬百祿奏聖訓農民有地一頃者區種一畝五畝卽止臣以爲地肥瘠不同乞不限畝數制可

元史食貨志田無水者鑿井井深不能得水者聽種區田仍以區田之法散諸農民

明史食貨志洪武二十年命國子生武淳等分行州縣量度田畝方圓次以字號悉書主名及田之丈尺編類爲冊狀如魚鱗號曰魚鱗圖冊以土田爲主諸原坂墳衍下隰沃瘠沙鹵之別畢具凡質賣田土則官爲籍記之毋令產去稅存以爲民害

又凡田以近郭爲上地迤遠爲中地下地五尺爲步步二百四十爲畝畝百爲頃

又神宗初用大學士張居正議天下田畝通行丈量用開方法以徑圍乘除畸零截補

國朝

大淸會典本朝幅員廣遠地利日興順治十八年總計田土合五百四十九萬三千五百七十六頃有奇康熙二十四年總計田土六百七萬八千四百三十頃有奇雍正二年總計田土六百八十三萬七千九百一十四頃有奇

國初定低地種稻高粱稗子穇麻高阜種粟穀

國家任土作貢以地畝之坍漲定賦額之增減或差員淸理或飭州縣官隨時丈量查報瀕江近海之區定例十年一丈

凡民地勘丈槩以二百四十步爲一畝

國朝墾荒助以牛種寛其徵輸或懸爵賞以勵招徠或給投誠以資贍養或遣部員以課耕穫區畫周詳務使野無曠土

順治元年題准圈撥地畝按州縣大小定圈地多寡滿洲自聚一處阡陌室廬耕作牧放互相友助令旗民各安疆理查出無主地與有主者對換以期均便順治元年議准州縣衞所荒地無主者分給流民及官兵屯種有主者官給牛種三年起科

順治四年又定嗣後民間田屋永停圈撥

順治六年定地方官廣加招徠各處逃民不論原籍別籍編入保甲開墾無主荒田給以印信執照永準爲業

順治十年覆准直省州縣魚鱗老冊載有地畝坵叚坐落田形四至其間有不清者印官親自丈量

順治十一年覆准凡丈量州縣地用步弓各旗莊屯地用繩

順治十二年定部鑄步尺分頒直省使丈量時悉依新制

康熙四十三年天津附近荒棄地畝開墾一萬畝以爲水田行令各省巡撫將閩粵江南等處水耕之人出示招徠計口授田給與牛種

雍正元年議准瀕江近海之區定例十年清丈一次恐未至十年有坍漲者令該管官不時清查坍者即行豁免漲者即行陞科

雍正二年議准將內務府交出餘地及戶部所收官地制爲井田挑選一百戶前往耕種自十六歲以上六十歲以下各授田百畝

雍正三年於灤薊天津文覇任北新雄等處各設營田專官管領有力之家率先遵奉者以圩田多寡分別獎賞其官田數萬頃分地遣官會同地方官首先舉行爲民倡率其濬疏圩岸以及豬水節水引水戽水之法悉照成規各因地畝形勢次第興修或有民間廬舍有礙水道者計畝均攤通融撥抵視本田畝數加十之二三其河淀淤地已經成熟陞科必須開挖者將附近官田照數撥補

欽定授時通考卷十二

土宜

田制下

董仲舒乞限田章 秦用商鞅之法。改帝王之制。除井田。民得買賣。富者田連阡陌。貧者無立錐之地。古井田法雖難卒行。宜少近古。限民名田。以贍不足。塞并兼之路。

李安世請均田疏 臣聞量地畫野。經國大式。邑地相參。致治之本。井稅之興。其來日久。田萊之數。制之以限。蓋欲使土不曠功。民罔游力。雄擅之家。不獨膏腴之美。單陋之夫。亦有頃畝之分。所以恤彼貧微。抑兹貪欲。同富約之不均。一齊民於編戶。竊見州郡之民。或因年儉流

移。棄賣田宅。漂居異鄉。事涉數世。三長既立。始返舊墟。廬井荒毁。桑榆改植。事已歷遠。易生假冒。强宗豪族。肆其侵凌。遠認魏晉之家。近引親舊之驗。又年載稍久。鄉老所惑。羣証雖多。莫可取據。各附親知。互有長短。兩證徒具。聽者猶疑。爭訟遷延。連紀不判。良疇委而不開。柔桑枯而不採。僥倖之徒興。繁多之獄作。欲令家豐儲積。人給資用。其可得乎。愚謂今雖桑井難復。宜更均量。審其經術。令分藝有準。力業相稱。細民獲資生之利。豪右靡餘地之盈。則無私之澤。乃播均於兆庶。如阜如山。可有積於比戶矣。又所爭之田。宜限年斷。事久難明。悉屬今主。然後虛妄之民。絕望於覬覦。守分之士。永免於凌奪矣。

白居易議井田阡陌 先王度土田之廣狹。畫爲夫井。量人戶之衆寡。爲邑居。使地利足以食人。人力足以闢土。邑居足以處衆。人力足以安家。野無餘田以啓專利。邑無餘室以容游人。逃刑避役者往無所之。敗業遷居者來無所處。於是生業相因。食力相濟。三代之後。井田廢則游惰之路啓。阡陌作則兼并之門開。因循未遷。積習成弊。臣請斟酌時宜。參詳古制。大抵人稀土廣者。且修其阡陌。戶繁鄉狹者。則復以井田。使都鄙漸有名。家夫漸有數。夫然則井邑兵田之地。衆寡相維。門閭族黨之居。有亡相保。相維則兼并者何所取。相保則游惰者何

所容。如此則財產豐足。賦役平均。市利歸於農。生業著於地矣。

蘇洵論田制 井田之制。九夫爲井。百井而方十里。萬井而方百里。百里之間。爲澮者一。爲洫者百。爲溝者萬。既爲井田。又必兼爲溝洫。縱能盡得平原廣野。而規畫於中。亦當驅天下之人。竭天下之糧。數百年專力於此。不治他事。而後可以天下之地盡爲井田。盡爲溝洫。亦已迂矣。夫井田不可爲。而其實便於今。誠有能爲近井田者而用之。亦可以蘇民矣。孔光何武曰。吏民名田。無過三十頃。期盡三年。而犯者沒入官。夫三十頃。周民三十夫之田也。縱不能盡如周制。一人而兼三十夫之田。亦

已過矣。期之三年。是又廹蹙平民。使壞其業。非人情難用。吾欲少爲之限。而不禁其田已過吾限者。但使後之人。不敢多占田以過吾限耳。要之數世。富者之子孫。或不能保其地。而彼嘗已過吾限者。散而入於他人矣。或者子孫出而分之無幾矣。如此則富民所占者少。而餘地多。餘地多。則貧民易取以爲業。不爲人所役屬。各食其地之全利。夫不用井田之制。而獲井田之利。雖周之井田。何以遠過於此。

畢仲游議占田數 有人則有田。有田則有分。田有瘠薄。人有衆寡。以人耕田。相其瘠薄衆寡而分之。謂之分。分定而以名自占之。謂之名田。無甚難行者。而至今不行。

則其制未均而恤之太甚故也。蓋周井田之法。一夫一婦受田百畝。餘二十五畝。以至工商士人受田亦各有等。而又分不易一易再易之差。以一夫一婦而受百畝無主客之別。比今二百畝矣。以不易一易再易之相掩而又有餘夫。則比今三百畝矣。什一而征。無他賦斂。而又歲用其力。不過三日。則比今四百畝矣。而何武之制。自諸侯王及於吏民。皆無過三十頃。以一諸侯王而財七八農夫。此所謂制未均者也。名田之議。起於董仲舒。申於何武師丹。至晉泰始限王公之田。以品爲差。而均田之制。起於後魏。至唐開元亦嘗立法。而卒皆不行。夫名田之不行。非下之不行。乃上之不行也。非賤者不行。乃貴者不行也。在上而貴者。戴高位。食厚祿。官其子孫。賞賜狎至。雖田制未均。猶當行也。而何師之議。則革於丁傅董賢。晉魏則名存而實去。此所謂恤之太甚者也。今將議占田之數。則周官之書。漢魏隋唐之制。有可行者。有不可行者。董仲舒以秦變井田。民得賣買。富者連阡陌。貧者無置錐之地。宜少近古限民名田。以贍不足。塞兼并之路。其說雖正。而不聞其制度。何武之制太狹。今日之制太無限。宜約周官受田之數。與唐世業口分之法。參其多少而用之。士大夫則因其品秩之高下。與其族類之衆寡。無使貴者有餘。而貧者不足。要之仰足以事父母。俯足以畜妻子。旁可以及兄弟朋友。而不爲

兼并。則善矣。

林勳本政書 五尺爲步。而二百爲畝。畝二百爲頃。頃九爲井。井方一里。井十爲通。通十爲成。成方十里。成十爲終。終十爲同。同方百里。一同之地。提封萬井。實爲九萬頃。三分去二。爲城郭市井官府道路山林川澤與夫磽角不毛之地。定其可耕與爲民居者。三千四百井。實爲三萬六百頃。一頃之田。二夫耕之。夫田五十畝。餘夫亦如之。總二夫之田。則爲百畝。百畝之收。平歲爲米五十石。上熟之歲爲米百石。二夫以之養數口之家。蓋裕如矣。一頃之地百畝。十有六夫分之。夫宅五畝。總有十六夫之宅。爲地八十畝。餘十畝以爲社學塲圃。一井之人

共之使之朝夕羣居以教其子弟然貧富不等未易均齊奪有餘以補不足則民駭矣今宜立法使一夫占田五十畝以上者爲良農不足五十畝者爲次農其無田而爲閒民與非工商在官而爲游惰末作者皆驅之使隷農良農一夫以五十畝爲正田以其餘爲羡田正田無敢廢業必躬耕之其有羡田之家則無得買田惟得賣田至於次農則無得賣田而與隷農皆得買羡田以足一夫之數而升爲良農凡次農隷農之未能買田者皆使分耕良農之羡田各如其夫之數而歲入其租於良農如其俗之故非自能買田及業主自收其田皆無得遷業若良農之不顧賣羡田者宜悉俟其子孫之長

而分之官無苛奪以買其怨稍須暇日自合中制矣

朱子條奏經略狀竊見經界一事最爲民間莫大之利其紹興年中已推行處至今圖籍尚存田稅可考貧富得實訴訟不繁獨泉漳汀州不曾推行小民業去産存苦不勝言而州縣坐失常賦勢將何所底止然而此法之行其利在於官府細民而豪家大姓猾吏奸民皆所不便故向議輒爲浮言所阻甚至以汀州盜賊藉口恐脅朝廷不知往歲汀州屢次盜賊正以不曾經界貧民失業更被追擾無所告訴是以輕於從亂今者臣請且欲先行泉漳二州而次及於臨汀既免一州盜賊過計之憂又慰兩郡貧民延頸之望誠不可易之良策也

一推行經界最急之務在於推擇官吏乞朝廷先令監司一員專主其事使擇一郡守臣汰其昏繆疲輭力不任事者而使察其屬縣令或不能則擇於其佐又不能則擇於他官一州不足則取於一路見任不足則取於得替待缺之中皆委守臣踏逐申差或權領縣事或只以措置經界爲名果得其人則事克濟而民無擾矣

一經界之法打量一事最費功力而紐折算計之法又人所難曉本州已差人於鄰近州縣已行經界去處取會到紹興中施行事目及募舊來曾經奉行諳曉算法之人選擇官吏將來可委者日逐講究聽候指揮但紹興中戸部行下打量攢算格式印本乞特詔戸部根檢

謄錄點對行下

一圖帳之法始於一保大則山川道路小則人戸田宅必要東西相連南北相照以至頃畝之濶狹水土之高低亦須當衆共定各得其實其十保合爲一都則其圖帳但取山水之遞接與逐保之大界總數而已不必更開人戸田宅也其諸都合爲一縣則其圖帳亦如保之於都而已不必更爲諸保之別也如此則圖帳之費亦當少減若朝廷矜三郡之民不使更有煩費莫若令役戸只作草圖草帳而官爲買紙雇工以造正圖正帳實用若干錢物許就本州所管兩司上供錢內截撥應副如此則大利可成而民亦不至於甚病矣又據龍巖縣

尉劉壁申經界之行。惟里之正長。其役最爲煩重。疆理畝畝。分別土色。均攤賦稅。其在當時動經界歲。出入阡陌荒廢。家務固已不勝其勞。一有廣狹失度。肥磽失宜。輕重失當。則詞訟並興。而督責又隨至矣。彼皆鄉民。安知經界書算。必名募書人以代此役。而書人必胥吏之桀黠者。莫不乘時要求高價。執役之人。執於期限。隨索則酬。而又簿書圖帳所用紙張。亦復不貲。竊謂經界之在今日。不可不行。行之亦不患無成。若里正里長書人紙札之費。有以處之。則可舉行。若坐視其殫力耗財。如曩日。恐非仁政之意也。竊詳此意與臣所奏略同。乞許施行。

一。紹興經界。打量既畢。隨畝均產。其產錢不許過鄉。此葢以算數太廣。難以均敷。防其或有走弄失陷之弊也。若使諸鄉產錢租額素來均平。則此法善矣。若逐鄉已有輕重。人戶徒然攢算。不免有害多利少之歎。乞特許產錢過鄉通縣均紐。庶幾百里之內。輕重齊同。實爲利便。

一。本州民間田。有產田。有官田。有職田。有學田。有常平租課田。名色不一。而其所納稅租輕重。亦各不同。年來產田之稅。既已不均。而諸色之田。散漫參錯。尤難檢計。奸民猾吏。並緣爲奸。今莫若將見在田土。打量步畝。一槩均產。每田一畝。隨九等高下。定計產錢幾文。而總合一州諸色租稅錢米之數。以產錢爲母。別定等則。一例均敷。每產一文。納米若干。銀若干。（去州縣遠處遞減令輕。）却以到官之數。照元分數分隸。逐錢撥入諸色倉庫。除逐年二稅造簿之外。每遇辰戌丑未之年。逐縣更令諸鄉各造一簿。（令子午卯酉年。應辦大禮。寅申巳亥年。解發舉人。惟此四年。州縣無事。）開其本鄉所管田數四至步畝等第。各注某人管業。有典賣則云元係某人管業。某年典賣。某人現今管業。却於後項通結。逐一開具某人田若干畝。產錢若干。使其首尾照應。又造合縣都簿一扇。類聚諸簿。通結逐戶田若干畝。產錢若干文。其有田產散在諸鄉者。併就烟爨地分。開排總結。並隨秋科稅簿。送州印押。下縣知佐通行收掌。人戶

遇有交易。即將契書及兩家砧基。照鄉縣簿對行批鑿。則版圖一定。而民業有經矣。

一。本州荒廢寺院田產頗多。目今並無僧行住持。田土爲人侵占。將來打量之時。無人驗對。亦恐別生姦弊。乞特降指揮。許令本州出榜召人實封請買。不惟一時田業有歸。民益有富實。亦免向後官司稅賦因循失陷。而又合於韓愈所謂人其人廬其居之遺意。誠厚下足民。攘斥異教。不可失之機會也。

朱子開阡陌辨。漢志言秦廢井田。開阡陌。說者皆以開爲開置之開。言秦廢井田而始置阡陌也。按阡陌者舊說以爲田間之道。葢因田之疆畔。制其廣狹。辨其橫縱。

以通人物之往來。卽周禮所謂遂上之徑。溝上之畛。洫上之涂。澮上之道也。風俗通云。南北曰阡。東西曰陌。又曰河南以東西爲阡。南北爲陌。二說不同。今以遂人田畝夫家之數考之。當以後說爲正。葢陌之爲言百也。遂洫縱而徑涂亦縱。則遂間百畝。洫間百夫。而徑涂爲百矣。阡之爲言千也。溝澮橫而畛道亦橫。則溝間千畝。澮間千夫。而畛道爲阡矣。阡陌之名。由此而得。至於萬夫有川。而川上之路。周於其外。與夫匠人井田之制。遂溝洫澮。亦皆四周。則阡陌之名。疑亦因其橫從而命之也。然遂廣二尺。溝四尺。洫八尺。澮二尋。則丈有六尺矣。徑容牛馬。畛容大車。涂容乘車。一軌。道二軌。路三軌。則幾

二丈矣。此其水陸占地。不得爲田者頗多。先王非不惜之。所以正經界。止侵爭。時蓄洩。備水旱。爲永久之計。有不得不然者矣。商君以其急刻之心。行苟且之政。但見田爲阡陌所束。而耕者限於百畝。則病其人力之不盡。但見阡陌之占地太廣。而不得爲田者多。則病其地利之有遺。又當世衰法壞之時。則歸授之際。必不免有欺隱煩擾之姦。而阡陌之地。切近民田。又必有陰據自私。而稅不入於公上者。是以奮然不顧。盡開阡陌。悉除禁限。而聽民兼并買賣以盡人力。墾闢棄地。悉爲田疇。而不使其有尺寸之遺以盡地利。使民有田卽爲永業。而不復歸授。以絕煩擾隱欺之姦。使地皆爲田。而田皆出稅。以覈陰據自私之幸。一時之害雖除。而千古聖賢之意。於此盡矣。故秦紀鞅傳皆云爲田開阡陌封疆而賦稅平。蔡澤亦曰決裂阡陌以靜生民之業。詳味其言。則所謂開者。乃破壞剗削之意。而非創置建立之名。所謂阡陌。乃三代之舊。而非秦所置矣。所謂賦稅平者。以無欺隱竊據之姦也。所謂靜生民之業者。以無歸授取予之煩也。以是數者合証之。其理可見。而蔡澤之言尤爲明白。且先王疆理天下。均以予民。故其田間之道。有經有緯。不得無法。若秦既除井授之制。則隨地爲田。隨田爲路。尖斜屈曲。無所不可。又何必其取東西南北之正以爲阡陌。而後可以通往來哉。或以漢世猶有阡陌之

名。而疑其出於秦之所置。不知秦之所開。亦曠僻而非通路者耳。若其適當衝要。便於往來。亦豈得而盡廢之哉。但必稍侵削之。不使復如先王之舊耳。

葉適論田制 先王之政。設田官以授天下之田。貧富强弱無以相過。使各有其田。得以自耕。故天下無甚貧甚富之民。至成周時。其法極備。雖周禮地官所載。其間不能無牽合牴牾處。要其大略。亦見周公授田之制。先治天下之田以爲井。井爲疆界。歲歲用人力修治之。溝洫畎澮。皆有定數。經界既定。人無緣得占田。後來井田不修。隄防浸失。至商鞅用秦。已不復有井田之舊。於是阡陌既開。天下之田。郄簡直易見。看耕得多少。惟恐人無

力以耕之故秦漢之際有豪強兼幷之患官不得治而貧者不得不去而爲游手轉而爲末業終漢之世以文景之恭儉愛民武帝之修立法度宣帝之厲精爲治卻不知其本但能下勸農之詔輕減田租以來天下之民如董仲舒師丹雖建議欲限天下之田其制度又與三代不合當時但問墾田幾畝全不知是誰田又不知天下之民皆可以得田而耕之光武中興亦只是問天下度田多少當時以度田不實長吏坐死者無數至於漢亡三國並立未及富盛而天下大亂當時天下之田既不在官然亦終不在民以爲在官則官無人收管以爲在民則又無簿籍券但隨其力所能至而耕之元魏稍立田制北齊後周皆相承授民田其初亦未嘗無法度但推行不到其法度亦是空立唐興只因元魏北齊制度而損益之其度田之法闊一步長二百四十步爲畝百畝爲頃一夫受田一頃周制乃是百步爲畝唐卻二倍有餘此制度與成周不合八十畝爲口分二十畝爲世業是一家之田口分須據下來人數占田多少周制八家皆私百畝唐制若子弟多則占田愈多此又與成周不合所謂田多可以足其人者爲寬鄉少者爲狹鄉狹鄉之田減寬鄉之半其地有厚薄歲一易者倍授之寬鄉三易者不倍授工商者寬鄉減半狹鄉不給亦與周制不同先王建國只是有分土無分民但付人以百

里之地任其自治唐既止用守令爲治則分田之時不當先論寬鄉狹鄉以土論不當以人論今卻寬鄉自得多狹鄉自得少自狹鄉徙寬鄉者又得幷賣永業口分而去成周之制雖是授田與民其間水旱凶荒又賑貸救卹可以不至匱乏若唐但知受田而已而既已自賣其田便已無卹民之實矣周制最不容民遷徙惟有罪則徙之唐卻容他遷徙并得自賣所分之田方授田之初其制已不可久又許之自賣民始有契約文書而得以私自賣易故唐比前世其法雖爲粗立然先王之法亦自此大壞矣後世但知貞觀之治執之以爲據故公田始變爲私田而田終不可改蓋緣他立賣田之法所以至此田制既壞至於今官私遂自各立境界民有沒入官者則封固之時或名賣不容民自籍所謂私田官執其契券以各証其直要知田制所以壞乃自唐世使民得自賣其田始前世雖不立法其田不在官亦不在民唐世雖有公田之名而有私田之實其後兵革既起征歛煩重遂雜取於民遠近異法內外異制民得自有其田而公賣之天下紛紛相兼幷故不得不變而爲兩稅要知其弊實出於此

衛涇禁圍田奏

二浙地勢高下相類湖高於田田又高於江海水少則泄湖水以溉田水多則泄田水由江而入海惟瀦泄兩得其便故無水旱之憂而皆膏腴之地

自紹興末年。因軍中侵奪瀕湖蕩。工力易辦。創置堤埂。號爲壩田。民田已被其害。隆興乾道之後。豪宗大姓。相繼迭出。廣包强占。無歲無之。陂湖之利。日朘月削。三十年間。昔之曰江曰湖曰草蕩者。今皆田也。夫圍田者。無非形勢之家。其語言氣力。足以凌駕官府。而在位者。重舉事而樂因循。上下相蒙。恬不知怪。而圍田之害深矣。議者又曰。圍田既廣。則增租亦多。於邦計不爲無補。殊不思緣江並湖民間良田。何啻數千百頃。皆異時之無水旱者。圍田一興。修築塍岸。水所由出入之路。頓至隔絶。稍覺旱乾。則占據上游。獨擅溉灌之利。民田無從取水。水溢則順流疏決。復以民田爲壑。圍田僥倖一稔。增

租有幾。而當稅倍收之田。小有水旱。反爲荒土。常賦所損。可勝計哉。乞賜行下戶部。申嚴約束。斷自今以後。凡陂湖草蕩。並不許官民戶及寺觀請佃圍裹。

馬端臨論井田。井田未易言也。古之帝王。分土而治。外而公侯伯子男。内而孤卿大夫。所治不過百里之地。皆世其土。子其人。於是取其田疇而伍之。經界正。井地均。穀祿平。貪夫豪民。不能肆力。以違法制。汙吏黠胥。不能舞文。以亂簿書。至春秋之世。列國不過數十。土地寖廣。然又爲世卿强大夫所裂。如魯則季氏之費。孟氏之成。晉則欒氏之曲沃。趙氏之晉陽。皆世有其地。又如邾莒滕薛之類。小國寡民。法制易立。竊意當時有國者。授其

民以百畝之田。壯而畀。老而歸。不過如後世大富之家。以其祖父所世有之田。授之佃客。程其勤惰。以爲予奪。校其豐凶。以爲收貸。其東阡西陌之利病。皆少壯所習聞。無俟考覈。而姦弊自無所容矣。降及戰國。大邦凡七。地廣人衆。考覈難施。故法制隳弛。而姦弊滋多也。秦人盡廢井田。漢既承秦。而卒不能復三代井田之制。何也。蓋守令之遷除。其歲月有限。而田土之還授。其姦弊無窮。雖慈祥如龔黄名杜。精明如趙張三王。既不久於其政。豈能悉知其土地民俗之所宜。如周人授田之法乎。

又論後魏行均田法。夾漈鄭氏言井田廢七百年。至後魏孝文。始納李安世之言。行均田之法。然晉武帝時。男

子一人。占田七十畝。女子三十畝。丁男課田五十畝。丁女二十畝。次丁男半之。女則不課。則亦非始於後魏也。但史不書其還授之法。無由考其詳耳。或謂井田之廢已久。驟行均田。奪有餘以予不足。必致煩擾。以興怨讟。不知後魏何以能行。然觀其立法。所受者露田。諸桑田不在還授之限。意桑田必是人戶世業。是以栽植桑榆其上。而露田不栽樹。則似所授者。皆荒閑無主之田。必諸遠流配謫無子孫及戶絶者。墟宅桑榆。盡爲公田。以相授受。則固非盡奪富者之田以予貧人也。又令有盈者不還。不足者受種如法。盈者得賣其盈。不足者得買所不足。不得賣其分。亦不得買過所不足。是令其從

便買賣以合均給之數則又非强奪之以爲公田而授無田之人與王莽所行異矣

明胡翰論井牧 井田者仁政之首也井田不復仁政不行天下之民始敝之矣其後二百三十有二年而漢始有名田之議又其後六百有三年而元魏始有均田之法名田者占田也占田有限是富者不得過制也其後師丹孔光之徒因之命民名田無過三十頃議者因三十頃之田周三十夫之地也一夫占之過矣故名田雖有古之遺意不若均田之善均其土田審其經術差露田別世業魏人賴之力業相稱北齊後周因而不變隋又因之唐有天下遂定爲口分永業之制宋劉厰又以

魏齊周隋享國日淺兵革不息土曠人稀其田足以給其衆唐承平日久丁口滋多官無閒田給受徒爲具文不知隋唐之盛丁口相若耳開皇十二年發使均天下之田狹鄉一夫僅二十畝隋之給受何加於唐唐雖承平日久貞觀開元之盛其戸口猶不及隋何至具文無實也厰言過矣但狹鄉民多而田不盈永業田鬻而民不固如陸贄所謂時敝者也以余論之古者步百爲畝漢人益以二百四十爲畝北齊又益之以三百六十爲畝今所用者漢畝步也今之五十畝古之百畝也漢提封田萬萬頃惟邑居道路山林川澤不可墾餘三千二百二十九萬頃皆可墾元始初遣司農勸課定墾田八百二十七萬五百三十頃是時天下之民一千二百二十三萬三千戸以田均之計戸得田六十七畝古之百四十畝也家獲百四十畝耕之未爲不給也唐盛時永徽民戸不過三百八十萬至開元七百八十六萬亦不漢過也以天下之田給天下之民徵之漢唐則後世寧有不足之患乎

崔銑均田議 田之不均生自二豪貴宦多賂富室多財近者有司立法均田畫邱計畝三品徵稅惜其付之吏胥高下任心尤爲二豪扇搖而罷之今宜倣古限田先禁兼并名集每邱田主共辨肥瘠高田宜潦下田宜旱互乘除之然後定等分租又出山澤使貧者得業如此

十年家可使給

大學衍義補 按秦廢井田開阡陌已千餘年矣決無可復之理說者謂國初人寡之時可以爲之然承平日久生齒日繁亦終歸於壞廢不若隨時制宜使合於人情宜於土俗而不失先王之意政不必拘拘於古之遺制也然則張載之言非歟曰載固言處之有術其言隱而未發不敢臆說也

又 按井田既廢之後田不在官而在民是以貧富不均一時識治體者咸慨古法之善而無可復之理於是有限田之議均田之制口分世業之法然皆議之而不果行行之而不能久何也其爲法雖各有可取然皆不免

拂人情而不宜於土俗。可暫而不可常也。必不得已。創爲之制。必也因其已然之俗。而立爲未然之限。不追咎其旣往。而限制其將來可乎。臣請斷以一年爲限。如自今年正月以前。其民家所有之田。雖多至百頃。官府亦不問。惟自今年正月以後。一丁惟許占田一頃。（餘數不許過五十畝。）於是以丁配田。因而定爲差役之法。丁多田少者。許買足其數。丁田相當者。不許再買。買者沒入之。其丁少田多者。在未限之前。不復追咎。自立限以後。惟許鬻賣。有增買者。并削其所有。（民家生子將成丁者。卽許豫買以俟其成。）以田一頃。配人一丁。當一夫差役。其田多丁少之家。以田配丁。足數之外。以田二頃。視人一丁。當一夫差役。量出雇役之

錢。（富者出財。）田少丁多之家。以丁配田。足數之外。以人二丁。視田一頃。當一夫差役。量應力役之征。（貧者出力。）若田多人少之處。每丁或餘三五十畝。或至一二頃。人多田少之處。每丁或至四五十畝。七八十畝。隨其多寡。盡其數以分配之。此外又因而爲仕宦優免之法。因官品崇卑。量爲優免。惟不配丁。納糧如故。其人已死。優及子孫。以寓世祿之意。（如京官三品以上免四頃。五品以上三頃。七品以上二頃。九品以上一頃。外官則遞減之。無田者准田免丁。惟不配丁。納糧如故。）名配丁田法。旣不奪民所有。則有田。惟恐子孫不多。而無匿名不報者矣。不惟民有常產。無甚貧甚富之不均。而官之差役。亦有驗丁驗糧之可據。行之數十年。官有限制。富者不復買田。興廢無常。富

室不無鬻產。田直日賤。而民產日均。雖井田之制。不可猝復。而兼幷之患漸銷矣。

唐順之（答施武陵書）方田一法。不難於量田。而最難於覈田。葢田有肥瘠。難以一槩論。畝須於未丈量之前。先覈一縣之田。定爲三等。必得其實。然後丈量。乃可用折算法定畝。如周禮一易之田家百畝。再易之田家二百畝。三易家三百畝。此爲定畝起賦之準。嘗觀國初折畝定賦之法。腴鄉田必窄。瘠鄉田必寬。甚得古意。今茲不先核田便行丈量。則腴鄉之重則必減。瘠鄉之輕則必加。非均平之道也。量田之難。全在乎此。至於丈量法。其簡易者具之九章算法中。須自明此意。乃可使下人爲

之。庶無弊也。

張棟（因事陳言疏）丈量一事。良法也。及其成也。不必以此而律彼。不必以一縣而律一省。不必以一省而律天下。或減尺丟弓。或斜量折算。此其弊在田畝。其罪在業戶。或以上作中。或以中作下。此其弊在田則。其罪在公正。或改畝除弓。或移三就五。或損此易彼。或挪東補西。此其弊在田冊。其罪在書算。大約弊端不外乎此三者。

章潢（井田限田均田總論）井田法至周始備。自李悝商鞅出。而其法廢滅無存。誠爲萬世戎首。然秦漢迄今。英君誼辟。與奇謀碩畫之臣。莫之能變。卽有變者。或至紕戾無稽。豈秦法有加於三代聖人耶。議者謂戰國干戈

之後。邱陵城郭墳壟廬舍鞠爲茂草。卽有平原。亦半荆棘。漢去秦無幾。已不能比次而經紀之。顧處千載之下。而欲襲其業以授民。踵新莽之覆轍。亦迂矣。是井田之不能復也。勢也。無已。又有限田均田之說。董仲舒倡限田於元狩。而武帝不果行。師丹請限田於鴻嘉。而成帝不能用。乾興初。詔限公卿以下。與衙前將吏田。而任事者以爲不便。夫井田既廢。富民業已肥殖。長子孫。傳襲擬於封國。而遽欲歲月間。盡褫其所有。此亦非人情矣。是限田之不能行也。亦勢也。由周而來七百年。魏孝文納李安世之疏。均授民田。然不再傳而廢。又百二十年。而唐太宗定口分世業之法。然行未久而報罷。又二百

三十年。而周世宗詔行元稹均田圖法。然世族羣起而撓之。夫周制既遠。生齒錯出。民之遷徙靡定。田之給代無常。而履畝握算。官且不勝其盩矣。是均田之不能久也。亦勢也。夫田不能井。又不能限。又不能均。均亦不能久。苐逮步立畝。括田均賦。此爲至策。其必量山澤之入。視莊屯之額。塞飛詭之竇。責無籍之戶。令所輸者與所入相當。取他羨補崩決。償失額。無稼稅匿逋者。卽驗問嘉與更始。弛其罰。無論世世偏累疲癃之民。驩然若更生。如此。則田不必井。而井之之法存。田不必均。而均之之法寓矣。

〔姜揚武水田議〕職方氏云。幽州穀宜三種。鄭云。黍稷稻。賈疏云。幽與冀相接。冀皆黍稷。幽見宜稻。故云三種黍稷稻也。是幽之宜稻。其來舊矣。又讀宋史何承矩傳。自順安潁海東西三百餘里。南北五七十里。悉爲稻田。食貨志云。凡雄鄚霸州。平戎順安等軍。與堰六百里。置斗門引淀水。始爲塘濼。終爲稻田。防塞實邊。具有成績。稻田有八利。多爲溝渠。引塡淤之水。利一。分爲支河。疏壅塞之害。利二。旱不虞枯槁。利三。水不虞泛漲。利四。通舟楫以便轉輸。利五。稻一斗易粟數斗。利六。逋賦易完。利七。戎馬不得馳突。利八。然始必壞民邱壠。多起丁夫。變置川原。遷延歲月。必主之密。勿付之重臣。勿因小害而阻撓。勿徼微利而鹵莽。寬其文網。需以歲時。則可舉矣。

國朝

〔戶部條陳圈地疏〕圈取地土一事。於順治四年。奉有
上諭。今後民間田產。再不撥取。永爲禁革。又順治十年奉
旨以後。仍遵前旨。再不許圈取民間房地。欽遵在案。邇年以來。有因旗下退出荒地。復行圈補者。有自省下及那營處所來壯丁。又行圈撥者。有各旗退出荒地名民耕種。或半年或一二年。青苗成熟。遇有撥補。復行圈去者。有因圈補之時。將接壤未圈民地。取齊圈去者。以致百姓失業。窮困逃散。且不敢視田爲恒產。多致荒廢。而旗下退出荒地。復圈取民間熟地。更虧國賦。臣等酌議滿洲百姓。均係朝廷之民。且大圈地戶。久已圈定。屢奉

上諭禁止圈取。自應永遠遵行。查張家口殺虎口喜峰口古北口獨石口山海關等口外。既有可居空閒之地。自御內以至王貝勒官員披甲。有情願各將壯丁分內地畝退回。圈取口外空閒之地耕種者。各該衙門都統印文咨送臣部。按丁丈給。將此退出之地。收存撥給。自省下那營處所來壯丁圈取民地。永行停止。庶百姓得所。不致流離矣。

湯斌與宋郡守書　睢陽衛地共有四項。曰大軍。曰新增。曰餘屯。曰傜役。弓口惟傜役以二百四十步爲一畝。其起科獨少。大軍新增餘屯三項。總以三百步爲一畝。約計小地十畝。折行糧地八畝。猶之州地之二畝折一畝。

商邱等縣之。或四畝折一畝。或三畝折一畝之不同。以前代二百餘年之所遵循。亦我

皇清定鼎以來所率由而未改者。迨庚子辛丑間。𡑞書詭影過多。錢糧難敷。遂有以大軍三項。强作小畝。派糧者。是名爲擠地。擠地既久。詭影愈便。明謀密議。必不肯盡行清楚。乞發鈞示。令各項地畝。槩從舊例。不得那移紛更。庶里役無以借口矣。總之衛地自經丈量之後。花戸無地數。皆可按籍而求。除傜役一項外。凡軍新餘屯。查纏册內小地十畝者。赤歷內註地八畝。小地一頃者。赤歷內註地八十畝。則從前之擠地自去。而當年之舊例自復。在𡑞書之言。必曰依小畝則足額。依舊例則不足額。不知地猶昔日之地。

本朝賦役全書額地額糧。悉依故明之舊。昔大畝而足額。今必擠地而後足額。此非詭影之地多。即纏外餘地之未報。某等以爲詭影之地。纏外未報之地。未有里書不知者。總責里書勒限清報。期於大畝足額而止。事關民瘼。伏惟鑒照。

董以寧民屯議　屯以兵。亦以民。明無所謂民屯也。徙無田之人耕曠土。則謂之屯。葢兵戈旁午之地。曠土必多。邱濬又云。沿海閩地築堤以攔鹹水之入。疏渠以通淡水之來。則田皆可成。何患無地哉。今降人雲集。既議置屋處之。又給以口糧。非長計也。固撥以地畝爲宜。但奪

土著之田以給之。則病民而理有所不可。或官買熟田以給。則官民皆病。而勢且有所不能。或以未墾之田。計口授之。止供其衣食。恐將來成熟之後。欲其輸將無缺。等於民田。則必不給。而轉徙仍爲無定。若聽其不與輸將。等於賜田。則又姑息而主客更覺偏枯。莫若因安插之時。置屋即於有田之地。倣明初衛所舊制。多撥田若干畝。教以人耕之法。而又給以農具屯種。使次年以值還官。三年稅十之三。四年稅十之六。至五年而全徵其課額。則更爲酌量之。全抛荒之地。原爲𠣊脫。而兹有墾闢之勞。當較里甲之輸稍減。以嘯聚之餘。得須田里。而又無城守之任。當較旗丁之納稍增。待及屯成。亦可於

向時運糧派餉之地稍減釐毫合龠以甦其困矣

沈荃遵 旨條陳疏一地畝等則之宜分晰也中州土地原有上中下及金銀銅鐵錫等名目分别起科而因地未盡闢疆井混淆八府以内不分等則一槩派糧致貽民間賠害今查首漸有就緒小民自無遁情若不亟乘清查之時分晰高下則熟田固難隱匿而起科或至混淆終非

皇上軫念國計民生至意仍請 勅部於彚報之後查照萬歷年間則例照地派糧永爲遵守庶則壤有一定之規而荒歲免包賠之苦矣

佟鳳彩條陳民困疏一里甲田地多寡懸殊宜均平也

竊照均平里甲久奉

俞旨通行直省惟河南爲多荒少熟因循如故雖有里甲之名其實多寡不一多者每里或五六百頃或三四百頃少者每里或止一二百頃甚至或數十頃以至寥寥數頃者遇有差徭有司止知照里編差不知里大則田多戶殷衆擎易舉里小則田少人稀難以承役更有官儒戶名或不入甲或入甲而不當差甚至避重就輕詭寄飛灑大里愈得便宜小里愈增苦累名爲一例當差實有不均之歎今計莫若行各州縣詳察除已均平者不動外凡有不均平者不許拘喚各戶審編亦不許里書分派止令州縣印官按見在徵糧地畝册如一州縣有地一千頃原分爲十里者每里均分一百頃一里之中各分十甲一甲均分十頃遇有差徭按里甲均當不許少有增減如是則豪强無計躲避貧儒不致偏枯矣

李光地請開河間府水田疏查南方水田之法行之北方往往有效曩者涿州水佔之田一畝鬻錢二百尚無售者後開爲水田一畝典銀十兩卽今淀中浮居村庄歲收蒲稗菱藕之利無旱暵之憂其資生未嘗減於高地也臣愚謂靜海青縣上下一帶水居之民正宜以此利導之其可與水田者教之栽秧插稻之法至於獻縣交河等與正定接壤之處係鹽河上游若能修治溝洫雜與水田則水勢漸分將下流之水勢亦日減是資水

之利卽以除水之害然舉行方始若非有熟識情形歷經試用之人使之實心任事恐空言無裨也

劉殿衡條陳疏一窐壓田地應令丈明估價公議均補也楚北安荆一帶地方外而川江内而襄漢水勢湍急風浪洗刷凡堤率多冲潰必須挽築月堤以防不虞其築月堤也堤脚之寬二三丈不等必須覆築於民田之上是之謂壓壓則田在此堤之下矣堤身之高長一二丈不等取土於民田之中是謂之窐窐則此田深窪無用矣此窐壓之田主垸内若有多餘之田則去此數畝堤脚田土其所保護者實多或亦甘心若止此區區數畝因坐附堤邊一旦盡被窐壓勢必謀生乏策臣採訪

輿情。酌定一法。嗣後遇有修築堤塍。於興工之時。令地方官將堤身所壓之田。及兩邊取土之地。俱爲丈明畝數。確立界址。著令堤長甲長。秉公估定價值。查明本垸內衆姓享利之田若干畝。空壓之田若干畝。算明均攤補償。交給被空被壓本主。另置田產耕種。則無强行空壓之弊。而窮民得免偏累向隅之苦矣。

欽定授時通考

土宜

卷十三之十五

欽定授時通考卷十三

土宜

田制圖說上

周尺

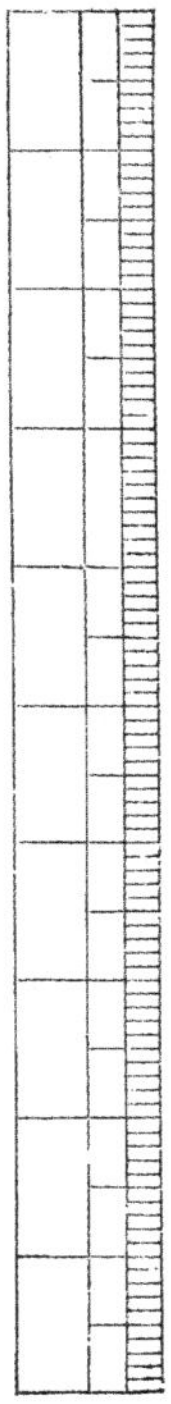

貨布陽

貨泉

貨布陰

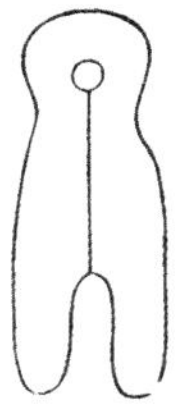

大泉五十

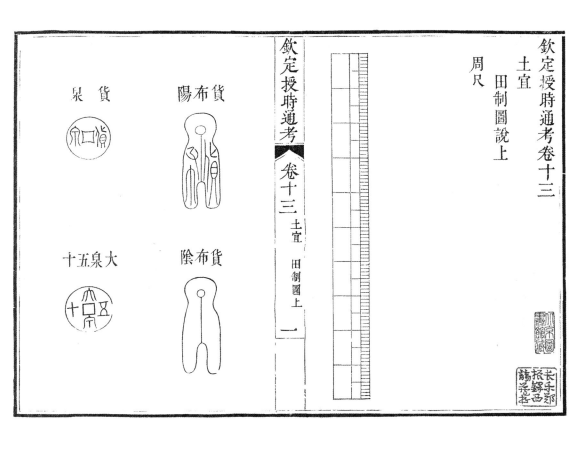

農政全書考尺度按古者度以絲起隋志曰蠶所吐絲爲忽十忽爲秒十秒爲毫十毫爲釐十釐爲分考工記玉人璧羨度尺好三寸以爲度好三寸所以爲璧也璧好之孔也裁其兩旁以益上下所以爲羨也袤十寸廣八寸所以爲度尺也則是十寸八寸皆爲尺矣以十寸之尺起度則十尺爲丈十丈爲引以八寸之尺起度則八尺爲尋倍尋爲常此周制也自漢以來世無正尺律度量衡靡有孑遺度無自起儒先所謂子穀秬黍中者徒有空言了無實驗心窮于思口弊于議不能決也惟晉大始中中書監荀勗尺按古物七品多合一曰姑洗玉律二曰小呂三曰西京銅望臬四曰金錯望臬五曰銅斛

六曰古錢七曰建武銅尺依尺鑄律時得漢時故鐘吹律命之皆應然時好推遷諸代異制隋書載尺十有五等以荀尺爲本大概周尺漢劉歆尺建武銅尺宋祖冲之所傳尺皆與荀氏一體他如晉田父玉尺漢官尺魏杜夔尺晉後尺魏前尺中尺後尺東魏後尺銀錯銅龠尺後周玉尺宋氏尺萬寶常水尺劉曜渾儀尺梁朝俗間尺各與荀互異自隋以來荀尺亦莫傳用唐有張文收律尺有景表尺五代有王朴律尺宋則太府寺有尺四等又高若訥嘗按古尺十五等李照胡翼之鄧保信各有黍尺崇寧中魏漢津乞用聖上指尺又紹興中內出金字牙尺二十八遂以其中皇祐二年所造大樂中

黍尺作景鐘。然不知以何法累黍。程正叔定周尺以爲當省尺五寸五分弱。而省尺之度卒難攷詳。朱元晦家禮載司馬氏及攷定雅樂黃鐘尺。不明言長短。則周尺之制。迄無成說。獨丁度建言歷代尺度屢改。惟劉歆鑄銅斛之世所鑄錯刀大泉五十。王莽天鳳中鑄貨布貨泉之類。不聞後世有鑄者。遂以此四物參校分寸正同。況經籍制度。皆起周世。劉歆術業之博。祖冲之算數之妙。晉荀氏之詳密。既合姬周之尺。則最可法者焉。但惜其事尋罷。竟不施用。今試以諸品泉刀攷之。按漢志王莽更鑄大錢。徑寸二分。文曰大泉五十。天鳳五年作貨布長二寸五分。廣一寸。首長八分有奇。廣八分。其圜好

徑二分半。足枝長八分。間廣二分。其文右曰貨。左曰布。貨泉徑一寸。文右曰貨。左曰泉。以貨布一分爲率。參較其首身足枝長廣之數。以爲尺。又以大泉之寸二分貨泉之徑寸較之。彼此毫釐無差。足明丁之議爲至當。而丁尺荀尺漢尺周尺。一然無異。諸家影響之說悉可廢矣。蓋古人制度。必徵實乃信。非可以揣摩定。非可以口舌爭。不見古物而欲知古人之制。自不可得。荀丁二氏曠實之見。千載同符。今荀氏所考古物七事。多不可得。而漢錢傳於世者。則往往有之。據此以求周漢之度。以尋昔人定律制器營室分田之數。殆爲灼然無疑者也。

計周尺一尺。當今浙尺八寸。當今織染金星牙尺六寸四分。自後田畝。俱以周尺計定。別用今尺準之。

田制各圖說

步

畝

夫

屋

井

邑

丘

甸

縣

都

同

六尺為步

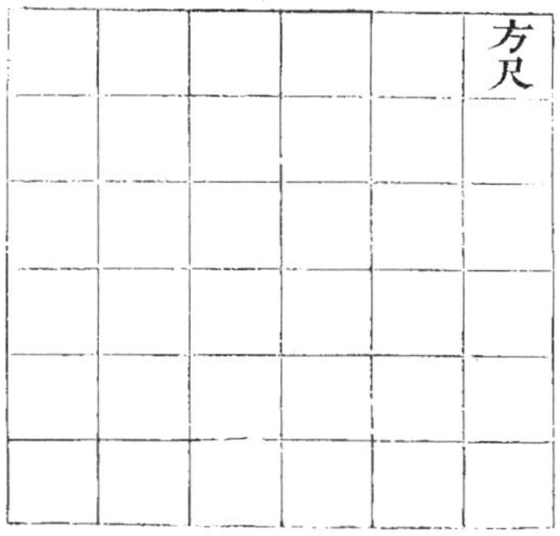

司馬法六尺為步。

每步積三十六尺。

步百為畝

司馬法步百為畝。

考工記匠人為溝洫。耜廣五寸。二耜為耦。一耦之伐。廣尺深尺為之畝。

古者耜一金。兩人并發之。其壟中曰畝。畝上曰伐。伐之言發也。甽與伐高深廣各尺。一畝之中。三甽三伐。廣六尺。長六百尺。以此計畝。故曰終畝曰竟畝。鄭注畝方百步者非是。

每一畝計三千六百尺。

古之一畝。以尺計得面方六十尺。自之得積三千六百尺。　以下畝法。俱折方。取易筭。故以步計得面方十步。自之得積百步。

今時畝法以步計。得面方十五步四分九釐一毫九絲三忽二微零。自之得積二百四十步爲畝。

六尺爲步。以尺計。得面方九十二尺九寸五分一釐六毫零。自之得積八千六百四十尺爲畝。以三十六尺而一。得積二百四十步。

五尺爲步。以尺計。得面方七十七尺四寸五分九釐六毫零。自之得積六千尺爲畝。以二十五尺而一。得積二百四十步。

以丈計畝。得面方七丈七尺四寸五分九釐六毫。自之得積六十丈爲畝。以二十五寸而一。得積二百四十步。

古之一畝。以今法準之。每浙尺八寸。準古一尺。得面方四十八尺。自之得積二千三百零四尺。以今畝法八千六百四十尺而一。得田二分六釐六毫六絲六忽零。

以六尺爲步計之。得面方八步。自之得積六十四步。以今畝法二百四十步而一。得田二分六釐六毫六絲六忽零。　後言浙尺準古。其尺法步法畝法俱倣此。

若以牙尺六寸四分。準古一尺。得面方三十八尺四寸。自之得一千四百七十四尺五寸六分。以今畝法六千尺而一。得田二分四釐五毫七絲六忽。以五尺爲步計之。得面方七步六分八釐。自之得積五十八步九分八釐二毫四絲。以今畝法二百四十步而一。得田二分四釐五毫七絲六忽。　後言牙尺準古。其尺法步法畝法俱倣此。

畝百爲夫

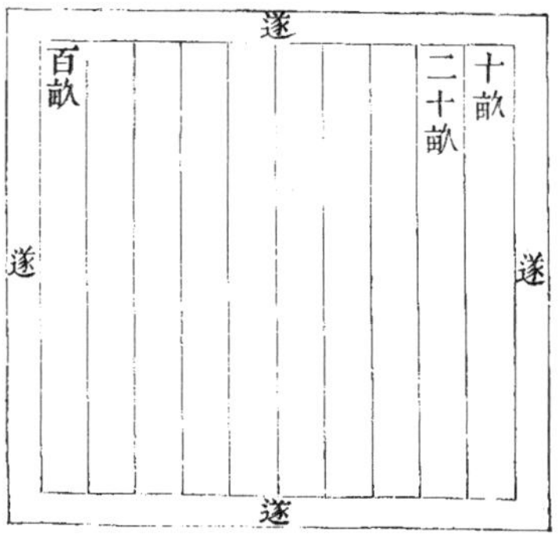

司馬法畝百爲夫。

周禮遂人凡治野夫間有遂遂上有徑。

考工記匠人爲溝洫廣尺深尺謂之甽田首倍之廣二尺深二尺謂之遂。

徑廣二尺。

每百畝積得一萬步三十六萬尺。

面方六百尺。加遂徑八尺。共六百零八尺。自之得三十六萬九千六百六十四尺。內夫積三十六萬尺爲田百畝。遂徑積九千六百六十四尺。得二畝六分八釐四毫一六。

古之百畝今浙尺畝法算得二十六畝六分六釐六毫六絲六忽一六。

遂徑七分一釐六毫。

今牙尺算得二十四畝五分七釐六毫。

遂徑六分五釐九毫七絲。

夫三爲屋

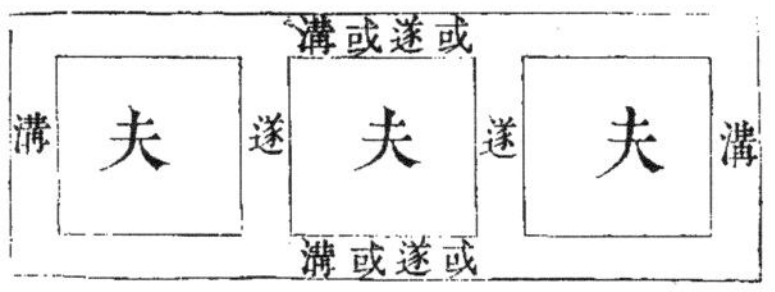

司馬法夫三爲屋。

屋具也。一井之中三三相具出賦稅共治溝也。屋之廣長或傍遂溝洫澮不同今以兩澗加溝畛兩長一作溝畛一作遂徑計之。

長一千八百二十四尺。澗六百十二尺。自之得積一百一十一萬六千二百八十八尺。共三百十畝七釐九毫三六。

若以兩澗加溝畛兩長加遂徑計之。

長一千八百十六尺。澗六百十二尺。自之得積一百一十萬九千七百八十二尺。共三百零八畝三分七釐三毫一二。

屋三爲井

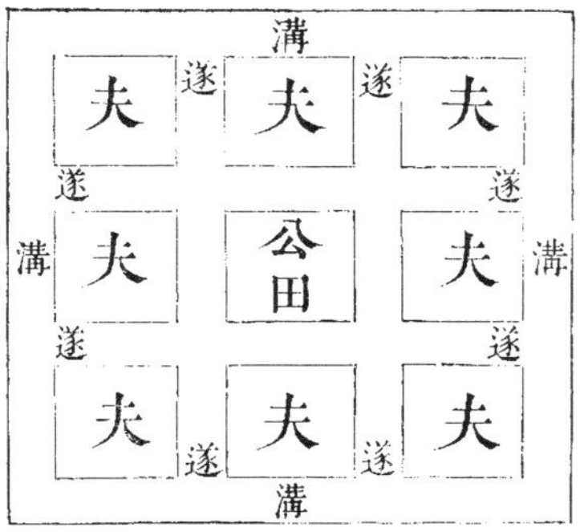

司馬法屋三爲井。

井方一里。九夫。

遂人十夫有溝。溝上有畛。

考工記匠人爲溝洫。九夫爲井。井間廣四尺深四尺。謂之溝。

畛廣四尺。

一井之田。面方一千八百尺。加溝畛遂徑方一千八百二十四尺。自之得積三百三十二萬六千九百七十六尺。

內九夫積三百二十四萬尺。爲田九百畝。

溝洫積五萬七千八百五十六尺。

遂徑積二萬九千一百二十尺。二積共二十四畝一分六釐。

四井爲邑

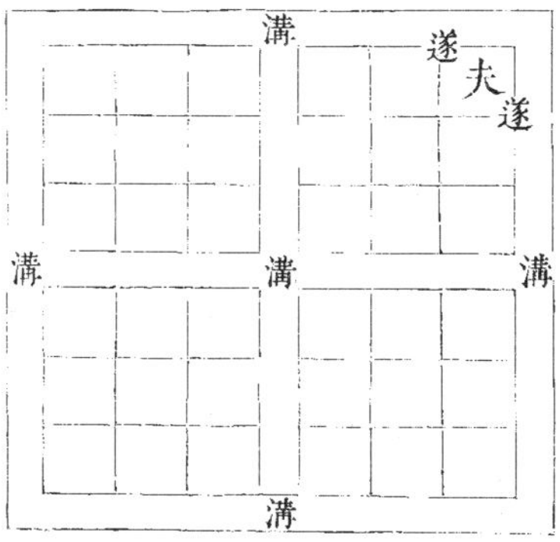

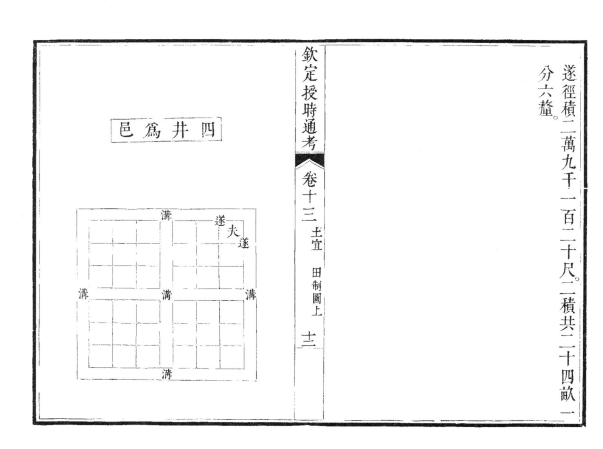

小司徒四井爲邑。

邑方二里。三十六夫。

一邑之田。面方三千六百尺。加溝畛遂徑面方三千六百四十尺。自之得積一千三百二十四萬九千六百尺。

內田積一千二百九十六萬尺。爲田三千六百畝。溝洫遂徑積二十八萬九千六百尺。得八十畝四分四釐四毫一六。

四邑爲邱

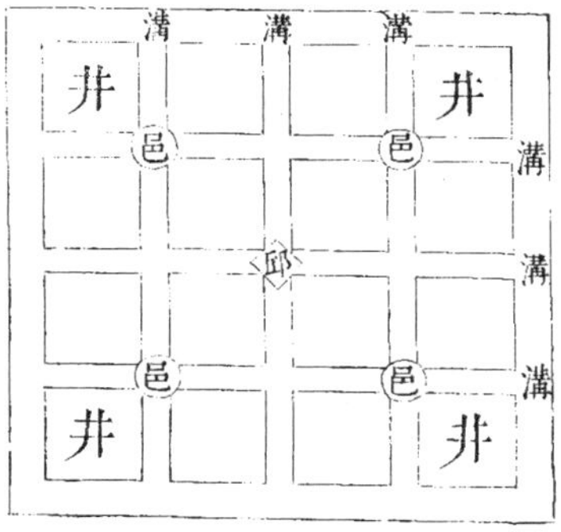

小司徒四邑爲邱。

邱方四里。一百四十四夫。

一邱之田。面方七千二百尺。加溝畛遂徑七十二尺。共面方七千二百七十二尺。自之得積五千二百八十八萬一千九百八十四尺。

內田積五千一百八十四萬尺。得一萬四千四百畝。溝洫遂徑積一百零四萬一千九百八十四尺。得二百八十九畝四分四釐。

四邱爲甸

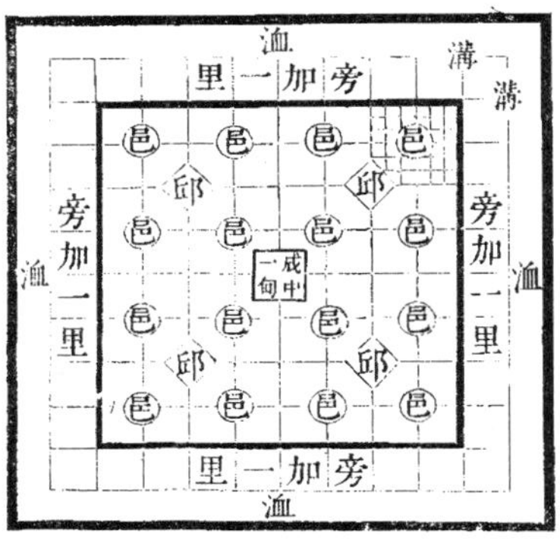

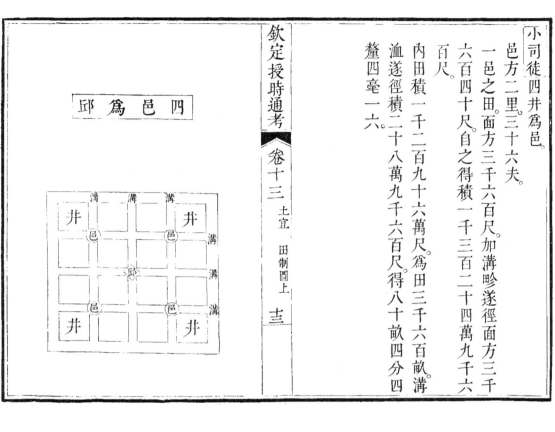

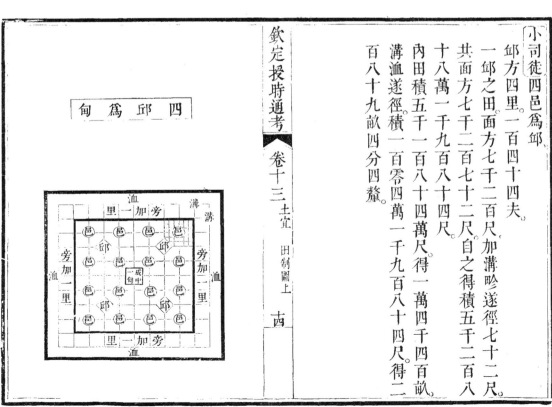

小司徒四邱爲甸。

司馬法井十爲成。

遂人百夫有洫洫上有涂。

匠人方十里爲成成間廣八尺深八尺謂之洫。

成方十里成中容一甸甸方八里出田稅沿邊一里治洫四井爲邑四登于甸甸方八里旁加一里故方十里甸之八里開方計之八八六十四井五百七十六夫出稅旁加一里通廉隅三十六井三百二十四夫治洫。

涂亦廣八尺。

一成之田面方一萬八千尺加洫涂溝畛遂徑一百

八十四尺共一萬八千一百八十四尺自之得積三億三千零六十五萬七千八百五十六尺内積三億二千四百萬尺爲田九萬畝餘積六百六十五萬七千八百五十六尺得洫涂溝畛遂徑共一千八百四十九畝四分四毫一六。

一甸之田面方一萬四千四百尺自之得積二億零七百三十六萬尺爲田五萬七千六百畝廉隅積一億一千六百六十四萬尺爲田三萬二千四百畝共得出稅田九萬畝。

四甸爲縣

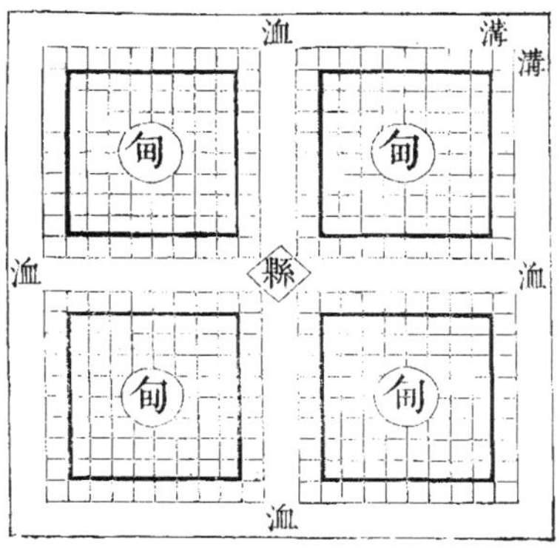

小司徒四甸爲縣。

縣方二十里四百井三千六百夫。

一縣之田面方三萬六千尺加洫涂溝畛遂徑三百五十二尺共面方三萬六千三百五十二尺自之得積一十三億二千一百四十六萬七千九百零四尺内積一十二億九千六百萬尺爲田三十六萬畝餘積二千六百四十六萬七千九百零四尺得洫涂溝畛遂徑共七千三百五十二畝一分九釐五毫二。

四縣爲都

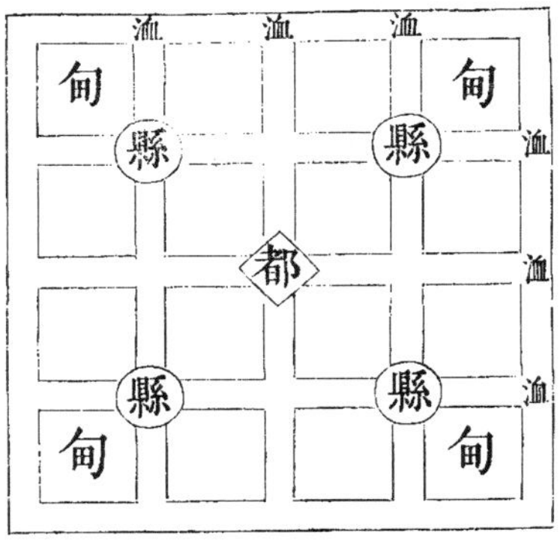

小司徒四縣爲都。

都方四十里。一千六百井。一萬四千四百夫。

面方四十里爲都。一都之田面方七萬二千尺。加洫涂溝畛遂徑六百八十八尺。共面方七萬二千六百八十八尺。自之得積五十二億八千三百五十四萬五千三百四十四尺。

内積五十一億八千四百萬尺爲田一百四十四萬畝。餘積九千九百五十四萬五千三百四十四尺。得洫涂溝畛遂徑共二萬七千六百五十一畝四分八釐四毫一六。

四都爲同

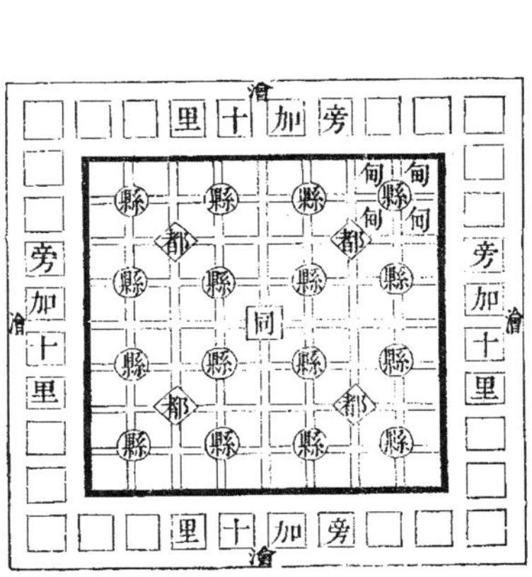

遂人千夫有澮。澮上有道。

匠人方百里爲同。同間廣二尋。深二仞。謂之澮。專達于川。

同方百里。同中容四都。方八十里。出田稅。沿邊十里治澮。四甸爲縣。四登于同。同方八十里。旁加十里。故方百里。同之八十里。開方計之。八八六十四成。六千四百井。五萬七千六百夫。出稅。旁加十里。通廉隅三十六成。三千六百井。三萬二千四百夫治澮。

澮達於川。川者。大水通流。非人力所治。

道廣二尋。

井田之制。備於一同。

一同之田面方一十八萬尺加澮道六十四尺洫涂一百四十四尺溝畛七百二十尺遂徑八百尺共得面方一千七百二十八尺六而一得三萬零二百八十八步自之得積九億一千七百三十六萬二千九百四十四步以畝法積百步而一得九百一十七萬三千六百二十九畝四分四釐內六十四成積五億七千六百萬步爲田五百七十六萬畝廉隅三十六成積三億二千四百萬步爲田三百二十四萬畝共得出稅田九百萬畝澮道洫涂溝畛遂徑共一十七萬三千六百二十九畝四分四釐

若以面方一十八萬一千七百二十八尺自之得積尺三百三十億零二千五百零六萬五千九百八十四尺以畝法三千六百尺而一得田數與前術同

今時浙尺八寸當古一尺六尺爲步二百四十步爲畝算得田二百四十四萬六千三百零一畝一分八釐四毫牙尺六寸四分當古一尺五尺爲步二百四十步爲畝算得田二百二十五萬四千五百一十一畝一分七釐一毫一絲七忽

古之九百萬今浙尺二百四十萬畝今牙尺二百二十一萬一千八百四十畝

古之澮道等十七萬三千六百二十九畝四分四釐今浙尺四萬六千三百零一畝一分八釐四毫今牙尺四萬二千六百七十一畝一分七釐一毫一絲七忽

欽定授時通考卷十四

土宜

田制圖說下

農桑通訣田制篇器非農不作。田非器不成。周禮遂人凡治野。以土宜教甿稼穡。而後以時器勸甿。命篇之義。遵所自也。夫禹別九州。其田壤之法。固多不同。而稷教五穀。則樹藝之方。亦隨以異。故皆以人力器用所成者書之。各有科等。用列諸篇之右。

田制各圖說

區田

圍田

架田

櫃田

梯田

塗田

沙田

圃田

區田

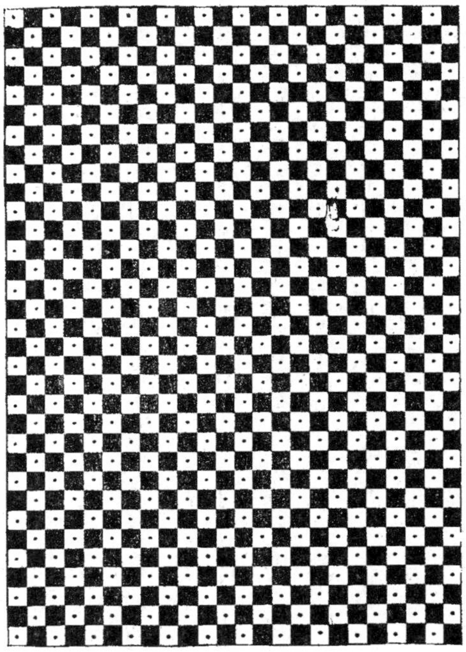

農桑通訣按舊說區田地一畝。闊一十五步。每步五尺。計七十五尺。每一行占地一尺五寸。該分五十行。長一十六步。計八十尺。每行一尺五寸。該分五十四行。長闊相乘。通二千七百區。空一行種。於所種行內隔一區種一區。除隔空外。可種六百七十五區。每區深一尺。用熟糞一升。與區土相和布穀。勻覆。以手按實。令土種相着。苗出看稀稠存留。鋤不厭頻。旱則澆灌。結子時鋤土深壅其根。以防大風搖擺。古人依此布種。每區收穀一斗。每畝可收六十六石。今人學種可減半計。徐光啓曰。當攷古今度量。又參攷氾勝之書及務本書。謂湯有七年之旱。伊尹作爲區田。教民糞種。負水澆稼。諸山陵傾阪及田邱城上。

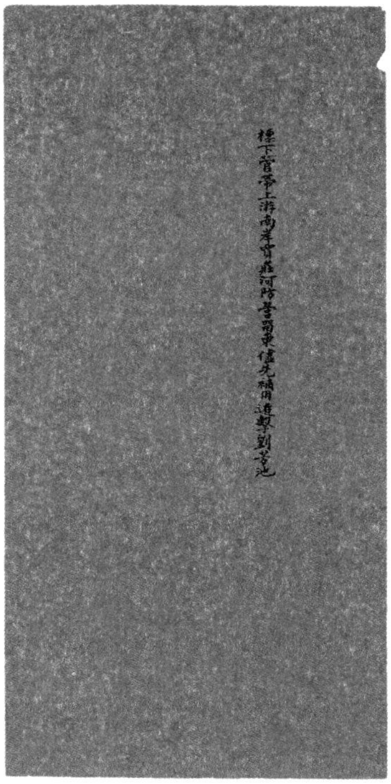

皆可爲之。其區當於閒時。旋旋掘下。正月種春大麥。二三月種山藥芋子。三四月種粟及大小豆。八月種二麥豌豆。節次爲之。不可貪多。夫儉豐不常。天之道也。故君子貴思患而預防之。如嚮年壬辰戊戌饑歉之際。但依此法種之。皆免饑殍。此已試之明效也。竊謂古人區種之法。本爲禦旱濟時。如山郡地土高仰。歲歲如此種蓺。則可常熟。惟近家瀕水爲上。其種不必牛犁。但鍫钁墾斸。又便貧難。大率一家五口。可種一畝。已自足食。家口多者。隨數增加。男子兼作。婦人童稚。量力分工。定爲課業。各務精勤。若糞治得法。沃灌以時。人力既到。則地利自饒。雖遇災不能損耗。用省而功倍。田少而收多。全家歲計。指期可必。實救貧之捷法。備荒之要務也。

農政全書按賈思勰曰。區田以糞氣爲美。非必須良田也。諸山陵近邑高危傾阪及丘城上。皆可爲區田。區田不耕旁地。庶盡地力。凡區種。不先治地。便荒地爲之。以畝爲率。今一畝之地。長十八丈。廣四丈八尺。當橫分十八丈作十五町。町間分爲十四道。以通人行。道廣一尺五寸。町皆廣一尺五寸。長四丈八尺。尺直橫鑿町作溝。溝一尺。深亦一尺。積壤於溝間。相去亦一尺。嘗悉以一尺地積壤。不相受。令弘作二尺地以積壤。種禾黍於溝間。夾溝爲兩行。去溝兩邊各二寸半。中央相去五寸。旁行相去亦五寸。一溝容四十四株。一畝合萬五千七百五十株種禾黍令上有一寸土不可令過一寸亦不可令減一寸凡區種麥令相去二寸一行一溝容五十二株一畝凡四萬五千五百五十株麥上土令厚二寸凡區種大豆令相去一尺二寸一溝容九株一畝凡六千四百八十株禾一斗有五萬一千餘粒黍亦少此少許大豆一斗一萬五千餘粒區種荏令相去三尺胡麻相去一尺區種天旱常溉之一畝常收百斛上農夫區方深各六寸間相去九寸一畝三千七百區一日作千區區種粟二十粒美糞一升合土和之畝用種二升秋收區別三升粟畝收百斛丁男長女治十畝十畝收千石歲食三十六石支二十六年中農夫區方九寸深六寸相去二尺一畝千二十七區用種

一升收粟五十一石一日作三百區下農夫區方九寸深六寸相去二尺一畝五百六十七區用種六升收二十八石一日作二百區諺曰頃不比畝善謂多惡不如少善也區中草生茇之區間草以剗剗之若以鋤鋤苗長不能耘之者以劬鐮比地刈其草蕨

又兗州刺史劉仁之昔在洛陽於宅田以七十步之地試爲區田收粟三十六石然則一畝之收有過百石矣少地之家所宜遵用也

徐光啓曰區收一斗畝六十六石即區田一畝可食二十許人矣蓋古今斗斛絕異周禮食一豆肉飲一豆酒中人之食也孔明每食不過數升而仲達以爲食少事煩若如今斗則中人豈能頓盡孔明數升已自不少而廉頗五斗得無太多計如今之畝若斗則每畝可收數石可食兩人以下耳見文學張弘言有糞壅法即今常種稻田亦可得穀畝二十許斛也近年中州撫院督民鑿井灌田竊意遠水之地自應種旱穀若鑿井以爲水田此令民終歲榾榾也若云救旱穀則炎天燥土一井所灌其潤幾何必須教民爲區田家各二三畝以上一家糞肥多在其中遇旱則汲井溉之此外田畝聽人自種旱穀則豐年可以兩全即遇大旱而區田所得亦足免於饑窘比於廣種無收效相遠矣

圖

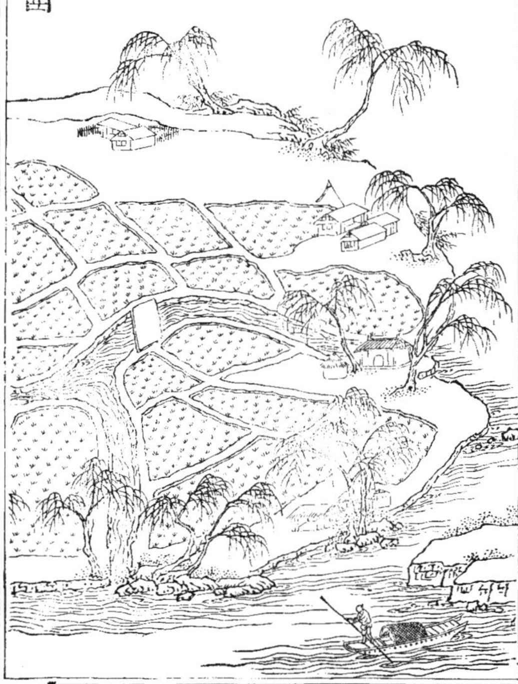

田

圍田。築土作圍以繞田也。蓋江淮之間地多藪澤。或瀕水不時渰没。妨於耕種。其有力之家。度視地形。築土作堤。環而不斷。內容頃畝千百。皆爲稼地。後值諸將屯戍。因令兵衆分工起土。亦倣此制。故官民異屬。復有圩田。謂疊爲圩岸。捍護外水。與此相類。雖有水旱。皆可救禦。凡一熟餘。不惟本境足食。又可贍及鄰郡。實近古之上法。將來之永利。

架田

架田。架猶筏也。亦名葑田。集韻云。葑。菰草也。葑亦作湗。江東有葑田。又淮東二廣皆有之。東坡請開杭之西湖狀。謂水涸草生。漸成葑田。徐光啓曰。東坡所云與此異。考之農書云。若深水藪澤。則有葑田。以木縛爲田坵。浮繫水面。以葑泥附木架上而種蓺之。其木架田坵。隨水高下浮泛。自不渰浸。周禮所謂澤草所生。種之芒種是也。芒種有二義。鄭元謂有芒之種。若今黃穋穀是也。一謂待芒種節過乃種。今人占候。夏至小滿至芒種節。則大水已過。然後以黃穋穀種之於湖田。然則有芒之種。與芒種節候二義可並用也。黃穋穀自初種以至收刈。不過六七十日。亦以避水溢之患。竊謂架田附葑泥而種。既無旱暵之災。復有速收之效。得置田之活法。水鄉無地者宜傚之。

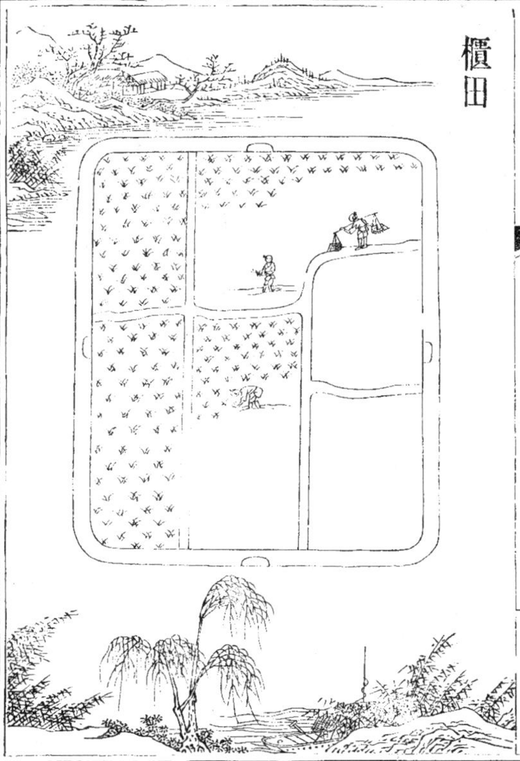

櫃田。築土護田似圍而小。面俱置瀽穴。如此形制。順置田段。便於耕蒔。若遇水荒。田制既小。堅築高峻。外水難入。內水則車之易涸。淺浸處宜種黃穋稻。周禮謂澤草生。種之芒種。黃穋稻是也。黃穋稻。自種至收。不過六十日則熟。以避水溢之患。如水過澤草自生。穇稗可收。高涸處亦宜陸種諸物。皆可濟饑。此救水荒之上法。一名壩水瀩田。亦曰壩田。與此名同而實異。

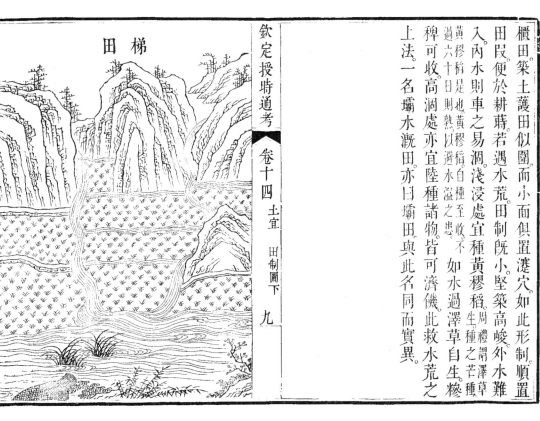

梯田。謂梯山爲田也。夫山多地少之處。除磊石及峭壁。例同不毛。其餘所在土山。下自橫麓。上至危顚。一體之間。裁作重磴。卽可種蓺。如土石相半。則必疊石相次。包土成田。又有山勢峻極。不可展足。播殖之際。人則傴僂蟻沿而上。耨土而種。躡坎而耘。此山田不等。自下登陟。俱若梯磴。故總曰梯田。上有水源。則可種秫秔。如止陸種。亦宜粟麥。蓋田盡而地。地盡而山。山鄉細民。必求墾佃。猶勝不稼。其人力所至。雨露所養。不無少穫。然力田至此。未免艱食。又復租稅隨之。良可憫也。

塗田

塗田。書云。淮海惟揚州。厥土惟塗泥。夫低水種皆須塗泥。然瀕海之地。復有此等田法。其潮水所泛。沙泥積於島嶼。或墊溺盤曲。其頃畝多少不等。上有鹹草叢生。候有潮來。漸惹塗泥。初種水稗。斥鹵旣盡。可爲稼田。所謂瀉斥鹵兮生稻粱。盈邊海岸。築壁。或樹立椿橛。以抵潮汎。田邊開溝。以注雨潦。旱則灌漑。謂之甜水溝。其稼收比常田。利可十倍。民多以爲永業。又中土大河之側。及淮灣水滙之地。與所在陂澤之曲。凡潢汙洄互。壅積泥滓。退皆成淤灘。亦可種蓺。秋後泥乾地裂。布掃麥種於上。其所收比淤田之效也。夫塗田淤田。各因潮漲而成。以地法觀之。雖若不同。其收穫之利。則無異也。

沙

沙田南方江淮間沙淤之田也或濱大江或峙中洲四圍蘆葦駢密以護堤岸其地常潤澤可保豐熟普爲塍埂可種稻秫間爲聚落可蓺桑麻或中貫湖溝旱則平溉或傍繞大港澇則洩水所以無水旱之憂故勝他田也舊所謂坍江之田廢復不常故畝無常數稅無定額正謂此也宋乾道年間近習梁俊彥請稅沙田以助軍餉旣施行矣時相葉顒奏曰沙田者乃江濱出没之地水激於東則沙漲於西水激於西則沙復漲於東百姓隨沙漲之東西而田焉是未可以爲常也其事遂寢時論是之

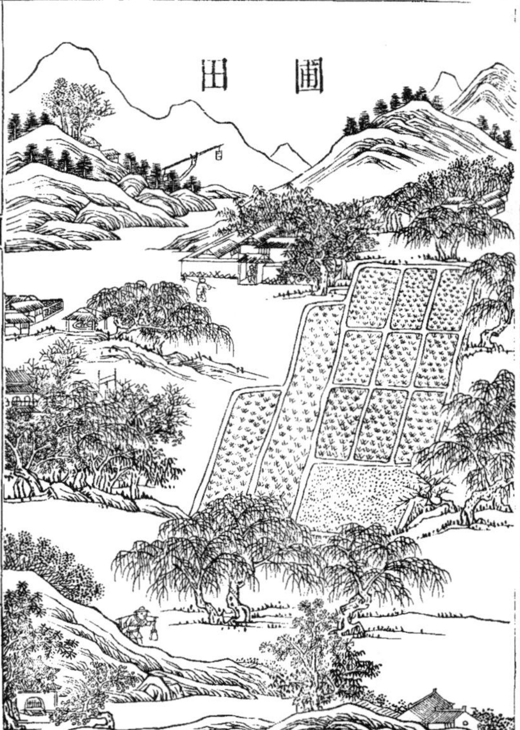

圃田種蔬果之田也周禮以場圃任園地註曰圃樹果蓏之屬其田繚以垣牆或限以籬塹負郭之間但得十畝足贍數口若稍遠城市可倍添田數至半頃止結廬於上外周以桑課之蠶利內皆種蔬先足長生韭一二百畦時新菜二三十種惟務多取糞壤以爲膏腴之本慮有天旱臨水爲上否則量地鑿井以備灌溉地若稍廣又可兼種蔴苧果穀等物比之常田歲利數倍此圃夫之業可以代耕至於養素之士亦可托爲隱所因得供贍又有宦遊家若無別墅就可棲身駐迹如漢陰之獨力灌畦河陽之閒居鬻蔬亦何害於助道哉

欽定授時通考卷十五

土宜

水利一

書益稷決九川距四海。濬畎澮距川。

傳距至也。決九州名川通之至海。一畝之間。廣尺深尺曰畎。方百里之間。廣二尋深二仞曰澮。畎澮深之至川。亦入海。

又禹貢九川滌源。九澤既陂。

傳九州之川已滌除泉源無壅塞矣。九州之澤已陂障無決溢矣。

詩小雅泉流既清。

傳水治曰清。箋召伯營謝邑。通其水泉之利。

又滮池北流。浸彼稻田。

傳滮流貌。箋池水之澤。浸潤稻田。使之生殖。豐鎬之間水北流。疏此詩周人所作。則此池是周地之水。文王有聲箋云。豐在豐水西。鎬在豐水東。則豐鎬之間。惟豐水耳。此池在豐水之左右。其地汙下。引豐以溉灌。故言浸彼稻田也。池水當得停。而亦言北流者。以池上引豐水。亦北折流。浸灌既訖。又決而入豐。亦爲北流。

大雅觀其流泉。

正義流泉所以灌溉。觀其浸潤所及。欲民擇所宜而種之。遂浸潤而耕之。所以利民富國。故公劉殷勤審之也。

周禮夏官職方氏東南曰揚州。其澤藪曰具區。其川三江。其浸五湖。

注大澤曰藪。具區五湖在吳南。浸可以爲陂灌溉者。

疏謂灌溉稻田者也。三江者。江東行至揚州。入彭蠡。復分爲三道入海。故得有三江也。

又正南曰荆州。其澤藪曰雲夢。其川江漢。其浸潁湛。

注雲夢在華容。潁出陽城。宜屬豫州。湛或爲淮。疏禹貢荆州。雲土夢作乂。又得爲澤者。彼注云中有平土邱。水去土可爲作畝畝之治。

又河南曰豫州。其澤藪曰圃田。其川滎洛。其浸波溠。

注圃田在中牟。滎兖水也。出東垣入於河。泆爲滎。滎在滎陽。波讀爲播。禹貢曰滎波既豬。春秋傳曰楚子除道梁溠。營軍臨隨。則溠宜屬荆州。

又正東曰青州。其澤藪曰望諸。其川淮泗。其浸沂沭。

注沂山沂水所出。在蓋望諸明都也。在睢陽。沭出東莞。淮或爲睢。沭或爲洙。疏春秋宋澤有孟諸。明都即宋之孟諸。

又河東曰兖州。其澤藪曰大野。其川河泲。其浸盧維。

注大野在鉅野。盧維當作雷雍。禹貢曰雷夏既澤。灉沮會同。雷夏在陽城。

又正西曰雍州其澤藪曰弦蒲其川涇汭其浸渭洛

注弦蒲在汧涇出涇陽汭在豳地洛出懷德弦或爲汧蒲或爲浦

又東北曰幽州其澤藪曰貕養其川河泲其浸菑時

注貕養在長廣菑出萊蕪時出般陽

又河内曰冀州其澤藪曰楊紆其川漳其浸汾潞

注楊紆未聞漳出長子汾出汾陽潞出歸德

又正北曰并州其澤藪曰昭餘祁其川虖池嘔夷其浸淶易

注昭餘祁在鄔虖池出鹵城嘔夷出平舒淶出廣昌易出故安

左傳襄公三十年田有封洫

注封彊也洫溝也

公羊傳莊公九年冬浚洙洙者何水也

注以言浚也本非人工所爲疏浚之者何深之也畎澮之屬是人功爲之也

又僖公三年桓公曰無障谷

注無障斷川谷專水利也水注川曰谿注谿曰谷疏水出於山入於川爲谿水朝屬曰谷

管子水有大小又有遠近水之出於山而流入於海者命曰經水水別於他水入於大水及海者命曰枝水山之溝一有水一毋水者命曰谷水水之出於他水溝流於大水及海者命曰川水出地而不流者命曰淵水此五水者因其利而往之可也因而扼之可也

又令甲士作隄大水之傍大其下小其上隨水而行地有不生草者必爲之囊大者爲之隄小者爲之防夾水四道禾稼不傷歲埤增之樹以荆棘以固其地雜之以栢楊以備決水民得其饒是謂流膏

史記滑稽傳魏文侯時西門豹爲鄴令發民鑿十二渠引河水灌田田皆溉當其時民煩苦不欲豹曰民可與樂成難以慮始期令父老子孫思我至今皆得水利民以給足

漢書溝洫志蜀守李冰鑿離堆避沫水之害穿二江成

都中皆可行舟有餘則用溉百姓饗其利

又史起爲鄴令引漳水溉鄴以富魏之河内民歌之曰鄴有賢令兮爲史公決漳兮灌鄴旁終古舄鹵兮生稻粱

又鄭國鑿涇水自中山西邸瓠口爲渠並北山東注洛三百餘里渠成而用溉注塡閼之水溉斥鹵之地四萬餘頃收皆畝一鍾於是關中爲沃野無凶年秦以富彊因名曰鄭國渠

又鄭當時言引渭穿渠起長安旁南山下至河三百餘里徑易度漕渠下民田萬餘頃可得以溉穿渠三歲而通漕大便利民頗得溉

又嚴熊言臨晉民願穿洛以溉重泉以東萬餘頃可令畝十石於是穿渠自徵引洛水至商顔下乃鑿井深者四十餘丈井下相通行水以絶商顔東至山領十餘里間井渠之生自此始穿得龍骨故名曰龍首渠。

又倪寬爲左內史奏請穿鑿六輔渠以益溉鄭國旁高卬田。

又趙大夫白公復奏穿渠引涇水首起谷口尾入櫟陽。注渭中袤二百里溉田四千五百餘頃因名曰白渠民得其饒歌之曰田於何所池陽谷口鄭國在前白渠起後舉臿爲雲決渠爲雨涇水一石其泥數斗且溉且糞長我禾黍衣食京師億萬之口。

通典漢文帝以文翁爲蜀郡太守穿湔渡口溉灌田千七百頃人獲其饒。

漢書循吏傳召信臣爲南陽太守行視郡中泉水開通溝瀆起水門提閼凡數十處以廣溉灌歲歲增加多至三萬頃民得其利畜積有餘信臣爲民作均水約束刻石立於田畔以防分爭吏民親愛信臣號之曰召父。

後漢書杜詩傳詩遷南陽太守脩治陂池廣拓土田郡內比室殷足時人方於召信臣故南陽爲之謠曰前有召父後有杜母。

又鄧晨傳晨爲汝南太守興鴻郤陂數千頃田汝土以殷。

又循吏傳王景爲廬江太守郡界有楚相孫叔敖所起芍陂稻田景乃驅率吏民脩起荒蕪墾闢倍多境內豐給。

又何敞傳敞遷汝南太守脩理鮦陽舊渠百姓賴其利。墾田增三萬餘頃吏人共刻石頌敞功德。

通典馬臻爲會稽太守始立鏡湖築塘周廻三百十里。灌田九千餘頃人獲其利。

三國魏志鄭渾傳渾遷陽平沛郡二太守郡界下濕患水澇渾於蕭相二縣界興陂遏開稻田郡人皆以爲不便渾曰地勢洿下宜溉灌終有魚稻經久之利此豐民之本也遂躬率吏民興立功夫一冬間皆成比年大收

頃畝歲增租入倍常民賴其利刻石頌之號曰鄭陂。

又劉馥傳太祖表馥揚州刺史移治合肥興治芍陂及茹陂七門吳塘諸堨以溉稻田官民有蓄子靖都督河北諸軍事脩廣戾渠陵大堨水溉灌薊南北三更種稻。邊民便之。

又王基傳基言江陵有沮漳二水溉灌膏腴之田以千數安陸左右陂池沃衍宜水陸並農以實軍資。

又徐邈傳邈爲凉州刺史廣開水田募貧民佃之。

晉書食貨志魏皇甫隆爲敦煌太守敦煌俗不使耬犂。及不知用水人牛功力既費而收穀更少隆到乃教作耬犂及溉灌歲終率計所省庸力過半得穀加五西方以豐。

又杜預言諸欲脩水利者，皆以火耕水耨爲便。非不爾也。然此事施於靑田草萊，與百姓居相絕遠者耳。往者東南草創人稀，故得火田之利。自頃戶口日增，而陂堨歲決，良田變生蒲葦，人居沮澤之際，水陸失宜，放牧絕種，樹木立枯，皆陂之害也。陂多則土薄水淺，潦不下潤。宜發明詔，敕刺史二千石，其漢氏舊陂舊堨及山谷私家小陂，皆當脩繕以積水。其諸魏氏以來所造立，及諸因雨決溢蒲葦馬腸陂之類，皆決瀝之。長吏二千石躬親勸功，諸食力之人，並一時附功，令比及水凍，得粗枯涸。其所脩功實之人，皆以俾之。

又夏侯和上脩新渠、富壽、遊陂三渠，凡溉田千五百頃。

又杜預傳預拜鎭南大將軍，都督荊州諸軍事。至鎭，修召信臣遺跡，激用滍淯諸水，以浸原田萬餘頃，分疆刻石，使有定分，公私同利，衆庶賴之。

又張闓傳元帝踐阼，補晉陵內史。時所部四縣並以旱失田，闓乃立曲阿新豐塘，溉田八百餘頃，每歲豐稔。葛洪爲頌。

又苻堅載紀堅以關中水旱不時，議依鄭白故事，發王侯以下及豪望富室僮隸三萬人，開涇水上源，鑿山起隄，通渠引瀆，以溉岡鹵之田。及春而成，民賴其利。

宋書劉義欣傳義欣爲荊河刺史，鎭壽陽。時土境荒毀，義欣隨宜經理。芍陂良田萬餘頃，隄堰久壞，夏秋常苦旱。遣諮議參軍殷肅循行修理。有舊溝引淠水入陂，伐木開榛，水得通逕，由是遂豐稔。

梁書夏侯夔傳夔爲豫州刺史，帥軍人於蒼陵立堰，溉田千餘頃，歲收穀百餘萬石，以充儲備，兼贍貧民。

魏書裴延儁傳延儁除廷尉卿，轉平北將軍、幽州刺史。范陽郡有督亢渠，經五十里；漁陽燕郡有故戾陵諸堰，廣袤三十里，皆廢毀多時，莫能修復。時水旱不調，民多飢餒。延儁謂疏通舊跡，勢必可成，乃表求營造。遂躬自履行，相度水形，隨力分督，未幾而就，溉田百萬餘畝，爲利十倍，百姓賴之。

北齊書斛律金傳子羨爲幽州刺史，導高梁水北合易京，東會於潞，因以灌田。邊儲歲積，轉漕用省，公私獲利焉。

唐書李襲志傳襲志弟襲譽，擢揚州大都督府長史，爲引雷陂水，築句城塘，溉田八百頃，以盡地利。

又姜師度傳師度徙同州刺史，泒洛灌朝邑、河西二縣，閼河以灌通靈陂，收棄地二千頃爲上田。

文獻通考唐肅宗上元中，於楚州古射陽湖置洪澤屯，壽州置芍陂屯，厥田沃壤，大獲其利。

唐書于頔傳頔爲湖州刺史，部有湖陂，異時溉田三千頃，久廢。頔行縣，命脩復隄閼，歲獲秔稻蒲魚無慮萬計。

又李景略傳景略拜豐州刺史。天德軍西受降城都防禦使窮塞苦寒。地瘠鹵。邊戶勞悴。景略至。鑿咸應永清二渠。溉田數百頃。

又李承傳承累遷吏部郎中。淮南西道黜陟使。奏置常豐堰於楚州。以禦海潮。溉田瘠鹵。收常十倍。

又杜佑傳佑爲淮南節度使。決雷陂以廣灌溉。斥海瀕棄地爲田。積米至五十萬斛。

又韋挺傳挺曾孫武爲絳州刺史。鑿汾水灌田萬三千餘頃。璽書勞勉。

又李栖筠傳栖筠子吉甫爲淮南節度使。築富人固本

二塘。溉田且萬頃。

又孟簡傳簡爲常州刺史。州有孟瀆久淤閼。簡治導溉田凡四千頃。賜金紫。

又白居易傳居易爲杭州刺史。始築隄捍錢塘湖。鍾洩其水。溉田千頃。

又崔弘禮傳弘禮爲河陽節度使。治河內秦渠。溉田千頃。歲收八萬斛。

又溫大雅傳溫造爲朗州刺史。開復鄉渠百里。溉田二千頃。民獲其利。號右史渠。太和中節度河陽。奏復懷州古秦渠枋口堰。以溉濟源河內溫武陟田五千頃。

又循吏傳韋丹爲江南西道觀察使。築堤捍江。長十二里。竇以疏漲。爲陂塘五百九十八所。灌田萬二千頃。

宋史食貨志咸平中。大理寺丞黃宗旦請募民耕潁州陂塘荒地。凡千五百頃。部民應募者三百餘戶。詔令未出租稅。免其徭役。然無助於功利。而汝州舊有洛陽務內園兵人種稻。雍熙二年罷賦予民。至是復置。命京朝官專掌。募民戶二百餘。自備耕牛。立團長。墾地六百頃。導汝水灌溉。歲收二萬三千石。襄陽縣淳河舊作隄截水入官渠。溉民田三千頃。宜城縣蠻河溉田七百頃。又有屯地三百餘頃。知襄州耿望請於舊地兼括荒田。置營田上中下三務。調夫五百築堤堰。仍集鄰州兵每務二百人。荊湖市牛七百分給之。是歲種稻三百餘頃。

又嘉祐中。唐守趙尚寬脩復漢召信臣故陂渠遺跡。溉田數萬頃。

又何承矩知雄州。言宜因積潦蓄爲陂塘。大作稻田以足食。閩人黃懋亦上書言河北州軍多陂塘。引水溉田。省功易就。三五年間。公私必大獲利。詔承矩按視。還奏如懋言。遂於雄莫霸州平戎順安等軍興堰六百里。置斗門。引淀水灌溉。初年種稻。值霜不成。懋以江東早稻七月即熟。取其種課令種之。是歲八月稻熟。初承矩建議。阻之者頗衆。至是承矩載稻穗數車。遣使送闕下。議者乃息。而莞蒲蜃蛤之饒。民賴其利。

又鄭戩傳戩以資政殿學士知杭州。錢塘湖溉民田數

十頃。錢氏置潦清軍。以疏淤塡水患。旣納國後。不復治。葑土堙塞。爲豪族僧坊所占冒。湖水益狹。戩發屬縣丁夫數萬闢之。民賴其利。事聞。詔本郡歲治如戩法。

又謝絳傳絳知鄧州。距州百二十里。有美陽堰。引湍水溉公田。水來遠。利不及民。瀕堰築新土爲防。俗謂之墩者大小又十數。歲數壞。輒調民增築。奸人蓄薪茭以時其急。往往盜決堰墩。百姓苦之。絳按召信臣六門堰故跡。距城三里。壅水注鉗盧陂。溉田至三萬頃。請修復之。可罷州人歲役。以水與民。

續文獻通考元祐中長樂縣令袁正規。以十七都之田窪下。歲被淹沒。遂開卓道後山爲港。以洩其水。注之海。

又鑿林岊莊前之山爲渠。注之江。民德之。因請名曰袁公港。正規辭曰。此天子之功也。遂名之曰元祐港。

又郎簡築名塘陂。並江爲之。蓄河頭水。溉田種五百餘石。又脩天寶陂。溉田種千餘石。

又范淇知鄞縣。葺堰埭百餘。決導瀦積。在常熟疏金涇鶴瀆二浦。溉田千頃。

又李禹卿通判蘇州。堤太湖八十里爲渠。漕運蓄水。溉田千餘頃。

又徐蓋通判時。東南大水。蓋周視盡得水利舊跡。築石塘九十里。建橋十八所。復良田數十萬畝。

又陳侑爲羅源令。鑿渠以溉民田。民蒙其惠。因號曰永利渠。

又曾有開知確山縣。興修廢陂。溉田數千頃。

又朱定權閩縣時。開濬負城河浦百七十六。計二萬一千九百七十四丈。均用民力凡八萬九千。溉田三千六百餘頃。

又趙抃以崇安多水。疊石爲堤。以遏其衝。又開除瀯陂。分西來之流。由石雄以入於縣。又從縣西鑿陂於星陽。溉田甚廣。人懷其惠。久而不忘。因取其謚。名淸獻陂。

又劉諤知興化軍。創立太平陂。引荻蘆溪水。溉田七百頃。

又韓正彥知崑山。創石隄。疏斗門。作塘七十里。以達於

郡。得膏腴數百頃。

范文正公集上呂相公並呈中丞咨目。姑蘇四郊畧平。窊而爲湖者。十之二三。西南之澤尤大。謂之太湖。納數郡之水。湖東一派。濬入於海。謂之松江。積雨之時。湖溢而江壅。橫沒諸邑。雖北壓揚子江。而東抵巨浸。河渠至多。堙塞已久。莫能分其勢矣。惟松江退落。漫流始下。或一歲之水。久而未耗。來年暑雨。復爲沴焉。人必薦饑。可不經畫。今疏導者。不惟使東南入於松江。又使西北入於揚子。江之於海也。其利在此。或曰。江水已高。不納此流。某謂不然。江河所以爲百谷王者。以其下之。豈獨不下於此耶。江流或高。則必滔滔旁來。豈復姑蘇之有乎。

剏今開畝之處。下流不息。亦明驗矣。或曰。日有潮來。水安得下。某謂不然。大江長淮無不潮也。來之時刻少。退之時刻多。故大江長淮會天下之水。畢能歸於海也。或曰沙因潮至。數年復塞。豈人力之可支。某謂不然。新導之河。必設諸閘。常時扃之。禦其潮來。沙不能塞也。每春理其閘外。工減數倍矣。旱歲亦扃之。駐水灌田。可救熯涸之災。潦水則啟之。疏積水之患。或謂開畝之力重勞民力。某謂不然。東南之田。所植惟稻。大水一至。秋無他望。災沴之後。必有疾疫。乘其羸敗。十不救一。謂之天災。實由飢耳。或謂力役之際。大費軍食。某謂不然。姑蘇歲納苗米三十四萬斛。官司之糴。又不下數十百萬斛。去

秋蠲放者三十萬。官司之糴。無復有焉。如豐穰之歲。春役萬人。人食三升。一月而罷。用米九千石耳。荒歉之歲。日食五升。召民爲役而賑濟。一月而罷。用米萬五千石耳。量此之出。較彼之入。孰爲費軍食哉。或謂陂澤之田。動成渺瀰。導川而無益也。某謂不然。吳中之田。非水不植。減之使淺。則可播種。非決而涸之。然後爲功也。昨開五河。洩去積水。今歲和平。秋望七八。積而未去。猶有二三。未能播種。復請增理數道。以分其流。使不停壅。縱遇大水。其去必速。而無來歲之患矣。又松江一曲。號曰盤龍。父老傳云。出水尤利。如總數道而開之。災必大減。蘇秀間有秋之半。利已大矣。畝澮之事。職在郡縣。不時開導。刺史縣令之職也。然今之所興作。橫議先至。非朝廷主之。則無功有毀也。守土之人。恐無建事之意矣。蘇常湖秀膏腴千里。國之倉庾也。浙漕之任。及數郡之守。宜擇精心盡力之吏。不可以尋常資格而授之。恐功力不至。重爲朝廷之憂。且失東南之利也

宋史苗時中傳時中主寧陵簿。邑有古河久湮。請開導以灌田。爲利甚溥。人謂之苗公河。

又孫覺傳覺知廣德軍。徙湖州。松江隄沒水爲民患。覺易以石。高丈餘。長百里。隄下化爲田。

又楊伋傳伋主管開封府界常平。權都水丞。與侯叔獻行汴水淤田法。遂釃汴流漲潦。以溉西部瘠土。皆爲良

田。

續文獻通考長樂濱海。山淺而泉微。故瀦防獨多。大者爲湖。次爲埭。爲圳。捍海而成者爲塘。次爲堰。冊處百五十餘所。每歲蓄溪澗。雖不洩涓滴。亦不足用。必時雨滂澍。乃或沾洽。及農事畢。則皆爲無用之地。以是狡民或侵或請。民失其利。建炎初。縣令陳可大脩塘捍陂湖。至九年。縣令徐謩復延耆老講究水利。爲斗門及湖塘陂堰百四所。溉田凡二千八十三頃。又築大塘基方廣二十餘丈。兩旁抵海。長一千五十丈。溝港共長三千七百丈。瀦福清界水。溉田種千石。

宋史食貨志紹興五年。江東帥臣李光言。明越之境。皆

有陂湖。大抵湖高於田。田又高於江海。旱則放湖水溉田。澇則決田水入海。故無水旱之災。本朝慶曆嘉祐間。始有盜湖爲田者。其禁甚嚴。政和以來。創爲應奉。始廢湖爲田。自是兩州之民。歲被水旱之患。餘姚上虞。每縣收租不過數千斛。而所失民田常賦。動以萬計。莫若先罷兩邑湖田。其會稽之鑑湖。鄞之廣德湖。蕭山之湘湖等處尚多。望詔漕臣盡廢之。其江東西圩田。蘇秀圍田。令監司守令條上。於是詔諸路漕臣議之。其後議者雖稱合廢。竟仍其舊。

又紹興十六年。知袁州張成己言。江西良田。多占山岡。望委守令講陂塘灌溉之利。其後比部員外郎李詠言。

淮西高原處。舊有陂塘。請給銀米。以時修濬。知江陰軍蔣及祖。亦請濬治本軍五卸溝。以洩水。修復橫河支渠以溉旱。乃並詔諸路常平司行之。每季以施行聞。

又紹興二十三年。諫議大夫史才言。浙西民田最廣。而平時無甚害者。太湖之利也。近年瀕湖之地。多爲兵卒侵據。累土增高。長堤彌望。名曰壩田。旱則據之以溉。而民田不沾其利。澇則遠近泛濫。不得入湖。而民田盡沒。望盡復太湖舊迹。使軍民各安。田疇均利。

又紹興二十四年。大理寺丞周環言。臨安平江湖秀四州下田。多爲積水所浸。緣溪山諸水。併歸太湖。自太湖分二派。東南一派。由松江入於海。東北一派。由諸浦注之江。其松江泄水。惟白茅一浦最大。今泥沙淤塞。宜決浦故道。俾水勢分派流暢。實四州無窮之利。

又紹興二十八年。兩浙轉運副使趙子潚。知平江府蔣璨言。太湖者數州之巨浸。而獨洩以松江之一川。宜其勢有所不逮。是以昔人以常熟之北。開二十四浦。疏而導之江。又於崑山之東。開一十二浦。分而納之海。三十六浦。後爲潮汐沙積。而開江之卒亦廢。於是民田有淹沒之患。天聖間。漕臣張綸嘗於常熟崑山各開衆浦。景祐間。郡守范仲淹亦親至海浦。濬開五河。政和間。提舉官趙霖復嘗開濬。今諸浦湮塞。又非前比。計用工三百三十餘萬。錢三十三萬餘緡。米十萬餘斛。於是詔監察

御史任古復視之。既而古至平江。言常熟五浦通江。誠便。若依所請。以五千功。月餘可畢。詔以激賞庫錢平江府上供米如數給之。

續文獻通考　紹興中。王信知紹興府。山陰境有獷獠湖。四環皆田。歲苦淫潦。信創斗門導停瀦注之海。築十一壩。化匯浸爲上腴。民繪像祀之。更其名曰王公湖。

宋史丘崈傳　崈知秀州華亭縣。捍海堰廢且百年。鹹潮歲大入。壞並海田。蘇州皆被其害。崈至海口訪遺址。已淪沒。乃奏創築。三月堰成。三州舄鹵。復爲良田。

文獻通考　乾道七年。四川宣撫使王炎。奏興元府山河堰。溉南鄭褒城田九十三萬三千畝有奇。詔獎諭。

又淳熙二年。淮東總領錢良臣奏修復鎭江府練湖。凡七十二源。灌田百餘萬畝。從之。

續文獻通考淳熙中。趙汝愚知福州。州舊有湖。溉民田數萬畝。後豪猾湮塞爲田。遇旱則西北一帶高田無從得水。遇澇則東南一帶淪爲巨浸。汝愚因請開濬。悉復其舊。

又嘉定間。漳州倅鄭㬇。浚渠溉田。郡人立石刻曰鄭公渠。

又趙師縉爲漳浦令。鑿西湖築岸。創立水門。時其蓄洩。以溉民田。週圍五百一十五丈。

又趙善嵩知連江縣。詢知南塘水利可以溉田。遂伐石

爲斗門。民歌之。

又制師顏頤仲浚定海西市抵鄞桃花渡邊六十里。故河盡復。廣五丈。深一丈二尺。灌溉田疇。民蒙其利。

又嘉定十七年。衛涇奏言。國家承平之時。京師漕粟多出東南。而江浙居其大半。中興以來。浙西遂爲畿甸。尤所仰給。歲獲豐穰。霑及旁路。蓋平疇沃壤。綿亘阡陌。有江湖瀦泄之利焉。大抵二浙地勢。高下相類。湖高於田。田又高於江海。水少則汲湖水以溉田。水多則泄田水由江而入海。惟瀦泄兩得其便。故無水旱之憂。而皆膏腴之地。自紹興末年。因軍中侵奪瀕湖水蕩。工力易辦。創置堤埂。號爲壩田。民田已被其害。而猶未至甚者。瀦水之地尚多也。隆興乾道之後。豪宗大姓。相繼迭出。廣包強占。無歲無之。陂湖之利。日朘月削。已亡幾何。而所在圍田。則徧滿矣。以臣耳目所接。三十年間。昔之曰江曰湖曰草蕩者。今皆田也。夫陂湖之水。自常情觀之。似若無用。由農事言之。則爲甚急。陂湖廣衍。則瀦蓄必多。遇旱可以灌溉。江流深浚。則通泄必快。遇水不至泛溢。儻瀦水之地。或至狹隘。則容受必少。旱卽易涸。立見焦枯。水源既壅。而江流塡淤。則疏泄甚難。水卽易盈。蕩爲巨浸。事之利害。豈不較然易知。州縣監司。所當禁戢。然圍田者。無非形勢之家。其語言氣力。足以凌駕官府。而在位者。每重舉事而樂因循。故上下相蒙。恬不知怪。而

圍田之害深矣。議者又曰。圍田既廣。則增租亦多。其於邦計不爲無補。殊不思緣江並湖。民間良田何啻數千百頃。皆異時之無水旱者。圍田一興。脩築塍岸。水所由出入之路。頓至隔絶。稍覺旱乾。則占據上流。獨擅灌溉之利。民田坐視。無從取水。逮至水溢。則順流疏決。復以民田爲壑。設若圍田僥倖一稔。增租所入有幾。而當歲倍收之田。小有水旱。反爲荒土。常賦所損。可勝計哉。所謂增租。既不繫省額。州縣得以移用。徒資貪贖之吏耳。此其輕重得失。又不待智者而後辨也。

金史食貨志泰和八年七月。詔諸路按察司規畫水田。部官謂水田之利甚大。沿河通作渠。如平陽掘井種田。

俱可灌溉。比年邳沂近河布種豆麥。無水則鑿井灌之。計六百餘頃。比之陸田所收數倍。以此較之他境。無不可行者。遂令轉運司因出計點。就令審察。若諸路按察司因勸農可按問開河。或掘井如何爲便。規畫具申。以俟興作。

又興定五年。南陽令李國瑞。創開水田四百餘頃。詔陞職二等。仍錄其最狀。徧諭諸道。

元史成宗本紀大德八年五月壬申。中書省臣言。吳江松江實海口故道。潮水久淤。凡湮塞良田百有餘里。況海運亦由是而出。宜於租戶役萬五千人濬治。歲免租入十五石。仍設行都水監以董其成。從之。

又脫脫言京畿近水地。召募江南人耕種。歲可收粟麥百萬餘石。不煩海運。京師足食。從之。於是西至西山。南至保定河間。北抵檀順。東至遷民鎮。凡係官地。及原管各處屯田。悉從分司農司立法佃種。合用工價牛具農器穀種。給鈔五百萬錠。命悟良哈台烏古孫良楨。並爲大司農卿。又於江南召募能種水田。及脩築圍堰之人。各一千名爲農師。降空名添設職事敕牒十二道。募農民一百名者。授正九品。二百名正八品。三百名從七品。就令管領所募之人。所募農夫每名給鈔十錠。由是歲乃大稔。

又良吏傳譚澄爲交城令。有文谷水。分溉交城田。有帥專其利而堰之。澄令決水。均其利於民。擢懷孟路總管。歲旱。令民鑿唐溫渠。引沁水以溉田。

又張文謙傳文謙以中書左丞行省西夏中興等路。濬唐來漢延二渠。溉田十數萬頃。民蒙其利。

續文獻通考元至大初。江浙行省督治圍田。合脩陂塘圍岸溝渠。曉諭農家。須要依法修置。遇旱車水澆救。遇澇洩水通流。會集行都水監官李都水講究得修浚之際。田主出糧。佃戶出力。係官圍田。若無總佃貧窮無力不能修浚者。量其所須。官爲借貸。收成日抵數還官。事有成效。勸農官擬陞賞奏聞。失悞者治罪。其拋荒積水田土。多因租額太重。無人承佃。勸諭當鄉富上人戶。自

備工本修築塍圍。聽本戶佃種爲主。拋荒官田。止納原租。初年免徵。次唯半而三甫全。積荒則三年後。第依民田輸稅。諸人不得爭奪。及照到前庸田司五等圍岸體式。以水爲平。平者爲第一等。高七尺五寸。底濶一丈。面濶五尺。田高一尺。爲第二等。高六尺五寸。底濶九尺。面濶四尺五寸。田高二尺。爲第三等。高五尺五寸。底濶八尺。面濶四尺。田高三尺。爲第四等。高四尺五寸。底濶七尺。面濶五尺五寸。田高四尺。爲第五等。止添傋水高三尺。底濶六尺。面濶三尺。若山水原落圍岸廹近諸湖去處。自願增者聽。

元史郭守敬傳中統三年。張文謙薦守敬習水利。巧思

絶八。世祖召見。陳水利六事。其一。中都舊漕河。東至通州。引玉泉水以通舟。歲可省雇車錢六萬緡。通州以南。於蘭榆河口徑直開引。由蒙村跳梁務至楊村還河。以避浮鷄淘盤淺風浪遠轉之患。其二。順德達泉。引入城中。分爲三渠。灌城東地。其三。順德灃河。東至古任城失其故道。没民田千三百餘頃。此水開修成河。其田即可耕種。自小王村徑滹沱。合入御河。通行舟栰。其四。磁州東北滏漳二水合流處。引水由滏陽邯鄲洺州永平下經鷄澤。合入灃河。可灌田三千餘頃。其五。懷孟沁河雖澆灌。猶有漏堰。餘水東與丹河餘水相合。引東流至武陟縣北合入御河。可灌田二千餘頃。其六。黄河自孟州

西開引。少分一渠經由新舊孟州中間。順河古岸下至溫縣。南復入大河。其間亦可灌田二千餘頃。授提舉諸路河渠。加授銀符副河渠使。先是古渠在中興者。一名唐來。其長四百里。一名漢延。長二百五十里。他州正渠十。皆長二百里。支渠大小六十八。灌田九萬餘頃。廢壞淤淺。守敬更立牐堰。皆復其舊。授都水少監。守敬言舟自中興沿河四晝夜至東勝。可通漕運。及見查泊兀郎海古渠甚多。宜加修理。又言金時自燕京之西麻峪村。分引蘆溝一支。東流穿西山而出。是謂金口。其水自金口以東。燕京以北。灌田若干頃。其利不可勝計。兵興以來。典守者懼有所失。因以大石塞之。今若按視故蹟。使

水得東流。上可以致西山之利。下可以廣京畿之漕。又言當於金口西預開減水口。西南還大河。令其深廣。以防漲水突入之患。伯顔南征。議立水站。命守敬行視河北山東可通舟者。自陵州至大名。又自濟州至沛縣。又南至呂梁。又自東平至綱城。又自東平清河逾黄河古道至與御河相接。又自衞州御河至東平。又自東平西南水泊至御河。乃得濟州大名東平泗汶與御河相通形勢。爲圖奏之。有言灤河自永平挽舟。踰山而上。可至開平。有言盧溝自麻峪可至尋麻林。朝廷遣守敬相視。灤河不可行。盧溝舟亦不通。守敬因陳水利十有一事。其大都運糧河。不用一畝泉舊原。别引北山白浮泉水。

西折而南。經甕山泊。自西水門入城。環滙於積水潭。復東折而南。出南水門。合入舊運糧河。每十里置一牐。比至通州。凡爲牐七。距牐里許。上重置斗門。互爲提閼。以通舟止水。帝覽奏喜。復置都水監。俾守敬領之。命丞相以下。皆親操畚牐倡工。待守敬指授而後行事。置牐之處。往往於地中偶値舊時甎木。時人爲之感服。船既通行。公私省便。名曰通惠河。守敬又言。於澄清牐稍東。引與北壩河接。且立牐麗正門西。令舟楫得環城往來。志不就而罷。大德二年。召守敬至上都。議開鐵幡竿渠。守敬奏山水頻年暴下。非大爲渠堰。廣五七十步不可。執政吝於工費。以其言爲過。縮其廣三之一。明年大雨。山

水注下渠不能容漂没人畜成宗謂宰臣曰郭太史神人也守敬在西夏常挽舟遡流而上究所謂河源者又嘗自孟門以東循黃河故道縱廣數百里間各爲測量地平或可以分殺河勢或可以灌溉田土具有圖誌又嘗以海面較京師至汴梁地形高下之差謂汴梁之水去海甚遠其流峻急而京師之水去海至近其流且緩其言信而有徵此水利之學其不可及者也

又虞集傳泰定中集爲翰林直學士進言曰京師之東瀕海數千里北極遼海南濱青齊萑葦之場也海潮日至淤爲沃壤用浙人之法築堤捍水爲田聽富民欲得官者合其衆分受以地官定其畔以爲限能以萬夫耕

者授以萬夫之田爲萬夫之長千夫百夫亦如之察其惰者而易之三年後視其成以地之高下定額以次漸征之五年有積蓄命以官就所儲給以祿十年不廢得以世襲如軍官之法

任仁發水利集議者曰古者吳淞江狹處尚二里餘猶不能吞受太湖之水於是添浚三十六浦以佐之且後時有淤沒田疇之患今所開江二十五丈置閘十座其能去水幾何其利則未知也答曰所開江身二十五丈置閘十座每閘闊二丈五尺可以泄水二十五丈吳淞江緣潮水往來之故也古人論泄水之法極詳范文正公曰三分其時損居二焉謂如一日十二時晝夜兩潮

四時辰潮漲八時辰潮落所設之閘晝夜皆去水之時也所以終江面二里之寬不如十閘之功也況今東南有上海浦泄放澱山湖三泖之水東則劉家港耿涇疏通昆承等湖之水吳淞江置閘十座以居其中潮平則閉閘而拒之潮退則開閘以放之滔滔不絕勢若建瓴直趨於海實疏通瀦水之上策也與古三江其勢相埒若夫時水雖太湖汪洋瀰漫其涸亦可待矣旱則閉閘瀦水以灌溉乃一舉兩得其利也議者曰吳淞江自古無閘今置之非也何不開闊疏通使江復故道一任潮水往來豈不便易答曰治水之法先度地形之高下次審水勢之往來幷追源泝流各順其性古人謂水歸深

源又曰沙泥隨潮而來清水蕩滌而去今所往上海劉家港等處水深數丈今所開之河止二丈五尺若不置閘以限潮沙則渾潮捲沙而來清水歸深源而去新開江道水性不順兼以河沙約住河泥不數月間必復淺塞前工俱廢故閘不可不置也范文正公曰新導之河必設諸閘正此謂也若欲再復吳淞江之故道須候諸閘啟閉流深泉水歸源其洶湧之勢孰得而制禁當於此諸閘都閉挑開一處堰壩任潮水往來借清水力東衝而洪自復成江矣攷工記曰善溝水者水齧之之謂也議者曰吳淞江前時流通今日何爲而塞豈非海變桑田之說黃河日走千里非人力所可爲者歟答曰東

坡有言。若要吳淞江不塞。吳江一縣人民。可盡徙於他處。庶使上流寬瀉。清水力盛。沙泥自不能積。何致有壅塞之患哉。歸附之後。將太湖東岸水出去處。或釘木爲柵。或用土草爲堰。或築狹河身爲橋。置爲驛路。及有湖泖港汊。又慮私鹽船往來。多行塞斷。所以水脈不通。淸水日弱。渾潮日盛。沙泥日積。而吳淞江日就淤塞。今日江勢正與東坡所見合。如曰。海變桑田。黃河奔突。一時之謂。則聖人手足胼胝。盡力溝洫。皆虛言也。聖人豈欺吾哉。所當盡人力而爲可見也。議者曰。錢氏有國一百有餘年。止長盈年間。一次水災。亡宋南渡一百五十餘年。止景定間。一二次水災。今則一二年。或三四年。水災

頻仍。其故何也。答曰。錢氏有國。亡宋南渡。全藉蘇湖常秀數郡所產之米。以爲軍國之計。當時盡心經理。使高田低田。各有制水之法。其間水利當興。水害當除。合役居民。不以繁難。合用錢糧。不吝浩大。又使名卿重臣。專董其事。富豪上戶。美言不能亂其法。財貨不能動其心。凡利害之端。可以興除者。莫不備舉。又復七里爲一縱浦。十里爲一橫塘。田連阡陌。位位相承。悉爲膏腴之產。設有水患。人力未嘗不盡。遂使二三百年之間。水患罕見。國朝四海一統。人才畢集。擢居重任者。或未知風土之所宜也。以爲浙西地土水利。與諸處同一例。任地之高下。任天之水旱。所以一二年間。水災頻仍。皆不諳風土之同異故也。議者曰。蘇州地勢低。與江水平。故曰平江。故稱澤國。其地不可作田。必然之理也。今欲圍築硬岸。亦逆土之性耳。答曰。晉宋以降。倉廩所積。悉仰給於浙西水田之利。故曰蘇湖熟。天下足。若謂地勢高下不可作田。以爲必然之理。此誠無用之論也。浙西之地。低於天下。而蘇湖又低於浙西。澱山湖又低於蘇州。此低之又低者也。彼中富戶數千家。於中每歲種植茭蘆。埋釘樁笆。委埋封土。圍築硬岸。豈非逆土之性。何爲今日盡成膏腴之田。此明效之驗。不可掩也。既是澱山最低之湖。經理尚可以作田。却說已成之田。不可作田。天下寧有是理也。議者曰。水旱天時。非人力所可勝。自來討

究浙西治水之法。終無寸成。答曰。浙西水利。明白易曉。特行之不得其要。何謂無成。大抵治水之法。其事有三。浚河港必深瀉。築圍岸必高厚。置閘竇必多廣。設遇水旱。有河港洩瀉隄防而乘除之。自然不能爲害。（河港洩瀉圍岸隄防）（閘竇乘除）倘有人力不至。而一切委數於天。天下寧有豐年也。東坡有言。浙西水旱。此謂人事不修之積。非時之數。今之謂也。昔范文正公親開海浦時。議者阻之。公銳意完其。排浮議。疏浚橫潦。數年大稔。乃謂終無寸利。爲是說者。皆聽受富家驅使而妄爲無稽之言也。議者曰。吳淞江開之後。自合浙西永無水害。何爲大德十年。自濟以南。直至浙西。有水害甚深。答曰。且體比年浙西所收

子粒分數比之淮北數幾十倍皆吳淞江三閘并諸壩口出放澇水之力以未開吳淞江之前大德七年亦遭水害所收子粒分數比大德十年不及三分之一以此論之則水監豈爲無功天災流行水淹爲害人力之所致不見備禦隄防之若除一分之害則享一分之利謂當永無水害乃不近人情之論爲執政者不當便聽其言不察是否乃直謂無功而輒罷之正如咽喉噎而廢食也況自歸附以來二三十年所積之病豈半年工役之所能盡哉議者曰行都水監既是有益衙門何謂衆口一辭皆謂無益而明議罷之答曰民可使由之不可使知之事之利害久而復明非高識遠見熟於世務通

於水利者安知有久遠無窮之利彼愚民無知但見一時工夫之繁豪民肆奸有各供輸募夫之費所以百般阻撓但爲無益以敗事殊不知浙西有數等之水拯治方畧皆不相同非專司不能盡力責其成功使水監衙門眞如無事古之有國者亦廢而不舉久矣何爲周漢唐宋之世未嘗一日不用心盡力經營水利之事列之史傳代不乏人故諺曰水利通民力鬆斯言信矣并浙西水利低下之地不須水監拯治即今中原高阜之鄉安用水監河道司爲哉然則高阜之處水監既不可缺而低下之處乃謂不必置立何不思之甚也議者曰水利不可不脩今隴西唐宋二渠止是責於有司疏浚田

禾有收民便不擾浙西水利與隴西一體責之有司兼管豈不便哉答曰隴西唐宋二渠長湖水也浚成深渠水自下流何難拯治浙西地面有江海河浦湖泖蕩漾谿澗溝渠汊涇浜漕漊等名水有長流活水瀦定死水往來潮水泉石迸水霖淫雨水風決漲水潮泥渾水南來交水風潮賊水海嘯淫水等名水名既異則拯治方畧亦殊豈可以唐宋二渠長流水例之哉畧舉浙西治水礶堰壩水函石倉石囤蘧除土帚刺子水管銅輪鐵筢木杴木井木簖水匣水車風車手戽桔槔等器歸寶碶斗門隴西未必有也今設爲此策乃不知地理之人如醯雞井蛙豈足與議遠大之事宋賢如范文正公蘇文忠

公朱文公王荆公皆命世大儒經綸天下之大材尚各各建策設官置兵盡力經營水利之事不令有司兼管必有所見而爲之當時有司兼管何往而不敗事爲是說者未必長於蘇范諸公之議也況浙西地形高下水旱不均古人有言東州之官莫問西州之利或利於此必害於彼便有彼疆我界之分若無水監通行管領一體整治何能用心協力於均水利也哉

元史鄭鼎傳　鼎爲平陽路總管導汾水溉民田千餘頃

續文獻通考　趙志除長葛縣邑地卑濕累歲不登志相其宜使爲水田旱則決渠水灌之民獲其利

元史耶律伯堅傳　伯堅爲清苑尹縣西有塘水溉民田

甚廣。勢家據以爲磑。民以失利爲訴。伯堅命毀磑決其水而注之田。許以溉田之餘月。乃得堰水置磑。仍以其事聞於省部。著爲定例。

又張立道傳 立道領大司農事。中書以立道熟於雲南。奏授大理等處巡行勸農使。佩金符。其地有昆明池。介碧雞金馬之間。環五百餘里。夏潦暴至。必冒城郭。立道求泉源所自出。役丁夫二千人治之。洩其水得壤地萬餘頃。皆爲良田。

又廉希憲傳 右丞阿里海牙下江陵。圖地形上於朝。帝使希憲行省江南。先是江陵城外蓄水扞禦。希憲命決之。得良田數萬畝。以爲貧民之業。

續文獻通考 王昌齡守衛輝路。清水出輝縣山陽鎮。以入衛河。昌齡因度原隰。創濬溝澮。溉田數百頃。

元史烏古孫澤傳 澤爲廣西兩江道宣慰副使。巡行徼外。募民四千六百餘戶。置雷留那扶十屯。陂水墾田。築八堨以節瀦洩。得稻田若干畝。雷州地近海。潮汐齧其東南。陂塘鹻。農病焉。而西北廣衍平衺。宜爲陂塘。澤行視城陰。教民浚故湖。築大堤。堨三谿瀦之。爲斗門七。堤堨六。以制其贏耗。釃爲渠二十有四。以達其注輸。渠皆支別爲牐。設守視者。時其啟閉。計得良田數千頃。瀕海廣瀉。並爲膏土。民歌之。

續文獻通考 溫州判皮元。重建陰均斗門。初金舟東西四鄉之水。赴於陰均。樂清邑令汪季良建斗門制之。後圮壞。河流有洩無蓄。海潮衝突入河。皆爲田害。至是皮元囑僧募物料。先築上下堰決水。更板閘二十四層。而以上三十六源。皆得蓄洩之宜。溉田四十餘萬畝。民爲碑頌之。

欽定授時通考

土宜

卷之十六

欽定授時通考卷十六

土宜

水利二

續文獻通考明洪武八年十月。濬涇陽縣洪渠堰。涇陽屬西安府。其堰歲久壅塞。不通灌漑。遂命長興侯耿炳文督工濬之。涇陽高陵等五縣之田。大獲其利。

明史沐英傳英在滇。百務具舉。簡守令。課農桑。較屯田增損以爲賞罰。墾田至百萬餘畝。滇池隘。浚而廣之。無復水患。子春在鎮七年。大修屯政。闢田三十餘萬畝。鑿鐵池河。灌宜良涸田數萬畝。民復業者五千餘戶。爲立祠祀之。

續文獻通考永樂元年四月。設溧水縣廣通鎮閘壩。置閘官一員。直隸和州吏目張良興言州麻澧二湖之田。約五萬餘頃。唐宋時俱係熟田。比歲間有耕者。輒爲水渰。祈自本州至含山縣界。增築圩埂三十餘里。以防水潦。從之。

又宣德四年五月。福建福清縣民奏。縣之光賢里官民田百餘頃。舊隄六百餘丈。以障海水。因隄壞田荒。永樂中縣民嘗奏請築隄。工部移文令農隙用工。至今有司未嘗與築。民不得耕。上命工部責有司修築。因諭尚書吳中曰。陂池隄堰。民賴其利。外無賢守令舉其政。爾宜申飭郡縣。務及時脩濬。慢令者罪之。

大政紀成化元年十月巡撫陝西都御史項忠開龍首鄭白二渠功成關中水泉斥鹵宋有龍首渠歲久湮廢居民病之忠奏開之渠餘三十里涇陽鄭白渠亦久廢奏募工疏通於平地則度勢高卑而穿渠遇巖石則聚火鎔鑠而穿竇不二年而成名曰廣惠渠凡灌田七萬頃人懷其惠立生祠祀之

夏原吉奏治蘇松水利疏臣按浙西諸郡蘇松最居下流太湖綿亘數百里受納杭湖宣歙諸州溪澗之水散注澱山等湖以入三江頃爲浦港湮塞滙流漲溢傷害苗稼拯治之法要在浚滌吳淞江諸浦導其壅塞以入於海但吳淞江延袤二百五十餘里廣一百五十餘丈

西接太湖東通大海前代屢塞不能經久自下江長橋至夏駕浦約一百二十餘里雖云通流多有淺狹之處自夏駕浦抵上海縣南蹌浦口一百三十餘里潮沙漸漲已成平陸欲即開浚工費浩大且灩沙游泥浮泛動盪難以施工今得劉家港即古婁江徑通大海常熟之白茆港徑入大江皆繫大川水流迅急宜浚吳淞江南北兩岸安亭等浦港以引太湖諸水入劉家白茆二港使直注江海又松江大黃浦乃通吳淞江要道今下流壅遏難流傍有范家濱至南蹌浦口可徑通海宜浚令深闊上接大黃浦以達泖湖之水此即禹貢三江入海之迹每年水涸之時修築圩岸以禦暴流如此則事可成於民爲便也

吳巖興水利以充國賦疏竊惟國家財賦多出於東南而東南財賦皆資於水利近年以來東南地方下流淤塞圍岸傾頹臣等悉心推究東南水利之切要者二事一疏濬下流嘗考浙西諸郡蘇松最居下流太湖綿亘數百餘里受納天目諸山溪澗之水由三江以入於海是太湖者諸郡之水所瀦而三江又太湖之所洩也禹貢所謂三江既入震澤底定是已若下流淤湮衆水泛溢瀰漫禾稼爲害匪輕爲今之計要在隨其源委相其利害酌量便宜爲之區處如白茅港七浦塘劉家河此蘇州東北洩水之大川如吳淞江大黃浦此蘇州南北

交境與松江南境洩水之大川而吳淞之南北與白茆諸港又各有支渠引上流諸水以歸於其中而並入於海此所謂源委者也就其中論之蘇州之七浦塘劉家河松江之大黃浦並皆深闊通利無阻惟白茅一港自弘治七年疏濬之後今二十五六年吳淞一江自天順間疏濬之後今六十有餘年聞之白茆入海之處潮沙壅積勢若邱阜吳淞雖名一江僅如溝洫潮回水落雖舟楫亦艱於行其旁渠港亦多湮塞下流既壅上流曷歸加以霪霖能不泛溢此其利害之可見者也今能濬白茆一港使之通利如七浦劉家河則蘇州東北之水有所歸而不積矣濬吳淞一江使之通利如大黃浦則

吳淞南北兩界之水。有所歸而不積矣。一修築圍岸。臣嘗考之浙西之田。高下不等。隨其多寡。各自成圍。遠近相望。吳越以來。素稱膏腴。宋儒范仲淹嘗論於朝曰。江南圍田。中有渠。外有門閘。旱則開閘引江水之利。澇則閉閘拒江水之害。旱澇不及。爲農美利。雖然。圍田全仗乎岸塍。岸塍常利於修築。修築堅完。旱澇有備。否則反是。臣願自今以後。每歲於農隙之時。治農。府州縣官。督令田主佃戶。各將圍田取土修築。水漲則專增其裏。水涸則仍築其外。務令高潤堅固。可通往來。隨其旱澇而車戽出入。如此先事有備。而田皆成熟矣。

徐貫治東南水患疏　竊見嘉湖常鎭。水之上流。蘇松水

之下流。上流不浚。無以開其源。下流不浚。無以導其歸。於是督同委官人等。將蘇州府吳江長橋一帶茭蘆之地。疏濬深濶。導引太湖之水。散入澱山陽城昆承等湖。又開吳淞江并大石趙屯等浦。洩澱山湖水。由吳淞江以達於海。開白茆港并白魚洪鮎魚口等處。洩昆承湖水以注於江。又開七浦鹽鐵等塘。洩陽湖水。以達於海。下流疏通。不復壅塞。開湖水之漊涇。洩天目諸山之水。自西南入於太湖。開常州之百瀆。洩荆溪之水。自西北入於太湖。又開各斗門以洩運河之水。由江陰以入江。上流疏通。不復湮滯。人無墊溺之憂。歲有豐稔之望。

葉紳請治水以防災荒疏　竊惟直隸之蘇松常。浙江之杭嘉湖。約其土地。雖無一省之多。計其賦稅。實當天下之半。況他郡所輸。猶多雜賦。六郡所出。純爲粳稻。誠國家之基本。生民之命脈。不可一日而不經理也。若水道不通。爲六郡農田之害。所係亦重矣。夫天目諸山之水。瀦爲太湖。而六郡環乎其外。太湖之水。又由江湖以入於海。聞昔人於溧陽則爲堰壩以遏其衝。於常州則穿港瀆以分其勢。於蘇松則開江河以導其流。惟是入海之處。潮汐往來。易爲湮塞。故前代或置開江之卒。或置撩淺之夫。以時浚治。僅免水患。歷歲既久。其法廢弛。遂致諸湖巨浸。壅遏其中。江河故道。淤漲於外。土民利其膏腴。或堰而爲田。築而爲圍。是以渰没田疇。漂淪廬舍。

固其所也。方弘治四年一澇。迨五年復澇。今歲大水。視昔尤甚。伏祈聖明思念東南大害。於廷臣中選差有才力通曉水利者一二員。授以節鉞。重以委任。會同撫按講求民瘼。設法賑恤。俟民困稍甦。然後指定地方。分投相視。何地爲山水入湖之衝。何港爲太湖入海之道。自源徂流。一一講究。相與度其經費。量其事期。然後大加浚治。使下流得以宣洩。然當此飢饉之際。欲興大役。若非任事者處之得其道。則民力不堪。不能不重困也。

大政紀　嘉靖三年。太理卿鄭岳上言。臣勘事陝西。道經畿內河南諸處。見大行西倚潼關。東繞懷衛。北極燕薊。其水皆東注。南入於海。盧易滹沱流離漳洺衛沁洛漯

其大也。宜督居民濬水開田。築隄防以障汛溢。鑿溝渠以通灌溉。其平疇曠土。無川澤之利者。量鑿洫澮。或爲陂塘。下通水泉之出。上收雨潦之入。每府增置通判一人。以江左諳水利者居之。督率郡邑專理農事。則數年之後。皆爲沃壤。而水旱不足憂矣。章下戶部侍郎王承裕覆議。從之。乃命各撫按官會同二司。隨宜舉行。

胡體乾修舉水利疏 禹之治水有三。導川入海。洩之以去害也。瀦水爲澤。蓄之以興利也。濬畎及川。乂之以播種也。蓋高山大原。衆水雜流。必有一低下處爲之壑。如人之有腹臟焉。彭蠡震澤是也。旁溪別緒。萬理朝中。必有一合流入海之川爲之洩。如人之有腸胃焉。江淮河

漢是也。今以三吳水利觀之。有宣歙杭湖數郡之山原而導之得所入。然後有太湖之汪洋。有太湖環五百里之容受而洩之得所歸。然後有蘇松常五郡之財賦。漫衍浸注。爲蕩爲漾。縱橫分合。爲濱爲塘。於是江浦領之。徑帶迂迴而放之海。此吳中形勢之大都。亦諸方言水利之準則矣。禹貢載治水成功則曰。九川滌源。九澤既陂。四海會同。而盡力溝洫。乃則壤隩宅中事也。故總叙其事。不過始之以夬九川距四海。終之以濬畎澮距川。今列水利事宜。一曰禁淤湖蕩。廣水利之翕聚也。二曰疏經河。通其幹也。三曰開溝渠。濬其支也。四曰築隄岸。防川澤之泛濫。固田間之圍攔也。并山鄉積水。沿海護

塘。共爲六條。所採昔人之議。俱江南治水方略。引以爲例。他可類推云。

呂光洵修水利以保財賦重地疏 臣聞善治病者。必攻其本。善救患者。必探其源。水利之興廢。乃吳民利病之源也。臣嘗巡歷各該地方。相視高下。詢問父老。頗得其說。輒敢條爲五事。仰俟裁擇。一曰廣疏濬以備瀦洩。二曰脩圩岸以固橫流。三曰復板閘以防淤澱。四曰量緩急以處工費。五曰專委任以責成功。何謂廣疏濬以備瀦洩。蓋三吳之地。古稱澤國。其西南翕受太湖陽城諸水。形勢尤卑。而東北際海岡隴之地。視西南特高。大抵高者其田常苦旱。卑者其田常苦澇。昔人治之。高下曲

盡其制。既於下流之地。疏爲塘浦。導諸河之水。由北以入於江。由東以入於海。而又畎引江潮。流行於岡隴之外。是以瀦洩有法。而水旱皆不爲患。近年以來。縱浦黃塘。多湮塞不治。惟二江頗通。一曰黃浦。二曰劉家河。太湖諸水。源多而勢盛。二江不足以洩之。而岡隴支河。又多壅絕。無以資灌溉。於是上下俱病。而歲常告災。臣據各府所報。河浦湮塞之處。在下流者以百計。而其大者六七所。在上流者亦以百計。而其大者十餘所。治之之法。當自要害者始。宜先治澱山等處。一帶茭蘆之地。導引太湖之水。散入陽城昆承三泖等湖。又開吳淞江并大石趙屯等浦。洩澱山之水以達於海。濬白茆港并鮎

魚口等處洩昆承之水以注於江開七浦鹽鐵等塘洩陽城之水以達於江又導田間之水悉入於水浦小浦之水悉入於大浦使流者皆有所歸而瀦者皆有所洩則下流之地治而澇無所憂矣乃濬臧村等港以漑金壇濬湶港等河以漑武進濬艾祁通波以漑青浦濬顧浦吳塘以漑嘉定濬大芘等浦以漑崑山之東濬許浦等塘以漑常熟之北凡岡隴支河湮塞不治者皆濬之深廣使復其舊則上流之地亦治而旱無所憂矣此三吳水利之大經也何謂脩圩岸以固横流蓋四府最居東南下流而蘇松又居常鎮下流其水易瀦而難洩雖導河濬浦引注於江海而每遇秋霖泛漲風濤相薄則

河浦之水逆行田間衝齧爲患宋轉運使王純臣常令蘇湖作田塍禦水民甚便之而司農丞郟亶亦云治河以治田爲本其説多可採行臣嘗詢故老以爲二三十年以前民間足食無事歲時得因其餘力營治圩岸而田益完美近年空乏勤苦救死不贍不暇脩繕故田圩漸壞而歲多水災是吳下之田以圩岸爲存亡也失今不治則坍没日甚而農桑日蹙矣宜令民間如往年故事每歲農隙各出其力以治圩岸圩岸高則田自固雖有霖澇不能爲害且足以制諸湖之水不得漫行而咸歸於河浦則河浦之水自高於江江之水自高於海不待决洩自然湍流而岡隴之地亦因江水稍高又得畝

引以資灌漑蓋不但利於低田而已何謂復板閘以防淤澱河浦之水皆自平原流入江海水漫而潮急沙隨浪湧其勢易淤不數年即沮洳成陸歲脩之則不勝其費昔人論其便宜去江海十餘里或七八里夾流而置閘時其啟閉以禦淤沙歲旱則閉而不啟以蓄其流歲澇則啟而不閉以洩其流閘有三利蓋謂此也而宋臣郟僑亦云錢氏循漢唐遺事自松江而東至於海又導海而北至於揚子江又沿江而西至於江陰界一河一浦大者皆有閘小者皆有堰臣按郡志蓋與僑之言頗合然多湮廢惟常熟縣福山閘尚存正德間廵按御史謝琛議復吳塘等閘而不果即今金壇縣議復莊家閘

江陰縣議復桃花閘嘉定縣議於横瀝練塘等處各置閘如舊臣訪諸故老皆以爲便以是推之凡河浦入海之地皆宜置閘然後可以久而不壅蓋不獨數處爲然也何謂量緩急以處工費夫經畧得宜則事易集施爲有漸則民不煩往歲凡有興作皆併役於一時是以功未成而財食告匱爲今之計宜令所在有司檢勘某水利害大某水利害小某水至急某水差緩其最大而急者則今歲修之次者明年修之次者又明年修之則典作有序民不知勞而其工費之資亦可以先時而集矣但方今歲時荒歉公私俱絀既不可加斂於民而內帑又不敢望乞將見年未完錢糧係解大戶侵欺者督令

有司。設法清追。數十餘萬兩存留在官。畧倣宋臣范仲淹。以官糧募飢民修水利之法。行令有司。查審應賑人數。籍其老病無力者爲一等。壯健有力者爲一等。無力者日給米一升。聽其自便。有力者日給米三升。就令開濬。通將前項官銀。及賑濟錢糧。一體通融給散。各令造册查考。則官不徒費。民不徒勞。所謂一舉而兩利者也。

【邱濬大學衍義補】井田之制。雖不可行。而溝洫之制。則不可廢。今京畿之地。地勢平衍。率多洿下。一有數日之雨。卽便淹沒。不必霖潦之久。輙有害稼之苦。農夫終歲勤苦。盼盼然而望此麥禾。以爲一年衣食之計。賦役之需。垂成而不得者多矣。良可憫也。北方地經霜雪。不甚

懼旱。惟水澇之是懼。十歲之間。旱者什一二。而潦恒至六七也。爲今之計。莫若少倣遂人之制。每郡以境中河水爲主。又隨地勢。各爲大溝。廣一丈以上者。以達於大河。又各隨地勢。各開小溝。廣四五尺以上者。以達於大溝。又各隨地勢。開細溝。廣二三尺以上者。委曲以達於小溝。其大溝則官府爲之。小溝則合有田者共爲之。細溝則人各自爲於其田。每歲二月以後。官府遣人督其開挑。而又時常巡視。不使淤塞。如此則旬月以上之雨。下流盈溢。或未必得其消涸。若夫旬日之間。縱有霖雨。亦不能爲害矣。朝廷於此。又遣治水之官。疏通大河。使無壅滯。又於夾河兩岸。築爲長堤。高一二丈許。則衆溝之水。皆有所歸。不至溢出。而田禾無淹沒之苦。生民享收成之利矣。是亦王政之端也。

【嚴訥水利圩圖論】今天下以墾田當司農鉅供者。蘇松爲最。蘇松介在湖海。厥土塗泥。利害以水。圩岸者所以隄水而田。卽周禮稻人匠人所掌塗防者也。田甚下濕。岸則陡立如城。河循其外而中田焉。禾在田雖芃芃起矣。而河流猶出其上。舟行者盖俯而窺也。岸或咫隙莫禦。而田且沛澤矣。其田之最高阜。去水遠而水不及漑者。則又終古舄鹵。田在上下壤之間。土厚而水深。則號膏腴。以其得水蓄洩。可爲旱澇備。而所能蓄洩者。以有圩岸耳。歲苦旱則河之水續桔槔而上。以入於田。河不

龜坼。田不乏漑。歲苦潦則戽水出於河。而岸障之。雖勞人力。不盡待命於天。自三江道湮。疏濬失宜。恒雨注積而無從尾閭也。水裹於岸寸許。而膏腴汩爲巨浸。不能與下濕者論良瘠矣。廟堂深爲國計。軫念民瘼。枚擇憲臣。專董水政。林公承簡書之重。躬橇載之勤。周爰咨諏。尋源徹委。决壅導積。滌茹存匯。塘之浦之。涇之港之。溪之閘之。以爲宣節之大計者。旣殫厥心矣。條縷其目。知圩岸爲切務。而修築焉。卑令高。缺令補。廢令興。薄令培而厚。浮令杵而堅。規畫旣定。先有司而躬督察之。凡閱歲而次第告成。故老相傳。以爲正德庚午嘉靖辛酉纔淫雨匝旦。漂没無算。今浹旬彌月而民幸不悉魚者。先

見之豫圖。而成勞之陰賜也。

張瀚淮鳳墾田議往年出守廬陽。巡行阡陌。勸民開塘蓄水。又嘗往來鳳淮兩府之間。一望數十里。皆紅蓼黄茅。大抵多不耕之地。間有耕者。又苦天澤不時。非旱則澇。蓋雨多則横潦瀰漫。無所歸束。無雨則任其焦萎。救濟無所資。夫水土不平。耕作無所施力。必先度量地勢高下。跟尋水所歸宿。濬河以受溝之水。開溝渠以受横潦之水。官道之水。設大堤以通行。偏小之郵。亦增卑以成徑。惟欲於道傍多開溝洫。使接續通流。水由地中行。不占平地。又度低窪處所。多開塘堰以瀦蓄之。夏潦之時。水歸溝塘。亢旱之日。可資灌溉。高者麥。低者稻。平衍

地多。則木棉桑枲皆得隨宜樹蓺。土本膏腴。地無遺利。遍野皆衣食之資矣。

圖書編論浚渠築堰禹之治水。不過曰決九川距四海。濬畎澮距川而已。而天下之言智者莫踰焉。何哉。洪範五行。水曰潤下。知水之性潤下。則知禹之治水矣。是故先決九川以導於海。使水之大者有所歸。次濬畎澮以距於川。使水之小者有所洩。此所以九州同四隩宅而萬世永利也。商之衰也。五行之官。世失其業。周人始命遂人十夫爲溝。百夫爲洫。千夫爲澮。萬夫爲川。而溝洫之制始立。稻人以瀦蓄水。以防止水。以溝蕩水。以遂均水。以列舍水。以澮寫水。而溝洫之制益詳。至於匠人氏又辨其深廣之度。而通其蓄洩之宜。其法可謂盡善矣。然周人豈夷陵谷而爲之哉。亦不過因其自然之利而修伯禹之故而已。周之衰也。遂人稻人匠人之官。又世失其業。列國之君。皆自利以病人國。暴秦之興。又廢溝洫開阡陌而水利廢矣。是故孫叔敖起芍陂則楚受其惠。文翁穿湔口則蜀以富饒。史起鑿漳水於魏。則鄴傍有稻粱之詠。鄭國導涇水於秦。則谷口有禾黍之謡。許景山復蕭何之故堰。則興元之荒瘠復爲膏腴。趙尚寛修召信臣之故渠。則南陽之瀉鹵變爲沃壤。之數君子者。孰非因其自然之利而修其已然之法哉。謂之得周官之遺意亦可也。國家司空有總職。水利有專官。省以

督之府。府以督之縣。而縣之陂塘圩堰又莫不有長。重以憲臣之稽察。皆以愍惠元元而興水利也。然遇水旱民輒告病者。是必有其故矣。此無他。陂塘圩堰之長。皆失其業。而郡縣長吏。又莫之省憂故也。欲脩周官之職。加疏濬之功。通灌溉之利。絕漂没之患。甚盛心也。愚者以爲周官之職。不可卒復。而溝洫之遺意。尚亦可尋。周官曰溝必因水勢。防必因地勢。蓋溝以導水。不因水勢。則其流易壅。防以止水。不因地勢。則其土易壞。爲今之計。莫若申飭郡縣長吏。督率陂塘圩堰之長。察水勢之曲直。原地勢之高卑。可堤則堤。可決則決。因陂塘圩堰之舊。加疏濬築塞之功。而又嚴侵占之禁。明考課之法。

則灌溉之利興。漂没之患免矣。雖然。賈讓有言曰。立國居民。疆理土地。必遺川澤之利。分度水勢所不及。大川無防。小水得入。陂障卑下。以爲圩澤。使秋水多得所休息。左右游波。寬衍而不迫。此誠萬世水利之上策。

又 古之畿甸。數百畝之田。必溝數十。溝之水必川。數大川之水。必就窪而爲湖。溝因水漱。防因水淫。淵因水罄折而向於渠。爲湖爲渚也。湖渚多而天下西北之水。不助河而爲暴。然後數千里中原之地。可樹藝而農。唐虞之盛。由五事。宣八風。雨暘時若。無崩竭淫溢之災。無轉漕輸將之費。而封濬分畫。功臻於永賴。此謂本務。

又伊洛水田議 河南本有水利。可以興水田。古之人蓋

嘗爲之矣。如太陽三渠。去府城南十里而近。分洛水以溉田者。宣利渠去永寧縣南三里而近。又有新興萬箱等渠。皆亦分洛水以溉田者。伊陽渠去嵩縣東十里而近。永寧渠去嵩縣南六里而近。又有鳴皐順陽濟民等渠。皆分伊水以溉田者。而盧氏縣之東。澗水則嘗析而爲渠。流入於城中。以灌蔬圃者也。可以灌蔬圃。則亦可以灌田。興水田之利也。至於伊洛瀍澗。載在經史。流經府城外。夏秋間每泛溢而東者。寧不可以隄障之。車戽而耕種爲水田乎。蓋其人習於種旱穀。憚於胼手胝足之勞。而又不諳埂塍之制。不慣於栽插耘耔之方術也。聞永寧嵩縣亦已有水田。其民頗稱饒裕。予方欲募召

能作水田之人於蘇松。及永寧嵩縣之已有成效者。以分教乎凡伊洛三川之民。與杭稻之利於此一方。而惜乎不久。卽遷官去入閩矣。洛民每苦糧重。蔬欲與汝南道丈地而均糧。格不行。倘水田之利成。每畝可收穀三四鍾。其每畝所上糧一斗。比之蘇松猶爲輕。則卽不盡水田。以水田與不水田相叅錯爲輕重。數年以後。歲稍多收。民間亦或稍致饒裕。如永寧嵩縣也。糧則稍重。於輸將不爲難。予請輕折而不得。欲興水田以利斯民。而以轉官去不獲遂心。又以爲大夫士亦安於故常而不樂爲此也。且著爲議。以告後來者。

又江西水利議 江西列郡爲州者一。爲縣者七十有二。

陂塘無慮數萬有奇。以與一方之水利。宜大有益於民事者。乃今脩濬方新。而旋復壅決。所在控告者。月無虛牘。而民事無補矣。推原其故。則以溝洫久廢。互相因循。莫爲修舉。曰富强自爲封殖也。曰貧瘠苦於資計也。曰勢分而衆心易婾也。曰利鉅而當事易撼也。又其大者。江湍湖匯。勢易毀齧。而平豊等處。一決輒數百丈。彭蠡四際。一漲率爲巨浸。膏腴汙萊。人謀無措也。且職水利者。奉上官之檄。至捉里胥以支應。致使旱乾水溢。待命於天。或者歸諸氣數適然。委之無可柰何焉。非民之利也。昔唐韋丹爲江西觀察。築隄捍江。爲陂塘五百餘所。溉田萬有二千頃。功德被於八州。兹江右之地。當當時

故趾。彼既築以利民若此。況於數百載之後。求其故智。安得藉口於杜亞先事之無功。而並棄賈讓之下策乎。是故在高原宜鑿池引水以資其利。在下隰宜築隄開港以殺其勢。門閘不復修舉。壩堰之策猶可行也。民力宜恤三時。務農之後亦可勞也。專利之禁必嚴。而曲防者有罪。議貸之令必申。而惰事者無赦。擇賢吏焉。專其委任。俾利建百年。勿惜一時之費。計安萬姓。勿恤一人之讟。如是而水利不興。未之見矣。

滇南水利策

滇南水利。於天下猶之彈丸黑子也。然而滇之人。非穀不養。穀非農不入。農非水利不殖。夫曲靖之水。洱海之旱。患之久矣。而未聞有治之者。不重也。曲

靖之水。前未有也。蓋諸山源水合流南出。東則東山。西則眞峯山束焉。中爲草塲。舊稱荒海。水至以通流。水去以牧馬。既而馬廢不牧。地聽開墾。稍稍築圍。然未甚也。近十歲間。則悉覈而征之。於是起圍徧於荒海。而水之所委無幾矣。迺始歲歲患潦。而民之黃糧。軍之屯糧胥病矣。及水之盛。則或决圍。而圍田亦病矣。夫其所爲病如此。治而愈之。非難也。而有不能者。蓋有二焉。官不能捐稍入之利。而武弁豪右。窟穴其間者。倡爲成功之說。恐而不能去。奈何其以小利害大事也。謂宜博詢利害。即不盡除。猶當先其甚者去之。官減其額。歲歲稍除。期以水不爲災而止可矣。故曰審計爲急也。洱海之旱非他也。梁王山之水。分流而下者。故皆有壩蓄之。諸甸今略已湮廢。而青海周官海之流。亦罔瀦蓄。以故一遇恒暘。赤地千里而莫之救也。夫陂塘蓄泄。前人經營以爲水計慮者甚悉也。其始之稍隳以補苴易矣。則廢而任之以至於大壞。而有司者猶莫以爲意。避擅興之嫌。偷恬靜之譽。需秩滿遷去則去之耳。後來繼今者。又復盡然。非課之章程。厲以誅賞。此病不除。故曰課功爲急也。雖然。滇之水利。非獨此也。鄧川之龍泉。勢將齧川。永昌之疊水河。每患淤塞。其他源委當講者亦多矣。

欽定授時通考卷十七

土宜

水利三

徐貞明請修水利疏 臣惟神京鞏據上遊以御六合兵食厥惟重務宜近取諸畿甸而自足夫西北之地夙號沃壤皆可耕而食也惟水利不修則旱潦無備旱潦無備則田里日荒遂使千里沃壤莽然彌望徒枵腹以待江南非策之全也臣聞陝西河南故渠廢堰在在有之山東諸泉可引水成田者甚多今且不暇遠論即如都城之外與畿輔諸郡邑或支河所經或涸泉所出可皆引之成田北人未習水利惟苦水害而水害之未除者

正以水利之未修也蓋水聚之則爲害而散之則爲利今順天眞定河間等處地方桑麻之區半爲沮洳之場揆厥所由以上流十五河之水而泄於猫兒一灣欲其不泛濫而壅塞勢不能也今誠於上流疏渠濬溝引之成田以殺水勢下流多開支河以泄横流其淀之最下者留以潴水淀之稍高者皆如南人圩岸之制則水利興而水患亦除矣此畿內之水利所宜修也臣又嘗考元史學士虞集建議欲於京東瀕海地方如浙人築塘捍水成田惜其議中格今自永平灤州以抵滄州慶雲之境地皆萑葦土實膏腴集議斷然可行當全盛之時河漕歲通而思患預防紛然獻議獨於集議尙廢焉未講若倣其意招撫南人築塘捍水雖北起遼海南濱青齊皆可成田有不煩轉漕於江南而自足者其思患預防之深意又不止於開河通漕而已此瀕海之水利所宜修也議者或以水利久廢驟而行之必役重而民擾勢逆而功難臣以爲不然蓋施爲緩急在當時酌而行之耳民所素業者姑置勿問而荒蕪不治人所共棄者從而經略其端則不棄者羣起以効力矣功力難施者姑置勿問而勢順費省功力易成者從而經略其端則難成者以漸而就緒矣順民之情因地之勢亦何憚而不爲哉伏乞敕下工部酌議覆請特命憲臣實心爲國爲民者假以事權不沮浮議需以歲月不求近功將畿

輔諸郡及京東瀕海水利相度土宜率先修舉或撫窮民而給其牛種或任富室而緩其科稅或選健卒而分建屯營或招南人而許其占籍諸凡招徠勸相俱許便宜行事俟行之稍有成績次及山東河南陝西等處地方將江南歲運酌量改折助其費而究其功東南之歲運漸減西北之儲畜常裕不惟民力可紓而國計永保於無虞矣

劉鳳續吳錄 蘇之三江曰吳淞江曰婁河即婁江曰黃浦即東江昔嘉定尹龍晉以御史左官濬治吳淞百年以來淤滯民大被其利名之御史河方鑿地時獲一石上云得一龍江水通蓋豫記之矣近巡撫海公復疏之

後乃專官。以憲令督視者累手。蓋吳利水稻。其豐穰惟在水之節宣得其所。昔單鍔有書。繼則沈憲副啓圖志尤詳。實不越禹貢所云三江既入。震澤底定二言也。

〔農政全書〕淞江之側。有小聚落名三江口。鄺善長云。淞江自湖東北逕七十里。至江口分流。謂之三江口。吳越春秋載范蠡去越。乘舟出三江口入五湖。皆謂此也。三江即禹貢所指者。宜興士人單鍔著吳中水利書。其說謂蘇湖常三州水。瀦爲太湖。湖之水溢於淞江以入海。故少水患。今吳江岸界於松江太湖之間。岸東則江。岸西則湖。江東則大海也。自慶曆二年。欲便糧道。遂築此隄橫截江流五十里。遂致大湖之水。常溢而不洩。浸灌

三州之田。又覩岸東江尾與海相接之處。茭蘆叢生。沙泥漲塞。而又江岸之東。自築岸以來沙漲。今爲民居民田。雖增吳江一邑之賦。而三州之賦。不知反損幾百倍矣。今欲泄太湖之水。莫若先開江尾茭蘆之地。遷沙村之民。運其所漲之泥。然後以吳江岸鑿其土爲木橋千所。以通糧運。隨橋谹開茭蘆爲港走水。仍于下流開白蜆安亭二江。使太湖之水。由華亭青龍入海。則三州水患必減。元祐中。東坡在翰苑。奏其書請行之。

〔吳恩吳中水利記〕蘇州之地。北枕長江。東表滇海。而水泉之勢。則與江平。故曰平江郡。然江水復高於海。而平江之水。決之赴海則順。導之出江則平。是以禹開三江於內地。決震澤之瀦。由三江以入海。而底定之功。垂之百代。逮至有宋。則因吳越錢氏舊議。決湖水以入楊子江。而其地之高下不甚相懸。所以易爲通塞也。唐人竊見一時利害。輕視禹跡。不尋三江之舊。而遂築長隄。橫截江湖之上。凡四十五里。以通漕舟。今寶帶橋一路是也。所賴以洩湖波之怒。下通吳淞者。則有松陵治東之出耳。而元人又有垂虹石梁之築。雖足以爲公私病涉之利。而於東南經久之規。殆未嘗有深思遠慮以及之者矣。故其橋洞雖設而梗塞日滋。沙淤寖高而咽喉益隘。終不若宋時木橋之爲得也。今二橋不可去。而三江之上流。實在於此。今欲順其歸海之勢。而議者欲去二

橋兩旁之塞。大濬而擴清之。使其深廣峻發。此一說也。惟不得禹之故道。而范文正公乃欲導之以出楊子江。於是有開濬白茆之議。蓋因唐郡守李人原開常熟塘。借湖水以救旱。而後人因之。以分太湖之水耳。議者又欲分太湖之上流。於是單鍔欲開濬百瀆橫塘以分荊溪之流。又欲濬石隄江尾茭蘆之地。改木橋以通蘊。蘇文忠公獨取其說。上之於朝。乃謂雖增吳江一縣之稅。顧二州之逋失者。蓋不貲也。獨以開江又不能經久通利。於是郟亶論其不便。蓋自沿江東。自江陰逶常熟太倉一路高阜之地。謂之堈身。凡三百餘里。濶厚亦不下數十里。其土麓而高燥。脉理椎結。此天所以限長江而

奠生民者也。其中則爲低下之田。爲圍百萬畝。其南則有太湖之壅。憑陵於上。一遇水澇。則泛溢旁出。以蕩没低田。無所於救。民命所寄。國需所出。遂爲魚龍之宫。識治者蓋所不忍而必欲爲之所者矣。且水澇之年。江水必漲。今鑿堈身以出湖波。是引湖水以浸低田。而出江之流。又未免爲江潮之壅遏。則倒流入田。其勢亦易見矣。又江潮之入也常速。出也常緩。不幾歲月。淤積泥沙。其塞可期而待也。而其子郟僑復申其説。識者又多採之。今欲不廢已成之隄橋。又欲疏通久長之利。則必悉舉衆議而於奮入蕪湖之水。限之不使東注。復修常州十四瀆北出之防。而下之江陰。則於太湖之上流。可以

分殺矣。又於吳江江尾之壅。決去不疑。而下開澱山湖以便吳淞江之入。如是而始通白茆入江之路。則可久得其益也。永樂中夏忠靖公開濬白茆。通八十九年。而今開鑿不過二十年而塞者。得非人力有缺也。如錢氏之撩淺軍歟。得非隄防未至也。如宋人之設閘留清駛以導之歟。得非濬法未詳也。如古之曲則深直則塞歟。凡此皆可細究而通謀盡利之方。厚民益國之務。莫有急於此時者矣。然置閘之法。則不可比京口江陰之例。蓋京口借江水以通漕。不得不閘以禦其去。江陰地居常熟之上。江水尤高。其外潮之入也有時。而內水之出也有限。故亦可閘。非比白茆之口。即今已一百餘丈矣。

若欲置閘。則必厚築兩旁。厚築兩旁。則內水之出也益隘。將欲疏之。適以阻之矣。然欲留清水以滌淤沙。則如之何。謂宜大疏兩旁支港。使節節深濬。横置木閘。大則石閘。俟潮來即閉。潮退即開。庶可少得導沙之益矣。然撩淺之夫。則終不能廢也。其撩淺之法。募人爲卒。官爲雇值。設四指揮以督事。今若用之。則指揮不必設。而以各縣治水縣丞主之。官爲雇卒。而又有本府水利通判督之於上。使憂勤相須。以期事功。事不有益矣乎。夫東南諸郡。國家之外府也。而蘇之貢賦。又半於東南。一遇旱澇。至於逋亡者。不知有若干人於茲矣。隄防之修。旱暵之備。寔有不可緩焉者。若救旱之法。則必先於近山

高阜之地。多爲積水池。如前人開鑿穹窿支溝。瀦蓄兩泉以待用。而於堈身之地。則使多穿陂塘。而又必官爲之處。上下提督。則百錢石米之富。可復見於今日也。然此其大略也。來源去委。並列於後。

一太湖所受之水。吳爲澤國。其藪具區。其浸五湖。又曰震澤。曰笠澤。即今太湖也。酈道元曰。萬水所聚。觸地成川。一自建康常潤宜興由荆溪以入。一自天目宣歙臨安苕霅諸溪以入。周圍五百里。浸洪三州。而瀦聚汪洋。盈溢東注。則皆東南出吳江。奔流分三道以入海。謂之三江。禹治之舊迹也。

一三江遺迹。史記正義。吳地記。所載三江並難尋究。唐

宋土人所稱。獨指吳淞一江爲存耳。今考之吳縣巋塘。卽俗人所謂鮎魚口。北折經郡城之婁門者。爲婁江。從吳江縣長橋東北合龎山湖者。爲淞。其自大姚分支入長洲縣界。滙澱山湖東出嘉定縣界。合於黃浦。經嘉定之江灣青浦。東北行名吳淞江者。爲東江。

一太湖小支。其東出胥口。與別流滙於石湖。復東行抵郡城。折北至閶門。婁東至常熟塘。下入白茆浦。其分水墩北走觀瀆橋。散出楊涇者。皆入常熟塘。其合沙湖者。入崑山至和塘。直入太倉者歸於海。及分合於吳淞江向東而行。

一吳江右隄。隔塞江路。自唐元和中刺史王仲舒。築石

隄以達松江糧運。長亘數十里。橫截江路。隄外爲江。隄內爲湖。雖橋洞僅通五十三處。名曰寶帶橋。而宣洩細溺。終不輕快。回流積淤。漸盤蘆葦。而向所謂可敵千浦之江。遂爲淺渚平沙之境矣。當時經制權宜。實爲有益。不虞水道漸塞。竟爲諸郡良田之梗也。

一垂虹橋復阻東流之勢。自石隄橫截江路。所恃以東注者。淞陵治東之洩也。但湖水爲石隄所拘。湍怒流急。遂折縣治之旁爲二。於是風濤盛而公私隔矣。慶曆中縣尉王庭堅作木橋以利來往。而吳淞江獨耿然通利。至元泰定中。州判張顯祖。遂構石梁。而虛洞列至六十之外。僅如管窺。蓋不知前人立木之意也。遂使流沙日壅。裏湖水而不得出。而山原溪洞之來。又成曰至。其泛溢自恣。瀰漫浸淫。無怪乎其然矣。

一澱山湖狹隘。不能展舒吐納。吳中諸湖。惟澱山爲最下。而界於崑山吳江長洲之間。南屬華亭。而太湖之水。入於淞江。藉此以爲傳送者也。元時尚有僧寺特立湖中。而今則寺在良田之中。則水路之隘可知矣。議者欲復闢其故道。暢而通之。則未易爲力。然此湖獨爲低下。而吐納之機。實在於此。則其說或可採也。

一白茆河形。夫水性帶東南則稍下。帶北則稍高。而今之白茆。則直向東北合。亦從其下趣之勢。因其勢而利導之。古之善經也。而近年開鑿。已非夏忠靖舊開之路。

是以通塞久近。爲驗較然矣。其必於近江二三十里處。相其形便。開向東南以從其性。或可久得其利也。

一夾浦橋不可立。湖自大姚分支。一從柳胥港瓜涇而北。又一從吳江縣北門委。直北至夾浦橋而入。以下吳淞。此僅一脉之存耳。國初嘗有石梁。爲水齧廢。而周文襄公乃使造舟爲梁。鎖兩端而中貫之。以通行者。至今爲便。而近者鄉人又謀疊石。此政不可許也。

一疏通次第。夫旱暵之年。來源必少。霜降水涸。可以賦功。若使先疏上源。則下流必壅。合無先啟白茆之路乎。其次則七丫浦。又其次則吳江隄長橋之導。而又其次則理百瀆以北以下江陰之江。分荆溪之注。又次則理

宣歙九陽江之水以入蕪湖而中間各縣隄渠水竇之設則分投就近得利之家隨宜開浚則施工之日遂爲三州有秋之望矣

一開江始末夫田租始加於漢唐而徵輸遂極於後代徵法愈倍則耕法愈詳何者民之苦於不得已也故沿江之民鑿堈身以救旱而於其中低窪之處了不相涉而水潦之年則太湖被隄橋之壅泛溢瀰漫而各縣之低田遂成巨浸於是內水高而江水下而見者遂欲決之以入於江此開江之說所由起也暫時處置實爲有益及至江水復漲則內水高而不得出亦有時而然者此皆一時所見而欲節宣不費永益艮田以無失東南

之利者則人事之修不可以不詳定也然禹治震澤則分疏東南之流以歸於海無紛紛多事而後人開江得一益或生一事至紛紜補葺煩切而不可救而又不能已者何也蓋自井邑邱甸之設則必有卒兩軍師之制水利之興則江防不可不留意也一自江陰之江開始以通魚鹽之利耳而竟開北兵窺南之路僞吳守之以捍吳而國家得之以入金陵一自福山之江開爲張士誠襲蘇之逕而國家亦因之以取吳一自許浦白茆之江開而金人每於此窺宋其後李寶破敵兵於此遂設許浦軍而白茆乃有制置節度之設宿重兵而恒恐其不足一自劉家港之江開而元人以之通海運交六國市舶而朱清張瑄之徒爲患不絕其後二人招懷而海邊之軍鎮遂相望而列矣然永樂中尚有倭賊之寇又設守禦千戶所於崇明沙今縱不能如禹之行水而上下煩勞則皆開江之利啓之也然地維開張本爲國家之用而竊發時見未清消弭之源則其敦本厚民之實力田務農之政誠不可漫爲之說者矣但積沙既爲漲灘而富家因爲己有是以客土恃勢力以負國暴水縱積怒以困民其害相因而不解也

復鏡湖議會稽山陰兩縣之形勢大抵東南高西北低其東南皆至山而北抵於海故凡水源所出總之三十六源當其未有湖之時水蓋西北流入於江以達於海

自東漢永和五年太守馬公臻始築大隄瀦三十六源之水名曰鏡湖隄之在會稽者自五雲門東至於曹娥江凡七十二里在山陰者自常喜門西至於小西江一名錢清凡四十五里故湖之形勢亦分爲二而隸兩縣隸會稽曰東湖隸山陰曰西湖東西二湖由稽山門驛路爲界出稽山門一百步有橋曰三橋橋下有水門以限兩湖湖雖分爲二其實相通凡三百五十有八里灌溉民田九千餘頃湖之勢高於民田民田高於江海故水多則泄民田之水入於江海水少則泄湖之水以溉民田而兩縣湖及湖下之水啟閉又有石牌以則之一在五雲門外小凌橋之東今春夏水則深一尺有七寸

秋冬水則深一尺有二寸。會稽主之。一在常喜門外跨湖橋之南。今春夏水則高三尺有五寸。秋冬水則高二尺有九寸。山陰主之。會稽地形高於山陰。故曾南豐陰述杜杞之說。以爲會稽之石水深八尺有五寸。山陰之石水深四尺有五寸。是會稽水則幾倍山陰。今石牌淺深乃相反。蓋今立石之地。與昔不同。今會稽石立於瀕隄水淺之處。山陰石乃立湖中水深之處。是以水則淺深異於曩時。其實會稽之水。常高於山陰二三尺。於三橋閘見之。城外之水。亦高於城中二三尺。於都泗閘見之。乃若湖下石牌。立於都泗門東。會稽山陰接壤之際。春季水則高三尺有二寸。夏則三尺有六寸。秋冬季皆

二尺。凡水如則。乃固斗門以蓄之。其或過則。然後開斗門以泄之。自永和迄我宋幾千年。民蒙其利。祥符以來。並湖之民。始或侵耕以爲田。熙寧中。朝廷興水利。有盧州觀察推官江衍者。被遣至越訪利害。衍無遠識。不能建議復湖。乃立石牌以分內外。牌內者爲田。牌外爲湖。凡曰牌內之田。始皆履畝許民租之。號曰湖田。政和末。郡守方侈進奉。復廢牌外之湖以爲田。輸所入於府。自是環湖之民。不復顧忌。湖之不爲田者無幾矣。隆興改元十一月。知府事吳公芾因歲饑請於朝。取江衍所立石牌之外盜爲田者。盡復之。凡二百七十七頃四十四畝二角二十二步。計工度廬。先從禹廟後唐賀知章放

生池。開濬百餘日訖工。每歲期以農隙用工。至農務興而罷。然次鐸出入阡陌。詢故老。面形勢。度高卑。始知吳公未得復湖之要領。夫爲高必因邱陵。爲下必因川澤。豈有作陂湖不因高下之勢。而徒欲資畚插以爲功哉。馬公惟知地勢之所趨。橫築隄塘。障捍三十六源之水。故湖不勞而自成。歷歲滋久。淤泥填塞之處。誠或有之。然湖所以廢爲田者。非直以此也。蓋以歲月彌遠。湖塘既寖壞。斗門堰閘。諸私小溝。固護不時。縱閉無節。湖水盡入江海。而瀕湖之民。始得增高益卑。盜以爲田。使其隄塘固。堰閘堅。斗門啟閉及時。暗溝禁窒不通。則湖可坐復。民雖欲盜耕爲尺寸田。不可得也。紹熙五年冬。孝

宗皇帝靈駕之行。府縣懼漕河淺涸。盡塞諸洞門。固護諸堰閘。雖當霜降水涸之時。不雨者踰月。而湖水僅減一二寸。湖田被浸者久之。訖事決隄開堰。放斗門。水乃得去。是則復湖之要。又較然可見者也。夫斗門堰閘陰溝之爲泄水均也。然泄水最多者曰斗門。其次曰諸堰。若諸陰溝則又次焉。今兩湖之爲斗門堰閘陰溝之類。不可殫舉。大抵皆走泄湖水處也。吳公釋此不察。弊弊從事於開濬。亦誤矣。故吳公所開湖。纔數年皆復爲田。故湖廢塞殆盡。而水所流行。僅有從橫枝港。可通舟行而已。每歲田未告病。而湖港已先涸矣。昔之湖本爲民田之利。而今之湖反爲民田之害。蓋春水泛漲之時。民

田無所用水而耕湖者懼其害已輒請於官以放斗門官不從相與什伯爲羣決隄縱水入於民田之內是以民常於春時重被水潦之害至夏秋之間雨或愆期又無豬蓄之水爲灌漑之利是兩縣無處無水旱監司府縣亦無歲無賑濟利害曉然甚易知也然則湖豈可不復乎道聽塗說者方以闕上供失民業爲說是不然夫湖田之上供歲不過五萬餘石兩縣歲一水旱其所損所放賑濟勸分殆不啻十萬餘石其得失多寡蓋已相絕矣湖之爲田若蕩地者不過餘二千頃耕湖之民多亦不過數千家之小利而使兩縣湖下之田九千頃民數萬家歲受水旱饑饉而弗之恤利害輕重亦甚相遠

況湖未爲田之時其民豈皆無以自業乎使湖果復舊水常瀰滿則魚鼈蝦蟹之類不可勝食茭荷菱芡之實不可勝用縱民採捕其中其利自溥何失業之慮哉次鐸論載既畢又有援執舊說而詰之曰從子之說不必濬湖使深必須增隄使高且懼隄高壅水萬一決潰必敗城郭於時爲之柰何是又未知形勢利害者也夫水之湍急者其地或狹不能容於是有衝激決溢之患今湖之水源不過三十六所而湖廣餘三百里以其地容其水裕如也況自水源所出北抵於隄及城遠者四五十里近猶一二十里其水勢固已平緩於衝隄也何有且隄之去漢如此其久是必有虧無增今誠築隄增於高者二三尺計其勢方與昔同昔不慮其決而今顧慮之何哉

陳橐夏蓋湖議

橐前因至上虞境內過夏蓋湖而備究湖田之爲害實吾民今日倒懸之苦有不得不言者古人設陂湖以備旱歲王仲薿建請以爲田乃引鑑湖自然淤澱已成田陸爲說又有不妨民間水利之語其欺罔甚矣（徐光啓曰凡湖皆自然淤澱但宜多作田以盡之使水無所容耳）然佃戶占請之初各有畝數不敢侵冒當時湖之爲田者纔十二三佃戶止於高仰處作塍未敢涸湖以自便民田尚被其利但瀦水不如曩日之多故諸鄉之田歲歲有旱處比年以來冒佔不已今則湖盡爲田矣以夏蓋湖推之諸處可以類見橐所知者止上虞餘姚其它四邑皆不及知上虞餘姚所管陂湖三十餘所而夏蓋湖最大周迴一百五里自來蔭注上虞縣新興等五鄉及餘姚縣蘭風鄉此六鄉皆瀕海土平而水易洩田以畝計無慮數十萬惟藉一湖灌漑之利今既涸之爲田若雨不時降則拱手以視禾稼之焦枯耳其它諸湖所灌注皆不下數百頃植利人戶倚以爲命而乃盡奪之一遇旱暵非唯赤子饑餓僵踣道路而計司常賦虧失尤多雖盡得湖田租課十不補其三四又況每遇旱歲湖田亦隨例申訴官中檢放與民田等昨見上虞丞言曾蒙上司差委相度湖田利害因點對靖康元年建炎元年湖田租

課除檢放外兩年共納五千四百餘石而民田緣失陂湖之利無處不旱兩年計檢放秋米二萬二千五百餘石只上虞一縣如此以此論之其得失豈不較然民間所損又可見矣但當時以湖田租課歸御前與省計自分兩家雖得湖田百斛而常賦虧萬斛嬖倖之臣猶將曰此百斛者御前所得也不翻湖田何以有此省計虧羡我何知哉今湖田租課既充經費則漕臺郡守固當計其得失之多寡而辨其利害夫公上之與民一體也有損於公有益於民猶當爲之況公私俱受其害可不思所以革之耶建炎二年春邑民嘗訴湖田之害於撫諭使者使者下其狀於州縣上虞令陳休錫遂悉罷境

內之湖田翟帥以未得朝廷指揮數窘之陳不爲變是歲越境大旱如諸暨新嵊赤地數百里農夫無事於銍艾獨上虞大熟餘姚次之餘姚七鄉通江潮蔭注兼有燭溪湖等數處不可作田不曾廢故亦熟而上虞新興等五鄉被夏蓋湖之利尤爲倍收其冬新嵊之民糴於上虞餘姚者屬路不絕向使陳令行之不果則邑民救死不暇況他境乎夫以一縣令尙能爲之槖之所望於左右宜何如

王廷秀水利議鄞縣東西凡十三鄉東鄉之田取足於東湖俗所謂前湖是也西南鄉之田所恃者廣德一湖環百里周以隄塘植榆柳以爲固四面爲斗門碶閘方春山之水泛漲時皆聚於此溢則泄之江夏秋交民或以旱告則令佐躬親相視開斗門而注之湖高田下勢如建瓴閱日可浹雖甚旱亢決不過一二而稻已成熟矣唐貞元中民有請湖爲田者詣闕投匭以聞朝廷重其事爲出御史按利否御史李後素銜命詢咨本末利害之實錮獻利者置之法湖得不廢後素與刺史及其寮一二公唱和長篇記其事刻石詩記湖之始與於時已三百年當在魏晉也國初民或因淺淀盜耕有司正其經界禁其侵占太平興國中鄞之惡民窺其利而欲私之復進狀請廢湖朝下其事於州州遣從事郎張大有驗視力言其不可廢且摘唐御史之詩敘致詳緻記

於石刻熙寧二年知縣事張詢令民濬湖築隄工役甚備曾子固爲作記歷道湖之爲民利本末曲折以戒後人不輕於改廢也元祐中議者復倡廢湖之說値龍圖舒亶信道閒居鄉里痛詰折之記其事於林村資壽院緣雲亭壁間謂其利有四不可廢久之有俞襄復陳廢湖之議守葉棣深罪襄不得騁遂走都省獻其策蔡京見而惡之拘送本貫政宣間淫侈之用日廣茶鹽之課不能給宦官用事務興利以中主欲一時佻躁趨競者爭獻括天下遺利以資經費率皆以無爲有縣官括民膏血以應租數時樓异試可丁憂服除到闕蔡京不喜樓而鄭居中喜之除知隨州異時高麗入貢絕洋泊四

明。易舟至京師。崇寧加禮。與遼使等。置來遠局於明中。樓欲捨隨得明。會辭行上殿。於是獻言明之廣德湖可爲田。以其歲入儲以待麗人往來之用有餘。且欲造畫舫百柁。專備麗使作涉海二巨航。如元豐所造。以須朝廷遣使上說。卽改知明州。下車興工造舟。而經理湖爲田八百頃。募民佃租。歲入米僅二萬石。於是西七鄉之田。無歲不旱。異時膏腴今爲下地。廢湖之害也。

濬東錢湖議 東錢湖。一名萬金湖。以其爲利重也。在唐曰西湖。蓋鄮縣未徙時。湖在縣治之西也。天寶三年。縣令陸南金開廣之。宋屢濬治。周圍八十里。受七十二谿之流。四岸凡七堰。曰錢堰。曰大堰。曰莫枝堰。曰高湫堰。

曰栗木堰。曰平湖堰。曰梅湖堰。水入則蓄。雨不時則啟閘而放之。鄞定海七鄉之田。資其灌溉。茭葑蓴蒲荷芡。滋漫不除。湖輙湮塞。淳熙四年。魏王鎮州。請於朝大浚之。是年二月七日准尚書省劄子。爲魏王奏。然當時所除茭葑。未出湖堤。既復塡淤。嘉定七年。提刑陳覃攝守。捐緡錢置田收租。欲歲給濬治之費。朝廷許其盡復舊址。而後來有司奉行不虔。田租侵移他用。湖益湮。寶慶二年。尚書胡榘守郡。請於朝。得度牒百道。米一萬五千石。又濬之。十月命水軍番上迭休。且募七鄉之食水利者助役。各給券食。祁寒輟工。明年春夏之交役再舉。農不使妨耕。兵不使妨閱。募漁戶徐畢之十月七日告成。

胡公猶懼其無以繼也。奏以羸錢二萬八千三百四十七緡有奇。增置田畝。合舊穀額。俾羸三千。令翔鳳鄉長顧汞之主之。分漁戶五百人爲四隅。人歲給穀六石。隨茭葑之生則絶其種。立管隅一人。管隊二十人以轄之。有旨悉如請。自此不薙葑者十六年。幾無湖矣。淳祐壬寅冬。制守陳塏因歲稔農隙。命制幹林元晉。僉判石孝廣。行買葑之策。不差兵。不調夫。隨舟大小。葑多寡。聽其求售。交葑給錢。各有司存。初至數百人。已而掉舟裹糧至者。日千餘。可見遠近樂趣向也。淘湖所收。率以佐郡家支遣。至此方全爲淘湖之用。元大德間。世家有以湖爲淺淀。請以撩田若干畝入官租者。時都水營田分司

追斷復爲湖。延祐新志所謂欲塞錢湖。此其漸也。後因鄉民告有司舉行淘湖。拘七鄉有田食利之家。分畝步高下。量撥淘葑。隨田多寡闊狹俾浚之。積葑於塘岸。然宿葑春泛冬沉。次年復生。則有司所行爲具文耳。近年重修嘉澤廟。有濯靈之異。茭葑不泛。荷芡蓴蘆生之者鮮。然未足恃也。但大旱之年。放水湖下。一舉而涸。知其積淤年久。蓄水至淺。東鄉河道。又皆淺澁。舊稱一湖之水。可滿三河半。今僅一河而竭。是可憂也。又況職守者不謹闔啟碶閘。傍湖人民。通同漁戶。每於水溢之時。乘時射利。私自開閘網魚。洩水無度。沿江堰壩又失修理。日夜傾注於江。防旱之策。果安在哉。其原置買葑田畝。

自元收入官。明因之。洪武二十四年。本縣耆民陳進建言水利。差官來董其事。於農隙之時。令七鄉食利之家。出力淘浚。雖能少除葑草。而根在復生。况湖上溪澗沙土。隨雨而下。久不治。則淤塞如舊矣。

徐獻忠山鄉水利議 予寓居吳興。屢見各鄉旱災不收。大受饑困。山鄉平田既少。一遇旱暵。泉流枯涸。既無所資。坐以待斃。有司者徒見下鄉平田。頗有潤色。不肯特爲奏免糧稅。予按視其地。皆坐不知水利之故。元儒梁寅有鑿池溉田之議。其略云。畝畝之間。若十畝而廢一畝以爲池。則九畝可以無災患。百畝而廢十畝以爲池。則九十畝可以無災患。予嘗至上虞之夏蓋湖觀之。方

知梁子之議可行。而永久利民矣。有志經國者。當相視一鄉之中。擇其最高仰者。劃爲陂湖。先均其稅額於泉利之民。次營別業以招失田之戶。大展陂岸。使廣而多受。雖亢旱之年。不至耗涸。從高瀉下。均資廣及。沾潤一番。可以經月。雖有凶災。不能及矣。况陂湖之利。魚鰕雜產。茭葦叢生。貧者資以養生。富者因而便利。大雨一注。衆流復積。前者既瀉。後者復蓄。山鄉水利。無逾此者。故孫叔敖之芍陂。汝南之鴻郤陂。古人成績。可以引見。自非爲民父母者。力主其事。愚民誰肯割其成業者乎。至於下鄉之田。亦有高亢不通資灌者。莫若照依北方掘鑿大井。上置轆轤。汲引之利。亦民自辦。民可樂成。不可謀始。若出力任事。維存乎人。必須久任之。方可有成功也。兪汝爲曰。海邊斥鹵。地方恃護塘隔絕鹽湖。雨水洗去鹵性。有圍築成田者。築堤鑿河。引內湖之水以資灌溉。而水遠難致。雨澤稍稀。便乏車救。十年三熟。此與山鄉地形勢相類。近年民間告明官府。豁除掘損田畝之糧。於田心中開積水溝。爲夏秋車戽計。凡溝漊多處。其田多熟。或於遠宅開池。則近宅之地。必有收成。此蘇松沿海地方。試之有成效者。但細訪老農云。每十畝之中。用二畝爲積水溝。纔可救五十日不雨。若十分全旱年分。尚不免於枯竭。况一畝乎。大抵水田稻苗。全賴水養。炎日消水甚易。以十日消水二寸計之。五十日該消水去田間水一尺。即二畝溝中。亦不免於消水。總計其潤是溝中常有五六尺之積。斯足用耳。豈可望於夏秋亢旱之日。且稻苗生長秀實。該用水浸溉一百二十日。十畝取二畝作積水溝。僅救半旱。斯言非謬。必於山原上勢。相視窪下可蓄水處。築圍大澤。或環數里。或環數十里。上流之水。涓涓不息。庶足救濟全旱矣。嘗與潘知縣鳳梧熟論西北墾荒之要。潘云若計開田。先計豬水。真確見也。

林應訓興修水利文移稿 爲照溝洫圩岸。皆以備旱潦

而爲三農之急務。人人所當自盡者。縱使官府開深江浦。而各區各圖之溝洫圩岸不修。則終無以獲灌溉之利。杜浸淫之患也。除幹河支港工力浩大者。官爲估計處置興工外。至於田間水道。應該民力自盡。爲此酌定式則。出給簡明告示。繇圩張掛。仍刻成書冊。給散糧里。令民一體遵守施行。

一定式樣以便稽查。吳中之田。雖有荒熟貴賤之不同。大都低鄉病澇。高鄉病旱。不出二病而已。病澇者則以修築圩岸爲急。圩岸既各高厚。雖有水溢。自難潰入而淹沒之矣。病旱者則以開濬溝洫爲急。溝洫既各深通。雖遇旱乾。自可引流而灌注之矣。况開渠者。勢必置土

於圩旁。築圩者理當取土於溝內。二者又自有相成之機。今後不必差官泛然丈量。該府縣止分别孰爲低鄉。當急修圩。孰爲高鄉。當急開渠。每年府縣水利官先時議定開築之法。如開溝洫。不論舊時疏通與否。其濶卽以兩旁老岸爲主。其深務以一丈二尺爲率。若相地宜應加深濶者聽。決不許減少前數。挑起之土。務要置在舊隄之內。就便護隄。庶使雨水不能淋漓。復流於河。如附近有低田。堪以培高者。卽以其土培之亦可。至於極高地方。不用隄岸。而土無堆放者。亦卽就靠內一邊攤放。蓋高鄉多種荳棉。一時不妨陸種。挑得河深。則灌溉自利。內中田畝。仍自不妨於水種也。若惜此尺寸之地。

弗令攤土。沿河堆積。復入河中。無水灌溉。則內中田畝。悉成枯槁矣。至於築圍岸。不論舊時完固與否。其底濶務要一丈。其面濶務要六尺。其高如底之數。若應加高厚者聽。決不許減少前數。如田過五百畝以上者。便要從中增築一界岸。一千畝以上者。便要從中增築二界岸。每界岸底濶四尺。面濶二尺。高與外圩平。岸傍仍可栽種荳麥。如極低鄉。或近河蕩深處。難於取土。令民於圩內傍圩田起土增築。岸外再築圩岸一層。高止一半。如階級狀。岸上插水楊。圩外植茭蘆。以防衝激。取土之田。計所損量派各田出銀津貼。俟陸續簏取河泥塡平。照舊耕種。永無後憂。是所損者小而所益者大也。若互

相吝惜。不分界岸。卽如今年霪雨連旬。洪水一發。車救不前。全圩無望矣。又有一等低窪田畝。嵌坐中心。無從蓄洩。有願開鑿通河運泥增高者聽。廢田之價。衆戸均認。廢田之稅。率攤本圩。照此式樣。給示遍諭。委官分頭區畫。每一圩爲一圖。明白貼說前件。每一圖作二本。一送縣備照。一付圩甲諭衆。俟至冬十月。刻日出示興工。一定夫役以杜騷擾。各鄉溝洫圩岸。雖有長短廣狹不齊。然不過爲一圩之田而設也。故田少則圩必小。田多則圩必大。而環圩之溝洫因之。此水利此圩之田。則當役此圩有田之戸矣。各縣卽令塘長。備開某圩周圍若干丈。外環溝洫若干丈。圩內之田若干畝。某人得業若

干畝。共該圍岸若干丈。不論官民士庶。隨田起役。各自施工。如田橫濶一丈者。築岸一丈。徐光啟曰。此法誤。要須計算本圩之田。與本圩之岸。平分丈尺。不宜偏累近岸之田。開河亦然。多有一家數畝狹長之田。全並河岸者。既盡壞其田。復盡用其力。非偏累乎。橫濶十丈者。築岸十丈。開河亦然。對河兩家。各開其半。溝頭岸側。非一家所能辦者。計畝出夫。衆共協力。挨序編號。置簿稽查。仍備載前圖之後。興工之日。塘長不必沿門催夫。徒取需求科派之議。先期五日揷標分段。責令圩甲布告各戸某日興工。聽其至期。各行照段用力。如式挑築。

一設圩甲以齊作止。塘長之設。舉一區而言之也。一區之中。各有數圩。計當僉殷實之家充之。但一時僉報。諸

弊俱生。或圖展脫。或營冒充。無不至矣。各縣不必僉報。即以本圩田多者爲之。雖其殷實與否不可知。然其田既甲於一圩之中。則其人自足以當一圩之長矣。興工之日。塘長責令圩甲躬行倡率。某日起工。某日完工。庶幾有所統領。而無泛散不齊之弊。中有業戶不聽倡率。聽其開名呈治。如圩甲不行正身充當。或至別行代頂。查出枷號示衆。是圩之有甲也。專爲本圩修濬而立。工完即罷。非如里長有勾攝之苦。亦非如塘長有奔走之煩。雖一時倡率。不無勞費。然利歸其田。又非若驅之赴公家之役者等也。

一嚴省視以責成功。訪得常年非不議行修濬。而水利

之官。多不下鄉。乃使各區塘長至縣報數。或朔望遞結而已。如此虛文。何益實事。今後興工之日。各塘長圩甲務要在圩。時時催督。開濬工完。未可便行開壩放水。俱聽各府縣掌印官。并水利官。分頭親勘。如一圩不完。責在圩甲。一區不完。責在塘長。輕則懲戒。重則罰治。本院與該道。又不時間出以察之。如一縣中有十處不完。責在縣官。一府有二十處不完。則官又有不得不任其咎矣。

一禁侵截以通便利。訪得各鄉水利。原自疏通。近多豪家適己自便。於上流要害。廣插茭蘆。稍有淤墊。即謀佃爲田。所司不察。輕付執照。亦有居民貪圖小利。竭澤而漁。沿流置斷。及有挑出田內泥土。增廣田圩。堆放竹排木排。橫截河港。甚有上鄉全賴湖水灌溉。奸猾人戶。乃於浦口下流。設堰橫截。百般刁難。然後放水入內。又其甚者。假以報稅起科。遂侵爲己物。瀦水專利。以致田地灌溉無資。若不通行嚴禁。終爲水道之梗。今後各府縣水利官。責令各塘長圩甲。凡有侵截之家。即便報出。姑令改正免罪。至於灘田。先年曾經丈量收入會計冊內。無礙水道者。姑聽如舊。其未經徵糧者。盡數報官開除。

荒政要覽。萬曆戊子年水大。蘇州自沉澱湖三泖抵松江。一望滔天。河水高出田間數尺。其一二隄岸高厚處。仍有不妨插蒔者。乃知大澇時。吳田盡可作湖。百姓

生命。寄於隄岸。蓋沿河隄圍。阻截水勢。成田。田間各自成圩。又藉圩岸隔斷。若隄岸不堅緻。卒然崩潰。諸農作魚鼈矣。蘇松地形卑下。當震澤委流。數郡山原之水。從此入海。若非年年濬渠築圍。田卒汙萊。在所不免。

徐光啟量算河工測驗地勢法　一量某河自某處起至某處止。共實該應開河幾何丈尺。每步五尺。每二十步立一木界樁。編定號數。自某處起。天字一號。盡十號。又起地字一號。盡十號。直編至某處止。要見若干號數若干丈尺。（每丈尺俱用官尺算。每二步折一丈。）

一量每號木界樁下。兩岸準平。相去今濶幾何丈尺。木樁下老岸至河中心水底。今深幾何丈尺。算兩岸斜平

至底。見在河身空處。每丈已得幾何方數。中有坳突。又用法加減。實該河身空處。每丈已得幾何方數。今照原議。或新議所酌定。河面應濶幾何丈。河底應濶幾何丈。應加深幾何尺。算該木樁下。兩老岸各去土幾何尺。河底中心去土幾何尺。河岸兩傍各去土幾何尺。此號內十丈河身中。共該起土幾何方數。兩岸各用步弓量至二十步足。此岸下定木樁。人足抵樁立。對岸人亦於步盡處站。樁上人將矩度對岸準平。對岸人竪起套竿。權繩取直。將套夾靠定套竿。漸移向下。兩岸取平。對岸人卽於平處站定。或用土石記定。樁上人用矩度對準人足。或記處看在直景何度何分。用地平測遠法。算得河

面濶處。河狹者。只用竹篾活步弓對岸量亦得。次將丈竿竪起。河中心權繩取直。將矩極對準水面。丈竿盡處。用勾股量深法算。卽得木樁至水面股數。再加水深數。卽得河底深數。或用重矩勾股量深法亦得。或於水際兩傍。取平對準。樁頂用重矩重表勾股量高法算亦得。或不用算法。逕將套竿套定橫尺。用竪尺那移逐步量下。至水際總算竪尺多少數亦得。或只於水次竪起一竹竿。權繩取直。依前兩岸取平法。樁上人用矩極照看亦得。後二法於淺狹河道。用之尤便。次將兩岸濶數。河底深數。用積方法算。卽得河身見在每丈已得幾何方數。中有坳突。亦用套竿量取高下。小步弓量取圍徑。用

堆積法扣算加減。卽得現在實該河身方數。次將議定河面應濶之數。比照原濶應加幾何。用木石記定。卽於兩岸記處。用套竿量至折半處。卽今應用河底中處比原樁深幾何。比照今議。應深幾何。卽得今應加深幾何。或用二繩。各長如今議濶數之半。中用轆轤交接。復用一繩記取尺寸。繫權墜下亦得。或中繫方空木。用丈竿溜下亦得。次于新河底中處用套竿量開。如新議河底濶數盡處記定。視其高下。卽知今應加深左傍幾何。右傍幾何。次將兩老岸加濶。河底加深。河底兩傍加深。五法用積方法總算。卽得此號內十丈河身中。共該起土幾何方數。註入號簿。

一量見在河身面濶底深。酌量刪定之數。折中議定。今應開面底二濶丈尺數。及加深尺數。河身底面腰深廣。必須三法相稱。方得上下相承。不致坍壞。若河底深濶。岸勢高峻。不免隨時崩坍。開濶河底。虛費工力。似應用前量深法量。今木樁下至河底。算定勾幾何。股幾何。弦幾何。量取數處。便見何等勾股。方得免坍。今新開勾股。欲依舊數量行加勾減股。不致大段懸絕。大率要令勾數少於股數。則弦上陂陀。不致坍損。兩股之間。卽河底濶數。就令稍狹。政自無妨。

一用衆測水。驗今河底深淺。酌量加深之數。今見在河底深淺有不同。若酌定加深尺數。一槩開濬。卽深者愈

深淺者仍淺。水走不順。極易塡淤。且前量下樁編號。止據見在老岸未免高下不齊。所云量深諸法。亦止據號樁下至本號河底。未得通河準平。就用矩極以漸量算。亦止能測驗地勢若水走之勢。西高東下。仍與地勢稍異。必須水準方平。但長流之水。消長不易。隨流測量。一人可就此方潮汐。每日再消再長。時刻不同。測驗未易。必須用衆同時量度。相應照前編定號樁若干。卽每樁用兵夫一名。各帶短槍或木棍一根。不拘大小刀一把。每隊長另帶銃一門。幷火藥火繩藥線諸物。照號樁編給號票。令各守號樁。約潮退將涸未漲時。合境火礮應聲俱發。礮響後。各兵夫悉于各號河底中心。將木棍量

定水痕。用刀刻記。回繳號票。隨驗所刻水痕尺寸。註定票上。編成號簿。逐一扣算。酌量加深之數。卽河身砥平。不致停積渾水以成淺淤。若行此法。與矩極參驗。用前量深加濶之法。便可絲毫不爽。

一河工完後。考驗課程果否如法。河面河底濶數量法具前。兩岸弦上。用繩取直。考驗俱易。惟獨深數易殺。如留取樣墩。卽可培高。如釘下樣樁。便易拔起。別有用活絡樣樁者。亦可挖井取出。有打水線者。亦恐中途節水作弊。有用輪車推驗者。河濶便難造施用。有用木鵝推移者。難施於未放水之河。今只用前量深諸法。如極深極濶者。宜用勾股度高度深法。如河身稍狹。欲求便易。卽用套竿漸量法。或慮遣委工役。宛轉欹斜。那移作弊。卽用轆轤下繩。方空下竿二法。其轆轤方空。或加三。或加五。以驗底濶弦直尤便。此二法須極力挺直。纔得取平。無法可令加高毫末。卽令開河工役。自用量度。亦難作弊。

一量所開河。某境起至某處。如前法。已得曲折弦若干丈尺。今欲知直弦幾何丈尺。東西直股幾何丈尺。南北直勾幾何丈尺。東邊地形下于西邊幾何丈尺。要見本處地形。沿河而來。幾何丈而下一尺。東西直股幾何丈而下一尺。南北直勾幾何丈而下一尺。其大勾股之弦。于二十四向中當作何向。先於某境第一號。量至第二

號。用繩取直。下定指南鍼。審定繩直。于三百六十分度內。定是何向。註于號簿。如河岸迴曲。一號中可分作二。或作三四。格定註實。格完。又用矩極于第一號上。立一人持丈竿取直。于第二號上立。對準取平。又互換覆看。對準取平。卽知第二號下于第一號幾何尺寸。註于號簿。每號俱用此二法。至號盡而止。事畢布算。先將逐號小弦。依本號坐向與子午鍼對算。卽知小勾幾何。與卯酉鍼對算。卽知小股幾何。逐號算成小勾股。註于號簿。次將小勾積算。卽知大勾。小股積算。卽知大股。以大勾股求弦。卽知大直弦丈尺。以大勾股依子午卯酉鍼上取弦。卽知大直弦于二十四向中。定作何向。又用矩極

所測高下分寸。積算。便知二境相去高下之數。亦便知沿河而來。每幾何丈尺而下一尺。次用大勾股歸除之。即知直股上每幾何丈尺而下一尺。直勾上每幾何丈尺而下一尺。

又看泉法取過泉。過泉者。乃山泉遠來。大旱不絕。其流橫來。將下流作壩。水隨壩長。乃無限之水。又看流之緩急。緩者源小。急者源大。又看嚴冬不凍。其氣如霧。即春夏用水之時。又無竭涸之患。此過泉之當取也。

又棄仰泉。仰泉者。乃地泉也。其泉即從本地而起。水來有限。不能隨壩長。有限之水。即有鉅河。其流必緩。嚴冬必凍。用水之時。必有乾涸之患矣。此仰泉之當棄也。

又源大亦可用也。過泉孰非仰泉乎。

又有大河。如涿州拒馬河。固安渾河。其水皆可用。顧非動支朝廷錢粮。築堤建閘。鉅費堅固。此水不敢用也。

又王鍔用拒馬河水以鑄泉。余數舉以問。人無應者。亦激取之法也。

又凡看地勢墾水田。可蓄可洩。即可田矣。入水之處。地勢宜高。洩水之處。地勢宜低。水能行動。看其下稍。愈低愈妙。可無淹沒之患矣。北邊于夏至後。時發泛波。地勢宜平坦廣濶。則無衝激之患矣。土色不拘黃黑。堅則爲佳。土鬆總是漏水地。取土作圍。注水于內。水不漏去。此土即可田矣。土鬆則有用處。何必水田。地內稍有石子。不妨農事。如是純沙。則不可用也。

欽定授時通考卷十八

土宜

水利四

耿橘大興水利申冊。竊照東南之難。在賦稅。而賦稅之所出與民生之所養。全在水利。蓋瀦泄有法。則旱澇無患。而年穀每登。國賦不虧也。計常熟縣民間田租之入。最上每畝不過一石二斗。而實入之數。不過一石。乃糧之重者每畝至三斗二升。而實費之數。殆逾四斗。是什四之賦矣。以故爲我民者。一遇小小水旱。輒流散四方。逋負動以數萬計。惟有水利大興。俾歲時無害。爲今日救時之急務。矧本縣坐落江海之交。潮汐三面而至。且

居蘇常諸府下流。諸湖水由此入海。其水之利害。視他處爲尤鉅。而其經理爲尤急也。卑職以其暇日。單騎輕舠。遍歷川原。進諸父老。講求水利之故。凡地形高下之宜。水勢通塞之便。疏瀹障排之方。大小緩急之序。夫田方役之規。官帑補助之則。經費量度之法。催督考驗之術。一一條畫。著爲圖說。以至區里利害之殊。土性肥瘠之異。錢糧輕重之等。田野荒熟之故。風俗淳澆之由。形勢險夷之辨。無不備具。務紓百世之訏謨。期垂一方之永利。爲此將查歷過通縣河圩形勢。繪圖貼說。造冊具申。

開河法 凡九條

一照田起夫。量工給食。

宋臣范仲淹曰。荒歉之歲。召民爲役。日以五升。因而賑濟。徐光啟曰。此宋時斗斛也。幸勿慮多。蓋老成長慮之見如此。常熟民素驕侈。傭趁之人頗少。況挑河非重其直不應。故莫善于照田起夫。量工給銀之法。然照田起夫。亦難言矣。說者謂有近水利者。遠水利者。不得水利者。及田止十畝以下者。分爲四等。除十畝以下者免役外。餘以三等爲伸縮。蓋往年之役如此。職深以爲不然。本縣之田。未有不藉水而成者。但河有枝幹之殊。水有大小之異耳。水大者則當施瀦蓄之法。水小者則當施疏鑿之方。彼幹河引江湖之水。而枝河非引幹河之水者乎。田近幹河者

稱利矣。田近枝河者。非幹河之利乎。若必爲四等之說。則奸戶積書。朦朧作弊。上戶那而爲中戶。中戶那而爲下戶。近利那而爲遠利。遠利那而爲不得利。而田少愚弱之氓。反差重役。如小民之偏苦何。故開河必觀水勢所向。應用某區某圖之民。必無論大戶小戶。通融驗派。然後于法均。于事便。于民無擾耳。派夫之法。先吊黃冊查明該區該圖坐圩田地總數。隨令里書將業戶一一註明。然後通融算派。某河應役田若干畝。每田若干畝。坐夫一名。田多者領夫。田少者湊補足數。名曰協夫。其勘明坍江板荒田地。俱豁免。如此貧富適均。衆擎易舉矣。

一水利不論優免

濬河以備旱澇便轉輸也論田而士夫之田多於小民論河而灌運之利當亦多於小民故同心協力舉地方之大利在士夫原有此意矣職客歲開濬福山河以此意白之本縣士夫士夫咸各樂從興工之日倡率鼓舞工反先於百姓而百姓蒸蒸無不子來趨事爭先恐後已有成績矣今後凡濬河築岸之事必如往規庶勞逸均而上下悅服也

一准水面算土方多寡分工次難易

開河之法其說甚難均是河也中間不無淤塞深淺之殊地形亦有高下凹凸之異而土方之多寡工次之難

易必有判焉不相同者宋臣郟僑云以地面為丈尺不以水面為丈尺不問高下勻其淺深欲水之東注必不可得須於勘河之時先行分段編號算土之法若本河有水即沿河點水有深淺不同之處差一尺者即另為一段假如通河水深一尺而有深二尺者即易段也深三尺者又易段也深四尺者極易段也深與議開尺寸等者免挑段也濶倣此各立椿編號以記之隨令精算者逐段計算土方其法每土四傍上下各一丈為一方每方計土一千尺假如本河議開面濶五丈底濶三丈水面下開深五尺每長一丈該土二方徐光啟曰誤算矣然不言總深亦難算其實數假若原深一丈而加深廣五尺該土二方又八百尺也假若不論原深以此權說應開實土則有水一尺者實開土一方又五百二十尺也有水二尺者實開土一方零八十尺也有水三尺者開土六百八十尺也有水四尺者開土三百二十尺也又如某段水深一尺該空土方四分實開土一方六分為難工某段水深二尺該空土方八分實開一方二分為易工三尺四尺五尺倣此濶倣此若本河無水即督夫先于中心挑一水線深廣各三尺或二尺務要徹頭徹尾一脉通流却于水面上丈量露出餘土有厚薄不同之處差一尺者另為一段假如通河皆餘土一尺而有餘二尺者即難段也餘三尺者又難段也餘四尺者大難段也餘五尺者極難段也立椿編戶算土如前法但此乃計水上之土而水下應挑之土可一律齊矣然後通算本河該實開土若干方兩

旁得利田若干畝起夫若干名每夫該土若干方分工定宕第從土方土少者宕長土多者宕短齊土方不齊丈尺而後夫役為至均河形為至平也

附打水線法

水線至平也而人心不平奸巧百出如三十三年開福山塘打水線十數日不成管工官皆不知職既識破其術隨設法五里委一官官各乘馬一里委一皂皂各飛奔如是往來不停看其水線不令陰阻乃一日而成奸巧立破何以故渠功少者於水線中暗藏小壩官來則暫決之過則壩住雖土高無水之地而兩頭藏壩中間水可不絕此奸不

破高低不明。水線爲虛。何以知其然也。陰壩初決者。其水流動。不然者。其水靜定也。

一分工定宕。

難易有號矣。土方有數矣。而夫役之來。道里遠近不同。市野食宿異便。而土性亦有緊漫堅散之殊。崖岸不無險夷高下之別。强者奸者。於此爭利焉。倘無術以處之。亦非盡善之道也。然此不可爲之河濱。宜先爲之於堂上。查照區圖遠近。自頭至尾。算定丈尺。挃定工次。要令遠近適中。一一明註此工簿內。用印發各千百長。照簿竪立夫樁。一定不移。庶紛爭之擾可免。而亦無作奸之處矣。第初時量河最要的確。臨期分宕。務秉至公。不則

吏書虛報丈尺。而實尅夫價者有矣。强梁之徒。夫多宕少者亦有矣。大都正官能一親行。自無此弊。

一堆土法

夫役偷安。類於近便岸上拋土。不思老岸平坦。一遇天雨淋漓。此土隨水流入河心。條挑條塞。徒費錢粮。徒勞工夫。亦竟何益。必于河岸平坦之處。務令遠挑二十步之外。照魚鱗法。層層散堆。若有嬾夫就便亂拋者重究。若有古岸高出田上者。即挑土岸內相幇。以固子岸。亦可。其平岸之處。不得援此爲例。若岸有半圯之處。即宜挑土補塞。築成高岸。挑成一層。堅築一番。層層而上。岸必堅牢。一舉兩得。不可姑置岸上。待後日築之。後來日久人玩。貽害河道不小也。若田中有漊蕩。或原因取土致田深陷者。即用河土塡平。若岸邊有民房有園亭逼近。不便挑土者。即令業戶自定樁笆。於房園邊旋築成岸。亦兩利之道也。若河狹則不可耳。

一考工法。

金藻水學曰。勤省視者。官廉能也。或不省視。與無廉能同。省視不賞罰。與不省視同。賞罰不繼續。與不賞罰同。職亦曰廉能矣。省視矣。賞罰矣。繼續矣。而無考驗之法。與不廉能不省視不賞罰不繼續同。夫考工之法。先必立信樁樣樁。以防其奸僞。樣樁者。用木橛刻畫尺寸。與應濬尺寸同。信樁則一木橛可已。法于號段旣定之後。

每段將畫尺木橛釘入河心。與水面平。本河無水者。與水線之水面平。俗所謂水平樁是也。俟開方之後。以此橛爲準。蓋橛露一尺。則工滿一尺矣。故曰樣樁。却將二橛書明號段。直對樣樁。釘入兩岸老土。深與岸平。名曰信樁。此樁四旁封識老岸數尺。不許拋土鎮壓。致難認記。另具直丈竿一條。丈篙一條。立竿樣樁之頂。拽篙信樁之上。以量虛河深淺。如篙在竿十尺上。則虛河深十尺矣。必十尺以下。所有尺寸。乃算實工。虛河尺丈。籍而藏之。夫役認宕時。又各立小樁。書某字第幾號。某千長下百長某分管領夫協夫某。應濬長若干。名曰夫樁。又按仰月形三潤丈尺之數。爲橫丈竿三條。俱畫尺寸。做

成木輪車架。此三竿每查工之日。必攜籍持竿。拽箕架車而往。先稽號樁。而知其宕之長短。卽據信樁樣樁拽箕竪竿而得其工之淺深。工完之後。沿河推運三竿車而驗其工之濶狹。勤惰在目。賞罰必加。而後人力齊工不虛耳。必信樁者。虞樣樁之上下其手也。又虞老岸之僞增其高也。驗老岸。驗信樁。驗樣樁。驗三竿車。而後僞無容矣。迨工完之後。復打水線以驗之。有淤滯處。隨令復濬。務求線道通流。方可決壩放水。其或濬深水多。打水線不便。則于放水之後。用木鵝沿河較覈。木鵝者。用直木一條。長與河深平。鐵裹其下端。隨濬過尺寸處。拴繫長繩。兩岸拽之。直立水中。循水面而進。遇鵝仆處。則土高水淺處也。將該管千百長究治。仍令撈泥。務如原議分數。須木鵝通行無滯。然後爲完工矣。

附輪竿式

此仰月形也。面腹底三濶。乃可以滿載水而又經久。若止用面底二濶。斜坡而下。是曰斧形。易於傾圮。若上下同濶。是曰筐形。更易圮矣。

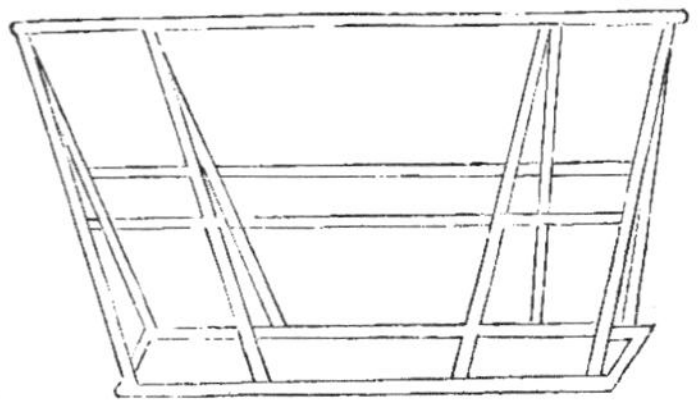

一分管員役

諺曰。寧管千軍。莫管一夫。言無紀律而難御也。故督責之法。必自下而上。由小及大。則工程易起。故每宕百丈。必用百長一名。分催千丈。必用千長一名。督催。然此役須點該區田多大戶充之。蓋大戶必愛惜身家。又衆所推服。令此輩各照信地。千長立一小旗。一大樁。百長立一小樁。各書應管丈尺分數。千長催百長。百長催小夫。而水利官又專督千百長。責任攸分。大小相驅。然後卑職不時親詣稽查。考其工次。別其勤惰。量加賞罰。卽頑猾之民。亦不得不盡其力矣。

附用千百長法

千百長非身家才幹兼全者。不能服衆。遴來照捋尖冊點用。十得八九。乃法立弊生。區書將大戶田花分。顯小戶於冊首。點者半係小戶。除將該書枷號外。其千長多用該區公正。不足則令公正舉報。乃叅之捋尖。始稱得人。得人而工不難完矣。

一立章程賞勤罰惰以示鼓舞。

號段定矣。宕認夫集矣。催督有人矣。然衆力難齊。衆心難一。不有以約之。則勤者何所勸。而惰者無以懲。將使勤而爲惰矣。今定一河工比簿。每十日親查一次。是爲一限。假如本河自水面而下。應開深五尺。則第一限要見工二尺。爲浮泥易做也。二限黃泥難做。要見功一尺五寸。三限通完。深濶如式。工大者。亦以此法。寬立期限。凡比工每百長管百夫。就以十夫爲一分。千長管十百長。就以一百長爲一分。又立一賞功單。如依限如式開完者。卽給一功單。日後遇有過犯。許齎單贖罪。以示勸。其有奸頑惰功者。卽查千百長該管十分中一分不及限者。責各小夫二分。不及限者。並責百長三分。不及限者。並責千長。以示懲。庶章程既立。賞罰明而民自鼓舞。莫敢躭延矣。

附比簿式

都

領夫　田

協夫　田

共實熟田

算派　夫　應開土方

今派　字　號歸見　尺寸　分

算該開河　丈　工

初限　日開深　尺開濶　尺堆土離河　丈　尺

月　日起至　日止

二限　日開深　尺開濶　尺堆土離河　丈　尺

月　日起至　日止

三限　日開深　尺開濶　尺堆土離河　丈　尺

月　日起至　日止

附功單式

水利功單

某縣爲頒賞功單以昭勸懲事。照得本縣賦重民疲。田多蕪瘠。高阜者因水利之不通。坐澤者苦岸塍之低薄。每遇旱澇。防救無資。本縣爲民父母。安忍坐視。以故修河築岸。不惜勞瘁。但慮爾等勤惰不齊。相應激勸。特置功單。果有濬築如式。早完工次者。錄給功單。後日遇有過犯。許齎赴贖罪。決不爽。示須至單者。

右給付　收執

年　月　日給

縣　字　號

一。幹河甫畢。刻期齊濬枝河。

凡田附幹河者少。而附枝河者多。蓋河有枝幹。譬之樹焉。千百枝皆附一幹而生。是幹爲重矣。然敷葉開花結子。功在于枝。不可忽也。彼枝河切近圩埂。灌溉之益。所關匪細。若濬幹河而不濬枝河。則枝河反高。水勢難以逆上。而幹河兩旁。所及有限。枝河所經之多田。反成荒棄。卽幹河之水。又焉用之。法當于幹河半工之時。卽耑官料理枝河。責令各枝河得利業戶。俱照田論工。一齊並舉。仍責令該枝河千百長催督。務要先期料理停妥。俟幹河工完之日。先放各枝河水。放畢。隨於各枝河口築一小壩。俟小壩成。然後決大壩而放河水。其工之次第如此。蓋濬幹河時。凡幹河水悉放之枝河而後大工可就。濬枝河時。凡枝河之水悉歸之幹河。而後衆小工易成。況枝河高。幹河低。不過一決之力。若先放湖水。則方浚之初。水勢必大。此時枝河不能直入。必假車戽。勞費鉅矣。濬河者往往於幹河告成之後。心懈力疲。置枝河於不問。爲民者亦曰。姑俟異日也。而前工荒矣。蓋機不可失。而勞不可辭。其工之始終又如此。幹河之大者。量給官銀。枝河則專用民力焉。

徐光啟旱田用水疏。謂欲論財。計先當辨何者謂財。唐宋之所謂財者。緡錢耳。今世之所謂財者。銀耳。是皆財之權也。非財也。古聖王所謂財者。食人之粟。衣人之帛

也。若以銀錢爲財。則銀錢多。將遂富乎。是在一家則可。通天下而論。甚未然也。銀錢愈多。粟帛將愈貴。困乏將愈甚矣。故前代數世之後。每患財乏者。非乏銀錢也。承平久。生聚多。人多而又不能多生穀也。其不能多生穀者。土力不盡也。土力不盡者。水利不修也。能用水。不獨救旱。亦可弭旱。灌溉有法。纖潤無方。此救旱也。均水田間。水土相得。興雲歊霧。致雨甚易。此弭旱也。能用水。不獨救潦。亦可弭潦。疏理節宣。可蓄可洩。此救潦也。地氣越發。既有時雨。必有時暘。此弭潦也。不獨此也。三夏之月。大雨時行。正農田用水之候。若徧地耕墾。溝洫縱橫。播水于中。資其灌溉。必減大川之水。先臣周用曰。使天下人人治田。則人人治河也。是可損決溢之患也。故用水一利。能違數害。調燮陰陽。此其大者。不然。神禹之功。僅抑洪水而已。抑洪水之事。則決九川距海。濬畎澮距川而已。何以曰水火金木土穀惟修。正德利用厚生惟和。一舉而萬事畢乎。用水之術。不過五法。盡此五法。加以智者神而明之。變而通之。田之不得水者寡矣。水之不爲田用者亦寡矣。用水而生穀多。穀多而以銀錢爲之權。當今之世。銀方日增而不減。錢可日出而不窮。又以宋臣李綱所言。節用救弊。覈實開闔。貿遷諸法。設誠而致行之。不加賦而國用足。豈虛言也哉。謹條例如左。

一用水之源。源者。水之本也。泉也。泉之別。爲山下出泉。

爲平地仰泉。用法有六。

其一。源來處高於田。則溝引之。溝引者。於上源開溝。引水平行。令自入於田。諺曰。水行百丈過墻頭。源高之謂也。但須測量有法。即數里之外。當知其高下尺寸之數。不然。溝成而水不至。爲虛費矣。

其二。溪澗傍田而卑於田。急則激之。緩則車升之。激者。因水流之湍急。用龍骨翻車龍尾車筒車之屬。以水力轉器。以器轉水。升入於田也。車升者。水流既緩。不能轉器。則以人力畜力風力運轉其器。以器轉水入於田也。

其三。源之來甚高於田。則爲梯田。以遞受之。梯田者。

泉在山上山腰之間有土尋丈以上即治爲田節級受水自上而下入於江河也

其四溪澗遠田而卑於田緩則開河導水而車升之急者或激水而導引之開河者從溪澗開河引水至其田側用前車升之法入於田也激水者用前激法起水於岸開溝入田也

其五泉在於此用在於彼中有溪澗隔焉則跨澗爲槽而引之爲槽者自此岸達於彼岸令不入溪澗之中也

其六平地仰泉盛則疏通而用之微則爲池塘於其側積而用之爲池塘而復易竭者築土椎泥以實之

甚則爲水庫以畜之平地仰泉泉之瀵湧上出者也築土者杵築其底椎泥者以椎椎底作孔膠泥實之皆令勿漏也水庫者以石砂瓦屑和石灰爲劑塗池塘之底及四旁而築之平之如是者三令涓滴不漏也此蓄水之第一法也

一用水之流流者水之枝也川也川之別大者爲江爲河小者爲塘浦涇浜港汊沽瀝之屬也用法有七

其一江河傍田則車升之遠則疏導而車升之疏導者江南之法十里一縱浦五里一橫塘縱橫脉散勤勤疏濬無地無水此井田之遺意宋人有言塘浦欲深濶謂此也

其二江河之流自非盈涸無常者爲之牐與壩醲而分之爲渠疏而引之以入於田田高則車升之其下流復爲之牐壩以合於江河欲盈則上開下閉而受之欲減則上閉下開而洩之職所見寧夏之南靈州之北因黄河之水鑿爲唐來漢延諸渠依此法用之數百里間灌溉之利纖凋無方寧城絶塞城中之人家臨流水前賢之遺可驗矣因此推之海內大川倣此爲之當享其利濟亦孔多也

其三塘浦涇浜之屬近則車升之遠則疏導而車升之

其四江河塘浦之水溢入於田則堤岸以衛之堤岸

之田而積水其中則車升出之堤岸者以禦水使不入也大則爲黄河之帚小則爲江南之圩宋人有言堤岸欲高厚謂此也車升出之者去水而爲蓺稻或已蓺而去其水使不没也

其五江河塘浦源高而流卑易涸也則於下流之處多爲牐以節宣之旱則盡閉以留之潦則盡開以洩之小旱潦則斟酌開閤之爲水則以準之水則者爲水平之碑置之水中刻識其上知田間深淺之數因知牐門啟閉之宜也浙之寧波紹興此法爲詳他山鄉所宜則倣也

其六江河之中洲渚而可田者堤以固之渠以引之

牐壩以節宣之。

其七。流水之入於海。而迎得潮汐者。得淡水迎而用之。得鹽水牐壩遏之。以留上源之淡水。職所見迎淡水而用之者。江南盡然。遏鹹而留淡者。獨寧紹有之也。

一用水之瀦。瀦者。水之積也。其名為湖。為蕩。為澤。為洳為海。為波。為泊也。用瀦之法有六。

其一。湖蕩之傍田者。田高則車升之。田低則堤岸以固之。有水車升而出之。欲得水決隄引之。湖蕩而遠於田者。疏導而車升之。此數者。與用流之法畧相似也。

其二。湖蕩有源而易盈易涸。可為害可為利者。疏導以洩之。牐壩以節宣之。疏導者。懼盈而溢也。節宣者。損益隨時。資灌溉也。宋人有言。牐竇欲多廣。謂此也。

其三。湖蕩之上。不能來者。疏而來之。下不能去者。疏而去之。來之者免上流之害。去之者免下流之害。且資其利也。吳之震澤。受宣歙之水。又從三江百瀆注之於海。故曰三江既入。震澤底定。是也。

其四。湖蕩之洲渚可田者。隄以固之。

其五。湖蕩之瀦。太廣而害於下流者。從其上源分之。江南五壩分震澤以入江是也。

其六。湖蕩之易盈易涸者。當其涸時。際水而藝之麥。藝麥以秋。秋必涸也。不涸於秋。必涸於冬。則藝春麥。春旱則引水灌之。所以然者。麥秋以前無大水。無大蝗。但苦旱耳。故用水者必稔也。

一用水之委。委者。水之末也。海也。海之用。為潮汐。為島嶼。為沙洲也。用法有四。

其一。海潮之淡。可灌者。迎而車升之。易涸則池塘以蓄之。閘壩堤堰以留之。海潮不淡也。入海之水迎而返之則淡。禹貢所謂逆河也。

其二。海潮入而泥沙淤墊。屢煩濬治者。則為牐為壩為竇。以遏渾潮而節宣之。此江南舊法。宋元人治所用。百年來盡廢矣。近并濬治亦廢矣。乃田賦則十倍

宋元。民貧財盡。以此故也。其濬治之法。則宋人之言曰。急流搔乘。緩流撈剪。淤泥盤吊。平陸開挑。今之治水者。宜兼用之也。

其三。島嶼而可田。有泉者疏引之。無泉者為池塘井庫之屬以灌之。

其四。海中之洲渚多可灌。又多近於江河而迎得淡水也。則為渠以引之。為池塘以蓄之。

一作原作瀦以用水。作原者。井也。作瀦者。池塘水庫也。高山平原與水違行。澤所不至。開挑無施其力。故以人力作之。鑿井及泉。猶夫泉也。為池塘水庫。受雨雪之水而瀦焉。猶夫瀦也。高山平原。水利之所窮也。惟井可以

救之池塘水庫皆井之屬故易井之象稱井養而不窮也作之之法有五

其一實地高無水掘深數尺而得水者爲池塘以蓄雨雪之水而車升之此山原所通用江南海壖數十畝一環池深丈以上圩小而水多者亘田也

其二池塘無水脉而易乾者築底椎泥以實之

其三掘土深丈以上而得水者爲井以汲之此法北土甚多特以灌畦種菜近河南及眞定諸府大作井以灌田旱年甚獲其利宜廣推行之也井有石井甎井木井柳井葦井竹井土井則視土脉之虛實縱橫及地產所有也其起法有桔槔有轆轤有龍骨木斗有恒升筒用人用畜高山曠野或用風輪也

其四井深數丈以上難汲而易竭者爲水庫以畜雨雪之水他方之井深不過一二丈秦晉厥田上上則有數十丈者亦有掘深而得鹹水者其爲池塘爲淺井亦築土堆泥而水留不久不若水庫之涓滴不漏千百年不漏也

其五實地之曠者與其力不能爲井爲水庫者望幸於雨則歉多而稔少宜令其人多種木種木者用水不多灌溉爲易水旱蝗不能全傷之旣成之後或取果或取葉或取財或取藥不得已而擇取其落葉根皮聊可延旦夕之命雖復荒歲民猶戀此不忍遽去

也語曰木奴千無凶年

本朝怡賢親王敬陳水利疏竊直隸之水總會於天津以達於海其經流有三自北來者曰白河自南來者曰衞河而淀池之水貫乎白衞二河之間是爲淀河白衞爲漕艘要津邇年以來白河安瀾無泛溢之虞衞河發源河南輝縣至山東臨清州與汶河合流東下河身陡峻勢如建瓴不免冲潰泛溢查滄州之南有磚河青縣之南有興濟河乃分減衞水之故道又靜海縣之權家口直接寬河東趨白塘口入海俱應就現在河形逐段開疏築壩減水白塘口入海之處舊有石閘二座磚河興濟河之委應開直河一道歸併白塘出口澇則開閘放水可殺運河之漲而河東一帶積潦亦得藉以消洩旱則引流灌漑溝洫通而水利溥滄青靜海天津數百里斥鹵之地盡爲膏腴之壤矣至東西二淀跨雄霸等十餘州縣廣袤百餘里畿內六十餘河之水會於西淀經霸州之苑家口會同河合子牙永定二河之水滙爲東淀蓋羣河之所瀦蓄也故治直隸之水必自淀始凡古淀之尚能存水者均應疏濬深廣併多開引河其已爲田者必四面開渠中穿溝洫經緯條貫脉絡交通洩而不竭蓄而不盈而後圩田種稻旱澇有備魚鼈蜃蛤萑蒲之生息日滋小民享淀池之利不煩督責而淀常治矣子牙永定二河以淀爲壑子牙爲滹漳下流清濁

二漳發源山西。至武安縣交漳口會流。經廣平正定而滹沱滏陽大陸之水會焉。天津歸海之水。以子牙爲正流。其餘諸水附之以達於海。今河身高墊。支港堙塞。安得不冲不泛。考任邱舊志。子牙下流。有清河夾河月河。皆分子牙之流。同趨於淀。宜尋求故道。開决分注。以緩奔放之勢。永定河。俗名渾河。其源本不甚大。緣水濁泥多。淤高必決。其流既改。故道遂堙。應於每年水退後。挖去淤泥。俾現在河形。不致淤高。庶保將來不復遷徙。二河出口。俱在東淀之西。淀之淤塞。實由於此。臣等面奉

上諭。令引渾河別開一道。今應自柳岔口引渾河稍北。遶王慶坨之東北入淀。子牙河現由王家口分爲二股。今

應障其西流。約束歸一。兩河各依南北岸分道東流。仍於淀內築堤。使河自河而淀自淀。河身務須深濬。常使淀水高於河水。仍隨時挑濬。毋令淤塞。二河之濁流。自不能爲患。而萬派之朝宗。可得安瀾矣。再各處隄防。應俟水退之後。照舊修築。其大小澱淀。俱可以圩田種樹。如此之處不少。統俟來春查明具奏。

怡賢親王敬陳畿輔西南水利疏 京西一帶諸山。實維太行之麓。水勢因之。盡朝宗而左騖。故自西北山而下者。皆東南會於兩淀。自西南山而下者。皆東北會於大陸。二泊兩道分流。畢由東淀達直沽入海。則是今日所歷諸河。即去冬查勘畿南河淀之上流也。謹將勘過情形。并開挖疏引。措置水田事宜。敬陳之。蘆溝以西諸水。拒馬其鉅流也。發源山西廣昌之淶山。東流至房山鐵鎖崖。分爲二派。一派東入涿州。一派南入淶水。合流而爲白溝河。他若馬頭河牤牛河胡良河。皆入焉。馬頭牤牛二河。均難資其灌溉。惟胡良所經。地稱膏腴。溝渠圩岸。宛若江南。擴而廣之。房涿之間。皆稻鄉也。淶水一派。石亭赤土樓村。秔稻最盛。而房之張坊至駱家庄。涿之高村及城之西北一路。分渠引流。具有條理。又有王家庄茂林庄毛家屯等村。溝渠現存。改爲旱田者。約百餘頃。土人以水源微弱爲辭。此河下流爲白溝。水勢甚盛。未有下流盛而上源微者。今應於房山鐵鎖崖分流之

處。深溝側注。以均其來。白溝之上。相地建閘。以節其去。不惟王家茂林等處之百餘頃復爲水田。即河流所經之定與新城等縣。亦沾澆灌之利矣。拒馬之南爲三易水。曰濡曰武曰雹。濡水出州北之窮獨山。西折而南入定與。與淶水合流。源泉入焉。源泉舊有石壩。乃壅水開渠之遺址。當時近水皆稻粱。遶城皆芰荷。今皆荒廢。所應修復。武水出武峯嶺。流經定興。合濡水而歸河陽渡。雹水出石獸崗。流經安肅。入安州之依城河。三水具挾源泉。分流疏渠。其勢甚便。鍾家庄唐湖川鹽臺陂。民皆藝稻。是在因地擴充。務使水無遺利。雹水之南曰徐水。來自五迴嶺。經滿城至安肅而曹水

會焉。合一畝方順龍泉諸水。滙爲依城河。餘小泉以百數。水源盛而水饒。疏而引之。不可勝用也。

滱水發源山西之靈邱。由倒馬關入唐縣爲唐河。橫水自西北來會。居民引以溉稻。直達下素。町畦相望。經曲陽之鎮里高門。所溉尤多。南入定州而白龍泉復來會之。王耨張謙等村。傍河皆圩岸。應推廣以極水力。所得稻田難以頃計矣。

唐河之南有沙河。來自山西之繁峙。入曲陽界合平陽河。南流阜平當城胭脂二河。行唐之郜河咸會焉。其上流亦名派水。經自樂歷定州沿流多資灌溉。他如阜平之崔家庄。行唐之龍岡甘泉河。新樂之何家庄浴河。俱

有水田。而泉渠頗多堙廢。徧行疏濬。所獲尤多。

沙河之南有滋河。源出山西枚回山。經靈壽入行唐之張茂村伏焉。至無極南孟社而復出。疏鑿成渠。皆天然水利也。以上諸水。盡攝於西淀。自此而南。水之載在圖經者。惟滹沱最大。發源山西繁峙之泰戲山。由雁門入直隸之平山界。冶河緜曼等水皆入焉。冶河源自山西平定州松嶺流至平山。初不與滹水相合。自二水合流而滹沱之勢遂猛。屢奔潰爲眞定害。治之故道本與滋合。今應於入滹之處塞而斷之。循其故流。加以挖濬。引入滋河。則滹沱之猛可減。

滋河發源獲鹿之蓮花營浲北村二泉。其源頗有堙塞。

至欒城合北沙河而流始大。澆溉可資。但苦岸高難以升引。應作壩以壅之。開溝縱橫。俱可通流。水漲則決壩以洩。此萬全之利也。滋河下流自寧晉入泊。舊有石閘三座。遺跡尚存。現今兩岸居民尚戽水以澆畦麥。其爲水利之用。亦可想見矣。

滋河以南諸水。自贊皇來者。有槐水有午水。自臨城來者。有泲水泥河泜河沙河。自內邱來者。有李陽河七里河小馬河柳河。或名在而跡已湮。或源存而流已徙。然石橋宛在。斷碣猶存。前人洩潦歸泊之路。今皆任民耕種。以致山川暴下。瀰漫四野。貪尺寸之利。貽害無窮。今已委員查勘。酌量疏通。令漫水有歸。田疇不受其害。小

柳河之東爲聖女河。泉從地湧。引流可田。南爲白馬河。居民建閘溉田。下流遂湮。水漲之時。以鄰爲壑。故北之聖女南之牛尾二河。俱被其衝突。爲任邑害。今應濬入泊之路。嚴閉閘之禁。害去而利乃可興矣。

又南爲百泉河。出邢臺之風門山。歷南和等處。有閘十三座。溉田數百頃。而任縣不沾一勺之潤。今應立法均利。自下而上。各以三日爲期。則沿流一帶皆水田也。但河身尚隘。宜展而倍之。

百泉之南爲野河。源出邢臺之西山。下入沙河。沙河源出山西遼州之渦水。至沙河縣分爲二支。一流至任縣爲澧河。一流至南和爲乾河。抵任縣合洛河。沙河縣之

普潤閘漑田四十餘頃洺河亦發源於遼州入直隸與沙河合近年常苦涸竭若引滏陽之水假沙洺之道兩河之間俱可沾其浸漑

滏陽河諸水之鉅流也源出河南磁州之神麕山至邯鄲會渚沁二水至寧晉貫大泊而出抵冀州與滹沱水合所經之處疏渠灌稻元郭守敬嘗言可灌田三千頃明建惠民等八閘民以殷富近爲磁州民築壩截流八閘已廢其六今應照舊修復以上諸水入任縣泊者謂之南泊入寧晉泊者謂之北泊二泊固諸河之委滙皆禹貢大陸澤故地也

南泊舊注滏河自滹漳闖淤河高於泊難以議開唯谿

爪一河不足消全泊之漲今查穆家口河道原自通流略加疏濬爲力無多北泊周圍百里地窪水深亦恃滏河爲宣洩之路自滹沱南徙故道漸湮東注河身亦多淺隘今應大加展挖務俾寬深如此則南泊之水歸穆家口而咽喉已通北泊之水入滏陽河而尾閭亦快積潦日消舊岸漸復涸出之地尚可以數計哉然後作小堤以繞之多開斗門疏渠種稻則沮洳之場皆樂土也

惟滹沱一水源遠流長獨行赴海而善決善淤遷徙靡常自古患之自去年北徙直趨東鹿奔軼四出官民請疏入泊之道然此道本非正流閫淤已成平地旋加挖掘工費甚繁今查有乾河一道係滹水入滏舊路自張岔開挑六七里便可直接洪河從此改流由焦岡而入滏水沛然而東寧晉泊既遠淤壅之患即東鹿深州等處亦無冲潰之害矣畿南州縣地方遼濶臣等未及遍歷者已遣効力人員悉心經理即當酌量緩急次第興工以仰副我

皇上愛養民生興修水利之至意可也

怡賢親王敬陳京東水利疏

臣等歷看京東之水若北河若薊若㴖以及永平之灤河皆經流之最大者白河爲漕運要津農田之蓄洩不與焉然河西數十里內止有鳳河一道別無行水之溝亦無瀦水之澤一有雨潦不但田廬瀰漫即運河堤岸亦宛在水中查涼水河源

自京城西南由南苑出弘仁橋至張家灣入運請於高各庄開河分流循鳳河故道疏濬由大河頭入仍於分流之處各建一閘以時啓閉庶積潦有歸且可沾漑田疇矣運河之東則香河其下爲寶坻沿河堤岸坍頽應飭修築并於牛牧屯以上斜築長堤以障東溢再通州烟郊以南之水皆滙於窩頭分爲二股一股南入運河一股東流經香河縣之吳村滙於百家灣入七里屯達於寶坻查七里屯以上大半淤塞地皆沙鹵難以開鑿若將南流一股疏通深暢則經流歸於運河又夏店之箭杆河經香河入寶坻之溝頭河漫流入淀應從溝頭疏濬會七里屯之水達於大河水有攸歸農田亦有利

焉寶坻西北接壤薊州薊州運河自三台營會諸山之水東南至寶邑會白龍港又南經玉田豐潤合浭水達海河身深闊源遠流長棄之則害用之則利請先築河堤務須高厚然後於下倉以南建石橋空下閘水升注兩岸以資灌溉多開溝澮自近而遠縱橫貫注用之不乏矣浭水發源遷安之泉庄委折蛇行土人有三灣六曲之稱河道狹而堤堰卑東決則淹豐潤西決則淹玉田應於劉歆莊王木匠庄各開直河一道舊流亦無令壅塞俾得兩處分瀉可無冲決之患至沿河一帶建閘開渠數十里內無非沃壤土人動言浭水湍急爲患不知敗稼之洪濤即長稼之膏澤現在近河居民引流種

菜千畦百隴在在皆然曾未見利於圃而不利於農者也玉田本屬稻鄉藍泉河出藍山西南流入薊運夾河瀦水爲湖伏秋水發一望瀰漫應將河身疏通深廣東以堤防西北另開小河一道引水入河下流使湖無泛濫而河得安瀾仍於曲河頭建閘開溝引水遶東湖而南湖內外田地均沾灌溉再於湖心最下之處圩爲水櫃以濟泉水之不足其利可以萬全又泉河發源小泉山東流會孟家泉煖泉達於薊運河現在引流種稻所當捜滌泉源多方宣布以廣水利者也豐潤負山帶水湧地成泉疏流導河隨取而足如城東之天宮寺牛鹿山鐵城坎以及沿河沮洳之處可種稻田數百畝多至千餘畝而止縣南接連大泊一帶平疇萬頃土膏滋潤內有王家河汊河龍堂灣泥河共四道春夏不涸而田疇不沾其利爲可惜也應請滌其源疏其流壩以壅之堤以蓄之東北引陡河爲大渠橫貫四河中間多開溝洫瀠洄宣布數十里內取之左右皆逢其源而泊內多可耕之田矣陡河自灤州之館山東流繞縣境而南旁河村庄曰上稻地下稻地南日官渠蓋昔年圩田種稻之地遺趾尚存若沿河堅築隄防多設壩閘以時蓄洩疆理一循舊跡不勞區畫而兩岸良田不可數計至板橋狼窩鋪等處東達榛子鎮一帶流泉大槩入灤州境灤河洶湧滂沛推壅沙石既不可束以隄防亦難以資

灌溉然各屬支流藉以滙歸故少漲溢之患而涓涯皆農田之資灤州近城之別故河淤塞漫流數十年於茲若照舊疏濬不惟城闉不受侵囓而西南負郭之田皆收浸潤之利城南則有龍溪出五子山東即清河之源城西則有沂河經芹菜山南折而東又轉而南二河之間地勢平衍土岡環之東南一望無際皆可播流而溉也西南則游觀庄之靳家黃坨河引泉可田南則稻河吳家龍堂等處引河可田西北則自沙河驛之東榛子鎮之西龍溪黃崖煖會於牤牛河經雙橋而園山瀑水入之流清而駛地平而潤沿岸一帶建壩開溝無處非水耕火耨之地矣灤州之北爲遷安城北徐流營湧出

五泉。合流入桃林河。又三里橋湧泉流出灤河。鼇姑廟泉河與灤河相接。龍王廟之泉頭流爲三里河。經十里橋而南。夾河皆可田。黃山之麓。一泓湛然。西入石渠。即浭河自出。自泉庄至新集。地與水平。播之可種稻田百餘頃。盧龍縣北之燕河營。湧泉成河。及營東五泉。漫溢四出。至張家莊一帶。皆可挹取。爲樹藝之利。京東土壤。膏腴甲於天下。臣等勘過情形。大槩如此。惟是工程浩大。地方遼濶。隨宜酌量。容有變通之處。統俟工完。彙齊送冊。

慕天顏請浚孟河白茆河疏　臣前疏請浚白茆港孟瀆河福山港三丈浦黃四港申港包港安港西港七了等

處。蓋既鑒上年之奇旱。預料今年之大澇。從長籌畫。實非泛言。雖部議未邀。即允。然關切地方民事。豈容緩圖。臣再四籌畫。先擇其不易而費簡者。若七了一帶。業已勸民濬滌淤沙。通崇明之運道。福山港三丈浦道里。民自願分役疏通。再如黃四申包安西等港。另行酌量緩急。多方設法。次第興舉外。惟是常熟之白茆港。係蘇常諸水東北出江第一要河。自明季失修。湮塞成陸。旱則潮汐不通。澇則宣洩無路。若此港一通。不惟常熟水旱無虞。即崑山長洲太倉無錫江陰。無不共沾其利。又武進之孟瀆河。係常鎮諸水歸江要道。凡高溧西北諸水。競趨東南。則流注於宜興金壇。更轉洩於丹陽武進。惟藉孟河一口出江。今亦年久失修。河身壅積。武進以西。丹陽以東。宜興金壇以北。諸水歸江阻道。於是水旱並災。人力難施矣。此兩河者。蓄洩之利。等於劉淞。淤塞之形。亦不亞於劉淞。今劉淞疏通。蘇松常資其益者甚鉅。白茆孟河淤塞。蘇常鎮被其害者亦復不小。此臣身在地方。目擊親切。日夜籌畫而不敢忽者也。是以分委道員。細加察勘。據各該道請照劉淞事例。先動正帑濟工。不惟水利克修。現在望賑饑民。得以赴工趁食。不設賑而民已全活。數善備焉。

總漕桑格等覆勘疏　臣等會勘得下河各州縣地方。歷被水災。皆緣上源受水之處甚多。而洩水入海之處甚

少。兼之各邑通水故道。俱多淤澱。以致泛濫橫溢。成此積水之患也。今欲救此災黎。舍開浚故道。多分水勢之法。別無善策。是以前疏內議修芒稻河者。欲分高郵邵伯兩湖之水入江。使不至下河也。議挑曹家灣楊家絆七節橋者。係開通高郵邵伯兩湖淤塞之水路。使通芒稻河於下江也。議挑車兒埠之滔子河者。欲使泰州所受之水。由苦水洋入海也。議挑澗河者。欲分運河之水。流於澗河。由射陽湖下海。使不至高郵也。議挑海陵溪者。欲使高郵所受之水。通岡門下海也。議挑車路白塗海溝三河者。欲使與化所受之水。由丁溪草堰白駒入海也。議挑鰕鬚二溝蔓梁河并朦朧西首淤塞之射陽

湖者。欲使高寶與泰鹽山等處之水。俱由廟灣下海。此海口為下河最窪最寬之地。洩各處上流之水。尤為宣暢也。今臣細加覆勘。與前無異。目今水勢汪洋。民間被淹田地。多未涸出者。皆由水道淤塞不通之故。若使挑濬之工一舉。水循故道。下流歸海。田地自然涸出。實為大有益於生民。

欽定授時通考

穀種卷十一
黎豆
山黧豆
山黑豆
苦馬豆
鹿藿
勞豆
回回豆
穀種卷十二
麻
大麻

沙蓬米
亞麻
苘麻
稗 穇子 稂 東廧
薏苡

穀種

彙考

詩豳風黍稷重穋禾麻菽麥。

正義曰苗生既秀謂之禾。禾稼者苗幹之名。又曰鄭司農云先種後熟謂之重後種先熟謂之穋。又曰禾稼禾麻再言禾者以禾是大名也。非徒黍稷重穋四種而已。其餘稻秫菰粱之輩皆云為禾麻與菽麥則無禾稱。故於麻麥之上更言禾字以總諸禾也。朱子集傳禾者穀連藁秸之總名。禾之秀實而在野曰稼。

大雅誕降嘉種。

傳天降嘉種。箋云天應堯之顯后稷。故為之下嘉種。疏曰后稷善能於稼穡上天乃下善穀之種與之正義曰降者從上之辭故知降嘉種者是天降嘉種也。朱子集傳降降是種於民也。書曰稷降播種是也。

魯頌黍稷重穋稙稺菽麥奄有下國俾民稼穡有稷有黍有稻有秬。

注先種曰稙後種曰稺。大全孔氏曰重穋稙稺生熟早晚之異稱非穀名。

周禮天官太宰以九職任萬民。一曰三農生九穀。

注鄭司農云九穀黍稷秫稻麻大小豆大小麥元謂

九穀無秫大麥而有粱苽。疏元謂九穀無秫大麥而有粱苽者。以秫亦粟與稷黏疎爲異。故去之。大麥所用處少。故亦去之。必知有粟苽者。下食醫云。凡膳食之宜。有犬宜粟宜苽。故知有粱苽也。且前七穀之中。依月令麥屬東方。黍屬南方。麻屬西方。豆屬北方。稷屬中央。故知有黍稷麻豆麥。稻與小豆所用處多。故知有稻有小豆也。必知有大豆者。生民詩云。藝之荏菽。荏菽大豆。后稷之所植。故知有大豆也。

又疾醫以五穀五藥養其病。

注五穀。麻黍稷麥豆也。疏此依月令五方之數。

又膳夫凡王之饋食用六穀。

注六穀。稌黍稷粱麥苽。苽雕胡也。

孟子五穀者種之美者也。

管子凡五穀者萬物之主也。穀貴則萬物必賤。穀賤則萬物必貴。兩者爲敵。則不俱平。故人君御穀物之秩相勝。而操事於其不平之間。

又五穀者民之司命也。

范子計然曰。五穀者萬民之命。國之重寶也。

漢書食貨志種穀必雜五穀。以備災害。田中不得有木。

又董仲舒說上曰。春秋他穀不書。至於麥禾不成則書之。以此見聖人於五穀最重麥與禾也。

說文穀續也。百穀之總名。禾嘉穀也。以二月而種。八月始熟。得時之中。故謂之禾。禾木也。木王而生。從木從𠂹省。𠂹象其穗。

又禾之秀實爲稼。根節爲禾。

廣雅釋草粢稻。其穗謂之禾。

小爾雅廣物稾謂之稈。稈謂之芻。生曰穀。穀謂之粒。菜謂之蔬。禾穗謂之穎。

格物總論穀種之美者也。其爲種也不一。考之前載。有言三穀者。粱稻菽是也。有言五穀者。麻黍稷麥菽是也。有言六穀者。稻黍稷粱麥苽是也。有言九穀者。稷秫黍稻麻大小豆大小麥是也。有言百穀者。又包舉三穀各二十種者爲六十。蔬果之實助穀各有二十是也。蓋人食之則飽。不再食則飢。未有不資以爲生也。然不種則不生。不時則不穫。故古者重穀而務農焉。種以時而生以時。耕以時而穫以時。苗而秀。秀而實。昔春而種者子粒耳。秋而收者萬顆也。昔春而入土者升斗耳。秋而登場者倉箱也。國與民俱足。獨不在此乎。故聖王必貴五穀而賤金玉。

楊泉物理論粱者黍稷之總名。稻者溉種之總名。菽者衆豆之總名。三穀各二十種。爲六十。蔬果之實助穀各二十。凡爲百穀。故詩曰。播厥百穀。穀者衆種之大名也。

農桑輯要穀名考。五穀。禾麻菽麥豆也。周禮註又以麻黍稷麥豆爲五穀。

嘉禾瑞穀瑞麥

禮含文嘉神農就田作耨。天應以嘉穀。

山海經帝之下都崑崙之墟。有木禾。郭璞曰。穀類也。

後魏地形志羊頭山下。神農泉北。有穀關。卽神農得嘉穀處。

尚書序唐叔得禾。異畝同穎。獻諸天子。王命唐叔歸周公於東。作歸禾。

傳畝壟穎穗也。禾各生一壟而合爲一穗。異畝同穎。天下和同之象。

又周公既得命禾。旅天子之命。作嘉禾。

傳天下和同。政之善者。故周公作書。以善禾名篇告天下。正義曰。嘉訓善也。言此禾之善。故以善禾名篇。後世同穎之禾。遂名爲嘉禾。由此也。

白虎通成王時有三苗異畝而生。同爲一穟。大幾盈車。長幾充箱。民有得而上之者。成王訪周公而問之。公曰。三苗爲一穟。天下當和爲一乎。果有越裳氏重譯而來。獻白雉。

古今注漢和帝元年。嘉禾生濟陰城陽。一莖九穗。安帝延光二年六月。九真言嘉禾生百十六本。七百六十八穗。

爾雅注漢和帝時。任城生黑黍。或三四實。實二米。得黍三斛八斗。

吳志黃龍三年夏。由拳野稻自生。改禾興縣。冬十月。會稽南始平言嘉禾生。十二月改元嘉禾。

晉起居注武帝元帝世。嘉禾三生。其莖七穗。

魏書靈徵志太祖天興二年七月。獲嘉禾於平城縣。異莖同穎。八月廣甯送嘉禾。一莖十一穗。平城南十里郊嘉禾。一莖九穗。告於宗廟。

又世祖神䴥二年七月。嘉禾生於魏郡安陽縣。三本同穎。

又肅宗熙平二年八月。幽州獻嘉禾。三本同穎。正光三年。肆州獻嘉禾。一根生六穗。

又孝靜帝天平四年八月。虞曹郎中司馬仲璨獻嘉禾。一莖五穗。

宋書符瑞志文帝元嘉二十二年六月。嘉禾生藉田。一莖九穗。生華林園百六十穗。二十四年七月乙卯。嘉禾旅生華林園及景陽山。二十五年六月壬寅。嘉禾旅生華林園十株七百穗。壬子。嘉黍生藉田。孝武帝大明元年。嘉禾生清暑殿鴟尾中。一株六莖。

南齊書祥瑞志武帝永明元年正月。新蔡郡固始縣獲嘉禾。一莖五穗。八月。新蔡縣獲嘉禾。一莖九穗。一莖七穗。十一月。固始縣獲嘉禾。一莖九穗。二年。梁郡睢陽縣界野田中獲嘉禾。一莖二十三穗。

梁書武帝本紀天監四年五月辛卯。建康縣朔陰里生

嘉禾一莖十二穗大同六年九月始平太守崔碩表獻嘉禾一莖十二穗

大業拾遺錄七年九月太原郡獻禾一本三穗長八尺穗長三尺五寸大尺圍芒穗皆紫色鮮明可愛有老人年八十餘以素木匣盛之賜物三十段勑授嘉禾縣令

玉海唐武德元年六月虞州獻嘉麥一莖六穗八月禾州獻嘉禾異畝同穎二年七月益州獻嘉禾一莖六穗四年二月肅州獻嘉禾一莖五穎貞觀二年六月長安獻嘉禾三年十二月潞州獻嘉禾景雲二年六月洛州言兩岐麥明皇先天二年八月懷州言嘉禾四穗開元八年五月平原麥一莖兩岐分秀九年五月絳州奏瑞

麥七莖兩穗一莖四穗十二年六月乙巳河南瑞麥生穗分岐一莖三秀十三年五月甲申瑞麥生河南之壽安

唐會要開元十九年四月一日揚州奏穭生稻二百一十五頃再熟稻一千八百頃其粒並與常稻無異

舊唐書代宗紀朔方節度郭子儀言寧朔縣界荒地廣十五里有黑禾穀出遍地每日附近百姓掃盡經宿還生前後可得五六千石其禾圓實味甘美

又永泰元年秋京兆府上言鄠縣嘉禾生穗長一尺餘穗上粒重纍如連珠

唐會要文宗太和二年福建進瑞粟一十莖

又宣宗大中二年七月十六日福建觀察使殷儼進瑞粟十一莖莖有五六穗

宋史五行志太祖乾德二年十月眉州獻禾生九穗圖四年四月府州尉氏縣雲陽縣並有麥兩岐五月魚臺縣麥秀三岐六月南充縣禾二莖十三穗一莖十一穗七月又生一莖九穗

又太宗太平興國元年九月隰州獻合穗禾長尺餘三年四月夏縣五月舒州六月閬州麥並秀兩岐四年七月卭資二州禾並九穗九月溫州獻嘉禾九穗圖五年七月蓬萊縣田穀隔隴合穗相去一尺許九月流溪縣六年五月汝陰縣九年五月施州麥並秀兩岐至道元

年六月嘉禾生眉山縣一本二十四穗七月金水縣禾生九穗舒州監軍廨粟畦兩本岐分十穗臨渙縣二禾合成一穗八月綿竹縣禾生九穗三年三月洋州嘉禾合穗五月黃岡縣昌軍麥秀二三穟八月雅州禾一莖十四穗

又眞宗咸平元年五月溧水縣麥秀二三穗七月嘉禾生簇苑一莖二十四穗百丈縣禾生一莖二十七穗八月蘇州廨後園邠州民田並禾上合穗平康縣田禾兩穗合爲一化城縣禾九穗二年五月辛卯麥秀二三穗七月夤官縣禾二莖九穗者各二彭城縣粟一莖分四穗八月鄠縣粟一莖九穗元武縣粟一莖上分五苗成

二十一穗。榆次縣禾三莖共穗。三年五月。鄠縣海陵縣。並麥秀二三穗。七月眞定府禾三莖一穗。達州禾一苗九穗。八月辰州公田禾生一莖三穗者四。五年八月。臨汾洪洞縣並禾生隔二隴上合爲一。六年七月。涉縣隔四隴同穎。銅梁縣禾一莖九穗。景德元年正月。寧晉縣禾合穗者三本。八月滎陽縣及相州嘉禾異畝同穎。三年九月。榮州禾一莖十八穗。四年六月。南雄州保昌民田禾一本九穗。七月神泉縣禾一苗九穗。貝兗二州嘉禾合穗。大中祥符元年曲水縣南鄭縣並麥秀二三穗。七月乾封縣奉高鄉民田禾異隴同穎。八月淳化縣田禾隔四隴相去四尺許合爲一穗。新平縣禾合穗者二

本。眞定府粟生二穗。九月。澧州嘉禾一莖十穗。嘉州禾二莖各九穗。二年六月。簡州民禾九穗。七月。黔州嘉禾異畝合穗。八月嘉州廨有一莖十四穗生庭中。岐山縣禾異畝同穎。三年四月。同州麥秀二三穗。七月。冀淄昭三州嘉禾多穗異畝同穎。八月寧化軍嘉禾合穗。寶鼎縣禾隔四隴相去二尺許合穗。樓煩縣禾異本同穎。劍州嘉禾生一莖九穗。四年三月辛巳。帝至西京福昌縣嘉禾一本七穗。昌元縣禾一莖九穗。金水縣民田禾一莖三十六穗。四月六安縣麥秀二三穗。五月。唐汝廬宿泗濠州麥自生。八月蜀州禾一莖九穗。長壽縣禾合穗者二。蒲縣禾異畝同穎。五年四月。遂州麥秀兩穗或三

穗。七月華州禾一莖兩穗。眞定府四縣嘉禾合穗。九月。巴州禾一莖二十四穗。一莖十七穗。六年三月。邕州麥秀兩穗或三穗。七月。益州嘉禾九穗至十穗。朝邑縣民田禾八莖同穎。巳未召近臣觀嘉禾於後苑。有七穗至四十八穗。繪以示百官。八月。龍門縣永定軍博野縣民田並嘉禾生合穗。忻州秀容定襄二縣民田禾合穗。九月。京兆府獻長安縣嘉禾圖一枝雙穗。七年。通泉縣廨禾一本六穗。邯鄲縣民田禾隔隴合穗者二本。滁州榷酒署內禾一莖三穗。晉原平原二縣民田禾並一本十二穗。三月。郾城縣麥秀兩穗三穗。八月。亳州禾一莖三穗至十穗。府谷縣禾隔三隴合成一穗。嵐州禾一莖八

穗。一莖五穗。遼州平城民田禾隔二隴合穗。有十三本或二十一本合爲一。九月。施州禾一莖九穗至十二穗。眞定貝州並嘉禾合穗。八月。湖陽縣麥秀兩穗三穗。四月。旭川縣禾一莖九穗。閏六月。眉山邛州禾並一莖九穗。七月。永靜軍禾隔隴合穗者二。八月。桂陽監粟一本二穗。九年四月。建初縣麥秀兩穗或三穗。八月。大名府獻合穗禾。永靜軍阜城縣民田穀隔三隴合穗者二本。廣州嘉禾生。安化縣禾穗長一尺五寸。天禧元年七月。流江縣禾一莖九穗。二年九月。河北獻穀穗三。各長尺餘。資州禾一莖九穗。三年七月。饒陽縣禾二隴相去二尺許合爲一穗。益州嘉禾一莖九穗。四年八月。內出

玉宸殿瑞穀圖示近臣。每本有九穗十穗者。九月。鄞縣禾一莖九穗。五年四月。河南府嘉禾合穗。七月。導江青城禾並一莖九穗。乾興元年五月。南劍州麥一本五穗。緜州麥秀兩岐。八月。洋州嘉禾合穗。十一月。高陵縣嘉禾合穗。

又仁宗天聖二年八月乙酉。寧化軍嘉禾。異畝同穎。四年九月。榮州禾一本九穗。五年。資州禾一本九穗。六年。忻州禾異本同穎。五月乙未。陳州瑞麥一莖二十穗。七年七月。河南府嘉禾合穗。九年。膚施縣禾異畝同穎。景祐元年七月。磁州嘉禾合穗。八月。大名府嘉禾合穗。九月。涇州磁州保德軍並嘉禾合穗。十月。孝感應城二縣

稻再熟。成德軍禾一本九穗。三年五月。榮州禾一莖九穗。四年七月己巳。臨清縣穀異畝同穎者六十本。康定元年六月。蜀州懷安軍並禾九穗。慶曆二年。壽安縣嘉禾合穗。六年五月。昭化縣禾一莖兩岐。八月。趙州懷州並嘉禾異畝同穎。九月。定襄縣嘉禾隔二隴合穗。長江縣禾一莖十穗。十二月。石照諸縣野穀穭生。七年九月。汾州榮州德州並嘉禾合穗。皇祐元年。密州禾合穗者五本。永康軍禾一莖九穗。二年九月。延州石州並嘉禾異畝合穗。永康軍嘉禾一莖九穗。十二月。密州禾十莖合一穗。石州四莖合一穗。三年五月。彭山縣瑞麥一莖五穗者數本。滁州麥一莖五穗。四月。八月。嘉州蜀州並

嘉禾一莖九穗。九月。南劒州有禾一本。雙莖二十穗。五年三月。資州嘉禾一莖九穗。閏六月。資州麥秀兩岐。七月。鄆州祁州禾異畝同穎。九月。成德軍嘉禾異畝同穎。綿州禾一莖九穗。至和元年十二月。蜀州嘉禾一莖九穗。二年五月。亳州麥秀兩岐。六月。應天府貢大麥一本七十穗。小麥一本二百穗。八月。邛州嘉禾一莖九穗。嘉祐三年六月。緜州麥一穗兩岐。七月。泰山上瑞麥圖。凡五本五百一穗。四年六月。彰明縣有麥兩岐百餘本。五年三月。崇安縣嘉禾一本九十莖。七年。陵州禾一莖九穗。九月。平遥縣禾異畝合穗。

又神宗熙寧元年。永興軍禾一莖四穗。眉州禾一莖九

穗。四年。乾寧軍禾二莖合穗。成德軍晉州汾州禾異壟同穗。六年。南溪縣禾一苗九穗。八年。懷安軍瀘州渠州各麥秀兩岐。安喜縣禾二本。間五隴合穗。平山縣禾合穗者二。保塞縣禾七本。間一壟或兩壟合穗。潞城縣禾合穗者二。九年。火山軍禾間五壟。束鹿秀容二縣間四壟。渤海縣皆異壟同穎。流江縣禾一苗九穗。譙縣麥一本三穗。尉氏縣湖陽縣彭山縣麥一本兩穗。渠州大麥一穗兩岐。或三岐四岐者。陽翟縣麥秀兩岐。天興寶雞二縣。皆麥秀兩岐。仍一本有三四穗或六穗者。石州安州麥秀兩岐。十年。磁州禾合穗。眉州禾生九穗。亳州禾生二穗。元豐元年。武康軍禾一莖十三穗。汝州禾合穗。

寧江軍禾一莖十穗。邢州麥秀兩岐。夔州麥一本三穗。
二年。簡州安德軍麥秀兩岐。曹州生瑞禾。北京安武軍
懷州鎮戎軍禾合穗。鎮戎軍懷州禾皆異畝同穎。袁州
禾一莖八穗至十一穗。皆層出長者尺餘。安州禾異畝
同穗。三年。眉州禾一本九穗。齊州禾一莖五穗。趙州禾
二本合穗。安州麥一本三穗至五穗。凡十四莖。深州麥
秀兩岐。或三四穗。凡四十畝。眉州麥秀兩岐。四年。徐州
麥一本百七十二穗。代州禾合穗。襄邑縣禾一本九穗。
五年。高邑縣禾一莖五穗。青州安肅軍憲州禾皆異畝
同穎。六年。洪州七縣稻已穫。再生皆實。威勝軍武鄉縣
禾二本間五壟合穗。歷城縣禾二本合穗。趙州禾間三

隴合穗。唐州禾二穗者四。瀘州禾九穗。懷青濰三州禾
皆異隴同穗。府州陝州保平軍禾皆合穗。七年。蜀州禾
生九穗。青州禾異畝同穎者十一。同州禾異畝同穎合
州麥秀兩岐。八年。亳州麥一莖二穗。一莖三穗。一莖四
穗。鎮潼軍秫禾苗異隴同穗。岷州禾皆四穗。泰寧軍禾
異本同穎者三。是歲秋冬。保澤趙鄂隰滄濰密簡饒諸
州威勝軍。禾合穗。或異畝同穎。
【又】哲宗元祐元年。簡州禾合穗。石州禾異畝同穎。二年。
忻隰磁濰懷州禾異畝同穎。趙忻州禾合穗。三年。祁保
彭州禾異畝同穎。瀛磁代豐州安國軍禾合穗。劒州安
國軍麥秀兩岐。夔州麥一本十二穗。四年。泰寧軍麥異

畝同穎。流江縣禾一本二穗。榮德縣禾一本九穗。青鄭
齊趙州禾合穗。及有一本三穗。峨眉縣禾異畝同穎。又
禾登一百五十二穗。五年。冀州安武軍大名府威德軍
禾合穗。永寧軍禾二本隔五隴合穗。平定軍禾異畝同
穗。汀州禾生三十六穗。劒州禾一本八穗。普州麥一莖
雙穗。夔州麥秀五岐。六年。汝陽縣美原縣兗州鄒縣麥
一莖數穗。南劒州粟一本三十九穗。瀛定懷汝晉昌州
平定永康軍禾合穗。七年。均兗祁滄濱華柳州禾合穗。
鄂州禾一本一枝兩穗。三本三枝兩穗。仙源縣禾異隴
合穗。耀州粟二莖隔兩壟合爲一穗。梁山軍禾一莖九
穗。固始縣麥有雙穗。定陶縣丹陽縣麥秀兩岐。紹聖元

年。博野縣麥一本五穗。漢陽軍麥秀兩岐。樂壽縣麥一
本兩穗。或三穗。懷安軍禾一本九穗。二年。青濰果冀德
濱嵐濮達州禾合穗。三年。安武軍禾合穗。嵐州禾兩根
合穗者二。普湘青齊嵐州永康軍禾異畝同穎合秀。至
九穗。泉州粟二本五穗八穗。瑕邱縣武陟縣陝城小溪
四縣麥合穗。良京縣沈邱縣長子縣麥秀兩岐。四年。河
中府麥秀三穗。虹縣雲安縣麥秀兩岐。茂州一枝兩穗。
汶山縣一枝三穗至六穗。西京鄆齊隰州禾合穗。穎昌
府禾一莖四穗至五穗。元符元年。慶州禾異本同穎。青
晉潞州荊南府永寧鎮戎軍等一十一處禾合穗。邢州
禾異隴合穗。南劒州嘉州禾一莖九穗。內鄉縣麥一莖

兩穗。符離、靈壁、臨渙、蘄、虹五縣麥秀，兩穗。兩當縣麥秀三穗。二年，連水軍麥合穗。鄧、岷州、鎮戎軍禾合穗。

金史熙宗本紀　皇統四年正月乙丑，陝西進嘉禾十有二莖，莖皆七穗。

又宣宗本紀　興定元年四月，陳州商水縣進瑞麥，一莖四穗。開封府進瑞麥，一莖三穗、二莖四穗。七月癸卯，大社壇產嘉禾，一莖十五穗。

元史本紀　世祖至元六年九月癸丑，思州進嘉禾，一莖三穗。七年五月壬戌，東平府進瑞麥，一莖二穗、三穗、五穗者各一本。十一年七月乙未，與元鳳州民獻麥，一莖四穗至七穗。穀一莖三穗。十八年八月壬辰，瓜州屯田

進瑞麥，一莖五穗。二十三年九月，南部縣生嘉禾，一莖九穗。二十四年八月，濬州進瑞麥，一莖九穗。

又成宗大德元年十二月辛未，曹州禹城進嘉禾，一莖九穗。

又五行志　順帝至元元年十月壬子，恩州歷亭縣進嘉禾，一莖九穗。十一月丁酉，太原臨州進嘉禾二莖。二年，曹州生瑞禾。北京安武軍、懷州鎮戎軍禾合穗。鎮戎軍、懷州禾皆異畝同穎。袁州禾一莖八穗至十一穗，皆層出，長者尺餘。安州禾異畝同穗。四年，流江縣禾一本二穗。榮德縣禾一本九穗。青、鄭、齊、趙州禾合穗，及有一本三穗。峨嵋縣異畝同穎。又禾登一百五十三穗。五年，冀州安武軍、大名府威德軍禾合穗。永寧軍禾二本，隔五隴合穗。平定軍禾異畝同穗。汀州禾生三十六穗。劒州禾一本八穗。六年，南劒州粟一本三十九穗。瀛、定、懷、汝、晉、昌州，平定、永康軍禾合穗。

明史太祖本紀　吳元年夏四月，應天府句容縣耆民施仁等獻瑞麥，一莖二穗。洪武三年五月，鳳翔府寶雞縣進瑞麥，一莖五穗者一本，三穗者一本，二穗者十有餘本。五月庚辰朔，太平府當塗縣民獻瑞麥，一莖二穗者凡二本。戊寅，應天府上元縣鍾山鄉民進瑞麥，一莖二穗者凡二本。寧國府寧國縣進瑞麥，一莖二穗者凡三本。應天府句容縣獻瑞麥，一莖二穗者凡五本。

又洪武六年夏六月壬午，盱眙縣民進瑞麥，一莖二穗者凡十六本，命薦之宗廟。

又成祖本紀　永樂十年七月己酉，平陽縣獻嘉禾，百六十四本，四穗者一本，三穗者數本。

秀水縣志　成化九年秋八月，嘉禾生，每莖離根二節，節間傍生一莖，秀二穗，或三莖秀二穗，或四莖五莖四五穗。

寧晉縣志　成化二十六年秋七月，寧晉嘉禾七穗，時禾生一莖七穗者甚衆。下王莊有二三四莖合爲一穗者。

湧幢小品　正德六年，如皋縣嘉禾，一本有至百莖者，其一本二十莖者尤多。

太和縣志正德十三年。戊寅。麥秀兩岐百餘莖。秋穀之
並穎者倍。
同州志嘉靖元年。白水產瑞禾一莖四五穗者五十餘
本。三穗者百餘本。餘不勝紀。
金華府志嘉靖三十九年。蘭谿縣產瑞粟。六穗者一本。
五穗四穗者各二本。三穗者四本。二穗者甚多。
雲南府志隆慶元年。昆陽產嘉禾。一莖五穗。凡二百餘
本。
來安縣志隆慶辛未歲大稔。穀有雙米者。
六合縣志萬曆元年見嘉禾。是秋禾登。一稃二米。
永昌府志萬曆十七年九月。騰越北郊竟畝穀生三穗。

雲南府志萬曆二十九年。昆陽易門產嘉禾。一莖三四
穗者四十餘本。五穗者二百餘本。
鳳翔縣志萬曆四十年秋八月。本縣與國里產嘉禾。一
莖四穗者數本。一莖三穗者數十本。一莖雙穗者數百
本。
國朝江南通志順治元年。懷遠縣產瑞麥。一莖雙穗。
甘肅通志順治二年。廣武營等堡麥秀兩岐。
江南通志順治十一年。含山縣產嘉禾。一莖五穗。
山西通志順治十二年。潞城嘉禾。一莖三四穗或五六
穗。
甘肅通志順治十八年。成縣麥有一莖三穗。及四五穗
不等。
雲南通志康熙元年。寧州禾遍產雙穗。
四川通志康熙八年。茂州麥秀七岐。
福建通志康熙九年。晉江民獻兩穗麥。
山西通志康熙十一年。平順產嘉禾。太平瑞穀一莖二
三穗。
江南通志康熙二十年。蒙城麥秀五岐。並三岐者數十
本。
雲南通志康熙四十三年。嵩峩產嘉禾。一莖三穗至四
五穗。四十五年河西產嘉禾。一莖三穗。
四川通志康熙四十七年。綿竹縣麥秀六岐。或四五岐。

雲南通志康熙四十七年。路南產嘉禾。一莖三穗四穗。
江南通志康熙五十三年。徐州麥秀雙岐。有四五岐者。
自是連歲皆稔。
湖廣通志康熙五十六年。湖廣產嘉禾一莖數穗。
內閣奉
上諭雍正四年八月。順天府尹進呈耤田所產嘉禾。自一
莖雙穗三穗。以至八穗九穗。皆碩大堅好。異於常穀。
山西通志雍正四年。太平嘉禾一莖十有三穗。
雲南通志雍正四年。建水耤田內產嘉禾。一莖雙穗至
三四穗。
山西通志雍正五年。洪洞清源瑞穀。穗長尺餘者一莖

八九穗。

浙江通志雍正五年九月。仁和錢塘農民。獻水田稻米瑞穀一莖兩穗三穗。西安常山二縣。旱田粟米嘉穀。一本之中兩穗三穗四穗者。遍於各鄉。巡撫臣李衛奏進。

頒賜大學士九卿等觀看。

嘉禾

上諭朕念切民依。今歲令各省通行耕耤之禮。爲百姓祈求年穀。幸邀

上天垂鑒。雨暘時若。中外遠近。俱獲豐登。且各處皆產嘉禾。以昭瑞應。而其尤爲罕見者。則京師耤田之穀。自雙穗至於十三穗。御苑之稻。自雙穗至於四穗。河南之穀。則多至十有五穗。山西之穀。則長至一尺六七寸有餘。又畿輔二十七州縣。新開稻田共計四千餘頃。約收禾稻二百餘萬石。暢茂穎栗。且有雙穗三穗之奇。廷臣僉云。嘉禾爲自昔所未有。而水田爲北地所創見。屢詞陳請宣付史館。朕惟古者圖畫豳風於殿壁。所以誌重農務本之心。今蒙

上天特賜嘉穀。養育萬姓。實堅實好。確有明徵。朕祇承之下。感激歡慶。著圖頒示各省督撫等。朕非誇張以爲祥瑞也。朕以誠恪之心。仰蒙

帝鑒。諸臣以敬謹之意。感召

天和。所願自茲以往。觀覽此圖。益加儆惕。以修德爲事神之本。以勤民爲立政之基。將見歲慶豐穰。人歌樂利。則斯圖之設。未必無裨益云。

湖廣通志雍正五年。江華產嘉禾。一莖數穗。

甘肅通志雍正五年。環縣獻雙岐瑞麥五莖。蘭州耤田產瑞穀。自三穗至六穗。共十三莖。武威耤田產瑞穀。自三穗以至七穗。共一百七莖。

雍正五年十月十七日。內閣奉
上諭。今歲各省俱產嘉禾。頃馬覲伯復奏稱鄂爾坤圖喇地方皆產瑞麥。有一莖至十五穗之多。恭進前來。廷臣見之。皆以爲極邊初墾之地。有此上瑞。尤爲罕覯。朕觀自古聖帝賢王。皆專務實心實政。不以祥瑞爲尚。朕深明此理。擯斥虛文。而今年各處所產之嘉穀。朕之所以宣示中外者。葢因今歲爲通行耤田典禮之初。即獲感召
天和。休嘉普應如是。是以特爲表著。以明天人感應之理。捷於影響。庶期中外諸臣。益加誠敬。共相儆勉於將來也。從前屢頒諭旨甚明。但恐嗣後地方有司。未必人人深悉朕心。競尚嘉禾之美名。或借端粉飾。致有隱匿旱潦之事。而不以上聞者。亦未可定。著將雍正五年以後。各省田畝產有嘉禾之處。俱停其進獻奏聞。

硃批諭旨雍正六年九月二十六日。署理直隸總督臣何世基。協理直隸總督臣劉師恕。奏通州呈送瑞禾數本。其一莖者穗長一尺五六寸。並雙穗三穗。以及八九穗至十三四穗不等。

瑞穀

上諭朕從來不言祥瑞。是以從前降旨。自雍正五年以後。各省所產嘉禾。俱停其進獻。今據貴州巡撫張廣泗奏稱。黔省各屬新闢苗疆。今年風雨應時歲登大有。所產稻穀粟米之屬。自一莖兩穗至十五六穗不等。稻穀每穗四五百粒至七百粒之多。粟米每穗長至二尺有奇。實從來所未見。特將瑞穀呈覽。並繪圖附進等語。朕覽各種瑞穀。碩大堅實。迥異尋常。不但目所未見。實亦耳所未聞。若但見圖畫而未見穀本。則人且疑而不信矣。又據廣西巡撫金鉷摺奏。今年粵西通省豐收。十分者十之九。九分者十之一。穀價每石自二錢以至三錢二三分。乃粵西未有之事等語。朕思古州等處苗蠻界在

黔粵之間自古未通聲教其種類互相讐殺草菅人命
又常越境擾害鄰近之居民刼奪往來之商客以致數
省通衢行旅阻滯迂道然後得達而內地犯法之匪類
又往往逃竄藏匿其中此實地方之患不得不爲經理
者今總督鄂爾泰籌畫周至調度有方巡撫張廣泗敬
謹奉行殫心奮力俾苗衆革面革心抒誠向化地方寧
謐和氣致祥感召
天和黔粵二省歲登大稔而黔省磽瘠之區苗彝新闢之
地又蒙
天賜瑞穀顯示嘉徵仰見
天心以經理苗疆爲是特昭瑞應以表封疆大臣之善績

朕心實爲慶幸若歸美於朕朕不居也著將張廣泗所
進瑞穀圖交與武英殿繪畫刊刻頒賜各省督撫俾觀
覽之共知勉勵
硃批諭旨雍正七年五月十八日雲貴廣西總督鄂爾泰
奏報貴州貴陽等十七府州縣俱係十分收成蠶豆有
粒大如栗者豌豆有粒大如榛者尤從來所未有
又雍正七年八月十八日雲貴廣西總督鄂爾泰奏報
各屬晚稻嘉禾自二三穗以上無論高低原隰漢土苗
疆通屬皆同現據呈驗者已不下萬枝而長大稻穗每
穗計米竟至三百餘粒至小米穀穗長大自一尺三四
寸至一尺八九寸不等者亦不止萬枝並有一穗上又
生九小穗一莖上竟有二十四穗者
又雍正七年九月十六日貴州巡撫臣張廣泗奏稻穀
自一莖兩三穗起至十五六穗不等其粟米則穗長一
尺四五寸至二尺不等更有稻穀一本三十穗者粟米
一本四十八穗者甚至一穗之上復生爲六岐九岐者
敬貯萬八千穗繪具全圖委官領齎恭呈
御覽
又雍正七年九月十九日廣東總督臣郝玉麟署理廣
東巡撫印務臣傅泰奏惠州府河源縣送到嘉禾四十
八本內一莖二穗者一十四本一莖三穗者二十本一
莖四穗者一十二本一莖五穗者二本

又雍正七年十一月初七日雲貴廣西總督鄂爾泰奏
雲南等府州縣呈送瑞禾瑞穀自一莖十三穗至七八
穗五六穗者一千餘棵貴州稻穀有一莖數穗及穀穗
長至二尺自四百粒以至七百餘粒者小米有一莖二
十七穗者高粱稗子有一莖十五穗者普安州屬早稻
刈穫之後稻根上復生長稻孫仍又吐花結實重有三
分收成
又雍正九年九月二十六日巡察直隸等處農務臣舒
喜奏永平府昌黎縣刈穫高粱得一莖四穗高粱四株
五穗者二株六穗者二株
又雍正十年十一月初四日廣東巡撫臣楊永斌奏各

屬送到瑞穀。自一莖雙穗以至七穗一本。自二穗以至一百二十九穗。自四五尺以及長至一丈一尺不等。

四川通志雍正十年。四川省城耤田並郫縣耤田內各產嘉禾。或三岐三穗。或兩岐兩穗。

欽定授時通考卷二十

穀種

稻一

御稻米

稻

御稻米

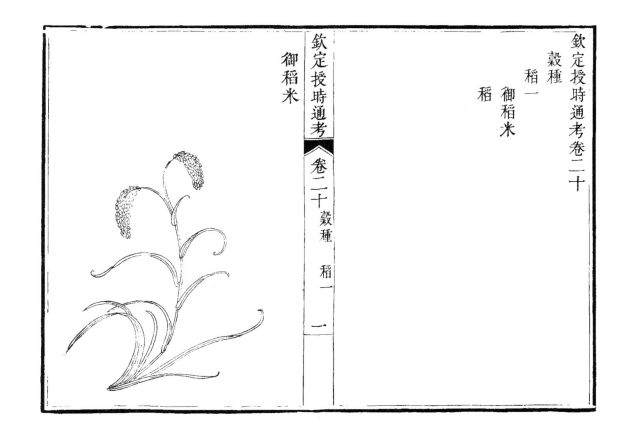

聖
祖御製幾暇格物編。豐澤園中。有水田數道。布玉田穀種。歲至九月。始刈穫登場。一日循行阡陌。時方六月下旬。穀穗方穎。忽見一科高出衆稻之上。實已堅好。因收藏其種。待來年驗其成熟之早否。明歲六月時。此種果先熟。從此生生不已。歲取千百。四十餘年以來。內膳所進。皆此米也。其米色微紅而粒長。氣香而味腴。以其生自苑田。故名御稻米。一歲兩種。亦能成兩熟。口外種稻。至白露以後數天。不能成熟。惟此種可以白露前收割。故山莊稻田所收。每歲避暑用之。尚有贏餘。曾頒給其種與江浙督撫織造。令民間種之。聞兩省頗有此米。惜未廣也。南方氣暖。其熟必早於北地。當夏秋之交。麥禾不接。得此早稻。利民非小。若更一歲兩種。則畝有倍石之收。將來蓋藏。漸可充實矣。昔宋仁宗聞占城有早熟稻。遣使由福建而往。以珍物易其禾種。給江淮兩浙。即今南方所謂黑穀米也。粒細而性硬。又結實甚稀。故種者絕少。今御稻不待遠求。生於禁苑。與古之雀蚪天雨者無異。朕每飯時。嘗願與天下羣黎共此嘉穀也。

稻

詩豳風十月穫稻。

朱子曰。稻。南方所食稻米。水生而色白者也。

禮記曲禮稻曰嘉蔬。

註蔬與疏同。立苗疏。則茂盛嘉美也。

王制冬薦稻。稻以鴈。

大全稻爲西方之穀。則陰類也。故配以鴈。鴈陽物。故也。

月令季秋之月。天子乃以犬嘗稻。

註稻始熟也。

周禮天官凡會膳食之宜。牛宜稌。

訂義稌。稻也。澤中所生。與土畜相宜。

地官稻人掌稼下地。

易祓曰。稻宜於荆揚。厥土塗泥。乃沮洳下溼之地。此稻人所以掌稼下地。

爾雅稌稻。

註今沛國呼稌。疏别二名也。案說文云。沛國謂稻爲糯。秔稻屬也。字林云。糯。黏稻也。秔。稻不黏者。本草以粳米稻米爲兩物。秔與粳古今字。然秔糯甚相類。黏不黏爲異耳。依說文稌稻卽糯也。江東呼糯。乃亂切。

素問黄帝問曰。爲五穀湯液及醪醴奈何。岐伯對曰。必以稻米炊之稻薪。稻米者完。稻薪者堅。帝曰。何以然。岐伯曰。此得天地之和。高下之宜。故能至完。伐取得時。故

能至堅也。

春秋說題辭稻之爲言藉也。稻太陰精。含水漸洳。乃能化也。江旁多稻。故其宜也。

淮南子江水肥仁而宜稻。

古今注稻之黏者爲秫。禾之黏者爲黍。

廣志有虎掌稻。紫芒稻。赤芒稻。南方有蟬鳴稻。有蓋下白稻。

續博物志粳粟米。五穀中最硬。得漿水易化。倉粳米炊作乾飯食之止痢。

爾雅翼稻米粒如霜。性尤宜水。故五穀外。别設稻人之官。掌稼下地。漢世亦置稻田使者。以其均水利故也。古者之於穀。菽與苴以食農。麥以接續。至於食稻衣錦。則以爲生人之極樂。以稻味尤美故也。稻一名稌。然有黏有不黏者。今人以黏者爲糯。不黏者爲秔。然在古則通得稻稌之名。說文曰。稻。稌也。沛國謂稻曰稬。秔。稻屬。或作粳。是則直以稬爲稻耳。若鄭康成注周禮稌。粳也。則稻是粳。然要之二者皆稻也。故汜勝之云。三月種秔稻。四月種秫稻。字林云。糯。黏稻也。秔。稻不黏者。今人亦皆以二穀爲稻。若詩書之文。自依所用而解之。如論語食夫稻。則稻是粳。月令秫稻必齊。則稻是糯。周禮牛宜稌。則稌是秔。豐年多黍多稌。爲酒爲醴。則稌是糯。又稻人之職。掌稼下地。至澤草所生。則種之芒種。是明稻有芒

有不芒者。今之粳則有芒。至糯則無。是通稱稌稻之明驗也。又有一種曰秈。比於粳小而尤不黏。其種甚早。今人號秈爲早稻。粳爲晚稻。又今江浙間有稻粒稍細。耐水旱而成實早。作飯差硬。土人謂之占城稻。云始自占城國有此種。昔眞宗知其耐旱。遣以珍寶求其種。始植於後苑。後在處播之。按國朝會要。大中祥符五年。遣使福建。取占城禾。分給江淮兩浙漕。并出種法。令擇民田之高者。分給種之。則在前矣。

養生要集秔稻屬也。稻亦秔之總名也。道家方藥。有用稻米秔米。此則是兩物也。稻米粒白如霜。味苦主溫。服之令人多瘦。無肥膚。秔米味甘主利臟。長肌膚。好顏色。

稻已割而復抽曰稻孫。
理生玉鏡六旬稻。一名拖犁歸。粒小。色白。四月種。六月熟。又有八十日稻。百日赤。毘陵亦有六十日秈。八十日秈。百日秈之品。百日赤。百日秈俱白稃而無芒。七八月熟。其味白淡而紅甘。
戒菴漫筆稻花白而瓣少者米賤。多而色黃則貴。俗云銀花賤。金花貴也。
湧幢小品暹羅國稻。其粒盈寸。
燕山叢錄房山縣有石窩稻。色白味香美。以爲飯。雖盛暑經數旬不餲。
明一統志雷陽界稻。十一月下種。揚雪耕耘。次年四月

熟。與他地迥異。稻花午開暮合。開合皆於日中。香甚。有至七開七合者。
農政全書黃省曾理生玉鏡曰。稻之粒。其白如霜。其性如水。說文謂之稌。沛國謂之粳。以黏者謂之糯。亦謂之秫。以不黏者謂之秔。亦謂之粳。故氾勝之云。三月而種秔。四月而種秫。然皆謂之稻。魯論之食夫稻。粳也。月令之秫稻。糯也。糯無芒。粳有芒。粳之小者謂之秈。秈之熟也早。故曰早稻。粳之熟也晚。故曰晚稻。京口大稻。謂之粳。小稻謂之秈。其粒細長而白。味甘而香。九月而熟。是謂稻之上品。曰箭子。其粒大而芒紅皮赤。五月而種。九月而熟。謂之紅蓮。其粒尖色紅而性硬。四月而種。七月而熟。曰金城稻。是惟高仰之所種。松江謂之赤米。乃穀之下品。其粒長而色斑。五月而種。九月而熟。松江謂之勝紅蓮。性硬而皮莖俱白。謂之穲稏稻。其粒大色白稃輭而有芒。謂之雪裏揀。其粒白無芒而稈矮。五月而種。九月而熟。謂之師姑秔。湖州錄云。言其無芒也。四明謂之矮白。其粒赤而稃芒白。五月初而種。八月而熟。謂之早白稻。松江謂之小白。四明謂之細白。九月而熟。謂之晚白。又謂蘆花白。松江謂之大白。其三月而種。六月而熟。謂之麥爭塲。其再蒔而晚熟者。謂之烏口稻。在松江色黑而能水與寒。又謂之冷水結。是謂稻之下品。其粒白而大。四月而種。八月而熟。謂之中秋稻。在松江八月

望而熟者。謂之早中秋。又謂之閃西風。其粒白而穀紫。五月而種。九月而熟。謂之紫芒稻。其秀最易。謂之下馬看。又謂之三朝齊。湖州錄云。言其齊熟也。其在松江粒小而性柔。有紅芒白芒之等。七月而熟。曰香秔。其粒小色斑。以三五十粒入他米數升炊之。芬芳香美者謂之香子。又謂之香穲。其粒長而釀酒倍多者。謂之金釵糯。其色白而性輭。五月而種。十月而熟。曰羊脂糯。其芒長而穀多白斑。五月而種。九月而熟。謂之臙脂糯。太平謂之硃砂糯。其白斑五月而種。十月而熟。謂之虎皮糯。太平又云。厚稃紅黑斑而芒。其粒最長。白稃而有芒。四月而種。七月而熟。謂之趕陳糯。太平謂之趕不著。亦謂之

秈糯。其粒大而色白。四月而種。九月而熟。謂之矮糯。其稃黄而米赤。已熟而稃微青。布宜良田。四月而種。九月而熟。謂之青稈糯。其粒大而色白。芒長而熟最早。其色易變。而釀酒最佳。謂之蘆黄糯。湖州謂之泥裏變。言其不待日之曬也。其粒圓白而稃黄。大暑可刈。其色難變。不宜於釀酒。謂之秋風糯。可以代粳而輸租。又謂之瞞官糯。松江謂之冷粒糯。其不耐風水。四月而種。八月而熟。謂之小娘糯。譬閨女然也。其在湖州。色烏而香者。謂之烏香糯。其稈挺不仆者。謂之鐵梗糯。芒如馬鬃而色赤者。謂之赤馬鬃糯。其粒小而色白。四月而種。六月而熟。謂之六十日稻。又遲者謂之八十日稻。又遲者謂之

百日赤。而毘陵小稻之種。亦有六十日秈。八十日秈。百日秈之品。而皆自占城來。實賴水旱而成實。作飯則差硬。宋氏使占城。珍寶易之。以給於民者。在太平六十日秈。謂之拖犂歸。有赤紅秈。有百日秈。其白稃而無芒。或七月或八月而熟。其味白淡而紅甘。在閩無芒而粒細。有六十日可穫者。有百日可穫者。皆曰占城稻。其已刈而根復發苗。再實者。謂之再熟稻。亦謂之再撩。其在湖州。一穗而三百餘粒者。謂之三穗子。

【農書】治稻者。蓄陂塘以瀦之。置閘以止之。又有作為畦埂。耕耙既熟。放水勻停。擲種於內。候苗生五六寸。拔而秧之。今江南皆有用此法。苗高七八寸則耘之。耘畢。放水熇之。欲秀。復用水浸之。苗既長茂。復事薅拔以去稂莠。農家收穫。尤當及時。江南上雨下水。收稻必用喬扦笐架。乃不遺失。蓋刈早則米青而不堅。刈晚則零落而損收。又恐為風雨損壞。此九月築場。十月納稼。工夫次第不可失也。大抵稻穀之美種。江淮以南。直徹海外。皆宜此稼。今閩中有得占城種。高仰處皆宜種之。謂之旱占。其米粒大而且甘。為旱稻種甚佳。北方水源頗少。陸地沾溼處。宜種此稻。　邱濬曰。地土高下燥溼不同。而同於生物。生物之性雖同。而所生之物有宜有不宜焉。土性雖有宜不宜。人力亦有至不至。人力之至。亦或可以回天。況地乎。宋太宗詔江南之民種諸穀。江北之

民種秔稻。眞宗取占城稻種。散諸民間。是亦大易裁成輔相以左右民之一事。今世江南之民。皆雜蒔諸穀。江北民亦兼種秔稻。昔之秔稻。惟秋一收。今又有旱禾焉。二帝之功利及民遠矣。後之有志於勤民者。宜倣宋主此意。通行南北。俾民兼種諸穀。有司考課。書其勸相之數。其地昔無而今有。有成效者。加以官賞。

【農政全書】徐獻忠曰。居山中。往往旱荒。乞得旱稻種。往時宋眞宗因兩浙旱荒。命於福建取占城稻三萬斛散之。仍以種法下轉運司示民。即今之旱稻也。初止散於兩浙。今北方高仰處類有之者。因宋時有江翺者。建安人。為汝州魯山令。邑多苦旱。乃從建安取旱稻種。耐旱

而繁實。且可久蓄。高原種之。歲歲足食。種法大率如種麥。治地畢。豫浸一宿。然後打潭下子。用稻草灰和水澆之。每鋤草一次。澆糞水一次。至於三朗秀矣。

【本草綱目】李時珍曰。稻。秔糯之通稱。本草則專指糯爲稻也。稻從舀音函。象人在臼上治稻之義。性黏輭。故謂之糯。汪頴曰。糯米緩筋。令人多睡。其性懦也。陶弘景曰。道家方藥有稻米粳米俱用者。此則兩物也。稻米白如霜。江東無此。故通粳爲稻耳。不知色類復云何也。蘇恭曰。稻者穬穀之通名。爾雅云。稌稻也。秔者不黏之稱。一曰秫。氾勝之云。三月種秔稻。四月種秫稻。即並稻也。陶謂爲二。蓋不可解也。馬志曰。此稻米即糯米也。其粒大

小似秔米。細糠。白如雪。今通呼秔糯二穀爲稻。所以惑之。按李含光音義引字書解粳字云稻也。秔字云稻屬也。不黏。粢字云稻餅也。粢蓋糯也。寇宗奭曰。稻米。今造酒糯稻也。其性溫。故可爲酒。酒爲陽。故多熱。西域天竺土溽熱。稻歲四熟。亦可驗矣。李時珍曰。糯稻南方水田多種之。其性粘。可以釀酒。可以爲粢。可以蒸糕。可以熬餳。可以炒食。其類亦多。其穀殼有紅白二色。或有毛或無毛。其米亦有赤白二色。赤者酒多糟少。一種粒白如霜。長三四分者。齊民要術。糯有九格。雉木大黃馬首虎皮火色等名是矣。古人釀酒多用秫。故諸說論糯稻。往往費辨也。秫乃糯粟。見本條。

【又】稻米。氣味苦溫無毒。孫思邈曰。味甘。寇宗奭曰。性溫。蘇頌曰。糯米性寒。作酒則熱。糟乃溫平。亦如大豆與豉醬之性不同也。孟詵曰。凉。發風動氣。使人多睡。不可多食。陳藏器曰。久食令人身輭。緩人筋也。小猫犬食之。亦脚屈不能行。馬食之足重。妊婦雜肉食之。令子不利。蕭炳曰。擁諸經絡氣。使四肢不收。發風昏昏。陳士良曰。久食發心悸。及癰疽瘡癤中痛。合酒食之。醉難醒。李時珍曰。糯性粘滯難化。小兒病人最宜忌之。

【又】李時珍曰。粳乃穀稻之總名也。有早中晚三收。諸本草獨以晚稻爲粳者非矣。粳者硬也。但入解熱藥。以晚粳爲良耳。陶弘景曰。粳米即今人常食之米。但有白赤

小大異族。四五種猶同一類也。可以廩米。孟詵曰。淮泗之間最多。襄洛土粳米。亦堅實而香。南方多收火稻。最補益人。諸處雖多粳米。但充饑耳。李時珍曰。粳有水旱二稻。南方土下塗泥。多宜水稻。北方地平。惟澤土宜旱稻。西南夷亦有燒山地爲畬田種旱稻者。謂之火米。古者惟下種成畦。故祭祀謂稻爲嘉蔬。今人皆拔秧栽插矣。其種近百。各各不同。俱隨土地所宜也。其穀之光芒長短大細。百不同也。其米之赤白紫烏堅鬆香否不同也。其性之溫凉寒熱。亦因土產形色而異也。眞臘有水稻。高丈許。隨水而長。南方有一歲再熟之稻。蘇頌曰。香粳長白如玉。可充御貢。皆粳之稍異者也。

又粳米氣味甘苦。平無毒。孫思邈曰。生者寒。燔者熱。李時珍曰。北粳凉。南粳溫。赤粳熱。白粳凉。晚白粳寒。新粳熱。陳粳凉。凡人嗜生米。久成米瘕。治之以雞屎白。汪穎曰。新米乍食動風氣。陳者下氣。病人尤宜。孟詵曰。常食乾粳飯。令人熱中唇口乾。不可同馬肉食。發痼疾。不可和蒼耳食。令人卒心痛。急燒倉米灰和密漿服之。不爾即死。

又李時珍曰。秈亦粳屬之先熟而鮮明者。故謂之秈。種自占城國。故謂之占。俗作粘者非矣。又曰。秈似粳而粒小。始自閩人得種於占城國。其熟最早。六七月可收。品類亦多。有赤白二色。與粳大同小異。甘溫無毒。

閩書周禮揚州荊州。其穀宜稻。閩屬揚州。當首稻矣。左思三都賦。國稅再熟之稻。朱馬益詩。兩熟潮田天下無。蓋美閩稻也。說文謂稻爲粳。粳稌屬也。糯亦名秫。字林云。糯稻黏而粳稻不黏。今之食米皆粳稻。釀酒則糯稻也。閩中記云。閩人以糯稻釀酒。其餘蹂粉。歲時以爲糰粽粿糕之屬。福州曰粳曰秫。春種夏熟曰早稻。秋種冬熟曰晚稻。歲一熟者曰大冬。山田冬種者曰早占。霜降後熟者曰天降來。曰薰提。與早稻同熟者曰黃芒。與晚稻同熟者曰占城。曰稐。又曰土稐。歲再熟者曰金洲。曰白香秫。又曰糯。與早稻同熟者曰早秫。與晚稻同熟者曰晚秫。與大冬同熟者曰大冬秫。湘山野錄云。福建八郡皆有占城稻。泉州曰早稻。曰早仔。曰師姑早。曰晚稻。曰大冬。曰寄種。曰青晚。曰占城稻。曰畲稻。曰白香稻。曰近山香。曰降來。曰大尖。曰小尖。曰中灌。曰新畲。曰河南早。曰河南秋種。曰白柳。曰烏芒。曰林鳳。曰藿香。曰一秋紅。曰紅芒。曰天上落。曰八月白。曰蘇州紅。曰烏稻。曰金城早。曰栗殼。曰尤溪早。曰早秫。曰晚秫。曰大冬秫。曰赤蒡秫。曰牛頭秫。曰好殼。曰白秋秫。曰白占秫。曰花眉秫。曰虎皮秫。曰近山香秫。曰龍牙。曰斑占。建寧曰十日早。曰大糯。曰小糯。曰龍鳳早。曰半冬白。曰師姑早。曰九里香。曰大早。曰小早。曰天降早。曰爛泥早。曰七娘禾。曰小白禾。曰大白禾。曰小烏禾。曰大烏禾。曰野豬愁。曰無芒禾。曰眞珠纍。曰麻子禾。曰公婆禾。曰銀珠秫。曰早禾。曰白禾子。曰烏禾子。曰厚芒禾。曰下馬看。曰白芒。曰黃穀。曰粳穀。曰白秈早。曰烏龍牙。曰紅糟秫。曰鋪城錦。曰溫州早。曰吳家傳。曰大師姑。曰小師姑。曰青絲禾。曰荔枝禾。曰猴尾秫。曰烏節秫。曰重陽秫。曰白芒秫。曰烏牙秫。延平曰秧歸。曰早子。曰金城早。曰江西早。曰天降。曰赤芒。曰白芒。曰赤殼。曰十溪。曰廖元山。曰早秫。曰晚秫。曰八月白。曰長芒。曰粟山中野人間種之。汀州曰稻。興化曰早穀。曰秫。曰占穀。曰粟。曰青粱。曰黃粱。曰粱。皆粟類。漳州曰早稻。曰晚稻。曰大冬稻。曰寄種。曰占稻。曰香稻。曰白柳。曰畲稻。曰糯稻。以上稻種不一。又八郡方言不

同有一種而異名者具依本志列之如右

天工開物五穀獨遺稻者以著書聖賢起自西北也今天下育民人者稻居什七凡稻種最多不黏者禾曰秔米曰粳黏者禾曰稌米曰糯（南方無黏黍酒皆糯米所爲）質本粳而晚收帶黏（俗名婺源光之類）不可爲酒只可爲粥者又一種性也凡稻穀形有長芒短芒（江南名長芒者曰劉陽早短芒者曰吉安早）長粒尖粒圓頂扁面不一其中米色有雪白牙黃大赤半紫雜黑不一溼種之期最早者春分以前名爲社種最遲者後於淸明凡播種先以稻麥藁包浸數日俟其生芽撒於田中生出寸許其名曰秧秧生三十日卽拔起分栽若田畝逢旱乾水溢不可插秧秧過期老而長節卽

栽於畝中生穀數粒結果而已凡秧田一畝所生秧供栽二十五畝凡秧既分栽後早者七十日卽收穫（粳有救公饑喉下急糯有金包銀之類方語百千不可殫述）最遲者歷夏及冬二百日方收穫其冬季播種仲夏卽收者則廣南之稻地無霜故也凡稻旬日失水卽愁旱乾夏種秋收之穀必山澗源水不絕之畝其穀種亦耐久其土脈亦寒不催苗也湖濵之田待夏潦已過六月方栽者其秧立夏播種撒藏高畝之上以待時也南方平原田多一歲兩栽兩穫者其再栽秧俗名晚糯非粳類也六月刈初禾耕治老膏田插再生秧其秧淸明時已偕早秧撒佈早秧一日無水卽死此秧歷四五兩月任從烈日暵乾無憂此一異也凡再植稻遇秋多晴則汲灌與稻相終始農家勤苦爲春酒之需也凡稻旬日失水則死期至幻出旱稻一種粳而不黏者卽高山可插又一異也香稻一種取其芳氣以供貴人收實甚少滋益全無不足尚也凡稻土脈焦枯則穗實蕭索勤農糞田多方以助之人蓄穢遺榨油桕餅（桕者以去膏而得名胡麻萊菔子爲上蕓薹次之大眼桐又次之樟相棉花又次之）草皮木葉以佐生機普天之所同也（南方磨菉豆粉者取溲漿灌田肥甚豆賤之時撒黃豆於田一粒爛土方三寸得穀之息倍焉）土性帶冷漿者宜骨灰蘸秧根（凡禽獸骨）石灰淹苗足向陽暖土不宜也土脈堅緊者宜耕壠疊塊壓薪而燒之埴墳鬆土不宜也凡早稻種秋初收藏當午晒時烈日火氣在內入倉廩中關閉太急

則其穀黏帶暑氣（勤農之家偏受此患）明年田有糞肥土脈發燒東南風助煖則盡發炎火大壞苗穗此一災也若種穀晚涼入廩或冬至數九天收貯雪水氷水一甕（交春卽不驗）淸明溼種時每石以數碗激洒立解暑氣則任從東南風暖則此苗淸秀異常矣（祟在種內反怨鬼神）凡稻撒種時或水浮數寸其穀未卽沉下驟發狂風堆積一隅此二災也謹視風定而後撒則沉自成秧矣凡穀種生秧之後防雀鳥聚食此三災也立標飄揚鷹俑則雀可驅矣凡秧沉脚未定陰雨連綿則損折過半此四災也邀天晴霽三日則粒粒皆生矣凡苗既函之後畝土肥澤連發南風薰熱函內生蟲（形似蠶繭）此五災也邀天遇西風雨一陣

則蟲化而穀生矣。凡苗吐穡之後。暮夜鬼火遊燒。此六災也。此火乃朽木腹中放出。凡木母火子。子藏母腹。母身未壞。子性千秋不滅。每逢多雨之年。孤野墳墓多被狐狸穿塌。其中棺木爲水浸朽爛之極。所謂母質壞也。火子無附。脫母飛揚。然陰火不見陽光。直待日沒黄昏。此火衝隙而出。其力不能上騰。飄遊不定。數尺而止。凡禾穡葉遇之。立刻焦炎。逐火之人。見他處樹根放火。以爲鬼也。奮梃擊之。反有鬼變枯柴之說。不知向來鬼火。見燈光而化矣。凡火未經人間燈傳者。總屬陰火。故見燈卽滅。凡苗自函活以至穎栗。早者食水三斗。晚者食水五斗。失水卽枯。將刈之時。少水一升。穀數雖存。米粒縮小。入碾日中。亦多斷碎。此七災也。汲灌之智。人巧已

無餘矣。凡稻成熟之時。遇狂風吹粒殞落。或陰雨竟旬。穀粒沾溼自爛。此八災也。然風災不越三十里。陰雨災不越三百里。偏方厄難。亦不廣被。風落不可爲。若貧困之家。苦於無霽。將溼穀升於鍋內。燃薪其下。炸去糠膜。收炒糗以充饑。亦補助造化之一端矣。

田家五行　雨水節燒乾鑊。以糯稻爆之。謂之孛婁花。占稻色。自早禾至晚稻皆爆一握。各以器列比並。分數斷高下。以番白多爲勝。

欽定授時通考卷二十一

穀種

稻二

直省志書　宛平縣物產。稻有糯粳二種。　香河縣物產。粳稻。糯稻。水稻。旱稻。　昌平州物產。稻處處有之。惟玉泉山枹榆泉更佳。膳米於是需焉。　房山縣土產。稻紅白二種。石窩稻色白粒大。米粒美盛。煮經三晝夜不餲。　遵化州物產。稻有東方稻。雙芒稻。虎皮稻之類。皆食米。糯稻有旱糯。白糯。黄糯。皆可釀酒。種者粳稻九。糯稻一。旱田九。水田一。　滿城縣土產。稻有黄鬚者。有烏鬚者。有秔稻。有旱稻。米微紅。又有糯稻。　淶水縣土產。

稻種於水田者。惟石亭新莊村有之。所出不多。　邢臺縣物產。稻有三種。紅口芒稻。糯稻。　歷城縣方產。稻。秔糯也。秔宜飯。糯宜酒。歷雖山城。而城北一帶。盡屬水田。粳稻之美。甲於山左。　鄒平縣物產。稻。漯水之濱。近始播種。　新城縣物產。稻。東方瀕湖產。水稻間有之。　泰安州物產。稻紅白二種。　萊蕪縣物產。稻有粳糯二種。萊蕪水田皆旱稻。故米不佳。　濱州物產。稻沿河地可藝。　滋陽縣物產。稻有糯有粳。　曹縣物產。稻有數種。水陸不同。又粘者謂之糯。米色黑。宜釀。　鉅野縣物產。稻子黑白二色。　沂州物產。稻有糯有粳。　青州府物產。海上斥鹵原隰之地。皆宜稻。播種苗出。耘過四五遍。

卽坐而待穫。但雨暘以時。每畝可收五六石。次四五石。秋收見戸春米。貿遷得高價。可比魚鹽。若江南水田。雖純藝稻。然功多作苦。農夫經歲胼胝泥淖之中。收入反薄。畝多二三石。次一二石。不如此中海稻。功半而利倍也。安邱日照雖有旱稻。而粗硬不佳。益都種之不多穫。二年後俱變爲莠矣。水中亦然。　日照縣物產。有糯有粳。照產皆在陸地。稍旱則失收。農家不敢多種。　萊陽縣物產。稻種分水旱紅白早晚。　昌邑縣物產。稻水旱二種。永安稻佳。　文水縣物產。稻粳硬二種。　臨汾縣物產。稻粳糯二種。　聞喜縣土產。稻紅色。惟董澤數村出。　洧川縣物產。稻有旱稻水稻二種。其色紅。　鄢陵

縣土產。稻不秧種。紅澀欠佳。　洛陽縣土產。稻。香粳稻。柳條青。糯稻。　遂平縣土產。稻屬。黏米。晚望水白。馬尾。池紅毛。晚糯稻。白稻。紅粟稻。　羅山縣物產。稻有早糯占晚白芒黑之屬。　光州土產。稻。白黃黑糯。晚麻秈。黃瓜秈。驪黎回。直頭秈。望水白。　商城縣土產。秈稻。晚稻。黑稻。糯稻。紅稻。　渭南縣物產。稻有二種。硬者炊飯名粳。黏者釀酒名糯。產花園及大嶺川者佳。湭河川次之。　韓城縣土產。澽壖宜稻。志以小江南稱之。然貿之域外者無幾。　西鄉縣土產。稻類。紅穀大小二種。冷水穀。百日穀。麻黏穀。銀珠穀。香穀。黃秧早。金線早。黃瓜早。紅米早。望水白。安南黏。青幹黏。圭黃黏。鐵腳漢。葉裏藏。蓋

早黃。已上俱飯稻。百莖稻。黃殼糯。柳條糯。虎皮糯。寸穀。矮腳黃。三百顆。釣魚竿。香兒糯。麻殼糯。已上俱酒稻。六合縣物產。稻之屬。粳。穿珠稻。紅蓮稻。穀色青。有紅粒。炊熟味甘香。陸龜蒙詩。近炊香稻識紅蓮。六十日稻。閃西風。下馬看。穗長。救公饑。軟稈青。箭子稻。了田青。百日赤。三朝齊。靠籬望。洗耙早。五十日熟。紫芒稻。蟬鳴稻。花裏黃。鵓鴣秈。觀音秈。銀條秈。落芒秈。深水紅。瓜熟稻。晚白稻。早白稻。香粳稻。大粒長胖。農人畏種之。云種多則傷田閒穀。糯。趕陳糯。虎皮糯。火珠糯。軟稈糯。燕口糯。槐花糯。白殼糯。堆粒糯。光頭糯。矮腳糯。金釵糯。待西風。烏絲糯。豬鬃糯。佛手糯。鐵梗糯。魚鱗糯。隨秈糯。香糯。繩兒

糯。粒長不圓。味最美。　懷寧縣物產。秈稻種遲早不一。其名甚多。田有宜早稻者。秋前收。仍種晚禾。有宜遲稻。七月登場者。有八月九月登場者。大約百日內熟。糯稻有大糯。有秈糯。其名不一。大糯較佳。晚稻名晚白者佳。赤與烏者次之。　宿松縣物產。稻有秔秫二種。爲早穀。爲龍鬚早。爲團白。爲小白。爲無名種。爲休寧矮。爲金包銀。爲賽子白。爲三度禾。爲鴨掌。爲拗馬。爲牽岡。爲水波。爲寒先。皆秔屬。爲魚子。爲虎皮。爲蜜蜂。爲白秈。皆秫屬。　歙縣物產。秈有桃花紅。有高郵紅。自高郵移種者。米色如臙脂。有白禾稻之稍遲者。長稃白米。質柔味甘香瑩可愛。然實輕易取。盈於量而歉於衡。田主貴之。佃戶

不貴也。秔。土人呼爲大米。然地不甚宜。種名不一。糯。其種有青稈。羊脂。白矮。釀之多酒。有早歸生。六月成。有交秋糯。七月成。　寧國縣土產。稻各種皆有。其米不黏者名粳稻。有掃箒白。百日黃。六月烏。三朝齊。銀條白。葉裏藏。矮其早。長其早。茄柯早。下馬早。湖洲秈。白沙秈。蝦鬚秈。蓮子秈。竹丫秈。毛黃秈。寒秈。鼠牙秈。金稈秈。鐵稈秈。冷水秈。金裹銀。三朝黃。瘦八尺。雁脚紅。金絲黃。湖洲白。生鬚黃。老來白。光頭黃。烏間白。穿珠白。思憶稻。矮赤稻。撩霜晚。霜下晚。釣竿晚。蘇州晚。觀音晚。隔山拖。沿坵熟。福建秈。三擔禾。愛八擔。紅粳稻。其米黏者。名糯稻。有烏嘴糯。抄秋糯。早紅糯。遲秈糯。白殼糯。紅殼糯。鴨脚糯。烏

節糯。硃砂糯。楊枝糯。柳條糯。楊花糯。青秸糯。柿紅糯。麻子糯。雪花糯。魚子糯。馬鬚糯。望水白。齊頭黃。蓋下其。見釭消。八斗糙。　涇縣物產。稻有早稻。晚稻。秈稻。秫稻。山稻。　南陵縣物產。秔稻。晚稻。白芒稻。黑稻。糯稻。　貴池縣土宜秔。其名有六十日白。六十日紅。八十日白。掃箒白。百日黃。六月烏。江西早。矮其早。蠐包早。茄柯早。下馬早。下馬看。救公饑。湖廣秈。廣東秈。白沙秈。蝦鬚秈。蓮子秈。竹丫秈。毛黃秈。寒秈。鼠牙秈。金稈秈。冷水秈。金裏銀。三月黃。雁脚紅。撩霜晚。霜下晚。釣竿晚。將軍晚。蘇州晚。觀音晚。糯其名有烏角糯。抄秋糯。早紅糯。白殼糯。紅殼糯。柳條糯。楊花糯。青秸糯。隨秈糯。柿紅糯。麻子糯。魚子

糯。雪花糯。馬鬃糯。望水白。齊頭黃。蓋下箕。見釭消。七斗糙。青稈糯。江西瀘溪有糯。稱池州占。蓋諸種之一也。

太平府物產。多秈稻。多晚稻。多糯稻。有黑稻秈。十三種秈。占城稻。有六十日稻。俗稱拖犂歸。有赤紅秈。有百日秈。黃秈稻。細秈稻。蘆粳秈。麻秈稻。大粒秈。蝦鬚秈。穿珠秈。一名觀音白。晚稻六種。早晚稻。一名望水白。又名大子白。晚稻白稃。白芒。白米。雁來糧。弔梗青。一名寒青稻。糯稻十三種。早糯稻。一名雀不覺。又名秈糯。隨秈糯。燕口紅。虎皮糯。硃砂糯。一名臙脂糯。羊鬚糯。黃糯稻即秫稻。細頸糯。青殼糯。抄社糯。珠子糯。橘皮糯。紅陸糯。　廬江縣土產。紅秈稻。白秈稻。早糯稻。晚糯稻。黑晚稻。白晚

稻。香稻。　舒城縣物產。白早稻。黃瓜秈。直頭秈。江南秈。福德禾。梳子秈。白晚稻。黑晚稻。銀條秈。雀不知。紅嘴糯。女兒紅。芝麻糯。堆穀糯。羊鬚糯。銅嘴糯。馬鬃糯。觀音糯。青科糯。齊秈早。黃州糯。　無爲州物產。竹牙秈。麻菇秈。落芒秈。早白稻。早紅稻。青柯糯。虎皮糯。鵲不知。烏尖糯。紅嘴糯。白晚稻。紅晚稻。黑晚稻。　巢縣土產。紅稻。有百日秈。直頭秈。麻菇秈。竹芽秈。四紅秈。胡秈稻。王瓜秈。拖黎黃。白稻。有觀音秈。銀條秈。六十日秈。青秸秈。冷水秈。大粒秈。亂芒秈。麻穀秈。千家愛。糯稻有羊鬚糯。硃砂糯。虎皮糯。柳條糯。齊秈糯。牛筋糯。青科糯。紅芒糯。馬鬃糯。纍糯。深水糯。燕尾糯。晚稻有黑晚稻。紅晚稻。　臨淮縣

物產。秔稻。有麻子秈稻。早先白稻。黃瓜秈稻。鵪鶉秈稻。烏山秈稻。脹破殼稻。矮白稻。紅芒稻。黑稻。糯稻。有羊鬚糯。馬鬃糯。虎皮糯。烏鬚糯。槐花糯。辮子糯。大糯。小糯。六月黃糯。　定遠縣物產。麻子秈。黃瓜秈。烏山秈。早先白。鵪鶉秈。脹破殼。矮白稻。紅芒稻。黑稻。女兒紅。羊鬚糯。馬鬃糯。烏鬚糯。大糯。小糯。辮子糯。虎皮糯。槐花糯。六月糯。　五河縣物產。稻有秈稻。芒稻。香稻。早白稻。深水紅稻。黃鷺公稻。老來變稻。下馬看稻。黑糯。臙脂糯。馬鬃糯。飛上倉糯。　泗州物產。香稻亦芒稻也。類晚粳。色微黃紅稃白實。　鹽城縣物產。稻有粳糯二種。有早晚二熟。有紅黃紫赤黑斑青白數色。　清河縣物產。有稻。曰秔。曰

糯。曰秈。秈秔之早熟者曰旱稻。旱田種者曰小芒稻。後種先熟者曰香稻。味之芬芳者。亦秔屬也。治北七十里舊有香稻莊。　揚州府物產。有黃稑。烏節。大小香斑秈。及小赤秈。小白秈。龍爪秈。六月秈。齊梅秈。蘆稈秈。葉裏秈。麻觔秈。大鵝秈。白殼。白芒。早白。晚白。晚黃。赤鬚。黑支。焦黃。烏口。大紅芒。小紅芒。下馬看。六月白。鷺鷥白。了田青。救公饑。粳子。籠下歡。潮水白。拖犂歸。深水紅。梅裏黃。弔殺雞。張公赤。磊塊赤。山骨崙。鶴腳烏。馬尾赤。泰州紅。又名海陵紅。紫紅芒。雀不知。觀音白。皆秔類。趕陳羊。脂燕口。羊鬚。秋紅。橘皮。烏飪。麻觔。虎皮。豬鬃。粉皮。秋風。雀不覺。皆秫屬。　儀真縣物產。多糯。曰燕口。曰紅芒。曰麻

筋。曰穗前黃。多晚。曰江南白。曰駝兒白。曰深水紅。曰長芒白。多秈。曰瓜熟。曰龍爪。曰鯽魚。曰斑秈。曰葉裏藏。有黑稻。曰鶴腳烏。曰豬林。　高郵州物產。早稻。五十日。六十日秈稻。斑秈。六月秈。齊梅秈。蘆稈秈。龍爪秈。鯽魚秈。葉裏秈。苞裏齊。拖犂歸。小赤秈。小白秈。麻觔秈。大鵝秈。大香秈。小香秈。白稻。早白稻。晚白稻。輭頭白。羊鬚白。駝兒白。青稭白。青芒兒白。頂霜白。晚稻。黃花稻。小黃稻。深水紅。鶴腳烏。下馬看。弔殺雞。母豬鱗。糯稻。秋風糯。麻觔糯。烏絲糯。趕上陳。雀不覺。羊鬚糯。　寶應縣土產。白秈。一水秈。玉斑秈。齊頭白。六月白。香稻。紅秈。早紅蓮。觀音柳。苗强。水不易沒。農多種之。古上樓。有芒。宜水田。五十

日。七月上旬即熟。視他種所獲較少。蘆管秈。宜水田。小黃稻。宜旱田。晚稻。俗呼上白米是也。刈獲最遲。畏水不敢多種。大晚稻。紅米。宜水田。糯稻。臙脂糯。殼紅米白。烏金糯。米黑色。虎皮糯。殼色斑駁。魚鱗糯。拖犂歸。七月熟。趕上陳。七月熟。雀不知。七月熟。　泰州物產。海陵紅。俗名泰州紅。馬尾赤。鶴腳烏。雀不知。隨犂歸。救公饑。六十日白。觀音秈。駝兒白。小香。早香。黑早。白早。早秈。斑秈。焦芒。青芒。赤芒。黃芒。紫紅芒。烏殼。深水紅。了田青。下馬看。鯽魚秈。香豢。鱔魚黃。皆秔稻。趕陳糯。羊脂糯。燕口糯。羊鬚糯。虎皮糯。秋紅糯。紅糯。皆秫稻。　通州物產。稻種甚多。有早黃。晚黃。早白。晚白。早紅。晚青。青芒。白芒。青鬚。黑

皮黃稑。白穀。烏節。焦黃。鷺鷥白。串珠白。潮水白。深水紅。丫田青。其粒長性硬。曰紅白秈。曰稚子斑。早熟者曰救公饑。曰拖犂歸。茂密而庭碩者。曰下馬看。見收。曰秕六升。曰籠下歡。曰薄十分。瘦長雪色。曰箭子稻。中秋熟曰閃西風。初秋可蒔曰六十日。不畏旱者曰撇殺天。和他米炊之甚香。曰香滋糯。曰川米。早白最先熟。而晚白則皮薄易釀。芒赤米白。曰虎皮。性軟色芳曰粉皮。一曰羊脂。稈硬曰豬鬃。皮厚曰薑黃。早種宜釀曰趕陳。雖熟不枯曰青枝。稈柔可以爲索曰麻筋。亦有香如香滋者曰香秔。　吳縣物產稻秔之屬。箭子稻。紅蓮稻。穲稏稻。雪裏揀。師姑秔。早白稻。金成稻。烏口稻。早稻。中秋稻。紫芒

稻。枇杷紅。下馬看。大頭花。瓜熟稻。晚白稻。黃梗秈。一粒珠。麻皮秔。作飯粒長。薄十分。作粥易膩。梗殺蟛蜞。香子米。八月白。牛尾白。丈水紅。老來紅。五石稻。救公饑。包十石。累泥烏。土塘青。天落黃。糯之屬。金釵糯。閃西風。羊脂糯。青稈糯。秋風糯。趕陳糯。矮糯。鵝脂糯。川粳糯。虎皮糯。羊鬚糯。臙脂糯。野人糯。椏子糯。恍雄雞。烏鬚糯。觀音糯。梗秈糯。佛手糯。小娘糯。蟹殼糯。喜蛛糯。鴨嘴糯。香梗糯。珠子糯。　長洲縣物產六十日稻。四月種。六月熟。米小色白。遲至八九十日熟。一名早紅蓮。又名救公饑。紫芒稻。紫穀白粒。金釵糯。粒長。鵝脂糯。　崑山縣土產。稻之屬。三十有六。晚白稻。紅緑稻。早粳稻。金城稻。六十日稻。

中秋稻。雪裏揀。紫芒稻。救公饑。下馬看。紅蓮稻。麥爭場。香粳稻。薄十分。黃梗秈。麻子烏。烏口稻。百日赤稻。烏兒稻。趕陳糯。臙脂糯。鐵梗糯。虎皮糯。羊鬚糯。再熟稻。椏子糯。水晶糯。小娘糯。香子糯。閃西風稻。竈王糯。矮兒糯。瞞官糯。羊脂糯。金釵糯。蘆黃糯。　常熟縣物產。紅蓮稻。芒長粒大。箭子稻。粒長色白味香。晚熟。早白稻。晚白稻。又名蘆花白。穲稏稻。色斑粒長性硬。或名勝紅蓮。紫芒稻。紫殼白米。雪裏揀。稈軟有芒。粒大色白。師姑秔。即矮稻。無芒粒白。救公饑。六十日可望熟。又名早紅蓮。香子稻。一名香穲。色斑粒長。以一勺入他米炊之。飯皆香。閃西風。一名早中秋。八月半熟。麥爭場。最早熟。百日赤。芒赤

米白早熟。占城稻。即早稻。金城稻。粒尖性硬。又名赤穀。烏口稻。皮芒黑。秋初亦可種。下馬看。即江陰黃粳。俗呼三朝齊。枇杷紅。皮薄。色如枇杷。時裏白。早熟。一名節澳稻。烏兒稻。芒黑米白。即晚烏。輭黃粳。米白粒大。性輭味香美。金釵糯。粒長性輭。棗子糯。殼黑。青稈糯。皮黃粒白。已熟而稈猶青。羊鬚糯。色白性輭。趕陳糯。米白熟早。鵝脂糯。川粳糯。粒大無芒。一名圓頭糯。虎皮糯。色斑晚熟。臙脂糯。殼紅粒白。矮兒糯。晚熟。瞞官糯。即冷粒糯。鐵梗糯。稈勁無芒。畏風易落。細葉糯。米白性輭。　吳江縣物產。白稻。其粒大而圓。味甘美。他邑所無。出震澤者尤佳。其價高於常米十二三。此則大江以南所絕無者。　太

倉州物產。秔稻。春分節後種。大暑節後刈。爲早稻。芒種節後及夏至節種。白露節後刈。爲中稻。夏至節後十日種。寒露節後刈。爲晚稻。過夏至後十日。不成種矣。早曰早白。早烏。早紅蓮。八月白。晚曰晚白。晚烏。晚紅蓮。有紅芒者曰嘉興黃。絲芒者曰梗殺蟛蜞。光頭者曰天落黃。紅色而香者曰香黃蓮。黃色者鴨嘴黃。其蘆花白。銀杏白。木瀆香。靠山青。諸種名不一。糯稻。早曰趕陳糯。蘆黃糯。羊鬚糯。晚曰靠山糯。老來糯。虎皮糯。其紅芒者豬鬃糯。無芒而光者曰觀音糯。曰梗鮮糯。不耐風雨者曰小娘糯。又香子稻梗糯二色。粒小而長。以少許入他米數升炊之。極香美。又有圓白而稃黃。大暑可刈曰蘆花糯。

性耐旱多收。又曰瞞官糯。佃多喜種。凡糯穀須曝日中。色變有光。名上變。方適用。曝不變。俗呼痴糯。更不如蘆花糯。　上海縣物產。秔稻宜水。有香秔米粒小性柔。類糯。有紅白芒二種。又有一種曰香子。色斑粒更小。以三五十粒入他米炊之。芬香可愛。謂之香穲。七月熟。早白稻。皮白米赤。一名小白。五月種。八月熟。早中秋。一名閃西風。八月熟。中秋稻。四月種。八月熟。晚白稻。四月種。八月熟。箭子稻。粒長而細。色白味甘。香稻中上品。九月熟。紅蓮稻。皮白粒大。五月種。九月熟。穲稏稻。皮莖白。米色斑。粒長性硬。或以爲勝紅蓮。五月種。九月熟。早烏稻。皮赤米白。五月種。九月熟。紫芒稻。穀紫米白。五月種。九月熟。深水紅。六月種。九月熟。烏口稻。色黑。晚熟。耐水與寒。今呼冷水稻。下品也。白花珠。性輭而香。五月種。九月熟。秈稻。粒稍細。耐水旱。有六十日稻。米小色白。一名帶犂回。三月種。五月熟。百日赤。芒赤米白。一名挈犂望。三月種。六月熟。小秈。一名早秈。三月種。七月熟。大秈。卽晚秈。四月種。八月熟。金城稻。高田所種。米紅而尖。性硬。今呼赤米。穀之下品。糯稻。有秋風糯。稃黃米白。粒圓。色最難變。每歲代晚稻輸租。故一名瞞糯。又名冷粒糯。不宜釀酒。種宜艮田。大暑節刈。金釵糯。粒長。最宜釀酒。得汁倍多。三月種。七月熟。趕陳糯。米粒最長。四月種。七月熟。小娘糯。不耐風水。故名。四月種。八月熟。矮兒糯。粒白而大。

苗最短。四月種。九月熟。蘆黃糯。卽晚糯。粒大色白芒長。熟最晚。色易變。釀酒最佳。今名泥裏變。羊鬚糯。穀多芒長。四月種。九月熟。羊脂糯。色白性輭。五月種。十月熟。鵝脂糯。亦以色故名。四月種。九月熟。虎皮糯。色黃。五月種。十月熟。　青浦縣土產。六十日稻。百日赤。小秈。大秈。早白稻。中秋稻。晚白稻。香秔。早烏稻。紅蓮稻。紫芒稻。深水紅。金城稻。秋風糯。金釵糯。趕陳糯。矮兒糯。蘆花糯。羊鬚糯。羊脂糯。　無錫縣土產。無錫米。天下糯米。本縣最美。本縣又唯南鄉揚名等處爲道地。色純白。以釀則酒多於他種。　江陰縣物產。黃梗稻。無芒。粒大性堅。品最上。紅蓮稻。芒紅粒大。米最佳。白稻。皮芒白米赤。其稻有早白晚白。早者六十日可熟。烏鬚稻。熟最早。性柔稈弱。紫芒稻。紫殼白米。香子稻。米色斑。粒小而長。入他米炊之。則飯皆芬芳。今人謂之香珠。金城稻。四月種。七月熟。米紅而尖。性硬。殼之下品。薭穲稻。綴粒甚密。顆稍圓細。靠塘青稻。米多稈長。畝可三石。瓜熟稻。極早而粒長。又曰六十日。救公饑。鐵梗糯稻。梗硬色黑。水晶糯稻。粒瑩白如水晶。虎皮糯稻。五月種。十月熟。色斑斑然。趕陳糯稻。四月種。七月熟。米粒最長。短萁糯稻。稭短。九月熟。極旱不損。又一種名長水紅。粒最長。積三粒可盈寸。極澇不傷。

靖江縣食貨。稻之屬有糯。先熟易落曰早白糯。皮薄易釀曰晚白糯。芒赤米白曰虎皮糯。晚熟性軟色芳

曰羊脂糯。稈硬曰鐵梗糯。皮厚曰薑黃糯。早種宜釀曰趕陳糯。雖熟不枯曰青枝糯。稈柔可為索曰麻筋糯。香勝於香秔曰香糯。旱種曰撇殺天。又有秋分糯。勻暖糯。焦子糯。野雞糯等名。有粳。米白早熟曰早黃川。即早白稻。粒大性軟曰晚黃川。又有曰晚青。米長性硬曰紅白秈。粒大而佳曰早紅蓮。早熟曰救公饑。亦曰金升稻。曰拖犂歸。圓碩見收曰粃六升。瘦長雪色曰箭子稻。中秋熟曰閃西風。初秋可蒔曰六十日。曰烏口稻。皮芒稍黑。和他米炊之甚香曰香滋米。又有觀音秈。茭姑秈。深水紅。蠶子白。三穗千。下馬羨。烏芒。香珠等名。皆九十月穫。

丹徒縣物產。稻有秔有糯。秔之屬又有大小。土人謂大稻秔。小稻秈。大稻之種十六。曰香子。曰鯽魚。曰灰鶴。曰時裏。曰八月白。曰蘆花白。曰淚裏白。曰白蓮子。曰紅蓮子。曰早紅芒。曰晚紅芒。曰青川黃。曰稈川黃。曰馬尾烏。曰老丫烏。曰下馬看。今又有塊紅芒。靠山黃。白芒。紅芒。撇殺天數種。小稻之種有六。曰白尖。曰紅尖。曰晚秈。曰六十日。曰八十日。曰一百日。百日種自占城來。今又有觀音秈。銀條秈二種。糯之種亦有九。曰芒。曰香。曰晚。曰抄社。曰羊脂。曰牛蝨。曰虎斑。曰柏枝。曰長稈。今又有黃皮。矮萁。早白。中廣。馬鬃。雀嘴。稱鈎紅。芒麻筋。早秋風。堆子紅。殼鼈。六升。十二種。

丹陽縣物產。稻出西鄉者佳。而東南鄉近古荊城地數十里多種糯。則地土所宜。

有不同也。

仁和縣物產。秔有黃稈秈。七月熟。交白稻。逢白露則熟。早遲芒。晚遲芒。金裹銀。紅蓮子。木樨黃。鴈來青。種最遲。泰州紅。初稈黃。黑鬚。大黃稻。小黃稻。晚稻。種類不一。鵝爪黃。赤芒兒。赤稻。紅稑。烏早。遲芒。花蓮子。銀杏白。糯有早糯。羊鬚。鐵梗。光頭。臙脂。烏鬚。馬鬃。金釵。蘆花。

嘉興縣物產。秔有香秔。早花。中秋。晚花。黃秈。白芒。黃芒。赤芒。香稻。烏稻。八月白。鐵稈。青。蘆花白。秋有白殼。烏蓑。雞腳。蝦鬚。蟹爪。香糯。趕陳糯。蘆花糯。羊脂糯。蒲子糯。

秀水縣物產。秔有箭子稻。香秔稻。大秈。小秈。早白稻。晚白稻。赤芒。白芒。早稻。烏稻。大烏芒。小烏芒。烏鬚。烏兔。灰稻。大黃稻。小黃稻。青頭光。青芒稻。馬鬃。烏鵝腳

黃靠山青。麻子烏。赤秈。晚陳小白稻。雪裏揀。了田青雀。不知。紅稑。黃粳秈。閃西風。百日赤。三朝齊。八月白。中秋稻。六十日稻。再熟稻。靠籬望。救公饑。凡四十種。糯有金釵糯。珠子糯。硃砂糯。臙脂糯。佛手糯。竈王糯。西洋糯。麻筋糯。羊脂糯。烏鬚糯。芝麻糯。樝子糯。趕陳糯。羊鬚糯。鐵梗糯。閃西風。香糯。晚糯。凡十八種。　嘉善縣物產。香秔。烏稻。香稻。早白稻。早中秋。黃芒。野稻。黃秈。黃䆉。中秋稻。六月紅。銀杏白。箭子稻。鐵稈青。靠塘青。晚白稻。山白稻。周家稻。雀勿知。趕陳糯。小娘糯。矮兒糯。羊鬚糯。羊脂糯。蒲子糯。觀音糯。樝子糯。茄子糯。蟹爪糯。蘆花糯。菊花糯。

石門縣物產。早稻。廣稻。晚稻。黃稻。旱稻。將軍稻。秋分稻。三穗千。烏龍稻。香粳稻。雞骨黃。木樨黃。蠶磨子。綿環稻。早糯。旱糯。中秋糯。豬血糯。晚秋糯。矮脚糯。香粳糯。鴨嘴糯。羊鬚糯。泥裏變。　平湖縣物產。秔之品。香粳稻。又名紅蓮稻。紫芒稻。紫殼白粒。雪裏揀。色白粒大。稈輭而有芒。蘆花白。即晚白稻。早白稻。揀選稻。鵲不知。秋初早熟。糯之品。金釵糯。粒長。鵝脂糯。一名羊脂糯。虎皮糯。色斑。十月熟。馬鬃糯。樝子糯。白殼糯。西洋糯。竈王糯。羊鬚糯。蘆花糯。　歸安縣土產。早赤芒。鴈來烏。薄殼稻。觀音稻。大葉黃。䆉稏稻。金城稻。鵝脚黃。金裹銀。黃赤稻。赤稻。八月白。早黃稻。晚黃熟。三穗千。野雞斑。山白稻。冷水紅。香秔稻。以上俱秔稻。烏香糯。硃砂糯。馬鬃糯。豬血糯。羊

鬚糯。黃皮糯。矮兒糯。鐵稈糯。趕陳糯。光頭糯。以上俱糯稻。　長興縣物產。秔之屬十二。黃秈。白粳。赤秔。烏稻。烏鬚稻。宜興白。觀音稻。七月白。宣州白。三朝齊。黃粳秈。鵝脚黃。糯之屬七。羊鬚糯。烏香糯。珠子糯。趕陳糯。白糯。盈塘青。矮脚糯。　孝豐縣土產。稻有黃秈稻。百日稻。落馬秈。觀音秈。紅黃秈。趕陳秈。光頭秈。鐵梗糯。羊鬚糯。烏香糯。泥裏變糯。硃砂糯。　山陰縣物產。早稻。六月早熟。紫口甲嘴。微紫粒細。朝穧。俗謂之老了烏。䴀稈。細稈細珠。早白黏。晚白黏。料水白。歲遇甚潦。輒能長出水上。烏銜來。實類餘杭白而色稍青。鵝脚黃。穗低而葉仰。健脚青。熟時莖挺而色猶青。早黃黏。餘杭白。粒圓而白。俗傳種

自餘杭來。故名。稚蒙。粒麤而黏。最短。以上俱秔類。雪裏青。江西稻。矮宜興。樝糯。青稈糯。水鮮糯。八月早熟。羊鬚糯。臙脂糯。紅糯。其芒赤。其實較他種稍重。矮方巾。早熟而殼薄。黃殼糯。早熟。以上俱秫類。　餘姚縣物產。秔早熟者曰早白。早紅。晚紅。泰州紅。野紅。細稈紅。上虞白。黃巖稻。晚熟者曰早白黏。晚白黏。黃黏。縮頭白。羅村白。湖州白。九里香。光頭九里香。八月白。晚青。糯曰趕陳糯。早黃糯。水仙糯。矮黃糯。光頭糯。旱田糯。天落糯。珠子糯。金裹銀。泥裏變。畔社。早珠。　臨海縣物產。稻夏熟者名早禾。冬熟者名晚禾。早禾早者。一名六十日。一名隨犂歸。一名梅裏白。次早者。一名白㛹暴。一名赤㛹暴。又有白

散。一名八月白。白粳遲青。縮頭紅。馬嚼紅。旱稜宜高田。倒水賴宜低田。晚禾有旱糯。晚糯。矮糯。冷水糯。烏節糯。白糯。黃皮糯。臙脂糯。　天台縣物產。秈稻。紅稻。糯稻。晚稻。拖犁歸。淮白。矮白。落馬相。諸暨。早毛白。皆秈稻。淮紅。長稈紅。硬殼紅。早紅。細紅。皆粳類。白糯。紅糯。黃皮糯。烏節糯。麻糯。荔枝糯。烏鹽糯。毛糯。野豬粳。皆糯類。　仙居縣物產。稻六十日。黃巖早。藍溪白。縮頭紅。金裹銀。温州青。霜下晚。黃扁糯。冷水清。長稈紅。早糯。晚糯。香糯。　寧海縣物產。稻早紅。晚紅。早水紅。縮頭紅。縮頸早。老辣赤。馬郎遲。洛陽青。湖廣白。沙鮮白。金裏銀。櫻珠糯。黃扁糯。黃巖糯。諸種。　湯溪縣物產。早白禾。早赤禾。晚白禾。晚

赤禾。金裹銀。白芒兒。　西安縣物產。稻粳有白禾。紅禾。龍泉禾。江西早。六十日禾。俱六月熟。金裹銀。太平早。七八月熟。晚稻十月收。以上諸稻。浙西俱謂之尖米。本色僅有此種。無所謂團米者。糯有白殼糯。紅殼糯。重陽殼。湖州糯。處州糯。麻子糯。草鞋糯。臙脂糯。鐵漿糯。白芒糯。烏嚼糯。俱同晚稻。十月收。又有晚禾。神仙稻。旱地可種。又有二種。曰安南早。曰浦稜。最耐旱。　龍游縣物產。白禾。六十日禾。龍泉禾。紅禾。江山早。太平早。金裹銀。白殼糯。紅殼糯。鐵漿糯。白芒糯。草鞋糯。臙脂糯。烏嚼糯。晚禾。神仙稻。　永嘉縣地產。稻有地暴。金成。百箭。白散。早糯。八月白。龍秈。香晚。占城。磊黃。晚糯。隔江牽。　瑞安縣物

產。白散。多芒色白。小暑即熟。地暴有紅白二色。粒尖細。七月收。水稜一曰小青。粒純赤。占城最耐旱。有紅白二色。磊晚無芒。百箭芒勁。寄種。輭稈白。西芒白。龍秈。粒大米白。輭稈色白。粒大味甘。八月穫。穫後其根復萌。無異初稻。謂之早稻。十月刈。紅羅帳。穎赤色。金裹銀。穀赤米白。早糯一曰大糯。七月穫。晚糯粒大而堅。十月穫。其名不一。有黃糯。白糯。烏糯。矮糯。青糯。初冬穫。金水糯。即水糯。宜山田種之。　樂清縣物產。稻地暴有紅有白。白散。紅芒。占城。早糯。晚糯。矮糯。黃糯。臙脂糯。　平陽縣物產。稻有梅裏白。地暴。占城。早赤。白西。龍秈。野豬哽。紅芒。磊晚。輭稈。黃芒。太倉。矮早。早糯。烏秆糯。黃糯。晚糯。渠糯。冷

水糯。矮同水稜。　松陽縣物產。香稻。白稻。龍泉稻。晚稻。占城稻。早稻。師姑稻。冷凌稻。早糯。晚糯。望秋糯。烏嚼糯。淮南糯。　龍泉縣物產。稻有占城。赤早。旱湖。金華。地暴。鷓鴣斑。海棠。碧巖。中師姑。白鬚糯。烏鬚糯。師姑糯。社交糯。青粳。馱子。黃匾子。赤芒。白芒。龍鳳。竹香。赤谷。小子。黃糟糯。下馬看。椒子糯。青粳糯。荔枝糯。赤鬚糯。　宣平縣土產。蘭溪白。金裹銀。六十日黃。蔡家秈。青田晚。師姑晚。雉雞穤。雪稻。下馬漢。早糯。九月糯。晚糯。烏節糯。

欽定授時通考卷二十二

穀種

稻三

直省志書 新建縣食貨。稻之屬。占稻。九十日占。百日占。百二十日占。北風占。大生占。見秋紅占。背塘占。晚赤占。齊頭占。矮占。柳占。土黃占。通仙占。無名占。毛占。麻占。白米秋占。洞占。救公饑。團穀早。尖穀早。一坵水。七十日早。由風早。百日早。見秋早。南早。陝西早。瀏陽早。南陵穀。小赤穀。赤穀。烏穀。冷水秋。早大禾。大赤米。黃尖嘴。大禾。大時禾。七斗糙。烏大禾。硬藁占。之外曰糯。有百日糯。鐵糯。柳條糯。倒藁糯。赤粒糯。油麻糯。椎子糯。金絲糯。大糯。馬牙糯。紅殼秫。虎皮秫。

奉新縣土產。稻。團穀早。尖穀早。救公饑。隨犁歸。七十日早。百日早。北風粘。遲穀。油紅穀。大禾。芒大禾。代禾。皆粳稻。早糯。烏糯。白糯。黃糯。紅菱糯。大糯。皆釀酒糯。

靖安縣物產。早占。百日早。油紅。蘆花早。油赤。七月熟。洞秥。粽子糯。麻糯。九月熟。䆉糯。冷水糯。寒秥。大禾糯。十月熟。

武寧縣土產。百日占。晚赤占。白米秋占。洞占。寒占。雷州占。救公饑。君行早。赤穀。烏穀。臨江早。一坵水。望暑白。黃泥占。尖穀。冷水秋。大禾。紅殼糯。白糯。柳條糯。稜子糯。苦株糯。烏節糯。黃絲糯。晚糯。

寧州土產。大糯。赤糯。百日糯。鐵腳糯。柳條糯。油麻糯。金絲糯。倒藁糯。稚子糯。馬牙糯。百日秥。北風秥。百二十日

秥。九十日秥。大生秥。晚赤秥。赤穀。矮秥。見秋紅秥。北塘秥。白米秥。齊頭秥。柳秥。白米秋秥。油紅秥。秋秥。小赤穀。土黃秥。無名秥。南陵穀。毛秥。虎皮秫。通山秥。冷水秋。大禾。紅殼秫。大赤米。黃尖嘴。烏大禾。硬藁。懶擔糞。早大禾。七斗糙。麻秥。洞秥。

高安縣物產。稻有團穀早。尖穀早。救公饑。七十日早。百日早。秋風秥。冷水秥。遲穀。大禾。皆硬稻。早糯。烏糯。白糯。黃糯。紅菱糯。鐵腳糯。交秋糯。重陽糯。遲糯。大糯。鴨腳糯。皆釀酒。

上高縣物產。早穀。有茆葉早。五十工。洗白早。頓齊秥。蘇州早。童子秥。撫州早。紅米早。白殼糯。紅菱糯。黃扁糯。鐵腳糯。晚穀。有秋風秥。吉安早。黃泥早。亂麻秥。冬秥。木子秥。長鬚秥。粳禾糯。重陽糯。燕口糯。大禾糯。柳條糯。黑鬚糯。紅殼糯。白殼糯。

建昌縣物產。稻秔之早者。有望暑白。救公饑。刷箒早。一坵水諸名。秫之早者曰大糯。有赤白二種。秔之遲者。有北風秥。八月白。烏穀。芒穀之類。秫之遲者。有團糯。粘糯。荔枝糯之類。又有晚秥稻。晚糯稻之類。則刈早稻而復植於早田者。

德化縣物產。早穀。有駝犂白。留姑早。王瓜早。六十日。九十日等名。白穀。有竹丫秥。蘆花白。大白穀等名。紅穀。有鴨腳秈。柳條赤等名。晚稻米白而質膩。種後晚生。烏穀殼黑而多芒。五月始種。芒穀一名種穀。有烏白二種。糯穀有早紅糯。殼糯。黃金糯。哽雞糯數種。

玉山縣物產。早穡。白穀。紅穀。早糯。白糯。紅糯。晚糯。晚禾。

建陽早紅米糯　鉛山縣物產救公先三朝齊竹了早
白沙早高脚紅紅根早北風秥夏桃紅三有禾五家傳
猴孫糯上早糯八月糯重陽糯胡椒糯苦株糯師姑糯
響穀糯羊鬚糯秈粟糯　興安縣物產早穤有六十日
早上早等名白穀有竹了白沙紅根早桐子白福德早
等名紅穀有桃紅竹雞斑早紅遲紅晚穀俗呼大禾穀
糯穀有早糯赤糯重陽糯白穀糯嶽州糯連根糯等名
　東鄉縣物產早秥救公饑夏桃紅白沙秥池州鮮倉
背笑下馬看竹椏秥冬秥早糯晚糯白穀糯青絲糯焦
紅糯　南豐縣物產五十日秥六十日秥淮禾早大穀
早白沙早龍牙秥黃土秥江東秥百日秥清流秥華山

秥溫涼秥茅裏秥八月白鐵脚稉光頭藜鈌芒藜細穀
藜三有糯響鈴糯重陽糯虎皮糯椒子糯老人糯長腰
糯鹽夫糯光頭糯　廣昌縣物產六十日粘白沙早光
冬冬秥茅裏秥紫糯重陽糯虎皮糯　瀘溪縣物產稻
之屬有早黏有遲黏有糯稻名目不一其早黏春社日
前後浸種立夏前後蒔立秋而熟最早者名五十日黏
次名六十日黏他種青黃不接而此兩種先可食田家
種以繼不足俗云救公饑是也餘一名梔上早有紅白
二種七十日始熟白沙黏三月種六月熟米圓而大江
東早耐寒多粒大穀黏細穀黏二種以粒大小異名耳
百日黏福德黏八月白晚稻而早熟者米香白可貴至

若李廣黏石城黏龍牙黏流水黏池州黏冬黏鐵脚黏
俱色朱而堅九月始熟稻之黏者重陽糯應節候而熟
故名黏禾稻與早禾同熟即五十日糯也關公糯殼紅
而米白老人糯芒刺長而穀赤石冊糯早晚有異名目
不一　萬安縣土產江州禾冷水白百日黏紅穀晚穀
烏嘴大稻晚糯秋風糯青鐵墜白糯黃鐵墜鐵脚撐綿
子白羊蹄糯硬木香大秋風油麻糯光骨蕾柳條糯
清江縣土產稻最早熟者名救公饑色白味香甘有團
穀早雲南早諸種孚甲薄而米堅好有秋風黏蓑衣黏
諸種色赤甲厚有金穀黏田之低窪者種之六月插秧
九月方熟有晚稻至冬乃熟色白粒長種之者少而性

則冷又有早糯有晚糯　宜春縣物產黏穀紅白二種
有五十日黏六十日黏八十日黏百日黏大黏鬚黏晚
穀贛州早團穀早早穀糯穀有早糯晚糯白殼糯燕戶
糯鴨婆糯矮脚糯重陽糯子紅糯　萍鄉縣物產鬚秥
團秥安福秥團穀秥百日秥紅米秥白穀秥贛州早救
公早務原早大米禾大紅禾百日糯重陽糯北京糯紅
鬚糯粽子糯黃絲糯烏鴉糯　雩都縣物產早稻大穀
早晚稻八月白冷水白葉底黏早糯重陽糯大糯蝦鬚
糯　安遠縣物產早禾八月黏火燒黏大禾早糯黏子
糯蝦鬚糯晚糯　寧都縣物產六旬黃七旬熟日日赤
八月白留外婆救公饑師姑早和尚光倉背笑大穀早

鼠牙早。矮脚紅。金包銀。響玎璫。石上珠。盧江早。茅裏苫。重陽糯。　瑞金縣物產。稻。晚稻。早稻。早糯。大糯。金包銀。水珠糯。湖廣糯。陝西糯。羊鬚糯。　龍南縣物產。六月早。七月早。八月早。晚稻。早糯。黏糯。重陽糯。大冬糯。大禾穀。　定南縣物產。火燒黏。六月熟。重陽糯。黏糯。早糯。　蒲圻縣物產。稻之類。有洗白早。金環早。陵江早。無名早。無名遲。麻赤穀。馬鬃糯。柳條糯。蝦鬚糯。　咸寧縣物產。山黃稻。望水白。留姑早。銀包金。黃姑早。竹雞斑。花黏。六十日早。香稻。折稻。大粒穀。和尚苗。銀朱苗。烏鬚苗。馬牙糯。見缸消。細子糯。六月零糯。下馬看。浮糟糯。蝦鬚糯。橘皮黃。　漢陽府物產。稻屬有洗耙早。掩犂回。一坵水。七十

日黏。待時早。江西早。麻黏兒。白芒兒。王瓜早。秋風早。青黏。火黏。騎牛撒。早糯。晚糯。鬚糯。牙脂白。虎皮糯。柳條糯。烏節糯。油紅黏。蘇州晚。香稻。接早子。蓋草黏。等苞齊。落地黃。雀不知。　蘄水縣物產。黏之屬。曰黑穀。曰五十黏。曰六十黏。曰七十黏。曰圓頭黏。曰齊頭黏。曰楊三黏。曰矮脚黃黏。曰蓋草黏。曰銀條黏。曰無名黏。曰天降黏。曰蝦鬚黏。曰金包銀黏。曰得雁紅黏。曰浙江黏。糯之屬。曰飛上倉糯。曰魚子糯。曰馬棕糯。曰雪黃糯。曰蜜蜂糯。曰虎皮糯。曰破殼糯。曰除黃糯。曰黃金糯。曰嶶州糯。曰烏節糯。曰童子糯。曰淨田糯。曰芭茅糯。晚之屬。曰八月晚。曰烏節晚。曰光頭晚。曰嶶州晚。曰童子晚。　羅田縣物產。稻類。七十日秈。百日秈。四節穀。蓋草秈。油粟赤秈。雲田秈。瘦田秈。柳條赤秈。白花秈。大粒赤秈。烏風秈。黃泥秈。脂頭秈。麻秈穀。矮脚黃秈。烏三節秈。黃粒穀。三朝齊。望水白。水葡萄。紅桃熟。江南晚。黑殼晚。芭茅晚。子晚穀。珍珠晚。紅節穀。鬍鬚晚。香子晚。桐子晚。交秋糯。老人蕣。紅殼糯。馬牙糯。白殼糯。黃瓜秈。鐵脚糯。馬鬃糯。折二糯。界下其。三百零糯。蜜蜂糯。羊鬚糯。黏糯。　黃梅縣物產。早稻。曰洗耙早。救公饑。流水早。一刀齊。飛上倉。黃金糯。晚稻。曰烏穀。見秋紅。竹椏黏。蓋草黏。青水糯。柳條糯。烏節糯。赤米糯。　德安府物產。稻有黏者。黏之類有三。曰早稻。曰遲稻。曰晚稻。早者則有所謂落地黃。救公饑。一

坵水。等苞齊。接早。江西早。此布種宜早。且須沃壤。遲稻。則有所謂無名黏。椰頭黏。銀條黏。青黏。亂麻黏。溝黏。道黏。爨八石者。色皆白。又有色紅者。曰紅殼。晚稻。有芒種於夏秋之交。穫於冬初。一種名香秄晚者。以味香故有名。蒼穀者。其種法不必浸種分秧。但耕田下子。五六十日可實。湖人被水害者。水退不遑他穀。故多布此。然亦須田。山原不多藝。有糯者。分早遲二種。早者名金線糯。絲茅糯。留兜翻。墊倉底。虎皮糯。布種宜早。遲者名柳條糯。鵝翎白。溜沙白。紅糯。紅毛糯。烏糯。　枝江縣物產。稻之屬。有大黏。有小黏。有香黏。有早稻。俗名五十黏。有晚稻。臨冬方熟。另有以糯穀名。或紅或白。或畫眉。或柳條。

蓋隨其色與形而轉名也。　寧鄉縣物產。穀種十有一。曰竹枝黏。又名落花黃。洗鎖早。救窘糧。收甚早。六十日黏。有高脚短脚之分。收亦早。百日黏。一名大穀早。以上色俱白。油紅黏。一名紅米早。以上收頗早。秋紅黏。一名硬頭紅。又名南禾。螃皮黏。又名柳黏。收稍遲。以上皆食類。珍珠糯。又名燒衣糯。麻糯。一名響糯。又婆耘。又名巴過嶺。言難落也。早白糯。遲白糯。以上皆飲類。　瀏陽縣土產。稻之品。有白黏。紅黏。麻黏。茄黏。黃泥黏。鬚黏。又名曰鹿見愁。晚米黏。金包銀糯。早糯。晚糯。　湘鄉縣物產。稻之類。有沙邱早。江西早。楊柳黏。齊頭黏。金包銀。油絲黏。紅晚禾。麻黏。順水拖。亂麻黏。燒衣糯。早白糯。蜜蜂糯。

黑糯。黃糯。麻糯。蠻子糯。模糯。紅殼糯。　邵陽縣食貨。稻之屬。有秔盤穀早。五十日黏。六十日黏。夜齊早。雞婆早。祈陽早。赤鬚早。桐子白。沙黏。皆熟於六月中。鯽魚白。火燒黏。油黏。桂陽黏。蘇州早。大穀黏。思南黏。皆熟於七月中。福德黏。亂麻黏。北風黏。深田紅。皆熟於八月中。南木秈。下馬看。香甜米。馬尾黏。臨武黏。靖州黏。道州禾。廣西禾。皆熟於九月十月。乾禾種於山。蓋茅黏。同人黏。芥菜黏。銀莖黏。金包銀。烏鴉黑。四香禾。六月白。江西早。八風黏。隴裏黏。鬚黏。割根秈。扁砂禾。栗子秔。順水拖。蚍牙黏。以上早晚熟有候。有糯。裏田紅。矮婆糯。紅殼糯。銀、莖糯。蝦公糯。冷水糯。蠻子糯。思南糯。麻糯。響糯。木禾糯。乾禾

糯。種於山。早晚種熟有候。桂陽糯。蓋茅糯。巴仔糯。雞婆油糯。刷把糯。蜜蜂糯。銀綿糯。抛糯。　城步縣物產。稻之屬。百日黏。油黏。銀莖黏。桂陽黏。蓋茅黏。麻穀黏。夜齊黏。沙黏。大穀黏。北風黏。隴裏黏。呆黏。割根秈。扁砂禾。南木秈。雲南紅。杉木紅。赤米紅。老來白。南流根。野豬鬃。大白禾。香白禾。冷水紅。桂陽糯。矮糯。紅殼糯。蝦公糯。黃絲糯。冷水糯。水菅糯。響糯。　新寧縣物產。稻秔之屬。六十日黏。火燒黏。蓋茅黏。大穀早。同人黏。思南早。芥菜黏。銀根黏。金包銀。烏鴉黑。四香木。六月白。江西早。八方黏。隴裏黏。鬚黏。南木秈。割根秈。扁砂禾。栗子秔。順水拖。蛇牙黏。冷水紅。糯之屬。響糯。油糯。刷把糯。矮糯。麻糯。蜜蜂糯。雞

婆糯。銀線糯。蠻子糯。桂陽糯。蓋茅糯。蝦公糯。白莖糯。巴仔糯。黑糯。　衡陽縣物產。兩接早。救饑早。安南黏。模黏。油紅黏。百日黏。團穀黏。齊黏。天降黏。秋黏。冬黏。順風黏。晚禾黏。早糯。白糯。黃糯。紅糯。鐵鬚糯。大糯。花穀糯。　永明縣土產。早稻之品。百日黏。鼠牙黏。蘆荻黏。短穀黏。冷水黏。李家糯。白雉糯。早地禾。赤米黏。白米黏。寶慶禾。晚禾之品。珍珠秈。里宗禾。白皮赤。律禾。晚地禾。珍珠糯。麂毛糯。白鬚糯。蝦皮秈。豆子禾。荔浦禾。大白糯。細白糯。紗藍糯。　永興縣土產。兩節黏。百日黏。翻生黏。紅頭黏。生鬚黏。南黏。寶慶白。茶子禾。梁山黏。油黏。梁山糯。南禾糯。黃絲糯。紅禾糯。銅鼓糯。大禾糯。百日糯。冷水糯。　興寧

縣物產。金包銀黏。湘潭黏。火燎黏。雪黏。桃花黏。脫黏。百
日黏。三夜齊。豬膏黏。鬼見愁。黏黃糯。大紅糯。銀硃糯。鴨
婆糯。南禾糯。黃瓜糯。銅鼓糯。涼傘糯。　桂東縣物產。南
京黏。茅裏黏。洗白黏。靜洲黏。三寶黏。毛仔黏。大禾糯。紅
米糯。冷水糯。柳條糯。黃瓜糯。　達州方產。稻有早黏。晚
黏。大白黏。拋犂黏。香黏。黃黏各種。　嘉定州物產。稻其
最佳者。糯則有百金早。三百顆。花殼。紅殼。豬脂。虎皮。黏
則有毛香子。百日早。老鼠牙。蓋草黃等名。其尖刀穀。黑
泥黃泥等黏。皆常品。在在宜之。惟佳者非腴田不可。
眉州物產。稻有白早毛。香麻早。黃泥黏。黑泥黏。青稈黏。
三百顆。花殼糯。柳條糯。豬油糯。清酒缸。　滎經縣物產。

稻之屬。蓋草黃。金線早。洗把早。冷水穀。石頭穀。義子穀。
白穀。紅穀。白糯。麻糯。馬胡糯。香糯。　福州府物產。稻二
種。曰粳。曰秫。名品甚多。志其大者。春種夏熟曰早稻。秋
種冬熟曰晚稻。其歲一熟者曰大冬。又有各種。曰旱黏。
山田可種。附郭則少。曰天降來。從霜降後熟。曰薰提。曰
黃芒。與早稻同熟。曰占城。與晚稻同熟。曰稐。早稻既穫
後。苗始蕃。亦與晚稻同熟。曰土稐。多出洲田。其歲再熟
者。又有曰金洲。曰白香秫。與早稻同熟者曰早秫。與晚
稻同熟者曰晚秫。與大冬同熟者曰大冬秫。　古田縣
物產。稻之屬。赤早穀。黃米紅。無芒。七月收。白早穀。米俱
白。亦名古田早。八月收。白稻。穀米俱白。有芒。十月收。降
來穀。米俱白。無芒。可作麪。九月收。芒啄穀。米俱白。芒短。
十月收。紅芒秫。穀紅米白而大。有芒。豬脊秫。米白無芒。
十月收。　福清縣土產。早稻有白赤二種。信州早。種出
信州。副院早。種出天竺副院。金城早。色紅。占早。種出占
城。稐。早稻既穫後。其苗始蕃。晚稻。色紅有芒。秋種冬熟。
大冬。色白有芒。一歲一熟。天降來。霜降後熟。大白秫。芒
白。臙脂秫。色畧似臙脂。鵝卵秫。粒似卵形。黃閏秫。粒長。
　莆田縣物產。稻有大冬稻。早稻。晚稻。大冬稻。春種冬
熟。歲惟一收。早稻。春種夏熟。穫後即插。晚稻歲可兩收。
有米黏可釀酒者謂秫。有米白而香者謂白稜。又有黏
稻。俗名早黏。白黏。又有畬稻。不用水耕。高山皆可種。

仙遊縣物產。稻有粳有糯。年一收者。謂大冬稻。其粒大。
年兩收者。春種夏熟。爲早稻。秋種冬熟。爲晚稻。一種黏
稻。無芒而粒大。其色有白有斑有赤。稻名有白香白黏
青黏早赤烏秫赤秫等名。　泉州府物產。稻之屬。早稻
有赤白二種。晚稻有赤白二種。大冬有赤白二種。寄種
與早稻同下種。早稻刈後更發苗。至十月結實。有芒。米
赤色。又一種無芒青。晚埭田多種之。其種與收。俱遲於
早稻一月。米色赤。占城稻耐旱。其色有白有斑有赤。自
種至熟僅五十餘日。涸燥之地多種之。畬稻種出獠蠻。
必深山肥潤處。伐木焚之以益其肥。不二三年。地力耗
薄。又易他處。白香春種秋熟。有芒。殼黃米白味香。又一

種無芒。更美。名過山香。降來。夏種秋熟。有芒。差短。殼米俱赤。大尖。春種秋熟。殼赤無芒。與早赤大同小異。又有小尖。比大尖差小。中灌。五月種。十月收。殼赤米白。巳上秔稻。早秋。晚秋。大冬。秫。赤蒡秫。蒡穗。赤色米白。即荔枝秫。牛頭秫。一名好殼。而清香。白鬚秫。即赤六。巳上糯稻。

惠安縣物產。稻之品。先後遲速。大率繫於地氣。依山。山高氣深寒。常多暮春漬種。苗生甚遲。至冬乃熟。謂之大冬。分赤白二種。白中有秔有糯。顆大殼厚。味香。氣力完足。雖一種而收入兼二季所有者。平原之地暖常多。驚蟄後即漬種。至秋初而熟。謂之早稻。又翻治其田種冬稻。早稻種類。頗同大冬。而氣力差減。冬稻皆秔。赤米

青晚。耐風與水旱。亦能勝鹵氣。埭田多種之。其種與收。俱遲早稻一月。又有烏芒稻種。漬甲微拆。投土中。乃發芽抽苗。與青晚同熟。鹵地之尤鹹者宜之。殼麤厚。味酸澀不香。占城稻耐旱。瀕海春多雨。至夏常旱。此穀自種至收。僅五十日。備旱之地多種之。亦有赤白二種。畬稻。漳州人來賃山種之。　同安縣物產。秔稻有大冬。早種。早粳。遲粳。晚粳。諸種。糯稻有虎皮。黃。羹花。眉。山豬。兔。白秫。赤殼。白黏。過山香。諸種。禾亦糯屬。宜亢爽地。粒頗大。味亦香。　永春縣物產。早稻。晚稻。大冬。寄種。青晚。早秫。晚大冬秫。　龍溪縣物產。稻有早稻。春種夏熟。有粳有糯。米有赤白二色。糯米謂之大秫。有晚稻。秋種冬收。有芒多赤。近亦有白者。亦有糯。謂之小秫。有大冬。夏種冬收。亦分粳糯二種。又有寄種。與早稻同種。與晚稻同收。水田多有之。有黏稻。性耐旱。其色有白有斑有赤。比諸粳反佳。白者爲上。斑次之。又有香稻。芒紅味香。有白柳。米極精白。又有畬稻。顆粒最大。俗呼曰禾。　漳浦縣土產。稻有粳有糯。有尖。有香稻。有白柳。其實有白米。有赤米。　長泰縣土產。秔稻種有早晚。早六月收。米盡白。有山東。安南等名。晚十月收。米赤白兼。白名斑黏。柳仔。赤名大稻。回洋等。不一。又有大冬。年一收。殼厚。米尤硬。糯稻早晚俱有。赤殼者名金包銀。晚有斑黏。蛾眉。長芒。鵝卵等種。米俱白。赤殼爲上。　大田縣物產。早仔。大稻。金

城早。八月白。長芒。　尤溪縣物產。稻有秔有糯。糯有虎皮黃。羹花眉諸種。其顆大純白。氣力足者。謂之半溪秫。秔則有南安早。山東早。江西早。百日早。宜初春種。又一種附春稻種。而與秋同熟。謂寄種。亦秔屬。而氣味差減。

建陽縣方產。稻屬。禾仔。未立冬收。黃禾。宜肥田。三月種。十月收。孫都禾。宜肥田。三月種。七月半收。浦城白。蘇州白。有芒。俱宜肥田。黃衣禾。赤殼禾。俱瘦田可種。葡萄禾。其米赤。九月收。小烏禾。荔枝禾。其米白。瘦田倒。俗名旱禾。山原多種。糯屬。重陽秫。重陽時熟。車排秫。黃衣秫。其色黃。鐵尻秫。珍珠纍。大冬秫。白秫仔。東溪秫。牛尾麻子秫。無芒秫。灰秫。俱宜肥田。公婆秫。　崇安縣貨產。稻

之屬。紅禾。赤禾。烏禾。糟禾。青秀禾。烏蒂禾。小穀赤。車斑禾。蔔蔔禾。荔枝禾。吳家傳。鷓鴣斑。下馬看。蘇州子。瘦田倒。薌秫禾。魚禾。以上皆晚禾。大早。小早。粿早。福德早。紅根早。師姑早。龍游早。汀州早。政和早。火燒早。以上皆早禾。巖秫。重陽秫。大冬秫。黃衣秫。蘇州秫。鐵脚秫。牛尾秫。以上皆秫禾。　浦城縣土產。小早九十日熟。米有赤白二種。無芒六月收。大早一百二十日熟。米有赤白二種。無芒。白秈早。龍鳳早。師姑早。白芒早。秫以上七月八月收。烏龍牙。下馬看。銀硃秫。黃穀紅秫。椒子秫。冷水秫。粳穀。吳傳苦秫禾。以上九月十一月收。　政和縣土產。大早六十日。江西早。清流早。禾大糯。小糯。　壽寧縣物產。

烏節早。清流早。芒丁早。上東早。下南早。赤殼早。大紅溪頭早。烏帶赤芒早。黃柏藥。大糯。珠糯。三下槌。林下黃。大小黃。柴紅。白糯。　光澤縣物產。早稻。八月白稻。大黑稻。大黃稻。赤糯稻。白糯稻。　建寧縣物產。六十日黏。百日黏。秋風黏。溫涼黏。陝西黏。清流黏。肥豬黏。大穀黏。八月白。稄黏。金城禾。光頭禾。以上皆早稻。春分節後插。大暑節後刈。黎木赤。堆穀白。白穀赤。矮槁紅。漢公烏。摭露白。垂金赤。小金禾。鷓鴣斑。甸山白。野豬愁。以上皆晚稻。宜下濕。夏至節後插。白露節後刈。白露糯。響鈴糯。長腰糯。苦株糯。虎皮糯。羊鬚糯。重陽糯。青皮糯。道峯糯。竹絲糯。黃絲糯。椒子糯。大冬糯。以上皆糯。內惟響鈴一種。造酒

甚佳。　臺灣府土產。早稻。晚稻。禾黏稻。水田者名爲水黏。芒種後種。米絕佳。埔地者名爲埔黏。立夏後種。米稍遜。　寧德縣物產。稻。春種夏熟曰早稻。春種冬熟曰晚稻。早稻有白早。有烏早。有金城早。即占城早也。近有鋪氈早。先晚稻一月而熟。晚稻有白稻。殼米俱白。有紅稻。殼赤米白。有紅米娘。殼黃米紅。有光頭郎。無芒米白。有米秀。穗長米白。秫稻有紅秫。有黃后秫。近時有一種米耗紅。性極柔膩。蹂爲粉。若丹粉然。　番禺縣物產。糯米有兩熟。早熟五月收。性多堅。宜粉食。其稈柔。邑人和泥塗壁能久。名花殼糯。晚熟十月收。性粘輭。名蜜子糯。宜釀酒。其稈燥不適於用。黏米早熟。有望夫岡。早糲。新會

黏。黃黏。南京白。料禾潤。各種。五月收。晚熟有黃黏。鬼奴黏。白殼諸種。九月收。水田一熟。有大禾。霜降赤黏。秋分黏。紅鬚稻。蝦稻諸種。四月下秧。九月收。　從化縣物產。稻之品曰黏。有赤黏。黃黏。白黏。花黏。薯粱黏。鷓鴣黏。深水蓮。糯有黃糯。白糯。紅糯。麻糯。杭。有餘杭。赤杭。　增城縣物產。稻多黏。早熟。有冷黏。赤穀黏。晚熟有白花黏。赤花黏。鼠牙黏。最佳。多糯。有黃糯。白糯。焦糯。聖糯。又有香粳。最美。　新安縣方產。稻類。早黏。黃黏。斑黏。鹹敏。紅頭黏。鼠牙黏。黃糯。白糯。早糯。旱糯。高州糯。烏觜糯。紅糯。黑糯。莆菱菱穀。　乳源縣物產。稻之屬曰黏。有矮脚。赤色。高脚。白米遲黏。交秋黏。鼠牙黏。大谷黏。黃黏。曰糯。有光

頭糯紅糯早糯黃糯椒糯鐵皮糯白糯 龍川縣物產黏稻有積玉雪堆金包銀赤白湖裏鼠牙鹿角觜粳稻藤糯稻藤黃馬尾蝦公香白赤烏鬚早稻有黏粳糯三種有六月熟者有八月熟者耈稻亦三種山間待雨而耕耈字典不載 海陽縣物產稻之屬爲白早爲烏種爲早秋爲大秋爲尖秋爲白黏爲黃黏爲赤腳黏 程鄉縣物產稻之屬爲赤早白早爲早秋大秋爲白黏黃黏爲赤腳黏爲香禾畬禾歲田一穫爲大冬 惠來縣物產粳之屬有光鐵漢六十日西風早光早金包銀糯之屬有烏早早落火燒赤腳馬牙 平遠縣物產稻之屬白黏赤黏百日子南安早俱早收金包銀九月子高腳赤矯腳赤雪裏芒瑞金黏清流黏俱晚收響糯白毛糯紅光糯俱早收高腳糯蓑衣糯畬禾糯俱晚收 鎮平縣物產稻之屬爲赤早爲白早爲百日早爲旱糯爲冬糯爲白黏爲黃黏爲赤腳黏 高要縣土產穀品多黏多稻多秫黏在腴田則有細黏青藁紅藁麻包錦鼠牙下馬看清水黏黃魚串落滋黏山豬怕八月黏潮田則有黃連黏交趾黏大黏淋漓黏大長毛小長毛晚赤之屬稻早晚旱三種又有尖鼻烏尻鵪鴣臀又有大禾稻鬚芒及寸種塘中與水俱長莖丈餘正月布穀九月乃登秋有赤糯白糯黃糯油糯烏豚糯斑魚糯羊鬚糯荔枝糯番鬼糯水流糯旱糯早糯紐糯性輭味香美

粒長三分極大昔無今有番鬼糯一名番生羊鬚糯一名羊眼 陽江縣物產稻種類頗多以細黏爲上黃糠白米青黏次之黃黏又次之毛穀爲下 高明縣土產稻有早晚旱三種又有尖鼻烏尻鵪鴣臀又有大禾稻鬚芒及寸種塘中與水俱長莖丈餘正月布穀九月乃登黏在腴田則有細黏青膏紅膏麻包銀鼠牙落滋黏山豬怕八月黏黃連黏糯有赤糯白糯黃糯油糯烏豚糯荔枝糯番鬼糯旱糯早糯 電白縣物產稻有黏曰青藁曰黃黏曰白黏曰赤黏曰白殼曰牛皮早曰細粒曰早黏曰長鬚曰懶黏曰黑鐵曰馬尾黏有糯曰荔枝糯曰靈山糯曰油糯曰白糯曰長鬚糯曰番鬼糯曰早糯曰懶糯 石城縣物產稻之種曰早稻曰早黏曰六十日曰芒稻曰馬屎曰禾名曰黃黏曰白黏曰馬尾黏曰小黏以上米白曰鐵槌曰紅周二種米赤曰牛牯不懼風曰大糯紅芒黑芒無芒三種曰小糯曰粳曰香秔曰黃穲朱鵝黃色近遂溪界有之曰水芮宜水田曰鹹稻曰大塞二種宜鹵田曰百穄曰坡黎曰坡蘭曰坡禾名四種宜高坡曰山旱曰山禾名二種宜山徭人利之曰芮稻二月與早種抃擂刈早禾後乃芮生 海康縣土產稻之種十有五曰早稻早黏秫稻光芒稻長芒稻香秔粳稻古秔珍珠稻黏稻百穄稻黃穲稻芮稻紅芒稻烏芒稻 合浦縣物產稻屬六禾白禾毛禾赤禾坡

禾畲。禾旦。糯。八月粒。赤陽糯。晚糯。老鴉糯。　欽州物產。稻屬六。禾毛。禾白。禾赤。禾翼。糯。八月粒。馬蜆糯。赤陽糯。白粒。赤粒。毛粒。畲禾。潮禾。大糯。蝦鬚糯。香臺糯。交趾糯。

瓊山縣土產。稻。粳秫二種。粳者曰白芒。曰香秔。曰烏芒。曰珍珠。曰鼠齒。曰早禾。曰黏稻。曰山禾。秋曰光頭。曰九里香。　澄邁縣土產。秔稻。糯稻。秔有數種。曰百箭。烏齊。黃其。東海。鼠牙。八黏。矮腳。白芒。紅芒。烏芒。早禾。山禾。坡稻。小種稻。黏稻。糯有數種。曰黃鱣。烏鴉。烏罕。光頭。坡糯。小熟糯。　會同縣土產。粳稻。長芒。百箭。俱二熟。黃沙。黑芒。紅芒。牛鬚。俱小熟。黃琉。山豬。斑蓋。鼠牙。烏節。廉州。珠蓋。穀圓如珠。七黏。俱大熟。山禾。坡禾。俱山中之人刀

耕火種。亦大熟。糯稻。牛頭。芒花。烏鴉。狗蛇。穀傍有翅如蛇。黃鱔。馬眼。光頭。大糯。小糯。　儋州土產。秔稻有赤黏。烏齋。百線。香禾。珍珠禾。山肉。赤鬚。山禾。黎人伐山種之曰刀耕火種。早割。藝之三月。即熟。鼠齒。偶獲數種。糯稻有黃鱣。貝子。黑糯。早割。交趾。五月。光頭。數種。　羅定州物產。稻有黏。其種七。曰黃。曰赤。曰白。曰細粒。曰青藁。曰早。曰長鬚。有糯。其種四。曰荔枝。曰番鬼。曰瀨。曰坡。有粳有秫。似粳而黑。六月熟。　懷集縣物產。白銀黏。桃花黏。岡黏。番生黏。紅米黏。沙黏。南寧黏。斑黏。白銀粳。香粳。烏牛粳。鐵鏈粳。香糯。搭岡糯。狗踏糯。油糯。鴨腳糯。大紅糯。安南糯。番生糯。無鬚糯。桔貝糯。早龍糯。白藤糯。禿鬚糯。

南寧府物產。稻粳有毛粳。六月粳。八月粳。黏有白黏。紅黏。早黏。鼠牙黏。長腰黏。六月黏。糯有紅白黃皮黑皮諸種。早糯。含香糯。黃鬚糯。黑鬚糯。六月糯。光糯。毛糯。狗眼糯。赤陽糯。黃蠟糯。斑糯。鵓鴣糯。銀絲糯。泥糯。魚包糯。飯糯。香糯。　新寧州物產。黏穀。早穀。晚穀。勝穀。滌禾穀。大苗穀。三月穀。麻現糯。白殼糯。花殼糯。烏殼糯。振安白糯。　橫州物產。稻有秔黏糯三種。秔有毛秔。六月秔。八月秔。黏有白黏。紅黏。早黏。晚黏。嵛禾黏。其穀之光芒大小長短不同。其米之赤白紫烏堅鬆香否不一。總以晚白者爲第一。糯有光糯。毛糯。狗眼糯。黃蠟糯。斑糯。早糯。香糯。　昆明縣特產香糯。　富民縣物產。紅稻。白稻。柳

葉糯。　宜良縣特產茼香糯。　嵩明州物產。麻線穀。光頭穀。金裹銀糯。青芒。白穀。紅穀。　呈貢縣物產。白穀。紅穀。老鴉穀。糯穀。長芒穀。　昆陽州物產。大白穀。小白穀。冷水穀。水長穀。老來紅。青芒穀。大小糯穀。早穀。　建水州物產。紅稻。白稻。黃稻。香稻。糯稻。旱稻。香糯。黏糯。柳條糯。　石屏州物產。小白穀。安顛穀。冷水穀。大細麻線。紅心。百日早。烏穀。紅皮。紅白。粳茼。柳條。新輿白。紅他狼。鐵穀。假糯。飯糯。響穀。花皮。長無芒。香。大小糯米。葉裹藏。金裹銀。　通海縣物產。香穀。百日早。黑穀。小白穀。紅芒穀。冷水穀。背子穀。柳條糯。紅皮。白皮。黃米。　嶍峨縣物產。香穀。糯穀。白穀。紅穀。黑穀。早穀。旱穀。細穀。　蒙自縣物

產。香稻。紅稻。白稻。旱稻。長芒稻。水旱稻。紅皮糯。黑皮糯。柳條糯。

新興縣物產。稻之屬。黃殼。小殼。落子穀。百日穀。香穀。葉裏藏。黑大殼。旱穀。水穀。金裏銀。糯之屬。柳葉糯。紅殼糯。香糯。圓糯。

廣西府物產。稻之屬。香穀。旱穀。旱秧穀。白心水穀。紅心穀。早穀。遲穀。黃皮穀。黑皮穀。老來紅。三白子。背子穀。麻綿穀。青芒穀。羊毛穀。蔓穀。糯之屬。圓糯。長糯。黃糯。黑糯。弔糯。小糯。臙脂糯。虎皮糯。香糯。柳條糯。

趙州物產。稻之屬十三。白麻線。紅麻線。豆嘴。白穀。紅皮。矮羅。青芒。老鴉翎。金裏銀。早穀。弔穀。葉裏藏。白毛穀。糯之屬八。香糯。殼糯。黑嘴糯。油糯。柳條糯。大糯。小糯。白圓糯。

雲南縣物產。紅麻線。大黑嘴。白鼠牙。大

香穀。

鄧川州物產。金裏銀。銀裏金。矮樓。長芒。光頭。香糯。紅糯。大糯。小糯。麻線。高脚粱。白鷺豐。老鴉翎。

雲龍州物產。穀之屬十。落地白。白麻線。黑嘴。紅皮矮。白皮矮。早弔。六月熟。金裏銀。銀裏金。旱稻。秫之屬四。香糯。黑嘴糯。響穀糯。麻線糯。

永昌府物產。飯穀有十種。光頭穀。毛穀。早穀。麻線穀。香光頭穀。紅穀。黑早穀。白早穀。葉裏藏穀。金裏銀穀。糯穀有九種。紅糯。白糯。烏糯。水糯。虎皮糯。柳葉糯。香糯。大糯。團顆糯。

楚雄府物產。秔秫糯粳。黃殼。烏嘴。虎斑。紅芒。

廣通縣物產。稻。爲秔。爲糯。爲秈。爲黃殼白殼。爲烏嘴紅芒。爲虎斑。爲香糯。爲香稻。爲金齒鼠牙。其別種也。爲旱稻。

定邊縣物產。稻之種十。鴉林稻。紅芒稻。白殼稻。黃殼稻。虎皮稻。白黑稻。烏嘴稻。大香稻。晚稻。早稻。

姚州物產。稻之屬。紅白毛穀。光頭。長毛。麻線。青芒。早弔穀。

鶴慶府物產。紅稻。白稻。長芒稻。香稻。出羅陋川。細稻。出大孟村。冷水稻。三月栽。六月熟。麓川稻。種自麓川來。金裏銀稻。皮紅米白。銀裏金稻。皮白米紅。麻線稻。虎皮糯。珍珠糯。牛皮糯。松子糯。旱糯。

順寧府物產。稻黃穀。黑穀。紅穀。遲穀。花穀。矮老糯。安喜糯。安慶穀。安來穀。

蒙化府物產。稻秔。香秔。黃黑紅白。遲百日。花穀。落子。矮老。黑毛。麻線。老鴉翎。背子糯穀。香糯。背子糯。黃糯。矮老糯。凡二十種。

欽定授時通考

穀種

卷二十三之二十六

欽定授時通考卷二十三

穀種

粱

稷

粱

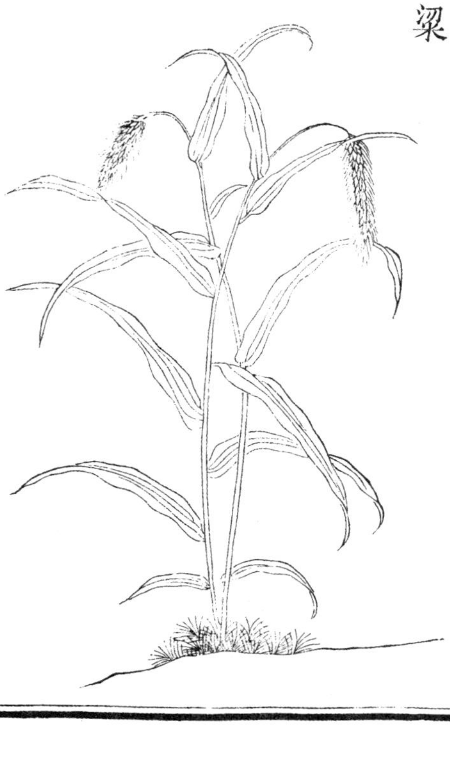

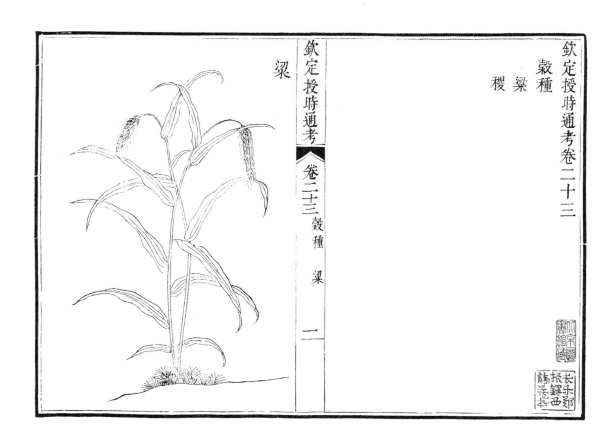

禮記曲禮粱曰薌萁。

注萁辭也。疏正義曰。粱謂白粱黄粱也。其語助也。

周禮天官食醫。凡會膳食之宜。犬宜粱。

正義犬味酸而溫。粱米味甘而微寒。氣味相成。訂義犬金獸也。粱西方之穀。與金畜相宜。

爾雅虋赤苗。

注今之赤粱粟。

又芑白苗。

注今之白粱粟皆好穀。疏案詩大雅生民云。誕降嘉種。維秬維秠。維虋維芑。故此釋之也。虋與穈音義同。虋即嘉穀赤苗者。郭云今之赤粱粟。芑即嘉穀白苗者。郭云今之白粱粟。皆好穀也。

博雅藋粱木稷也。

廣志有具粱解粱。有遼東赤粱。盬鑽粱粒如蟻子。魏文帝以爲粥。

爾雅翼粱今之粟類。古不以粟爲穀之名。但米之有稃殻者皆稱粟。今人以穀之最細而圓者爲粟。則粱是其類。內則曰。飯黍稷稻粱。白黍黄粱。稰穛。說者曰。下言白黍。則上是黄黍。下言黄粱。則上是白粱。今粱有三種。青粱殻穗有毛。粒青。米亦微青。而細於黄白米也。夏月食之。極爲清涼。但以味短色惡。不如黄白粱。故人少種之。亦早熟而收少。作餳清白勝餘米。黄粱穗大毛長。殻米俱麤於白粱。而收子少。不耐水旱。食之香味美於諸粱。人號爲竹根黄。白粱穗亦大。毛多而長。殻麤扁長。不似粟圓。米亦白而大。其香美爲黄粱之亞。古天子之飯所以有白粱黄粱者。明取黄白二種耳。今人大抵多種粟而少種粱。以其損地力而收穫少耳。然古無粟名。則是以粱統粟。今粟與粱功用亦無別。明非二物也。粱比他穀最益胃。但性微寒。其聲爲涼。蓋是亦借凉音。如許叔重說黍大暑而種。則以黍從暑。粱從涼。其義一也。

農政全書王禎曰。赤白粱其禾莖葉似粟。粒差大。其穗帶毛芒。牛馬皆不食。與粟同時熟。

本草綱目李時珍曰。粱者良也。穀之良者也。或云種出

自粱州。或云粱米性涼。故名。皆各執已見也。粱即粟也。考之周禮。九穀六穀之名。有粱無粟可知矣。自漢以後。始以大而毛長者爲粱。細而毛短者爲粟。今則通呼爲粟。而粱之名反隱矣。今世俗稱粟中之大穗長芒粗粒。而有紅毛白毛黄毛之品者。即粱也。黄白青赤。亦隨色命名耳。郭義恭廣志有解粱具粱遼東赤粱之名。乃因地命名也。　陶弘景曰。凡云粱米皆是粟類。惟其芽頭色異爲分別耳。汜勝之云。粱是秫粟。則不爾也。黄粱出青冀州。東間不見有。白粱處處有之。襄陽竹根者爲佳。青粱江東少有。又漢中一種枲粱。粒如粟而皮黑。可食。釀酒甚消痰。　蘇恭曰。粱雖粟類。細論則別。黄粱出蜀

漢商浙間。穗大毛長。穀米俱麤於白粱。而收子少。不耐水旱。食之香美。勝於諸粱。人號竹根黃。陶以竹根爲白粱。非矣。白粱穗大。多毛且長。而穀粗扁長。不似粟圓也。米亦白而大。食之香美。亞於黃粱。青粱殼穗有毛而粒青。米亦微青。而細於黃白粱。其粒似青稞而少粗。早熟而收薄。夏月食之。極爲清涼。但味短色惡。不如黃白粱。故人少種之。作餳清白。勝於餘米。 寇宗奭曰。黃粱白粱。西洛農家多種。爲飯尤佳。餘用不甚相宜。

又 黃粱米。氣味甘平無毒。寇宗奭曰。青粱白粱。性皆微涼。獨黃粱性味甘平。豈非得土之中和氣多耶。蘇頌曰。諸粱比之他穀。最益脾胃。

又 白粱米。氣味甘微寒無毒。李時珍曰。炊飯食之。和中止煩渴。

又 青粱米。氣味甘微寒無毒。李時珍曰。今粟中有大而青黑色者是也。其穀芒多米少。稟受金水之氣。其性最涼而宜病人。

直省志書 歷城縣方產。粱。俗云粱穀。米可入祀品。 鄒平縣物產。白穀粒白圓大。俗謂粱穀米。 滋陽縣物產。粱有黃白紅黑四種。 鄒縣物產。粱有黃白紅黑四種。 沂州物產。粱有黃白紅黑四種。 昌邑縣物產。粱黃白二種。 祁縣物產。粱細粒而色白。 馬邑縣土產。粱有早晚大小及紫白之異種。 臨潁縣物產。青粱白粱黃粱。 咸陽縣物產。粱。其米青者爲青粱。夏日食之清涼。其米白者形如芝蔴。爲芝蔴粱。黃粱穗大。毛長味美。謂之竹根黃。然赤黃二種。甲稃雖有二色。而其米皆白。 慶陽府物產。粱。黃。白。青。紅。龍爪。羊角。蠟燭。芝蔴。長角。凡九種。 長泰縣物產。粱。俗呼好殼。即香糯。青粱穗有毛。米微青。頗長。黃粱穗大毛長。米畧麤。白粱穗大。米扁長。又有八畓者。米赤。大於諸粱。更香。北方無此穀。以糯稷白者爲粱。非是。

稷

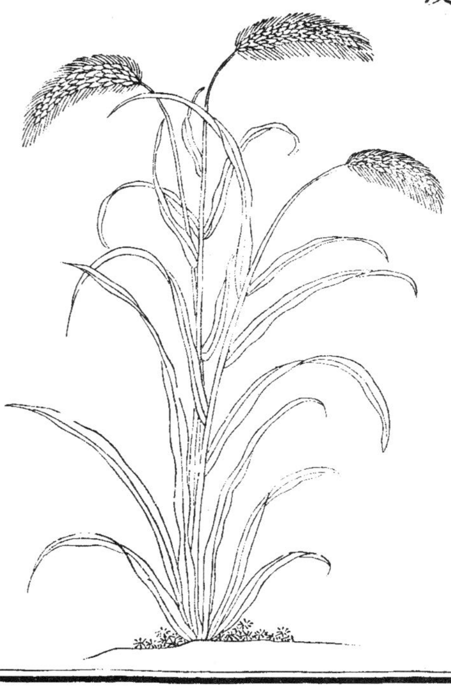

禮記曲禮稷曰明粢。

疏正義曰稷粟也。明白也。言此祭祀明白粢也。尚書云黍稷非馨。詩云我黍與與。我稷翼翼。爲酒爲食。以享以祀。黍稷爲五穀之主。是粢盛之貴。

周禮天官食醫。凡會膳食之宜。豕宜稷。

正義豭豬味酸。牝豬味苦。稷米味甘。甘苦相成。訂義豕水畜也。稷北方之穀。與水相宜。

夏官職方氏正西曰雍州。其穀宜黍稷。

又河內曰冀州。其穀宜黍稷。

爾雅粢稷。

注今江東人呼粟爲粢。疏左傳云。粢食不鑿。粢者稷也。曲禮云稷曰明粢是也。郭云今江東人呼粟爲粢。然則粢也稷也粟也。正是一物。而本草稷米在下品。別有粟米在中品。又似二物。故先儒甚疑焉。

尚書帝命期春鳥星昏中以種稷。

說文稷五穀之長也。穈穄也。

月令章句稷秋種夏熟。歷四時。備陰陽。穀之貴者。

博雅稷穰謂之穆。

廣志破藏稷逼黍稷也。此二者以四月熟。

隋書稷五星。稷農政也。取乎百穀之長以爲號也。

宋史天文志天稷五星。在七星南。農政也。取百穀之長以爲號。明則歲豐。暗或不具爲饑。移徙天下荒歉。客星入之。有祠事於內。出有祠事於國外。

爾雅翼稷者五穀之長。故陶唐之世。名農官爲后稷。其祀五穀之神。與社相配。亦以稷爲名。以爲五穀不可偏祭。祭其長以該之。稷所以爲五穀之長者。以其中央之穀。月令中央土。食稷與牛。五行土爲尊。故五穀稷爲長。又古者號稷爲首種。孟春行冬令。則雪霜大摯。首種不入。蔡邕以首種爲麥。以麥常隔歲而種。故以爲首。而鄭康成以爲稷者。蓋以考靈耀云日中星鳥。可以種稷。是一歲之初所先種者唯稷。況又孟春正種稷之時。而云首種不入。卽是極寒種不入土。不待歲收。然後爲入也。稷又名齊。或爲粢。故祭祀之號。稷曰明粢。而言粢盛者

本之諸穀。因皆有粢名。小宗伯所謂辨六齍之名物與其用是也。杜子春又欲讀酒正五齊皆爲粢。以禮運有粢醍在堂。意以粢穀爲醍。則餘四齊。亦皆以粢穀爲之。然破五齊從一粢。於義不可。故後鄭但以爲齊者。以度量節作之。更讀禮運粢醍爲齊。此說之不同者也。稷又名爲穄。呂氏春秋曰。飯之美者。有陽山之穄。高誘曰。關西謂之穈。冀州謂之𪏆。說文穈穄也。廣雅曰𪏆穄也。穆天子傳曰。赤烏之人。獻穄百載。見今人皆謂之穄。然則稷也粢也穄也。特語音有輕重耳。大抵塞北最多。如黍黑色。稷有二種。一黃白。一紫黑。紫黑者芑有毛。北人呼爲烏禾。今人不甚珍此。惟祠事用之。農家種之以備他

穀不熟爲糧。音釋。六螡音粢。謂之六穀。黍稷稻粱麥苽。五齊音劑。謂泛醴。醍音醴。糟牀下酒赤色。

【天中記】稷又名爲穄。

【農政全書】賈思勰曰。穀者總名。非止爲粟也。然今人專以稷爲穀。蓋俗名之耳。朱穀高居黃劉豬豬道愍黃聒穀黃雀懊黃續命黃百日糧有起婦黃辱稻糧奴子場音加支穀焦金黃鷂鳴合履。今一名麥爭塲。此十四種。早熟耐旱。免蟲。聒穀黃辱稻糧二種。味美。今墮車下馬看白羣羊懸蛇赤尾龍虎黃雀民泰馬洩韁劉豬赤李穀黃河摩糧東海黃石騂歲青莖青黑好黃陌南木隈隄黃宋黃癡指張黃兎肱青惠日黃寫風赤一睍黃山鹺頓黨黃。此二十四種。穗皆有毛。耐風。免雀暴。一睍黃

一種易舂。寶珠黃俗得白張鄰黃白鹺穀鈞干黃張蟻白耿虎黃都奴赤茄蘆黃熏豬赤䴵爽黃白莖青竹根青調母粱磊碨黃劉沙白憎延黃赤粱穀靈忽黃獺尾青續得黃得客青孫延黃豬矢煙熏黃樂婢青平壽黃鹿橛白鹺折作黃覃糝阿居黃赤巴粱鹿蹄黃鉞狗倉可憐黃米穀鹿橛青阿返。此三十八種。中麤大穀。白鹺穀調母粱二種。味美。擇穀青阿居黃豬矢青有二種。味惡。黃覃糝樂婢青二種。易舂。竹葉青石柳闊竹根青。一名胡穀。水黑穀忽泥青衝天棒雉子青鵖腳穀鴈頭青攬堆黃青子規。此十種。晚熟。耐蟲。災則盡矣。徐光啓曰。古所謂黍。今亦稱黍。或稱黃米。穄則黍之別種也。今人以音近。誤稱爲稷。古所謂稷。通稱謂穀。或稱粟。粱與秫。則稷之別種也。今人亦槪稱爲穀。物之廣生而利用者。皆以其公名名之。如古今皆稱稷爲穀也。晉人稱蔓菁爲菜。吳人稱棗爲菓。稱陵苕爲草。洛陽稱牡丹爲花。又曰。穄之苗葉莖穗。與黍不異。經典初不及穄。後世農書。輒以黍穄並稱。故穄者黍之別種也。郭璞注爾雅。虋赤粱粟。芑白粱粟。皆好穀也。言粱又言粟言穀。故粱者稷之別種也。廣志曰。秫。黏粟。說文曰。秫。稷之黏者。故秫亦稷之別種也。凡黏穀皆可爲酒。秬黍黏。故人以爲酒。秫者黏稷。亦可爲酒。故陶潛種五十畝秫。非今之薥秫也。

【雜陰陽書】稷生於棗或楊。九十日秀。秀後六十日成。

【羣芳譜】稷粒如粟而光滑。色紅黃。米似粟米而稍大。色黃鮮。三月種。耘四遍。七月熟。四五月亦可種。但收少遲耳。刈稷欲早。八九月熟便刈。遇風即落。忌與瓠子附子同食。

【本草綱目】李時珍曰。稷從禾從畟。畟音即。諧聲也。又進力治稼也。詩云。畟畟良耜。是矣。種稷者必畟畟進力也。南人承北音。呼稷爲穄。謂其米可供祭也。禮記祭宗廟稷曰明粢。爾雅云。粢。稷也。羅願云。稷穄粢皆一物。語音之輕重耳。赤者名穈。白者名芑。黑者名秬。註見黍下。陶弘景曰。稷米人亦不識。書記多云。黍與稷相似。又註黍米云。穄米與黍米相似。而粒殊大。說文云。稷乃五穀

長田正也。此乃官名。非穀號也。先儒以稷爲粟類。或言粟之上者。皆說其義而不知其實也。按氾勝之種植書。有黍不言稷。本草有稷不載穄。穄卽稷也。楚人謂之稷。關中謂之糜。呼其米爲黃米。其苗與黍同類。故呼黍爲秈秫。陶言與黍相似者得之矣。　陳藏器曰。稷穄一物也。塞北最多。如黍黑色。　孟詵曰。稷在八穀之中。最爲下苗。黍乃作酒。此乃作飯。用之殊途。　蘇頌曰。稷米出粟處皆能種之。今人不甚珍此。惟祠祀用之。農家惟以備他穀之不熟。則爲糧耳。　寇宗奭曰。稷米今謂之穄米。先諸米熟。其香可愛。故取以供祭祀。然發故疾。只堪作飯。不黏。其味淡。　李時珍曰。稷與黍。一類二種也。黏

者爲黍。不黏者爲稷。稷可作飯。黍可釀酒。猶稻之有粳與糯也。陳藏器獨指黑黍爲稷。亦偏矣。稷黍之苗。似粟而低小。有毛結子。成枝而殊散。其粒如粟而光滑。三月下種。五六月可收。亦有七八月收者。其色有赤白黃黑數種。黑者禾稍高。今俗通呼爲黍子。不復呼稷矣。北邊地寒。種之有補。河西出者。顆粒尤硬。稷熟最早。作飯踈爽香美。爲五穀之長而屬土。吳瑞曰。稷苗似蘆。粒亦大。南人呼爲蘆穄。孫炎正義云。稷卽粟也。　又曰。稷黍之苗。雖頗似粟。而結子不同。粟穗叢聚攢簇。稷黍之粒。疏散成枝。孫氏謂稷爲粟。誤矣。蘆穄卽蜀黍也。其莖苗高大如蘆。而今之祭祀者。不知稷卽黍之不黏者。往往以蘆穄爲稷。故吳氏亦襲其誤也。今並正之。

〔又〕稷米。氣味甘寒無毒。別錄曰。益氣補不足。心鏡曰。作飯食。安中。利胃宜脾。李時珍曰。涼血解暑。按孫眞人云。稷。脾之穀也。脾病宜食之。氾勝之云。燒黍稷則瓠死。此物性相制也。稷米黍穰。能解苦瓠之毒。

〔閩書〕稷。說文曰。五穀之長也。閩中種稷殊少。惟明祀用之。𣪺冶遺事。穄米與黍相似而粒大。按此說是薥黍也。北人曰高粱。泉曰番黍。浙人曰蘆穄。閩中山畬磽地。尙有一種。穗如鴨脚。粒與黍相類。磨之可以麪。其稃可以酒。

〔天工開物〕凡糧食米而不粉者。種類甚多。相去數百里。

則色味形質。隨方而變。大同小異。千百其名。北人唯以大米呼粳稻。而其餘槩以小米名之。凡黍與稷同類。粱與粟同類。黍有黏有不黏。黏者爲酒。稷有粳無黏。凡黏黍黏粟。統名曰秫。非二種外更有秫也。黍色赤白黃黑皆有。而或專以黑色爲稷。未是。至以稷米爲先他穀熟。堪供祭祀。則當以早熟者爲稷。則近之矣。凡黍在詩書。有虋芑秬秠等名。在今方語。有牛毛燕頷馬革驢皮稻尾等名。種以三月爲上時。五月熟。四月爲中時。七月熟。五月爲下時。八月熟。揚花結穗。總與來牟不相見也。凡黍粒大小。總是土地肥磽。時令害育。宋儒拘定以某方黍定律。未是也。凡粟與粱。統名黃米。黏粟可爲酒。而蘆

粟一種。名曰高粱者。以其身高七尺。如蘆荻也。粱粟種類名號之多。視黍稷尤甚。其命名或因姓氏山水。或以形似時令。總之不可枚舉。山東人唯以穀子呼之。併不知粱粟之名也。以上四米。皆春種秋穫。耕耨之法。與來牟同。而種收之候。則相懸絕云。

〔直省志書〕宛平縣物產。稷有黑白黃三種。　保定縣土產。稷有紅有白有黑。　歷城縣方產。稷。祀神多需此。　鄒平縣物產。稷紅白數種。　新城縣物產。穄紅穄黑穄二種。　齊東縣物產。稷紅白數種。　長清縣物產。稷有紅黃黑白四種。　泰安州物產。稷黃黑二種。　萊蕪縣物產。稷有黃紅二種。　霑化縣物產。稷之品。紅稷黑稷

柳稷六十日。　滋陽縣物產。稷有黑白二種。　鄒縣物產。稷有紅白二種。　鉅野縣物產。稷有紅白二種。　東平州物產。穄紅黑二種。　汶上縣物產。稷有黑白二種。　沂州物產。稷有黑白二種。　清平縣物產。稷有黑白紅三種。　高唐州物產。稷。其品二。黑紅。　觀城縣物產。稷紅黑二種。　日照縣物產。稷有黑白二種。　招遠縣物產。稷其色有赤白黃黑數種。　陽曲縣物產。稷粟有稉硬二種。　祁縣物產。稷有大小二種。視他方味美。　定襄縣物產。稷青黃黧黑。　臨汾縣物產。稷有大小二種。視他方味美。　翼城縣物產。稷有赤黑二種。　汾西縣土產。稷黃白黑三種。　馬邑縣物產。稷有青紅白黑

四種。與早晚大小之分。　洧川縣物產。稷有黃白二種。　輝縣物產。稷色有青白紅黃。名有六月秈溜沙白等皆嘉。他如龍爪兎蹄雞腸鼠尾。隨象立名。動以百計。　慶陽府物產。稷黃白紅青黧稉。凡六種。　歙縣物產。穄有黑穄者秈穄也。赤穄者糯穄也。長如蘆葦號蘆穄。黃穄。皆古之稷也。

欽定授時通考卷二十四

黍

禮記曲禮。黍曰薌合。

疏正義曰黍曰薌合者。夫穀秫者曰黍。秫既軟而相合氣息又香故曰薌合也。集說黍熟則黏聚不散其氣又香故曰薌合。

周禮天官食醫凡會膳食之宜。羊宜黍。

正義羊味甘熱。黍味苦溫。甘苦相成。訂義羊。火畜也。黍高燥所生。與火畜相宜。

又夏官職方氏正西曰雍州其穀宜黍稷。

又河內曰冀州其穀宜黍稷。

爾雅秬黑黍。

注詩曰維秬維秠。

又秠一稃二米。

注此亦黑黍但中米異耳。漢和帝時。任城生黑黍。或三四實。實二米。得黍三斛八斗是。疏李巡曰。黑黍一名秬黍。秬即黑黍之大名也。秬是黑黍之中一稃有二米者。別名爲秠。若然。秬秠皆黑黍矣。而春官鬯人註云。釀秬爲酒。秬如黑黍。一秠二米。言如者。以黑黍一米者多。秬爲正稱。二米則秬中之異。故言如以明秬有二等也。秬有二等。則一米亦可爲酒。鬯人之註必言二米者。以宗廟之祭。惟祼爲重。二米嘉異之物。鬯酒宜用之。故以二米解鬯。其實秬是大名。故云釀秬爲酒。此云秠一稃二米。鬯人註云一秠二米不同者。鄭志答張逸云。秠卽皮。其稃亦皮也。爾雅重言以曉人。然則秠稃古今語之異。故鄭引此文。以稃爲秠也。漢和帝時。任城縣生黑黍。或三四實。實二米。得黍三斛八斗是也。

尚書考靈曜夏火星昬中。可以種黍。

春秋說題辭精移火轉生黍。夏出秋改。黍者縮也。故其立字禾入米爲黍。酒以扶老。

春秋佐助期黍神名佣侅。姓蘭郝。

孝經援神契黑墳宜黍麥。

淮南子渭水多力而宜黍。

博雅粢。黍也。黍釀謂之䅎。

說文以大暑而種。故謂之黍。黍。禾屬黏者也。孔子曰。黍可以爲酒。

古今注稻之黏者爲黍。亦謂稌爲黍。禾之黏者爲黍。亦謂之穄。亦曰黃黍。

廣志黍有燕頷之名。又有驢皮黍。又曰。牛黍。稻尾秀成赤黍。馬革大黑黍。或云秬黍。有濕屯黃黍。

齊民要術穄有赤白黑青黃鶩鴿凡五種。

又凡黍黏者收薄。穄味美者亦收薄難舂。

雜陰陽書黍生於榆。六十日秀。秀後四十日成。黍生於巳。壯於酉。長於戌。老於亥。死於丑。惡於丙午。忌於丑寅卯。穄忌於未寅。

爾雅翼黍。禾屬而黏者也。以大暑而種。故謂之黍。從禾雨省聲。孔子曰。禾可爲酒。禾入水也。然則又以禾入水三字合而爲黍。不但從雨而已。黍以大暑而種。故農家以三月上旬爲上時。四月上旬爲中時。五月上旬爲下時。然月令仲夏之月。農既登黍矣。天子以雛嘗黍。羞以含桃。先薦寢廟。爲鄭說者。以爲黍非新成。直是舊黍。蓋以鄭解孟秋所登之穀爲黍稷。故以仲夏爲未熟。若其熟。何得言登。且所謂舊黍者。自去歲孟冬與彘併食。數月於此矣。豈待今而後嘗耶。黍固有早晚。其晚者不妨至孟秋始熟。故庶人秋乃薦黍。此天子之禮。自重其先熟者而嘗薦之耳。故蔡邕以爲今之蟬鳴黍。亦猶十月

穫稻。而天子所嘗乃九月熟者。謂之半夏稻。亦其類也。黍之秀特舒散。故說者以其象火爲南方之穀。詩亦云芃芃黍苗。以此也。又云彼黍離離彼稷之苗者。黍大體似稷。故古人併言黍稷。今人謂黍爲黍穄。行役之人有憂於內。則有不察於外。故於此或不能辨也。黍有赤黍黑黍。黑黍已別見。虋稱赤苗。恐是赤者。其類有黏不黏。如稻之有粳糯。其不黏者以爲飯。黏者別名秫以爲酒。說文。秫。稷之黏者。卽謂此也。月令造酒命大酋秫稻必齊。蓋以此秫與稻之糯爲酒。北人謂秫爲黃米。亦謂之黃糯。釀酒比糯稻差劣。黍之爲物黏而香。故凡香之馨馥。黏之黏䵒。皆從之。又古人作履黏以黍米謂之黎。其

雪桃亦用黍。以黍黏去桃毛也。孔子先食黍。以黍爲五穀之先。桃爲五果之下。故捨不用耳。黍又擣以爲餳。謂之餦餭。楚辭曰。粔籹蜜餌有餦餭。言以蜜和米麪煎熬作粔籹。又有美餳。衆味甘具也。及屈原死。楚人以菰葉裹黍祠之。謂之角黍。香音香。黏音胡。黐音曬。餦音張。餭音黃。粔音巨。籹字典不載。

又秬黑黍也。古者薦籩有白黑形鹽。白爲熬秬。黑卽秬也。至藏氷則用黑牡秬黍以享司寒。蓋此倣其方之色。亦以爲酒。謂之秬鬯。既芬香調暢矣。若將用則鬯人以鬯酒入鬱人。鬱人得之築鬱金草煮之以和此酒。則謂之鬱鬯。故鬯人掌共秬鬯。而鬱人和鬱鬯以此也。

又釋草曰。秬黑黍。秠一稃二米。是秬與秠之所以異者在此。然則秠必不黑。秬必不一稃二米也。而鄭氏釋春官鬯人。旣云秬如黑黍。一稃二米。則是以秠之狀雜之於秬。郭氏解釋草又曰。秠亦黑黍。則是又以秬之色雜之於秠。秬既欲兼秠之狀。秠又欲兼秬之色。凡物之所以紊亂不復可推究者。由此故也。郭氏又引漢和帝時。任城生黑黍。或三四實。實二米。得黍三斛八斗。以顯二米者爲黑黍。且任城所生。漢之異事。歷世所未有。詩歌后稷降播。乃民事之常。如必待任城所生而後降之。則没世不可待矣。至唐說者又言今上黨民間黑黍或值豐歲。往往得二米者。但稀濶而得之。不以充貢耳。以此附成郭氏之說。且后稷所降。旣謂之種。何得以豐歲偶有一二之說。若皆以豐歲言之。則禾有同頴。麥有兩岐。又可待以爲種耶。按今百穀之中。一稃二米者。惟麥爲然。舍麥未有二米者。說文解秠。亦云一稃二米。詩云誕降嘉種。維秬維秠。天賜后稷之嘉穀也。而解來字云。周所受瑞麥來麰。一來二縫。秠與來麰。皆后稷所受於天。皆一稃二米。則是秠者正此來麰耳。但生民臣工所稱不同。來麰又稱麰麰。古者來麰丕三字相通。要是一物。鄭志自以所解鬯人不合釋草之文。故答張逸。併以秠稃皆解爲皮。且云爾雅重言以曉人。然則不惟二物相混。而秠但得爲秬之皮。轉失實矣。予故詳而論之。

農政全書王禎曰。詩云維秬維秠。秬黑黍也。又曰秬鬯一卣。此言黍之爲酒尚矣。今又有赤黍。米黃而黏。可蒸食。白黍釀酒。亞於糯秫。又北地遠處惟黍可生。其莖穗低小。可以釀酒。又可作饘粥。黏滑而甘。此黍之有補於艱食之地者也。凡祭祀以之爲上盛。貴其色味之美也。

本草綱目李時珍曰。按許慎說文云。黍可爲酒。從禾入水爲意也。魏子才六書精蘊云。禾下從氽。象細粒散垂之形。氾勝之云。黍者暑也。待暑而生。暑後乃成也。詩云誕降嘉種。維秬維秠。維穈維芑。穈卽虋音轉也。郭璞以虋芑爲粱粟。以秠卽黑黍之二米者。羅願以秠爲來牟。皆非也。　陶弘景曰。黍荊郢州及江北皆種之。其苗如蘆而異於粟。粒亦大。今人多呼秫粟爲黍。非矣。北人作黍飯。方藥釀黍米酒。皆用秫黍也。別錄丹黍米。即赤黍米也。亦出北間。江東時有。而非土所宜。多入神藥用。又有黑黍名秬。釀酒供祭祀用。　蘇恭曰。黍有數種。其苗亦不似蘆。雖似粟而非粟也。　蘇頌曰。今汴洛河陜間皆種之。爾雅云。虋赤苗。芑白苗。秬黑黍是也。李巡云。秬是黑黍中一稃有二米者。古之定律者。上黨秬黍之中者。累之以生律度衡量。後人取他黍定之。終不能協律。或云。秬乃黍之中者。一稃二米之黍也。此黍得天地中和之氣而生。蓋不常有。有則一穗皆同二米。粒並均勻。無大小。故可定律。他黍則不然。地有肥瘠。歲有凶穰。故米有大小不常矣。今上黨民間或值豐歲。往往得二米

者。但稀濶。故不以充貢爾。　又曰。黏者爲秫。可以釀酒。北人謂爲黃米。亦曰黃糯。不黏者爲黍。可食。如稻之有粳糯也。李時珍曰。此誤以黍爲稷。以秫爲黍也。蓋稷之黏者爲黍。粟之黏者爲秫。粳之黏者爲糯。別錄本文著黍秫稻糯之性味功用甚明。而註者不諳。往往謬誤如此。今俗不知分別。通呼秫與黍爲黃米矣。

又黍米氣味甘溫無毒。孫思邈曰。黍米。肺之穀也。肺病宜食之。主益氣。李時珍曰。按羅願云。黍者暑也。以其象火爲南方之穀。蓋黍最黏滯。與糯米同性。其氣溫暖。故功能補肺。而作食作煩熱。煖筋骨也。孟詵謂其性寒。非矣。

直省志書　宛平縣物產。黍有白黑二種。　三河縣土產。黍有黑白紅黃四種。　平谷縣土產。黍有黑白紅黃黎五種。　清苑縣土產。黍有黃。有白。有丹。有大白。有小白。　歷城縣方產。黍有酒飯二種。酒黏。飯不黏。　鄒平縣物產。黍黑白數種。　新城縣物產。黍。白黍。黎頭二種。　齊河縣物產。黍有紅黃白黑四種。　齊東縣物產。黍黑白數種。　長清縣物產。黍有黑白二種。　泰安州物產。黍黃白黑三種。　萊蕪縣物產。黍白黃紅黑四色。有輭硬二種。輭宜釀酒。　霑化縣物產。黍之品。黎頭黍。扎地白。棗皮黍。芝黃黍。紅黍。白黍。　滋陽縣物產。黍有黑白二種。　曹州物產。黍有黃紅黑白四色。　曹縣物產。

黍有數種。五色早晚不同。曹酒率用此米。　鉅野縣物產。黍黑白紅黃四種。　東平州物產。黍黑白二種。　汶上縣物產。黍黑白二種。　沂州物產。黍有黑白二種。　清平縣物產。黍有紅白黑三種。皆可釀酒。白者佳。　高唐州物產。黍其品三。黑紅白。　觀城縣物產。黍黑白二種。　日照縣物產。黍有黑白二種。　黃縣物產。黍有紅白黑三種。　福山縣物產。黍有金銀黑三色。釀酒。　招遠縣物產。赤黍。白黍。黑黍。　萊陽縣物產。黍紅白黑三種。　陽曲縣物產。黍有輭硬二種。　祁縣輭硬二種。輭宜釀酒。　定襄縣物產。黍黃白紅青羊眼。　保德州土產。黍有黑青紅黃數種。　臨汾縣物產。黍有輭硬二種。

丹黑二色。翼城縣物產。黍有黃白二種。臨晉縣物產。黍有黃白赤黑四種。米皆黃。俗呼爲黃米。平陸縣土產。黍有白紅黃黎。其硬者爲穈黍。高平縣物產。黍紅白黎黑數種。精潔羙腴。甲於他郡。和順縣土產。黍有輭硬二種。其色白黑黃赤黎五色。馬邑縣土產。黍有青白黃三種。與早晚大小之分。祥符縣物產。白黍黑黍。紅黍。黃黍。洧川縣物產。黍有黃白黑三種。鄢陵縣土產。黍紅白黎三色。其最早者曰奪麥塲。延津縣物產。黍有黃黍。白黍。秔黍。糯黍。襄城縣土產。白黍白莩黃米爲上。黃黍黃莩黃米爲次。黑黍釀酒。延川縣物產。黍有輭硬二種。有丹黑二色。西鄉縣土產。黍

類。露仁糧。矮人糧。馬尾糧。黑穀糧。罩粒頭。清河縣物產。黍有黃白黎色數種。亦有紅者名大紅袍。蒲圻縣物產。黍之屬有黃黍。黑黍。高粱黍。永明縣土產。泡眼黍。赤黍。簑衣黍。建陽縣方產。黍屬小早。三月種。六月收。黃竹早。宜飽水田。四月種。七月熟。江西早。三月種。七月初收。爛埖早。天降早。苦株早。紅根早。蘆絲早。俱三月種。七月收。間有瘦田亦可種。縮頸早。宜肥田。三月種。七月半收。福德早。宜禾田。三月種。八月收。半冬早。黃穀早。俱三月種。九月收。海寧縣土產。黍之種四。曰糯黍。黃黍。牛黍。飯黍。

丹黍米

丹黍米

【本草綱目】丹黍米。卽赤黍也。爾雅謂之虋。吳瑞曰。浙人呼爲紅蓮米。江南多白黍。間有紅者。呼爲赤蝦米。寇宗奭曰。丹黍皮赤。其米黃。惟可爲穈。不堪爲飯。黏著難解。甯原曰。穗熟色赤。故屬火。北人以之釀酒作糕。

【又】氣味甘。微寒。無毒。孫思邈曰。微溫。寇宗奭曰。動風性熱。多食難消。餘同黍米。

蜀黍

蜀黍

齊民要術蜀秫。春月種。宜用下土。莖高丈餘。穗大如帚。其粒黑如漆。如蛤眼。熟時收刈成束。攢而立之。其子作米可食。餘及牛馬。又可濟荒。其莖可作洗帚。稭稈可以織箔編席夾籬供爨。無有棄者。亦濟世之一穀。農家不可闕也。

農政全書徐光啓曰。蜀秫古無有也。後世或從他方得種。其黏者近秫。故借名爲秫。今人但指此爲秫。而不知有粱秫之秫。誤矣。別有一種玉米。或稱玉麥。或稱玉蜀秫。蓋亦從他方得種。其曰米麥蜀秫。皆借名之也。又曰。北方地不宜麥禾者。乃種此。尤宜下地。立秋後五日。雖水潦至一丈深。而不能壞之。但立秋前水至。卽壞。故北土築堤二三尺以禦暴水。但求隄防數日。卽客水大至。亦無害也。又曰。秦中鹻地則種蜀秫。下地種蜀秫特宜早。須清明前後耩。鹻音減。

本草綱目李時珍曰。蜀黍不甚經見。而今北方最多。按廣雅。荻粱。木稷也。蓋此亦黍稷之類。而高大如蘆荻者。故俗有諸名。種始自蜀。故謂之蜀黍。汪穎曰。蜀黍北地種之。以備缺糧。餘及牛馬。穀之最長者。南人呼爲蘆穄。李時珍曰。蜀黍宜下地。春月布種。秋月收之。莖高丈許。狀似蘆荻而內實。葉亦似蘆。穗大如帚。粒大如椒。紅黑色。米性堅實。黃赤色。有二種。黏者可和糯秫釀酒作餌。

不黏者可以作糕煮粥。可以濟荒。可以養畜。梢可作箒。莖可織箔席編籬供爨。最有利於民者。今人祭祀用以代稷者誤矣。其穀殼浸水色紅。可以紅酒。博物志云。地種蜀黍。年久多蛇。

又蜀黍米氣味甘澀溫無毒。

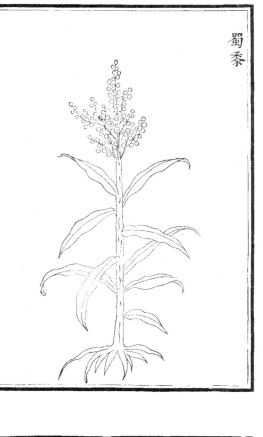

玉蜀黍

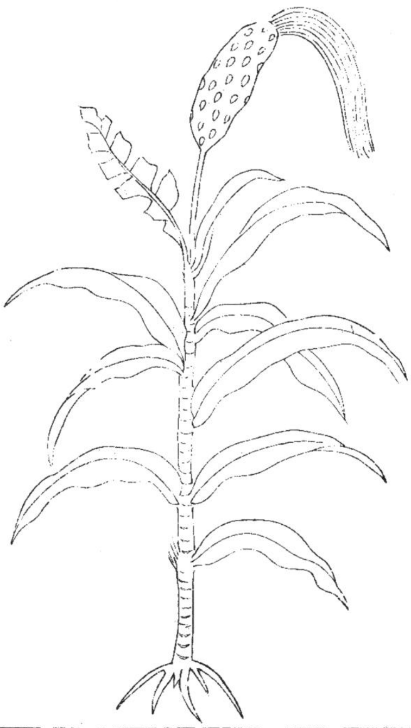

玉蜀黍

本草綱目李時珍曰。玉蜀黍種出西土。種者亦罕。其苗葉俱似蜀黍而肥矮。亦似薏苡。苗高三四尺。六七月開花成穗。如秕麥狀。苗心別出一苞。如椶魚形。苞上出白鬚垂垂。久則苞拆子出。顆顆攢簇。子亦大如稷子。黃白色。可滐炒食之。炒拆白花。如炒拆糯穀之狀。

又玉蜀黍米。氣味甘平。無毒。

野黍

野黍

農政全書野黍生荒野中。科苗皆類家黍。而莖葉細弱。穗甚瘦小。黍粒亦極細小。味甘。性微溫。採子舂去麤糠。或搗或磨麪蒸餻食甚甜。

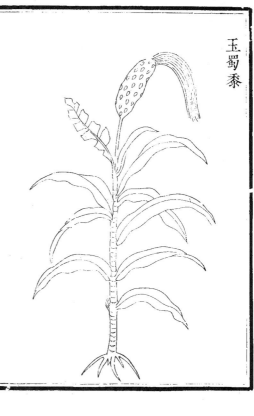

欽定授時通考卷二十五

穀種

粟

白粟米

秫

粟

粟

尚書禹貢。四百里粟。

集傳。粟穀也。去其穗而納穀。

周禮地官載師。凡田不耕者出屋粟。

疏。夫三爲屋。民有百畝之田。不耕墾種作者。罰以三夫之稅粟。

又。旅師掌聚野之耡粟屋粟閒粟。

註。野謂遠郊之外也。耡粟。民相助作。一井之中所出九夫之稅粟也。屋粟。民有田不耕。所罰三夫之稅粟。閒粟。閒民無職事者。所出一夫之征粟。訂義。鄭諤曰。耡粟者。合耦於耡而不趨合耦之令者。罰使出粟。劉執中曰耡粟爲有五畝之宅不耡而樹藝之乃出不毛之粟張氏曰屋粟不授田徙居之粟易氏曰閒粟卽甸地閒田所出之粟曹氏曰此三等之粟在農民常賦之外旅師之所專掌

又舍人掌米粟之出入辨其物

疏太宰九職有九穀月令有五穀今止言粟卽粢也爾雅釋草言粟粢稷也稷爲五穀之長故特舉以配米也其實九穀皆有

又倉人掌粟入之藏

註九穀盡藏焉以粟爲主**疏**案月令首種不入鄭注引舊記首種謂稷卽種粟是五穀之長下辨九穀此云粟是以粟爲主也**訂義**項氏曰倉人掌藏粟者李嘉會曰一歲所收粟則先熟兼中國之地率多種粟蓋粟耐乾雖歲之旱不至太失此九穀之物必以粟而總其名

爾雅粢稷

註今江東人呼粟爲粢**疏**左傳云粢食不鑿粢者稷也曲禮云稷曰明粢是也郭云今江東人呼稷爲粢然則粢也稷也粟也正是一物而本草稷米在下品別有粟米在中品又似二物故先儒甚疑焉

春秋說題辭粟助陽扶性粟之爲言續也粟五變一變而以陽生爲苗二變而秀爲禾三變而祭然謂之粟四

變入臼米出甲五變而蒸飯可食陽以一立爲法故粟積大一分穗長一尺文以七烈精以五六立故其字爲粟西者金所立米者陽精故西字合米字而爲粟

春秋佐助期粟神名許給姓慶天

說文粟嘉穀實也粟之爲言續也續於穀也

廣志粟有赤粟白莖有黑格雀粟有張公班有含黃有蒼背稷有雪白粟亦名白粟又有白藍下竹頭青白逯麥擢石精狗蝨之各種云

羣芳譜稈高三四尺似蜀秫稈中空有節細而矮葉似蘆小而有毛穗似蒲有毛顆粒成簇性鹹淡養脾胃補虛損益丹田利小便解熱毒陳者尤良北人日用不可缺者

本草綱目李時珍曰粟古文作㮚象穗在禾上之形而春秋題辭云粟乃金所立米爲陽之精故西字合米爲粟此鑿說也許慎云粟之爲言續也續於穀也古者以粟爲黍稷粱秫之總稱而今之粟在古但呼爲粱後人乃專以粱之細者名粟故唐孟詵本草言人不識粟而近世皆不識粱也大抵黏者爲秫不黏者爲粟故呼此爲秈粟以別秫而配秈北人謂之小米者卽此粟也陶弘景曰粟江南西間所種皆是其粒細於粱熟舂令白亦當白粱呼爲白粱粟或呼爲粢米蘇恭曰粟類多種而並細於諸粱北土常食與粱有別粢有稷米陶註

非矣。孟詵曰。粟顆粒小者是。今人多不識之。其粢米粒麤大隨色別之。南方多畬田。種之極易。舂粒細香美。少虛怯。祇於灰中種之。又不耕治故也。北田所種。多鋤之卽難舂。不鋤卽草翳死。都由土地使然爾。李時珍曰。粟。粱也。穗大而毛長粒麤者爲粱。穗小而毛短粒細者爲粟。苗俱似茅。種類凡數十。有青赤黃白黑諸色。或因姓氏地名。或因形似時令。隨義賦名。故早則有趕麥黃百日糧之類。中則有八月黃老軍頭之類。晚則有雁頭青寒露粟之類。按賈思勰齊民要術云。粟之成熟有早晚。苗稈有高下。收實有息耗。質性有強弱。米味有美惡。山澤有異宜。順天時。量地利。則用力少而成功多。任性反道。勞而無穫。大抵早粟皮薄米實。晚粟皮厚米少。

又 粟氣味鹹微寒無毒。李時珍曰。鹹淡。寇宗奭曰。生者難化。熟者滯氣隔食生蟲。陶弘景曰。陳粟乃三五年者。尤解煩悶。服食家亦將食之。

白粟米

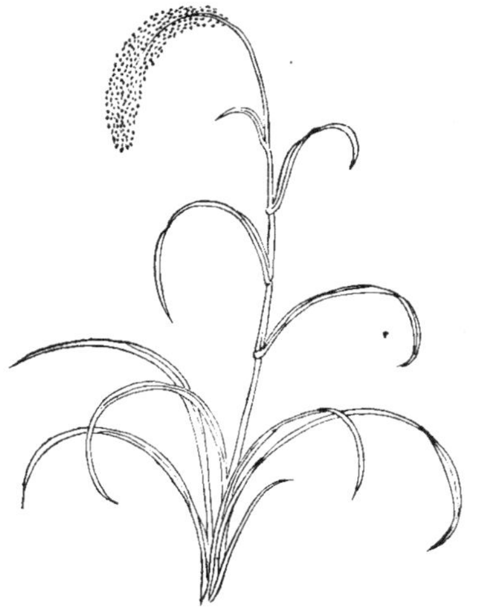

白粟米

聖祖御製幾暇格物編 粟米。本草粟米卽小米。有黃白二種。黃者有粘有不粘。本性注云。粟粘者爲秫。北人謂爲黃米是也。惟白粟則性皆不粘。七年前。烏喇地方樹孔中。忽生白粟一科。土人以其種播穫。生生不已。遂盈畝頃。味旣甘美。性復柔和。有以此粟來獻者。朕命布植於山莊之內。莖幹葉穗較他種倍大。熟亦先時。作爲糕餌。潔白如糯稻。而細膩香滑殆過之。想上古之各種嘉穀。或先無而後有者。槩如此。可補農書所未有也。

直省志書 遵化州物產。粟早熟有赶麥黃。中熟有四指紅。晚熟有老米白。土人總名曰穀。　栢鄉縣物產。粟有黃穀。黑穀。白穀。紅穀。一薄䵝山藥穀。一抱箭芝蔴穀。兒啼穀。龍爪穀。簍底箆。　邢臺縣物產。粟種類頗多。其佳者名十里香。大黃穀。小黃穀。一把箭。龍爪穀。有一二十名。　鄒平縣物產。粟黃白秈糯。凡數十種。　淄川縣物產。粟。其種甚多。或紫莖。或青莖。舂爲米。有黃白二色。粟之類。又有粱穀。黍穀。　泰安縣物產。粟百餘種。曰九里香。花裡黃。其最佳者。　萊蕪縣物產。粟有黃白二色。白米者名曰粱穀。並黍穀。米皆可釀酒。　滋陽縣物產。粟白赤二色。　鄒縣物產。粟有紅白二種。　曹縣物產。粟有黃黑紅白四色。　沂州物產。粟有黃白赤三色。　高唐州物產。粟。其品三。黃白紅。　觀城縣物產。粟黃白赤

三種。　黃縣物產。粟。其名數十種。大約分黃白晚三種。　招遠縣物產。粟。其類凡數十。大約分黃白烏晚四色。　萊陽縣物產。粟黃白晚三種。　定襄縣物產。粟黃白硬輭二種。黑紅二色。　翼城縣物產。粟有紅白二種。　鄢陵縣土產。粟類最夥。其色有青白紅黃。其名有六月先。七里香。八百光。鐵壩齒。皆嘉。他如雞腸。兎蹄。龍爪。猴尾。隨象立名。動以百計焉。　延津縣物產。粟有二種。一種如狗尾。南方謂之狗尾粟。北方謂之小米。一種五叉如爪。南方謂之狗爪粟。　渭南縣物產。粟類頗多。其佳者名狠尾。又名紫羅帶。又有金裹銀。銀裹金者。又有名疾穀者。晚種早熟。其穗堅硬如鐵。故又名鐵軸。　西鄉縣土產。飯粟。酒粟。椒粟。草粟。薄地襯。狗尾粟。柳眼青。猫爪粟。棕蓑粟。　宿松縣物產。粟爲青管。爲大黃。爲赶麥。黃爲鹿脚。紅爲硃砂。爲蠟燭條。爲婆莫來。有秈有糯。　歙縣物產。粟有早粟。寒粟。毛粟。皆晚成。有赤桿白桿。有望秔青。有糯粟。山中人以爲酒。有罌子粟。細美異他粟。有山粟。皆古之粱也。　祁門縣土產。山粟。圓粟。　涇縣物產。黴粟。寒粟。有紅白二種。穄子粟。稗子粟。　揚州府物產。粟有秔粟。糯粟。金釵。婆不來。鐵落索。狗尾。　上海縣物產。粟高鄉所種。有蘆粟。似薏苡而高。有二種。秔者穗挺而踈。糯者穗垂而密。雞頭粟。節間有赤鬚。結實纍纍如珠。一名珍珠粟。又名天方粟。又名玉麥。又一種初

秋即熟。其莖較短。四月種。八月熟。　仁和縣物產。粟有秔粟。糯粟。狗尾。金纍。　山陰縣物產。粳粟。糯粟。木粟。桿尖幾徑寸。苗如蘆。高丈餘。粒比粟殊大。皮黑性黏。乳粟粒大如雞豆。色白味甘。俗曰遇粟。狗尾粟。穄粟。　新建縣食貨。粟之屬。禾粟。早粟。　奉新縣土產。粟種類凡數十。早則有赶麥黃。百日糧之類。中則有黃老軍頭之類。晚則有雁頭青。寒露粟之類。　靖安縣物產。禾粟。紅糯粟。蘆粟。黍子粟。毛粟。牛尾粟。　武寧縣土產。禾粟。牛繩粟。毛粟。紅糯粟。青桿粟。寒粟。承州粟。觀音粟。狗尾粟。　寧州土產。早粟。紅粟。鹿角粟。馬口粟。烏糯粟。　建昌縣物產。粟種類甚繁。早則有大紅毛。馬卩齊頭白之類。遲

則有北粟毛蟲窠盧山白頭之類。早者夏熟。遲者冬熟。
德化縣物產。粟有早粟。大粟。草粟。 東鄉縣物產。禾粟。繩粟。黏粟。糯粟。蘆粟。 宜鄉縣物產。粟有占粟。糯粟。黍子粟。草子粟等名。 萍鄉縣物產。大粟。鬚粟。膏粱粟。
蒲圻縣物產。早粟。寒粟。粘粟。糯粟。觀音粟。 咸寧縣物產。鐵駝粟。猴春粟。鹿角粟。寒粟。觀音粟。 羅田縣物產。粟類。早粟。大寒粟。小寒粟。青管粟。矮脚紅。糓子粟。有糓粟。苧蔴粟。濫雜。九五。龍爪。下馬看。料田揺。赶麥黃。九月寒。硃砂糯。粟毛糓粟。婆莫來。銅鑼揺。紅毛老軍頭。白毛老軍頭。 寧鄉縣物產。粟類三。曰寒粟。早粟。糯粟。
邵陽縣食貨。秔粟。糯粟。米粟。木粟。火粟。 永明縣物產。白范粟。赤毛粟。羊粟。藍米粟。秈粟。劉粟。 嘉定州物產。粟有白沙。黃沙。黃者佳。可以煮粥。亦有酒粟。其殼黑。
建寧縣物產。金釵粟。狗尾粟。 福寧州物產。粟有牛毛粟。鵞掌粟。狗尾粟。 龍川縣物產。粟有魚春。牛尾。老鴉膽。大米。珍珠。小黃。

秫

秫

禮記月令。仲冬之月。乃命大酋。秫稻必齊。

爾雅。衆秫。

註。謂黏黍也。疏。衆一名秫。謂黏黍也。說文云。稷之黏者也。與穀相似。米黏。北人用之釀酒。其莖稈似禾而粗大者是也。

廣志。有胡秫。早熟。及麥。

齊民要術。按今世有黃粱穀秫桑根秫穄天培秫也。

本草綱目。李時珍曰。秫字篆文象其禾體柔弱之形。俗呼糯米是矣。北人呼爲黃糯。亦曰黃米。釀酒劣於糯也。

又。蘇恭曰。秫稻秫也。今人呼粟糯爲秫。北土多以釀酒。

而汁少於黍米。凡黍稷粟秫粳糯三穀皆有秈糯也。掌禹錫曰。秫米似黍米而粒小。可作酒。寇宗奭曰。秫初搗出。淡黃白色。亦如糯。不堪作飯。最黏。故宜作酒。李時珍曰。秫即粱米粟米之黏者。有赤白黃三色。皆可釀酒。熬糖作餈糕食之。蘇頌圖經。謂秫爲黍之黏者。許慎說文。謂秫爲稷之黏者。崔豹古今注。謂秫爲稻之黏者。皆悮也。惟蘇恭以粟秫分秈糯。孫炎註爾雅。謂秫爲黏粟者。得之。

欽定授時通考卷二十六

穀種

麥

麥

黑龍江麥

雀麥

燕麥

蕎麥

麥

麥

詩鄘風爰采麥矣沬之北矣。

集傳麥穀名秋種夏熟者。大全白虎通曰麥金也金旺而生火旺而死。

周頌貽我來牟帝命率育。

傳牟麥率用也。注牟字書作麰音同或作𪌮孟子云𪌮大麥也廣雅云麳小麥麰大麥也。疏孟子趙岐注云麰大麥也。

禮記王制庶人夏薦麥麥以魚。

集注麥與黍皆南方之穀故配以魚與豚皆陰物也。

月令仲秋之月乃勸人種麥無或失時其有失時行罪無疑。

注麥者接絶續乏之穀。尤宜重之。疏前年秋穀至夏絶盡後年秋穀夏時未登。是其絶也。夏時人民糧食缺短是其乏也。麥乃夏時而熟。是接其絶續其乏也。

周禮天官食醫凡會膳食之宜鴈宜麥。

正義鴈味甘平大麥味酸而温小麥味甘微寒。氣味相成。訂義鴈陽也麥秋種而夏熟得陽氣爲多與鴈相宜。

夏官職方氏正東曰青州其穀宜稻麥。

尚書大傳秋昏虚星中可以種麥。

春秋説題辭麥之爲言殖也寢生觸凍而不息精射刺

直故麥含芒事且立也。

春秋佐助期麥神名福習。

孝經援神契黒墳宜黍麥。

大戴禮記三月祈麥實麥實者五穀之先見者故急祈而祀之也。

又九月鞠華而樹麥時之急也。

淮南子濟水通和而宜麥。

説文麥金也金王而生火王而死。　麥芒穀秋種厚薶故謂之麥從來有穗者從夊。　麰周所受來牟也一麥二縫象其芒刺之形天所來也。　麮堅麥也。　麷小麥屑覈也麰磨麥也　麯麥覈屑也十斤爲三斗從麥啻聲。 麰。煮麥也。 麩。麥甘鬻也。 稍。麥莖也。

廣志 稞麥似大麥。出涼州。旋麥三月種。八月熟。出西方。赤小麥赤而肥。出鄭縣。有半夏小麥。有秀芒大麥。有黑穬麥。

齊民要術 爾雅曰。大麥麰。小麥麳。廣志曰。鹵水麥。其實大麥形。有縫。稅麥。似大麥。出涼州。旋麥三月種。八月熟。出西方。赤小麥赤而肥。出鄭縣。語曰。湖豬肉。鄭稀熟。山提小麥至粘弱。以貢御。有半夏小麥。有禿芒大麥。有黑穬麥。陶隱居本草云。大麥為五穀長。即今倮麥也。一名麰麥。似穬麥。惟無皮耳。穬麥此是今馬食者。然則大穬二麥。種別名異。而世人以為一物。誤矣。按世有落麥者。禿芒是也。又有春種穬麥也。

雜陰陽書 大麥生於杏。二百日秀。秀後五十日成。麥生於亥。壯於卯。長於辰。老於巳。死於午。惡於戌。忌於子丑。小麥生於桃。二百一十日秀。秀後六十日成。忌與大麥同。蟲食杏者麥貴。

種樹書 小麥忌戌。大麥忌子。

又 臘日種麥及豆。來年必熟。麥苗盛時。須使人縱牧於其間。令稍實。則其收倍多。麥屬陽。故宜乾原。稻屬陰。故宜水澤。

又 小麥不過冬。大麥不過年。

又 麥最宜雪。諺云。冬無雪。麥不結。

爾雅翼 麥者。接絕續乏之穀。夏之時。舊穀已絕。新穀未登。民於此時乏食。而麥最先熟。故以為重。董仲舒曰。春秋於他穀不書。至於麥禾則書之。以此見聖人於五穀。最重麥與禾也。因說武帝勸關中種麥。而明堂月令亦有仲秋勸種麥之文。凡以接續所賴。懼民不以為意耳。又禾下即種為稍勞。故鄭司農注稻人稱今時謂禾下麥為荑下麥。言芟荑其禾。於下種麥。又注薙氏云。俗間謂麥下為荑。言芟荑其麥。以其下種禾豆。則是卒歲之間。無曠土。閑民。此惰農所難。故勸之。麥比他穀獨隔歲種。故號宿麥。說者亦或以為首種。傳曰。秋昏虛星中。可以種麥。說文曰。麥芒穀。秋種厚薶。故謂之麥。秋種冬長。

春秀夏實。具四時之氣。自然兼有寒溫熱冷。故小麥微寒。以為麴則溫。麵熱而麩冷。其地暖處。亦可春種。至夏便收。然比秋種者四氣不足。故有毒。河渭以西。白麥麵涼。以其春種。缺二時氣使然也。麥既備有四時之氣。而說文以麥為金者。特以其金王而生。又遇火而死。鄭注月令則云。麥實有孚甲。屬木。此據明堂月令四時與中央所食為說。養生家則以為麥心之穀。養心氣。心病宜食。是又以為南方之穀。皆各自為義。然麥性微寒。以為金則許氏之說優矣。古稱高田宜黍稷。下田宜稻麥。今小麥例須下田。故古歌有曰。高田種小麥。終久不穗。若大麥則不然。詩所謂青青之麥。生於陵陂者。謂大麥也。

古者朝事之豆有麷蕡。先儒以麷爲熬麥。許叔重以爲煮麥。又小麥屑皮謂之麩。小麥屑之覈謂之麧。麥覈屑十觔爲三斗者謂之䴭。麥末謂之麪。麥甘鬻謂之麮。餅籥謂之䵂。若麩麷䴻麥若擣謂之䴬。堅麥謂之麰。又相謁食麥謂之飵。陳楚之間謂之餥。楚人謂之飵。秦人謂之𩟐䬸。

【又】麰者周所受瑞麥來麰也。一作牟。又作𪍿。即今之大麥也。說文云。牟大也。孟子曰。今夫麰麥播種而耰之。其地同樹之時又同。勃然而生。至於日至之時。皆熟矣。此麰之候也。呂氏春秋曰。孟夏之月。百穀三葉而穫大麥。其始蓋后稷受之於天。故詩曰。貽我來牟。又曰。於皇來牟。劉向以爲䴽麰麥也。始自天降。皆以和致和。獲天助也。然則來麰一物。惟廣雅以麰爲大麥。來爲小麥。按說文云。來周所受瑞麥來麰。一來二縫。象芒刺之形。天所來也。故謂行來之來。說文以此解來。則來麰不應爲二物。然則來麰爲大麥明矣。后稷憂勤萬民。天賜之麥。蓋使其麥豐稔。則謂之貽我來牟耳。不必雨之種也。然古今雨粟事亦甚多。安知其始不如此乎。雖然后稷所植多矣。而獨言此者。以其至艱。書曰。曁稷播奏庶艱食鮮食。今麥早種則蟲而有節。晚種則穗小而少實。又爲性多穢。一種之終歲不絕耘耡之功。此所以爲艱食歟。方言曰。䴸麮麩麰麲䴽䴹麴也。自關而西秦豳之間曰䴸。

晉之舊都曰麮。齊右河濟曰麩。或曰麰。北鄙曰麲麴。其通語也。蓋大麥以爲麴。還得麰之本名。麲是小麥爲之。麲細餅麴也。䴻有衣麴也。大麥宜爲飯。又可爲酢。其蘗可爲餳。

【本草綱目】小麥。李時珍曰。來亦作秾。許氏說文云。天降瑞麥。天所來也。如足行來。故麥字從來從夊。夊音綏。足行也。詩云。貽我來牟。是矣。又云。來象其實。夊象其根。梵書名麥曰迦師錯。

【又】李時珍曰。北人種麥漫撒。南人種麥撮撒。北麥皮薄麪多。南麥反此。

【又】小麥氣味甘。微寒。無毒。李時珍曰。新麥性熱。陳麥平和。

【又】李時珍曰。北麪性溫。食之不渴。南麪性熱。食之煩渴。西邊麪性涼。皆地氣使然也。按李廷飛延壽詩云。北多霜雪。故麪無毒。南方雪少。故麪有毒。顧元慶簷曝偶談云。江南麥花夜發。故發病。江北麥花晝發。故宜人。又且魚稻宜江淮。羊麪宜京洛。亦五方有宜有不宜也。

【又】大麥。李時珍曰。麥之苗粒皆大於來。故得大名。牟亦大也。通作麰。

【又】蘇恭曰。大麥出關中。即青稞。形似小麥而大。皮厚。故謂大麥。不似穬麥也。蘇頌曰。大麥今南北皆能種蒔。穬麥有二種。一種類小麥而大。一種類大麥而大。陳藏器曰大穬二麥前後兩出穬麥是連皮者大麥是麥米但分有殼無殼也蘇以青稞爲大麥非矣青稞似大麥天生皮肉相離秦隴巴西種之今人將大麥米糶之不能分也陳承曰小麥今人以磨麪日用者爲之大麥今人以粒皮似稻者爲之穬麥今人以似小麥而大粒色青黄汴洛河北之間又呼爲黄稞關中一種青稞比近道者粒微小色微青然大穬二麥其名差互今之穬麥似小麥而大者當謂之大麥今之大麥不似小麥而穬脆者當謂之穬麥不可不審李時珍曰大穬二麥註者不一按吳普本草大麥一名穬麥五穀之長也王禎農書云青稞有大小二種似大小麥而粒大皮薄多麪無麩

西人種之不過與大小麥異名而已據此則穬麥是大麥中一種皮厚而青色者也大抵是一類異種如粟粳之種近百總是一類但方土有不同耳大麥亦有粘者名糯麥可以釀酒

又大麥氣味鹹温無毒

又穬麥李時珍曰穬之殼厚而粗穬也

又蘇頌曰穬麥即大麥一種皮厚者陳藏器謂即大麥之連殼者非也

又穬麥氣味甘微寒無毒

天工開物凡麥有數種小麥曰來麥之長也大麥曰牟曰穬雜麥曰雀曰蕎皆以播種同時花形相似粉食同功而得麥名也四海之内燕秦晉豫齊魯諸道烝民粒食小麥居半而黍稷稻粱僅居半西極川雲東至閩浙吳楚腹焉方長六千里中種小麥者二十分而一種餘麥者五十分而一穬麥獨産陝西一名青稞即大麥隨土而變而皮成青黑色者雀麥細穗穗中又分十數細子間亦野生蕎麥實非麥類然以其爲粉療飢傳名爲麥則麥之而已凡北方小麥歷四時之氣自秋播種明年初夏收南方者種與收期時日差短江南麥花夜開江北麥花晝發亦一異也大麥種穫期與小麥同蕎麥則秋半下種不兩月而即收其苗遇霜即殺邀天降霜遲遲則有收矣

閩書麥廣雅曰大麰也小麳也本草云北方之麥秋種冬長春秀夏實全備四時之氣故無毒南方之麥冬種夏實四時之氣不備故有毒有大麥有小麥有蕎麥稈紅花白實三稜而黑秋花冬實有穬麥類麥而殼稍異福州曰米麥泉州曰蔚麥興化曰穬麥福寧曰玉麥惟穬爲古名

黑龍江麥

黑龍江麥

聖祖御製幾暇格物編黑龍江所產之麥最佳。色潔白。性復宜人。相傳中國麥種之佳者。係西域攜來。鄂羅斯地在西陲萬里有餘。黑龍江之上流。原係鄂羅斯所居。其種亦自西來。所以麥之佳。較他處尤勝也。

直省志書宛平縣物產。有三種。大小蕎。　良鄉縣物產。大麥。小麥。春麥。雁麥。蕎麥。　固安縣土產。麥。大小。穬。無芒蕎。　清苑縣土產。麥有大。有小。有蕎。有春。有秋。有米。有玉。　栢鄉縣物產。米大麥。芒大麥。小麥。火麥。紅麥。白麥。蕎麥。　邢臺縣物產。麥有五種。大麥冬種者。春種者。小麥皮粗而粒大成米。謂之大麥仁。止可炊飯食之佳。小麥有黃皮麥。有紅麥。白麥。光頭麥。紫庭白。籽實麥。縣西北先熟。東南次之。西山中又次之。上下熟差十日。　歷城縣方產。小麥有白。有紫。白者粒肥而佳。大麥穗有六稜者爲六稜麥。露仁者爲青顆麥。宜飯。醋麴。宜餳。有春秋兩名。種宜畦中濕地。玉麥。蕎麥。入伏種。霜前收。可佐二麥之歉。　新城縣物產。大麥。小麥。時麥。三種蕎麥。　齊東縣物產。大麥。小麥。蕎麥。春麥。　泰安州物產。麥有麰麰蕎三種。　萊蕪縣物產。麥有大小二種。白紅二色。春種者曰春麥。麰麥又有蕎麥。夏三伏內種。　濱州物產。麥有大麥。小麥。蕎麥。新增一種曰轉蔓麥。　城武縣物產。麥有紅白二種。　曹州物產。大麥。小麥。小麥有紅白

二種。蕎麥有白色一種。　昌邑縣物產。麥有大小春玉蕎五種。　定襄縣物產。大麥。小麥。蕎麥。油麥。燕麥。　翼城縣物產。麥有大小赤白數種。　平陸縣土產。麥有大小二種。大麥則曰露仁。曰草大麥。小麥則曰火麥。曰白麥。　絳州物產。麥之屬。大麥有芒芽。可爲飴糖。小麥有芒無芒種甚多。蕎麥。燕麥。炒以爲餱可食。　和順縣土產。麥。春麥。雪麥。大麥。地寒不多種。油麥性寒多種。當五穀之半。　馬邑縣土產。麥有小大二種。俱春分前種之。去秋無雨。則地燥而不能下種。春無雨。則不苗。夏無雨。則不秀。大麥刈於小暑。小麥刈於大暑。與雁門以南。迥不同焉。外有蕎麥一種。初伏乃種。霜早則盡萎。又油麥

一種。亦秋熟而種之者少。　祥符縣物產。芒大麥。紅小麥。蕎麥。米大麥。白小麥。　太康縣物產。小麥。大麥。米大麥。山大麥。　洧川縣物產。麥有大麥小麥裕麥數種。鄢陵縣土產。麥秋種。亦有春種者。大麥三月黃嘉。小麥自黃皮蛸子之外。有白麥御麥為最嘉。其他曰紅稈。曰鐵稈。曰光頭。曰條兒之類。難以悉舉。　延津縣物產。麥。䴬麥。晚麥。短稈。春麥。赤鬚盧麥。北麥。　襄城縣土產。芒大麥。後種先熟。米大麥。亦可釀酒。芋麥。煮仁作飯最佳。小麥。襄土第一。奇種。耐旱多收。八九月種者為上。蕎麥。俗名陪麥。　永寧縣物產。麥有大小腴雁四種。　咸陽縣物產。小麥有芒麥。有無芒麥。為和尚麥。色白者為白

麥。色紫者為紫麥。早熟者為三月黃。生畢原者上品。大麥穗有六稜者為六稜麥。有露仁者為青稞。俱可釀酒。　渭南縣物產。麥有三種。小麥出渭河北者粒小。食之易化。河以南者。粒差大而色不光鮮。然一種名三月黃者。先諸麥熟。細膩潔白。河北弗如也。大麥皮粗粒大。煮食之佳。謂之大麥仁。蕎麥作麵不甚佳。可備諸穀之不熟。　乾州物產。小麥皮薄麵多。佳於他處。每斗更重二觔。　平涼縣物產。番麥。一曰西天麥。苗葉如蜀秫而肥短。末有穗如稻而非實。實如塔。如桐子大。生節間。花垂紅絨在塔末。長五六寸。三月種。八月收。　西涼縣土產。大麥。黑大麥。番麥。燕麥。冷山麥。換香頭。斑鳩早。大幹麥。

裏周全。紅花麥。芝蔴麥。西番麥。白麥。甜蕎麥。苦蕎麥。青顆麥。竹根早。紅麥。　六合縣物產。麥之屬。大麥有糯者可以釀酒。磨麵作醬亦甘美。管麥。大麥之無芒者。麵與小麥同。造醬甘美。　歙縣物產。大麥有高麗麥。有糯麥。為飯亦宜。小麥有長穬麥。麩厚而麵少。有白麥。麵亦少。有赤穀麥。麩少而麵多。　太平府物產。大麥五種。白大麥。一名牟麥。長粒長芒。稃粘於粒。管麥。即無芒大麥。落秸稃自退。六稜中早紅粘三種。舊志所載。今無。小麥七種。白小麥。稃白芒短。長關小麥。黃白稃芒長。排子小麥。黃白稃芒短。和尚小麥。一名火燒麥。黃白稃無芒。早白松蒲娜麥三種。舊志所載。今無。　清河縣物產。有麰有

麥。皆芒穀。玉麥無芒。火麥色赤而早熟。猶嶺南有火米也。又有穬麥。麥之似麰者。亦早熟。　高郵州物產。大麥有數種。䴬麥。晚麥。淮麥。短稈。小麥有數種。春麥。蘆麥。北麥。短管。赤穀。白穀。蕎麥有苦甜二種。　通州物產。麥有大小。並早晚二色。元麥。俗呼為䴭。三月熟者糯。帶青炒食似新蠶。又稉者曰舜麥。色稍赤。　吳縣物產。麥之屬。大麥。小麥。䴭麥。蕎麥。舜哥麥。紫稈麥。西番麥。形似稷而枝葉大。結子纍纍如芡實。　常熟縣物產。小麥有紫稗長其舜哥火燒頭數種。　太倉州物產。麥有三。一曰大麥。其早者皮厚有芒。其晚收皮薄無芒者曰老脫鬚。一曰小麥。早者曰抄梅。言抄在黃梅前也。中有火燒頭。晚

收長穗白殼有芒者曰百脚麥一曰稞麥俗呼偪麥微分粳糯紅曰紅穬紫曰紫穬性輭宜食但磨粉較少青曰青穬白曰白穬性硬磨多粉又一種曰綠樹青大約大麥小麥遍處皆有穬麥惟吳中盛州地高比他邑獨墾然小麥總不及北地　上海縣物產大麥小麥赤麥有早晚二種白麥亦有二種白穬麥俗名圓麥有赤白二種蕎麥立秋前後下種八九月收刈舜哥麥俗名火燒頭火燒麥無芒雀麥一名燕麥　靖江縣食貨麥之屬大麥有早晚二色有四稜有六稜小麥亦早晚二色有舜哥紫稈梅前黃有盧晉頭火燒頭諸名圓麥俗呼爲穬又粳者曰舜麥　丹徒縣物產麥有大小大麥之種二曰春曰黃稈小麥之種三曰赤殼曰白殼曰宣州　平湖縣物產麥有赤剎麥無芒殼　天台縣物產小麥大麥矮赤長稈赤麥光頭皆小麥類稞麥穬麥皆大麥類　上高縣物產米大麥穀大麥紫色麥白色麥　新寧縣物產麵麥穀麥晚姑娘麥甜蕎麥苦蕎麥　泉州府物產麥之屬大麥有一種名曰早黃大麥一種名烏肚麥米肚青色名青大麥鬱麥殼薄易脫故名五葉麥　同安縣物產麥芒粒稀鬆早熟者曰早黃白者曰秫麥穗大顆稠密者曰松蕾麥初熟時人多炒而食之有火能生熱病畨麥狀如薏苡

雀麥

雀麥

〔爾雅〕蘥雀麥

〔注〕即燕麥也〔疏〕蘥一名雀麥一名燕麥本草云生故墟野林下苗似小麥而弱實似穬麥而細

〔農政全書〕雀麥本草一名燕麥一名蘥生於荒野林下今處處有之苗似燕麥而細弱結穗像麥穗而極細小每穗又分作小叉穗十數個子甚細小味甘性平無毒

〔本草綱目〕雀麥一名杜姥草一名牛星草李時珍曰此野麥也燕雀所食故名日華本草謂此爲瞿麥者非矣

〔又〕寇宗奭曰苗與麥同但穗細長而疎唐劉夢得所謂兔葵燕麥動搖春風者也

鷰麥

燕麥

農政全書燕麥。田野處處有之。其苗似麥攛葶。但細弱。葉亦瘦細。抽莖而生。結細長穗。其麥粒細小。味甘。

蕎麥

蕎麥

農政全書蕎麥。今處處有之。苗高二三尺許。就地科叉生。其莖色紅。葉似杏葉而軟。微觚開小白花。結實作二莂。味甘平。性寒無毒。

羣芳譜蕎麥。一名荍麥。一名烏麥。一名花蕎。

本草綱目李時珍曰。蕎麥之莖弱而翹然。易長易收。磨麪如麥。故曰蕎曰荍。而與麥同名也。俗亦呼爲甜蕎。以別苦蕎。楊愼丹鉛錄指烏麥爲燕麥。蓋未讀日用本草也。

又李時珍曰。蕎麥南北皆有。立秋前後下種。八九月收刈。性最畏霜。苗高一二尺。赤莖綠葉。如烏桕樹葉。開小白花。繁密。粲粲然結實纍纍如羊蹄實有三稜。老則烏黑色。王禎農書云。北方多種。磨而爲麵作煎餅配蒜食。或作湯餅。謂之河漏。以供常食。滑細如粉。亞於麥麵。南方一種。但作粉餌食。乃農家居冬穀也。

又蕎麥。氣味甘平寒無毒。孫思邈曰。酸微寒。食之難消。久食動風。令人頭眩。

欽定授時通考

穀種

卷二十二之三十

欽定授時通考卷二十七

穀種

豆一

黄豆

大豆

小豆

綠豆

白豆

黄豆

詩豳風七月烹葵及菽。

朱註菽豆也。大全濮氏曰。菽豆葉謂之藿。

小雅皎皎白駒。食我場藿。

大全華谷嚴氏曰。藿豆葉。用以作羹。

大雅蓺之荏菽。荏菽旆旆。

正義釋草云。戎菽謂之荏菽。孫炎曰。大豆也。此箋亦以爲大豆。樊光舍人李巡郭璞皆云。今以爲胡豆。璞又云。春秋齊侯來獻戎捷。穀梁傳曰。戎菽也。管子亦云。北伐山戎。出冬葱及戎菽。布之天下。今之胡豆是也。按爾雅。戎菽皆爲大豆。注穀梁者。亦以爲大豆也。郭璞等以戎胡俱是裔名。故以戎菽爲胡豆也。后稷種穀。不應捨中國之種。而種戎國之豆。卽如郭言齊桓之伐山戎。始布其豆種。則后稷之所種者。何時絕其種乎。而齊桓復布之。禮有戎車。不可謂之胡車。明戎菽正大豆也。旆旆。生長茂盛之貌。

爾雅 戎菽謂之荏菽。

註 卽胡豆也。

尚書帝命期 夏。火星昏中。以種黍菽。

春秋說題辭 菽者。屬也。春生秋熟。理通體屬也。菽赤黑。陰生陽。大體應節小變。象陽色也。

春秋佐助期 豆神名靈殖。姓樂。長七尺。大目。通於時節。

孝經援神契 赤土宜菽。

大戴禮記 五月參則見。初昏大火中。大火者。心也。心中種黍菽糜。時也。

淮南子 河水中濁而宜菽。

傅雅 大豆。菽也。小豆。荅也。豍豆。豌豆。留豆也。胡豆。跭䠞也。豆角謂之莢。其葉謂之藿也。巴菽。巴豆也。

爾雅翼 菽。豆也。其類最多。故凡穀之中居其二。又古人說百穀。以爲粱者。黍稷之總名。稻者。溉種之總名。菽者。衆豆之總名。三穀各二十種。爲六十。蔬果之實助穀各二十。凡爲百穀。然予以爲穀之種類。每物不下十數。亦何假疏果而後爲百耶。廣雅曰。大豆。菽也。小豆。荅也。豍豆。豌豆。留豆也。胡豆。跭䠞也。角謂之莢。葉謂之藿。巴菽。巴豆也。又廣志曰。種小豆。一歲三熟。槧甘。白豆。麤大可食。刺豆亦可食。秬豆苗似小豆。紫華。可爲麪。生朱提建寧。胡豆。有靑有黃者。此亦其大畧也。然大豆以二月中旬種者爲上時。至三四月則費子。小豆以五月爲上時。上伏中伏次之。蓋秋而成。故八月之雨。謂之豆花雨。呂氏春秋曰。得時之菽。長莖而短足。其莢二七以爲族。各枝數節。競葉繁實。菽穀之薄者。故豳風九月菽苴。采荼薪樗。食我農夫。菽苴。穀之微者。荼菜之苦者。樗薪之惡者。故以食農夫。明俗之勤儉而民方以爲樂。亦猶孔子云。啜菽飲水盡其歡。斯之謂孝。不假於物之豐也。漢書曰。今歲飢民貧。卒食半菽。言軍中無糧。以菽雜他穀食

之。亦貧乏之義也。然菽於用甚多。故羞籩之實。餱餌粉餈。皆稻米黍米所爲。合蒸則曰餌。餅之則曰餈。以其黏著。故擣粉熬大豆以爲表。餌言餱。餈言粉。蓋互相足。此後鄭之義。先鄭則別以粉爲豆屑。所不同也。又以爲豉。楚辭曰。大苦鹹酸辛甘行。說者曰。大苦。豉也。言取豉汁調以鹹酢椒薑飴蜜。則辛甘之味皆發而行。又以爲粥。說云。共工氏有不才子。以冬至日死。爲疫鬼。畏赤小豆。故冬至日以爲粥。厭之。嵇康養生論云。豆令人重。說者以爲啖豆三升。則身重而行止難。常食。令人肥肌麤燥。

閩書 楊泉物理論曰。菽。豆之總名也。有黃豆白豆可食。有綠豆可粉。有黑豆可豉。有赤豆。有褐豆。有藿豆。有紅

小豆有。九月豆。畬豆。此外又有豌豆。江豆。水豆。莱豆。樹豆。葛豆。穭豆。刀豆。皂莢豆。虎爪豆。蛾眉豆。蟹眼豆。蠶豆。可入蔬品。均豆也。

天工開物 凡菽種類之多。與稻黍相等。播種收穫之期。四季相承。果腹之功在人日用。蓋與飲食相終始。 一種大豆有黑黄兩色。下種不出清明前後。黄者有五月黄。六月爆。冬黄。三種。五月黄收粒少。而冬黄必倍之。黑者刻期八月收。凡大豆視土地肥磽。耨草勤怠。雨露足慳。分收入多少。凡爲豉爲醬爲腐。皆大豆中取質焉。江南又有高脚黄。六月刈早稻。方再種。九十月收穫。江西吉郡種法甚妙。其刈稻田。竟不耕墾。每禾藁頭中拈豆

三四粒。以指扱之。其藁凝露水以滋豆。豆性充發。復浸爛藁根以滋。已生苗之後。遇無雨亢乾。則汲水一升以灌之。一灌之後。再耨之餘。收穫甚多。凡大豆入土未出芽時。防鳩雀害。敺之惟人。 一種綠豆圓小如珠。綠豆必小暑方種。未及小暑而種。則其苗蔓延數尺。結莢甚稀。若過期至於處暑。則隨時開花結莢。顆粒亦少。豆種亦有二。一曰摘綠。莢先老者先摘。人逐日而取之。一曰拔綠。則至期老足。竟畝拔起也。凡綠豆磨澄晒乾爲粉。盪片搓索。食家珍貴。做粉溲漿。灌田甚肥。凡已刈稻田。夏秋種綠豆。必長接斧柄。擊碎土塊。發生乃多。凡種綠豆。一日之內。遇大雨扳土。則不復生。既生之後。防雨水浸。疏溝澮以洩之。凡耕綠豆及大豆田地。耒耜欲淺。不宜深入。蓋豆質根短而苗直。耕土既深。土塊曲壓。則不生者半矣。深耕二字。不可施之菽類。此先農之所未發者。 一種豌豆。此豆有黑斑點。形圓同綠豆。而大則過之。其種十月下。來年五月收。凡樹木葉遲者。其下亦可種。 一種蠶豆。其莢似蠶形。豆粒大於大豆。八月下種。來年四月收。兩浙桑樹之下。遍環種之。蓋凡物樹葉遮露則不生。此豆與豌豆。樹葉茂時。彼已結莢而成實矣。襄漢上流。此豆甚多而賤。果腹之功。不啻黍稷也。 一種小豆。赤小豆入藥有奇功。白小豆。一名飯豆。當飧助嘉穀。夏至下種。九月收穫。種盛江淮之間。 一種穭豆。此豆

古者野生田間。今則北土盛種。成粉盪皮。可敵綠豆。燕京負販者。終朝呼穭豆皮。則其產必多矣。 一種白藊豆。乃沿籬蔓生者。一名蛾眉豆。其他豇豆。虎斑豆。刀豆。與大豆中分青皮褐色之類。間繁一方者。猶不能盡述。皆充蔬代穀以粒烝民者。

大豆

一名菽角曰莢葉曰藿莖曰萁

齊民要術大豆爾雅曰戎菽謂之荏菽孫炎注曰戎菽大菽也張揖廣雅曰大豆菽也小豆荅也豍豆豌豆留豆也胡豆䜹豆也廣志曰種小豆一歲三熟槧甘白豆粗大可食刺豆亦可食秬豆苗似小豆紫花可爲麫生朱提建寧大豆有黃落豆有御豆其豆角長有楊豆葉可食胡豆有青有黃者本草經云張騫使外國得胡豆今世大豆有黑白二種及長稍牛踐之名小豆有綠赤白三種黃高麗豆黑高麗豆燕豆豍豆大豆類也豌豆豇豆營豆小豆類也

雜陰陽書大豆生於槐九十日秀秀後七十日熟豆生於申壯於子長於壬老於丑死於寅惡於甲乙忌於卯午丙丁

農政全書王禎曰大豆之黑者食而充飢可備凶年豐年可備牛馬料食黃豆可作豆腐可作醬料白豆粥飯皆可拌食白黑黃三豆色異而用別皆濟世之穀也

又種大豆鋤成行壟春穴下種早者二月種四月可食名曰梅豆豆皆三四月種地不宜肥有草則削去種黑豆三四月間種其豆亦可作醬及馬料

本草綱目李時珍曰豆菽皆莢穀之總稱也篆文菽象莢生附莖下垂之形豆象子在莢中之形廣雅云大豆菽也小豆荅也

又別錄曰大豆生太山平澤九月采之蘇頌曰今處處

種之黑白二種入藥用黑者緊小者爲雄用之尤佳寇宗奭曰大豆有綠褐黑三種有大小兩類大者出江浙湖南湖北小者生他處入藥力更佳又可硙爲腐食李時珍曰大豆有黑白黃褐青斑數色黑者名烏豆可入藥及充食作豉黃者可作腐榨油造醬餘但可作腐及炒食而已皆以夏至前後下種苗高三四尺葉團有尖秋開小白花成叢結莢長寸餘經霜乃枯按呂氏春秋云得時之豆長莖短足其莢二七爲族多枝數節大菽則圓小菽則團先時者必長蔓浮葉疏節小莢不實後時者必短莖疏節本虛不實又氾勝之種植書云夏至種豆不用深耕豆花憎見日見日則黃爛而根焦矣如歲所

宜。以囊盛豆子平量埋陰地。冬至後十五日發取量之。最多者種焉。蓋大豆保歲易得。可以備凶年。小豆不保歲而難得也。

又黑大豆氣味甘平無毒。久服令人身重。

又陶弘景曰。黑大豆爲蘖牙。生五寸長便乾之。名爲黄卷。用之熬過服食所須。李時珍曰。一法壬癸日以井華水浸大豆。候生芽。取皮陰乾用。

又李時珍曰。大豆有黑青黄白斑數色。惟黑者入藥。而黄白豆炒食作腐造醬榨油。盛爲時用。不可不知别其性味也。

又黄大豆氣味甘温無毒。

農政全書黄豆苗。今處處有之。人家田園中多種。苗高一二尺。葉似黑豆葉而大。結角比黑豆葉角稍肥大。其葉味甘。

赤小豆

小豆一名荅一名赤小豆一名赤豆一名紅豆葉名藿

雜陰陽書考小豆生於李。六十日秀。秀後六十日成。成後忌與大豆同。

農政全書赤小豆。本草舊云。江淮間多種蒔。今北土亦多有之。苗高一二尺。葉似豇豆。葉微團艄。開花似豆花。微小。淡銀褐色。有腐氣。故亦呼腐婢。結角比綠豆角頗大。角之皮角微白帶紅。其豆有赤白黧色三種。

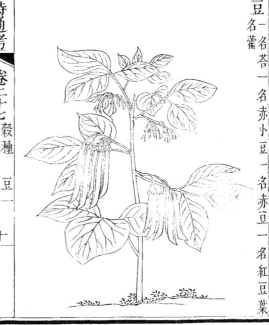

本草綱目赤小豆。李時珍曰。按詩云黍稷稻粱禾麻菽麥。此卽八穀也。董仲舒註云。菽是大豆。有兩種。小豆名荅。有三四種。王楨云。今之赤豆白豆綠豆䝼豆。皆小豆也。此則入藥用赤小者也。

又蘇頌曰。赤小豆。今江淮間多種之。寇宗奭曰。關西河北汴洛多食之。李時珍曰。此豆以緊小而赤黯色者入藥。其稍大而鮮紅淡紅色者並不治病。俱於夏至後下種。苗科高尺許。枝葉似豇豆。葉微圓峭而小。至秋開花。似豇豆花而少淡。銀褐色。有腐氣。結莢長二三寸。比綠豆莢稍大。皮色微白帶紅。三青二黃時收之。可煮可炒。可作粥飯餛飩餡並良也。

〔又〕赤小豆氣味甘酸平無毒。

〔又〕別錄曰。腐婢生漢中。小豆花也。七月采之。陰乾四十日。陶弘景曰。花與實異用。故不同品。方家不用。未解何故有腐婢之名。本經不言是小豆花。別錄乃云。未審是否。今海邊有小樹。狀如巵子。莖葉多曲。氣似腐臭。土人

呼爲腐婢。療瘧有效。以酒漬皮服。療心腹疾。此當是真。此條應入木部也。蘇恭曰。腐婢相承以爲葛花。葛花消酒大勝。而小豆全無此效。當葛花爲真。掌禹錫曰。按別本云。小豆花亦有腐氣。與葛花同服。飲酒不醉。與本經治酒病相合。陶蘇二說並非。甄權曰。腐婢卽赤小豆花也。蘇頌曰。海邊小樹葛花赤小豆花三物皆有腐婢之名。名同物異也。寇宗奭曰。腐婢既在穀部。豆花爲是。不必多辨。李時珍曰。葛花已見本條。小豆能利小便。治熱中。下氣止渴。與腐婢主療相同。其爲豆花無疑。但小豆有數種。甄氏藥性論獨指爲赤小豆。姑從之。

〔又〕腐婢氣味辛平無毒。

綠豆

一名植豆

〔農桑通訣〕北方唯用綠豆最多。農家種之亦廣。人俱作豆粥豆飯。或作餌爲炙。或磨而爲粉。或作麪材。其味甘而不熱。頗解藥毒。乃濟世之良穀也。南方亦間種之。

〔農政全書〕山綠豆。生輝縣太行山車箱衝山野中。苗莖似家綠豆。莖微細。葉比家綠豆葉狹窄艄。開白花。結角亦瘦小。其豆黯綠色。味甘。

〔本草綱目〕綠豆。李時珍曰。綠以色名也。舊本作菉者非矣。

〔又〕馬志曰。綠豆圓小者佳。粉作餌炙食之良。大者名植豆。苗子相似。亦能下氣治霍亂也。吳瑞曰。有官綠油綠。主療則一。李時珍曰。綠豆處處種之。三四月下種。苗高

尺許。葉小而有毛。至秋開小花。莢如赤豆莢。粒粗而色鮮者爲官綠。皮薄而粉多。粒小而色深者爲油綠。皮厚而粉少早種者呼爲摘綠。可頻摘也。遲種呼爲拔綠。一拔而已。北人用之甚廣。可作豆粥豆飯豆酒。爒食麨食。磨而爲麪。濾取粉。可以作餌。頓餻盪皮搓索。爲食中要物。以水浸濕。生白芽。又爲菜中佳品。牛馬之食亦多賴之。眞濟世之良穀也。

又 綠豆氣味甘寒。無毒。

白豆

本草綱目 孟詵曰。白豆苗嫩者。可作菜食。生食亦妙。汪頴曰。浙東一種味甚勝。用以作醬作腐極佳。北方水白豆相似而不及也。李時珍曰。飯豆。小豆之白者也。亦有土黃色者。豆大如綠豆而長。四五月種之。苗葉似赤小豆而畧尖可食。莢亦似小豆。一種蔾豆。葉如大豆。可作飯作腐。亦其類也。

又 白豆氣味甘平。無毒。

欽定授時通考卷二十八

穀種

豆二

穭豆

豌豆

野豌豆

蠶豆

豇豆

紫豇豆

藊豆

山藊豆

穭豆一名𧯷豆一名𧯷菽一名治𧯷一名鹿豆一名驢豆

〈本草綱目〉李時珍曰。穭乃自生稻名也。此豆原是野生。故名。今人亦種之於下地矣。

〈又〉陳藏器曰。穭豆生田野。小而黑。堪作醬。爾雅。戎菽一名驢豆。古名𧯷豆是也。吳瑞曰。穭豆即黑豆中最細者。李時珍曰。此即黑小豆也。小科細粒。霜後乃熟。陳氏指爲戎菽誤矣。爾雅亦無此文。戎菽乃胡豆。𧯷豆乃鹿豆。並四月熟。

〈又〉穭豆甘溫。無毒。

豌豆一名戎菽一名蹕豆一名留豆一名國豆一名畢豆一名囘鶻豆一名青斑豆一名豌豆一名胡豆一名麻累一名青小豆一名淮豆

遼志回鶻豆高二尺許直幹有葉無旁枝角長二寸每角止兩豆一根才六七角色黃味如粟

務本新書豌豆二三月種諸豆之中豌豆最爲耐陳又收多熟早如近城郭摘豆角賣先可變物舊時農莊往往獻送此豆以爲嘗新蓋一歲之中貴其先也又熟時少有人馬傷踐以此校之甚宜多種

農政全書豌豆生田野間其苗初搨地生後分莖叉葉似苜蓿葉而細莖葉稍間開淡葱白搨花結小角有豆如䝁豆狀味甜

本草綱目李時珍曰胡豆豌豆也其苗柔弱宛宛故得豌名種出胡戎嫩時青色老則斑麻故有胡戎青斑麻累諸名陳藏器拾遺雖有胡豆但云苗似豆生田野間米中往往有之然豌豆蠶豆皆有胡豆之名陳氏所云蓋豌豆也豌豆之粒小故米中有之爾雅戎菽謂之荏菽管子山戎出荏菽布之天下並註云卽胡豆也唐史畢豆出自西戎囘鶻地面張揖廣雅畢豆豌豆留豆也別錄序例云丸藥如胡豆大者卽青斑豆也孫思邈千金方云青小豆一名胡豆一名麻累鄴中記云石虎改胡豆爲國豆此數說皆指豌豆也蓋古昔呼豌豆爲胡豆今則蜀人專呼蠶豆爲胡豆而豌豆名胡豆人不知矣又鄉人亦呼豌豆爲淮豆蓋囘鶻音相近也

又李時珍曰豌豆種出西胡今北土甚多八九月下種

苗生柔弱如蔓有鬚葉似蒺藜葉兩兩對生嫩時可食三四月間開小花如蛾形淡紫色結莢長寸許子圓如藥丸亦似甘草子出胡地者大如杏仁煮炒皆佳磨粉麵甚白細膩百穀之中最爲先登

又豌豆氣味甘平無毒

野豌豆

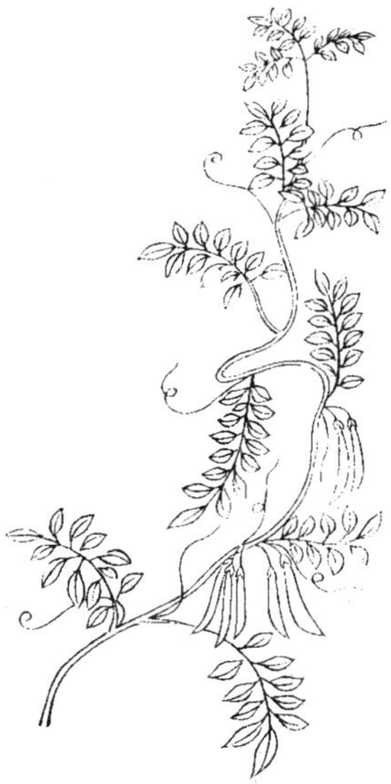

農政全書野豌豆生田野中。苗初就地拖秧而生。後分生莖叉。苗長二尺餘。葉似胡豆葉稍大。又似苜蓿葉。亦大開淡粉紫花。結角似家豌豆角。但秕小味苦。

本草綱目李時珍曰。野豌豆粒小不堪。惟苗可茹。名翹搖。

蚕豆

一名胡豆

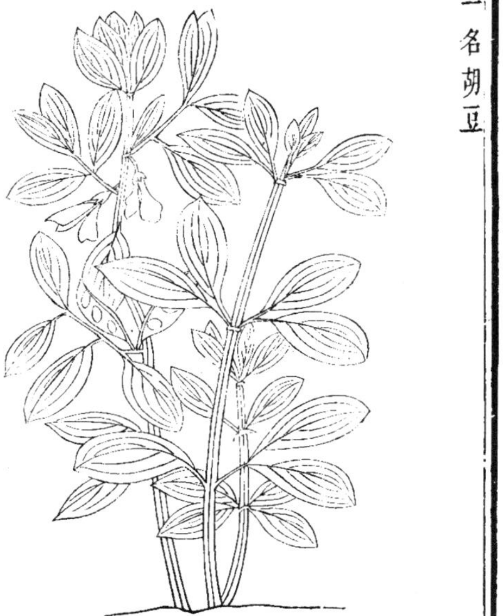

王禎農書蠶豆。蠶時始熟。故名。百穀之中。最爲先登。蒸煑皆可便食。是用接新代飯充飽。今山西人用豆多麥少。磨麵可作餅餌而食。

農政全書蠶豆。今處處有之。生田園中。科苗高二尺許。莖方。其葉狀類黑豆葉。而團長光澤。紋脉竪直。色似豌豆。頗白。莖葉稍間開白花。結豆角。其豆似豇豆而小。色赤味甜。

又蠶豆。種花田中。冬天不拔花秸。用以拒霜。至清明後拔之。

又蠶豆。八月初種。臘月宜厚壅之。此種極救農家之急。且蝗所不食。

本草綱目李時珍曰。蠶豆莢。狀如老蠶。故名。王禎農書。謂其蠶時始熟故名。亦通。吳瑞本草以此爲豌豆。誤矣。此豆種亦自西胡來。雖與豌豆同名。同時種而形性迥別。太平御覽云。張騫使外國。得胡豆種歸。指此也。今蜀人呼此爲胡豆。而豌豆不復名胡豆矣。

又李時珍曰。蠶豆南土種之。蜀中尤多。八月下種。冬生嫩苗可茹。方莖中空。葉狀如匙頭。本圓末尖。面綠背白。柔厚。一枝三葉。二月開花。如蛾狀。紫白色。又如豇豆花。結角連綴如大豆。頗似蠶形。蜀人收其子以備荒歉。

又蠶豆氣味甘。微辛。平。無毒。

豇豆

一名䜶豆一名䝳豆。

農政全書豇豆今處處有之。人家田園多種。就地拖秧而生。亦延籬落。葉似赤小豆葉而極長艄。開淡紫粉花。結角長五七寸。其豆味甘。

又豇豆。穀雨後種。六月收子。收來便種。八月又收子。

本草綱目李時珍曰。豇豆紅色居多。莢必雙生。故有豇䜶䝳之名。廣雅指爲胡豆。誤矣。

又李時珍曰。豇豆處處三四月種之。一種蔓長丈餘。一種蔓短。其葉俱本大末尖。嫩時可茹。其花有紅白二色。莢有紅白紫赤斑駁數色。長者至二尺。嫩時充菜。老則收子。此豆可菜可果可穀。備用最多。乃豆中之上品。

又豇豆氣味甘鹹平。無毒。李時珍曰。豇豆開花結莢。必

兩兩並垂。有習坎之義。豆子微曲。如腎形。所謂豆爲腎穀者。宜以此當之。

紫豇豆

農政全書紫豇豆人家園圃中種之莖葉與豇豆同但結角色紫長尺許味微甜

扁豆

一名鵲豆一名蛾眉豆一名沿籬豆

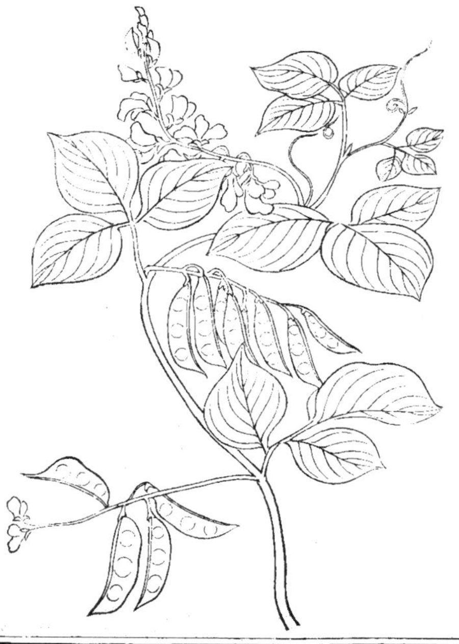

農政全書藊豆清明日下種以灰蓋之不宜土覆芽長分栽搭棚引上

又徐光啟曰以口向上種粒粒出若扁種十不出一蓋豆瓣重頂土不起故爛耳

本草綱目李時珍曰藊莢形扁也沿籬蔓衍也蛾眉象豆脊也

又陶弘景曰藊豆人家種之於籬垣其莢蒸食甚美蘇頌曰蔓延而上大葉細花花有紫白二色莢生花下其實有黑白二種白者溫而黑者少冷入藥用白者黑者名鵲豆蓋以其黑間有白道如鵲羽也李時珍曰扁豆二月下種蔓生延纏葉大如杯團而有尖其花狀如小

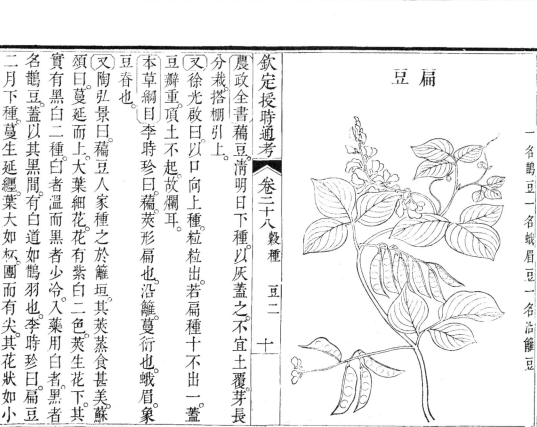

蛾。有翅尾形。其莢凡十餘樣。或長或團。或如龍爪虎爪。或如猪耳刀鐮。種種不同。皆累累成枝。白露後實更繁衍。嫩時可充蔬食茶料。老則收子煮食。子有白黑赤斑四色。一種莢硬不堪食。惟豆子粗圓而色白。可入藥。

又 藊豆。氣味甘微溫。無毒。

又 李時珍曰。硬殼白扁豆。其子充實。白而微黃。其氣腥香。其性溫平。得乎中和。脾之穀也。其軟殼及黑鵲色者。其性微凉。可供食。亦調脾胃。

山扁豆

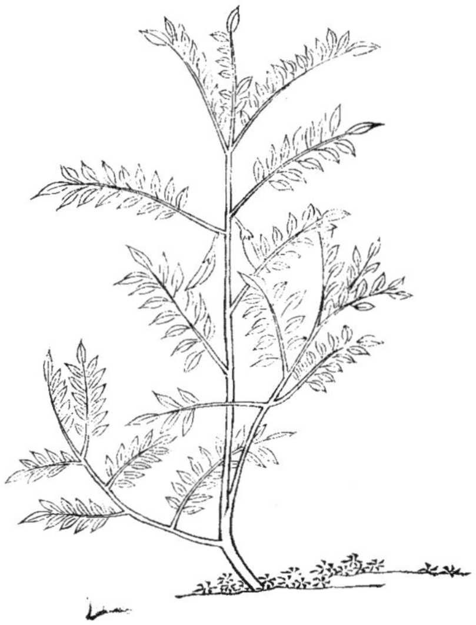

農政全書 山藊豆生田野中。小科。苗高一尺許。葉似蒺藜葉。微大。根葉比苜蓿葉頗長。又似初生豌豆葉。開黃花。結小扁角兒。味甜。

刀豆

一名挾劒豆

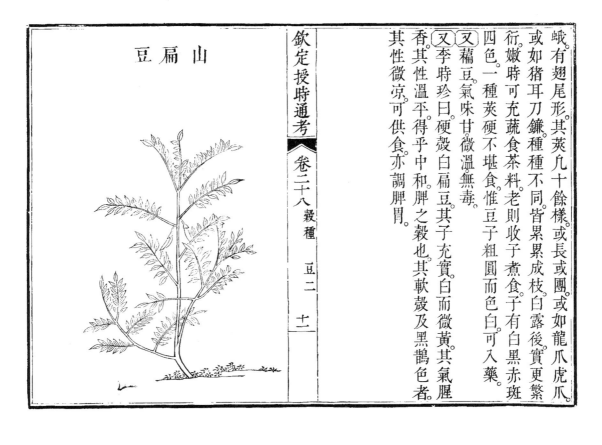

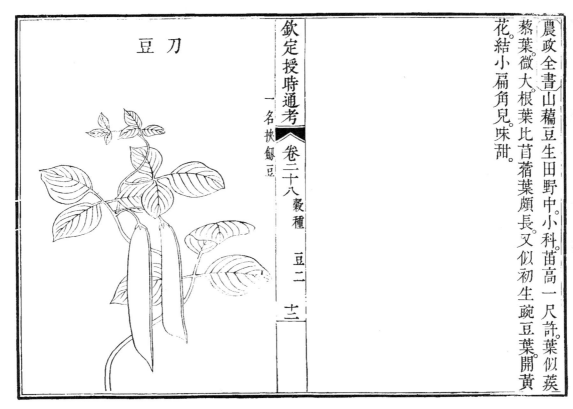

酉陽雜俎 挾劒豆。樂浪東有融澤。澤中生豆。莢形似人挾劒。橫斜而生。

農政全書 刀豆處處有之。人家園籬邊多種之。苗葉似豇豆葉肥大。開淡粉紅花。結角如皂角狀而長。其形似屠刀樣。故以名之。味甜微淡。

又 刀豆清明日鋤地作穴。每穴下種一粒。以灰蓋之。只用水澆。待芽出。則澆以糞水。蔓長。搭棚引上。

本草綱目 李時珍曰。刀豆以莢形命名也。

又 汪頴曰。刀豆長尺許。可入醬用。李時珍曰。刀豆。人多種之。三月下種。蔓生。引一二丈。葉如豇豆葉而稍長大。五六七月開紫花。如蛾形。結莢長者近尺。微似皂角。扁而劒脊。三稜宛然。嫩時煮食。醬食。蜜煎皆佳。老則收子。子大如拇指頭。淡紅色。同猪肉雞肉煮食尤美。

又 刀豆氣味甘平。無毒。

欽定授時通考卷二十九

穀種

豆三

黎豆

山黧豆

山黑豆

苦馬豆

鹿藿

䓞豆

回回豆

黎豆一名欙。一名虎櫐。一名虎豆。一名欙欙。一名黎沙。一名獵沙。一名貍豆。

〔爾雅〕欙虎櫐。〔注〕今虎豆纏蔓林樹而生。莢有毛刺。今江東呼爲欙欇。〔疏〕欙一名虎櫐。郭云。今虎豆纏蔓林樹而生。莢有刺。今江東呼爲欇。或曰葛類也。子如菉豆而葉大。

〔本草綱目〕陳藏器曰。豆子作貍首文。故名。李時珍曰。黎亦黑色也。此豆莢老。則黑色有毛。露筋如虎貍指爪。其子亦有點如虎貍之斑。煑之汁黑。故有諸名。又曰。黎豆生江南。蔓如葛。子如皂莢子。作貍首文。人炒食之。别無功用。陶氏註蚺蛇膽云。如黎豆者卽此也。爾雅云。諸慮一名虎涉。又註櫐根云。苗如豆。爾雅欙虎櫐。郭璞註云。江東呼櫐爲藤。似葛而粗大。纏蔓林樹。莢有毛刺。一名豆蘽。今虎豆也。千歲櫐是矣。李時珍曰。爾雅虎櫐卽黎豆也。古人謂藤爲櫐。後人訛櫐爲貍矣。爾雅山櫐虎櫐。原是二種。陳氏合而爲一。謂諸慮一名虎涉。又以爲千歲櫐。竝誤矣。千歲櫐見草部。貍豆野生。山人亦有種之者。三月下種生蔓。其葉如豇豆葉。但文理偏斜。六七月開花成簇。紫色。狀如扁豆花。一枝結莢十餘。長三四寸。大如拇指。有白茸毛。老則黑而露筋。宛如乾熊指爪之狀。其子大如刀豆子。淡紫色。有斑點如貍文。煑去黑汁。同猪雞肉再煑食。味乃佳。

〔又〕黎豆氣味甘。微苦。濇。有小毒。多食令人悶。

山黧豆圖

農政全書山虌豆。一名山豌豆。生密縣山野中。苗高尺許。其莖窊面劒脊。葉似竹葉而齊短。兩兩對生。開淡紫花。結小角兒。其豆扁如⿰足勞豆。味甜。

山黑豆

農政全書山黑豆。生密縣山野中。苗似家黑豆。每一葉攢生一處。居中大葉如菉豆葉。傍兩葉似黑豆葉微圓。開小粉紅花。結角比家黑豆角極瘦小。其豆亦極細小。味苦。

苦馬豆

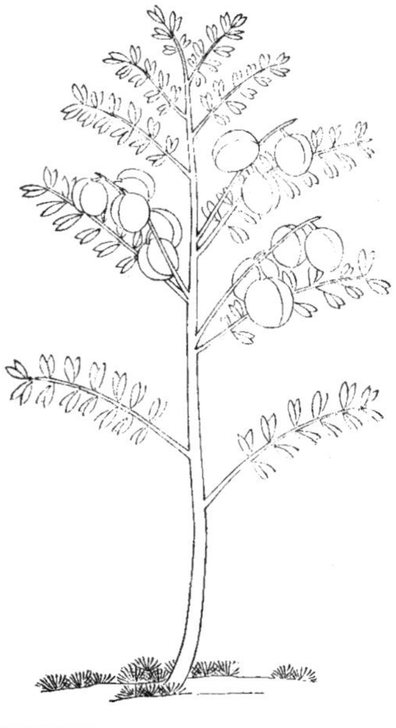

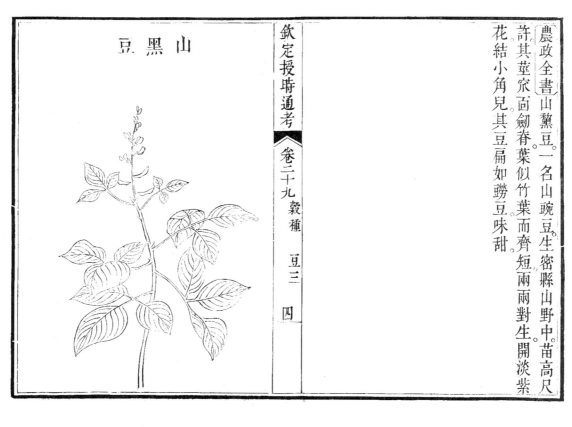

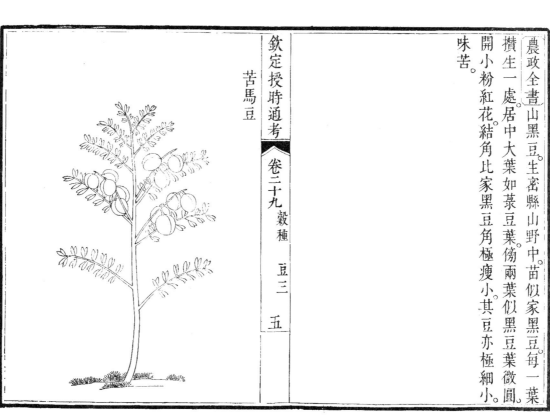

農政全書苦馬豆。生延津縣郊野中。在處有之。苗高二尺許。莖似黃芪苗。莖上有細毛。葉似胡豆葉微小。又似蒺藜葉却大。枝葉間開紅紫花。結殼如拇指頂。半頂間多虛。俗呼爲羊屎脬。內有子如蘇子大。茶褐色。子葉俱味苦。

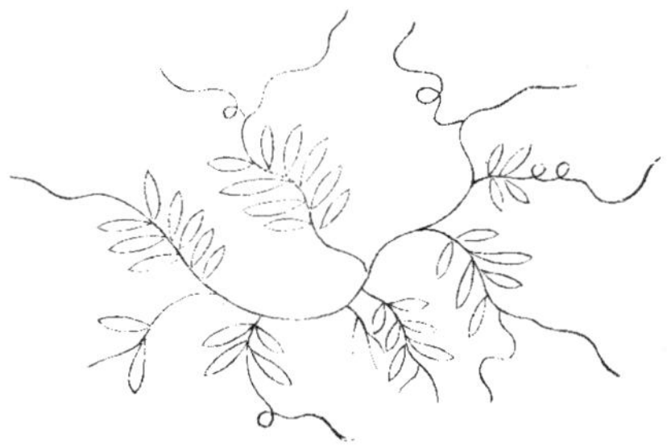

鹿藿　一名薗。一名鹿藿。一名鹿豆。一名豋豆。一名野綠豆。

爾雅薗鹿藿。其實莥。

注今鹿豆也。葉似大豆。根黃而香。蔓延生。疏薗一名鹿藿。其實名莥。郭云今鹿豆也。葉似大豆。根黃而香。蔓延生。本草云味苦。唐本註云。此草所在有之。苗似豌豆。有蔓而長。土人取以爲菜。亦微有豆氣。名爲鹿豆也。

本草綱目李時珍曰。豆葉曰藿。鹿喜食之。故名。俗呼豋豆。豋鹿音相近也。王盤野菜譜作野綠豆。爾雅云。薗音卷。鹿藿也。其實莥音紐。即此。又別錄曰。鹿藿生汶山山谷。陶弘景曰。方藥不用。人亦無識者。但葛苗一名鹿藿。蘇恭曰。此草所在有之。苗似豌豆而引蔓長粗。人採爲

菜。亦微有豆氣。山人名爲鹿豆。韓保昇曰。鹿豆可生噉。五月六月採苗日乾之。郭璞註爾雅云。鹿豆葉似大豆。蔓延生。根黃而香。是矣。李時珍曰。鹿豆即野綠豆。又名豋豆。多生麥地田野中。苗葉似綠豆而小。引蔓生。生熟皆可食。三月開淡粉紅花。結小莢。其子大如椒子。黑色。可煮食。或磨麪作餅蒸食。

又鹿藿氣味苦平無毒。

⿰⻊勞豆

農政全書⿰⻊勞豆生平野中。北地處處有之。莖蔓延附草木上。葉似黑豆葉而窄小。微尖。開淡粉紫花。結小角。其豆似黑豆。形極小。味甘。

回回豆

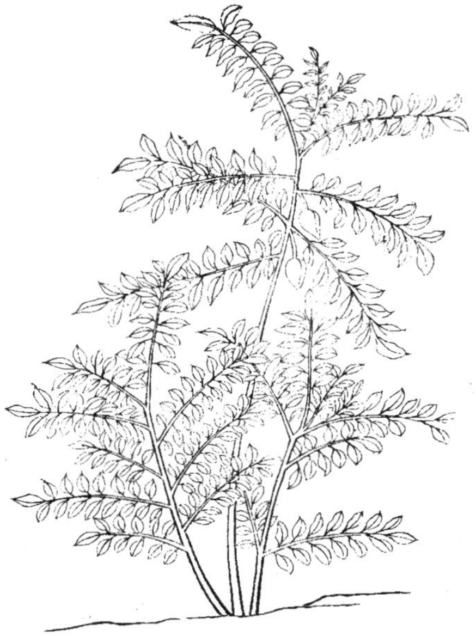

農政全書回回豆。又名那合豆。生田野中。莖青。葉似蒺藜葉。又似初生嫩皂莢。而有細鋸齒。開五瓣淡紫花。如蒺藜花樣。結角如杏仁樣而肥。豆如牽牛子。微大。味甘。

各土豆產附

直省志書宛平縣物產。豆有青白黃黑赤菉紅藜苑菜扁龍爪刀羊角蠶等種。　香河縣物產。猪食豆。羅裙帶豆。　昌平州物產。菉豆有官綠油綠摘綠抜綠四種。黑豆有雌有雄。雌者長大而暗。雄者圓小而明。白藊豆凡十餘種。或長或團。或如龍爪虎爪。或如猪耳刀鐮。大豆有綠褐烏三種。小豆有赤白二種。　清苑縣土產。菽有秕虱。有猫眼。　歷城縣方產。菉豆紅豆豇豆黑豆豌豆大豆有青黑作豉用。黃豆小豆赤白黎黑四種。扁豆俗名眉豆。二種或青而長或白而肥。蠶豆形似蠶。蠶月生。金豆長豆角刀豆。　鄒平縣物產。豆黃黑菉赤白蠶豆數種。扁豆豇豆連莢可食。刀豆僅可醬食。　臨邑縣物產。有菽江南豆月豆。　萊蕪縣物產。豆有黑黃綠扁醬青豇赤八種。秋熟。豌一種夏熟。又有赤小豆白小豆黎小豆扒山豆之類。眉豆有數種。刀豆形如刀。蠶豆長豆角有數種。　陽信縣物產。菽紅白黃黑。爲用各異。而綠豆最佳。豆角有長扁各數種。可熟食。　霑化縣物產。豆之品。大黃豆。青黃豆。天鵞蛋。大黑豆。小黑豆。牛腰齊。皮狐腿。老鼠眼。蘆花白。明菉豆。毛菉豆。東北風。紅摘豆。茶

豆。小豆。扁豆。　曹縣物產。豆。夏熟者曰豌豆。匾豆。秋熟者曰豇豆。黃豆。而黃亦有數種。曰青豆。青亦有數種。曰黑豆。黑亦有數種。又曰金豆。玉豆。黎豆。菉豆。又有赤小豆。白小豆。綠小豆。又有扒山豆。管豆。又有一種大黑豆。　鉅野縣物產。豆。黃豆。黑豆。青豆。茶豆。豇豆。紅白黑三種。菉豆。蠶豆。小豆。紅白黑三種。菉豆。匾豆。豌豆。管豆。眉豆。凡十八種。　汶上縣物產。豆。黃豆。青豆。黑豆。大小二種。茶豆。豇豆。紅白黑三種。小豆。紅白黑三種。菉豆。匾豆。豌豆。管豆。凡十八種。　陽穀縣物產。黃豆。黑豆。綠豆。白蕓豆。紅蕓豆。黑蕓豆。白小豆。紅小豆。黑小豆。彎豆。梅豆。茶豆。扁豆。刀豆。蠶豆。豆角。　濮州土產。豆有菉黃赤白

青茶眉刀裙帶龍爪羊角之屬。　范縣物產。豆有十二。菉豆。黃豆。黑豆。茶豆。紅豇豆。白豇豆。豌豆。匾豆。蹸豆。青豆。紅小豆。白小豆。菜豆。有八眉豆。蠶豆。龍爪豆。羊角豆。白不老。羅裙帶。仙鶴項。刀豆。　觀城縣物產。豆。花黑黃三種。　日照縣物產。豆。其種不一。大者青黃黑三色。小者赤綠二色。又有豌豆。龍爪。刀鞘。裙帶。白稨豆。　黃縣物產。豆。有纏絲豆。紅黃豆。紫羅帶豆。　福山縣物產。豆。黃豆。青黃豆。纏絲豆。鐵黑豆。小黑豆。香豆。俗名雀卵。綠豆。白小豆。赤小豆。花小豆。玉小豆。兔脚豆。　招遠縣物產。大豆有黑青黃白綠斑數色。而黃者爲多。綠豆有明綠黑綠東北風之類。豆以風名。遇東北風則易壞。故名

之。豇豆有紅白花三種。　定襄縣物產。豆。黃黑菉豌藊蕓小連刀梅箸纏絲。　太平縣物產。豆多種。其形色大小。間雜不等。菜豆角。有龍爪羅裙帶葉裏藏數種。　臨晉縣物產。黑豆大小二種。緊黑者爲雄豆。入藥良。黃豆亦有大小二種。綠豆有官綠油綠二種。早種者名摘角綠。遲種者名拔角綠。豌豆。藊豆。一名沿籬豆。一名蛾眉豆。又名茶豆。豇豆有二種。一種蔓長丈餘。須懸架則蕃。一種蔓短。鋪地結莢。嫩時充菜。土人呼爲菜角。又大赤豆。土人亦呼豇豆。　平陸縣土產。菽之名色不一。惟黃豆黑豆之大者。可以爲豉。豇豆扁豆。則可爲菜。他如菉黃青紅黑白豌茶龍眼羊眼龍爪虎爪麥蘆小豆皆可

日用。絳州物產。菽之屬。纒絲豆。人面豆。龍爪豆。紫羅帶。白不老。祥符縣物產。紅豇豆。白豇豆。菉豆。黑豇豆。花豇豆。扁豆。青豆。黑豆。銅皮豆。紅小豆。豌豆。黑小豆。黃豆。花豆。白小豆。巒小豆。綠豆。鄢陵縣土產。豆有青白黃紅黑茶褐等色。天鵞蛋。老鴉眼。花斑。雞虱。羊眼等名。然大青豆及羊眼黑豆堪作豉。豇豆曰羅裙帶。白不老者。堪爲菜。紅小豆堪入藥。餘皆平常。延津縣物產。菽有大黃。大青。大紫。大黑。扁黑。扁白。菉豆。青豌。白豌。白眼。紫眼。羊眼等種。淮南王以豆爲乳脂。今豆膏。豆粉。豆腐。較他處尤佳。得淮南遺法。禹州土產。花斑。石豆。雞虱豆。春不老。虎爪豆。葉縣土產。紫豆。紅滚豆。龍爪豆。瑪瑙豆。遂平縣土產。豆屬。菀豆。紅豆。羊眼豆。雞虱豆。龍爪豆。紫羅帶。香子豆。鵞眉豆。紅米豆。猪腦豆。朴姜豆。西鄉縣土產。黃豆。黑豆。氷豆。青豆。茶褐豆。羊眼豆。赤豆。菉豆。痲小豆。白小豆。臨秋豆。白扇豆。六合縣物產。菽之屬。黑大豆。青大豆。有透骨青者。用同黃豆。黃大豆。赤小豆。黑小豆。綠豆圓小者佳。白豆一名飯豆。豌豆。香珠豆。色紫。小者尤香。佛手豆。白果豆。粒大而香。同白果。羊眼豆。蠶豆一名胡豆。豇豆。匾豆一名沿籬豆。黑白二種。刀豆一名挾劒豆。貴池縣土宜。豆有麪條。蛾眉。魴魮。富郎。冲天。角豆。茶豆。案豆。鹽城縣物產。菽有茶豆。荸薺豆。有青黃紫赤黑白綠紅數色。最早熟者。有六十日

雁來枯之類。揚州府物產。菽有大黃。大青。大紫。大黑。大褐。鴨卵青。白扁。黑扁。白小赤。小小紅。菉豆。樓子綠。摘角綠。鵓鴣斑。赤江白。江摘角。江青。豌白。豌白眼。紫眼。羊眼。雁來枯。杪社黃。半夏黃。佛指。通州物產。豆。粒有大小。色有青黃紫黑白之別。名有茶青。扁莆。痲皮。雞趾。牛莊。僧衣。香珠。蓮心。烏眼。沉香。白果之不同。吳縣物產。菽之屬。緇豆。又名僧衣豆。斑豆。蟹眼豆。羊眼豆。香珠豆。色紫小而香。賊懊惱。極小。雲南豆。似白扁豆。大而長。崑山縣土產。中秋豆。雁來紅。佛手豆。瑪瑙豆。常熟縣物產。紫羅豆。有青黑花紋。河陽青。早熟。西鄉高田種之。豇青黑色。長角十八豇。蔓生。俗名裙帶豆。嘉定縣物產。大黑豆。凡豆之屬。皆出嘉定者佳。而黑豆爲之魁。他邑爭購作種。豌豆有大小二種。四鄉俱有之。大有如指頂者。其味絶美。他邑所出甚稀。形小性硬。迥不如也。土人或種之花田中。冬天不拔花其。用以拒霜。至清明後始拔。豆隨熟。太倉州物產。豆有黃青黑三種。黃曰蘇州黃。員珠黃。烏眼黃。水白豆。扇子黃。高脚黃。青曰大青。小青。莢菰青。肉裏青。黑曰大黑。小黑。六月烏。雜色者曰僧衣豆。香珠豆。羊眼豆。最大者曰嚇殺人。小曰賊歎氣。州岡自種。豆收亦薄。惟東土所出獨壯美。絶勝他邑。蠶豆出雙鳳法輪寺前者尤佳。自雙鳳至南門亦擅勝。大有如指頂者。他邑僅三之一。性亦粗硬。上海縣物產。

豆有南京黃。以種自秣陵故名。隨稻黃。九月中方香綻可食。六月豆種最早六月卽可採食。砂仁豆色紫。味香。豆中上品。黑豆。赤豆。有大小二種。米赤豆較赤豆略小。可和米炊飯。蒸豆。水白豆。青豆色青。七月卽熟。白香圓。白豆之最大者。以色味形得名。茅柴赤。凡豆不宜肥土。土肥則莢稀。此種不用耘。茅草之地。叢生尤盛故名。紫羅豆色紫粒小。俗謂紫香圓。又一種青黑花紋名僧衣豆。龍爪豆。江豆。刀豆。豌豆。蠶豆。白藊豆。　江陰縣物產。黃豆名珍珠黃。烏眼黃者爲上。青豆名白果青。最佳。靖江縣食貨。菽之屬。其產於邑者。粒有大小。色有青黃紫白黑之別。青色者粒大味美。曰扁莆。曰膠州青。骨裏

青。豹腰青。粒圓多實。曰圓珠翠碧。粒小。曰茶青。其淡碧而味色絕美者。曰白果。六月拔。八月枯。烏眼黃。粒有黑眼。水面白。粒大品佳。麻皮黃。牛墾莊。兔子圓。雞趾黃。獐皮黃。皆黃色之屬也。六月白。搶場白。白果豆。皆白色之屬也。色紫者。僧衣香。珠蓮心。三種竝妙。烏香珠。大黑子。黑之屬。外有五色雜而宜飯者。俗呼赤豆。其粒細而長。蔓生者曰蟖眼。早收者曰麻熟。　丹徒縣物產。豆有大小。豆色有青黃黑紫褐。名有雁來青。雁來枯。癡黃。半夏黃。鐵殼黃。香珠。茶褐。荸薺。白果。牛嘴莊。早綿青。烏豆。水白豆。馬鞍豆。小豆。亦有赤豆。綠豆。小黑豆。白豆。龍爪豆。飯豆。紅黑豇豆。佛指豆。十六粒豆。蠶豆。黑白扁豆。刀豆。

丹陽縣物產。豆。黃豆。以東鄉沼漕渠者爲佳。　石門縣物產。豆有梅豆。舍豆。香珠豆。棋花豆。裙帶豆。一茶匙眉莢豆。僧衣豆。　桐鄉縣物產。有舜隆豆。　瑞安縣物產。豆有六月烏。六月白。八月白。雲豆。三收豆。珍珠豆。苜蓿豆。　寧州土產。輭莢豆。錢豆。米豆。道士冠。脚魚卵。東鄉縣物產。豆有六月爆。泥豆。花豆。虎爪豆。　瀘溪縣物產。菽之屬。有沈香豆。秋後種諸田間。羊眼豆。虎爪豆。羊鬚豆。俱以形似。六月爆。豆之最早者。　龍南縣物產。菽有六月黃。八月黃。　蒲圻縣物產。菽之類。有兔兒圓。羅裙帶。道人冠。　咸寧縣物產。伴粟豆。青皮豆。雁來紅。龍爪豆。猪牙豆。元修豆。　羅田縣物產。菽類有羅裙帶。

雁來紅。羊眼豆。蛾眉豆。巴山豆。西山豆。六月報。猪牙豆。蜜蜂豆。龍爪豆。茶柯豆。青皮豆。高脚黃。兔兒丸。雞婆豆。飯豆。白殼豆。泥豆。鴉鵲豆。、德安府物產。菉豆曰摘菉。曰藤菉。曰一朶雲。曰蔓草菉。曰穀椿菉。黃豆有黃色。青色。黑色。茶花色數種。更有名纏絲者。骨裏青者。六月爆者。楊雀卵者。統謂之黃豆。　寧鄉縣物產。豆種十有一。曰豆角。卽上筐豆。一名紅豆。又曰羅裙帶。刀豆。螃皮豆。一名蠶豆。又名白扁豆。八月白。以上皆藤生。摘岡菉豆。懶人豆。一名爛蒿薦。秋江豆。黃豆。黑豆。飯豆。以上皆枝實。　邵陽縣食貨。菽之屬。黃豆。菉豆。六月黃。八月白。水白豆。皂角豆。羊眼豆。茶豆。粟稿豆。飯豆。江豆。衮豆。冬豆。

鷰豆。硃砂豆。青皮豆。刀靶豆。蛾眉豆。龍爪豆。裙帶豆。泥豆。綠豆。扁豆。烏豆。椶豆。　永明縣土產菽之品。硃砂豆。羊眼豆。大松豆。小黃豆。雪豆。韶豆。大青豆。黑茶豆。黑冷豆。　泉州府物產菽之屬。有紅豆。春豆。九月豆。騎草豆。畬豆。白卯豆。六月綱豆。　建寧縣物產。花羅豆。大烏豆。寒露豆。虎爪豆。六月黃。上樹豆。田豆。岡豆。　惠來縣物產。豆之屬。有蕉子。虎爪。九月黃。九月白。六月黃。六月烏。十八粒。壓早。　高明縣土產。豆有樹豆。生數尺高。四季熟。猪牙豆。靴嘴豆。有刀鞘豆。花眉豆。又五月收豆。　廣西府物產。豆之屬。南豆。灣豆。架豆。靴豆。老鼠豆。黃花豆。白早豆。羊眼豆。寸金豆。

欽定授時通考卷三十

穀種

麻

脂麻苗

詩經王風丘中有麻。

疏言邱中墝埆之處。所以得有麻者。乃留氏子嗟之所治也。由子嗟教民農業。使得有之。集傳麻。穀名。子可食。皮可績為布者。大全本草曰。一名麻勃。此麻上花勃勃者。麻子味甘平。無毒。園圃所蒔。今人作布及履用之。

齊風蓺麻如之何。衡從其畝。

注欲樹麻者。必先縱橫經治其田畝。

豳風九月叔苴。

疏苴麻之有實者也。叔苴。謂拾取麻實以供食也。

大雅麻麥幪幪。

注茂密也。

禮記月令孟秋之月。天子食麻與犬。

又仲秋之月。天子以犬嘗麻。先薦寢廟。

注麻始熟也。

周禮天官朝事之籩。其實麷蕡。

注蕡實也。鄭司農云。麻曰蕡。

儀禮有司徹主司取籩於房。麷蕡坐設於豆西。

注蕡熬枲實也。

爾雅黂枲實。

注禮記曰。苴麻之有黂。疏枲麻也。黂者。即麻子名。故云黂枲實也。

又枲麻。

注別二名。疏麻一名枲。故注云別二名。禹貢青州云厥貢岱畎絲枲是也。

又莩麻母。

注苴麻盛子者。疏一名莩。一名麻母。

淮南子汾水濛濁而宜麻。

齊民要術漢書張騫外國得胡麻。今俗人呼為烏麻者非也。廣雅曰。狗蝨勝茄。胡麻也。本草經曰。青蘘一名巨勝。今世有白胡麻。八角胡麻。白者油多。

爾雅翼麻實既可以養人。而其縷又可以為布。其利最廣。然麻之屬總曰麻。別而言之。則有實者別名苴。無實者別名枲子夏喪服傳曰苴經者麻之有蕡者也牡麻者枲麻也蕡卽實也牡卽無實之名也然此類亦通名麻枲故或以蕡爲枲實蓋假借言之耳麻實又有文理故屬金爲西方之穀明堂月令秋則食麻與犬秋氣既涼又向寒無害故食當方之穀牲而至仲秋則又以犬嘗麻先薦寢廟也若豳風則九月菽苴蓋食農夫者不嫌於晚耳麻實既謂之蕡故古者朝事之籩熬麻麥以實之謂之麷蕡又麻於植物中最爲多子故詩稱桃之夭夭有蕡其實言桃花色既盛又結子之多如麻子然以况室家之相宜而其繼續繁衍者如此說文又云萉枲實或作䔤則音雖異而意同後世說本草者或以䔤

爲牡麻之華則與詩雅所說大異又胡麻亦有實本生大宛一名油麻一名狗蝨一名方莖純黑者名巨勝亦曰一葉兩莢爲巨勝或曰莖圓爲胡麻莖方爲巨勝道家以爲飯陶隱居言八穀之中胡麻最爲良以詩黍稷稻粱禾麻菽麥爲八種而引董仲舒云禾是粟苗麻是胡麻按胡麻大宛之種張騫得之以歸詩人所稱豈應近捨中國之苴而遠述大宛之巨勝此說非是又以其胡物而細故別謂中國之麻爲漢麻亦曰大麻

[本草綱目]李時珍曰按沈存中筆談云胡麻卽今油麻更無他說古者中國只有大麻其實爲蕡漢使張騫始自大宛得油麻種來故名胡麻以別中國之大麻也寇宗奭衍義亦據此釋胡麻故今并入油麻焉巨勝卽胡麻之角巨如方勝者非二物也方莖以莖名狗蝨以形名油麻脂麻謂其多油脂也按張揖廣雅胡麻一名藤弘弘亦巨也別錄一名鴻藏乃藤弘之誤也又杜寶拾遺記云隋大業四年改胡麻曰交麻

[又]別錄曰胡麻一名巨勝生上黨川澤秋採之青蘘巨勝苗也生中原川谷陶弘景曰胡麻八穀之中惟此最良純黑者爲巨勝巨者大也本生大宛故名胡麻又以莖方者爲巨勝圓者爲胡麻蘇恭曰其角作八稜者爲巨勝四稜者爲胡麻都以烏者爲良白者爲劣孟詵曰沃地種者八稜山田種者四稜土地有異工力則同蘇

頌曰胡麻處處種之稀復野生苗硬如麻而葉圓銳光澤嫩時可作蔬道家多食之本經謂胡麻一名巨勝陶弘景以莖之方圓分別蘇恭以角稜多少分別仙方有服胡麻巨勝二法功用小別是皆以爲二物矣或云卽今油麻本生胡中形體類麻故名胡麻八穀之中最爲大勝故云巨勝乃一物二名如此則是一物而有二種如天雄附子之類故葛洪云胡麻中有一葉兩尖者爲巨勝別錄序例云細麻卽胡麻也形扁扁爾其莖方者爲巨勝也今人所用胡麻之葉如荏而狹尖莖高四五尺黃花生子成房如胡麻角而小嫩時可食甚甘滑利大腸皮亦可作布類大麻色黃而脆俗亦謂之黃麻其

實黑色如韭子。而粒細味苦如膽。杵末略無膏油。其說各異。此乃服食家要藥。乃爾差誤。豈復得效也。寇宗奭曰。胡麻諸說參差不一。止是今人脂麻。更無他義。以其種來自大宛。故名胡麻。今胡地所出者皆肥大。其紋鵲。其色紫黑。取油亦多。嘉祐本草。白油麻與此乃一物。但以色言之。比胡地之麻差淡。不全白爾。今人通呼脂麻。李時珍曰。胡麻卽脂麻也。有遲早二種。黑白赤三色。其莖皆方。秋開白花。亦有帶紫豔者。節節結角。長者寸許。有四稜六稜者。房小而子少。七稜八稜者。房大而子多。皆隨土地肥瘠而然。蘇恭以四稜爲胡麻。八稜爲巨勝。正謂其房勝巨大也。其莖高者三四尺。有一莖獨上者。

角纏而子少。有開枝四散者。角繁而子多。皆因苗之稀稠而然也。其葉有本團而末銳者。有本團而末分三丫。如鴨掌形者。葛洪謂一葉兩尖爲巨勝者指此。蓋不知烏麻白麻。皆有二種葉也。按本經。胡麻一名巨勝。吳普本草。一名方莖。抱朴子及五符經。並云巨勝一名胡麻。其說甚明。至陶弘景始分莖之方圓。雷斆又以赤麻爲巨勝。謂烏麻非胡麻。嘉祐本草復分白油麻。以別胡麻。并不知巨勝卽胡麻中丫葉巨勝而子肥者。故承誤啓疑如此。惟孟詵謂四稜八稜爲土地肥瘠。寇宗奭據沈存中之說。斷然以脂麻爲胡麻。足以證諸家之誤矣。又賈思勰齊民要術。種收胡麻法。卽今種收脂麻之法。則

其爲一物。尤爲可據。今市肆間因莖分方圓之說。遂以茺蔚子僞爲巨勝。以黃麻子及大藜子僞爲胡麻。誤而又誤矣。茺蔚子長一分許。有三稜。黃麻子黑如細韭子。味苦。大藜子狀如壁蝨。及酸棗核仁。味辛甘。並無脂油。不可不辨。梁簡文帝勸醫文有云。世誤以灰滌菜子爲胡麻。則胡麻之訛。其來久矣。

又胡麻氣味甘平。無毒。

又白油麻氣甘。大寒。無毒。李時珍曰。胡麻取油以白者爲勝。服食以黑者爲良。

天工開物凡麻可粒可油。惟火麻胡麻二種。胡麻卽脂麻。相傳西漢始自大宛來。古者以麻爲五穀之一。若專

以火麻當之。豈有當哉。竊意詩書五穀之麻。或其種已滅。或卽菽粟中之別種。而漸訛其名號。皆未可知也。今胡麻味美而功高。卽以冠百穀。不爲過。火麻子粒壓油無多。皮爲布疏惡。其值幾何。胡麻數龠充腸。移時不餓。粔餌飴餳。得粘其粒。味高而品貴。其爲油也。髮得之而澤。腹得之而膏。腥羶得之而芳。毒厲得之而解。農家能廣植。厚實可勝言哉。種胡麻法。或治畦圃。或壟田畝。土碎草淨之極。然後以地灰微溼。拌勻麻子而撒種之。早者三月種。遲者不出大暑前。早種者。花實亦待中秋乃結。耨草之功。惟鋤是視。其色有黑白赤三者。其結角長寸許。有四稜者房小而子少。八稜者房大而子多。皆因

肥瘠所致。非種性也。收子榨油。每石得四十觔餘。其枯用以肥田。若饑荒之年。則留供人食。

大麻一名火麻。一名漢麻。一名黃麻。雄者名枲麻。一名牡麻。雌者爲苴麻。一名茡麻。花名麻勃。

羣芳譜大麻莖高五六尺。枝葉扶疎。葉狹而長。狀如益母草葉。一枝七葉或九葉。五六月開細黃花成穗。隨卽結子。似蘇子而大。剝去皮作麻績之。可爲布。

本草綱目李時珍曰。麻從兩朩在广下。象屋下派麻之形也。朩音派。广音儼。餘見下註。云漢麻者。以別胡麻也。又本經曰。麻蕡一名麻勃。麻花上勃勃者。七月七日采之良。麻子九月採。入土者損人。生太山川谷。陶弘景曰。麻蕡卽牡麻。牡麻則無實。今人作布及履。蘇恭曰。蕡卽麻實。非花也。爾雅云。蕡枲實。儀禮云。苴麻之有蕡者。註云。有子之麻爲苴。皆謂子也。陶以蕡爲麻勃。謂勃勃然如花者。復重出麻子。誤矣。旣以蕡爲米穀上品。花豈堪

食乎。陳藏器曰。麻子早春種爲春麻。子小而有毒。晩春種爲秋麻。子入藥佳。壓油可以油物。寇宗奭曰。麻子海東毛羅島來者。大如蓮實。最勝。其次出上郡北地者。大如豆。南地者子小。蘇頌曰。麻子處處種之。績其皮可以爲布。農家擇其子之有斑黑文者。謂之雌麻。種之則結子繁。他子則不然也。本經麻蕡麻子所主相同。而麻花非所食之物。蘇恭之論似當矣。然本草朱字云。麻蕡味辛。麻子味甘。又似二物。疑本草與爾雅禮記稱謂有不同者。又藥性論用麻花云。味苦主諸風。然則蕡也子也花也。其三物乎。李時珍曰。大麻卽今火麻。亦曰黃麻。處處種之。剝麻收子。有雌有雄。雄者爲枲。雌者爲苴。大科

如油麻。葉狹而長狀如益母草葉。一枝七葉或九葉。五六月開細黃花成穗。隨卽結實大如胡荽子。可取油。剝其皮作麻。其稭白而有稜輕虛可爲燭心。齊民要術云。麻子放勃時拔去雄者。若未放勃先拔之則不成子也。其子黑而重。可擣治爲燭。卽此也。本經有麻蕡麻子二條。謂蕡卽麻勃。謂麻子入土者殺人。蘇恭謂蕡是麻子。非花也。蘇頌謂蕡子花爲三物。疑而不決。謹按吳普本草云。麻勃一名麻花。味辛無毒。麻藍一名麻蕡。一名青葛。味辛甘有毒。麻葉有毒。麻子中仁無毒。據此說則麻勃是花。麻蕡是實。麻仁是實中仁也。普三國時人。去古未遠。說甚分明。神農本經以花爲蕡。皆傳寫脫誤耳。陶

氏及唐宋諸家皆不考究。而臆度疑似。可謂疎矣。今依吳氏改正。

又麻勃。吳普曰。一名麻花。李時珍曰。觀齊民要術有放勃時拔去雄者之文。則勃爲花明矣。

又麻勃氣味辛溫無毒。

又麻蕡。吳普曰。一名麻藍。一名青葛。李時珍曰。此當是麻子連殼者。故周禮朝事之籩供蕡。月令食麻與犬。麻可食。蕡可供。稍有分別。殼有毒而仁無毒也。

又麻蕡氣味辛平。有毒。

沙蓬米

聖祖御製幾暇格物編　沙蓬米。凡沙地皆有之。鄂爾多斯所產尤多。枝葉叢生如蓬。米似胡麻而小。性暖。益脾胃。易於消化。好吐者食之多有益。作爲粥。滑膩可食。或爲米。可充餅餌茶湯之需。向來食之者少。自朕試用之。知其宜人。今取之者衆矣。

亞麻　一名鵶麻，一名壁蝨胡麻

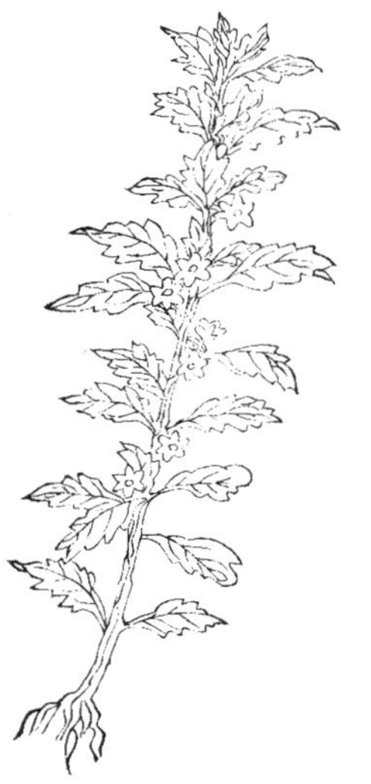

本草綱目 蘇頌曰：亞麻子出兖州威勝軍。苗葉俱青，花白色。八月上旬採其實用。李時珍曰：今陝西人亦種之，即壁蝨胡麻也。其實亦可榨油點燈，氣惡不堪食。其莖穗頗似茺蔚，子不同。

又 亞麻子氣味甘，微溫，無毒。

萞麻　一名博落迴

本草綱目 蘇頌曰：萞麻葉似大麻子，形宛如牛蜱，故名。

李時珍曰：萞亦作螕。牛蝨也。其子有麻點，故名。

又 蘇恭曰：此人間所種者，葉似大麻葉而甚大，結子如牛蜱。今胡中來者，莖赤，高丈餘，子大如皂莢核，用之亦良。韓保昇曰：今在處有之。夏生苗，葉似葎草而大厚，莖赤有節如甘蔗，高丈餘。秋生細花，隨便結實，殼上有刺，狀類巴豆，青黃斑褐。夏采莖葉，秋采實，冬采根，曬乾用。

李時珍曰：其莖有赤有白，中空。其葉大如瓠葉，每葉凡五尖。夏秋間椏裏抽出花穗，纍纍黃色。每枝結實數十顆，上有刺，攢簇如蝟毛而軟。凡三四子合成一顆，枯時劈開，狀如巴豆，殼內有子大如豆，殼有斑點，狀如牛螕。

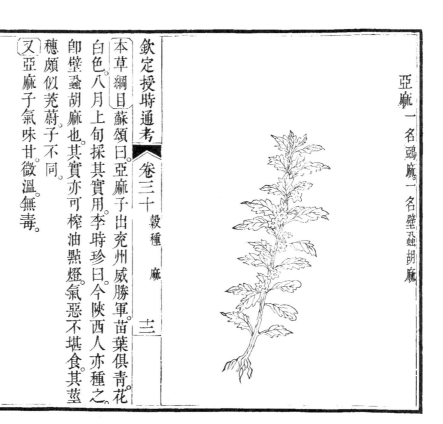

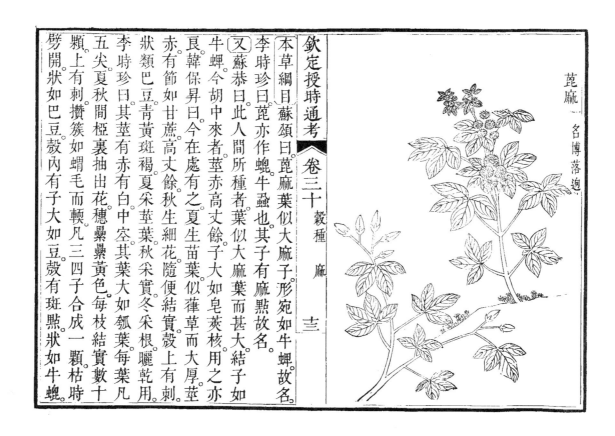

再去斑殼。中有仁。嬌白如續隨子仁。有油。可作印色。及油紙。子無刺者良。有刺者毒。

又 莔麻氣味甘辛平。有小毒。

稗 一名烏禾

爾雅 蕛苵。

注 蕛似稗。布地生穢草。疏 蕛一名苵。似稗之穢草也。布生於地。莊子曰。道在蕛稗。是亦有米。細小。又曰。若蕛米之在太倉是也。

六書故 稗葉純似稻。節間無毛。實似蕡。害稼。

爾雅翼 孟子曰。五穀者種之美者也。苟爲不熟。不如蕛稗。蕛與稗二物也。皆有米而細小。莊子曰。道在蕛稗。言比於穀則微細而不精。道亦在焉。又曰。若蕛之在太倉。亦言小也。爾雅蕛苵釋曰。蕛一名苵。似稗之穢草。布生於地。而稗則上下澤中。故古詩曰。蒲稗相因依。汜勝之書曰。稗水旱無不熟之時。又特滋盛。易得蕪穢。良田畝

得二三十斛。宜種之以備凶年。

又 稗中有米。熟時可擣取之。炊之不減粱米。又可釀作酒。武帝時令典農種之。一頃收二千斛。斛得米三升。大儉可磨食之。蓋稗遇水旱無不熟。而五穀則有熟不熟之時。以此不熟。方之於稗。則爲不如耳。草之似穀可養人者甚多。博物志稱蒒草實。食之如大麥。本草稱東廧可爲飯。又蔄米可爲飯。四月熟。久食不饑。狼尾草子作黍食之。令人不饑。又蒯草子亦堪食。如秔米。又蓬草子作飯無異秔米。儉年食之。此皆五穀之外。可以接糧者。故附著之。

本草綱目 李時珍曰。稗乃禾之卑賤者也。故字從卑。

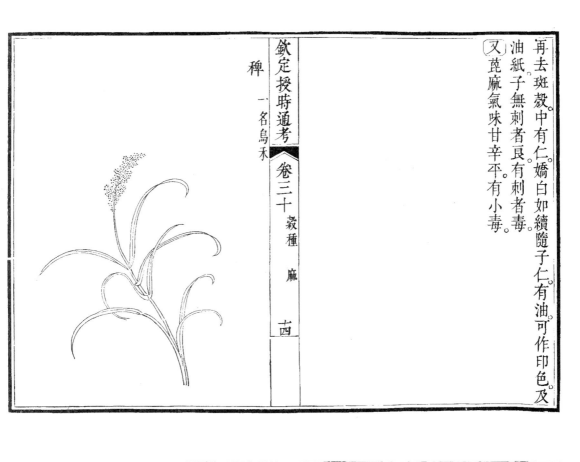

又陶弘景曰稗子亦可食又有烏禾生野中如稗荒年可代糧而殺蟲煮以沃地螻蚓皆死陳藏器曰稗有二種一種黃白色一種紫黑色紫黑色者似芑有毛北人呼爲烏禾

又稗米氣味辛甘苦微寒無毒

農政全書稗子有二種水稗生水田邊旱稗生田野中今處處有之苗葉似䅟子葉色深綠脚葉頗帶紫色結子如黍粒大茶褐色味微苦性微溫

又稗多收能水旱可救儉孟子言五穀不熟不如荑稗淮南所謂小利者皆以此且稗稈一畝可當稻稈二畝其價亦當米一石宜擇嘉種於下田蓺之歲歲無絕儻

遇災年便得廣植勝於流移捃拾遠矣

䅟子 附 一名龍爪粟一名鴨爪稗

農政全書䅟子生水田中及下溼地內苗葉似稻但差短梢頭結穗彷彿稗子穗其子如黍粒大茶褐色味甘

本草綱目李時珍曰䅟乃不黏之稱也又不實之貌也龍爪鴨爪象其穗岐之形

又李時珍曰䅟子山東河南亦五月種之苗如茭黍八九月抽莖有三稜如水中藨草之莖開細花簇簇結穗如粟穗而分數岐如鷹爪之狀內有細子如黍粒而細赤色其稃甚薄其味麤澀

又䅟子氣味甘濇無毒

稂 附

詩曹風冽彼下泉浸彼苞稂

爾雅稂童粱

注稂莠類也疏今人謂之宿田翁或謂之守田也

說文稂禾秀之穗生而不成者謂之董蓈

爾雅翼稂惡草與禾相雜

本草綱目稂一名狼尾草陳藏器曰生澤地似茅作穗廣志云子可作黍食李時珍曰莖葉穗粒並如粟而穗色紫黃有毛荒年亦可採食

菵草 附

爾雅皇守田

注似燕麥子如雕胡米可食生廢田中一名守氣

爾雅翼菵米可爲飯生水田中苗子似小麥而小四月熟久食不饑爾雅所謂水田者也

東廧 附 一名粱禾

廣志東廧粒如葵子似蓬草色青黑十一月熟出幽涼并烏丸地

本草綱目陳藏器曰東廧生河西苗似蓬子似葵九月十月熟可爲飯食河西人語曰貸我東廧償爾田粱李時珍曰相如賦東廧雕胡卽此魏書云烏丸地宜東廧似穄可作白酒又廣志云粱禾蔓生其子如葵子其米粉白可作饘粥六月種九月收牛食之尤肥此亦一穀

似東薔者也。

又東薔子氣味甘平。無毒。

薏苡仁　一名解蠡。一名芑實。一名贛米。一名回回米。一名薏珠子。一名西番蜀秫。一名草珠兒。一名幹珠。一名糲米。苗名屋菼。

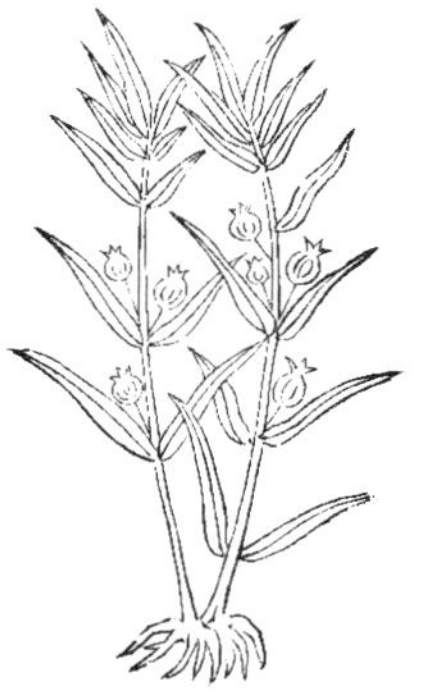

續博物志。薏苡。一名幹珠。收子蒸令氣餾。暴乾。挼取之。作飯麪。主不饑。

農政全書。本草名薏苡仁。一名解蠡。一名屋菼。一名起實。一名贛。俗名草珠兒。又呼為西番蜀秫。生眞定平澤及田野。交趾生者子最大。彼土人呼為贛珠。今處處有之。苗高三四尺。葉似黍葉而稍大。開紅白花。作穗子。結實。青白色。形如珠而稍長。故名薏珠子。味甘微寒。無毒。今人亦呼菩提子。

羣芳譜。薏苡處處有之。交趾者子最大。出眞定者佳。今多用梁漢者。氣劣於眞定。春生苗莖。高三四尺。葉如黍葉。開紅白花。作穗。五六月結實。青白色。形如珠子而稍長。故呼薏珠子。取用以顆小色青味甘黏牙者良。形尖而殼薄。米白如糯米。此眞薏苡也。可粥可麪。可同米釀酒。

本草綱目。李時珍曰。薏苡名義未詳。其葉似蠡實葉而解散。又似芑黍之苗。故有解蠡芑實之名。贛米乃其堅硬者。有贛強之意。苗名屋菼。救荒本草名回回米。又呼西番蜀秫。俗名草珠兒。

又雷斆曰。凡使勿用糲米。顆大無味。時人呼為粳糲是也。薏苡仁顆小色青。味甘。咬著人齒也。李時珍曰。薏苡人多種之。二三月宿根自生。葉如初生芭茅。五六月抽莖開花結實。有二種。一種黏牙者。尖而殼薄。即薏苡也。

其米白色如糯米。可作粥飯。及磨麪食。亦可同米釀酒。一種圓而殼厚堅硬者。卽菩提子也。其米少。卽粳穤也。但可穿作念經數珠。故人亦呼爲念珠云。其根並白色。大如匙柄。糾結而味甘。

〔又〕薏苡氣味甘。微寒。無毒。

欽定授時通考

功作

卷三十一之三十五

功作

彙考

詩周頌載芟載柞其耕澤澤。

傳除草曰芟除木曰柞。箋先芟柞其草木土氣烝達而和耕之則澤澤然解散。集解劉氏瑾曰第一節言墾土也。

千耦其耘徂隰徂畛。

箋隰新發田也畛舊田有徑路者。集解曹氏粹中曰反土之後草木根株有芟柞不盡則復耘之也劉氏瑾曰第二節言治田也。

侯主侯伯侯亞侯旅侯彊侯以有嗿其饁思媚其婦有依其士有畧其耜俶載南畝。

傳主家長也伯長子也亞仲叔也旅子弟也。箋彊有餘力者以謂閒民父子餘夫皆行彊有力者相助又取傭賃務疾畢已當種也。集傳嗿衆飲食聲也媚順依愛也言餉婦與耕夫相慰勞也畧利俶始載事也。集解劉氏瑾曰第三節言男女長幼齊力於始耕也。

播厥百穀實函斯活。

箋播猶種也實種子也函含也活生也其種皆成好含生氣。集解曹氏粹中曰百穀之性各有所宜而水旱豐凶不可預定故悉種之所以爲備也劉氏瑾曰第四節言苗生也。

驛驛其達有厭其傑。

集傳驛驛苗生貌達出土也厭受氣足也傑先長者也。集解劉氏瑾曰第五節言苗生之盛也。

厭厭其苗綿綿其麃。

箋厭厭其苗衆齊等也。集傳綿綿詳密也麃耘也。集解王氏安石曰既苗而耘以綿綿爲善恐傷苗也劉氏瑾曰第六節言耘苗也。

載穫濟濟有實其積萬億及秭爲酒爲醴烝畀祖妣以洽百禮。

箋濟濟穗衆難進也。集傳積露積也。集解何氏楷曰

穫言在野積言在場萬億及秭言在庾劉氏瑾曰第七節言收入之多以供祭祀也。

又畟畟良耜俶載南畝。

疏畟畟刃利之狀。集解劉氏瑾曰第一節言始耕也。

播厥百穀實函斯活。

集解劉氏瑾曰第二節言苗生也。

或來瞻女載筐及筥其饟伊黍。

集解劉氏瑾曰第三節言餉田也。

其笠伊糾其鎛斯趙以薅荼蓼。

傳笠所以禦暑雨也趙刺也。說文薅拔去田草也。疏荼陸穢蓼水草田有原有隰故並舉。集解劉氏瑾曰

第四節言耘苗也

荼蓼朽止黍稷茂止

【集解】陸氏佃曰因暑雨化之則草不復生而地美劉氏瑾曰第五節言苗盛也

穫之挃挃積之栗栗其崇如墉其比如櫛以開百室

【傳】挃挃穫聲也栗栗衆多也【箋】如墉如櫛積之高大相比迫也【集解】劉氏瑾曰第六節言收穫之多而齊也

百室盈止婦子寧止

【集解】劉氏瑾曰第七節言其樂豐稔也

【書梓材】若稽田既勤敷菑惟其陳修爲厥疆畎

【傳】言農夫之考田已勞力布發之惟其陳列修治爲其疆畔畎壟然後功成

【周禮地官】遂大夫正歲簡稼器修稼政

【注】簡猶閱也稼器耒耜鎡基之屬稼政孟春月令所云

【汲冢周書】若農之服田務耕而不耨維草其宅之既秋而不穫惟禽其饗之人而獲饑去誰哀之

【管子】令夫農羣萃而州處審其四時權節具備其械器用比耒耜穀芨及寒擊稾除田以待時乃耕深耕均種疾耰先雨芸耨以待時雨時雨既至挾其槍刈耨鎛以旦暮從事於田壄稅衣就功別苗莠列疏遬首戴苧蒲身服襏襫沾體塗足暴其髮膚盡其四支之力以疾從事於田野少而習焉其心安焉不見異物而遷焉是故其父兄之敎不肅而成其子弟之學不勞而能是故農之子常爲農

【莊子】長梧封人曰昔予爲禾稼而鹵莽種之其實亦鹵莽而報予芸而滅裂之其實亦滅裂而報予來年深其耕而熟耨之其禾繁以滋

【淮南子】禾稼春生人必加功焉故五穀得遂長

【楊泉物理論】種作曰稼稼猶種也收斂曰穡穡猶收也古今之言云爾稼農之本穡農之末稼欲熟穡欲速此良農之務也

【漢書食貨志】種穀必雜五種以備災害田中不得有樹用妨五穀力耕數耘收穫如寇盜之至

【注】顏師古曰謂促遽之甚恐爲風雨所損

【齊民要術】傳曰人生在勤勤則不匱語曰力能勝貧四體不勤思慮不用而能事治求贍者未之聞也仲長子曰天爲之時而我不農穀亦不可得而取之青春至焉時雨降焉始之耕田終之簠簋惰者釜之勤者鍾之矧夫不爲而尚乎食也哉

【又】凡人營田須量己力寧可少好不可多惡每年一易必須頻種其雜田地即是來年穀資欲善其事先利其器悅以使人人忘其勞且須調習器械務令快利秣飼

牛畜。常須肥健。撫恤其人。常遣歡悅。觀其地勢。乾濕得所。

【大學衍義】眞德秀曰。農者衣食之本。惟其關生人之大命。是以服天下之至勞。以七月一詩考之。日月星辰之運行。昆蟲草木之變化。凡感乎耳目者。皆有以觸其興作之思。是其心無一念不在乎農也。自于耜而舉趾。自播穀而滌場。所治非一器。所業非一端。私事方畢。而公宫之役毋敢稽。歲功方成。而嗣歲之圖不敢後。是一歲之間。無一日不專於農也。惟夫與婦。惟婦與子。各共乃事。各任乃役。是一家之內。無一人不力於農也。田事既起。曉霜未釋。忍饑扶犂。凍皴不可忍。則燎草火以自溫。

此始耕之苦也。燠氣將炎。晨興以出。傴僂如啄。至夕乃休。泥塗被體。熱爍濕蒸。百畝告青。而形容不可復識。此立苗之苦也。暑日流金。水田若沸。耘耔是力。稂莠是除。爬沙而指爲之戾。傴僂而腰爲之折。此耘苗之苦也。迨垂穎而堅栗。懼人畜之傷殘。縛草田中。以爲守舍。數尺容膝。僅足蔽雨。寒夜無眠。風霜砭骨。此守禾之苦也。刈穫而歸。婦子咸喜。舂揄簸蹂。競敏厥事。其勞苦不重可哀憐也哉。

【陳旉農書】凡從事於農務者。皆當量力而爲之。不可苟且貪多務得。以致終無成遂也。傳曰。少則得。多則惑。况稼穡在艱難之尤者。詎可不先度其財足以贍。力足以給。優游不迫。可以取必效。然後爲之。儻或財不贍。力不給。而貪多務得。未免苟簡滅裂之患。十不得一二。幸其成功。已不可必矣。若深思熟計。既善其始。又善其中。終必有成遂之常矣。豈徒徼一時之幸哉。古者分田之制。有不易一易再易之別。非獨以土敝而草木不長。氣衰而生物不遂也。抑欲其財力優裕。歲歲常稔。不致務廣而俱失。故皆以深耕易耨而百穀用成。諺有之。多虛不如少實。廣種不如狹收。豈不信然。

【大學衍義補】邱濬曰。成周盛時。其播時百穀之事。具有成法。故命農官獨有詩曰。嗟嗟臣工。敬爾在公。王釐爾成。來咨來茹。俾其詳考先王之成法。以爲三農之勸相。

既不可失其時。又不可失其度。自耕種以至於收穫。無一不循其序。凡舊田與夫新田。無一不得其宜。官則盡其勸相之功。民則致其耕治之力。一皆如先王之成法可也。成王既置田官而戒命之。後王復遵其法而重戒之。噫嘻之詩曰。率時農夫。農官之職也。播厥百穀。農夫之事也。終三十里。欲其地之無遺利也。十千維耦。欲其人之無遺力也。古之致力於農事也如此。

【馬一龍農說】農爲治本。食乃民天。天畀所生。人食其力。故知時爲上。知土次之。知其所宜。用其不可棄。知其所宜。避其不可爲。力足以勝天矣。此總言用力體要。時言天時。土言地脉。所宜主言稼穡。力之所施。視以爲用。衆知膏瘠。不如原隰。衆知蕪平。不如淺深。

肥饒為膏。砂瘦為瘠。高者為原。下者為隰。蕪荒而不治者也。平成熟也。農家栽禾。啓土九寸為深。三寸為淺。膏瘠熟荒。此皆易知。至如地之高下。有氣脈所行而生氣鍾其下者。有氣脈所不鍾。而假天陽以為生氣者。故原之下多土骨。而隰之下皆積泥。啓原宜深。啓隰宜淺。深以接其生氣。淺以就其天陽。常治者氣必衰。再易者功必倍。患因無備。命在有滋。將衰而沃之。助其力也。欲倍而壯焉。收其全矣。沃莫妙於滋。滋源壯須求其固本。此因土材而以人力輔相之。衰者。土力衰也。倍者。所穫倍也。患。言水暵蟲傷之類。溝堰陂塭。桔槔蓑笠。潤燥以時。濟及浚築制造。為之預者。則有備而無患矣。命。言生發收藏之元。所滋之事有二。以人力者。灌溉鋤耘塗盪也。以物力者。泥糞灰杴稿卉也。沃助其衰。壯求其倍勢也。猶有不待其衰。未禾而先沃之。自塊之間者。此素問所謂滋化源之意耳。滋其衰者。過或至於不能勝而病。滋源則無是也。固本者。要令其根深入土中。法在禾苗初旺之時。斷去浮面絲根。畧燥根下土皮。俾頂根直生向下。則根深而氣壯。可以任其土力之發生。實穎實栗矣。亢而過洩者水奪。此謂獨陽不長者。濟之以陰也。何謂亢。如既穫之後犂土在田。冬春二時皆無雨雪。太陽燥裂。破塊之間盡為枯體。陰不外周。陽不內蓄。氣過洩矣。以水奪之。藉其潤澤之液。奪其過洩之陽。包含融結。以成發生之功。斂而固結者火攻。此謂獨陰不生者。濟之以陽也。何為斂。失於鋤墾。蕪翳蔽其天陽。汙濁淫於內理。陰沍久而不開。生意塞而不達。氣固結矣。以火攻之。假其焚燎之力。攻其固結之陰。疏道蒸騰。以宣發育之氣。水云奪者。必久浸而後可奪。火云攻者。必猛烈而後可攻。奪之欲其過洩於外者返。攻之欲其固結於內者去也。鎡錤寸隙。不立一毛。鬱蒸所至。竝鍾五賊。此又揭工力時氣所害為甚者言也。鎡錤寸隙。墾之不遍也。雖有餘徑寸。他日禾根適當之。則詰屈不入。葉雖叢生。亦必以漸消盡。俗云縮科是已。故犂鋤者必使翻抄數過。田無不毛之土。則土無不毛之病。五賊。食禾之蟲也。熱氣積於土塊之間。暴得雨水。醞釀蒸濕。未經信宿。則其氣不去。禾根受之。遂生蝨。烈日之下。忽生細雨。灌入葉底。留注節幹。或當晝汲太陽之氣。得水激射。熱與濕相蒸。遂生蟨。朝露浥日。濛雨日中。點綴葉間。單則化氣。合則化形。遂生膧。熱踵根下。濕行於稿。夾日與雨。外薄其膚。遂生蟥。歲交熱化。不雨不暘。晝晦夜暘。而風氣不行。遂生蜚。五賊不去。則嘉禾不興。故灌田者。先須以水遍過。收其熱

氣。旋即去之。易以新水。栽禾無害。不過一遍。易去者。雖久浸不免。日中雨露。或以長牽。或以疎齒拔拂。勿令凝著。則蝨不生。故祖氣不足。母胎有虧。其踵不踵。胎氣不完。其胎不胎。雖成必敗。蓋親下之本。既久去地。而傷母之體。豈能全天哉。祖氣主穀子之在秸者言也。母胎主穀子之脫秸者言也。祖氣不足。謂未及冬至而先刈者。其一成之氣。既未充足。以之為種。母胎有虧矣。草木之生。其命在土。生成變化。不離土氣。踵踵相接。生生無已焉。若脫土久。氣不相屬。生之雖具於胎。成之則不全其數。或半途而剝。或成穗而秕。故收種者。當於冬至之後。熟治高土。散布其上。覆以疏草。障蔽鳥雀。壅以畬灰。滋潤燥枯。至清明時。沃之使芽。除草蕿糞。頻助其長。此第一義也。其次草絫美稱。懸之風簷。季春之始。置諸深汪。勿令近泥。半月氣足。布地而芽。此雖不傷。已落第二義矣。但世俗浸種。晝沉夜眠。畬釀鬱蒸。逼之使速。胎中受病。拔不可去。長芽嫩脆。拋撒下田。跌蹼折損。種不免遜。而不悟。不知何見耳。夫善本者斯圖末。慮終者貴謀始。推陳而致新。氣以交併。積盛脫胎而洗髓。精以剝換化生。此下言治禾也。種得水始芽。芽得土始苗。移苗置之別土。二土之氣。交併於一。苗生氣積盛矣。然其胎不脫。則陳腐之體猶存。髓不洗。則獨淫之氣終在。欲其稚而壯。壯而盛。盛而不衰也。得乎。故天地之間。氣之積盛者。力在交併。精之化生者。功在剝換。達順則豐。覆逆乃稿。縱橫成列。紀律不違。密邇為儔。尺寸如范。栽苗者當如是也。先以一指搪泥。然後以二指嵌苗置其中。則苗根順而不逆。縱橫之列整。則易於耘盪。疏密各因其地之肥瘠為儔。疏者每畝約七千二百科。密則數踰於萬。但害生於稂莠。法謹於芟耘。與其滋蔓而難圖。孰若先務於決去。故上農者治未萌。其次治已萌矣。已萌不治。其謂農何。稂莠惡草之害苗者。芟耘皆去草之事。蔓草之延生也。上農深於農理。勤於農事者也。未萌。根株在土也。夫薙草之法。數與草齊。南粳北黍。種之良也。物之良者必貴。貴非賤等。艮畏惡朋。薙。治也。惡草害苗者不可勝數。治法不多。則不可去。天生五穀。所以養人。可貴之物也。貴者難成而易傷。賤者易起而難制。於此辨之不早。誒其潛滋暗

長而後治之。則其根株深固。枝葉暢茂。盤結而輔翼者。勢盛於苗矣。故農家者流。思其力不足以盡圖之。備假諸物。其始也。直木而耒。其次也。橫木而耜。又其次。編木而齒。曲木末而鏟。鑿木首而鋤。繼之以掇。終之以塗。無不加以鐵焉。以木直而鐵堅也。攻之無遺類矣。如是而猶存者。可不畏夫。草之滋生無窮。而人之用力有限。不能不假於物以為力勝之具耳。今之耒而耕者有大畊小畊。開挑畚掄。大抵勤與惰之殊也。鏵抄遍過之說。已見於前。其耙者亦多不求細熟。平整粗塊。膔泥凸則暴日先燥。窪則注水過深。是以一堰之間。禾之豐悴頓異。且又妙在旋抄旋耙。旋耙旋蒔。則燥濕和均。渾水澄泥。聚於根坎。有壅培之力也。移苗新土。黃色轉青。乃用搗盪。搗盪雖以去草。實以固苗。蓋田之浮泥易行。橫根。而下之實土難入。頂本頂本入土不深。橫根布於泥面。則得上之生氣不厚。枝葉雖繁。抽心不茂矣。搗欲斷其泥面橫根。使其頂根入土。深受積厚多生之氣。其後抽心始高。而結穗長碩也。鏟鋤皆削草器。掇以手拾去餘草。塗以泥壅蔽田皮。既掇則洩去多水。留少水在田。

夾泥為塗。塗時以手捻去禾心宿水。候田有燥裂。即上水灌之。禾心宿水既去。燥時免其濕釀。漬入新水。又助潤滋清氣矣。養苗至此。除草已盡。物不能再假。力不可再加。然意外之虞。尚不保其無也。衞生固難。成功亦不易。華而欲實。風雨不作。時將穫矣。燥則多損。浸以成腐。此言養之係於人。而成之係於天也。稻花必在日色中始放。雨久則閉其竅而不花。風烈則損其花而不實。二者皆秕穀之患也。及其成穀將穫。土太燥。則米粒乾損。水多而過浸。則斑黑成腐。二者又皆毀成之病也。故可貴之物。不產非時。不安非類。欲其至足以遂斯民之天。而農也如之何不力。

農器彙考 附

易繫辭　斲木為耜。揉木為耒。耒耨之利。以教天下。

又　斲木為杵。掘地為臼。臼杵之利。萬民以濟。

禮記月令　季冬之月。命農修耒耜。具田器。

周禮考工記　車人為耒。庛長尺有一寸。中直者三尺有三寸。上句者二尺有二寸。

注　庛讀為棘刺之刺。耒下前曲接耜。疏　庛者。耒之面。中直謂庛上句下。句謂人手執之處。自其庛緣其外以至於首。以弦其內。六尺有六寸。與步相中也。

注　緣外六尺有六寸。內弦六尺。應一步之尺數。耕者以田器為度宜。疏　緣其外者。逐曲量之。弦其內者。望直量之。外有六尺六寸。內應一步之尺數。人步或大或小。恐其不平。故以六尺之耒。代步量地也。

爾雅釋器　斪劚謂之定。注 鋤屬。斫謂之鐯。注 钁也。斛謂之疀。注 皆古鍬插字。

管子　一農之事。必有一耜一銚一鎌一鎒一椎一銍。然後成為農。

淮南子　古者剡耜而耕。摩蜃而耨。木鉤而樵。抱甀而汲。民勞而利薄。後世為之耒耜耰鋤。斧柯而樵。桔皋而汲。民逸而利多。

方言　臿。燕之東北朝鮮洌水之間謂之斛。宋魏之間謂之鏵。或謂之鍏。江淮南楚之間謂之臿。沅湘之間謂之畚。趙魏之間謂之喿。字亦作鍫。東齊謂之梩。江東又呼鍫刃為鐅。杷。無齒曰朳。宋魏之間謂之渠挐。今江東亦然。或謂之渠疏。僉。今連架。所以打穀者。宋魏之間謂之攝殳。或謂之度。自關而西謂之棓。或謂之柫齊楚江淮之間謂之柍或謂之桲刈鉤江淮陳楚之間謂之鉊或謂之鐹自關而西或謂之鉤或謂之鎌或謂之鍥籠所以注斛（盛米穀寫斛中者也）陳魏宋楚之間謂之篙（今江東亦然）自關而西謂之注箕炊箕謂之縮（漉米箕也）或謂之篗或謂之匠（江東呼淅籤）碓機陳魏宋楚自關而東謂之梴磑或謂之䃃（即磨也）

【釋名】斧甫也甫始也凡將制器始用斧伐木已乃制之也鎌廉也體廉薄也其所刈稍稍取之又似廉者也椎推也耒亦椎也鑿有所穿鑿也耜似也似齒之斷物也犁利也利則發土絕草根也檀坦也摩之使坦然平也鋤助也去穢助苗長也齊人謂其柄曰橿橿然正直也

頭曰鶴似鶴頭也枷加也加杖於柄頭以撾穗而出其穀也或曰羅枷三杖而用之也或曰丫丫杖轉於頭故以名之也鍤插也插地起土也或曰銷銷削也能有所穿削也或曰鏵鏵刳地為坎也其板曰葉象木葉也杷播也所以播除物也拂撥也撥使聚也鎒以鋤耨禾也鎛亦鋤類也鎛迫也鏄溝也既割去壟上草又辟其土以壅苗根使壟下為溝受水潦也鉀殺也言殺草也銍穫黍鐵也銍銍斷穗聲也鐲誅也以誅除物根株也

【耒耜經】陸龜蒙曰耒耜農書之言也民之習通謂之犁冶金而為之者曰犁鑱曰犁壁斲木而為之者曰犁底曰壓鑱曰策額曰犁箭曰犁轅曰犁梢曰犁評曰犁建曰犁槃木與金凡十有一事耕之土曰墢墢猶塊也起其墢者鑱也覆其墢者壁也草之生必布於墢不覆之則無以絕其本根故鑱引而居下壁偃而居上鑱表上利壁形下圓負鑱者曰底底初實於鑱中工謂之鼈肉底之次曰壓鑱背有二孔係於壓鑱之兩旁鑱之次曰策額言其可以扞其壁也皆貼然相戴自策額達於犁底縱而貫之曰箭前如桯而樛者曰轅後如柄而喬者曰梢轅有越加箭可弛張焉轅之上又有如槽形亦如箭焉刻為級前高而後卑所以進退曰評進之則箭下入土也深退之則箭上入土也淺以其上下類激射故曰箭以其淺深類可否故曰評評之上曲而衡之者曰

建建犍也所以柅其轅與評無是則二物躍而出箭不能止橫於轅之前末曰槃言可轉也左右繫以樫乎軛也轅之後末曰梢中在手所以執耕者也轅取車之胷梢取舟之尾止乎此乎鑱長一尺四寸廣六寸壁廣長皆尺微橢底長四尺廣四寸評底過壓鑱二尺策額減壓鑱四寸廣狹與底同箭高三尺評尺有三寸槃增評尺七焉建惟稱轅修九尺梢得其半轅至梢中間掩四尺犁之終始丈有二耕而後有爬渠疏之義也散撥去芟者也爬而後有礰礋焉有磟碡焉自爬至礰礋皆有齒磟碡觚稜而已咸以木為之堅而重者良江東之田器盡於是

欽定授時通考卷三十二

功作

墾耕

詩小雅畇畇原隰。曾孫田之。

傳畇畇。墾闢貌。疏孔穎達曰。墾耕其地。闢除其草萊。以成柔田也。

周頌駿發爾私。終三十里。亦服爾耕。十千維耦。

箋駿疾也。發伐也。亦大服事也。使民疾耕發其私田。竟三十里者。一部一吏主之。於是民大事耕其私田。萬耦同時舉也。

禮記月令季夏之月。土潤溽暑。大雨時行。燒薙行水。利以殺草。如以熱湯。

注薙。謂迫也。芟草也。此謂欲稼萊地。先薙其草。草乾燒之。至此大雨。流水潦畜於其中。則草死不復生。而地美可稼也。

周禮地官稻人以涉揚其芟作田。

注揚去前年所芟之草。而治田種稻。訂義黃氏曰。草芟著土則復生。故以涉揚之。草死田肥。故曰作田。

又凡稼澤。夏以水殄草而芟荑之。

注殄絕也。夏六月之時。以水絕草之後生者。至秋水涸芟之。明年乃稼。

秋官柞氏掌攻草木及林麓。夏日至。令刊陽木而火之。冬日至。令剝陰木而水之。若欲其化也。則春秋變其水火。

注刊剝。謂斫去次地之皮。生山南為陽木。生山北為陰木。火之水之。使其肄不生。化猶生也。謂時以種穀也。所火則水之。所水則火之。則其土和美。疏柞氏薙氏治地。皆擬後年乃種田。薙氏除草。柞氏攻木。兼云草者。以攻木之處有草。兼攻之也。陽木得陰而鼓。陰木得陽而發。故須其時刊剝之。刊木正欲種田生穀。故云欲使生穀。則當變其水火也。

又薙氏掌殺草。春始生而萌之。夏日至而夷之。秋繩而芟之。冬日至而耜之。若欲其化也。則以水火變之。

注萌之。以茲其斫其生者。夷之。以鉤鐮迫地芟之也。含實曰繩。芟其繩則實不成熟。耜之。以耜側凍土剗之。以火燒其所芟萌之草。已而水之。則其土亦和美矣。疏茲其。即今之鋤也。含實曰繩。秋時草物含實也。以耜側凍土剗之者。冬時地凍。以耜附側剗之。

考工記堅地欲直庛。柔地欲句庛。直庛則利推。句庛則利發。

管子丈夫二犂。童五尺一犂。以為三日之功。

荀子楛耕傷稼。

注耕不精曰楛。

呂氏春秋凡耕之大方。力者欲柔。柔者欲力。息者欲勞。

勞者欲息棘者欲肥肥者欲棘（棘羸弱也）急者欲緩緩者欲急濕者欲燥燥者欲濕上田棄畝下田棄甽五耕五耨必審以盡其深殖之度陰土必得大草不生又無螟蜮今茲美禾來茲美麥是以六尺之耜所以成畝也其博八寸所以成甽也耨柄尺此其度也其耨六寸所以間稼也地可使肥又可使棘人肥必以澤使苗堅而地隙人耨必以旱使地肥而土緩草諯大月冬至後五旬七日菖始生菖者百草之先生者也於是始耕

〔又〕凡耕之道必始於壚為其寡澤而後枯必厚其靹為其唯厚而反⿰飠僉（⿰飠僉或作選）者莚之堅者耕之澤其靹而後之上田則被其處下田則盡其汙無異三盜任地夫四序參發大甽小畝為青魚胠苗若直獵地竊之也既種而無行耕而不長則苗相竊也弗除則蕪除之則虛則草竊之也故去此三盜者而後粟可多也所謂今之耕也營而無獲者其蚤者先時晚者不及時寒暑不節稼乃多菑實其為晦也高而危則澤奪陂則埒見風則蹶高培則拔寒則彫熱則修一時而五六死故不能為來（來不成也）不俱生而俱死虛稼先死衆盜乃竊望之則有餘就之則虛

〔又〕凡農之道厚之為寶斬木不時不折必穗稼就而不穫必有天菑夫稼為之者人也生之者地也養之者天也是以稼之容足耨之容耨據之容手此之謂耕道

〔氾勝之書〕春地氣通可耕堅硬強地黑壚土輒平摩其塊以生草草生復耕之天有小雨復耕和之勿令有塊以待時所謂強土而弱之也春候地氣始通椓橛木長尺二寸埋尺見其二寸立春後土塊散上沒橛陳根可拔此時二十日以後和氣去即土剛以此時耕一而當四和氣去耕四不當一杏始華榮輒耕輕土弱土望杏花落復耕耕輒藺之草生有雨澤耕重藺之土甚輕者以牛羊踐之如此則土強此謂弱土而強之也春氣未通則土歷適不保澤終歲不宜稼非糞不解慎無旱耕須草生至可種時有雨即種土相親苗獨生草穢爛皆成良田此一耕而當五也不如此而旱耕塊硬苗穢同孔出不可鋤治反為敗田秋無雨而耕絕土氣土堅垎名曰脂田及盛冬耕泄陰氣土枯燥名曰脯田脯田與脂田皆傷田二歲不起稼則一歲休之凡愛田常以五月耕六月再耕七月勿耕謹摩平以待種時五月耕一當三六月耕一當再若七月耕五不當一冬雨雪止輒以藺之掩地雪勿使從風飛去後雪復藺之則立春保澤凍蟲死來年宜稼得時之和適地之宜田雖薄惡收可畝十石

〔四民月令〕正月地氣上騰土長冒橛陳根可拔急菑強土黑壚之田二月陰凍畢釋可菑美田緩土及河渚水處三月杏華勝可菑沙白輕土之田五月六月可菑麥

田。
齊民要術凡開荒山澤田皆七月芟艾之草乾卽放火。至春而開墾。其林木大者劉殺之葉死不扇便任耕種。三歲根枯莖朽以火燒之耕荒畢以鐵齒鎘鏶再徧杷之漫擲黍穄勞亦再徧明年乃中爲穀田。
又凡耕高下田不問春秋必須燥濕得所爲佳若水旱不調寧燥無濕。燥雖耕塊一經得雨地則粉解濕耕堅垎數年不佳諺曰濕耕澤鋤不如歸去言無益而有損濕耕者白背速鎘鏶之亦無傷否則大惡也。
又凡秋耕欲深春夏欲淺犂欲廉。犂廉耕細牛復不疲。秋耕𥝠青者爲上。比至冬月青草復生者其美與小豆同也。初耕欲深轉地欲淺。耕不深地不熟轉不淺動生土也。菅茅之地宜縱牛羊踐之。踐則根浮。七月耕之

則死。非七月復生矣。凡秋收之後牛力弱未及卽秋耕者穀黍穄粱秫茇之下卽移羸速鋒之也。
又凡秋收了先耕蕎麥地次耕餘地務遣深細不得趁多看乾濕隨時蓋磨著切見世人耕了仰著土塊並待孟春蓋若冬乏水雪連夏亢陽徒道秋耕不堪下種無問耕得多少皆須旋蓋磨如法。
陳旉農書夫耕耨之先後遲速各有宜也早田穫刈纔畢隨卽耕治曬暴加糞壅培而種荳麥蔬茹因以熟土壤而肥沃之以省來歲功役且其收足又以助歲計也晚田宜待春乃耕爲其藁秸柔韌必待其朽腐易爲牛力山川原隰多寒經冬深耕放水乾涸雪霜凍沍土壤

蘇碎當始春又遍布朽薙腐草敗葉以燒治之則土暖而苗易發作寒泉雖冽不能害也若不能然則寒泉常浸土脈冷而苗稼薄矣詩稱有冽氿泉無浸穫薪冽彼下泉浸彼苞稂蓋謂是也平陂易野平耕而深浸卽草不生而水亦積肥矣俚語有之曰春濁不如冬清殆謂是也。
韓氏直說爲農大綱一則牛欺地二則人欺苗牛欺地則所種不失其時人欺苗則省力易辦反是則徒勞無益矣凡地除種麥外並宜秋耕秋耕之地荒草自少極省鋤工如牛力不及不能盡秋耕者除種粟地外其餘黍豆等地春耕亦可大抵秋耕宜早春耕宜遲秋耕宜

早者乘天氣未寒將陽和之氣掩在地中其苗易榮遇秋天氣寒冷有霜時必待日高方可耕地恐掩寒氣在內令地薄不收子粒春耕宜遲者亦待春氣和暖日高時依前耕耮。
農桑通訣墾耕者其農功之第一義歟墾除荒也耕犂也凡墾闢荒地春曰燎荒。如平原草萊深者至春燒荒趁地氣通潤草芽欲發根荄柔脆易爲開墾。夏曰𥝠青。夏日草茂時開謂之𥝠青可當草糞但根鬚壯密須藉強牛乃可蓋莫若春爲上。秋曰芟夷。其次秋暮草木叢密先用鐵刀徧地芟倒暴乾放火至春而開墾乃省力。如泊下蘆葦地內必用劚刀引之犂鑱隨耕起墢特易牛乃省力沾山或老荒地內科本多者必須用钁劚去餘有不盡根科。俗謂之埋頭耕也。當使熟鐵煅成鑱尖套於退舊生鐵鑱上。

縱遇根株不至擘鈌妨誤工力或地段廣濶不可徧劚則就斫枝莖覆於本根上候乾焚之其根即死而易朽又有經暑雨後用牛曳磟碡或輥子之所斫根查上和泥碾之乾即挣死一二歲後皆可耕種

又大凡開荒必趁雨後又要調停犂道淺深麤細淺則務盡草根深則不至塞墢麤則貪生費力細則貪熟少功惟得中則可

又今漢沔淮潁上率多創開荒地當年多種脂麻等種有痛收至盈溢倉箱速富者如舊稻塍內開耕畢便撒稻種直至成熟不須薅拔緣新開地內草根既死無荒可生若諸色種子年年揀淨別無稂莠數年之間可無荒歲所收常倍於熟田蓋曠閑既久地力有餘苗稼鬯茂子粒蕃息也諺云坐賈行商不如開荒言其穫刈多也除荒墾闢之功如此

又耕地之法未耕曰生已耕曰熟初耕曰塌再耕曰轉生者欲深而猛熟者欲淺而廉此其畧也北方農俗所傳春宜早晚耕夏宜兼夜耕秋宜日高耕中原地皆平曠旱田陸地一犂必用兩牛三牛或四牛以一人執之量牛强弱耕地多少其耕皆有定法所耕地內先並耕兩犂墢皆內向合爲一墢謂之浮疄自浮疄爲始向外墢耕終此一段謂之一墢之外又間作一墢耕畢於三墢之間歇下一墢却自外墢耕至中心剗作一疄蓋三墢中成一疄也其餘欲耕平原率皆倣此南方水田泥耕其田高下濶狹不等以一犂用一牛挽之作止回旋惟人所便高田早熟八月燥耕而熯之以種二麥其法起墢爲疄兩疄之間自成一甽一段耕畢以鋤橫截其疄洩利其水謂之腰溝二麥既收然後平溝甽蓄水深耕俗謂之再熟田也下田熟晚十月收刈既畢即乘天晴無水而耕之節其水之淺深常令塊墢半出水面日暴雪凍土乃蘇碎仲春土膏脈起即再耕治又有一等水田泥淖極深能陷牛畜則以禾秆橫亘田中人立其上而鋤之南方人畜耐暑其耕四時皆以中晝此南方地勢之異宜也

農政全書徐光啓曰古治田者歲易故可夏耕今居廣虛之地者宜仍用古法若麥田種秋苗自然五六月耕不待論也

又韓氏直說言秋耕宜早乘天氣未寒將陽和之氣掩在地中其苗易榮寒暖之氣豈能掩在地中乎以月令地氣沮泄之說爲近

嶺表録異新龍等州山田揀荒平處以鋤鍬開爲町疃伺春雨邱中貯水即先買鯇魚子散於田內一二年後魚兒長大食草根並既盡爲熟田又收魚利乃種稻且無稗草齊民之上術也

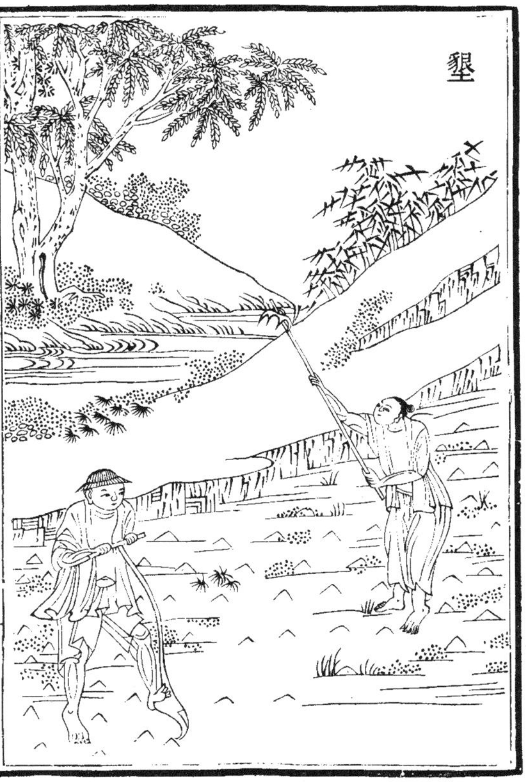

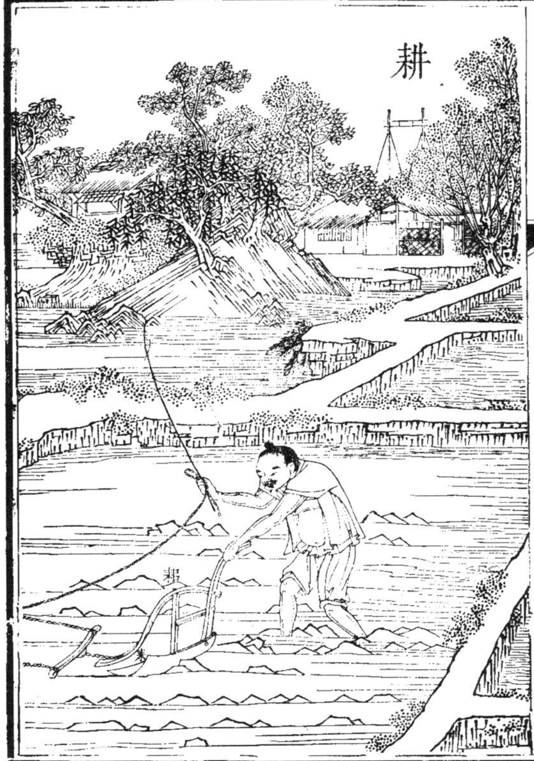

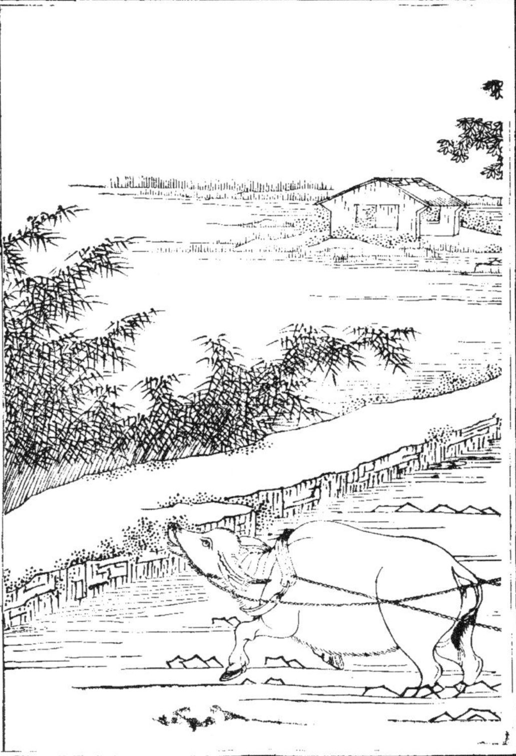

墾耕具各圖說

耒耜　犂
耕槃　牛軛
鑱鏵　鐴
劃　鋒
長鑱　钁
臿　鐵搭
劚刀　鏺
耰

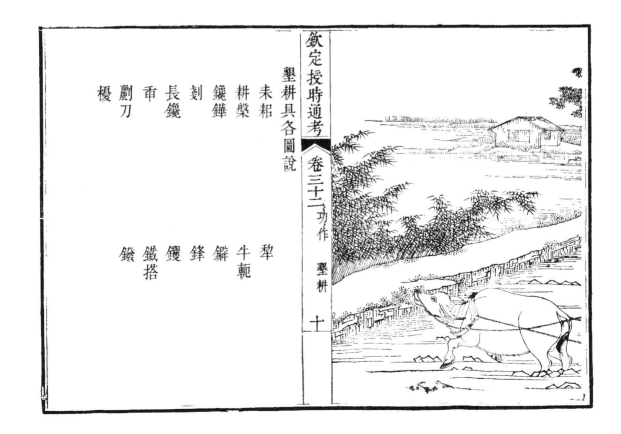

耒耜

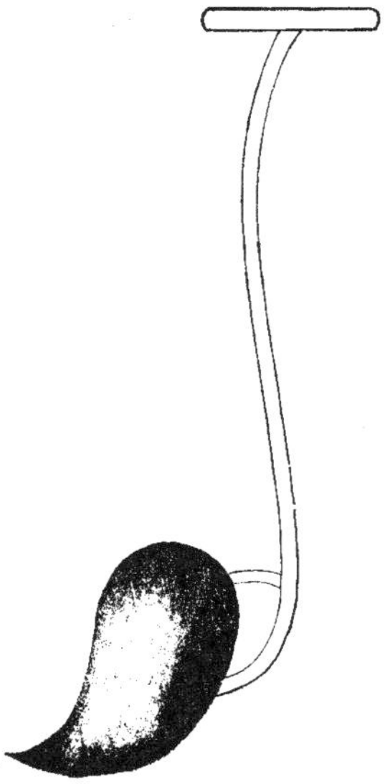

耒耜圖說

耒耜。上句木也。說文曰。耒手耕曲木。從木推手。鄭元云。耒下前曲接耜。其受鐵處歟。耜臿也。說文云。梠從木吕聲。徐鉉等曰。今作耜。考工記匠人爲溝洫。耜廣五寸。二耜爲耦。注云古者耜一金。兩人併發之。今之耜岐頭兩金。象古之耦也。疏云。耜岐頭者。後漢用牛耕種。故有岐頭兩脚耜也。耒耜二物而一事。猶杵臼也。

犂

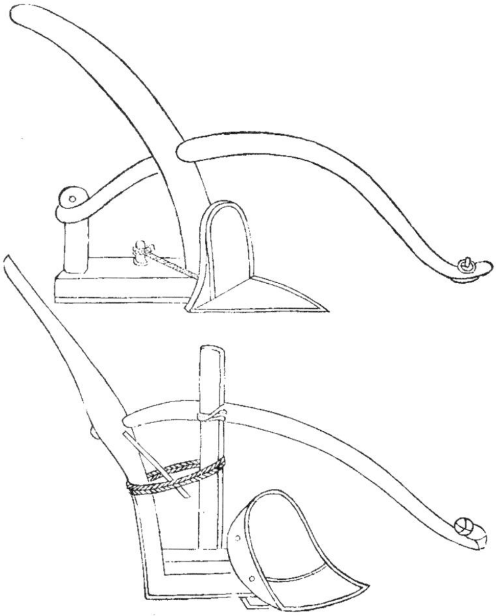

犂圖說

犂。墾田器。犂以牛。故從牛。山海經曰。后稷之孫叔平始教牛耕。注曰。用牛犂也。王禎曰。易耒耜而爲犂。不問地之堅强輕弱。莫不任使。欲淺欲深。求之犂箭。欲廉欲猛。取之犂梢。犂之爲器。豈不簡易而利用哉。其制詳陸龜蒙耒耜經。

耕槃

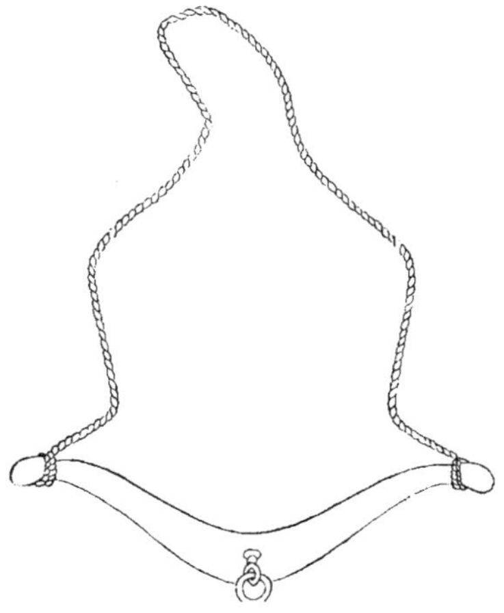

耕槃圖說

耕槃。駕犂具也。舊制稍短。駕一牛。或二牛。故與犂相連。今各處用犂不同。或三牛四牛。其槃以直木長可五尺。中置鉤環。耕時旋擐犂首。與軛相爲本末。不與犂爲一體。故復表出之。

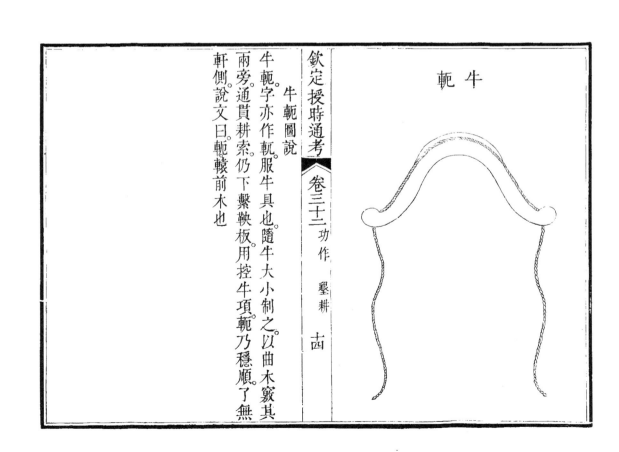

牛軛

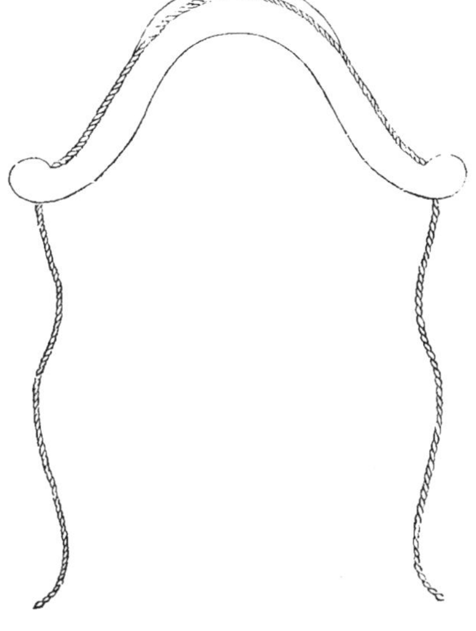

牛軛圖說

牛軛。字亦作軛。服牛具也。隨牛大小制之。以曲木竅其兩旁。通貫耕索。仍下繫鞅板。用控牛項。軛乃穩順。了無軒側。說文曰。軛。轅前木也

鑱　　鏵

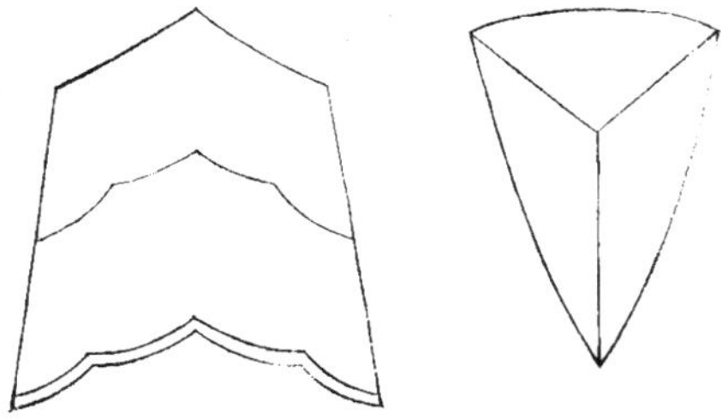

鑱鏵圖說

鑱。犂之金也。集韻注。銳也。吳人云。鐵犂長尺有四寸。廣六尺。刬土既多。其鋒必禿。還可鑄接。貧農利之。鏵。集韻云。耕具也。說文。鏵作茉。兩刃鍤也。從木象形。鏵與鑱頗異。鑱狹而厚。惟可正用。鏵濶而薄。翻覆可使。老農云。開墾生地宜用鑱。翻轉熟地宜用鏵。蓋鑱開生地。著力易。鏵耕熟地。見功多。然北方多用鏵。南方多用鑱。雖習尙不同。若取其便。則當以老農之言爲法。庶南北互用鑱鏵。不偏廢也。

鐴

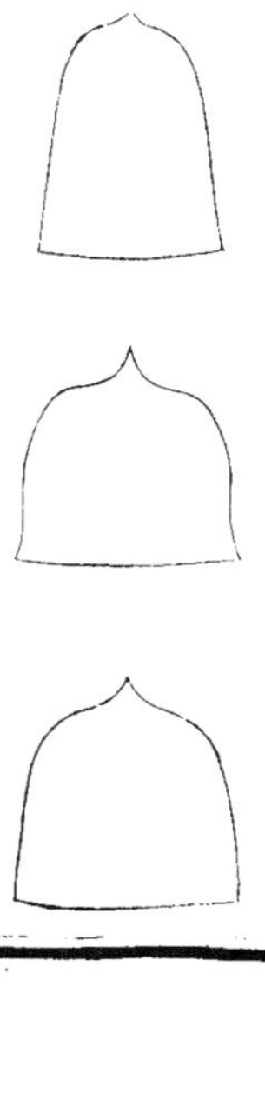

鐴圖說

鐴。犂耳也。其形不一。耕水田。曰瓦繳。曰高脚。耕陸田。曰鏡面。曰碗口。隨地所宜制也。

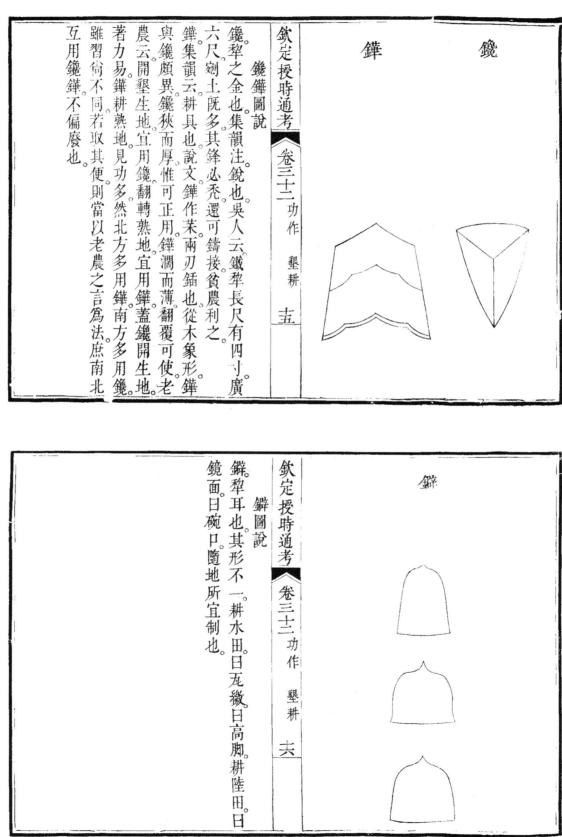

劐

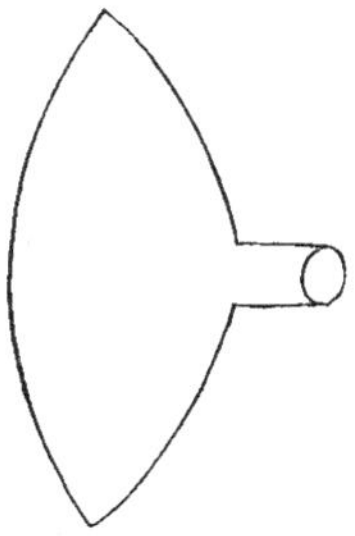

劐圖說

劐。劐土除草。故名。周禮注。謂以耜側凍土而劐之。是也。刃如鋤而闊。上有深袴。插於犁底。所置鑱處。具犁輕小。用一牛。或人輓行。北方幽冀等處。遇有下地。經冬水涸。至春首浮凍稍甦。乃用此器劐土而耕。草根既斷。土脈亦通。俗亦名鎊。

鋒

鋒圖說

鋒。古農器也。其金比鑱小而加銳。其柄如耒。首如刃鋒。故名鋒。取其銛利也。地若堅垎。鋒而後耕。牛乃省力。又不乏刃。古農法云。鋒地宜深。鋒苗宜淺。齊民要術云。速鋒之地。恒潤澤而不硬。注曰刈穀之後。即鋒茇下令禿起。則潤澤易耕。又云。苗生壟平。鋒而不耩。農書云。無鏵而耕曰耩。既鋒矣。固不必耩。蓋鋒與耩相類。今耩多用歧頭。若易鋒爲耩。亦可代也。

長鑱

長鑱圖說

長鑱。踏田器也。鑱比犂鑱頗狹。制爲長柄。謂之長鑱。杜工部同谷歌曰。長鑱長鑱白木柄。卽謂此也。柄長三尺餘。後偃而曲。上有橫木。如拐。以兩手按之。用足踏其鑱柄後跟。其鋒入土。乃捩柄以起土墢也。在園圃區田。皆可代耕。比于钁劚省力。得土又多。古謂之蹠鏵。今謂之踏犂。亦耒耜之遺制也。

钁

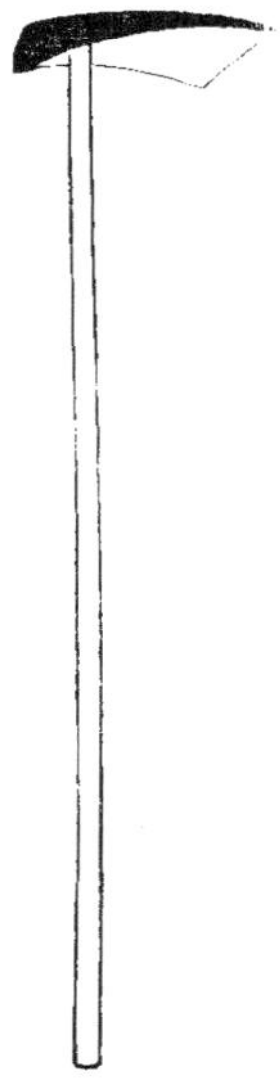

钁圖說

钁。斸田器也。爾雅謂之鐯斫。又云。䦆斫。蓋農家開闢地土。用以斸荒。凡田園山野之間。用之者。又有濶狹大小之分。然總名曰钁。

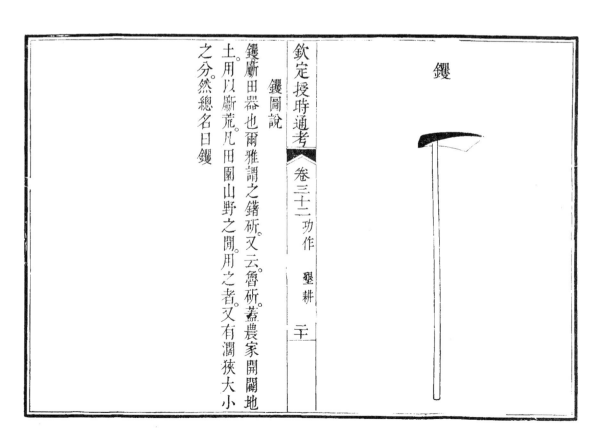

臿

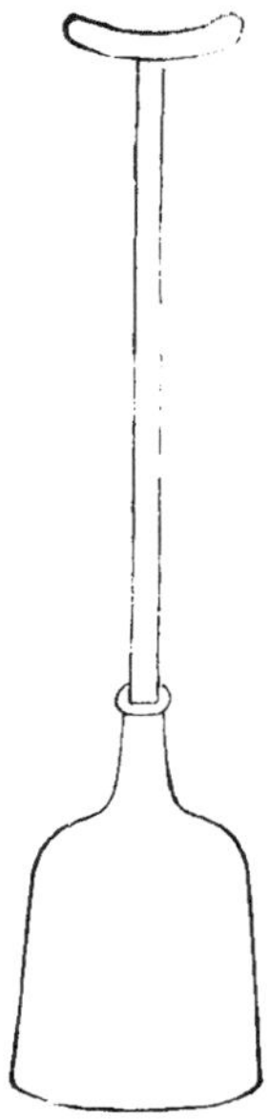

臿圖說

臿。顏師古曰。鍫也。所以開渠者。或曰削。所守也。唐韻作鍤。作臿。同作插。爾雅疏。方言云。燕之東北朝鮮冽冰之間謂之斛。宋魏之間謂之鏵。或謂之鍏。江淮南楚之間謂之臿。趙魏之間謂之喿。皆謂鍫也。然多謂之臿。蓋古謂臿。今謂鍫。一器二名。宜通用。

鐵搭

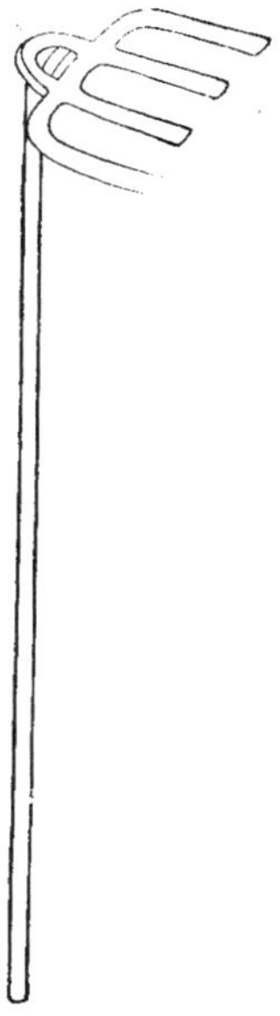

鐵搭圖說

鐵搭。四齒或六齒。其齒銳而微鉤。似耙非耙。劚土如搭。是名鐵搭。就帶圓銎以受直柄。柄長四尺。南方農家或牛犂。舉此劚地以代耕墾。取其疏利。仍就鍽鋒塊壤。兼有耙钁之效。嘗見數家為朋。工力相搏。日可劚地數畝。江南地少土潤。多有此等人力。猶北山田钁戶也。

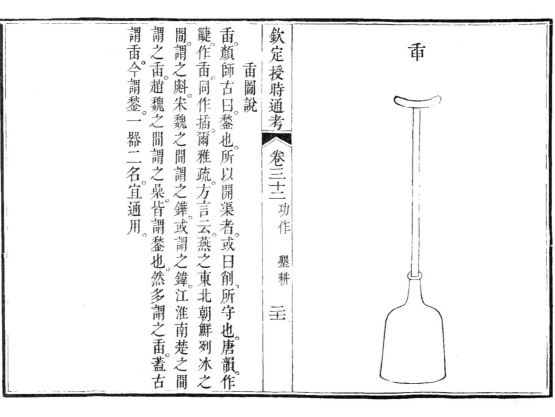

劙刀

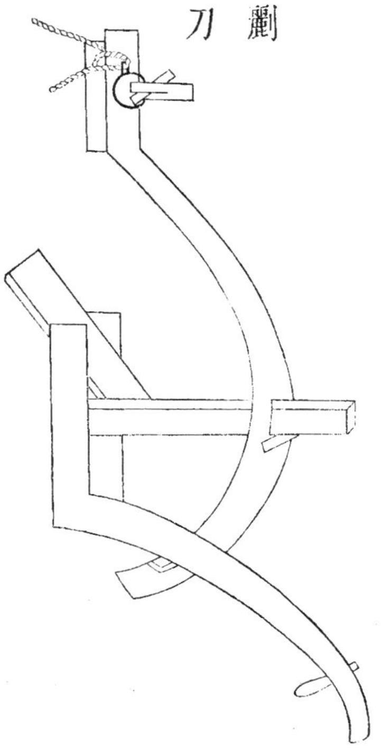

劙刀圖說

劙刀。闢荒刃也。其制如短鐮。而背則加厚。嘗見開墾蘆葦蒿萊荒等地。根株駢密。雖强牛利器。鮮不困敗。故於耕犁之前。先用一牛引曳小犁。仍置刃裂地。闢及一壟。然後犁鑱隨過覆墢。截然省力過半。又有於本犁轅首裏邊就置此刃。比之別用人畜。尤省便也。

䥥

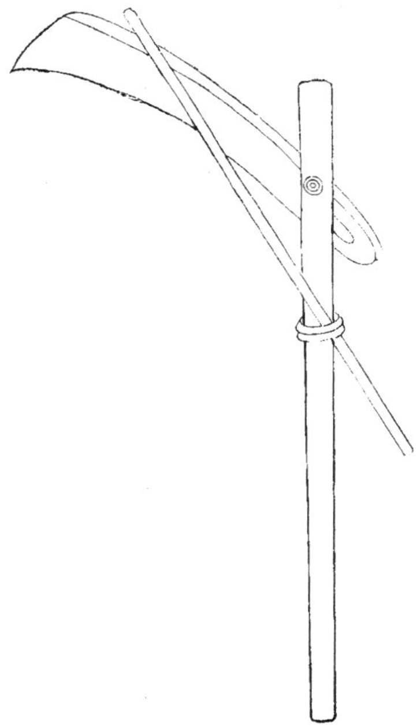

䥥圖說

䥥。集韻云。兩刃刈也。其刃長二尺餘。闊三寸。橫插長木柄內。牢以逆楔。農人兩手執之。遇草萊或麥禾等稼。折腰展臂。匝地芟之。柄頭仍用掠草杖。以聚所芟之物。使易收束。太公農器篇云。春䥥草棘。又唐有䥥麥殿。今人亦云芟曰䥥。葢體用互名。皆此器也。

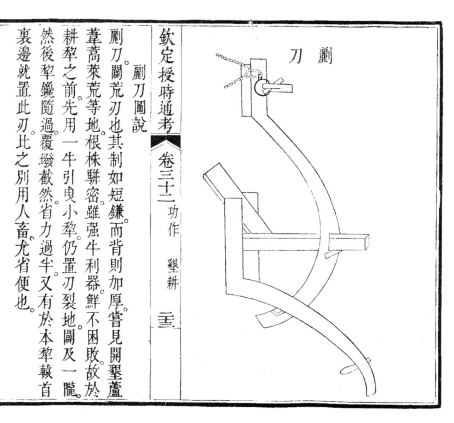

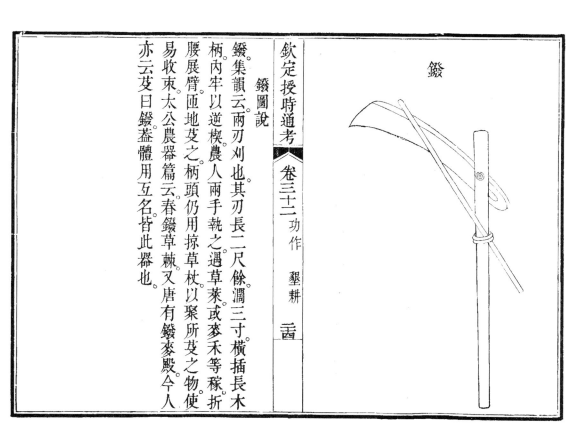

耰

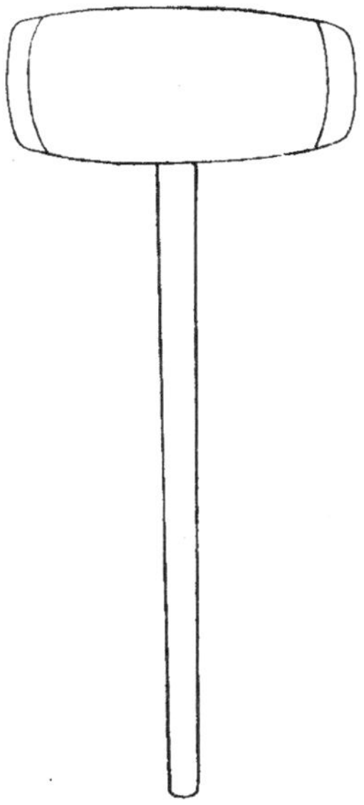

耰圖說

耰槌塊器。說文云。耰摩田器。晉灼曰。耰椎塊椎也。呂氏春秋㠯。鋤耰白挺。耰椎也。今田家所制無齒杷。首如木椎。柄長四尺。可以平田疇。擊塊壤。又謂木斫。即此耰也。

欽定授時通考卷三十三

功作

耙勞

大戴禮夏小正 正月。農率均田。率者。循也。均田者。始除田也。言農夫急除田也。二月。往耰黍禪。禪。單也。

呂氏春秋 畝欲廣以平。畎欲小以深。下得陰。上得陽。然後咸生。熟有耰也。必務其培。其耰也植。植者其生也必先。其施土也均。均者其生也必堅。是以畝廣以平。則不喪本。

鹽鐵論 茂木之下無豐草。大塊之間無美苗。

齊民要術 耕荒畢。以鐵齒鎒鏃再徧杷之。

又 春耕尋手勞。古曰耰。今曰勞。今人亦名曰摩。秋耕待白背勞。春多風。若不尋勞。地必虛燥。秋田塌實。塌勞令地硬。勞欲再。再勞地熟。旱亦保澤也。

又 速鋒之地。恒潤澤而不堅硬。乃至冬初。常得耕勞。不患枯旱。若牛力少者。但九月十月一勞之。

又 自地亢後。但所耕地。隨向蓋之。待一段總轉了。即橫蓋一遍。計正月二月兩個月。又轉一遍。然後納種。

又 每耕一遍。蓋兩遍。最後蓋三遍。還縱橫蓋之。

又 苗既出壟。每一經雨。白背時。輒以鐵齒鎒鏃縱橫耙而勞之。

陳旉農書 種穀必先治田。於秋冬即再三深耕之。於始春又再三耕耙。

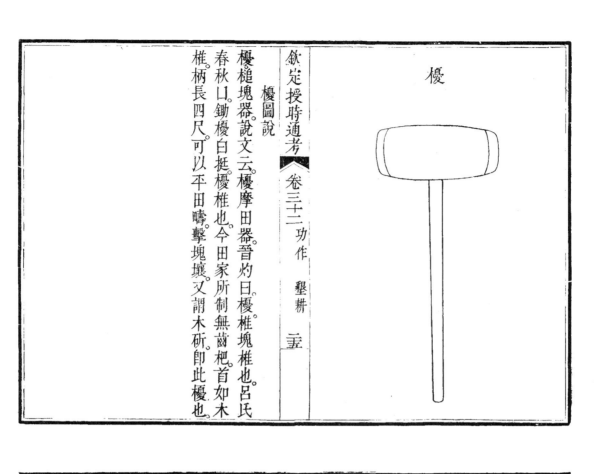

又五月治地。惟要深熟。於五更乘露鉏之。五七遍。卽土壤滋潤。累加糞壅。又復鉏轉。

種蒔直說古農法犁一耀六。今人只知犁深爲功。不知耀細爲全功。耀功不到。土麤不實。下種後雖見苗。立根在麤土。根土不相着。不耐旱。有懸死蟲咬死乾死等諸病。耀功到。土細又實。立根在細實土中。又碾過。根土相着。自耐旱。不生諸病。

又凡地除種麥外。並宜秋耕。先以鐵齒耀縱横。然後插犁細耕。隨耕隨勞。至地大白背時。更耀兩遍。至來春地氣透時。待日高。復耙四五遍。其地爽潤。上有油土四指許。春雖然無雨。至時便可下種。

農桑通訣凡治田之法。犁耕既畢。則有耙勞。耙有渠疏之義。勞有蓋磨之功。今人呼耙曰渠疏。勞曰蓋磨。皆因其用以名之。所以散撥去芟。平土壤也。耀勞之功不至。而望禾稼之秀茂實粟。難矣。凡耕荒畢。以鐵齒鎘鍍再徧耙之。蓋鐵齒鎘鍍已爲之先。再用耙鎘鍍而後勞之也。今人但耕地畢。破其塊墢。而後用勞平磨。乃爲得也。凡已耕耙欲受種之地。非勞不可。諺曰。耕而不勞。不如作暴。然耙勞之功。非但施於納種之前。亦有用於種苗之後者。耙法。令人坐上。數以手斷其草。草塞齒則傷苗。如此令地熟軟。易鋤省力。此用於種苗之後也。南方水田。轉畢卽耙。耙畢卽耖。故不用勞。其耕種陸地者。犁而耙之。欲其土細。再犁再耙後。用勞。乃無遺功也。北方又有所謂撻者。與勞相類。齊民要術云。春種欲深。宜曳重撻。今人凡下種。耬種後。惟用砘車碾之。然執耬種者。亦須要繫輕撻曳之。使壟土覆種稍深也。或耕過田畝土性虛浮者。亦宜撻之。打令土實也。今當耕種用之。故附於耙勞之末。然南人未嘗識此。蓋南北習俗不同。故不知用撻之功。至於北方遠近之間。亦有不同。有用耙而不知用勞。有用勞而不知用耙。亦有不知用撻者。今並載之。使南北通知。隨宜而用。無使偏廢。然後治田之法。可得論其全功也。

各種耕耙法

稻

氾勝之書種稻。春凍解。耕反其土。

齊民要術稻無所緣。惟歲易爲良。選地欲近上流。地無良薄。水清則稻美。先放水十日後。曳陸軸十遍。遍數惟多爲良。北土高原。本無陂澤。隨隈曲而田者。二月氷解地乾。燒而耕之。仍卽下水十日。塊既散液。持木斫平之。畦畤大小無定。須量地宜。取水均而已。

又旱稻用下田。白土勝黑土。凡下田停水處。燥則堅垎。濕則汙泥。難治而易荒。墝埆而殺種。其春耕者殺種尤甚。故宜五六月暵之。水澇不得納種者。九月中復一轉。至春種稻。萬不失一。春耕者十石收五。蓋悞人耳。

又凡種下田不問秋夏候水盡地白背時速耕杷勞頻煩令熟（過燥則堅過雨則泥所以宜速耕）其高田種者不求極良惟須廢地（過良則苗折廢地則無草）亦秋耕杷勞令熟

又旱稻種卽再遍勞其土黑堅强之地種未生前遇旱者欲得牛羊及人履踐之濕則不用一跡入稻既生猶欲令人踐壟背（踐者茂而多實也）每經一雨輒欲杷勞

農桑輯要治秧田須殘年開墾待氷凍過則土脉酥來春易平且不生草

天工開物凡稻田宜本秋耕墾使宿藁化爛敵糞力一倍一耕之後勤者再耕三耕然後施杷則土質匀碎而其中膏脉釋化也凡人力窮者兩人以扛懸耜項背相

望而起土兩人竟日敵一牛之力若耕後牛窮製成磨杷兩人肩手磨軋一日敵三牛之力

田家五行種稻須犂杷三四遍

粱秫

齊民要術粱秫並宜薄地（地良多雉尾）燥濕之宜杷勞之法一同穀苗

羣芳譜粱種地欲肥耕欲細欲深秋耕更佳先杷後種種後旋以磟碡碾令土堅

又蜀秫宜早下地

農桑通訣薥秫宜下土

黍

齊民要術凡黍穄田新開荒爲上大豆底爲次穀底爲下地必欲熟（再轉乃佳若春夏耕者下種後再勞爲良）

又種黍地刈黍子卽耕兩遍

又苗生隴平卽宜杷勞

稷

齊民要術凡穀田（穀粟也粟穀五穀之總名然今人專以稷爲穀隨俗名之耳）菉豆小豆底爲上麻黍胡麻次之蕪青大豆爲下（常見瓜底不減菉豆本既不論聊復寄之）穀田必須歲易（飆子則秀多而收薄矣）

陳旉農書種粟必碾以轆軸則地緊實科本鬯茂

麥

齊民要術大小麥皆須五月六月暵地（不暵地而種者其收薄崔寔曰

五月一日蓄麥田也）穬麥非良地則不須種（薄地徒勞種而必不收凡種穬麥高下田皆得用但必須良熟耳）小麥宜下種（歌曰高田種小麥稴穇不成穗徐光啓曰北方有水處卽高地種之亦可灌也南方下地種之又畏濕）

又凡種小麥地以五月內耕一遍看乾濕轉之耕三遍爲度

種樹書種麥之法土欲細溝欲深杷欲輕

法天生意六月初旬五更時乘露未乾陽氣在下耕地牛得其凉耕過稀種菉豆七月間豆有花犂翻豆秧入地麥苗易茂

農政全書種大麥旱稻收割畢將田鋤成行隴令四畔溝洫通水

又耕種麥地俱須晴天若雨中耕種令土堅垎麥不易長南方種大小麥最忌水濕每人一日只令鋤六分要極細作壟如龜背冬月宜清理麥溝令深直瀉水即春雨易洩不浸麥根理溝時一人先運鋤將溝中土耙墾鬆細一人隨後持鍬鍬土勻布畦上溝泥既肥麥根益深矣

豆

齊民要術大豆地不求熟秋鋒之地即擿種地過熟者苗茂而實少刈訖則速耕大豆怕雨秋不耕則無澤種茭者用麥底用子漫散訖犁細淺畤而勞之旱則糞堅葉落稀則苗莖不高深則土厚不生若澤多者先深耕訖逆垡擲豆然後勞之澤少則否爲其浥鬱不生

又小豆大率用麥底然恐小晚有地者常須兼留去歲穀下以擬之熟耕耬下以爲良澤多者耬耩漫擲而勞之未生白背勞之極怪漫擲犁畤次之稿種爲下牛力若少得待春耕亦得稿種凡大小豆生既布葉皆得用鐵齒鍽鎍縱橫耙而勞之

脂麻

齊民要術胡麻宜白地種散子空曳勞勞上加人則土厚不生

羣芳譜種植須肥地荒地亦可

蕎麥

農桑輯要凡蕎麥五月耕經三十五日草爛得轉並種耕三遍假如耕地三遍即三重着子

耙勞具各圖說

人耙方耙

耖

勞

磟碡

礰礋

拖車

田盪

刮板

平板

梧桐角

人耙

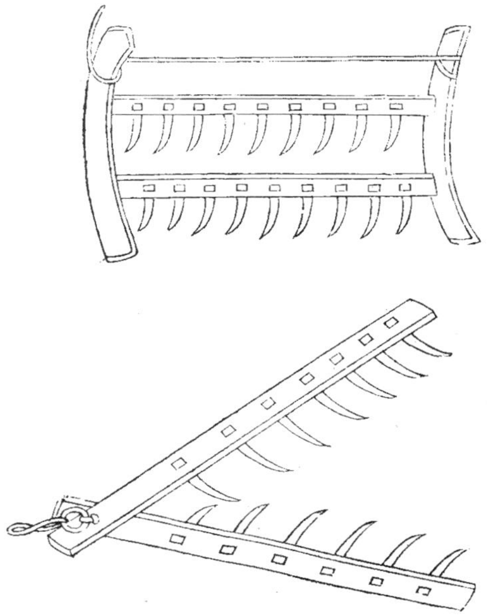

耙圖說

耙又作爬。又謂渠疏。桯長可五尺。濶約四寸。兩桯相離五寸許。其桯上相間。各鑿方竅以納木齒。齒長六寸許。其桯兩端木括長可尺三。前稍微昂。穿兩捐以繫牛輓鉤索。此方耙也。又有人字耙。鑄鐵爲齒。齊民要術謂之鐵齒鎬鎍。凡耙田。人立其上。入土則深。又當於耙頭不時跂足。閃去所擁草木根茇。水陸俱必用之。

耖

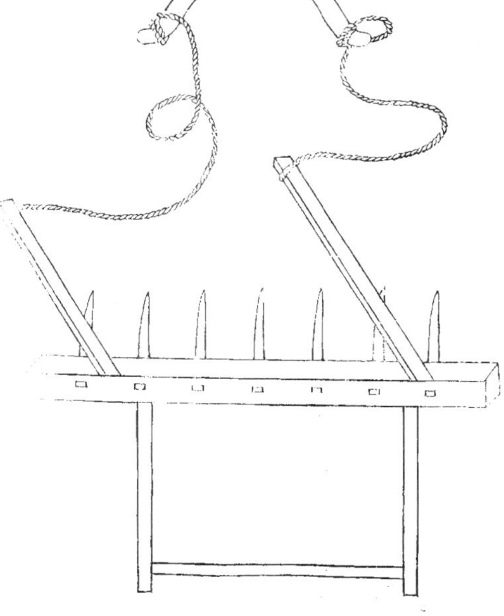

耖圖說

耖。疏通田泥器也。高可三尺許。廣可四尺。上有橫柄。下有列齒。以兩手按之。前用畜力輓行。一耖用一人一牛。有作連耖。二人二牛。特用於大田。見功又速。耕耙而後用此。泥壤始熟矣。

勞

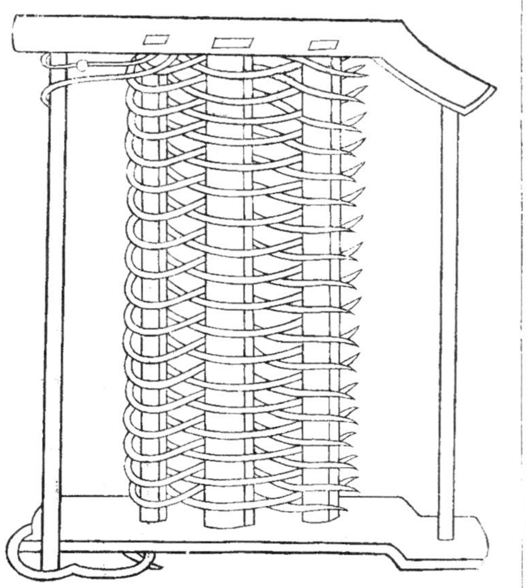

勞圖說

勞。無齒耙也。耙梃之間。用條木編之以摩田也。耕者隨耕隨勞。又看乾濕何如。務使田平而土潤。與耙頗異。耙有渠疏之義。勞有蓋摩之功也。今名勞曰摩。又名蓋。凡以耕耙欲受種之地。非勞不可。

磟碡

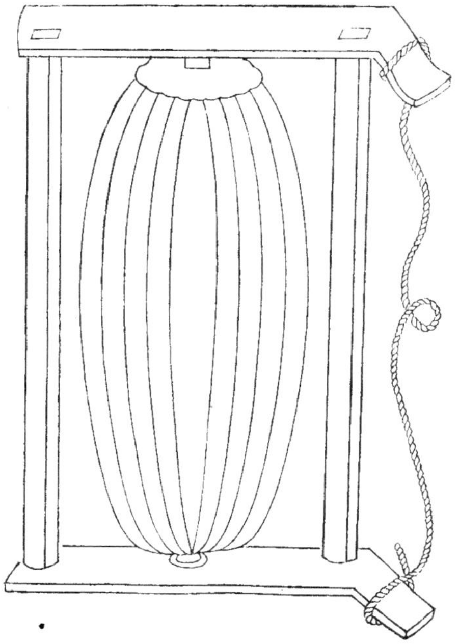

磟碡圖說

磟碡。又作碌碡。字皆從石。恐本用石也。然北方多以石。南人用木。蓋水陸異用。亦各從其宜也。其制長可三尺。大小不等。或木或石。刊木括之。中受䈬軸。以利旋轉。又有不觚稜。混而圓者。謂混軸。俱用畜力輓行。以人牽傍。輾打田疇土塊。易爲破爛。及碾捍塲圃間。麥禾即脫稃穗。水陸通用之。

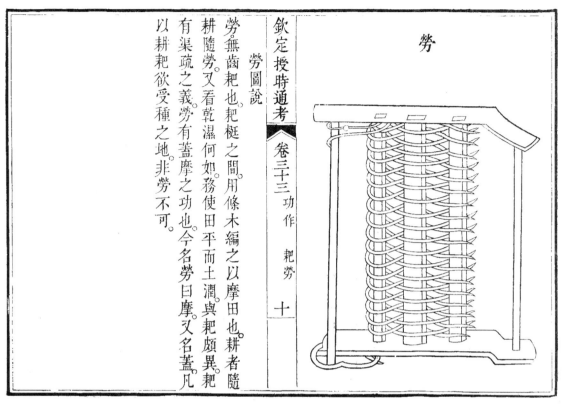

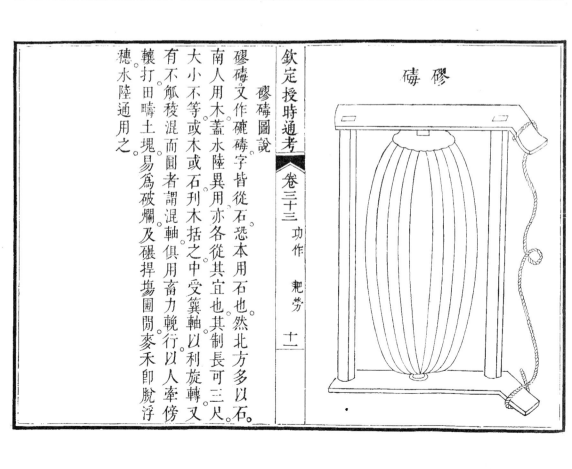

石礰礋

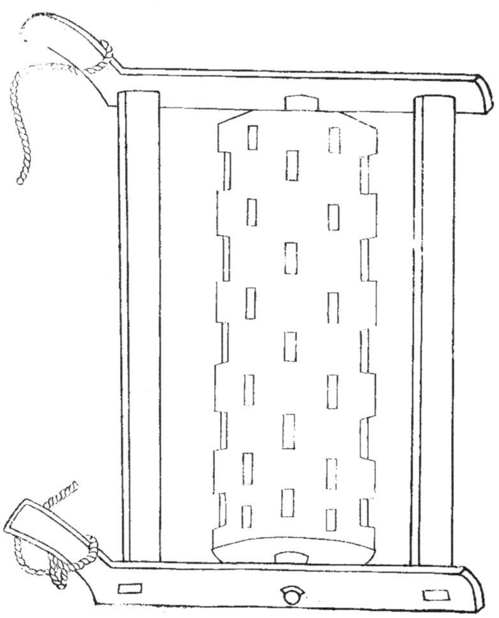

礰礋圖說

礰礋。又作礰礋。與磟碡之制同。但外有列齒。獨用於水田。破塊滓。溷泥塗也。

拖車

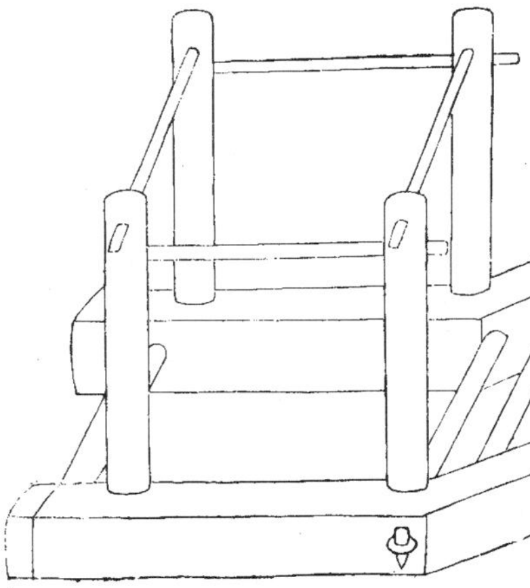

拖車圖說

拖車。即拖脚車也。以脚木二莖。長可四尺。前頭微昂。上立四簨。以橫木括之。潤約三尺。高及二尺。用載農具及芻種等物。以往耕所。有就上覆草為舍。取蔽風雨。耕牛輓行以代輪也。

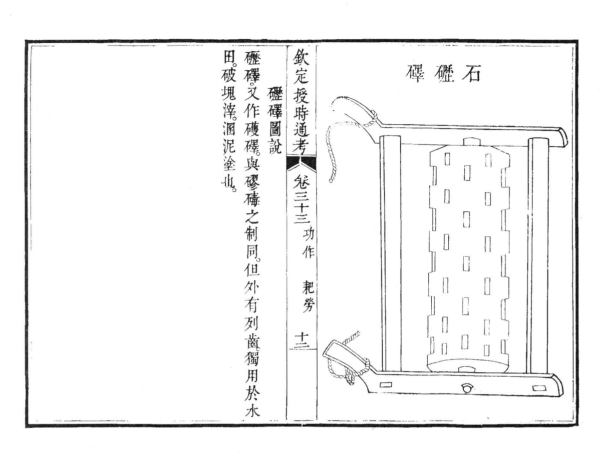

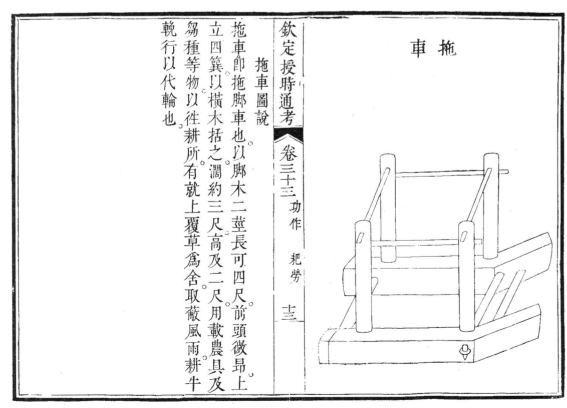

田盪

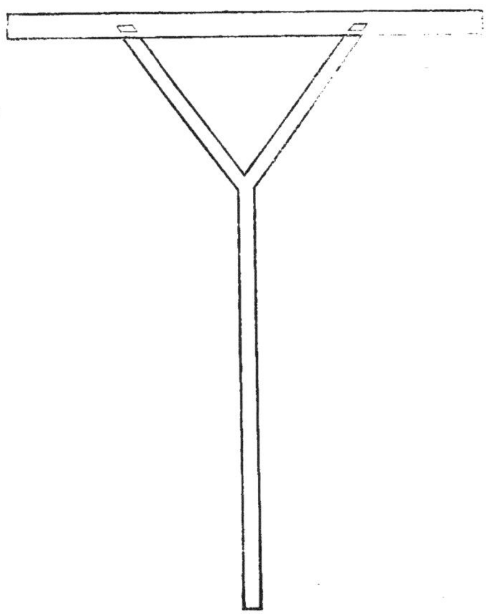

田盪圖說

田盪。均田器也。用叉木作柄。長六尺。前貫橫木五尺許。田方耕耙。尙未勻熟。須用此器平著其上盪之。使水土相和。凹凸各平。則易爲秧蒔。農書種植篇云。凡水田。渥漉精熟。然後踏糞入泥。盪平田面。乃可撒種。此亦盪之用也。夫田盪與耘盪之盪。字同音異。所用亦各不類。因辯及之。

刮板

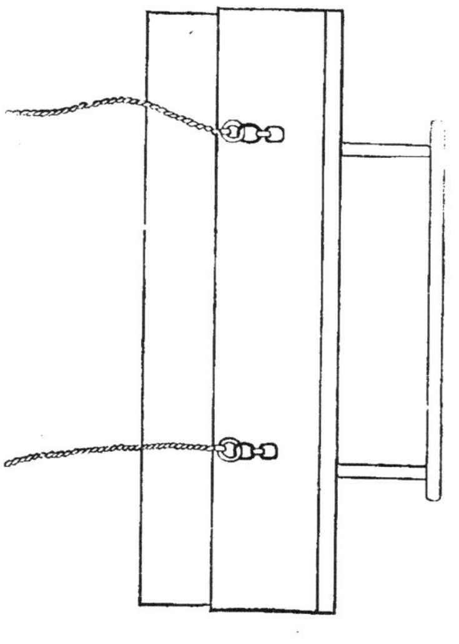

刮板圖說

刮板。剗土具也。用木板一葉。濶二尺許。長則倍之。或煆鐵爲舌。板後釘木直二莖。高出板上。槪以橫柄。板之兩傍。係一鐵鐶。以擐拽索。兩手推按。或人或畜。輓行以剗壅脚土。凡修閘壩。起堤防。塡汙坎。積邱垤。均土壤。治畦埂。疊塲圃。聚子粒。擁糠粃。除瓦礫。俱可用。然農家之事居多也。

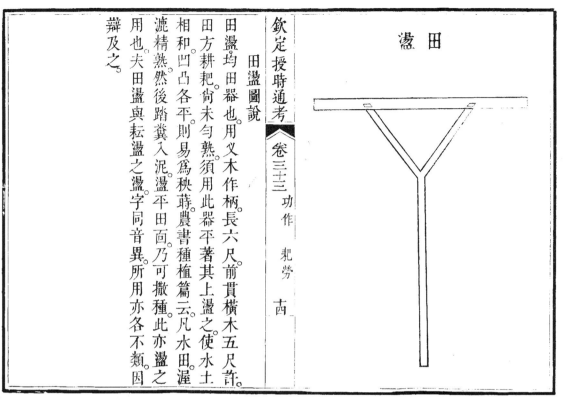

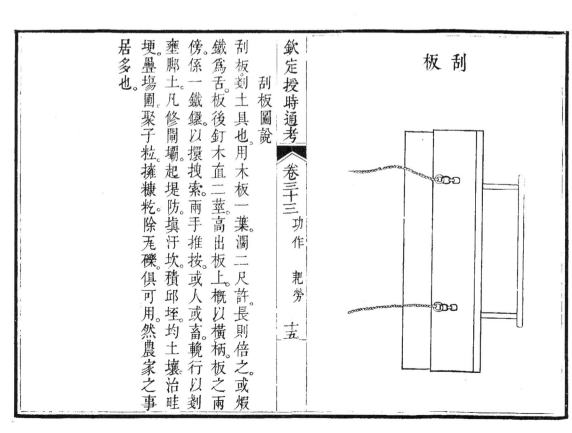

平板

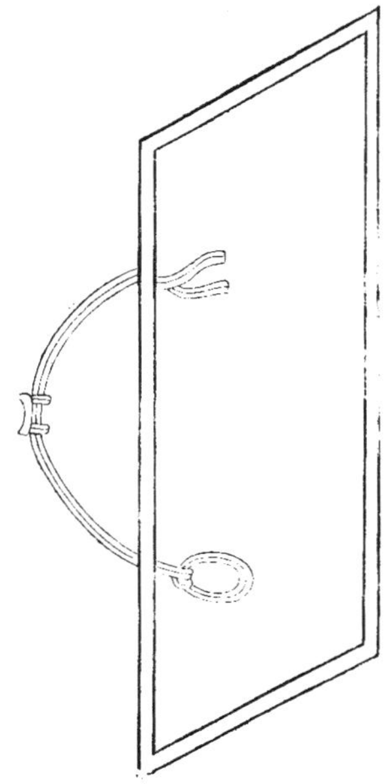

平板圖說

平板。平摩種秧泥田器也。用滑面水板。長廣相稱。上置兩耳。繫索連軛駕牛。或人拖之。摩田須平。方可受種。即得放水。浸漬勻停。秧出必齊。田家或仰坐凳代之。終非本器。

梧桐角圖

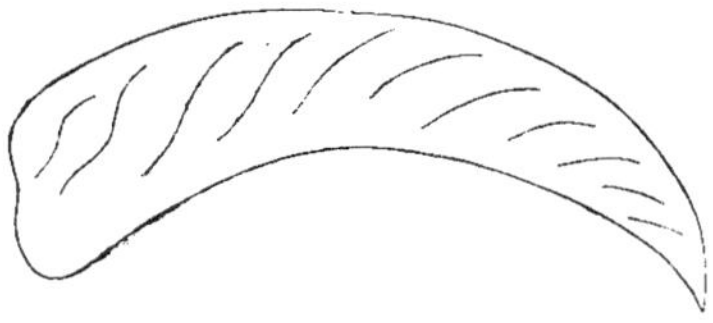

梧桐角圖說

梧桐角。浙東諸鄉。農家兒童。以春月捲梧桐爲角吹之。聲遍田野。前人有村南村北梧桐角。山後山前白菜花之句。狀時景也。則知此制已久。但故俗相傳。不知所自。蓋音樂主和。寓之於物。以假聲韻。所以感陽舒而蕩陰鬱。道天時而達人事。則人與時通。物隨氣化。非直爲戲樂也。

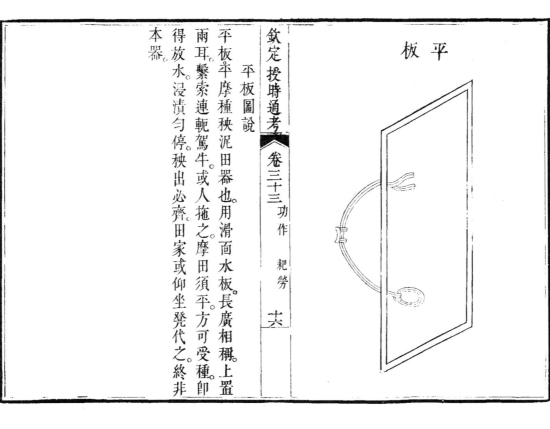

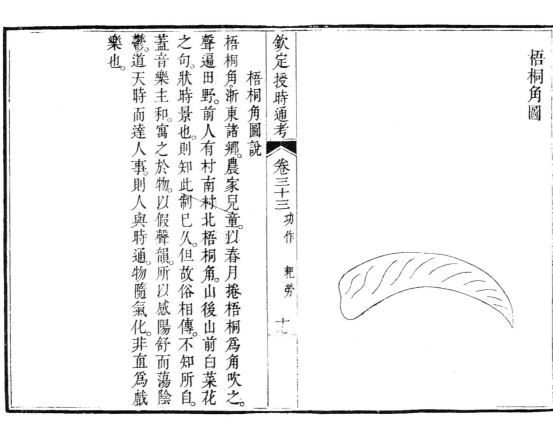

欽定授時通考卷三十四

功作

播種

詩小雅大田多稼。既種既戒。既備乃事。以我覃耜。俶載南畝。播厥百穀。

禮記月令季冬之月。命田官告民出五種。命農計耦耕事。

呂氏春秋稼欲生于塵而殖于堅者。慎其種。勿使數。亦無使疏。于其施土。無使不足。亦無使有餘。

氾勝之書種傷濕鬱熱則生蟲也。取麥種。候熟可穫。擇穗大彊者。斬束立場中之高燥處。曝使極燥。無令有白魚。有輒揚治之。取乾艾雜藏之。麥一石。艾一把。藏以瓦器竹器。順時種之。則收常倍。取禾種。擇高大者。斬一節下把。懸高燥處。苗則不敗。

又薄田不能糞者。以原蠶矢雜禾種種之。則禾不蟲。

又取馬骨剉一石。以水三石煮之。三沸。漉去滓。以汁漬附子五枚。三四日去附子。以汁和蠶矢羊矢各等分。撓令洞洞如稠粥。先種二十日時。以溲種。如麥飯狀。當天旱燥時。溲之立乾。薄布數撓。令易乾。明日復溲。天陰雨則勿溲。六七溲而止。輒曝。謹藏。勿令復濕。至可種時。以餘汁溲而種之。則禾稼不蝗蟲。無馬骨。亦可用雪汁。雪汁者。五穀之精也。使稼耐旱。常以冬藏雪汁。器盛埋於

地中。治種如此。則收常倍。

齊民要術凡五穀種子。浥鬱則不生。生亦尋死。種雜者。禾則早晚不勻。春復減而難熟。特宜存意。不可徒然。粟黍穄粱秫。常歲歲別收。選好穗純色者。劁刈高懸之。徐光啓云。收種特宜窖藏。晉人云。封函多不生。謬也。至春治取別種。以擬明年種子。耬耩秫種。一斗可種一畝。量其家田所須種子多少種之。其別種種子。嘗須加鋤。鋤多則無秕也。先治而別埋。先治場淨不雜。窖埋又勝器盛。還以所治穰草蔽窖。徐光啓云。窖埋爲佳者。土中恒受生氣故。將種前二十許日。開出水淘。浮秕去則無莠。即曬令燥種之。氾勝之術曰。牽馬令就穀堆食數口。以馬踐過爲種。無虸蚄蟲也。

又看地納粟。先種黑地。微帶下地。即種糙種。然後種高壤白地。其白地。候寒食後榆莢盛時納種。以次種大豆油麻等田。候昏房心中下黍種。

陳旉農書篩細糞和種子。打壟撮放。惟疏爲妙。燒土糞以糞之。霜雪不能凋。雜以石灰。蟲不能蝕。更能以鰻鱺魚頭骨煮汁浸種。尤善。

又凡種植先看其年氣候早晚寒暖之宜。乃下種。即萬不失一。若氣候尚有寒。當從容熟治苗田。以待其暖。則無窘迫滅裂之患。多見今人纔暖便下種。忽爲暴寒所折。失者十常三四。

農桑通訣凡下種之法。有漫種耬種瓠種區種之別。漫種者。用斗盛穀種。挾左腋間。右手料取而撒之。隨撒隨

行。約行三步許。卽再料取。務要布種均勻。則苗生稀稠得所。秦晉之間皆用此法。南方惟種大麥則點種。其餘粟豆麻小麥之類。亦用漫種。北方多用耬種。其法甚備。齊民要術云。凡種欲牛遲緩行。種人令促步。以足躡壟底。欲土實。種易生也。今人製造砘車。隨耬種子後。循壟碾過。使根土相著。功力甚速而當。瓠種者。竅瓠貯種。隨行隨種。務使均勻。犁隨掩過。覆土既深。雖暴雨不至撻撻。暑夏最爲耐旱。且便於撮鋤。今燕趙間多用之。區種之法。凡山陵近邑高危傾坂及邱城上皆可爲區田糞種水澆。備旱災也。

農政全書凡種子。皆宜淘去浮者。穀浮者秕。果浮者油也。

各種種法

水稻

氾勝之書種稻。區不欲大。大則水深淺不適。冬至後一百一十日可種稻。稻地美。用種畝四升。

四民月令三月可種稉稻。美田欲稀。薄田欲稠。五月可別種及藍。盡夏至後二十日止。

齊民要術稻。三月種者爲上時。四月上旬爲中時。中旬爲下時。地既熟。淨淘種子。（浮者去之。秋則生稗。）漬經三宿。漉出內草篅裹之。復經三宿。芽生長二分。一畝三升擲。三日之內。令人驅鳥。

又北土田者。納種如前法。既生七八寸。拔而栽之。（既非歲易。草稗俱生。芟亦不死。故須用栽而薅之。）

陳旉農書纔撒種子。忽暴風。却急放乾水。免風浪淘薄。聚却穀也。忽大雨。必稍增水。爲暴雨漂颭浮起穀根也。若晴。卽淺水。從其曬暖也。然不可太淺。太淺卽泥皮乾堅。不可太深。太深卽浸没沁心而萎黃矣。惟淺深得宜乃善。

農桑輯要秧田平後。必曬乾入水澄清。方可撒種。則種不陷土中。易出。（落秧宜清。易拔。落散宜濁。易生根。）

農桑通訣作爲畦埂。耕耙既熟。放水勻停。擲種子於內。候苗生五六寸。拔而秧之。今江南皆用此法。

農書南方水稻有三。曰秈。曰稉。曰穤。三者布種同時。每歲收種。取其熟好堅栗無秕不雜穀子。曬乾蔀藏。置高爽處。至清明節取出。以盆盎別貯浸之。三日漉出。納草篅中。晴則暴暖。浥以水。日三數。遇陰寒則浥以溫湯。候芽白齊透。然後下種。須先擇美田耕治令熟。泥沃而水清。以既芽之穀漫撒。稀稠得所。秧生既長。小滿芒種之間。分而蒔之。旬日高下皆遍。

農政全書今人用穀種。畝一斗以上。窖種而少糞。難耘而薄收也。但插蒔早者。用種須少。插蒔遲者。用種宜稍多。過夏至者。用種不得不多。亦有小暑後插蒔而用種如常。則先種麻燈心席草之屬。田底極肥故也。

羣芳譜早稻清明節前浸用稻草包裹一斗或二三斗。投於池塘水內。缸內亦可。晝浸夜收。不用長流水。難得生芽。若未出用草罨之。浸三四日。微見白芽如鍼尖大。取出於陰處陰乾。密撒田內。候八九日秧青。放水浸之。糯稻出芽較遲。浸八九日。如前微見白芽。方可種。撒時必清明。則苗易堅。

又插秧芒種前後插之。早稻宜上旬。拔秧時輕手拔出。就水洗根去泥。約八九十根作一束。却於犁熟水田內插栽。每四五根爲一叢。約離六七寸插一叢。脚不宜頻那。舒手插六叢。那一遍。逐漸插去。務要正直。

天工開物凡播種。先以稻包浸數日。俟其生芽。撒於田

中生出寸許。其名曰秧。秧生三十日。即拔起分栽。若田畝逢旱乾水溢。不可插秧。過期老而長節。即栽於畝中。生穀數粒。結果而已。

又凡秧田一畝所生秧。供移栽二十五畝。

又凡稻旬日失水。即愁旱乾。夏種冬收之穀。必山間源水不絕之畝。其穀種亦耐久。其土脈亦寒。不催苗也。湖濱之田。待夏潦已過。六月方栽者。其秧立夏播種。撒藏高畝之上。以待時也。南方平原田多一歲兩栽兩穫者。其再栽秧。俗名晚糉。非粳類也。六月刈初禾。耕治老膏田。插再生秧。其秧清明時已偕早秧撒布。早秧一日無水即死。此秧歷四五六月。任從烈日暵乾無憂。

又凡早稻種。秋初收藏。當午曬時。烈日火氣在內。入倉關閉太急。則其穀黏帶暑氣。勤農之家。偏受此患。明年田有糞肥。脉發燒。東南風助暖。則盡發炎火。大壞苗穗。若種穀晚涼入廪。或冬至數九天。收貯雪水氷水一甕。交春即不驗。清明濕種時。每石以數碗激灑。立解暑氣。

又凡稻撒種時。或水浮數寸。其穀未即沉下。驟發狂風。堆積一隅。謹視風定而後撒。則沉勻成秧矣。

又凡穀種生秧後。防雀鳥聚食。立標飄揚鷹俑。則雀可敺矣。

旱稻

齊民要術旱稻二月半種稻爲上時。三月爲中時。四月

初及半爲下時。漬種如法。裛令開口。耬耩稀種之。稀種者省耕。而生科又勝擲者。若歲寒早。慮種時晚。即不漬種。恐芽焦也。其高田種者。至春黃場時納種。不宜濕下。

又科大如穊者。五六月中霖雨時。拔而栽之。栽法欲淺。令其根須四散。則滋茂。深而直下者。聚而不科。其苗長者。亦可拔去葉端數寸。勿傷其心也。入七月不復任栽。七月百草成。時晚故也。徐光啓曰。水稻秧長。亦用此法。南土立秋後十日尚可栽。北土不然。

農政全書徐獻忠曰。旱稻種法。大率如種麥。治地畢。豫浸一宿。然後打潭下子。

又旱稻最須水。宜用區種畦種兩法。

粱秫

齊民要術粱秫欲稀。苗穊穗不成。一畝用子三升半。種與植

穀同時。（晚者全不收也。）

農桑通訣蜀秫春月種。

羣芳譜粱種欲成實不秕。用臘雪水浸過。耐旱避蟲。時欲仲春得雨爲妙。小雨欲接濕。大雨須俟少乾。先耙後種。春種欲深。夏種欲淺。早禾晚禾欲兼種。防歲有所宜。行欲稀。諺云稀穀大穗來年好麥。

黍

尚書考靈曜夏火昏中。可以種黍。

氾勝之書黍者暑也。種者必待暑。先夏至二十日。此時有雨强土可種黍。一畝三升。黍心未生。雨灌其心。心傷無實。黍心初生。畏天露。令兩人對持長索。槩去其露。日出乃止。凡種黍。覆土鋤治。皆如禾法。欲疏於禾。（賈思勰曰。疏黍雖科而米黃。又多減及空。令穊雖不科而米白。且均不減。更勝疏者。氾氏云。欲疏於禾。其義未聞。）

四民月令四月蠶入簇時雨降。可種黍禾。謂之上時。夏至先後各二日可種黍。

齊民要術凡黍穄田一畝用子四升。三月上旬種者爲上時。四月上旬爲中時。五月上旬爲下時。夏種黍穄與植穀同時。非夏者大率以椹赤爲候。（諺云。椹釐釐種黍時。）燥濕候黃墒種訖不曳撻。常記十月十一月十二月凍樹日種之。萬不失一。（凍樹者。凝霜封著木條也。假令月三日凍樹。還以月三日種黍。他皆倣此。十月凍樹宜早黍。十一月凍樹宜中黍。十二月凍樹宜晚黍。若從十月至正月皆凍樹者。早晚黍悉宜也。）

稷

尚書考靈曜春鳥星昏中。可以種稷。

氾勝之書種無期。因地爲時。三月榆莢時雨膏地彊。可種禾。

齊民要術凡穀田。良田一畝用子五升。薄田三升。此爲植穀晚田加種也。二月三月種者爲稙禾。四月五月種者爲穉禾。二月上旬及麻菩楊生種者爲上時。三月上旬及清明節桃始華爲中時。四月上旬及棗葉生桑花落爲下時。歲道宜晚者。五六月初亦得。凡春種欲深。宜曳重撻。夏種欲淺。直置自生。（春風冷生遲。不曳撻則根虛。雖生輒死。夏氣熱而生速。曳撻遇雨。必堅垎。其澤。澤多者。或亦不須撻。必須撻者。宜須待白背。濕撻令地堅硬故也。）凡種穀雨後爲佳。遇小雨宜接濕種。遇大雨待薉生。（小雨不接濕。無以生禾苗。大雨不待白背。濕轣則令苗瘦。薉若盛者。先鋤一遍。然後納種乃佳也。）春若遇旱。秋耕之地。得仰壟待雨。（春耕者不中也。）夏若仰壟。非直盪汰不生。兼與草薉俱出。凡田欲早晚相雜。有閏之歲。節氣近後。宜晚田。然大率欲早。早田倍多於晚。（早田淨而易治。晚田蕪薉難出。其收多少。從歲所宜。非關早晚。然早穀皮薄。米實而多。晚穀皮厚。米少而虛也。）

陳旉農書二月種粟。必疏播種子。

羣芳譜稷三月種。

麥

尚書大傳秋昏虛星中。可以種麥。

說文秋種厚埋。故謂之麥。

氾勝之書夏至後七十日。可種宿麥。早種則蟲而有節。

晚種則穗小而少實。當種麥，若天旱無雨澤，則薄漬麥種以酢漿并蠶矢，夜半漬，向晨速投之，令與白露俱下。酢漿令麥耐旱，蠶矢令麥忍寒。

四民月令凡種大小麥，得白露節可種薄田，秋分種中田，後十日種美田。惟穬早晚無常。正月可種春麥，盡二月止。

齊民要術種大小麥，先畤，逐犁稀種者佳。再倍省種子而科大。逐犁鄹之亦得，然不如作稀耐旱。其山田及剛强之地，則耬下之。其種子宜加五省於下田。凡耬種者，非直土淺易生，然於鋒鋤亦便。穬麥八月中戊社前種者爲上時，擲者畝用子二升半；下戊前爲中時，用子三升；八月末九月初爲下時，用子三升半。

或四升。小麥八月上戊社前爲上時，擲者用子一升半；中戊前爲中時，用子二升；下戊前爲下時，用子二升半。

又種瞿麥法，以伏爲時，良田一畝用子五升，薄田三四升。

又青稞麥每十畝用種八斗。

種樹書種麥之法，撒欲勻。

陳旉農書八月社前即可種麥，麥經兩社，即倍收而子顆堅實。

士農必用古農語云：社後種麥爭回耬，社前種麥爭回牛。言奪時之急如此之甚也。

務本直言麥種初收時，旋打旋揚，與蠶沙相和，辟蟲傷，資地力，苗又耐旱。

農桑通訣種植之日有先後，則所擲之子有多寡。凡種須用耬犁下之，又用砘車碾過，日種數畝，蓋成壟易於鋤治。又有漫種一法，農人左手挾器盛種，右手握而勻擲於地，既遍，則用耙勞覆之，又頗省力。此北方種麥之法。南方惟用撮種，故用種不多，然糞而鋤之，人工既到，所收亦厚。

農桑輯要麥種宜與剉碎蒼耳或艾，暑日曝乾，熱收藏以瓦器，順時種之，無不生茂。

農政全書種須簡成實者，棉子油拌過，則無蟲而耐旱。宜有雨。諺云：麥怕胎裏旱。又云：無灰不種麥。以灰糞拌

種妙。種小麥須揀去雀麥草子，簸去秕粒，在九十月種。種法與大麥同。若太遲，恐寒鴉食之，則稀出少收。

又小麥早種，每畝種七升，晚種九升。大麥早種種一斗，晚種一斗二升。麥溝卩種之蠶豆，豆亦忌水畏寒，臘月宜用灰糞蓋之。

天工開物凡北方厥土墳壚易解釋者，種麥之法，耕具差異。耕即兼種。其服牛起土者，耒不用耕，並列兩鐵於橫木之上，其具方語曰鏹。鏹中間盛一小斗，貯麥種於內。其斗底空梅花眼，牛行搖動，種子即從眼中撒下。欲密而多，則鞭牛疾走，子撒必多；欲稀而少，則緩其牛，撒種即少。既撒種後，用驢駕兩小石團壓土埋麥。凡麥種

緊壓方生南方不與北同者多耕多耙之後然後以灰拌種手指拈而種之種過之後隨以腳根壓土使緊以代北方驢石也

豆

氾勝之書大豆保歲易爲宜古之所以備凶年也謹計家口數種大豆率人五畝此田之本也三月榆莢時有雨高田可種土和無塊畝五升土不和則益之種大豆夏至後二十日尚可種戴甲而生不用深耕大豆須勻而稀豆花憎見日見日則黃爛而根焦也小豆不保歲難得椹黑時注雨種畝一升

四民月令二月昏參夕杏花盛桑椹赤可種大豆謂之

上時四月時雨降可種大小豆美田欲稀薄田欲稠

齊民要術春大豆次植穀之後二月中旬爲上時一畝用子八升三月上旬爲中時用子一斗四月上旬爲下時用子一斗二升歲宜晚者五六月亦得然稍晚稍加種子必須耬下種欲深故豆性强苗深則及澤

又小豆夏至後十日種者爲上時一畝用子八升初伏斷手爲中時一畝用子一斗中伏斷手爲下時一畝用一斗二升中伏以後則晚矣諺曰立秋葉如荷錢猶能得豆者指謂宜晚之歲耳不可爲常矣耬下以爲良漫擲次之摘種爲下

陳旉農書四月種豆

農政全書種大豆鋤成行壟春穴下種早者二月種四月可食名曰梅豆豆皆三四月種地不宜肥有草則削去種黑豆三四月間種

天工開物大豆有黑黃兩色下種不出清明前後江南又有高腳黃刈早稻方再種江西吉郡種法甚妙其刈稻田竟不耕墾每禾藁頭中拈豆三四粒以指扱之其藁凝露水以滋豆豆性充發復浸爛藁根以滋已生之苗後遇無雨亢乾則汲水一升以灌之後再耨之收穫甚多

又菉豆必小暑方種未及小暑而種則其苗蔓延數尺結莢甚稀若過期至於處暑則隨時開花結莢顆粒亦

少

又蠶豆八月下種豌豆十月下種

脂麻

四民月令胡麻二月三月四月五月時雨降可種之

齊民要術胡麻二三月爲上時四月上旬爲中時五月上旬爲下時（月半前種者實多而成月半後種者子少而多秕也）種欲截雨腳（若不緣濕不生）一畝用子二升漫種者先以耬耩然後散子耬耩者炒沙令燥中和半之（不和沙下不均壟種若荒得用鋒耩）

蕎麥

齊民要術凡種蕎麥立秋前後皆十日內種之

農政全書蕎麥立秋前後漫撒種即以灰糞蓋之稠密

則結實多。稀則結實少。若種遲。恐花經霜不結子。

【天工開物】凡蕎麥。南方必刈稻。北方必刈菽稷而後種。

北耕兼種圖

南種牟麥圖

播種具各圖說

種箪
耬車
瓠種
砘車
撻
輥軸
秧彈
秧馬
橇

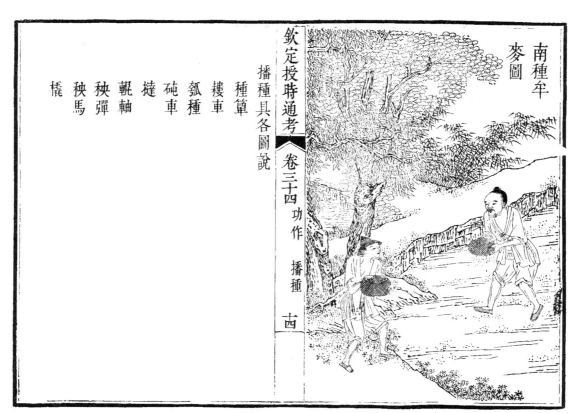

種簞

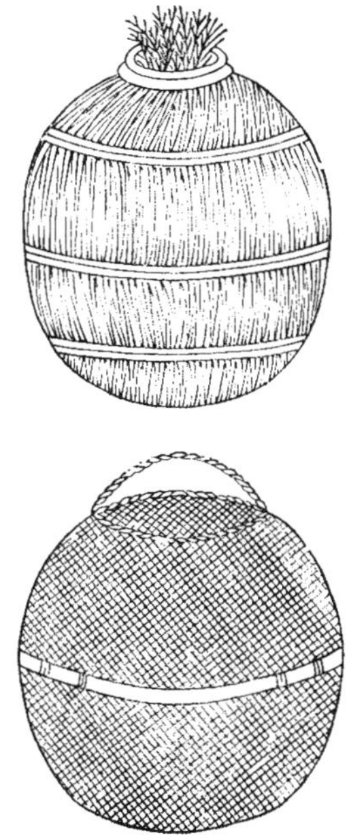

種簞圖說

種簞。盛種竹器也。其量可容數斗。形如圓甕。上有篭口。農家用貯穀種。庋之風處。不致鬱浥。齊民要術云。藏稻必用簞。蓋稻乃水穀。宜風燥之。種時就浸水內。又其便也。徐光啓云。草篅。判竹圜以盛穀。

耬車

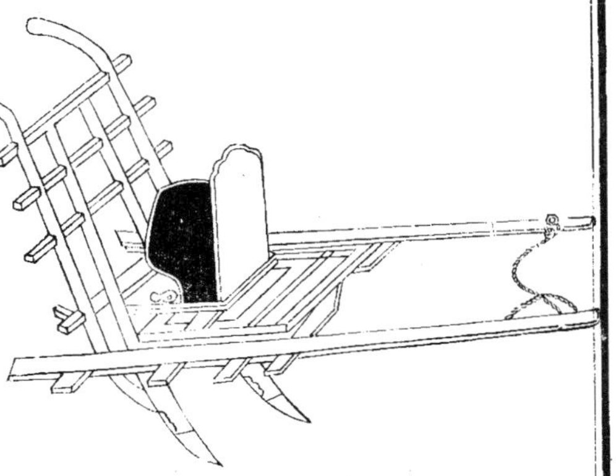

耬車圖說

耬車。下種器也。一云耬犁。其金似鑱而小。魏志畧曰。皇甫隆教民作耬犁。省力過半。得穀加五。夫耬中土皆用之。他方或未經見。恐難成造。其制兩柄上彎。高可三尺。兩足中虛。闊合一壟。橫桄四匝。中置耬斗。其所盛種粒。各下通足竅。仍旁挾兩轅。可容一牛。用一人牽。旁一人執耬。且行且搖。種乃自下。此耬種之體用。近有瓶制。下糞耬種。耬斗後另置篩過細糞。或拌蠶沙。耩時隨種而下。覆於種上。尤便。又名曰種蒔。曰耩子。曰耬犁。用則一也。

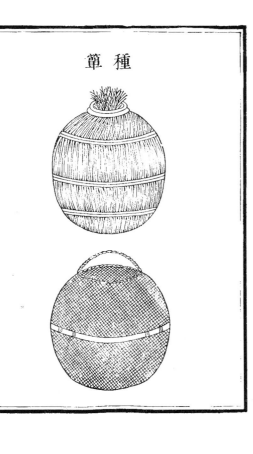

瓠種

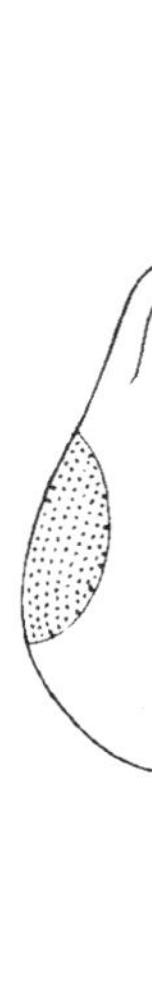

瓠種圖說

瓠種。竅瓠貯種。量可斗許。乃穿瓠兩頭。以木箄貫之。後用手執爲柄。前用作觜。瀉種於耕壟畔。隨耕隨瀉。務使均匀。又犁隨掩過。遂成溝壟。覆土既深。暑夏最爲耐旱。且便於撮鋤。苗亦豐茂。燕趙及遼以東多有之。齊民要術曰。兩耬重耩。竅瓠下之。以批契維腰曳之。此舊制。以今較之。頗拙於用。故從今法。寡力之家。比耕耙耬砘易爲功也。

砘車

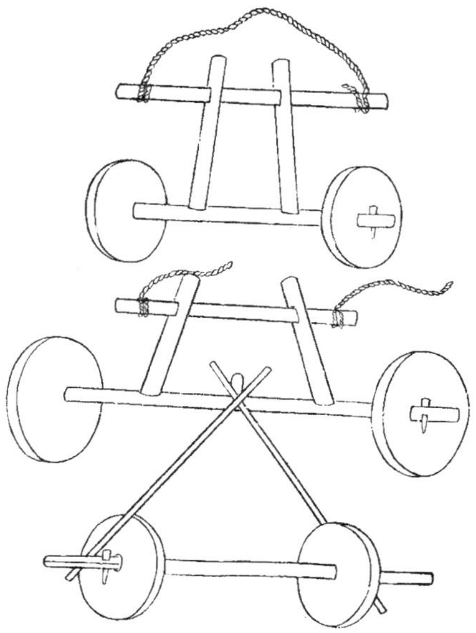

砘車圖說

砘車。砘石碢也。以木軸架碢爲輪。故名砘車。兩碢用一牛。四碢兩牛力也。鑿石爲圓。徑可尺許。竅其中以受機括。畜力輓之。隨耬種所過。尋壟碾之。使種土相着。易爲生發。然亦看土脉乾濕何如。用有遲速也。古農法云。耬種後用撻。則壟滿土實。又有種人足躡壟底。各是一法。今砘車碾溝壟特速。此後人所創。尤簡當也。

撻

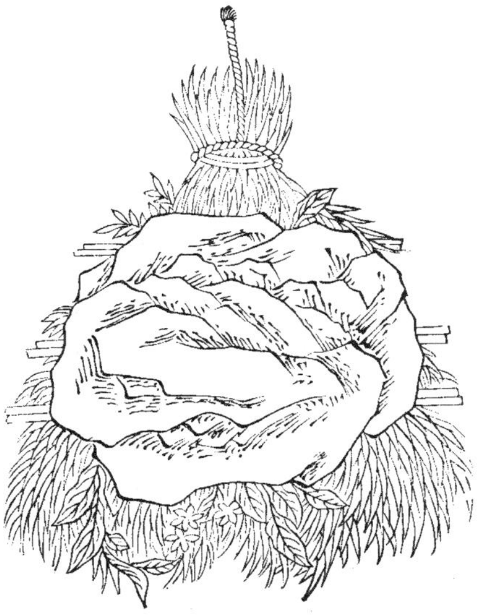

撻圖說

撻。打田篲也。用科木縛如埽篲。復加匾濶。上以土物壓之。亦要輕重隨宜。以打地。長三四尺。廣二尺餘。古農法。耬種既過。後用此撻。使壟滿土實。苗易生也。農桑通訣云。又用曳打塲圃。極爲平實。

輥軸

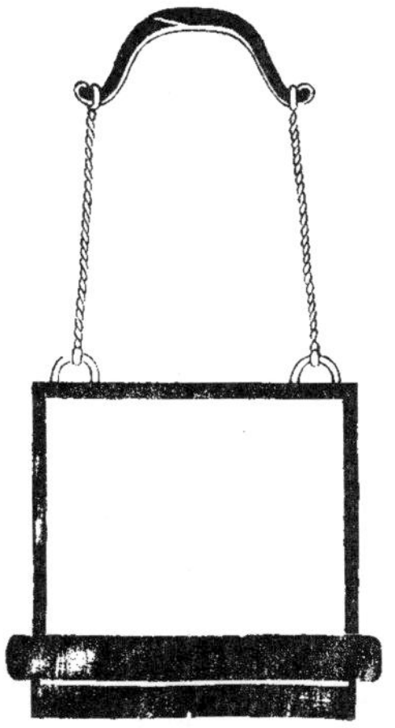

輥軸圖說

輥軸。輾草木軸也。其軸木徑可三四寸。長約四五尺。兩端俱作轉簨。挽索用牛拽之。江淮之間。漫種稻田。草禾並出。用此輥輾。使草禾俱入泥內。再宿之後。禾乃復出。草則不起。又嘗見一方稻田。不解插秧。惟務撒種。却於軸間交穿板木。謂之鴈翅。狀如礰礋而小。以輆打水土成泥。就輾草禾如前。江南地下。易於得泥。故用輥軸。北方塗田頗少。放水之後。欲得成泥。故用鴈翅輆打。此各隨地之所宜用也。

秧彈

欽定授時通考　卷三十四　功作　播種　三十

秧彈圖說

秧彈。(平聲)秧壟以篾爲彈。彈猶弦也。世呼船牽(去聲)曰彈。字義俱同。蓋江鄉櫃田。內平而廣。農人蒔秧。漫無準則。故制此長篾。掣於田之兩際。其直如弦。循此布秧。了無欹斜。猶梓匠之繩墨也。

秧馬

欽定授時通考　卷三十四　功作　播種　三十一

秧馬圖說

秧馬。蘇軾詩序云。予昔遊武昌。見農夫皆騎秧馬。以榆棗爲腹。欲其滑。以楸梧爲背。欲其輕。腹如小舟。昂其首尾。背如覆瓦。以便兩髀雀躍於泥中。繫束藁其首以縛秧。日行千畦。較之傴僂而作者。勞佚相絕矣。史記禹乘四載。泥行乘橇。解者曰。橇形如箕。擿行泥上。豈秧馬之類乎。

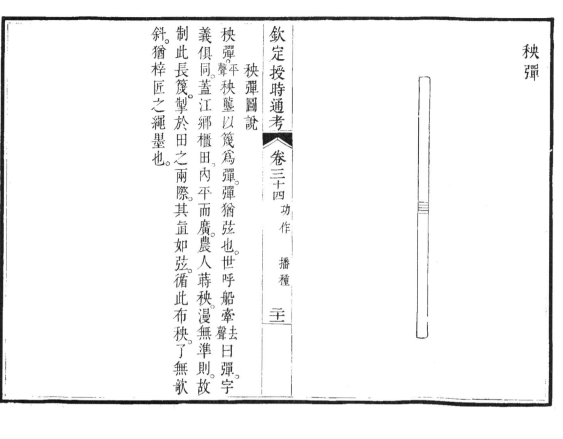

橇

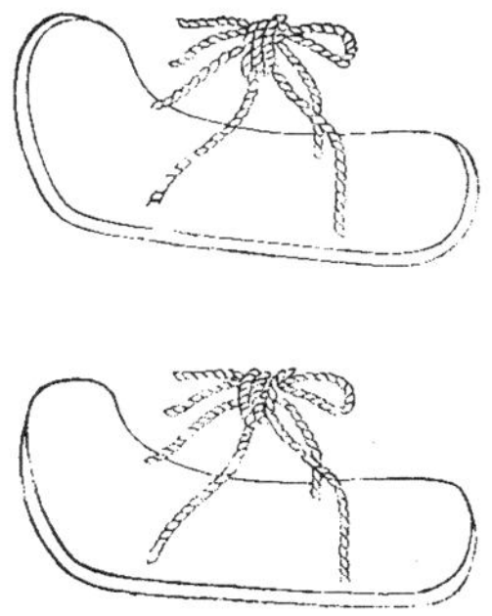

橇圖說

橇，泥行具也。史記禹乘四載，泥行乘橇。孟康曰，橇形如箕，擿行泥上。嘗聞向時河水退灘淤地，農人欲就泥裂漫撒麥種，奈泥深恐没，故制木板爲履，前頭及兩邊皆起如箕，中綴毛繩，前後繫足，底板既濶，則舉步不陷。今海陵人以行，及刈過葦泊中皆用之。

欽定授時通考卷三十五

功作

淤䕃

周禮地官草人，掌土化之法，以物地相其宜而爲之種。凡糞種，騂剛用牛，赤緹用羊，墳壤用麋，渴澤用鹿，鹹潟用貆，勃壤用狐，埴壚用豕，彊㯺用蕡，輕㶤用犬。

註凡所以糞種者，皆謂煮取汁也。赤緹，縓色也。潟，鹵也。貆，貒也。勃壤，粉解者。埴壚，黏疏者。或曰土之黏而黑者。彊㯺，彊堅者。輕㶤，輕脆者。杜子春謂騂謂地色赤而土剛彊也。鄭司農云，用牛，以牛骨汁漬其種也。

疏土化之法，用骨灰漬種，蕡則以麻子擣之以漬種也。所用之汁不同，因以助其種之生氣，以變易地氣，則薄可使厚，過可使和，而稼之所獲必倍常。詩云，誕后稷之穡，有相之道，是也。

禮記月令季夏之月，燒薙行水，利以殺草，如以熱湯，可以糞田疇，可以美土疆。

疏糞，壅苗之根也。蔡云，穀田曰田，麻田曰疇。言爛草可以糞田使肥也，可以美土疆者，謂彊㯺磽确難耕之地，此月亦可止水漬之，乃壅糞使田美也。

氾勝之書伊尹作爲區田，教民糞種，負水澆稼。區田以糞氣爲美，非必須良田也。

又剉馬骨牛羊猪麋鹿骨一斗，以雪水三斗煮之，三沸取汁以漬附子。率汁一斗。附子五枚。漬之五日。去附子。擣麋鹿羊矢分等。置汁中。熟撓和之。候晏溫。又溲曝。如法。汁乾乃止。若無骨。煮繰蛹汁和溲。以區種之。大旱澆之。其收至畝百石以上。

〔齊民要術〕凡田地中。有良有薄者。即須加糞糞之。其踏糞之法。凡人家秋收後。治糧場上所有穰穀穢等。並須收貯一處。每日布牛腳下三寸厚。每平旦收聚堆積之。還依前布之。經宿即堆聚。計經冬。一具牛踏成三十車糞。至十二月正月之間。即載糞糞地。計小畝。畝別用五車。計糞得六畝。勻攤耕蓋。

〔陳旉農書〕土壤氣脈。其類不一。肥沃磽埆。美惡不同。治之各有宜也。且黑壤之地信美矣。然肥沃之過。或苗茂而實不堅。當取生新之土以解利之。即疎爽得宜也。磽埆之土信瘠惡矣。然糞壤滋培。即其苗茂盛而實堅栗也。雖土壤異宜。顧治之何如耳。治之得宜。皆可成就。諺謂糞藥。言用糞猶用藥也。

〔又〕凡農居之側。必置糞屋。低爲簷楹。以避風雨飄浸。且糞露星月。亦不肥矣。糞屋之中。鑿爲深池。甃以磚甓。勿使滲漏。凡掃除之土。燒燃之灰。簸揚之糠粃。斷藁落葉。積而焚之。沃以糞汁。積之既久。不覺其多。凡欲播種。篩去瓦石。取其細者。和勻種子。疎把撮之。待其苗長。又撒以壅之。何患收成不倍厚也哉。或謂土敝則草木不長。

氣衰則生物不遂。凡田土種三五年。其力已乏。斯說殆不然。若能時加新沃之土壤。以糞治之。則精熟肥美。其力常新壯矣。何衰何敝之有。

〔又〕治田於秋冬。再三深耕。俾霜雪凍沍。土壤蘇碎。又積腐藁敗葉。刬薙枯朽根荄。遍鋪燒治。即土暖且爽。於始春以糞擁之。若用麻枯尤善。但麻枯難使。須細杵碎。和火糞窖罨。如作麴樣。候其發熱生鼠毛。即攤開中間熱者。置四旁。收斂四旁冷者置中間。又堆窖罨。如此三四次。直待不發熱。乃可用。不然。即燒殺物矣。切勿用大糞。以其瓮腐芽蘖。又損人手腳。成瘡痍難療。唯火糞與燖猪毛。及窖爛粗穀殼最佳。亦必渥漉田精熟了。乃下糠糞踏入泥中。盪平田面。乃可撒穀。若不得已而用大糞。必先以火糞久窖罨乃可用。多見人用小便生澆灌。立見損壞。

〔農桑通訣〕田有厚薄。土有肥磽。耕農之事。糞壤爲急。糞壤者。所以變薄田爲良田。化磽土爲肥土也。古者分田之制。上地家百畝。歲一耕之。中地家二百畝。間歲耕其半。下地家三百畝。耕百畝。三歲一周。蓋以中下之地瘠薄磽确。苟不息其地力。則禾稼不蕃。後世井田之法變。强弱多寡不均。所有之田。歲歲種之。土敝氣衰。生物不遂。爲農者必儲糞朽以糞之。則地力常新壯而收穫不減。

又草糞者於草木盛茂時芟倒就地就地內掩罨腐爛也農夫不知乃以其耘除之草棄置他處殊不知和泥渥漉深埋禾苗根下漚罨既久則草腐而土肥美也江南三月草長則刈以踏稻田歲歲如此地力常盛

又火糞積土同草木堆疊燒之土熟冷定用碌軸碾細用之江南水地多冷故用火糞種麥種蔬尤佳

又泥糞於溝港內乘船以竹夾取青泥杴撥岸上凝定裁成塊子擔去同大糞和用比常糞得力甚多

又凡退下一切禽獸毛羽親肌之物最爲肥澤積之爲糞勝於草木

又下田水冷亦有用石灰爲糞治則土暖而苗易發

又糞田之法得其中則可若驟用生糞及布糞用多糞力峻熱即燒殺物反爲害矣大糞力壯南方治田之家常於田頭置塼檻窖熟而後用之其田甚美北方農家亦宜效此利可十倍

又爲圃之家於廚棧下深闊鑿一池細甃使不滲洩每春米則聚礱簸穀殼及腐草敗葉漚漬其中以收滌器肥水與滲漉泔淀漚久自然腐爛一歲三四次出以糞苧因以肥桑愈久愈茂而無荒廢枯摧之患矣

又凡農圃之家欲要計置糞壤須用一人一牛或驢駕雙輪小車一輛諸處搬運積糞月日既久積少成多施之種藝稼穡倍收桑果愈茂歲有增羨此肥稼之計也

夫掃除之猥腐朽之物人視之而輕忽田得之爲膏潤惟務本者知之所謂惜糞如惜金也故能變惡爲美種少收多諺云糞田勝如買田信斯言也凡區之間善於稼者相其各各地里所宜而用之庶得乎土化之法沃壤之效俾擅上農矣

農政全書田附郭多肥饒以糞多故村落中民居稠密處亦然凡通水處多肥饒以糞壅便故

又苗糞蠶豆大麥皆好草糞如翹蕘陵苕江南皆特種以壅田非野草也苜蓿亦可壅稻毛羽和燖湯積之久則潰腐如欲速潰置韭菜一握其中明日爛盡矣下田水不得冷惟山田泉水未經日色則冷閩廣用骨及蚌

蛤灰糞田亦因山田水冷也

又肥積苔華是糞壤法也濱湖人漉取苔華以當糞壅甚肥不可不知

又胡麻油查可糞田

勸農書製糞有多術有踏糞法有窖糞法有蒸糞法有釀糞法有煨糞法有煮糞法而煮糞爲上南方農家凡養牛羊豕屬每日出灰於欄中使之踐踏有爛草腐柴皆拾而投之足下糞多而欄滿則出而疊成堆矣北方猪羊皆散放棄糞不收殊爲可惜然所有穰穢等並須收貯一處每日布牛羊足下三寸厚經宿牛以蹂踐便溺成糞平旦收聚除置院內堆積之每日如前法得糞

亦多。窖糞者。南方皆積糞於窖。愛惜如金。北方惟不收糞。故街道不淨。地氣多穢。井水多鹹。使人清氣日微而濁氣日盛。須當照江南之例。各家皆置糞厠。濫則出而窖之。家中不能立窖者。田首亦可置窖。拾亂磚砌之。藏糞於中。窖熟而後用。甚美。蒸糞者。農居空閒之地。宜誅茅爲糞屋。簷務低。使蔽風雨。凡掃除之土。或燒燃之灰。簸揚之糠粃。斷藁落葉。皆積其中。隨卽拴蓋。使氣蒸薰糜爛。冬月地下氣暖。則爲深潭。夏月不必也。釀糞者。於厨棧下深鑿一池。細砌使不滲漏。每舂米。則聚礱簸穀殼。及腐草敗葉。漚漬其中。以收滌器肥水。漚久自然腐爛。煨糞者。乾糞積成堆。以草火煨之。煮糞者。鄭司農云。用牛糞。卽用牛骨浸而煮之。其說具區田中。糞既經煮。皆成清汁。樹雖將枯。灌之立活。此至佳之糞也。用糞時候。亦有不同。用之於未種之先。謂之墊底。用之於既種之後。謂之接力。墊底之糞在土下。根得之而愈深。接力之糞在土上。根見之而反上。故善稼者皆於耕時下糞。種後不復下也。大都用糞者。要使化土。不徒滋苗。化土則用糞於先。而使瘠者以肥。滋苗則用糞於後。徒使苗枝暢茂而實不繁。故糞田最宜斟酌得宜爲善。若驟用生糞。及布糞過多。糞力峻熱。卽殺物。反爲害矣。故農家有糞藥之喻。謂用糞如用藥。寒溫通塞。不可悞也。

各種淤蔭法

稻

農桑輯要　壅稻田。或河泥。或麻豆餅。或灰糞。各隨其地土之宜。麻豆餅。畝十斤。和灰糞。棉餅。畝三百斤。插禾前一日。將棉餅化開。勻攤田內。耖或草。

羣芳譜　稻田須青草。或糞壤灰土。厚鋪於內。奮爛打平。方可撒種。

又　搗稻後。將灰糞。或麻豆餅屑。撒田內。

農桑通訣　穀殼朽腐。最宜秧田。

農書　南方稻田。有種肥田麥者。不糞麥實。當春麥青青之時。耕殺田中。蒸罨土性。秋收稻穀。必加倍也。

又　旱稻。以灰糞蓋之。或稻草灰和水澆之。每鋤草一次。澆糞水一次。至於三。卽秀矣。

黍稷

齊民要術　美田之法。綠豆爲上。小豆胡麻次之。悉皆五六月穊種。七八月犂掩殺之。爲春穀田。其美與蠶矢熟糞同。

又　糞種黍地。耕熟。蓋下糠。

農桑通訣　苗糞。江淮迤北。用爲常法。

麥

齊民要術　冬雨雪止。以物輒藺麥上。掩其土。勿令從風飛去。後雪復如此。則麥耐旱多實。

農政全書　麥宜有雨。諺云。要喫麵。泥裏纏。春雨更宜。農書凡麥田既種以後。糞無可施。爲計在先也。陝洛間憂蟲食者。或以砒霜拌種子。南方所用。惟炊燼也。

蕎麥

氾勝之書蕎麥。立秋前後漫撒種。卽以灰糞蓋之。

淤蔭具各圖說

農舟　划船

野航　大車

下澤車　推車

杴　杷

竹杷　朳

畚　箕

帚　瓢柸

農舟

農舟圖說

農家之舟。質樸渾堅。任載芻糧。異於漁釣者流也。當收糞時。卽以此舟遍歷城市。虛往實歸。尤上農所亟。

划船

划船圖說

划船集韻划謂撥進也其船制短小輕便易於撥進別名秧塌嘗見淮上瀕水及灣泊田土待冬春水涸耕過至夏初遇有淺漲所漫乃划此船就載宿浥稻種徧撒田間水內候水稍退種苗即出可收早稻又江南春夏之間用此箝貯泥糞及積載秧束以往所佃之地若際水則以鍬棹撥至或隔陸地則引纜掣去泥中草上尤爲順快水陸互用便於農事

野航

野航圖說

野航田家小渡舟也或謂之舴艋村野之間水陸相間所在橋梁豈能畢備造此以便往來制頗樸陋廣纔尋丈凡所任載不煩人駕但於渡水兩旁維以竹草之索各倍其長過者掣索那抵彼岸或略具篙楫田農便之

大車

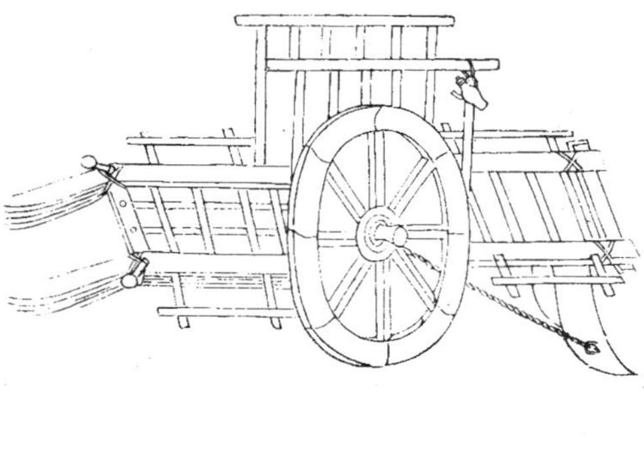

大車圖說

大車。考工記曰。大車牝服二柯。鄭元謂平地任載之車。詩無將大車。論語大車無輗。皆是也。凡造車之制。先以脚圓徑之高爲祖。然後可視梯檻長廣得所。制雖不等。道路皆同軌也。中原陸地任重適遠。惟恃此車。冀壤皆可載。

下澤車

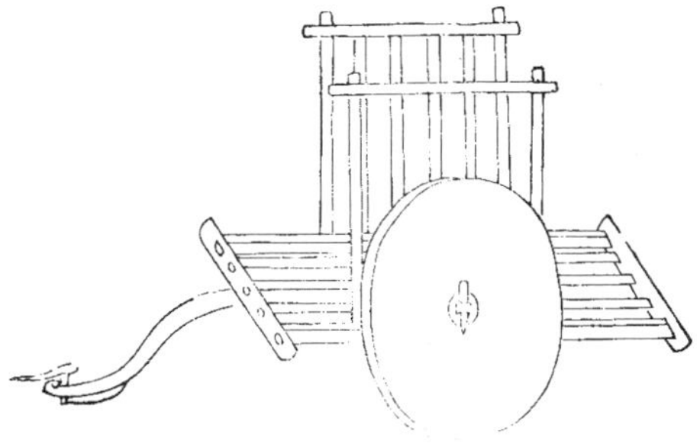

下澤車圖說

下澤車。田間任載車也。古謂之箱。詩曰。乃求萬斯箱。又睆彼牽牛。不以服箱。箱即此車也。周禮。車人行澤者反輮。又行澤者欲短轂。則利轉。今俗謂之板轂車。其輪用厚闊板木相嵌。斲成圓樣。就留短轂無有輻也。泥淖中易於行轉。了不沾塞。即周禮行澤車也。蓋如車制而略。但獨輳著地。如犂托之狀。上有望撅。以擐牛輓槃索。上下坡坂絕無軒輊之患。

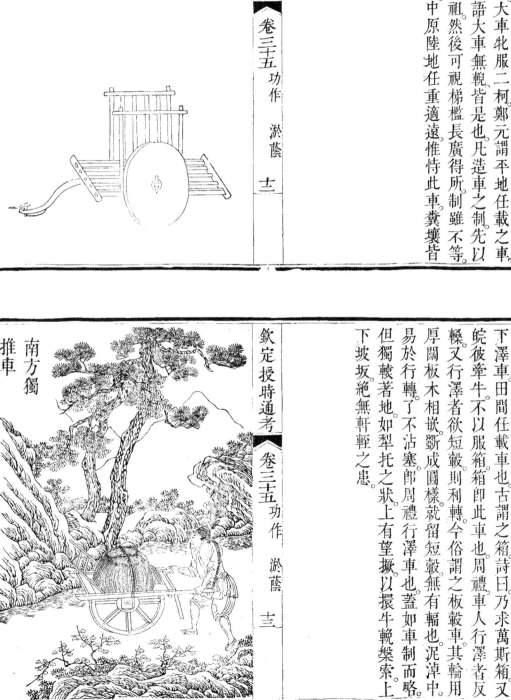

推車圖說

推車之制獨輪居中夾以兩轅而箱無板或盛四桶以載水或盛二簍以載糞或絡以繩亦載行李一人以系絡於肩而推之鳴鑾逐曲殊有步伐

鐵杴

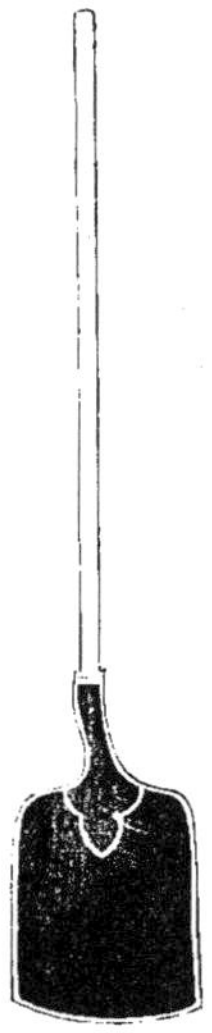

木杴

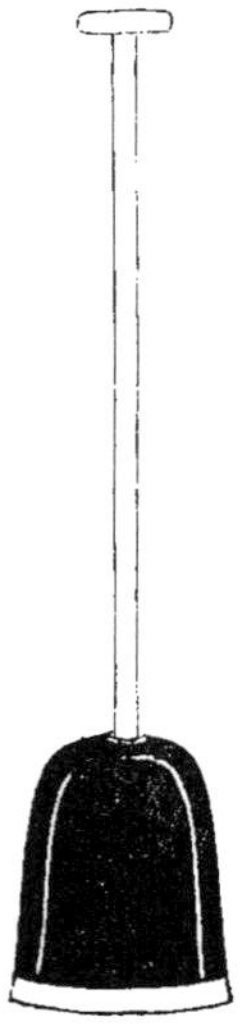

杴圖說

杴臿屬但其首方闊柄無短拐此與鍫臿異也煆鐵爲首謂之鐵杴最宜土功剡木爲首謂之木杴可撩穀物取灰取泥用之尤便方言鐵者名跳杴木者名杴部

鐵刃杴

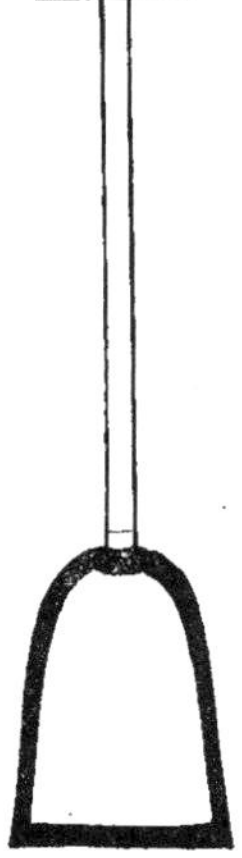

竹揚杴

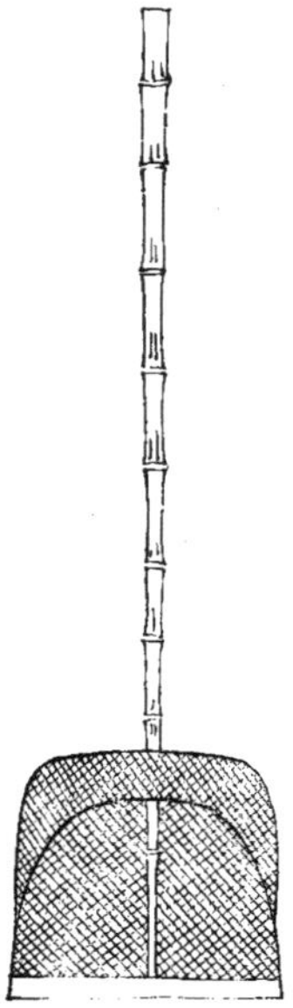

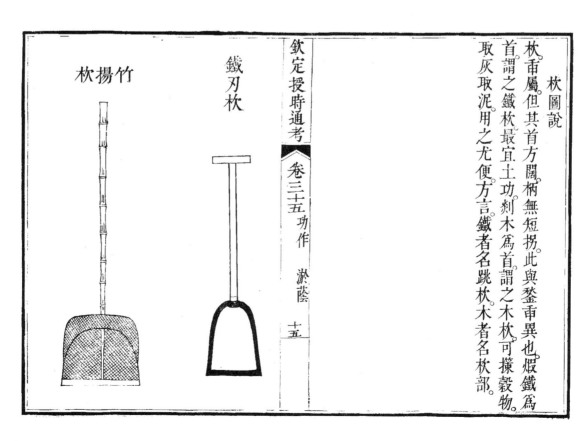

鐵刃杴竹揚杴圖說

鐵刃杴。裁劃田間塍埂。用之以泥糞者。候泥將乾。劃爲方塊。分布於田。尤需此器。以竹爲之者。謂之竹揚杴。與颺籃少異。揚去糠粃。仍斂而積之。惟竹杴輕且便也。

耘杷

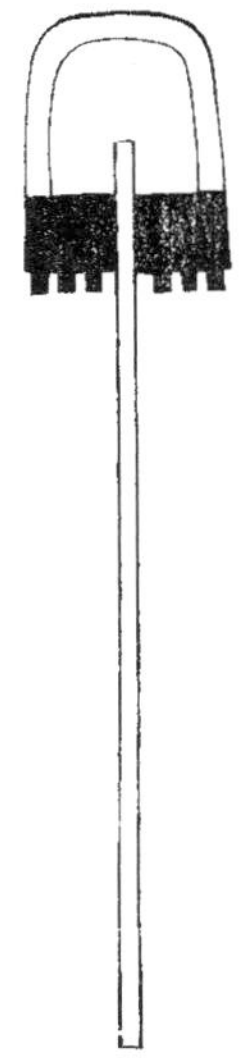

小杷

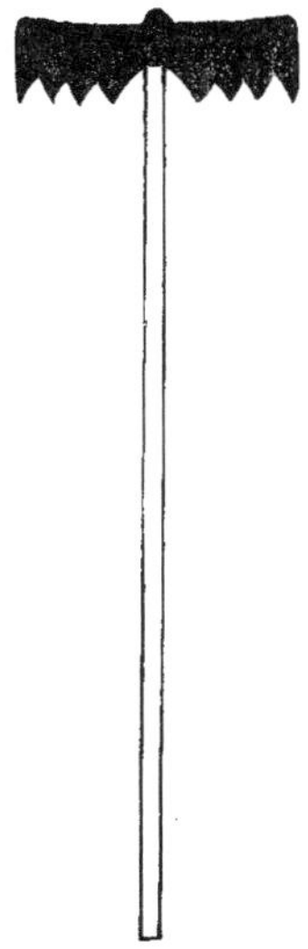

杷圖說

杷。鏤鍬器也。方言云。宋魏間謂之渠拏。或謂之渠疏。直柄橫首。柄長四尺。首闊一尺五寸。列鑿方竅。以齒爲節。夫畦畛之間。鏤剔塊壤。疏去瓦礫。場圃之上。摟聚麥禾。擁積稭穗。此益農之功也。

竹杷

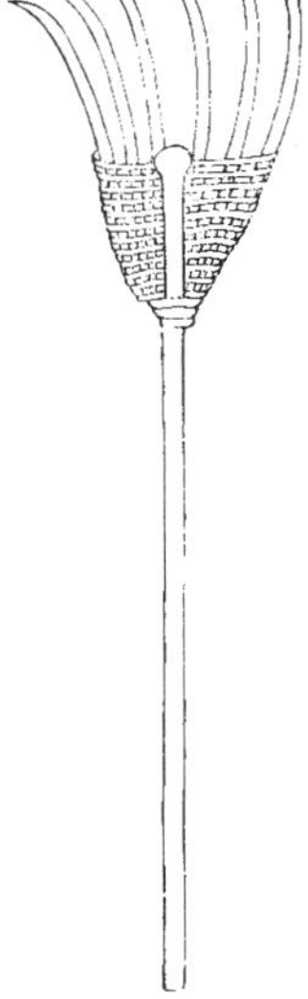

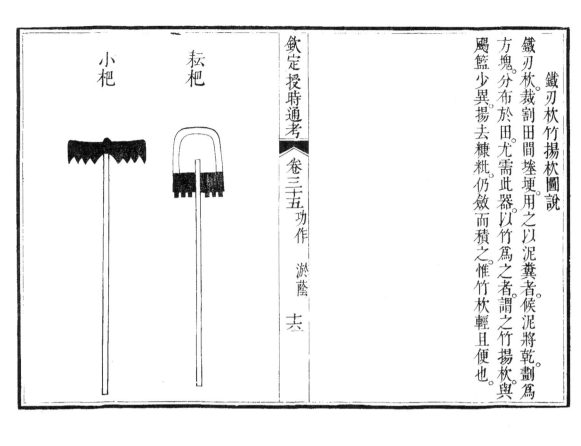

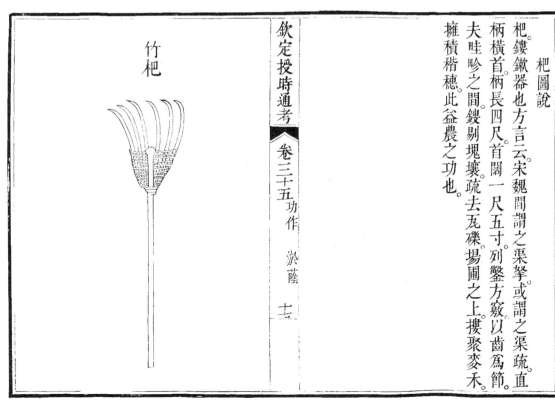

竹杷圖說

竹杷。場圃樵野間用之。爬以摟藁葉。以疏糞壤。有爬羅剔抉之功。或執以拾糞。其制稍密。

杴

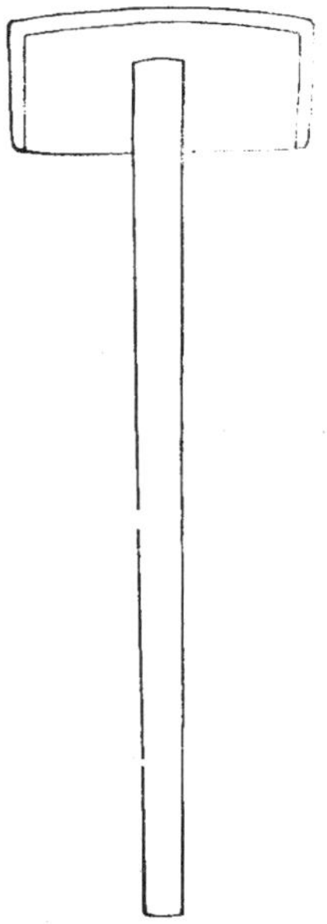

杴圖說

杴。無齒杷也。所以平土壤。聚穀物。說文云。無齒爲杴。禾譜字作夏。周生烈曰。夫忠蹇朝之杷杴。正人國之埽篲。秉杷執篲。除凶掃穢。國之福。主之利也。杷杴之爲器也。見於書傳。至今不替。其用爲不負紀錄矣。

畚

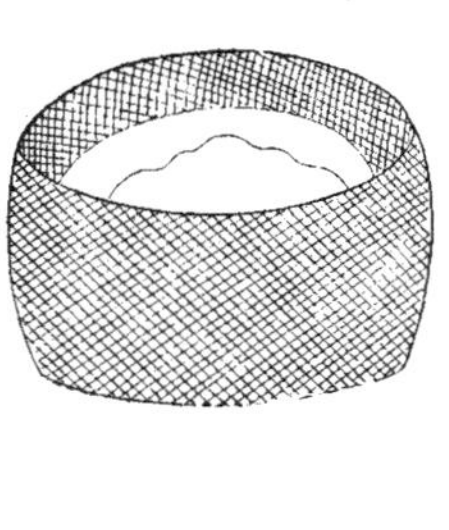

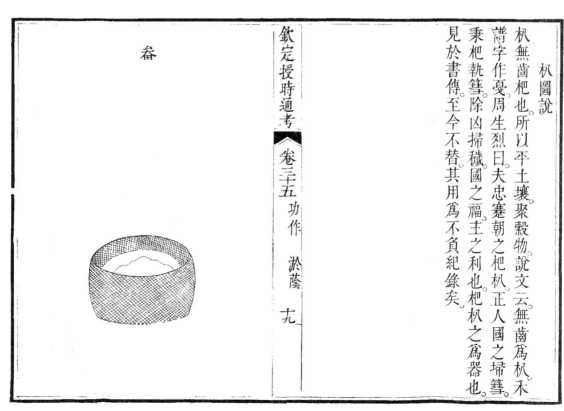

畚圖說

畚。土籠也。左傳。樂喜陳畚梮。注云。畚。蕢籠。集韻作畚。晉書。王猛少貧賤。嘗鬻畚爲事。說文云。畚。𣂁屬。又蒲器也。所以盛種。杜林以爲竹筥。揚雄以爲蒲器。然南方以蒲竹。北方用荊柳。或負土。或盛物。通用器也。

箕

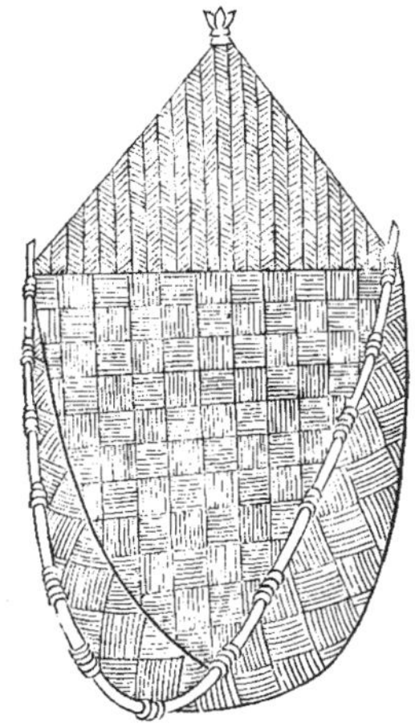

箕圖說

簸箕有舌。糞箕無舌。曲禮注曰。箕。去棄物。謂收糞也。南方以竹爲之。或以木。或以油皮紙。直可盛水不漏。北方多屈荊條爲之。記曰。良弓之子。必學爲箕。有以也夫。

箒

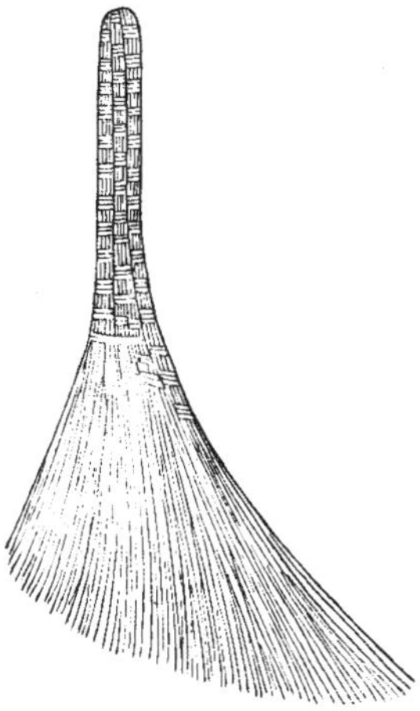

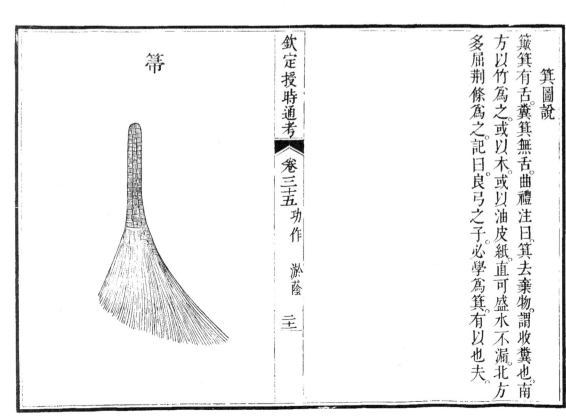

帚圖說

帚。今作箒。又謂之篲。集韻云。少康作箕箒。其用有二。一則編竹爲之。潔除室內。制則扁短。謂之條帚。一則束篠爲之擁掃庭院。制則叢長。謂之掃帚。又有種生掃帚一科。可作一帚。謂之獨掃。農家尤宜種之。以備場圃間用也。

瓢杌

瓢杌圖說

瓢杌。剖瓢爲之。製爲樽。語稱瓢飲是也。杌以挹水。農家便之。其損者以傾肥水。亦積糞所必需也。

欽定授時通考

功作

欽定授時通考卷三十六

功作

耘耔

詩小雅 或耘或耔。黍稷薿薿。

傳 耘除草也。耔附根也。疏 食貨志云。苗葉以上。稍耨壠草。因隤其土以附苗根。比成壠盡而根深。能風與旱。故薿薿而盛也。

左傳 農夫之務去草也。芟夷蘊崇之。絕其本根。勿使能殖。則善者伸矣。

又 是穮是蔉。必有豐年。

管子 爲國者使民寒耕而熱耘。

荀子 耘耨失薉。

呂氏春秋 莖生於地者。五分之以地。莖生有行故遬長。弱不相害故遬大。衡行必得。縱行必術。正其行。通其風。夬心中央。帥爲冷風。苗其弱也欲孤。長也欲相與居。其熟也欲相扶。是故三以爲族。乃多粟。

又 凡禾之患。不俱生而俱死。是故先生者美米。後生者爲秕。是故其耨也。長其兄而去其弟。樹肥無使扶疏。樹墝不欲專生而族居。肥而扶疏則多秕。（根扇迫也）墝而專居則多死。（不能自蔭潤其根。故多枯死。）不知稼者。其耨也去其兄而養其弟。不收其粟而收其秕。上下不安。則禾多死。

漢書高五王傳 劉章曰。深耕穊種。立苗欲疏。非其種者。

鋤而去之。

鹽鐵論農夫不畜無用之苗。無用之苗。苗之害也。鋤一害而衆苗成。

齊民要術鋤耨以時。諺云。鋤頭三寸澤。古人云。耕鋤不以水旱息功。必獲豐年之收。

又凡五穀。惟小鋤爲良。（小鋤者。非直省功。穀亦倍勝。大鋤者。草根繁茂。用功多而收益少。）良田率一尺留一科。（諺云。迴車倒馬。擲衣不下。皆十石收。言大稀大概之收。皆均平也。）薄地尋壠躡之。（不耕故。）苗出壠則深鋤。鋤不厭數。周而復始。勿以無草而暫停。（鋤者非止除草。乃地熟而穀多。糠薄米息。鋤得十遍。便得八米也。）春鋤起地。夏爲鋤草。故春鋤不用觸溼。六月已後。雖溼亦無嫌。（春苗既淺。陰未覆地。溼鋤則地堅。夏苗陰厚。地不見日。故雖溼亦無害也。）

陳旉農書耘除之草。和泥渥漉。深埋禾苗根下。漚罨既久。則草腐爛。而泥土肥美。嘉穀蕃茂矣。

纂文養苗之道。鋤不如耨。耨不如鏟。

農桑通訣稂莠不除。則禾稼不茂。種苗者不可無鋤芸之功也。說文云。鋤。助也。以助苗也。凡穀須鋤。乃可滋茂。第一次撮苗曰鏃。第二次平壠曰布。第三次培根曰擁。第四次添功曰復。一次不至。則稂莠之害。秕稗之雜入之矣。諺云。穀鋤八遍餓殺狗。爲無糠也。其穀畝得十石。斗得八米。此鋤多之效也。其所用之器。自撮苗後。可用以代耰者。名曰耬鋤。其功過鋤功數倍。所辦之田。日不啻二十畝。或用劐子。其制頗同。如耬鋤過。苗間有小豁眼不到處。及壠間草薉未除者。亦須用鋤理撥一遍爲佳。別有一器曰鏟。營州以東用之。又異於此。

又凡耘苗之法。亦有可鋤不可鋤者。旱耕塊撥。苗薉同孔出。不可鋤治。此耕者之失。難責鋤也。

又大抵耘治水田須用芸瓜。荊揚厥土塗泥。農家皆用此法。又有足耘。爲木杖如拐子。兩手倚之以用力。以趾塌撥泥上草薉。擁之苗根之下。則泥沃而苗興。其功與芸瓜大類。亦各從其便也。（徐光啓曰。不如手芸之細。）今創有一器曰芸盪。以代手足。工過數倍。宜普效之。（徐光啓曰。芸盪是二事。俱不可已。）

又鋤後復有薅拔之法。稂莠萯稗。雜其稼出。鋤後莖葉漸長。便可分別。非薅不可。（徐光啓曰。薅卽芸也。）故有薅鼓薅馬之說。北方村落之間。多結爲鋤社。十家爲率。先鋤一家之田。本家供其飲食。其餘次之。旬日之間。各家田皆鋤治。自相率領。樂事趨功。無有偷惰。間有患病之家。共力助之。故田無荒穢。歲皆豐熟。秋成之後。豚蹄盂酒。遞相犒勞。名爲鋤社。甚可效也。今採摭南北耘耨之法。備載於篇。庶善稼者。相其土宜。擇而用之。以盡鋤治之功也。

各種耘耔法

稻

淮南子薅先稻熟。而農夫薅之者。不以小利害大穫也。

注薅。水稗。

齊民要術水稻苗長七八寸。陳草復起。以鐮浸水芟之。

草悉膿死。稻苗漸長。復須薅。

〔又〕旱稻苗長三寸。耙勞而鋤之。鋤惟欲速。稻苗性弱。不能扇草。故宜速鋤之。苗高尺許則鋒。大雨無所作。宜冒雨薅之。

〔陳旉農書〕耘田之法。必先審度形勢。自下及上。旋乾旋耘。先於最上處收滀水。勿令水走。然後自下旋放令乾。而旋耘。不問草之有無。必先以手排攏。務令稻根之傍。液液然而後已。次第從下放上耘之。即無鹵莽滅裂之病。草死土肥。水不走失。今見農者。不先自上滀水。頓然放令乾了。及工夫不逮。泥乾堅難耘攏。則必率略。水已走失。不幸無雨。遂致旱枯。無所措手。如是失者。十常八九。

〔農桑通訣〕苗高七八寸。則耘之。苗既長茂。復事薅拔。以去稂莠。

〔羣芳譜〕稻初發時。用搗耙於稞行中。搗去稗草。易耘。搜鬆稻根。則易旺。搗後用水耘。去草盡淨。

黍

〔齊民要術〕凡黍穄田。鋤三遍乃止。鋒而不耩。苗晚耩。即多折也。

〔又〕候黍粟苗未與壟齊。即鋤一遍。黍經五日。更報鋤第二遍。候未蠶老畢。報鋤第三遍。如無力則止。如有餘力。秀後更鋤第四遍。

稷

〔齊民要術〕苗生如馬耳。則鏃鋤。諺曰。欲得粟。馬耳鏃。稀豁之處。鋤而補之。苗高一尺。鋒之。耩者非不壅本苗深。殺草益實。然令地堅硬乏澤。鋤得五遍。不須耩。

〔又〕穀第一遍科定。每科只留兩莖。更不得留多。每科相去一尺。兩壟頭空。務欲深細。第一遍鋤。未可全深。第二遍惟深是求。第三遍較淺於第二遍。第四遍較淺。穀科大。則根浮故也。

〔農桑通訣〕耘苗之法。第一次曰撮苗。第二次曰布。第三次曰擁。第四次曰復。俗曰添功。一功不至。則稂莠之害。秕糠之雜入之矣。撮苗後。用一驢帶籠觜挽耬鋤。初一人牽之。慣熟不用。止一人輕扶。入土二三寸。其深痛過鋤力三倍。所辦之田。日不啻二十畝。今燕趙用之。名劐子。

麥

〔氾勝之書〕麥生黃色。傷於太稠。稠者鋤而稀之。秋鋤以棘柴耬之。以壅麥根。故諺曰。子欲富。黃金覆。謂秋鋤麥曳柴壅麥根也。至春凍解。棘柴曳之。突絕其乾黃。須麥生復鋤之。到榆莢時。注雨止。候土白背復鋤。如此則收必倍。

〔齊民要術〕種麥正月二月。勞而鋤之。三月四月。鋒而更鋤。鋤麥倍收。皮薄麪多。而鋒勞各得再遍爲良也。

〔農桑通訣〕麥苗既秀。不須再鋤。

〔農桑撮要〕防霧傷麥。但有沙霧。將縈麻散拴長繩上。侵晨令兩人對持其繩。於麥上牽拽。抹去沙霧。則不傷麥。

天工開物凡麥耕種之後。勤議耨鋤。凡耨草用淵面大鎛。麥苗生後。耨不厭勤。有三遍四遍者。餘草生機。盡誅鋤下。則竟畝菁華。盡聚嘉實矣。功勤易耨。南與北同也。

豆

氾勝之書大豆生五六葉。鋤之。小豆生布葉。鋤之。生五六葉。又鋤之。大豆小豆。不可盡治也。古所不盡治者。豆生布葉。豆有膏。盡治之則傷膏。傷則不成。而民盡治。故其收耗折也。

齊民要術大豆鋒耩各一。鋤不過再。小豆鋒而不耩。鋤不過再。

陳旉農書種豆。耘鋤如麻。

農桑通訣大豆當及時鋤治。上土使之葉蔽其根。庶不畏草。

羣芳譜豆纔出便鋤。草淨爲佳。

種樹書種諸豆。不及時去草。必爲草所蠹耗。結實不多。諺云。豆耘花。豆雖開花。亦可耘也。

脂麻

氾勝之書胡麻生布葉。鋤之。

齊民要術油麻鋤兩遍止。亦不厭旱鋤。

又胡麻鋤不過三遍。

陳旉農書油麻纔甲拆。即耘鋤。令苗稀疎。一月凡三耘鋤。則茂勝。

天工開物種胡麻。或治畦圃。或壟田畝。耨草之功。惟鋤是視。

種樹書種麻若不及時去草。必爲草所蠹耗。雖結實亦不多。諺云。麻耘地。言麻須初生時耘也。

耘耔具各圖說

錢鎛　耨

櫌鉏　鏟

耬鋤　剗

鐙鋤　耘爪

耘杷　耘盪

薅馬　蓑笠

臂篝　覆殼

屝　薅鼓

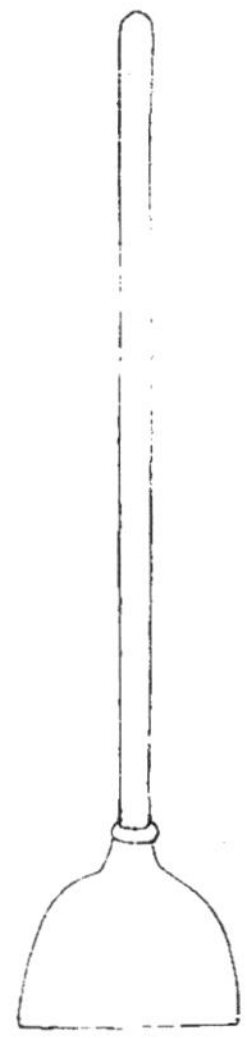
錢

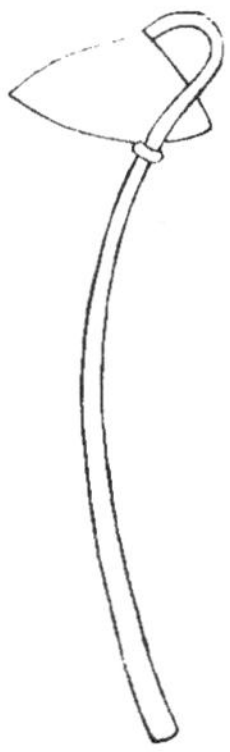
鎛

錢鎛圖說

錢。詩注。銚也。唐韻作剷。器也。非鏨屬也。兹度其制。似鏨非鏨。殆與鏟同。鏟柄長二尺。刃廣二寸。以剗地除草。體用即與錢同。

鎛。耨別名也。詩曰。其鎛斯趙。爾雅疏云。鎛耨一器。或云鉏。或云鋤屬。考工記。粤獨無鎛。何也。粤之無鎛。非無鎛也。夫人而能為鎛也。

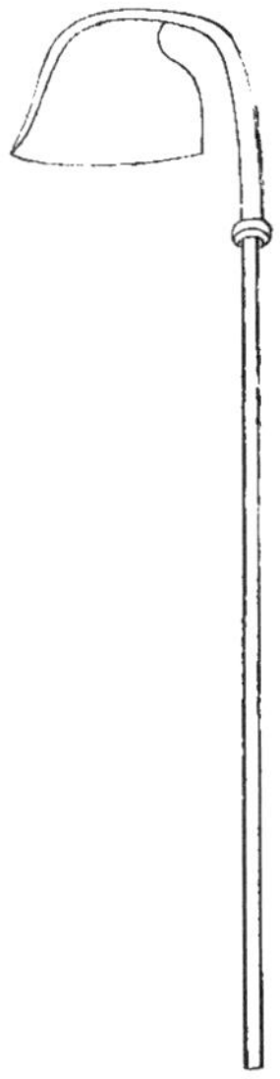
耨

耨圖說

耨。除草器。呂氏春秋曰。耨柄尺。其耨六寸。高誘注云。耨。芸苗也。六寸所以入苗間。廣雅又云。定謂之耨。古農法云。苗生葉以上。稍耨壟草。因隤其土以附苗根。此耨之功也。

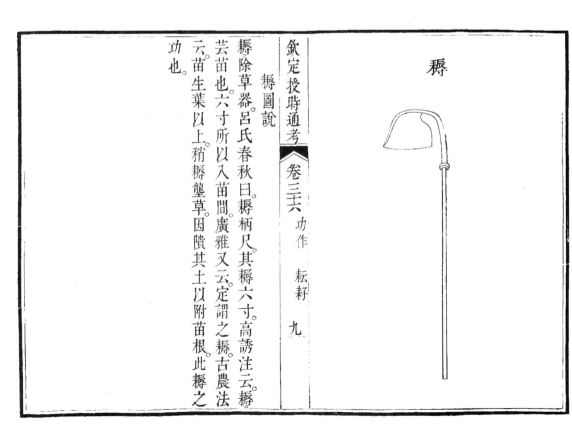

耰鉏

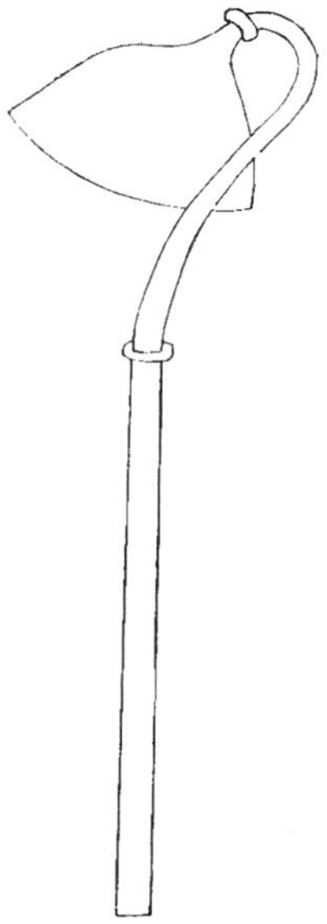

耰鉏圖說

耰鉏耰為鉏柄也。說文。鋤。立薅也。其刃如半月。比禾壟稍狹。上有短銎。以受鋤鉤。鉤如鵝項。下帶深袴。以受木柄。鉤長二尺五寸。柄亦如之。北方陸田舉皆用此。江淮間雖有陸田。習俗水種。但用直項鋤頭。刃雖鋤也。其用如斸。是名钁鋤。故陸田多不豐收。今表此耰鋤之效。并其制度。庶南北通用。

鏟

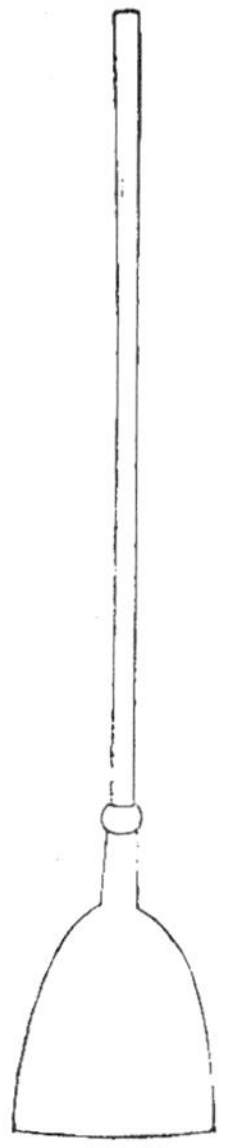

鏟圖說

鏟廣雅曰。䥝。鏟柄長二尺。刃廣二寸。以剗地除草。此古之鏟也。今鏟與古制不同。柄長數尺。首廣四寸。許兩手持之。但用前進攛之。剗去壠草。就覆其根。特號敏捷。今營州之東。燕薊以北。農家種溝田者。皆用之。

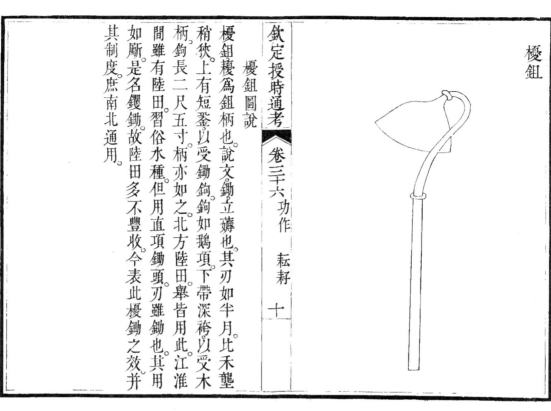

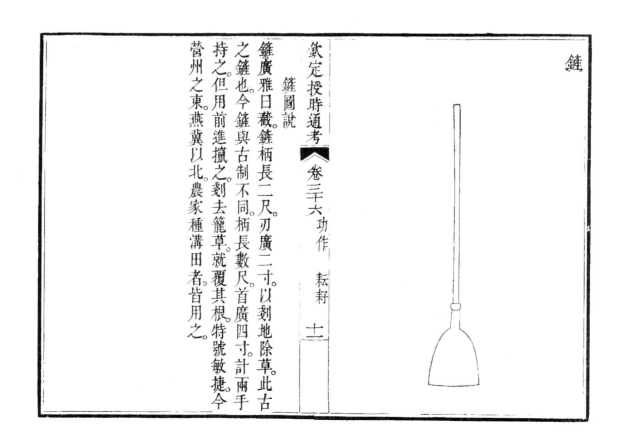

耬鋤

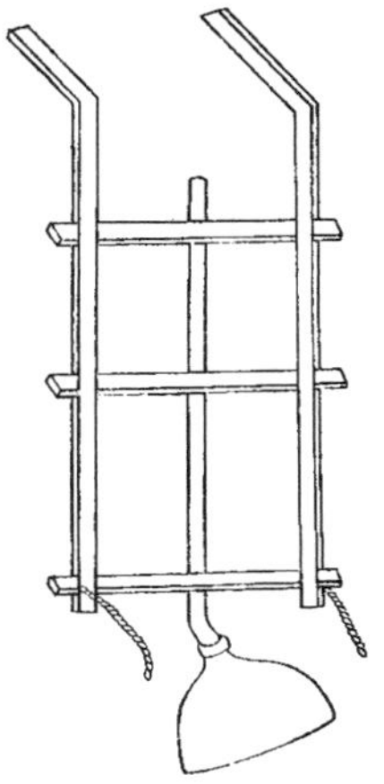

欽定授時通考 卷三十六 功作 耘耔 十二

耬鋤圖說

耬鋤種蒔直說云此器出自海壖號曰耬鋤耬制頗同獨無耬斗但用耬鋤鐵柄中穿耬之横桄下仰鋤刃形如杏葉撮苗後用一驢輓之過鋤力三倍燕趙名曰劐子制又小異劐子第一遍即成溝子穀根未成不耐旱耬鋤刃在土中故不成溝子第二遍加擗土木雁翅方成溝子其分土壅穀根擗土用木厚三寸濶三寸長八寸取成三角樣前爲尖中作一竅長一寸濶半寸穿於鐵鋤柄壓鋤刃上耬鋤有不到處用鋤理撥一遍即爲全功也

劐

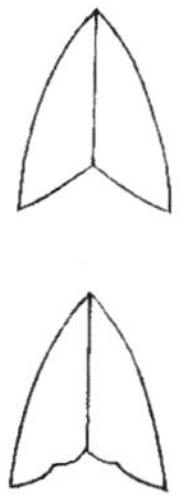

欽定授時通考 卷三十六 功作 耘耔 十三

劐圖說

劐燕趙之間用之如鑱而小中有高脊長四寸許濶三寸插於耬足背上兩竅以繩控於耬之下桄其金入地三寸許

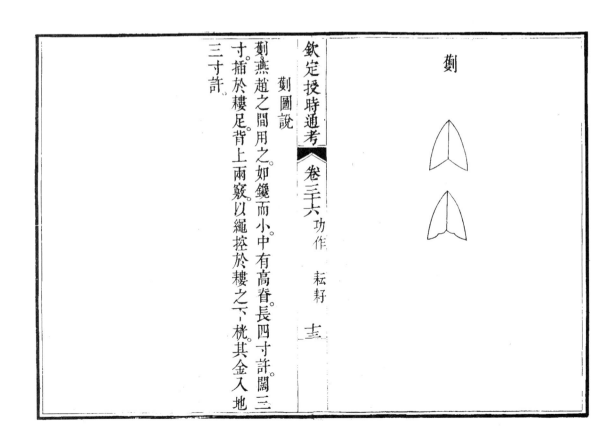

鐙鋤

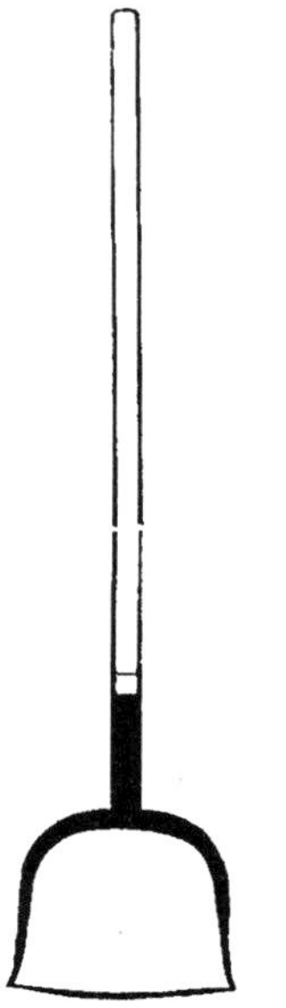

鐙鋤圖說

鐙鋤剗草具也。形如馬鐙。其踏鐵兩旁。作刃甚利。上有圓銎。以受直柄。用之剗草。故名鐙鋤。柄長四尺。比常鉏無刃角。不致動傷苗稼根莖。或遇少旱。或熇苗之後。壠土稍乾。荒薉復生。非耘耙耘爪所能去者。故用此剗除。特爲健利。此創物者。隨地所宜。偶假其形而取便於用也。嘗見江東農家用之。

耘爪

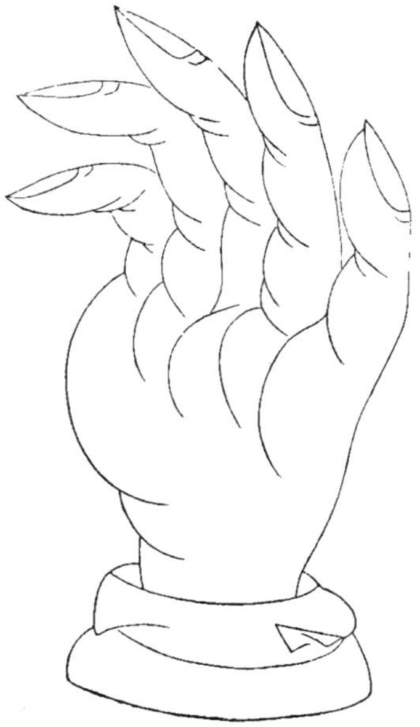

耘爪圖說

耘爪耘水田器也。用竹管隨手指大小截之。長可逾寸。削去一邊。狀如爪甲。或好堅利者。以鐵爲之。穿於指上。用耘田以代指甲。猶鳥之用爪也。陸龜蒙云。耘者去莠。舉手務疾而畏晚。鳥之啄食。務疾而畏奪。法其疾畏。故曰鳥耘。嘗觀農人在田。傴僂伸縮。以手爪耘其草泥。無異鳥足之爬抉。豈非鳥耘者耶。

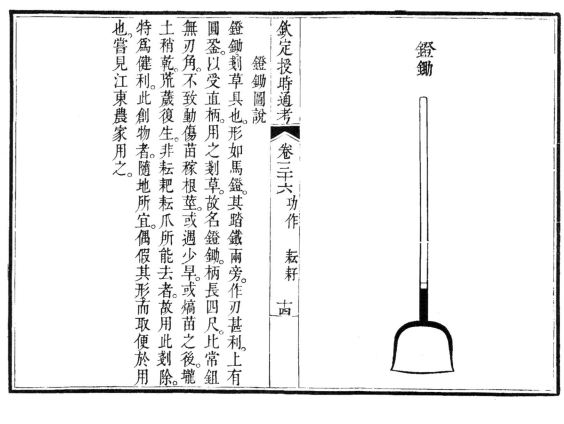

耘杷

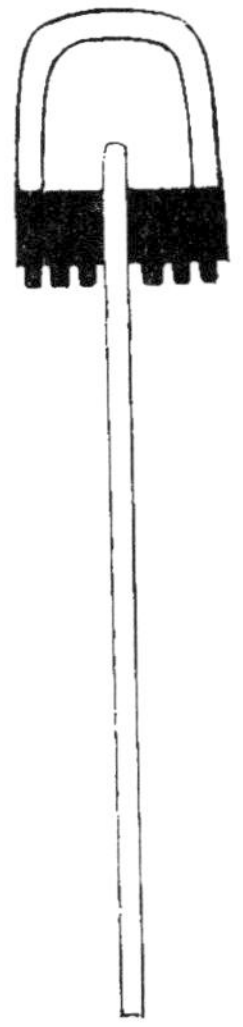

耘杷圖說

耘杷。以木爲柄。以鐵爲齒。用耘稻禾。王褒詩所謂鐵作渠疏代爪耘者也。

耘盪

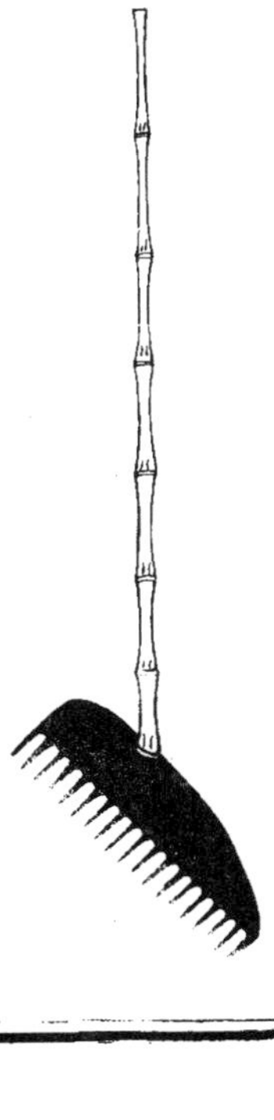

耘盪圖說

耘盪。江浙之間新制之。形如木屐而實。長尺餘。闊約三寸。底列短釘二十餘枚。簨其上以貫竹柄。柄長五尺餘。耘田之際。農人執之。推盪禾壟間草泥。使之溷溺。則田可精熟。既勝耙鋤。又代手足。水田有手耘足耘。所耘田數。日復兼倍。

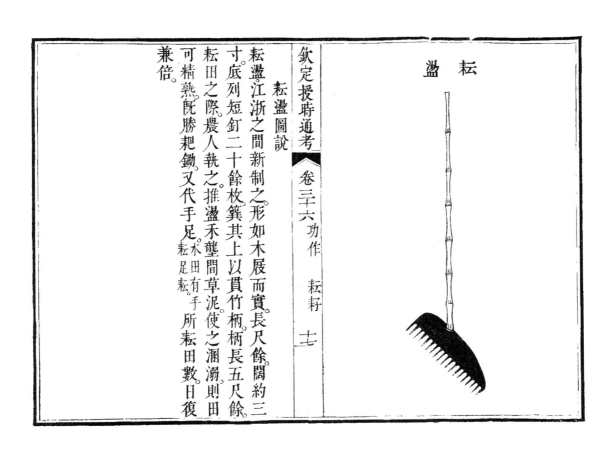

耨馬

耨馬圖說

耨馬。耨禾所乘竹馬也。似籃而長。如鞍而狹。兩端攀以竹系。農人耨禾之際。寘於跨間。斂裳於內而上控於腰畔。乘之兩股旣寬。乂行隴上。不礙苗行。故得專意摘剔根莠。速勝鋤耨。

蓑笠

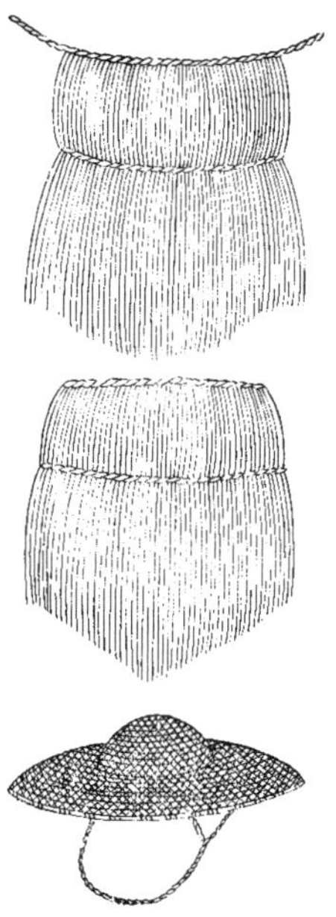

蓑笠圖說

蓑。雨衣。無羊詩云。何蓑何笠。毛注曰。蓑所以備雨。笠所以禦暑。唐韻云。蓑草名。可爲雨衣。又名襏襫。說文云。秦謂之萆。爾雅曰。蒿侯莎。蓑衣以沙草爲之。故音同莎。又名薛。六韜農器篇曰。蓑薛簦笠。今總謂之蓑。雨具中最爲輕便。

笠。戴具也。古以臺皮爲笠。詩所謂臺笠緇撮。今之爲笠。編竹作殼。裹以籜箬。或大或小。皆頂隆而口圓。可庇雨蔽日。以爲蓑之配也。

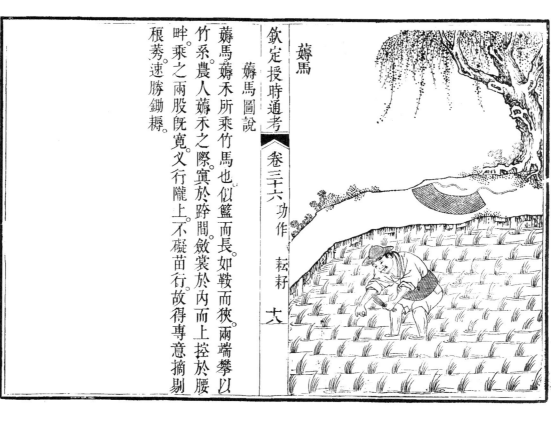

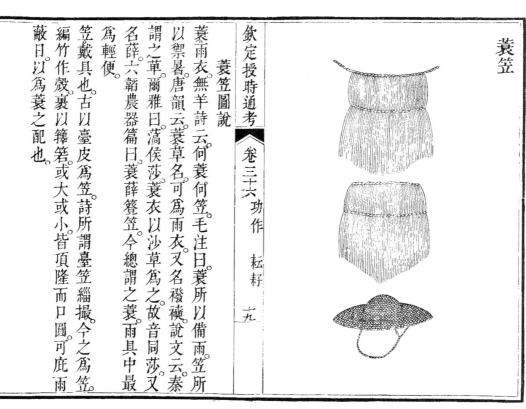

臂篝

臂篝圖說

臂篝狀如魚笱。篾竹編之。又呼臂籠。江淮之間。農夫耘苗。或刈禾。穿臂於內。以帣衣袖。猶北俗芟刈草禾。以皮爲袖套。皆農家所必用者。

覆殼

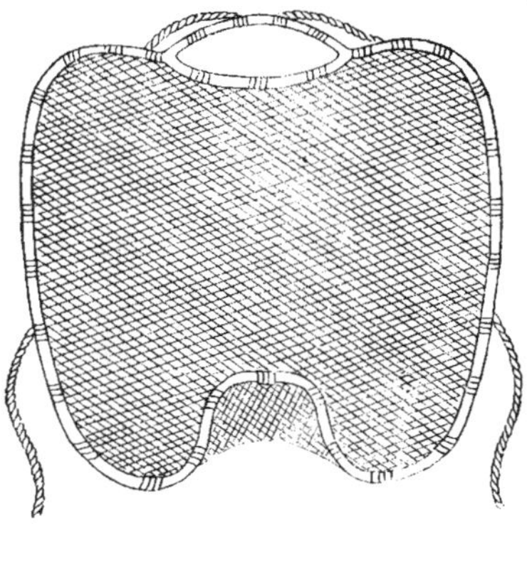

覆殼圖說

覆殼。一名鶴翅。一名背篷。篾竹編如龜殼。加以篺箬。覆於人背。繩繫肩下。耘耨之際。以禦畏日。兼作雨具。下有卷口。可通風氣。又分雨溜。適當盛暑。田夫得此。以免曝烈之苦。亦一壺千金之比也。

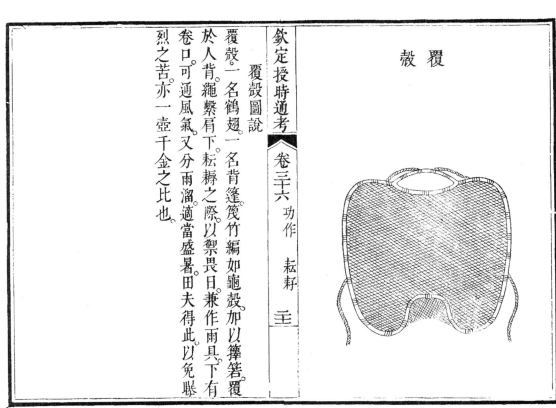

屝

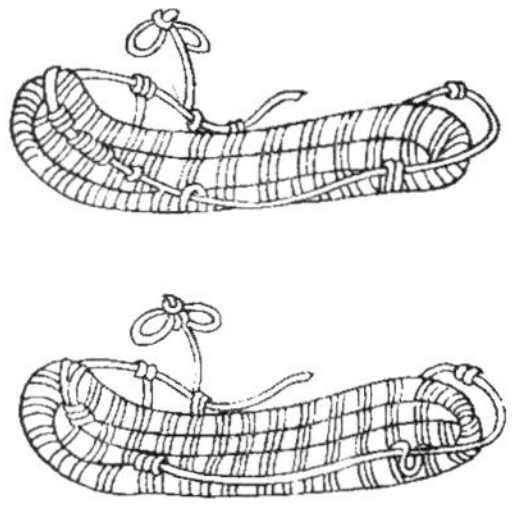

屝圖說

屝草屨也。左傳曰。共其資糧屝屨。說文曰。屝。草屨也。孔疏云。屝屨俱是在足之物。善惡異名耳。喪服傳曰。疏屨者。粗蒯之屝也。是屝用草爲之。

薅鼓圖說

薅鼓。曾氏農書序云。薅田有鼓。自入蜀見之。始則集其來。既來則節其作。既作則防其所以笑語而妨務也。其聲促烈清壯。有緩急抑揚而無律呂。朝暮曾不絕響。

功作

灌溉

周禮地官遂人治野夫間有遂遂上有徑十夫有溝溝上有畛百夫有洫洫上有涂千夫有澮澮上有道萬夫有川川上有路以達於畿

註遂溝洫澮皆所以通水於川也遂廣深各二尺溝倍之洫倍溝澮廣二尋深二仞以南畝圖之遂從溝橫洫從澮橫九澮而川周其外焉

又稻人以瀦畜水以防止水以溝蕩水以遂均水以列舍水以澮寫水

註瀦者畜流水之陂也防瀦旁隄也遂田首受水小溝也列田之畦畤也澮田尾去水大溝疏舍爲止舍之舍寫是去水舍是止水

考工記匠人爲溝洫一耦之伐廣尺深尺謂之甽廣二尺深二尺謂之遂廣四尺深四尺謂之溝廣八尺深八尺謂之洫廣二尋深二仞謂之澮專達於川

註通利田閒之水道達猶至也疏遂注溝溝注洫洫注澮澮注入川

凡溝逆地防謂之不行水屬不理孫謂之不行梢溝三十里而廣倍

註溝謂造溝防謂脈理屬讀爲注孫順也不行謂決溢也梢溝謂水漱齧之溝

凡行奠水磬折以參伍欲爲淵則句於矩

註謂行停水溝形當如磬直行三折行五以引水大曲流轉則其下成淵

凡溝必因水勢防必因地勢善溝者水漱之善防者水淫之

註漱齧也淫謂水淤泥土留著助之爲厚

凡爲防廣與崇方其閷參分去一大防外閷

註方猶等也閷者薄其上外閷又薄其上厚其下疏三分去一之外又去也

凡溝防必一日先深之以爲式里爲式然後可以傅衆

力

註爲溝爲防程人功也里讀爲已

氾勝之書稻欲溼溼者缺其塍令水道相直夏至後大熱令水道錯

齊民要術水稻薅訖決去水曝根令堅量時水旱而溉之將熟又去水

陳旉農書大抵秧田愛往來活水怕冷漿死水靑苔薄附即不長茂又須隨撒種闊狹更重圍繞作塍貴闊則約水深淺得宜

又所芸之田隨於中間及四旁爲深大之溝俾水竭泥坼次第灌溉已乾燥之泥驟得雨即蘇碎不三五日稻

苗蔚然。殊勝用糞也。
農桑通訣昔禹決九川距四海。濬畎澮距川。然後播奏
艱食。烝民乃粒。此禹平水土。因井田溝洫以去水也。後
井田之法。大備於周。周禮遂人匠人之治。夫間有遂。十
夫有溝。百夫有洫。千夫有澮。萬夫有川。遂注入溝。溝注
入洫。洫注入澮。澮注入川。故田畝之水。有所歸焉。此去
水之法也。若夫古之井田溝洫。脈絡布於草野。旱則灌
溉。潦則泄去。故說者曰。溝洫之於田野。可決而決。則無
水溢之害。可塞而塞。則無旱乾之患。又荀卿曰。修隄防。
通溝洫之水。潦安水藏。以時決塞。則溝洫豈特通水而
已哉。

又周禮稻人稼下地。畜水止水均水舍水寫水之制。與
遂人匠人異。後世灌溉之利。昉於此。秦廢井田開阡陌。
於今數千年。遂人匠人所營之蹟。無復可見。惟稻人之
法。低濕水多之地。猶祖述而用之。天下農田灌溉之利。
大抵多古人之遺迹。如關西有鄭國白公六輔之渠。關
外有嚴熊龍首渠。河內有史起十二渠。自淮泗及汴通
河。自河通渭。則有漕渠。郎州有右史渠。南陽有名信臣
鉗盧陂。盧江有孫叔敖芍陂。潁川有鴻隙陂。廣陵有雷
陂。浙左有馬臻鏡湖。興化有蕭何堰。西蜀有李冰文翁
穿江之跡。皆能灌溉民田。爲百世利。興廢修壞。存乎其
人。言水利者。不必他求。但能修復故跡。足爲興利。

又南方熟於水利。官陂官塘。處處有之。民間所自爲溪
堨水蕩。難以數計。大可灌田數百頃。小可溉田數十畝。
若溝渠陂堨。上置水閘。以備啓閉。若塘堰之水。必置涵
竇。以便通泄。此水在上者。若田高而水下。則設機械用
之。如翻車筒輪戽斗桔槔之類。挈而上之。如地勢曲折
而水遠。則爲槽架連筒陰溝浚渠陂栅之類。引而達之。
此用水之巧者。若不灌及平澆之田爲最。或用車起水
者次之。或再車三車之田又爲次之。其高田旱稻自種
至收。不過五六月。其間或旱。不過澆灌四五次。此可力
致其常稔也。傳子曰。陸田者命懸於天。人力雖修。水旱
不時。則一年功棄。水田制之由人。人力苟修。則地利可

盡。天時不如地利。地利不如人事。此水田灌溉之利也。
方今農政未盡興。土地有遺利。夫海內江淮河漢之外。
復有名水數萬。支分派別。大難悉數。內而京師。外而列
郡。至於邊境。脈絡貫通。俱可利澤。或通爲溝渠。或蓄爲
陂塘。以資灌溉。安有旱暵之憂哉。
又近年懷孟路開浚廣濟渠。廣陵復引雷陂。盧江重修
芍陂。似此等處。畧見舉行。其餘各處陂渠川澤。廢而不
治。不爲不多。倘能循按故跡。或創地利。通溝瀆。蓄陂澤。
以備水旱。使斥鹵化而爲膏腴。汚藪變而爲沃壤。國有
餘糧。民有餘利。然考之前史。後魏裴延儁爲幽州刺史。
范陽有舊督亢渠。漁陽縣郡有故戾諸堰。皆廢。延儁營

造而就溉田萬餘頃爲利十倍今其地京都所在尤宜疏通導達以爲億萬衣食之計夫舉事興工豈無今日之延儁倘有成效不失本末先後之序庶灌溉之事爲農務之大本國家之厚利也

【大學衍義補】井田之制雖不可行而溝洫之制則不可廢今京畿之地地勢平衍率多洿下一有數日之雨即便淹沒不必霖潦之久輒有害稼之苦農夫終歲勤苦盼盼然望此麥禾以爲衣食之計賦役之需垂成而不得者多矣良可憫也北方地經霜雪不甚懼旱惟水潦之是懼十歲之間旱者十一二而潦恒至六七也爲今之計莫若少倣遂人之制每郡以境中河水爲主又隨

地勢各爲大溝廣一丈以上者以達於大河又各隨地勢各開小溝廣四五尺以上者以達於大溝又各隨地勢開細溝廣二三尺以上者委曲以達於小溝其大溝則官府爲之小溝則合有田者共爲之細溝則人各自爲於其田每歲二月以後官府遣人督其開挑而又時常巡視不使淤塞如此則旬日之間縱有霖雨亦不能爲害矣朝廷於此遣治水之官疏通大河使無壅滯又於夾河兩岸築爲長隄高一二丈許則衆溝之水皆有所歸不至溢出而田禾無淹沒之苦生民享收成之利矣是亦王政之一端也

【農政全書】古之立國者必有山林川澤之利斯可以奠基而畜衆川主流澤主聚川則從源頭達之澤則從委處蓄之川流淤阻其害易見人皆知濬治者萬頃之湖千畝之蕩隄岸頹壞鮮知究心甚有縱豪强阻塞規覓小利者不知澤不得川不行川不得澤不止二者相爲體用爲上流之壑爲下流之源全繫乎澤澤廢是無川也況國有大澤潦可爲容不致驟當衝溢之害旱可爲蓄不致遽見枯竭之形必究晰於此而水利之說可徐圖矣

【又】荒政要覽論曰水利之在天下猶人之血氣然一息之不通則四體非復爲有矣故大而江河川澤微而溝洫畎澮其小大雖不同而其疏通導利不可使一息壅

閼則一也故成周溝洫之制與井田並行其捐膏腴之地以爲溝洫損賦稅之重以治溝洫者凡幾也成周之君豈不愛膏腴之地賦稅之入而棄以爲無用之溝洫哉誠以所棄者小而所利者大也然其所以得溝洫之利者治之者非一官領之者非一人營溝行水之制則職之匠人俾任濬導之功止水蓄水之令則領之稻人俾專儲蓄之利夫既有以浚之復有以積之此所以旱潦均無患也

【又】取水之術有四一曰括二曰過三曰盤四曰吸括之道有二一曰獨括急流水中加逼脫可括上數丈也二曰遞括不論急緩但有流水以三輪遞括可利出入也

過之道有二。一曰全過。今之過上龍。必上水高於下水。則可爲之。至則止。二曰二過。以人力節宣。隨氣呼吸。苟上流高於下流一二尺。便可激至百丈以上也。盤之法至多。遞互輪瀉交輪疊盤。可至數里上嶺。但括法必須流水。過法不論行止。必須上流高於下流。盤法在流水用水力。在止水必須風及人畜之力。獨吸法不論行止緩急。不拘泉池河井。不須風水人力。只用機法自然而上。但所取不能多。止可供飲。倘用溉田。必須多作。顧亦易辦。

（又）灌溉圖譜曰。灌溉之利大矣。江淮河漢。及所在川澤。皆可引而及田。以爲沃饒之資。但人情拘於常見。不能通變。間有知其利者。又莫得其用之具。今特多方搜摘。既述舊以增新。復隨宜而制物。或設機械而就假其力。或用挑浚而永賴其功。大可下潤於千頃。高可飛流於百尺。架之則遠達。穴之則潛通。世間無不救之田。地上有可興之雨。其用水有法。概可見。故緝諸篇。庶資農事云。

灌溉具各圖說

水柵　水閘
陂塘　水塘
翻車　牛轉翻車
水轉翻車　筒車
驢轉筒車　高轉筒車
水轉筒車　連筒
架槽　戽斗
刮車　桔槔
轆轤　瓦竇
石籠　浚渠
陰溝　水井
缶　綆
水篣

大水柵

水柵圖說

水柵排木障水也。若溪岸稍深。田在高處。水不能及。則於溪上流作柵遏水。使之旁出下溉。以及田所。其制當流列植豎樁。樁上枕以伏牛。擗以杙木。仍用塊石高壘衆楗。斜以邀水勢。此柵之小者。秦雍之地所拒川水。率用巨柵。其蒙利之家。歲例量力均辦。所需工物。乃深植樁木。列置石囤。長或百步。高可尋丈。以横截中流。使旁入溝港。凡所溉田畝。計千萬號爲陸海。此柵之大者。其餘境域雖有此水而無此柵。非地利素不彼若。蓋工力所未及也。

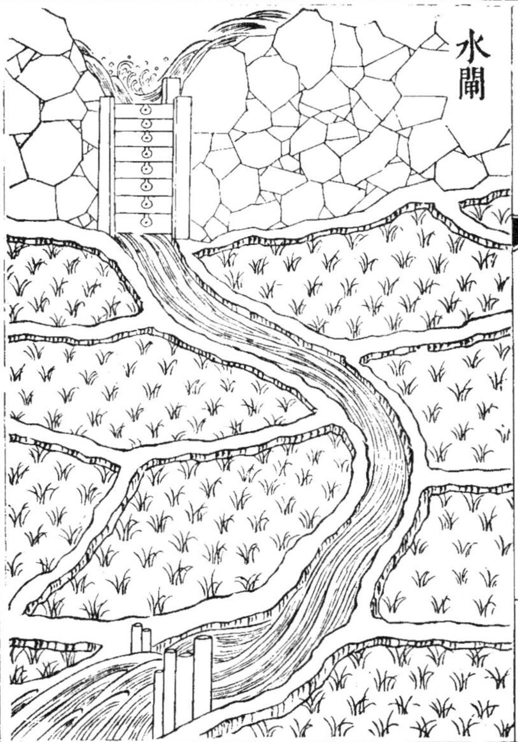

水閘圖說

水閘開閉水門也。間有地形高下。水路不均。則必跨據津要。高築堤堰匯水。前列斗門。甃石爲壁。疊木作障。以備啓閉。如遇旱涸。則撒水灌田。民賴其利。又得通濟舟楫。轉激碾磑。實水利之總揆也。

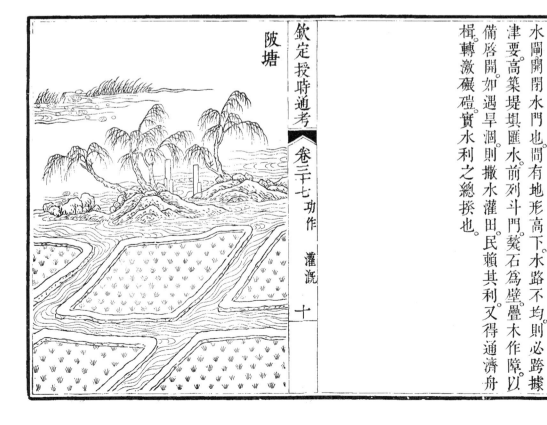

陂塘圖說

陂塘。說文曰。陂。野池也。塘。猶堰也。陂必有塘。故曰陂塘。其溉田大則數千頃。小則數百頃。考之書傳。盧江有芍陂。潁川有鴻隙陂。黃陵有雷陂。愛敬陂。陽平沛郡有鉗盧陂。餘難徧舉。故跡猶存。因以爲利。今人有能別度地形。亦效此制。足溉田畝千萬。比作田圍。特省工費。又可畜育魚鱉。栽種菱藕之類。其利可勝言哉。

水塘圖說

水塘。卽洿池。因地形坳下。用之瀦蓄水潦。或修築圳堰。以備灌溉田畝。兼可畜育魚鱉。栽種蓮芡。俱各獲利累倍。大凡陸地平田。別無溪澗井泉以溉田者。救旱之法。非塘不可。江淮之間。在在有之。然官民異屬。各爲永業。

翻車圖說

翻車今龍骨車也。魏畧曰。馬鈞居京城。有田園無水以灌。作翻車。又漢靈帝使畢嵐作翻車。設機引水。灑南北郊路。今農家用之。其制車身用板作槽。長可二丈。濶不等。或四寸至七寸。高約一尺。槽中架行道板。隨槽濶狹。兩頭短尺許。用置大小輪軸。同行道板上下。遍以龍骨板。上大軸兩端各帶拐木四。置岸上木架間。人憑架上。踏動拐木。則龍骨板隨轉。循環刮水上岸。關楗頗多。必用木匠成造。若岸高可用三車。中間小池。搬水上之。足救三丈已上之田。機巧爲最。

牛轉翻車

牛轉翻車圖說

牛轉翻車。如無流水處用之。其車比水轉翻車臥輪之制。但去下輪。置於車傍岸上。用牛拽轉輪軸。則翻車隨轉。比人踏功將倍之。

水轉翻車

水轉翻車圖說

水轉翻車。其制與踏翻車俱同。但於流水岸邊。掘一狹塹。置車於內。車之踏軸外端。作一豎輪。豎輪之旁。架木立軸。置二卧輪。其上輪適與車頭豎輪輻支相間。乃擗水旁激。下輪既轉。則上輪隨撥車頭豎輪。而翻車隨轉。倒水上岸。此是卧輪之制。若作立軸。當別置水激立輪。其輪輻之末。復作小輪。輻頭稍寬。以撥車頭豎輪。此立輪之法也。然亦當視其水勢。隨宜用之。其水日夜不止。絕勝踏車。徐光啓曰。此却未便。水勢太猛。龍骨板一受齟齬。即決裂不堪。與今風水車同病。若長流水中。不如筒車爲穩。平流用風。別有一法。

筒車

筒車圖說

筒車。流水筒輪。凡制此車。先視岸之高下。定輪之大小。須輪高於岸。筒貯於槽。方爲得法。其車之所在。自上流排作石倉。斜擗水勢。急湊筒輪。其輪就軸作轂。軸之兩旁。閣於椿柱山口之內。輪軸之閒。除受水板外。又作木圈。縛繞輪上。就繫竹筒或木筒於輪之一週。水激轉輪。衆筒兜水。次第傾於岸上。所橫木槽。謂之天池。以灌田稻。日夜不息。絕勝人力。若水力稍緩。亦有木石制爲陂柵。橫約溪流。旁出激輪。又省工費。或遇流水狹處。但壘石斂水湊之。亦爲便易。

驢轉筒車

驢轉筒車圖說

驢轉筒車。卽前水轉筒車。但於轉軸外端。別造豎輪。豎輪之側岸上。復置臥輪。與前牛轉翻車之制無異。凡臨坎井。或積水淵潭。可澆灌園圃。勝於人力汲引。徐光啓曰。此却太拙。筒車之妙。妙在用水。若用人畜之力。是水行迂道。比於翻車。枉費十分之三。

高轉筒車

高轉筒車圖說

高轉筒車。其高以十丈爲準。上下架木。各豎一輪。下輪半在水內。各輪徑可四尺。輪之一周。兩旁高起。其中若槽。以受筒索。其索用竹。均排三股。通穿爲一。隨車長短。如環無端。索上離五寸俱置竹筒。筒長一尺。筒索之底。托以木牌。長亦如之。通以鐵線縛定。隨索列次。絡於上下二輪。復於二輪旁索之間。架刳木平底行槽。一連上與二輪相平。以承筒索之重。或人踏。或牛拽。轉上輪。則筒索自下兠水。循槽至上輪。輪首覆水。空筒復下。如此循環不已。日所得水。不減平地車戽。若積爲池沼。再起一車。計及二百餘尺。如田高岸深。或田在山上。皆可及也。所轉上輪。形如輻制。易繳筒索。用人則如輪軸一端作掉枝。用牛則制作豎輪。如牛轉翻車之法。或於輪軸兩端。造作拐木。如人踏翻車之制。若筒索稍慢。則量移上輪。其餘措置。當自忖度。不能悉陳。徐光啓曰。此製却可用之急流。挈水雖少。而行地頗高。若在平水。亦須用人畜之力。然猶勝挈缾也。但車戽之制。獨平水爲難耳。若果係迅流。卽數里可激而上。此區區者何足以云。別有水轉筒車。與高轉筒車之制同。故著其說於後。圖不再見。

水轉筒車。遇有流水岸側。欲用高水。可立此車。其車亦高轉筒車之制。但於下輪軸端。別作豎輪。旁用臥輪撥之。與水轉翻車無異。水輪既轉。則筒索兠水。循槽而上。餘如前例。又須水力相稱。如打碾磨之重。然後可行。日夜不息。絕勝人牛所轉。此誠秘術。今表暴之。以諭來者。

連筒圖說

連筒。竹通水也。凡所居相離甚遠。不便汲用。乃取大竹。內通其節。令本末相續。連延不斷。閣之平地。或架越澗谷。引水而至。又能激而高起數丈。注之池沼。及庖湢之間。如藥畦蔬圃。亦可供用。杜詩所謂連筒灌小園。徐光啓曰。豈有激而高起之理。若能高起。必是上流受處。高於下流洩處故也。果高則百丈亦可。不高則分寸不能。但是上流高於下流一二尺。即能取水至百丈之上。此則制作之巧耳。

架槽圖說

架槽。木架水槽也。間有聚落去水既遠。各家共力造木為槽。遞相嵌接。不限高下。引水而至。如泉源頗高。水性趨下。則易引也。或在窪地。則當車水上槽。亦可遠達。若遇高阜。不免避礙。或穿鑿而通。若遇坳險。則置之叉木。駕空而過。若遇平地。則引渠相接。又左右可移。鄰近之家。足得借用。非惟灌溉多便。抑可潴蓄為用。暫勞永逸。同享其利。

戽斗圖說

戽斗。挹水器也。唐韻云。戽。抒也。抒水器挹也。凡水岸稍下。不容置車。當旱之際。乃用戽斗。控以雙綆。兩人掣之。抒水上岸以溉田稼。其斗或柳筲。或木罍。從所便也。徐光啓曰。此是岸下不必置車。或所用水少。權作此耳。若以溉田。卽岸下亦是置車為妙。

刮車圖說

刮車。上水輪也。其輪高可五尺。輻頭濶至六寸。如水頗下田可用此。其先於岸側掘成峻槽。與車輻同濶。然後立架安輪。輪軸半在槽內。其輪軸一端。擐以鐵鉤木拐。一人執而掉之。車輪隨轉。則衆輻循槽刮水上岸。溉田便於車戽。徐光啓曰。此必水與岸相去止一二尺方可用。若歲潦用以出水圩外尤便。若並流水。便可激輪出入。則不煩人畜。其利甚博也。

桔槔圖說

桔槔。挈水械也。通俗文曰。桔槔機汲水也。說文曰。桔結也。所以固屬槔。臯也。所以利轉。又曰。槔緩也。一俯一仰。有數存焉。不可速也。然則桔其植者。而槔其俯仰者歟。莊子曰。子貢過漢陰。見一丈人方將爲圃畦。鑿隧而入井。抱甕而出灌。搰搰然用力甚多而見功寡。子貢曰。有械於此。一日浸百畦。鑿木爲機。後重前輕。挈水若抽。數如泆湯。其名曰槔。又曰。獨不見夫桔槔者乎。引之則俯。舍之則仰。今瀕水灌園之家。多置之。實古今通用之器。用力少而見功多者。

轆轤圖說

轆轤。纏綆械也。唐韻云。圓轉木也。集韻作櫝轆。汲水木也。井上立架置軸。貫以長轂。其頂嵌以曲木。人乃用手掉轉。纏綆於轂。引取汲器。或用雙綆而順逆交轉。所懸之器。虛者下。盈者上。更相上下。次第不輟。見功甚速。凡汲於井上。取其俯仰則桔槔。取其圓轉則轆轤。皆挈水械也。然桔槔綆短而汲淺。獨轆轤深淺俱適其宜也。

徐光啓曰。此大拙。不如吸法爲妙。吸法有二。一用人力。工費力省。一不用人力。作之少費工料。用之却甚利益。

瓦竇圖說

瓦竇。泄水器也。又名函管。以瓦筒兩端牙鍔相接。置於塘堰之中。時放田水。須預於塘前堰內疊作石檻。以護筒口。不然。則水湊其處。非惟艱於窒塞。抑以衝渲滲漏。不能久穩。必立此檻。其竇乃成。

石籠圖說

石籠。又謂之臥牛。判竹。或用藤蘿。或木條。編作圈眼。大籠長可二三丈。高約四五尺。以籤樁止之。就置田頭。內貯塊石。以擗暴水。或相接連延遠至百步。若水勢稍高。則壘作重籠。亦可遏止。如遇隈岸盤曲。尤宜周折。以禦奔湨。併作洄流。不致衝傷埂岸。農家瀕溪護田。多用此法。比於起疊隄障。甚省工力。

浚渠

浚渠圖說

浚渠。凡川澤之水。必開渠引用。可入於田。考之古。有溝洫畎澮以治田水。書云。濬畎澮距川是也。疏鑿已遠。井田變古。後世則引水爲渠。以資沃灌。按史記。秦鑿涇爲渠。又關西有鄭國白公六輔之渠。外有龍首渠。河內有史起十二渠。今懷孟有廣濟渠。俱各溉田千百餘頃。利澤一方。永無旱暵。

陰溝

陰溝圖說

陰溝。行水暗渠也。凡水陸之地。如遇高阜形勢。或隔田園聚落。不能相通。當於穿岸之旁。或溪流之曲。穿地成穴。以磚石爲圈。引水而至。若別無隔礙。則當踏視地形。用策索度其高下。及經由處所。畫爲界路。先引濬犁耕過。後復浚掘。乃作甃穴。上覆元土。亦是一法。如灌溉之餘。常流不絕。又可蓄爲魚塘蓮蕩。其利亦博。或貫穿城邑巷陌。及注之園囿池沼。悉周於用。雖遠近大小深淺曲直不同。然皆洑流內達。膏澤旁通。水利之中。最爲永便。

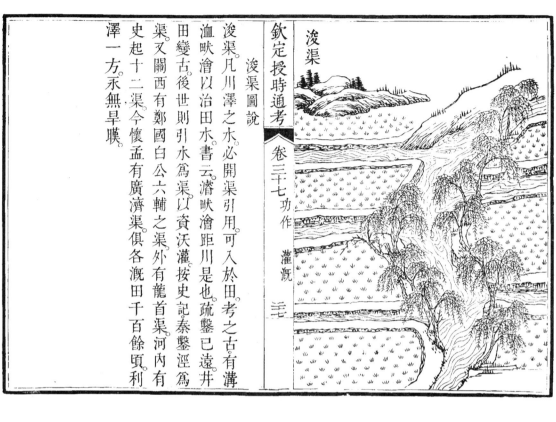

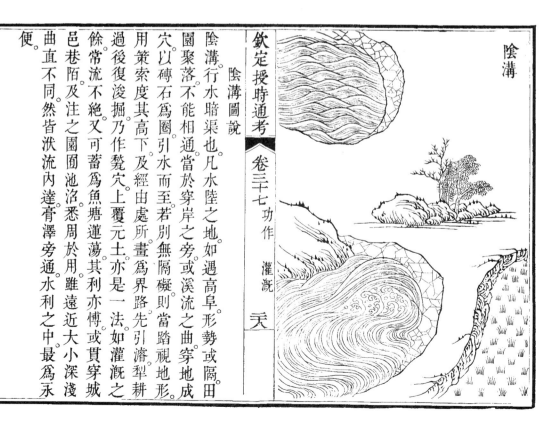

水井

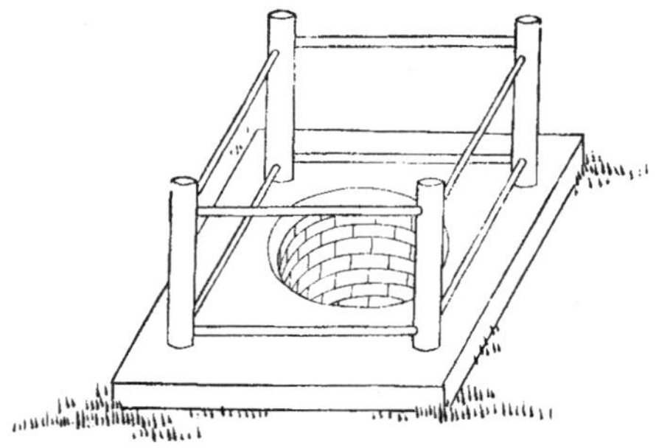

井圖說

井地穴出水也說文曰清也故易曰井洌寒泉食甃之以石則潔而不泥汲之以器則養而不窮井之功大矣按周書云黄帝穿井又世本云伯益作井堯民鑿井而飲湯旱伊尹教民田頭鑿井以溉田今之桔槔是也此皆人力之井也若夫巖穴泉竇流而不窮汲而不竭此天然之井也皆可灌溉田畝水利之中所不可闕者

缶

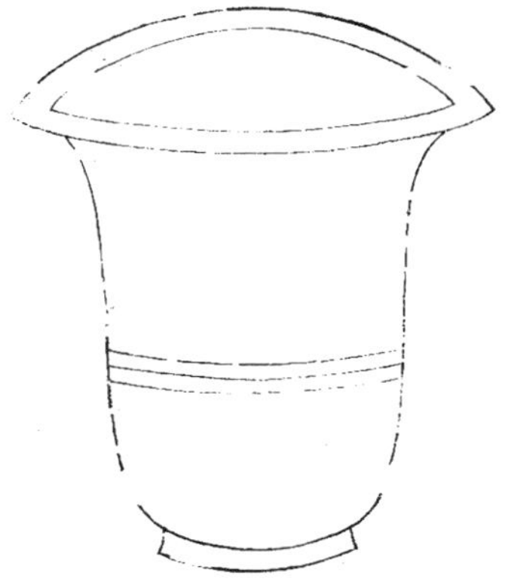

缶圖說

缶汲水器左傳宋災樂喜爲政具綆缶杜註缶汲器爾雅疏云比卦初爻有孚盈缶註云辰在爻木上值東井井之水人所汲用缶楊惲傳曰田家作苦歲時伏臘烹羊炰羔斗酒自勞酒後耳熱仰天擊缶而呼烏烏應劭曰缶瓦器也今汲器用瓦缶之遺制也

綆

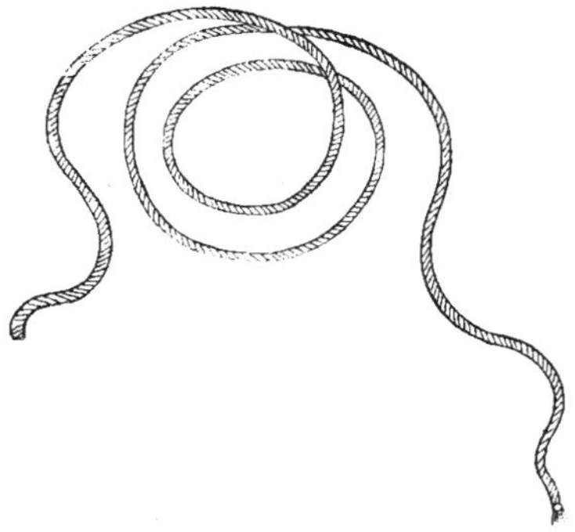

綆圖說

綆郭璞云。汲水索也。易卦云。汔至亦未繘井。方言繘。自關而東。周洛韓魏間。謂之綆。或謂之絡。關西謂之繘。綆。或作航。俗謂井索。下繫以鉤。今汲用之家。必有轆轤。爲綆設也。

水篣

水篣圖說

水篣集韻云。竹箕也。又籠也。夫山田利於水源在上。間有流泉飛下。多經磴級。不無混濁泥沙。淤灘畦埂。農人乃編竹爲籠。或木條爲捲笆。承水透溜。乃不壞田。

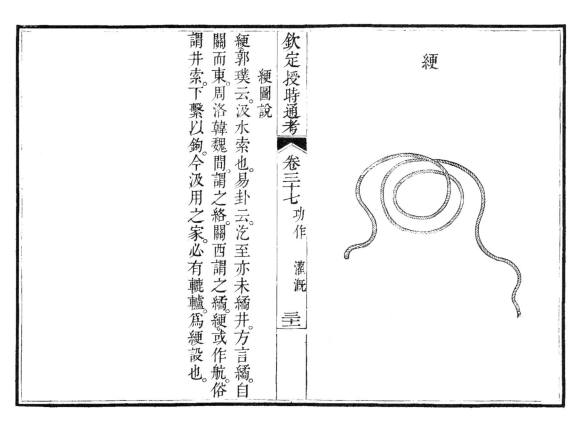

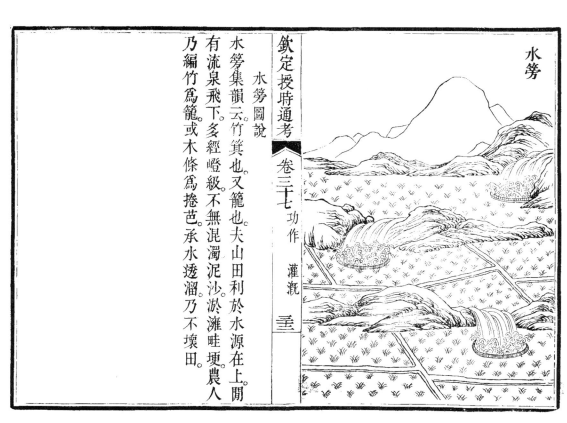

欽定授時通考卷三十八

功作

泰西水法

用江河之水爲器一種

龍尾車記

龍尾車者河濱挈水之器也治田之法旱則挈江河之水入焉潦則挈田間之水出焉治水之法淺涸則挈水而入方舟焉疏濬則挈水而出畚鍤焉不有水之器不得水之用三代而上僅有桔槔東漢以來盛資龍骨龍骨之制曰灌水田二十畝以四三人之力旱歲倍焉高地倍焉駕馬牛則功倍費亦倍焉溪澗長流而用水大

澤平曠而用風此不勞人力自轉矣枝節一蔓全車悉敗焉然而南土水田支分櫛比國計民生于焉是賴即茲器所在不爲無功已獨其人終歲勤動尚憂衣食至北土旱災赤地千里欲拯斯患宜有進焉今作龍尾車物省而不煩用力少而得水多其大者一器所出若決渠焉累接而上可使在山是不憂高田築爲堤塍而出之計日可盡是不憂潦歲與下田去大川數里數十里鑿渠引之無論水稻若諸水生之種可以必濟即黍稷菽麥木棉蔬菜之屬悉可灌溉是不憂旱潦治之功出水當五分之一今省十九焉是不憂疏鑿龍蟠之斗旱熯之年上源枯竭穿渠旁引多用此器下流之水可令復上是不憂漕也蓋水車之屬其費力也以重水車之重也以障水以帆風以運旋本身龍尾者入水不障水出水不帆風其本身無銖兩之重且交纏相發可以力轉二輪遞互連機可以一力轉數輪故用一人之力常得數人之功又向所言風與水能敗龍骨之車也在鶴膝斗板龍尾者無鶴膝無斗板器居水中環轉而已湍水疾風彌增其利故用風水之力而常得人之功若有水之地悉皆用之竊計人力可以半省天災可以半免歲入可以倍多財計可以倍足方于龍骨之類大畧勝之然而千慮之一以當起予可也智士用之曲盡其變不盡方來或者無煩覼縷焉

龍尾一圖

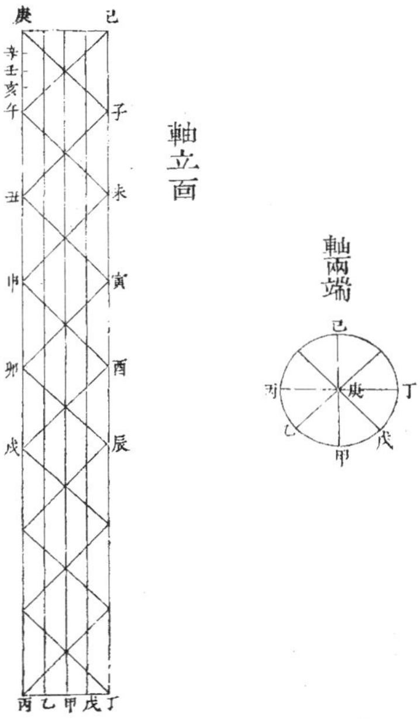

龍尾二圖

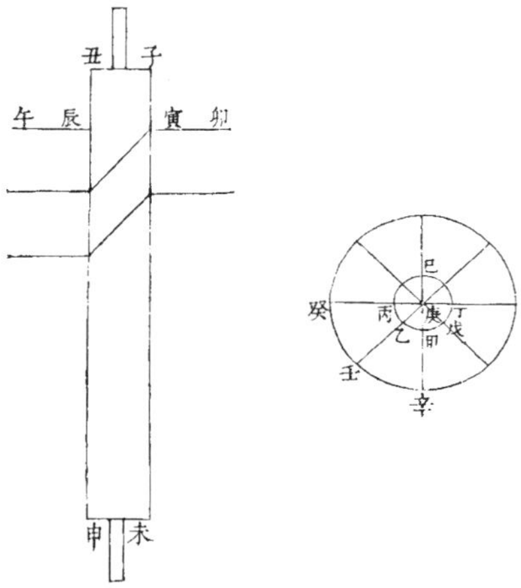

龍尾三圖

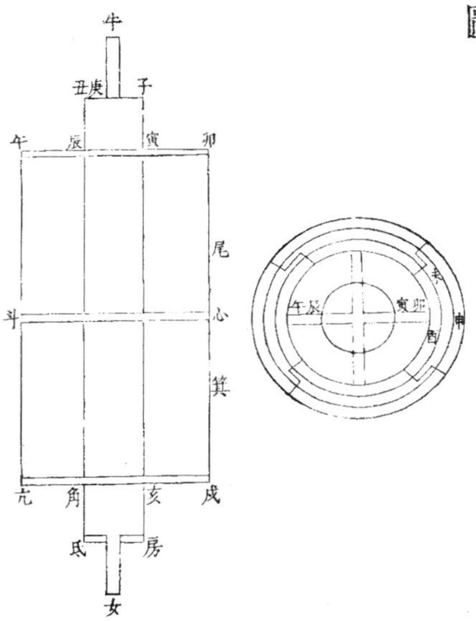

龍尾四圖

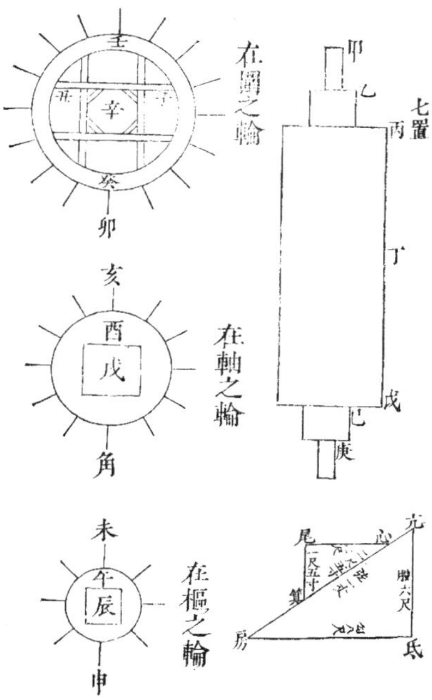

龍尾五圖

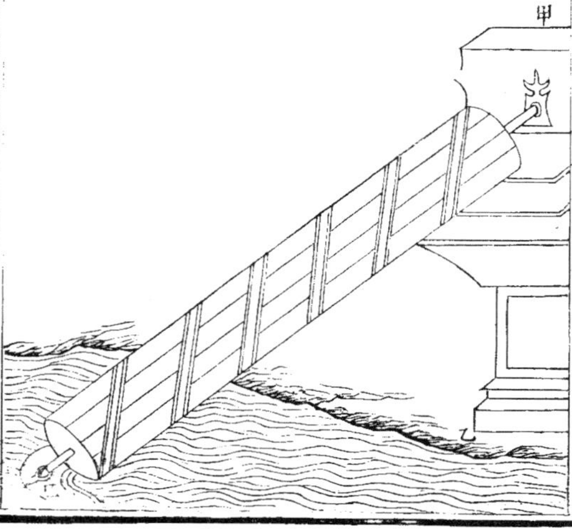

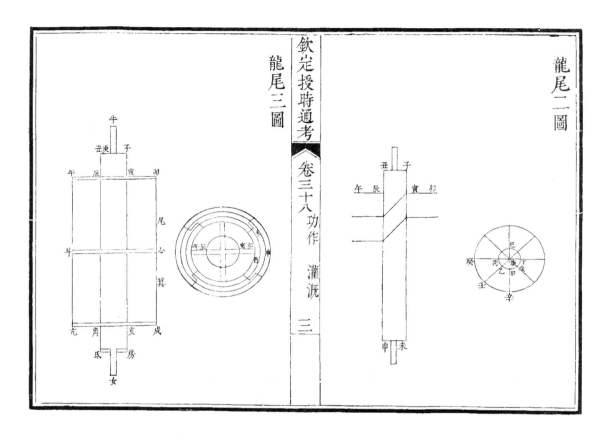

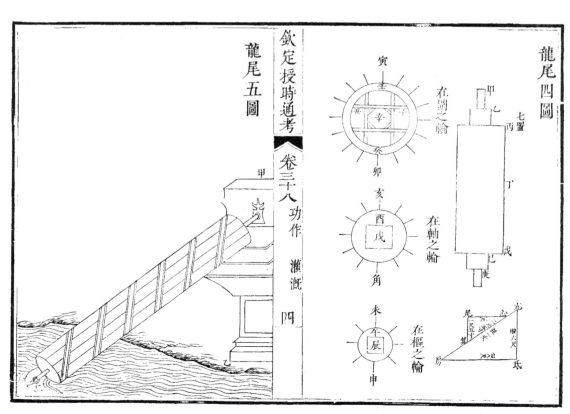

龍尾圖說

龍尾者水象也象水之宛委而上升也龍尾之物有六一曰軸軸者轉之主也水所由以下而爲上也二曰墻墻者以束水也水所由上也三曰圍圍者外體也所以爲固抱也四曰樞樞者所以爲利轉也五曰輪輪者所以受轉也六曰架架者所以制高下也承樞而轉輪也六物者具斯成器矣或人焉或水焉風焉馬牛焉巧者運之不可勝用也

一曰軸

圜木爲軸長短無定度視水之淺深斟酌焉而爲之度二十五分其軸之長以其二爲之徑木之圜必中規而

上下等以八繩附臬之法八平分其軸之周直繩而施之墨軸之兩端因直繩之兩端而施之墨八繩之交得軸之心也以八平分之一分爲度以度八繩之墨皆平行相等而爲之界以句股求弦之法兩界斜相望而墨爲之弦弦之竟軸而得一螺旋之墨因螺旋之墨而立之墻爲螺墻墻之間而得螺旋之溝爲螺溝螺溝者水道也軸得一墨焉則得一墻焉一溝焉水得一道焉或二之或三之四之以上同于是多則均一則專惟所爲之旣墻而圍之旣建而迤之而轉之水則自螺旋之孔入也水之入於螺旋之孔也水自以爲已下也而不自知其已上也故曰軸者轉之主也水所由以下而爲上也

注曰圜與圓同量水淺深者下文言句四股三弦五則岸高九尺者軸之長當一丈五尺也凡作軸皆度岸高以三五之法準之二十五分之二者如軸長一丈則徑八寸如本篇第一軸立面圖巳丁長一丈則丁丙之徑八寸也此畧言軸欲大耳若徑至三寸以上不嫌長丈八寸以上不嫌長二丈也軸過小則水爲之不升八繩附臬者周禮樹八尺之臬縣八繩下垂皆附于臬今軸身作線大畧似之也八平分者如軸兩端圖甲乙丙丁戊圈爲軸之周所分甲乙乙丙等八分者平分度也軸之兩端卧其軸各作巳甲過

心線依法分之郎上下合也次于軸兩端之邊依所分各界兩兩相對各作平行直線八線附木皆平直是爲八平分軸之周如立面圖巳丁庚丙諸線是也次于兩端各作甲巳丁丙諸線則得軸兩端之各庚心也以八平分之一爲度者謂以甲乙爲度從庚至辛作庚辛辛壬等短界線至丙而止八線皆如之各線之短界線皆平行皆相等也墨爲之弦者從庚向癸以句股法作庚癸斜弦線內纒之至子外纒之至丑至寅至卯至辰斜纒軸面竟軸而止則得一螺旋線也單線則爲單墻單溝也若欲爲雙溝者則平分庚丑線得午從午外上向巳內下向未亦依法作螺

旋線也。若作四槽者。又平分庚午于壬。依法作之。欲作三槽六槽九槽者。先分軸爲九平分。欲作五槽十槽者。先分軸爲十平分。依法作之。

二曰墻

軸之上。因各螺旋之繩而立之墻。墻之法。或編之。或累之。皆塗之。墻之兩端。不至于軸之兩端。其至也無定度。惟所爲之。以樞之短長稱之。八分其軸長。以其一爲墻之高。可減也。不可加也。墻其累之也。欲堅而無墮也。其編之也。欲密而平也。其塗之也。欲均而無罅也。兩墻之間謂之溝。溝水道也。水行溝中。而墻制之。使無下行也。故曰墻者所以束水也。水所由上。

注曰。編墻之法。削竹爲柱。依螺旋之線而立之。每立一柱。卽與軸面之八平分長線爲直角。如立柱于本篇一圖之午。卽柱爲垂線。與庚丙長線爲直角也。而又與軸兩端之丙丁爲一直線也。若本篇二圖之癸丙是也。削柱欲均。安柱欲正。列柱欲順。立柱欲齊。既畢則以繩編之。畧如織箔之勢。繩以麻。或紵。或菅。或布。或篾。惟所爲之。既畢以瀝青和蠟。或和熟桐油。和石灰。瓦灰塗之。或以生漆和石灰瓦灰塗之。凡瀝青加蠟與桐油。取和澤而止。石瓦灰相半。桐油或漆和之。取燥濕得宜而止。累墻之法。取柔木之皮。如桑槿之屬。剝取皮。裁令廣狹相等。以瀝青和蠟。依螺旋之線。層層塗而積之。累畢。如前法塗之。既畢。而兩墻之間成螺旋之溝。水從溝行。而墻不漏者。是墻之善也。八分之一者。如軸長八尺。則墻高一尺。此亦畧言高之所至也。一以下任意作之。故曰可減不可增一法。若欲爲長軸。則墻之高與軸之徑等。

三曰圍

墻之外。削版而圍之。版欲無厚。墻之兩端。順墻柱之勢。穿軸而立四柱焉。依墻之高而束之。環圍板之端。入于環圍之外。以鐵爲環而約之。長者中分圍之長。以鐵環約之。又長者三分其長。以兩環約之。圍之版。其相合也。與其合于墻之上也。皆合之。以塗墻之齊。圍之外。皆塗之。以受雨露也。圍其合也。欲無罅。圍之合于墻也。欲無罅。有圍故水入螺旋之孔而不絕。無罅故水行于螺旋之溝而不洩。則水旋而上也。故曰圍者外體也。所以爲固抱也。

注曰。圍之板。量圍徑之大小。與其長。酌全體之重輕而制厚薄焉。其長竟墻。其廣一寸以上。視圍徑之小大增損之。太廣而合之。則角見也。其內面稍剡之。以就墻之圓。外面者圓。既合而刷之。當墻之盡。穿軸爲四柱者。所以居環而受圍也。如本篇三圖之卯寅辰午等是也。環以堅韌之木爲四弧。弧各加于環柱之上。合之成環焉。環之下方。或爲溝焉。居中以受圍板之端。或居外。或居內。爲刻而受之。如爲溝于未。此居中也。爲刻于申。此居外也。于酉。居內也。鐵環之束。在兩端者。與木環相抵。卯午也。戌亢也。或中分約之者。心斗是也。若兩中環者。則在尾與箕也。或不用鐵環以繩約之而塗之。齊與劑同。合以塗墻之劑者。瀝青和蠟。或油灰。或漆灰也。若塗圍之周者。則漆灰爲上。油灰次之。瀝青和蠟者。恐不耐暑日也。爲下而欲速成。則用之。欲解而時修。則用之。是者暑日架之。則以苫蓋之。水入于螺旋之孔者。孔在環之內。軸之外。四柱之中。戌亥角亢之間是也。雖下向必入者。以迤故。水趨於圍也。既其出則在卯寅辰午之間矣。一法墻

之兩端。以二圓版蓋之。開圍板之下端而水入之。開上端之圓板而出之。其效同焉。

四曰樞

軸之兩端。鐵爲之樞。當心而立之。樞之用在圍。輪在圍。若在軸者。皆圜之。輪在上樞。方其上樞之上。輪在下樞。方其下樞之下。方之者。以居輪立樞欲正欲直。不正不直者。輕重不倫也。既正既直。輕重均。轉之如將自轉焉。則雖大而無重也。故曰樞者。所以爲利轉也。

注曰。當心者。本篇一圖之庚心也。樞之大小長短無定度。量全體之輕重。制大小焉。量輪之所在。與地之所宜。制短長焉。輪所在者有七。下方詳之也。方則止。

故可以居輪。正者。當庚之心。直者。與軸端圓面爲直角。與軸上八平分線。俱爲一直線也。求正尚有軸端諸線可憑。求直稍難焉。今立一試法。視一圖軸兩端諸分線。以規一抵軸端邊之乙。一抵樞之頂心爲度。次去乙抵戌量之。又去戌抵已量之。皆至于樞之頂心者。卽樞直也。如將自轉者。成速之甚也。

五曰輪

輪有七置。輪有三式。七置者。當圍之中焉。圍之兩端焉。軸之兩端焉。兩樞焉。在圍者。夾其圍而設之輻。輻之末周之以輞焉。輞樹之齒焉。在軸與樞者。方其處而入之轂。轂樹之齒焉。凡輪皆以他輪之齒發之。其疾徐之數。

視輪與他輪之大小焉。其齒之多寡焉。故輪欲密附而少爲之齒。輪附而齒少。他輪大而齒多。則其出水也必疾矣。故曰輪者。所以爲受轉也。

注曰。輪有七置者。因地勢也。量物力也。相大小而制疾徐也。在圍之中者。本篇四圖之丁是也。在圍之兩端者。丙與戌是也。在軸之兩端者。乙與已是也。在兩樞者。甲與庚是也。若車大而軸長。出水之地高。則在丁矣。若平地受水。而用人力畜力風力者。當在甲乙丙矣。用水力。當在戌已庚矣。夾圍之輻。子丑之類是也。辛者。容圍之空也。壬癸。輞也。寅卯之類。齒也。方其處者。軸與樞當受轂之處也。辰。入樞之空也。戌。入軸

之空也。午。轂也。酉亦轂也。未申亥角之類。皆齒也。他輪者。或人車。或馬牛羸車。或風車。或水車之輪也。此諸車之輪者。非謂其大卧輪也。蓋指接輪焉接輪者。農家所謂撥子是也。試言人車。則有卧軸也。卧軸之一端。有接輪。卧軸之上。有拐木也。今于甲乙丙。任置一輪焉。如置在軸之乙輪。卽以卧軸之接輪。交于乙輪。人踐拐木而轉之。接輪與乙輪相發也。若馬牛羸車。及風車。則有卧軸也。卧軸之兩端。皆有接輪。今以其一交于乙輪。以其一交于彼車之大卧輪。駕畜焉。飄風焉而轉之。接輪與乙輪相發也。若水轉之車則有卧軸也。卧軸之一端有接輪。卧軸之上有立輪。立

輪之外。有受水之箑也。今于戊己庚。任置一輪焉。如置在軸之己輪。卽以卧輪之接輪。交于己輪。水激于箑。而卧軸爲之轉。接輪與己輪相發也。疾徐之數。與他輪相視者。如乙己之輪齒十二。人車之接輪齒十二。是拐木一轉而得一轉也。如樞輪之齒八。而人車之接輪齒十六。是拐木一轉而得二轉也。人車之接輪齒二十四。是一轉而得三轉也。若樞輪之齒八。而駕畜飄風之卧輪齒七十二。是一轉而得九轉也。故曰輪欲密附。密附則齒爲之少。他輪欲大。大則齒多。然而密者過密焉。則力爲之不任。大者過大焉則遲。故曰。因地勢。量物力。相大小。而制徐疾焉。今圖樞輪

之齒八。軸輪十二。圜輪十六。約畧作之。非定率也。趣欲使兩輪之交。疎密相等焉。長短相入焉。相關相發而不滯則足矣。其小者欲無用輪。方其樞之末別爲衡。衡之一端。入于樞焉。其一端植之柱焉。柱之體圓。又爲之掉枝而首爲圓孔焉。以掉枝之圓孔入于柱而轉之。若大者而欲無用輪。則以兩掉枝。同加于柱。兩人對執而轉之。最大者。兩掉枝之末。各爲持衡。四人或六人。對持其衡而轉之。

六曰架

架者。一上一下。皆爲砥柱。或木焉。或石焉。或瓴甋焉。柱之植。欲堅以固也。下柱居水中。以鐵爲管。施之柱首。迤

而上向。以受下樞之末。制管高下。量水之勢。令得入于螺溝之下孔而止也。上者居岸。以鐵爲管。施之柱首。迤而下向。以受上樞之末。若輪與衡。在上樞之末者。則中樞而設之頸。以鐵爲山口而架樞其上。出其樞之末。以受輪與衡也。制高下之數。以句股爲法。而軸心爲之弦。弦五焉。則句四焉。股三焉。過偃則不高。過高則不升。

注曰。瓴甋。甎也。堅者。其本體堅。固者。其立基固也。上柱者。本篇五圖之甲乙是也。下柱者。丙丁是也。上管以受上樞。戊也。下管以受下樞。己也。句股法者。一高一下。如四圖之亢房線而置之。令上樞之末在亢。下樞之末在房也。三四五者。如上樞之末爲亢。至下樞

之末爲房長一丈。如法置之。則自下樞之末房依地平作平行線。自上樞之末亢作垂線。而兩線相遇于氐。其亢氐線必長六尺。氐房線必長八尺也。若迤建于岸之側。謂無從作垂線者。則以句股法反用之。以圜板爲倒弦。別作一尾箕垂線爲股。尾爲直角。作尾心橫線爲倒句。若尾箕長一尺五寸。偃仰移就之。令尾心長二尺。即心箕必二尺五寸。而亢房線必合三四五之句股法也。凡圜板長一丈。水高必六尺。求多焉不可得。相水度地制器者以此計之。若水過深。岸過高。器不得過長。則累接而上之。累接之法。亦以接輪交而相發也。

用井泉之水。爲器二種。

玉衡車記

玉衡車者。井泉挈水之器也。既遠江河。必資井養。井汲之法。多從綆缶囊㼚。朝夕未覺其煩。所見高原之處。用井灌畦。或加轆轤。或藉桔槔。似爲便矣。乃俛仰盡日。潤不終畝。聞三晉最勤。汲井灌田。旱熯之歲。八口之力。晝夜勤動。數畝而止。他方習惰。既見其難。不復問井灌之法。歲旱之苗。立視其槁。饑成以後。非殍則流。吁可憫矣。今爲此器。不施綆缶。非藉轆轤。無事桔槔。一人用之。可當數人。若以灌畦。約省夫力五分之四。高地植穀。家有一井。縱令大旱。能救一夫之田。數家共井。亦可無饑餓

流亡之患。若資飲食。則童幼一人。足供百家之聚矣。且不須俛仰。無煩提挈。畧加斡運。其捷若抽。故煙火會集之地。一井之上。尚可活一㷀民也。

玉衡一圖

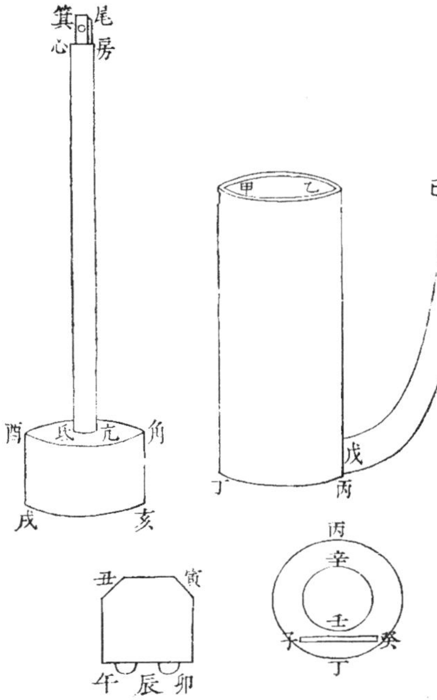

玉衡二圖

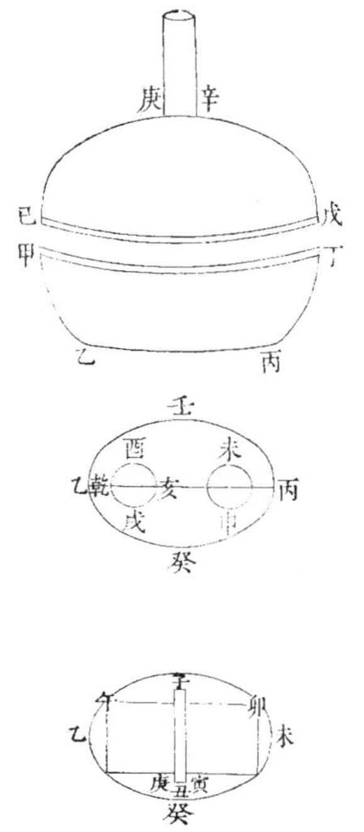

玉衡三圖

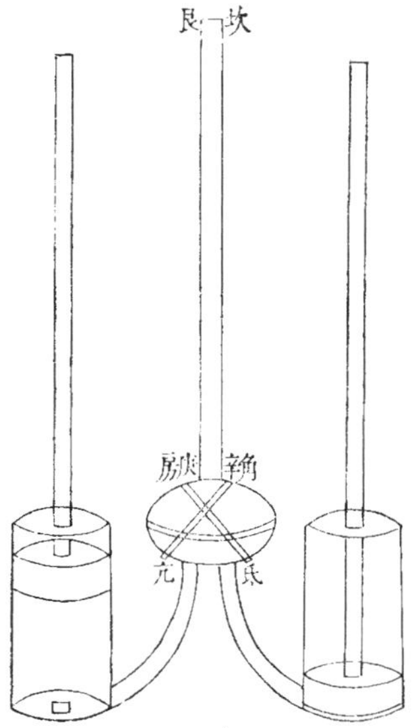

玉衡四圖

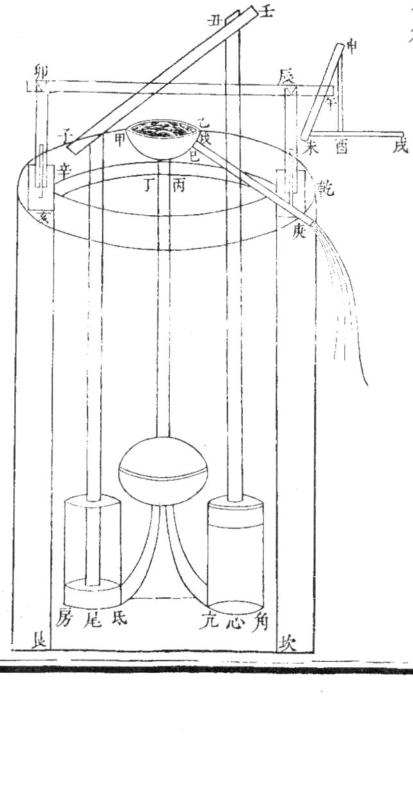

玉衡圖說

玉衡者。以衡挈柱。其平如衡。一升一降。井水上出。如趵突焉。玉衡之物有七。一曰雙筩。雙筩者。水所由代入也。二曰雙提。雙提者。水所由代升也。三曰壺。壺者。水之總也。水所由續而不絕也。四曰中筩。中筩者。壺水所由上也。五曰盤。盤者。中筩之水所由出也。六曰衡軸。衡軸者。所以挈雙提下上之也。七曰架。架者。所以居庶物也。七物者備。斯成器矣。更爲之機輪焉。巧者運之。不可勝用也。

注曰。趵突。泉水上出也。

一曰雙筩

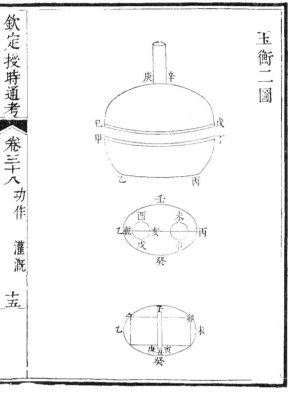

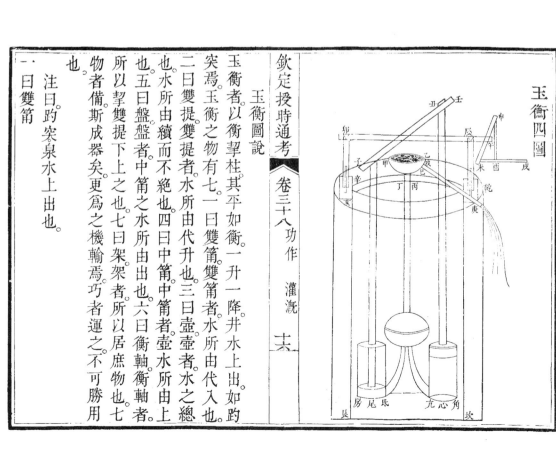

練銅或錫爲雙筩。其圜中規而上下等。半其筩之長以爲之徑。下有底。中底而爲之圜孔。以其底之半徑爲孔之徑。筩之旁齊于底而樹之管。管外出而上迤也。管之容。其圜中規。管之下端。抒之以合於筩。開筩之下端爲揹孔。融錫而合之于管。管之上端。亦抒之。旣樹之。則與筩之邊爲平行。三分其底之徑。以其一爲管之徑。底之圜孔。爲之舌以揜之。舌者方版。方版之旁爲之樞。底孔之旁爲之紐。樞入於紐。如戸焉而開闔之。舌之開闔與管之孔。無相背也。紐居左則管居右。舌其合于底也欲密。管之孔。合于筩之孔。欲利而無罅。樞紐之動也欲不滯。凡水入也。必從其底之孔也。有舌焉。而開闔之。開之則入。闔之則不出。左開則右闔矣。是左入而右不出也。是恆有一孔焉。入而終無出也。故曰雙筩者。水所由代入也。

注曰。凡徑。皆言圓孔也。內不與焉。如本篇一圖。甲至乙丙至丁是也。半長爲徑者。徑三寸則筩長六寸。如丁丙廣三寸。則甲丁長六寸也。半徑爲孔者。徑三寸。孔徑一寸五分。如丁丙三寸。則辛壬一寸五分也。上迤者。斜迤而上。如戊至己。丙至庚也。抒者。斜削之。如戊至丙。己至庚是也。揹。長圓也。欲與戊丙之孔合也。融錫合之。小釬也。管之上邊。與筩邊平行。將以合于壺之下孔也。己庚是也。三分之一者。底徑三寸。則管徑一寸。未至申之度也。方板者。丑寅卯午是也。樞者。卯辰午是也。紐者。癸子是也。舌如橐籥之舌。以樞合紐。令丑卯之板。恆加于辛壬孔之上。向內而開闔之也。

二曰雙提

旋堅木以爲砧。其圜中規而上下等。曷知其中規而上下等也。砧之大入于雙筩也。欲其密切而無滯也。展轉之上下之。猶是也。斯之謂中規而上下等。當砧之心而立之柱。三分其砧之徑。以其一爲柱之徑。柱之短長無定度。以水之深也。井之高也。斟酌焉而爲之度。柱之上端。爲之方枘而入于衡。凡水之入也。入于雙筩之孔也。孔有舌焉。砧升則舌開而水爲之入。砧降則舌合而水爲之不出。水之入而不出者舌也。舌之開闔者砧也。砧之上下者柱也。舌闔矣。水不出矣。砧又下焉。水將安之。則由筩之管而升于壺。左右相禪也。故曰雙提者。水所由代升也。

注曰。砧形如截蕨。本篇一圖。酉戌亥角是也。其高不言度者。趣其入于筩也。不轉側動搖而已矣。若爲鼎足之柱以固之。卽無厚可也。三分之一者。砧徑三寸。則柱徑一寸。如酉角三寸。則亢氐一寸也。凡雙筩入井。近下則水濁。近上則水竭。故柱之短長。宜量水深與井高也。枘。筍也。當房心之上。刻而方之。爲尾箕是也。

三曰壺

錬銅以爲壺。壺之容半加于雙箭之容。其形撱圜。腹廣而上下弇。弇之度。視廣之度。殺其十之二。當其弇而設之蓋。壺之底。爲撱圜之長徑。設二孔焉。皆在其徑。孔之撱圜。其大小也。與管之上端等。融錫而合之。壺之兩孔。各爲之舌而掩之。舌之制。如箭中之舌也。壺之內。當兩孔之中而設之紐。兩舌之樞悉係焉。而開闔之。左右相禪也。當蓋之中。爲圜孔焉。而合于中箭。蓋之合于壺也。欲其無罅也。既成。以鐵爲雙環。而交纏束之。當其合而錮之錫。以備繕治也。夫水之入于管也。左右禪也。而

終無出也。水從管入者。以提柱之逼之也。則上衝。而壺之舌爲之開。以入于壺。水勢盡而彼舌開。則此闔矣。是代入于壺也。而終無出也。其代入也。壺爲之恒滿而上溢。其終無出也。而有箭之容。以俟其底之入也。故曰壺者。水之總也。水所由續而不絕也。

注曰。半加容者。如之又加半焉。如雙箭共容四升。則壺容六升也。弇。歛也。腹廣而上下弇。如本篇二圖甲乙丙丁形是也。蓋者。戊己庚辛也。撱圜之長徑。底圖之乙丙是也。二孔者。未申也。酉戌也。皆在其徑者。二孔之心。在乙丙線之上也。二孔撱圓者。如酉戌短。乾亥長。以合于一圖之未申巳庚也。二舌者寅卯也。辰午也。紐者。子丑也。以樞合紐。令寅卯之板。恒加于未申孔之上。向丙而開闔之也。辰午加于酉戌亦如之。左右相禪也。蓋之圜孔。庚辛是也。蓋合于壺者。巳戊加于甲丁也。雙環纏束者。本篇三圖之角亢氐房是也。既錮之。又束之者。水力大而易渫也。

四曰中箭

錬銅或錫以爲中箭。中箭之徑。與長箭旁管之徑等。中箭之下端。爲敞口以關于蓋上之孔。融錫而合之。其長無定度。量水之出于井也。斟酌焉而爲之度。或銅錫之中箭裁數寸。其上以竹木爲續之。竹木之箭之徑。必與下箭之徑等。其上出之徑。寧縮也。無羸也。水之入于壺

也。代入也。而終無出也。則無所復之也。必由中箭而上。故曰中箭者。壺水所由上也。

注曰。中箭者。本篇三圖之坎艮庚辛是也。上出之徑。必縮于下合之徑者。所以爲出水之勢也。

五曰盤

錬銅或錫以爲盤。中盤之底而爲之孔。以當中箭之上端。融錫而合之。盤底之旁。爲之孔而植之管。管外出而下迤也。盤之容。與壺之容等。管之徑。與中箭之徑等。管之長無定度。其下迤也。及于索水之處也。中箭之水。其上溢也。盤畜之。管洩之。故曰盤者。中箭之水所由出也。

注曰。本篇四圖之甲乙丙丁盤也。丙丁爲孔。以合于

中筩之上端。上端者。三圖之坎艮也。底旁之孔者。戊己也。下迤者。己庚也。

六曰衡軸

直水爲衡。衡之長。無過井之徑。雙提之柱。其相去也。視雙筩。雙提之上柄。入于衡之兩端。其相去也。視雙提。直水爲軸。軸長于衡。而無定度。圜其尾。去首二尺。而圜其頸。當頸尾之中而設之鑿。當衡之中而設之柄。衡。衡也。軸。縱也。鑿柄而合之。欲其固也。軸展側焉。衡低昂焉。提上下焉。左右相禪也。故曰衡軸者。所以挈雙提上下之也。

注曰。衡之長。本篇四圖之壬辛是也。柄入于衡者。子

丑是也。軸之長。卯午是也。卯尾午首。辰頸也。衡軸鑿柄之合。寅是也。鑿。孔也。衡横軸縱。卯辰子丑之交加也。

七曰架

井之兩旁。爲之柱。或石焉。或瓴甋焉。或木焉。柱之上端。爲山口。山口者。容軸之圜也。以利轉也。軸之首。設之小衡。與衡平行也。長二尺或三尺。小衡之兩端。設二木而三合之。如句股。以小衡爲弦。句股之交。立之柄。持其柄而搖之。以轉軸也。水之中。穿井之脇。而設之梁。横亘焉。梁之上。爲二陷。以居雙筩之底。欲其固也。中其陷而設之孔。稍大於雙筩之底孔。水所從以入也。梁居水中。其木必楡。楡之爲木也。無味。水不受之變。梁在其下。而柱在其上。車所由孔安而利用也。故曰架者。所以居庶物也。

注曰。本篇四圖之卯亥也。辰乾也。柱也。當辰卯爲山口者。所以容軸之圓也。小衡者。申未也。三合者。未申酉爲三角形也。酉戌。柄也。立之柄者。立柄於酉戌。酉未爲直角也。坎艮。梁也。角亢氐房。陷也。心尾。陷中孔也。

若欲爲專筩之車。則爲專筩專柱。而入之中筩。如恒升之法。而架之。而升降之。其得水也。當玉衡之半。井狹則爲之。

注曰。專。一也。架法見恒升篇。

恒升車記

恒升車者。井泉挈水之器也。其用與玉衡相似。而更速焉。更易焉。以之灌畦治田。致爲利益矣。若爲之複井。井之底爲竇而通之。以大井瀦水。以小井爲筩而出之。則無用筩也。若江河泉澗。索水之處過高。龍尾之力有不能至。則用是車爲挈水以升。架槽而灌之。或迤而建之。以當龍尾。

恒升一圖

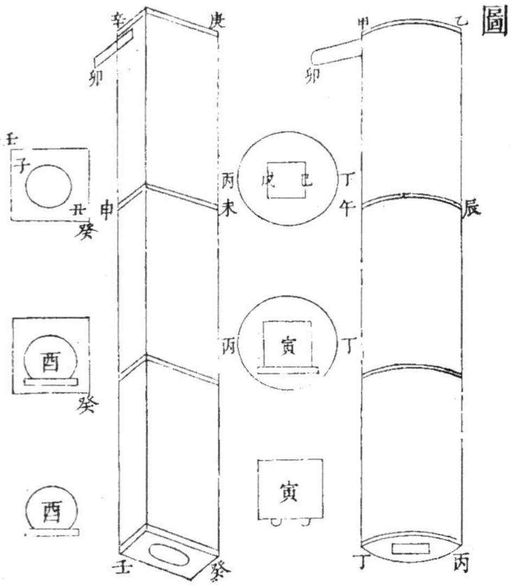

恒升二圖

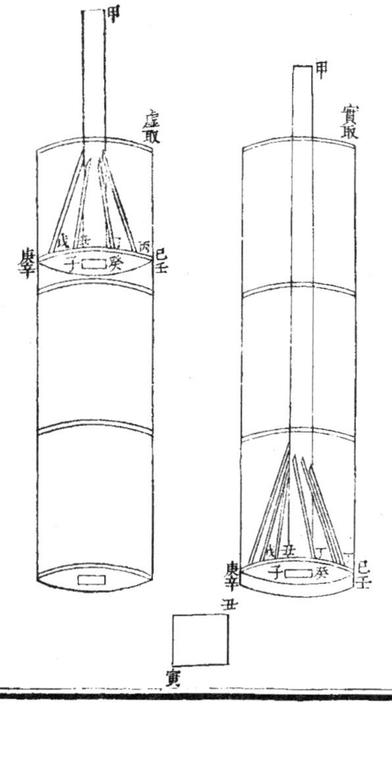

恒升三圖

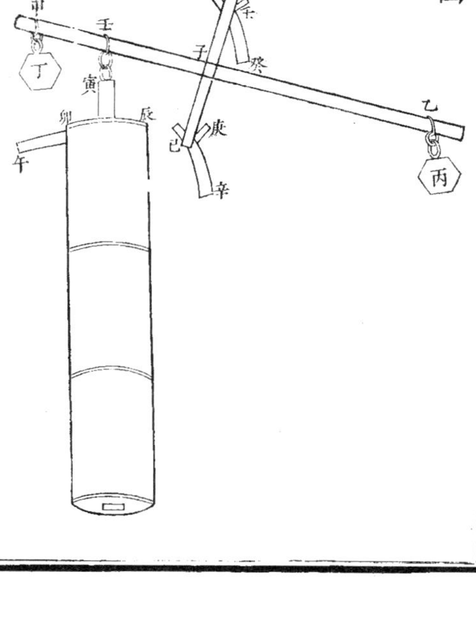

恆升四圖

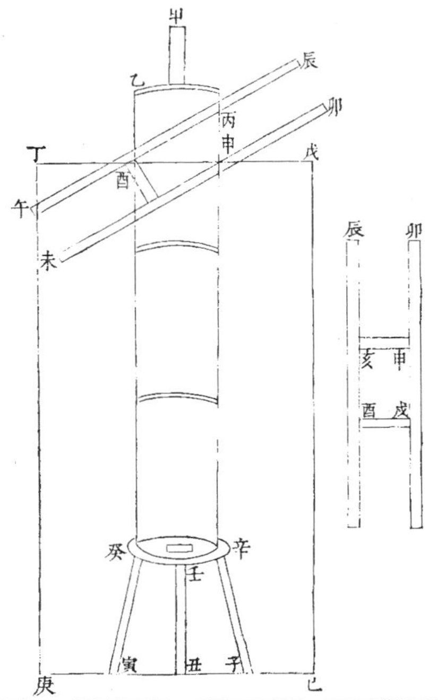

恆升圖說

恒升者。從下入而不出也。從上出而不息也。恒升之物有四。一曰筩。筩者。水所由入也。所以束水而上也。二曰提柱。提柱者。水所由恒升也。三曰衡軸。衡軸者。所以挈提柱上下之也。四曰架。架者。所以居庋物也。四物者備。斯成器矣。更爲之機輪焉。巧者運之。不可勝用也。

一曰筩

刳木以爲筩。筩之長無定度。下端所至。居水之中。已上則易竭。已下則易濁。上端所至。出井之上。度及於索水之處而止。筩之徑無定度。因井之大小。索水之多寡。斟酌焉而爲之度。筩之容任圜與方。其圜中規。其方中矩。而上下等。筩之周。以鐵環約之。環無定數。視筩短長。斟酌焉而爲之數。筩之下端爲之底。欲其密而無漏也。中底而爲之孔。孔之方圜反其筩。若圜筩而方孔。七分底之徑。以其四爲孔之徑。若方筩而圜孔。七分底之徑。以其五爲孔之徑。孔之上。象孔之方圜爲之舌而掩之。如玉衡之雙筩。掩之欲其密而無漏也。開闔之。欲其無滯也。筩之上端爲之管。管外出而下迤也。本廣而末狹也。水從孔出焉。既入而提柱之勢。能以舌掩之。既掩而提之。提之則從管而出也。故曰筩者。水所由入也。所以束水而上也。

注曰。玉衡之雙筩。與中筩爲二。此則合之。筩入於井。

量井淺深。筩長短而置之。近上趨恒得水而止。近下趨無受濁而止。與玉衡同也。圓筩用竹尤簡。用木則方筩爲易焉。如本篇一圖。甲乙丙丁圓筩也。丙丁其底也。戊己底方孔也。庚辛壬癸方筩也。壬癸其底也。子丑底圜孔也。寅方舌也。酉圜舌也。甲卯辛卯管也。辰午未申之屬環也。環之多寡疏密。趨不漏而止。餘見玉衡篇。

二曰提柱

鍊銅以爲砧。圜者中規。方者中矩。砧之大入于筩也。欲其密切而無滯也。展轉之。上下之。猶是也。當砧之心而設之孔。孔之方圜。方之徑。皆與筩底之孔等。孔之上。爲之舌以掩之。舌之制如箭底之舌也。直木以爲柱。柱有二式。一用長。一用短。用長者爲實取之柱。用短者爲虛取之柱。實取之柱。其砧入于水而升降焉。其長之度。下及於箭之底。上出於箭之口。其出於箭之口無定度。趨及於衡而止。虛取之柱無用長。入箭數尺而止。升降於無水之處。以氣取之。欲挈之。先注水於砧之上高數寸。以閉其罅而噏之。凡井淺者實取焉。井深者虛取焉。五分其箭之徑。以其一爲柱之徑。砧之合於柱也。鍊銅或鐵爲四足。隅立於方砧之四維方孔之四旁。而皆上聚之。聚之度。趨不害於舌之開闔而止。以其聚合於柱之下端。合之欲其固也。砧之厚。以其枝於隅足也。可無厚。

既合而入於箭。砧降而底之舌爲之掩。砧升則開之。開之則水入。掩之則水不出。一升一降。是水恒入而不出也。既入之水。而砧降焉。則無復之也。則上衡於舌而入於砧之孔。砧升而砧之舌爲之掩。一升一降。是水恒入而不出也。兩入而不出。則溢於箭而出。常如是。虛者實者同。於是故曰。提柱者。水所由恒升也。

注曰。玉衡之提柱與壺之孔之舌爲二。此則合之。又玉衡之水皆實取。此有虛取之法焉。氣法也。凡砧之入於箭。求密切而無滯也。求密切之法。成砧而入之。能無漏者。國工也。不能無漏者。稍弱其砧之徑。以氈罽之屬。皮革之屬。附於砧之四周焉。附之法。若砧厚者。稍刻其周之上下。如鼓木。當其刻而刻爲陷環。既附而堅束之。砧薄者。則爲兩重之砧。夾其氈或革。以偶足貫之。而櫱之柱。如本篇二圖之甲乙是也。四足者。丙丁戊酉也。砧者。己庚辛壬也。砧之孔。癸子也。其舌。丑寅也。砧可無厚。無厚則輕。餘見玉衡篇。

三曰衡

直木以爲衡。衡之長無定度。量箭之大小。水之淺深多寡焉。長則輕。衡之兩端。皆綴之石以爲重。其兩重等。五分其衡。二在前。三在後。而設之鑿。直木以爲軸。軸之長無定度。圜其兩端。中分其長而設之柄。衡衡也。軸縱也。鑿柄而合之。欲其固也。軸之兩端。各爲山口之木而架

之。中分其衡之前。而綴之提柱。綴之欲其密切而利轉也。抑其後重而提柱爲之升。揚其後重則前重降而提柱隨之也。提柱之降也。實取者挹水而升于砧也。其升也。則下入于箭而上出于箭也。虛取者降而得氣焉。氣盡而水繼之。故曰。衡者。所以挈提柱之上下也。

注曰。氣盡而水繼之者。天地之間。悉無空際。氣水二行之交。無間也。是謂氣法。是謂水理。凡用水之術。率此一語爲之本領焉。本篇三圖之甲乙。衡也。丙丁。兩石重也。戊己。衡也。子。衡軸之交也。庚辛壬癸。山口之木也。寅。提柱也。綴之于丑。卯辰。箭上端也。午。管也。餘見玉衡篇。

四曰架
木爲井幹以持筩持之欲其固也筩之下端爲盤以承之盤與筩合之欲其固也中盤而爲之孔孔之徑稍强于筩底之孔之徑盤之下爲鼎足而置之井底

注曰本篇四圖之卯未辰午井幹也加于地平之上申戌酉亥之間爲正方之空夾筩而持之丁戊井面地平也已庚井底也辛壬癸盤也辛子壬丑癸寅盤足也

若欲爲雙升之車則雙筩焉如玉衡之法而架之而升降之此升則彼降用力一而得水二也是倍利於恒升也尤宜於江河

注曰力一水二者一升一降各得水一焉無虛用力也恒升者一升一降而得水一也架法見玉衡篇

鶴飲圖

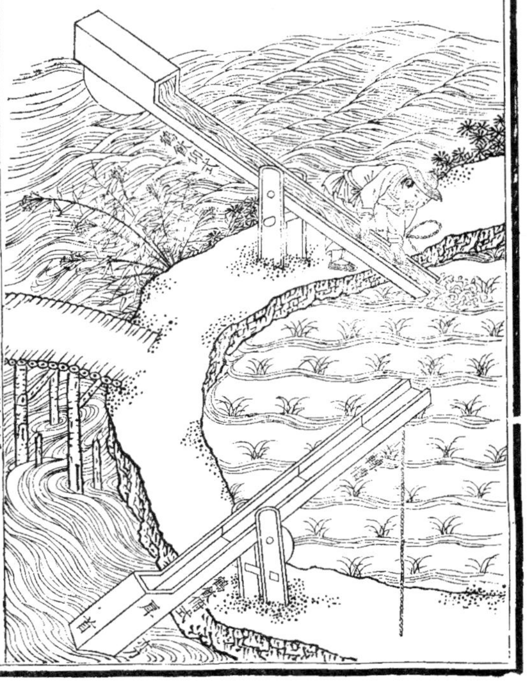

鶴飲圖說

鶴飲者爲長槽或竹或木其長無度以水深淺爲度尾殺於首三之一首施戽樸屬爲艮戽之容則以觳一斗二升戽臂下面覆處施木刀加棹末之制俾與水無忤中其槽設兩耳函軸廼於岸側菑樹立也兩楹柱也高地僅尺俾毋杌楹之顛對設以軐小穿也貫軸其中惟治昂其尾入之戽也水滿則首一昂而流之奔於槽外也其孰禦視桔橰之功挈無虛而捷也

虹吸圖

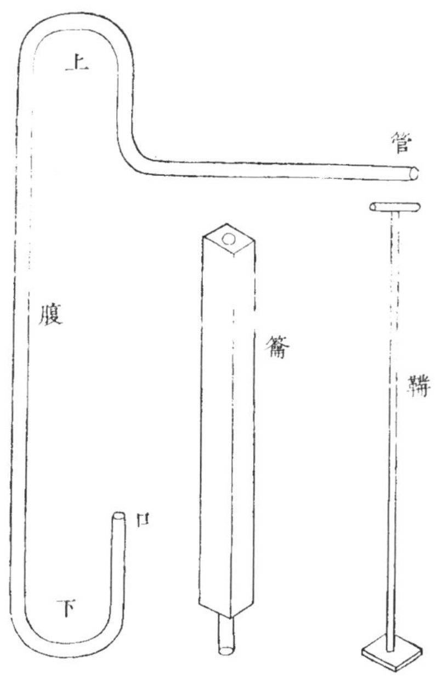

虹吸圖說

虹吸刳木爲筒筒之容或方或圜圜徑寸方徑不及寸者分之二毋薜毋暴毋齘筒之長無定度竑井及泉以爲度筒之下端横曲尺有二寸而爲之口口迤而上高數寸口之容弱於腹之容惟防口之內有舌開闔戚速而無倚於圜筒之上端出井及尋横曲二尺有奇迺垂垂四尺奇迤而下長及常而爲之管管視筒之腹惟窻筒之曲若審惟樸屬爲艮筒之圜內以寸緹縢之斂以油灰之齊腥塗其郤毋俾針芒之或耗筒兩端有檠相以施約無甐無杌而止管入以籥惟嚴假韛鼓之度水衡於管遄揹其籥則霤吐爲趵突也以終古

薜破裂也暴墳起不堅緻也齘切齒怒亦偪窄之意竑量也防謂三分之一八尺曰尋倍尋曰常窻小孔也審兩木交湊處樸屬附著堅固也緹繩也縢約束也斂塞也齊與劑同腥厚也甐壞杌動也遄速也揹除去也泉水之上出者曰趵突

卷三十九之四十一

欽定授時通考卷三十九

功作

收穫

詩豳風八月其穫。

傳禾可穫也。

十月穫稻。

本草注粳糯通名爲稻。糯溫十月熟。

黍稷重穋禾麻菽麥嗟我農夫我稼既同。

傳後熟曰重先熟曰穋。箋既同言已聚也。

詩小雅既方既皁既堅既好不稂不莠。

傳實未堅曰皁稂童粱也莠似苗也。箋方房也謂孚甲始生而未合時也。盡生房矣盡成實矣盡堅熟矣。盡齊好矣而無稂莠擇種之善民力之專時氣之和所致。疏衆穀既秀穗上已有孚甲盡生房矣稍復結粒盡成實矣粒又稍成盡堅熟矣並無死傷盡齊好矣不有童粱之根不有似苗之莠是五穀大成也。

又彼有不穫稺此有不斂穧彼有遺秉此有滯穗伊寡婦之利。

傳秉把也。箋成王之時百穀既多種同齊熟收刈促遽力皆不足而有不穫不斂遺秉滯穗聽矜寡取之以爲利。正義穧者禾之鋪而未束者秉刈禾之把也。

大雅實發實秀實堅實好實穎實栗。

傳：發盡發也。不榮而實曰秀。穎垂穎也。栗其實栗栗然。疏：苗至秋分禾又出穗。實盡發于管。實生粒皆秀。更復少時其粒實皆堅成實。又齊好實穗重而垂穎。實成就而栗栗然。收入弘多焉。

恒之秬秠。是穫是畝。恒之糜芑。是任是負。

箋：種之成熟則穫而畝計之。抱負以歸。

周頌：奄觀銍艾。

傳：銍穫也。

禮記月令：孟夏之月。農乃登麥。天子乃以彘嘗麥。仲夏之月。農乃登黍。天子乃以雛嘗黍。孟秋之月。農乃登穀。天子嘗新。命百官始收斂。仲秋之月。乃以犬嘗麻。（麻始熟也。）

命有司趣民收斂。季秋之月。農事備收。天子乃以犬嘗稻。（稻始熟也。）

內則：黍稷稻粱白黍黃粱。稰穛。

注：孰穫曰稰。生穫曰穛。集韻：稰禾子落貌。說文：穛早取禾也。

呂氏春秋：不舉銍艾。大飢乃來。野有寢禾。或談或歌。旦則有昏。喪粟甚多。

博雅：秆稭稾也。黍穰謂之䅖。稻穰謂之稈。稷穰謂之穇。

小爾雅：藁謂之稈。稈謂之芻。生曰穀。謂之粒。禾穗謂之穎。截穎謂之銍。拔心曰揠。拔根曰擢。把謂之秉。秉四曰筥。筥十曰稯。

農桑通訣：孔氏書傳曰。種曰稼。斂曰穡。種斂者歲事之終始也。食貨志云。收穫如寇盜之至。蓋謂收之欲速也。記曰。種而不耨。耨而不穫。譏其不能圖功收終也。是知收穫者農事之終。爲農者可不趨時致力以成其終。而自廢前功乎。大抵北方禾黍。其收頗晚。而稻熟或宜早。南方稻秫。其收多遲。而陸禾亦宜早。通變之道。宜審行之。今按古今書傳所載南北習俗所宜。具述而備論之。庶不失早晚先後之節也。

各種收穫法

稻

齊民要術：稻將熟。去水。霜降穫之。（早刈米青而不堅。晚刈零落而損收。）

農桑通訣：南方水地。多種稻秫。早禾則宜早收。六月七月則收早禾。其餘則至八月九月。詩云。十月穫稻。齊民要術云。稻至霜降穫之。此皆言晚禾大稻也。故稻有早晚大小之別。然江南地下多雨。上霖下潦。劙刈之際。則必假之喬扦。多則置之笐架。待晴乾曝之。可無耗損之失。

天工開物：凡秧既分栽後。早者七十日卽收穫。最遲者歷夏及冬。二百日方收穫。其冬季播種。仲夏卽收者。則廣南之稻。地無霜雪故也。

粱秫

齊民要術粱秫收刈欲晚。性不零落。早刈損實。

農桑通訣粱與粟同熟收割之法一同。

又蓟秫熟時收刈成束攢而立之。

黍

齊民要術刈穄欲早刈黍欲晚。穄晚多零落。黍早米不成。皆卽濕踐之穄踐訖卽蒸而裛之。不蒸者難舂米堅香氣經夏不歇。黍宜曬之令燥。濕聚則鬱。凡黍黏者收薄穄味美者亦收薄難舂。

稷

尙書考靈曜稷秋虛昏中以收斂。

大戴禮夏小正八月粟零零也者降也零而後取之也。

齊民要術熟速刈乾速積刈早則鎌傷刈晚則穗折遇

風則收減濕積則藁爛積晚則耗損連雨則生耳。

農桑通訣凡北方種粟秋熟當速刈之南方收粟用粟鑒摘穗北方收粟用鎌并藁取之田家刈畢稛而束之以十束積而爲稞然後車載上場爲大積積之視農功稍隙解束以旋旋鏺穗撻之。

羣芳譜刈稷欲早八九月熟便刈遇風卽落。

麥

禮記月令孟夏之月。麥秋至。

孟子今夫麰麥播種而耰之其地同。樹之時又同。至于日至之時皆熟矣。

齊民要術青稞麥與大麥同時熟。

農桑通訣農家所種宿麥早熟最宜早收。故韓氏直說曰五六月麥熟帶青收一半合熟收一半若候齊熟恐被急風暴雨所摧必至抛費每日至晚卽便載麥上場堆積。用苫密覆以防雨作如搬載不及卽於地內苫積。天晴乘夜載上場卽攤一二車薄則易乾碾過一遍翻過又碾一遍。起稭下場揚子收起雖未淨直待所收麥都碾盡然後將未淨稭稈再碾如此。可一日一場比至麥收盡已碾訖三之二矣。大抵農家忙併無有似蠶麥。古語云收麥如救火。梅天雨多故若少遲慢一值陰雨卽爲災傷遷延過時秋苗亦誤鋤治。今北方多用麥釤麥綽釤麥覆于腰後籠內籠滿則載而積于場一日可收十

餘畝較之南方以鎌刈者其速十倍。

豆

氾勝之書穫豆之法。莢黑而莖蒼。輒收無疑。其實將落反失之故曰豆熟於場于場穫豆則青莢在上黑莢在下。

齊民要術大豆收刈欲晚。此不零落刈早損實。九月中候近地葉有黃落者速刈之葉少不黃必浥鬱刈不速逢風則葉落盡遇雨澤爛不成。

又小豆葉落盡則刈之。葉未盡者難治而易濕也。豆莢三青兩黃拔而倒豎籠從之生者均熟不畏嚴霜從本至末全無秕減乃勝刈者。

農桑通訣碗豆三四月熟。蠶豆蠶時熟。

天工開物菉豆種有二。一曰摘綠。莢先老者先摘。人逐日而取之。一曰拔綠。則至期老足竟畝拔取也。

脂麻

齊民要術胡麻刈束欲小。束大則難燥。打手復不勝。以五六爲一叢。斜倚之。不爾則風吹倒損收也。候口開乘車詣田斗藪。倒豎以小杖微打之。還叢之。三日一打。四五遍乃盡耳。若乘濕橫積蒸熱速乾。雖曰鬱裛。無風吹虧損之慮。浥者不中爲穀子。然於油無損也。

蕎麥

齊民要術蕎麥下兩重子黑。上一重子白。皆是白汁滿似如濃。即須收刈之。但對稍相答鋪之。其白者日漸黑。如此乃爲得所。若待上頭總黑。半已下黑子盡總落矣。

農桑輯要蕎麥待霜降收。恐其子粒焦落。乃用推鐮穫之。

濕田擊稻圖

赶稻及菽圖

場中打稻圖

打枷圖

刈麥圖

收穫具各圖說

銍　艾

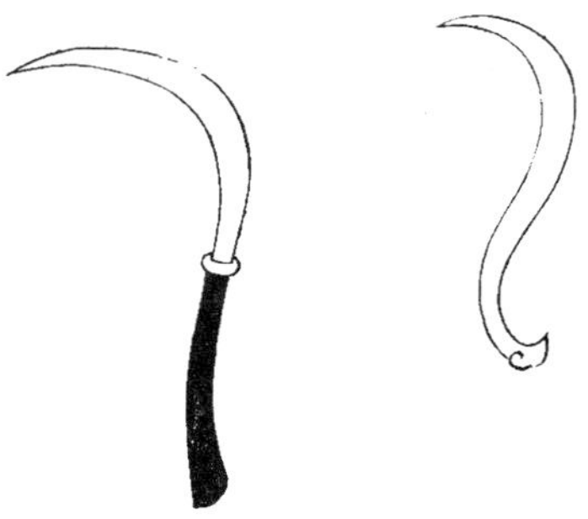

銍艾圖說

銍。穫禾穗刃也。書禹貢曰。二百里納銍。小爾雅云。截穎謂之銍。截穎卽穫也。據陸詩釋文云。銍穫禾短鐮也。纂文曰。江湖之間。以銍爲刈。說文云。此則銍器斷禾聲也。故曰銍。

艾。穫器。今之刨鐮也。方言曰刈。釋音。乂韻作艾。芟草。亦作刈。賈策若艾草菅。注。艾讀曰刈。古艾從草。今刈從刀。宜通用。

鐮

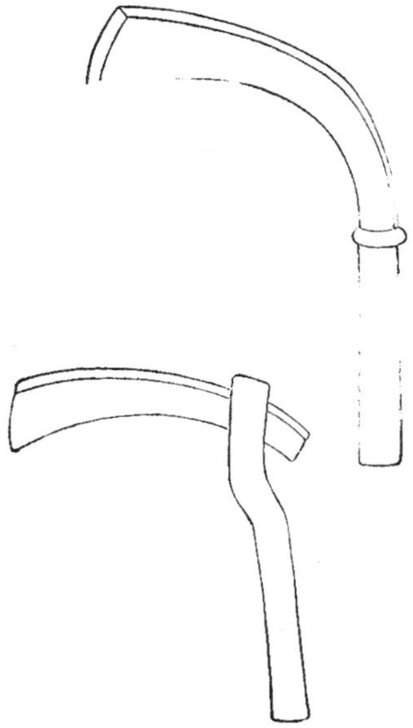

鐮圖說

鐮。艾禾曲刀也。釋名曰。鐮。廉也。薄甚所刈似廉。考工記又作鎌。風俗通曰。鐮刀自揆積芻蕘之效。然鐮之制不一。有佩鐮。有兩刃鐮。有袴鐮。有鉤鐮。有鐮柌之鐮。皆古今通用芟器也。

粟鋻

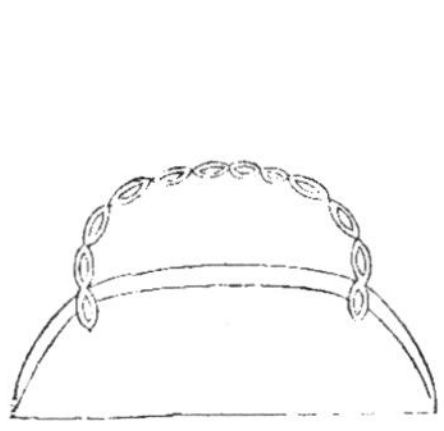

粟鋻圖說

粟鋻。截禾穎刃也。集韻云。鋻。剛也。其刃長寸餘。上帶圓璏。穿之食指。刃向手內。農人收穫之際。用摘禾穗。與銍鐮制不同。而名亦異。然其用則一。此特加便捷耳。

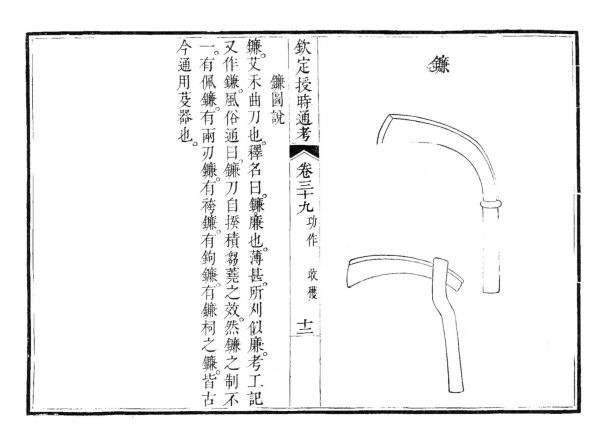

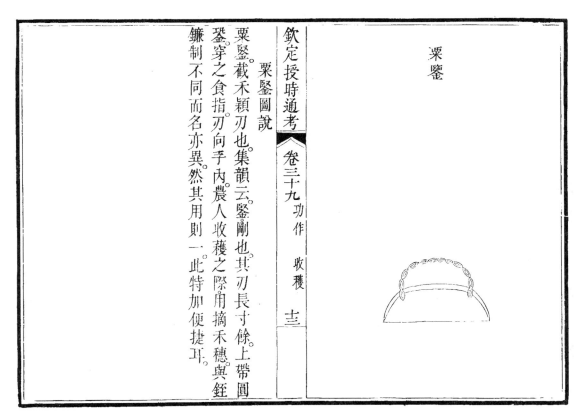

鍥

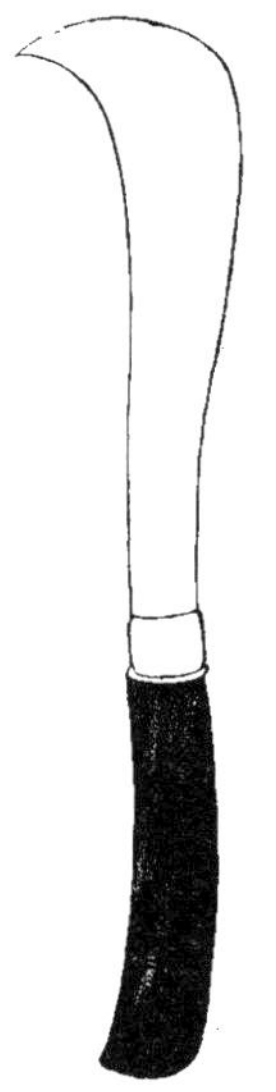

鍥圖說

鍥似刀而上彎如鐮而下直其背指厚刃長尺許柄盈二握江淮之間恒用之方言云自關而西謂之鉤江南謂之鍥鍥鍥集韻通用又謂之彎刀以刈草禾或斫柴篠以代鐮斧一物兼用農家便之

麥釤

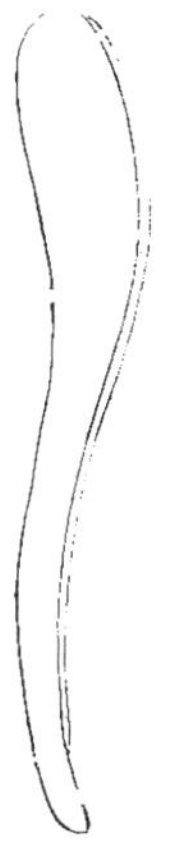

麥釤圖說

麥釤芟麥刃也集韻曰釤長鐮也狀如鐮長而頗直比鏺薄而稍輕所用斫而劖之故曰釤用如鏺也亦曰鏺其刃務在剛上下嵌繫綽柄之首以芟麥也比之刈穫功過累倍

捃刀圖說

捃刀。集韻云。捃拾也。俗謂拾麥刀。刃長可五寸。濶近二寸。上下竅繩穿之。繫于指腕。隨手芟䅬。取其便也。麥禾既熟。或收刈不時。莖穗狼籍。不能淨盡。單貧之人得以收其遺滯。蓋捃拾之閒。用此器也。

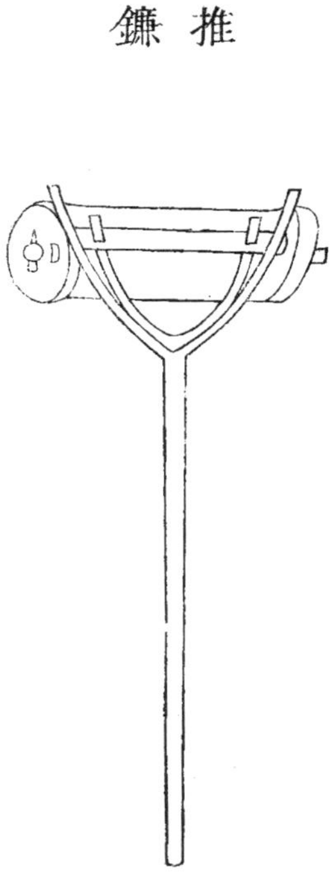

推鐮圖說

推鐮。斂禾刃也。如蕎麥熟時。子易焦落。故制此具。便于收斂。形如偃月。用木柄長可七尺。首如兩股短叉。架以橫木約二尺許。兩端各穿小輪圓轉。中嵌鐮刀前向。仍左右加以斜杖。謂之蛾眉杖。以聚所劖之物。凡用則執柄就地推去。禾莖既斷。上以蛾眉杖約之。乃回手左擁成䅬。以離舊地。另作一行。子既不損。又速于刀刈數倍。此推鐮體用之效也。

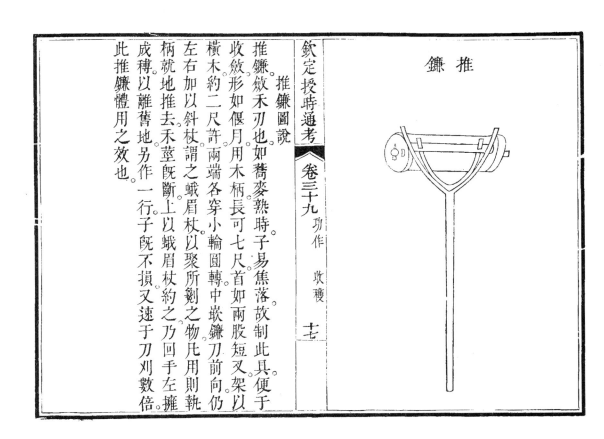

禾鉤

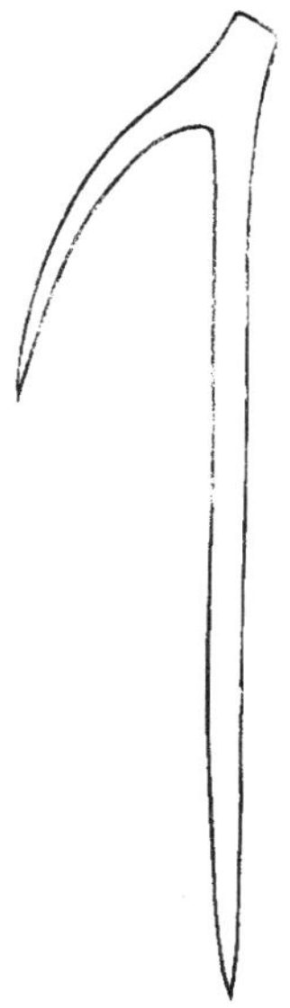

禾鉤圖說

禾鉤斂禾具也。用禾鉤長可二尺。嘗見壠畝及荒蕪之地農人將芟倒禾穧或草穧用此匝地約之成稇則易于就束。比之手槤甚速便也。

禾擔

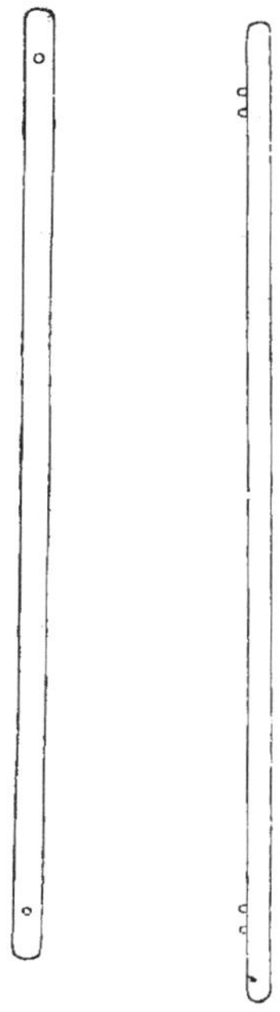

禾擔圖說

禾擔負禾具也。其長五尺五寸。剡匾木爲之者謂之輭擔。斫圓木爲之者謂之楤擔。匾者宜負器與物。圓者宜負薪與禾。釋名曰擔任也。力所勝任也。凡山路巇嶮或水陸相半。舟車莫及之處。如有所負。非擔不可。

搭爪

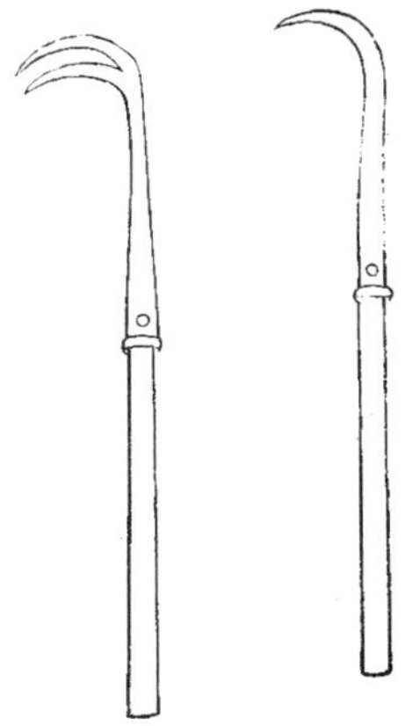

搭爪圖說

搭爪。上用鐵鉤。帶榜中受木柄。通長尺許。狀如彎爪。用如爪之搭物。故曰搭爪。以櫌草禾之束。或積或擲。日以萬數。速於手挈。可謂智勝力也。

杈

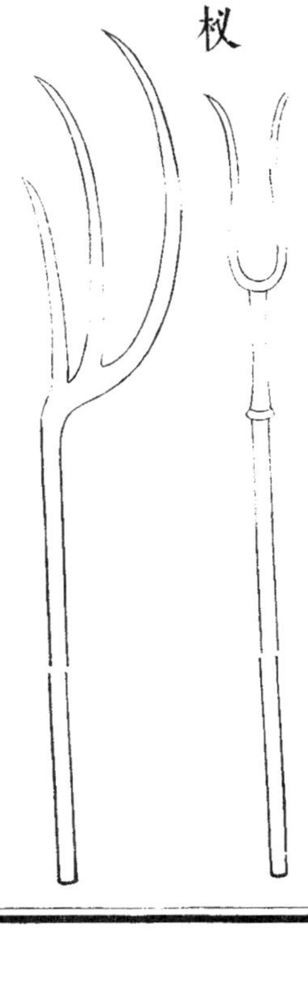

杈圖說

杈。箝禾具也。揉木爲之。通長五尺。上作二股。長可二尺。上一股微短。皆形如彎角。以箄取禾穗也。又有以木爲幹。以鐵爲首。二其股者。利如戈戟。唯用叉取禾束。謂之鐵禾杈。

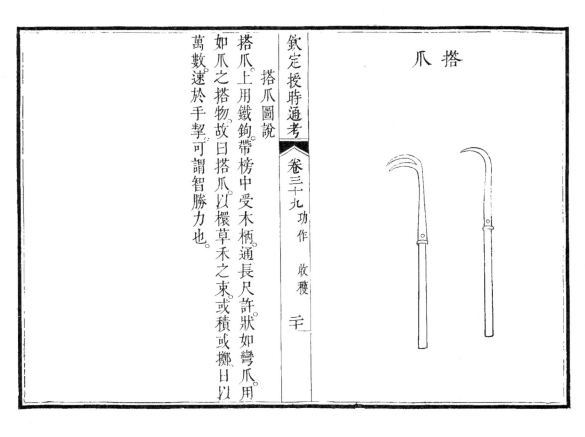

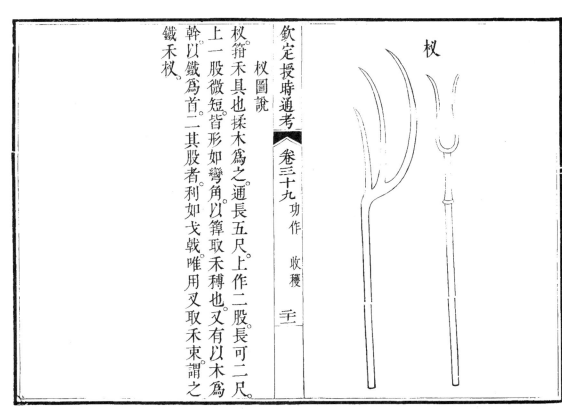

笐

笐。架也。集韻作筕。竹竿也。或省作笐。今湖湘間收禾。並用笐架懸之。以竹木構如屋狀。若麥若稻等稼。穫而稟（音蘭）之。悉倒其穗控于其上。久雨之際。比於積垛。不致鬱浥。江南上雨下水。用此甚宜。北方或遇霖潦。亦可倣此。庶得種糧。勝于全廢。今特載之。冀南北通用。

喬扦

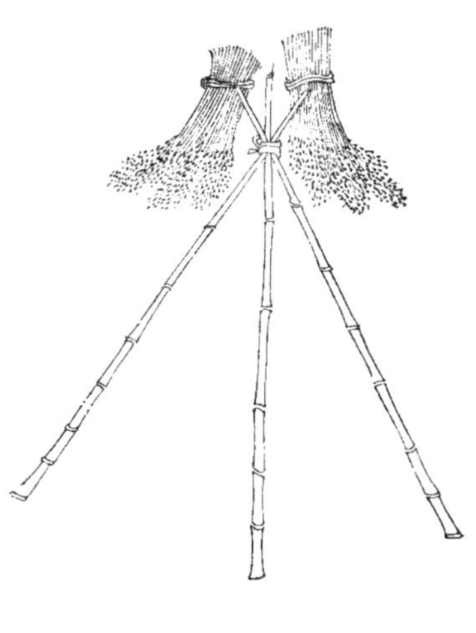

喬扦圖說

喬扦。挂禾具也。凡稻皆下地沮濕。或遇雨潦。不無渰浸。其收穫之際。雖有禾穗。不能臥置。乃取細竹長短相等。量水淺深。每以三莖為數。近上用篾縛之。叉于田中。上控禾把。又有用長竹橫作連脊。挂禾尤多。凡禾多則用笐架。禾少則用喬扦。雖大小有差。然其用相類。故並次之。

摜稻簟

摜稻簟圖說

摜稻簟。摜抖擻也。簟承所遺稻也。農家禾有早晚。次第收穫即欲隨手得糧故用廣簟展布置木物或石於上。各舉稻把摜之。子粒隨落積於簟上。非惟免汚泥沙抑且不致耗失又可曬穀物。或捲作笐誠爲多便南方農種之家率皆置此。徐光啓曰。不如摜牀爲便。今農家所用棧條。即簟也。

麥綽

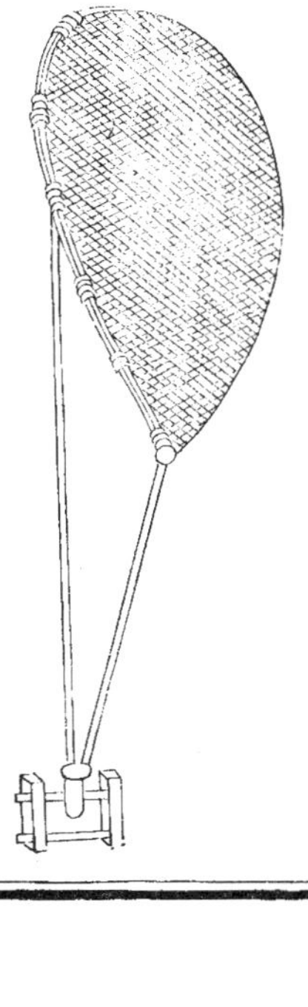

麥綽圖說

麥綽。抄麥器也。篾竹編之。一如箕形。稍深且大。旁有木柄長可三尺。上置釤刃下橫短拐。以右手執之。復於釤旁以繩牽短軸左手握而掣之。以兩手齊運。芟麥入綽覆之籠也。嘗見北地芟取蕎麥亦用此具但中加密耳。

麥籠

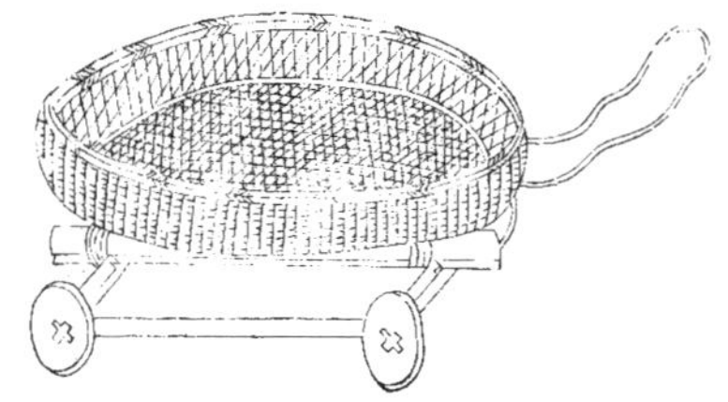

麥籠圖說

麥籠。盛芟麥器也。判竹編之。底平口綽。廣可六尺。深可二尺。載以木座。座帶四碣。用轉而行。芟麥者腰繫鉤繩牽之。且行且曳。就借使刀前向綽麥。乃覆籠內。籠滿則舁之積處。往返不已。一籠日可收麥數畝。又謂之腰籠。

抄竿

抄竿圖說

抄竿。扶麥竹也。長可及丈。麥已熟時。忽爲風雨所倒。不能芟取。則用一人執竿抄起臥穗。竿舉則釤隨鏺之。殊無損失。必兩習熟者能用。不然則有矛盾之差矣。

拖杷

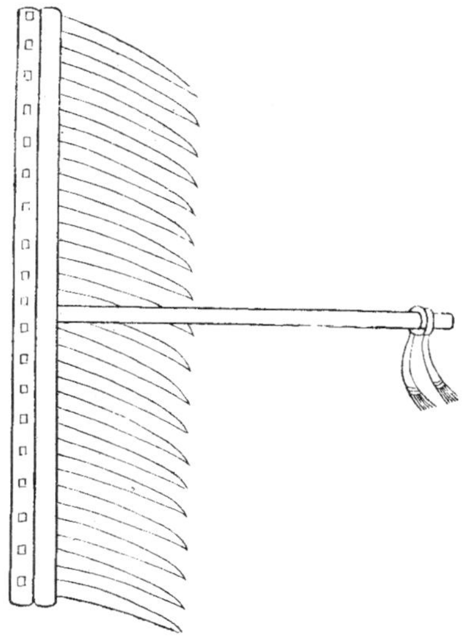

拖杷圖說

拖杷。耬麥長杷也。首列二十餘齒。短木柄。以批契維腰曳之。嘗見麥野為風雨所損。莖穗交亂。不能淨鏺。故制此具。腰後縱橫耬之。仍手握柄鐮芟其遺餘。所得稭穗。隨擁積之。有一杷畢功。得麥十餘斛。

積苫

積苫圖說

積苫。芟麥既積。編草覆之也。農桑輯要云。苫須於農隙時備下。以防雨作。農桑直說云。作苫用穀草黃野草皆可。但紐作腰緊。一頭留稍者為苫。凡露積須苫繳蓋。不為雨所敗也。嘗見農家有以麻經或草索織之。又可速就。

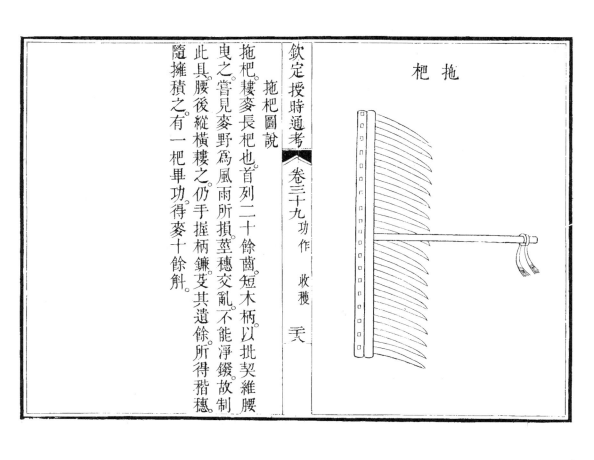

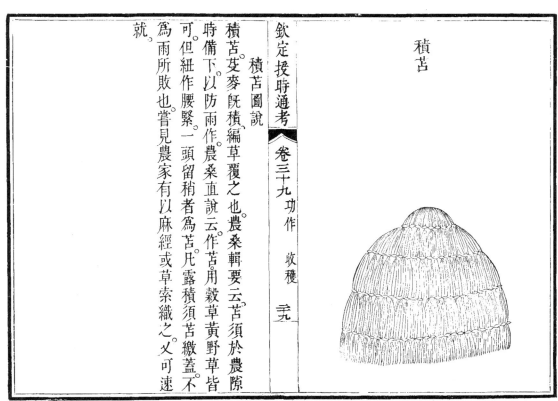

連耞

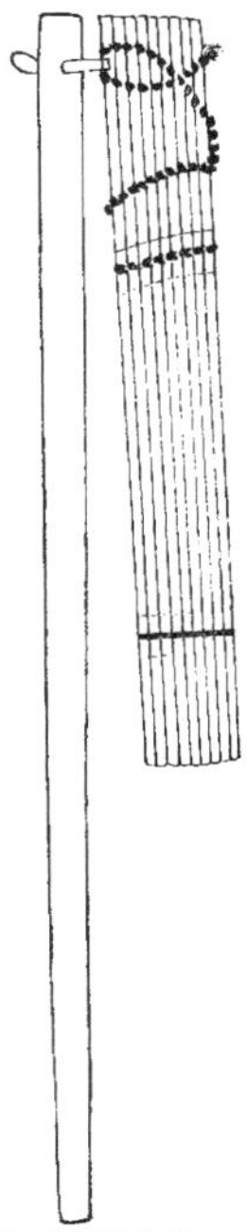

連耞圖說

連耞。擊禾器。國語曰。權節其用。耒耜耞芟。廣雅曰。拂謂之架。說文曰。拂架也。拂擊禾連架。釋名曰。架。加也。加杖於柄頭。以撾穗而出穀也。其制用木條四莖。以生革編之。長可三尺。濶可四寸。又有以獨挺爲之者。皆於長木柄頭造爲擐軸。舉而轉之。以撲禾也。

欽定授時通考卷四十

功作

攻治

詩豳風九月築場圃。十月納禾稼。

疏場圃同地。自物生之時。耕治以種菜茹。至物盡成熟。堅築以爲場。納內也。治於場而內之囷倉也。

又十月滌場。

疏在場之功畢。故滌埽其場。

大雅或舂或揄。或簸或蹂。

傳揄。抒臼也。或簸糠者。或蹂黍者。箋舂而抒出之。簸之。又潤濕之。將復舂之。趣於鑿也。疏孔穎達曰。抒臼。

謂抒米以出臼也。出臼則簸之。故或有簸糠者。或蹂黍者。謂蹂踐其黍。然後舂之。

周禮地官舂人。奄二人。女舂抌二人。奚五人。

注女舂抌。女奴能舂與抌者。抌。抒臼也。

春秋運斗樞粟五變。以陽化生而爲苗。秀爲禾。三變而粲謂之粟。四變入臼米出甲。五變而蒸飯可食。

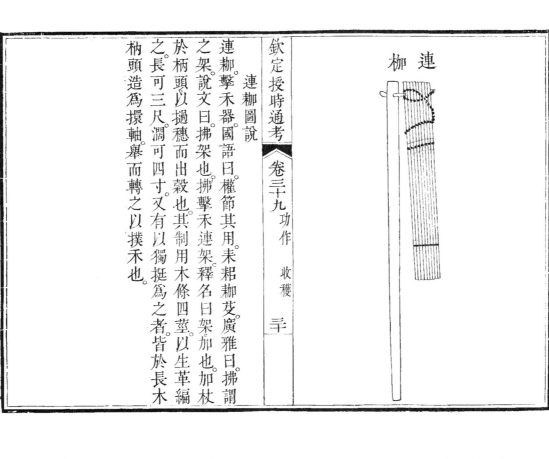

鄭氏詩箋疏。麤也。謂糲米也。米之率。糲十。粺九。鑿八。侍御七。

疏正義曰。言米之率。其術在九章粟米之法云糵率五十。糲米三十。粺二十七。鑿二十四。御二十一。言粟五升。爲糲米三升。以下則米漸細。故數益少。四種之米皆以三約之得此數也。

通鑑前編外紀黃帝作杵臼而穀粟始鑿。

新論桓譚曰宓犧之制杵臼萬民以濟及後人加功因延力借身重以踐碓而利十倍杵舂又復設機關用驢騾馬牛及役水而舂其利且百倍。

方言凡以火乾五穀之類自山東齊楚以往曰熬隴冀以往曰僃秦晉之間曰聚。

說文米穀實也麪麥末也。

齊民要術凡穀成熟有早晚苗稈有高下收實有多少質性有強弱米味有美惡粒實有息耗。早熟者苗短而收多晚熟者苗長而收少強苗者短黃穀之屬是也弱苗者長青白黑者是也收少者美而耗收多者惡而息。

事物原始世本曰公輸般作磨磑之始編竹附泥破穀出米曰礱鑿石上下合研米麥爲粉曰磨二物皆始於周。

菽園雜記吳中民家計一歲食米若干石至冬月舂白蓄之名冬舂米常疑開春農務將興不暇爲此及冬預爲之聞之老農云不特爲此春氣動則米芽浮起米粒亦不堅此時舂者多碎而爲粞折耗頗多冬月米堅折耗少故及冬舂之。

書蕉舂米一石得四斗曰精得三斗曰鑿得二斗曰粹。

嶺表錄異記舂堂者以渾木刳爲槽一槽兩邊排十杵男女間立以舂稻粱敲磕槽舷皆有遍拍。

閩部疏閩中水碓最多然多以木櫃運輪不駛急溪中壅激爲之則佳。

會稽志山家藉水力以舂有三制平流則以輪鼓水而轉峻流則以水注輪而轉又有木杓碓碓幹之末刳爲杓以注水水滿則傾而碓舂之唐白居易詩雲碓無人水自舂是也。

篷櫳夜話歙人工製腐磨皆紫石細稜故受磨絕膩滑無滓有自然之甘。

本草綱目李時珍曰糠諸粟穀之殼也其近米之細者爲米粃味極甜儉年人多和劑蒸煮以救饑云。

各種攻治法

稻

齊民要術藏稻必須用箄。久居者如䴵麥法。舂稻必須冬時積日燥曝一夜置霜露中即舂。若冬舂不乾即米青赤脈起不經霜不燥曝則米碎矣。秫稻法一切同。

天工開物攻稻篇凡稻刈穫之後離藁取粒束藁於手而擊取者半聚藁於場而曳牛滾石以取者半凡束手而擊者受擊之物或用木桶或用石板收穫之時雨多霽少田稻交濕不可登場者以木桶就田擊取晴霽稻乾則用石板甚便也凡服牛曳牛滾壓場中視人手擊取者力省三倍但作種之穀恐磨去殼尖減削生機故南方多種之家場禾多藉牛力而來年作種者則寧向

石板擊取也。凡稻最佳者。九穰一秕。倘風雨不時。耘耔失節。則六穰四秕者容有之。凡去秕。南方盡用風車扇去。北方稻少。用颺法。即以颺麥黍者颺稻。蓋不若風車之便也。凡稻去殼用礱。去膜用舂用碾。然水碓主舂。則兼併礱功。燥乾之穀入碾。亦省礱也。凡礱有二種。一用木爲之。截木尺許。斲合成大磨形。兩扇皆鑿縱斜齒。下合植筍。穿貫上合。空中受穀。木礱攻米二千餘石。其身乃盡。凡木礱穀不甚燥者。入礱亦不碎。故入貢軍國漕儲千萬。皆出此中也。一土礱。析竹匡圍成圈。實潔淨黃土於內。上下兩面各嵌竹齒。上合窾空受穀。其量倍於木礱。穀稍滋濕者。入其中即碎斷。土礱攻米二百石。其

身乃朽。凡木礱必用健夫。土礱即孱婦弱子可勝其任。庶民饔飧皆出此中也。凡既礱則風扇以去糠秕。傾入篩中團轉。穀未剖破者浮出篩面。重復入礱。凡篩大者圍五尺。小者半之。大者其中心偃隆而起。健夫利用。小者弦高二寸。其中平窪。婦人所需也。凡稻米既篩之後。入臼而舂。臼亦兩種。八口以上之家。掘地藏石臼其上。臼量大者容五斗。小者半之。橫木穿插碓頭。足踏其末而舂之。不及則粗。太過則粉。精糧從此出焉。晨炊無多者。斷木爲手杵。其臼或木或石。以受舂也。既舂以後。皮膜成粉。名曰細糠。以供犬豕之豢。荒歉之歲。人亦可食也。細糠隨風扇播揚分去。則膜塵淨盡而粹精見矣。凡水碓。山國之人。居河濱者之所爲也。攻稻之法。省人力十倍。人樂爲之。引水成功。即筒車灌田。同一制度也。設臼多寡不一。值流水少而地窄者。或兩三臼。流水洪而地室寬者。即並列十臼。無憂也。江南信郡水碓之法巧絕。蓋水碓所愁者。埋臼之地。卑則洪潦爲患。高則承流不及。信郡造法。即以一舟爲地。橛椿維之。築土舟中。陷臼於其上。中流微堰石梁。而碓已造成。不煩椓木壅坡之力也。又有一舉而三用者。激水轉輪頭。一節轉磨成麪。二節運碓成米。三節引水灌於稻田。此心計無遺者之所爲也。凡河濱水碓之國。有老死不見礱者。去糠去膜。皆以臼相終始。惟風篩之法。則無不同也。凡磑砌石

爲之。承藉轉輪皆用石。牛犢馬駒。惟人所使。蓋一牛之力。日可得五人。但入其中者。必極燥之穀。稍潤則碎斷也。

粱秫

【羣芳譜】蜀秫黏者可作餌。不黏者可作糕。煑粥可濟饑。莖可織箔編席。夾籬供爨。稍可作笐帚。有利於民最博。

黍稷

【天工開物】凡攻治小米。颺得其實。舂得其精。磨得其碎。風颺車扇而外。簸法生焉。其法篾織爲圓盤。鋪米其中。擠勻揚播。輕者居前。簸棄地下。重者在後。嘉實存焉。凡小米舂磨揚播。制器詳見稻麥。

羣芳譜黍刈後乘濕卽打。則稃易脫。遲則稃著粒上。難脫。黍米性黏。可作餳。可蒸煮爲糕糜。稷有薄殼。粒米稍大。可作飯。

麥

齊民要術大小麥。立秋前治訖。立秋後則蟲生。蒿艾簞盛之良。多種久居供食者。宜作劁麥。倒刈薄布。順風放火。火既著。卽以掃帚撲滅。仍打之。如此者夏蟲不生。然唯中作麥飯與麪用耳。

又瞿麥。渾蒸曝乾。舂去皮。米全不碎。炊作飧。甚滑細。磨下絹簁。作餅亦滑美。

又青稞麥。治打時少難。唯伏日用。碌碡碾磨。總盡無麩。

羣芳譜小麥實居殼中。芒生殼上。性有南北之異。北地麥晝花。薄皮多麪。食之宜人。南方麥夜花。食之難消。地氣使然也。大麥芒長。殼與粒相黏。未易脫。小麥磨麪。大麥堪碾米作粥飯。煮粥甚滑。磨麪作醬甚甘。

天工開物小麥收穫時。束稾擊取。如擊稻法。其去秕法。北土用颺。蓋風扇流傳未遍率土也。凡颺不在宇下。必待風至而後爲之。風不至。雨不收。皆不可爲也。凡小麥既颺之後。以水淘洗。塵垢淨盡。又復曬乾。然後入磨。磨大小無定形。大者用肥健力牛曳轉。其牛曳磨時。用桐殼掩眸。不然則眩暈。其腹繫桶以盛遺。不然則穢也。次者用驢磨。斤兩稍輕。又次小磨。則止用人力推挨者。凡牛力一日攻麥二石。驢半之。人則強者攻三斗。弱者半之。若水磨之法。其詳已載攻稻水碓中。制度相同。其便利又三倍於牛犢也。凡牛馬與水磨。皆懸袋磨上。上寬下窄。貯麥數斗於中。陷入磨眼。人力所挨則不必也。

又凡麥經磨之後。幾番入羅。勤者不厭重復。羅匡之底。用絲織羅地絹爲之。湖絲所織者。羅麪千石不換。若他方黃絲所爲。經百石而已朽也。

又凡麪既成後。寒天可經三月。春夏不出二十日則鬱壞。爲食適口。貴及時也。

豆

天工開物凡豆菽刈穫少者。用枷。多而省力者。仍鋪場。

烈日曬乾。牛曳石趕而壓落之。凡打豆枷。竹木竿爲柄。其端錐圓眼。拴木一條。長三尺許。鋪豆於場。執柄而擊之。凡豆擊之後。用風扇颺去莢葉。篩以繼之。嘉實灑然入廩矣。是故舂磨不及麻。碓不及菽也。

羣芳譜黑豆堪食。用作豉。及喂牲畜。黃豆稍肥。可食。可醬。可豉。可油。可腐。腐之滓可喂猪。荒年人亦可充饑。油之滓可糞地。其可然火。葉名藿。嫩時可爲茹。綠豆可作粥飯。爆食炒食。水泡磨爲粉。澄濾作餌。蒸糕盪皮壓索。爲食中要物。

脂麻

羣芳譜取油以白者爲勝。服食以黑者爲良。

雞肋篇芝麻炒焦壓榨。方可得油。

家塾事親油生笮者良有潤燥解毒止痛消腫之功。蒸炒者可食用。及燃點。不入藥。

又麻餅。笮去油麻滓也。亦名麻籸。可食。荒歲人以救饑。入鹽作醬甚滑膩。又可養魚肥田。周禮墍强用蕡。亦此意也。

蕎麥

羣芳譜蕎麥舂取米。可作飯。磨爲麪。滑膩亞於麥麪。北人作餅餌。日用以供常食。南人作粉餌食。

攻治具各圖說

土礱　木礱

水礱　礱磨

颺扇　風扇車

杵臼　碓

堈碓　水碓

槽碓　海青碾

小碾　水碾

水碾三事　磨

水磨　連二水磨

水轉連磨　油榨

麪羅　水打羅

晒槃　穀杷

籮　簸箕

颺籃　筌

籅　筲

升斗　古斛今斛

擊壤圖

土礱

土礱圖說

礱。礪穀器。所以去穀殼也。編竹作圍。內貯泥土。狀如小磨。仍以竹木排爲密齒。破穀不致損米。就用拐木竅貫礱上。掉軸以繩懸檩上。人力運肘以轉之。日可破穀四十餘石。

木礱

木礱圖說

木礱。多用松木爲之。形如大磨。兩扇皆鑿齒。下合植筍。穿貫上合。場中植架懸掉軸。以衆力曳轉。去穀出米。殷殷如雷聲。田家通力合作。雜以倡和之聲。慶成事也。

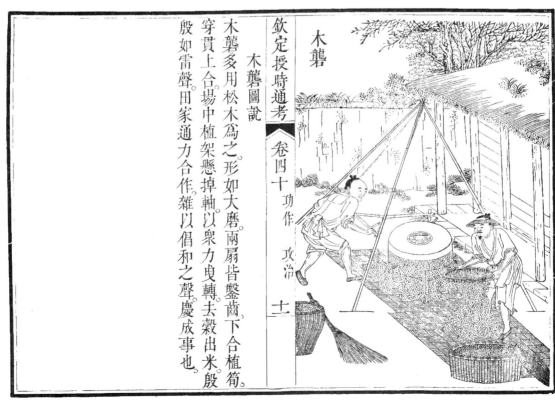

水礱圖說

水礱水轉礱也。礱制上同。但下置輪軸。以水激之。一如水磨。日夜所破穀數。可倍人畜之力。水利中未有此制。今特造立。庶臨流之家。以憑倣用。可爲永利。

礱磨圖說

有廢磨上級已薄。可代穀礱。亦不損米。或人或畜轉之。謂之礱磨。復有畜力輓行。大木輪軸以皮弦。或大繩。繞輪兩周。復交於礱之上級。輪轉則繩轉。繩轉則礱亦隨轉。計輪轉一周。則礱轉十五餘周。比用人工既速且省。

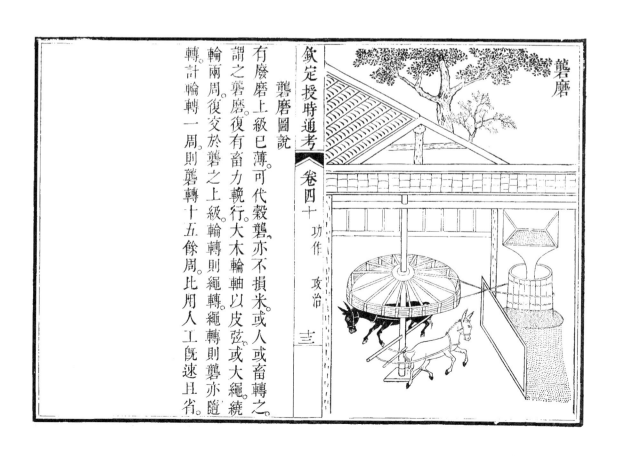

颺扇

颺扇圖說

颺扇。集韻云。颺。風飛也。揚穀器。其制中置簨軸。列穿四扇。或六扇。用薄板或糊竹爲之。復有立扇卧扇之别。各帶掉軸或手轉足䟃。扇卽隨轉。凡舂輾之際。以糠米貯之高檻。底通作匾縫下瀉。均細如簾。卽將機軸掉轉搧之。糠粃既去。乃得淨米。又有舁之場圃間用之者。謂之扇車。凡揉打麥禾等稼。穰粃相雜。亦須用此風搧。比之杴擲箕簸。其功數倍。

風扇車

風扇車圖說

風扇車與颺扇功用畧同。而制尤備。以木爲四柱。周以板。穴其尾以出糠。高可六尺。廣五尺餘。左爲圓形。以內簨軸及扇。著其柄於外。右爲方斗盛穀實。底作匾縫。承以小門。門之樞亦見於外。其下作斜木斗二。正側並列。形如箕。皆下向。人以一手運軸。一手啓門以寫穀實。穀實重者從正面木斗直下。粃稍輕。從旁列木斗出。糠灰最輕。卽從尾穴隨扇飛出。農家攻治米穀。最爲便利。

舂臼

杵臼圖說

杵臼。舂也。按古舂之制。秠百一十斤。稻重一秠。爲米二十斗。爲米十斗曰榖。爲米六斗大半斗曰粲。又曰糲米一石舂爲九斗曰鑿。鑿米之精者。斯古舂之制自杵臼始也。

碓

碓圖說

碓舂器。用石。杵臼之一變也。廣雅曰。矴碓也。方言云碓梢謂之碓機。自關而東謂之梴。桓譚新論曰。杵臼之利。後世加巧。因借身重以踐碓。而利十倍。

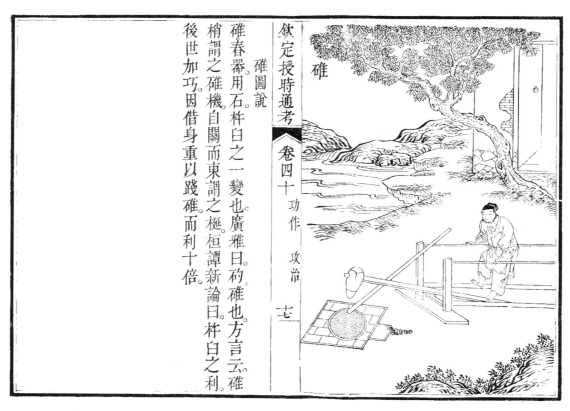

堈碓圖說

堈碓掘埋堈坑深逾二尺下木地釘三莖置石於上後將大磁堈穴其底向外側嵌坑內取碎磁灰泥和之窒底孔令圓滑候乾透用半竹篘長七寸徑四寸如合脊瓦樣下稍闊以熟皮圍之倚堈下唇篘下兩邊石壓之或兩竹竿刺定隨注糙於堈用碓木杵搗於篘內堈既圓滑米自翻倒簌篘內然木杵既輕動防狂迸須踏碓時已起而落隨以左足躡其碓腰方穩順一堈可舂米三石始於浙又名浙碓今多於津要米商輳集處置設上農之家用米多亦宜置之

水碓圖說

機碓水搗器也通俗文云水碓曰翻車碓孔融論水碓之巧勝於聖人斷木掘地則翻車之類愈出後世之機巧今人造水輪輪軸長尺列貫橫木相交如滾搶之制水激輪轉則軸間橫木打所排碓梢一起一落舂之即連機碓也凡流水岸傍俱可設置度水勢高下如水下岸淺用陂柵平流用板木障水俱使傍流急注貼岸置輪高丈餘自下衝轉名撩車碓若水高岸深則輪減小而闊以板爲級上用木槽引水直下射轉輪板名曰斗碓又曰鼓碓隨地所制也

槽碓圖說

槽碓。碓梢作槽。受水以爲舂也。凡所居之地。間有泉流稍細。可選低處置碓一區。一如常碓之制。但前頭減細。後稍深闊爲槽。可貯水斗餘。上庇以厦。槽在厦乃自上流用筧引水。下注於槽。水滿則後重而前起。水瀉則後輕而前落。卽爲一舂。如此晝夜不止。可毇米兩斛。日省二工。以歲月積之。知非小利。

海青輾圖說

輥輾。世呼曰海青輾。喻其速也。但比常輾減去圖槽。就碢幹栝以石輥。輥經可三尺。長可五尺。上置板檻。隨輾幹圓轉。作竅下穀。不計多寡。旋輾旋收。易於得米。較之碢輾疾過數倍。故比於鷙鳥之尤者。人皆便之。徐光啓曰。江右木作槽輾。山右石作搖輾。皆取機勢。倍勝常輾。

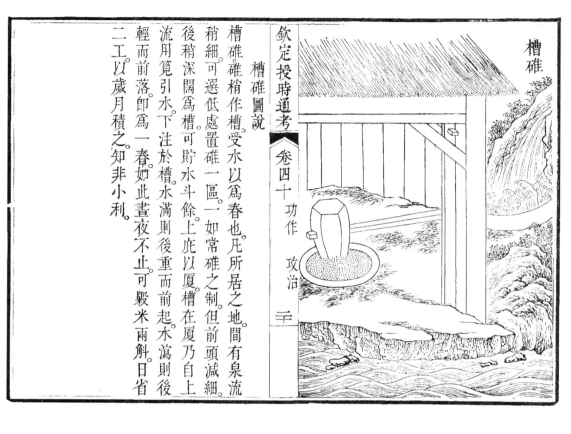

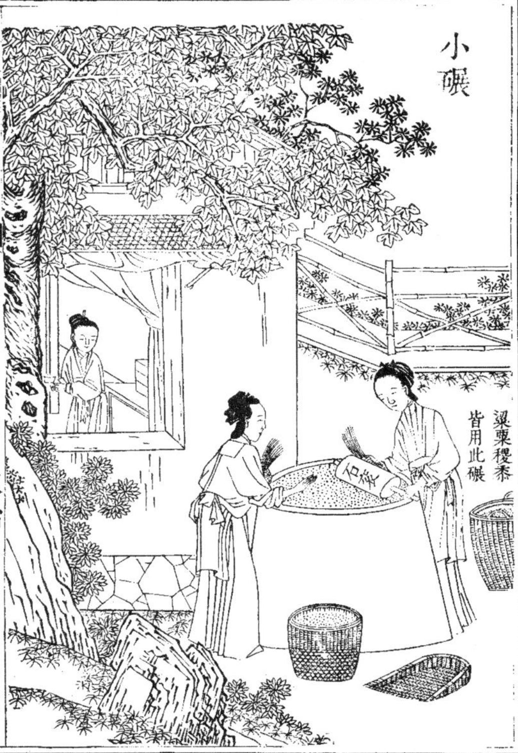

小碾圖說

小碾一制。在稻麥之外。北方攻小米者。家置石墩。中高邊下。邊沿不開槽。鋪米墩上。婦子兩人相向。接手而碾之。其碾石圓長如牛趕石。而兩頭插木柄。米墮邊時。隨手以小箒掃上。家有此具。杵臼竟懸也。

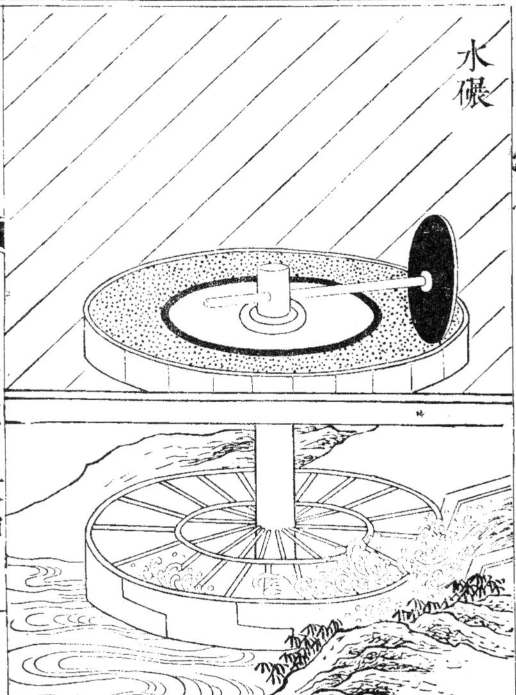

水碾圖說

水碾。水輪轉碾也。後魏書崔亮教民爲碾。奏於張方橋東堰谷水。造水碾數十區。豈水碾之制。自此始歟。其碾制上同。但下作臥輪。或立輪。如水磨之法。輪軸上端穿其碢斡。水激則碢隨輪轉。循槽轢穀。疾若風雨。日所毇米。比於陸碾。功利過倍。

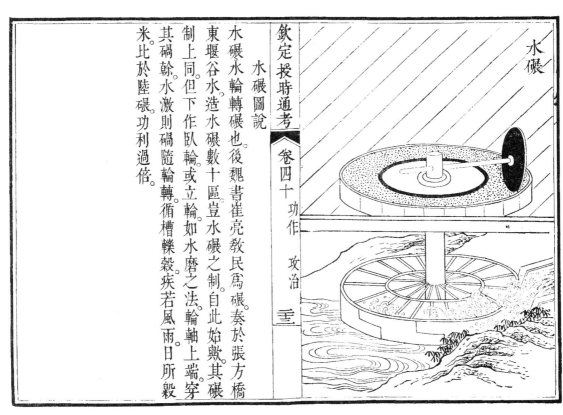

水輾三事

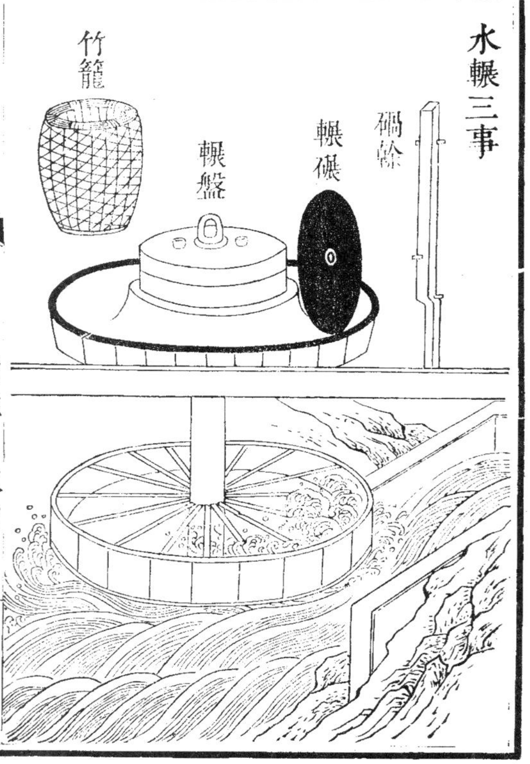

水輾三事圖說

水碾三事謂水轉輪軸可兼三事磨礱輾也初則置立水磨變麥作麪一如常法復於磨之外周造輾圓槽如欲轂米惟就水輪軸首易磨置礱既得糲米則去礱置碾碣斡循槽碾之乃成熟米夫一機三事始終俱備變而能通兼而不乏省而有要誠便民之活法造物之潛機今創此制幸識者述焉

磨

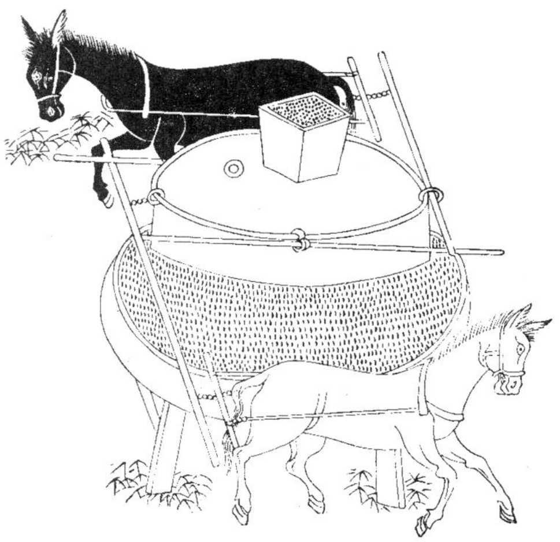

磨圖說

礱唐韻作磨磑也說文云礱石磑也世本曰公輸班作磑方言或謂之䃺通俗文曰塡磨曰硐磨牀曰摘今又謂主磨曰臍注磨曰眼轉磨曰斡承磨曰槃載磨曰牀多用畜力輓行或借水輪或掘地架木下置鐏軸亦轉以畜力謂之旱水磨比之常磨特爲省力凡磨上皆用漏斗盛麥下之眼中則利齒旋轉破麥作麩然後收之篩羅乃得成麪世間餅餌自此始矣

水磨

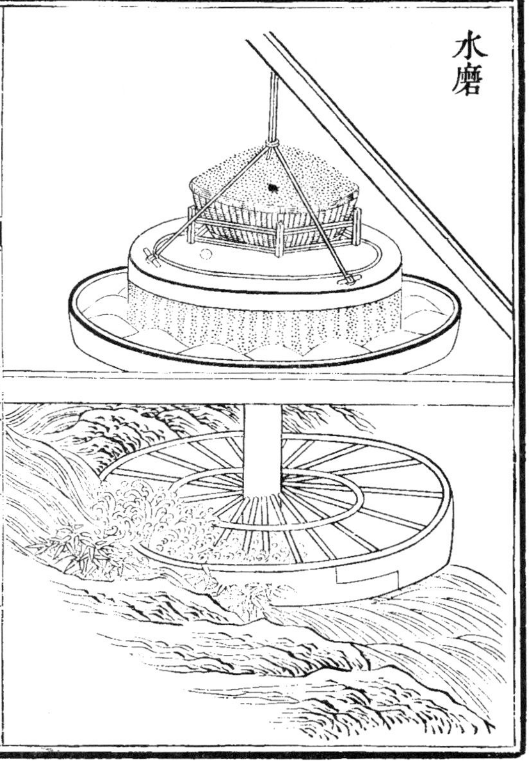

水磨圖說

水磨。當擇用水地。先儘並岸。擗水激轉。或别引溝渠。掘地棧木。棧上置磨。以軸轉磨中。下徹棧底。就作臥輪。以水激之。磨隨輪轉。此臥輪磨也。又有引水置甃。爲峻槽。槽上兩傍。植木架。以承水激輪軸。别作竪輪。用擊在上臥輪一磨。軸末一輪。旁撥周圍木齒一磨。既引水注槽。激動水輪。上旁二磨。隨輪俱轉。此立輪連二磨也。復有兩船相傍。上立四楹。以茅竹爲屋。各置一磨。索纜急水中。船頭斜插板木。湊水抛鐵爪。水激立輪。輪軸通長旁撥二磨。泛漲則遷近岸。爲活法。

連二水磨

連二水磨圖說

連磨。連轉磨也。其制中置巨輪。輪軸上貫架木。下承鐏臼。復於輪之周回。列遶八磨。輪輻近與各磨木齒相間。一牛拽轉。則八磨隨輪輻俱轉。用力少而見功多。後魏崔亮在雍州。讀杜預傳。見其爲八磨。嘉其有濟時用。劉景宣作磨。奇巧特異。策一牛之任。轉八磨之重。竊謂此雖並載前史。然世罕有傳者。今乃尋繹搜索。度其可用。述此制度。庶來者倣之。以廣食利。

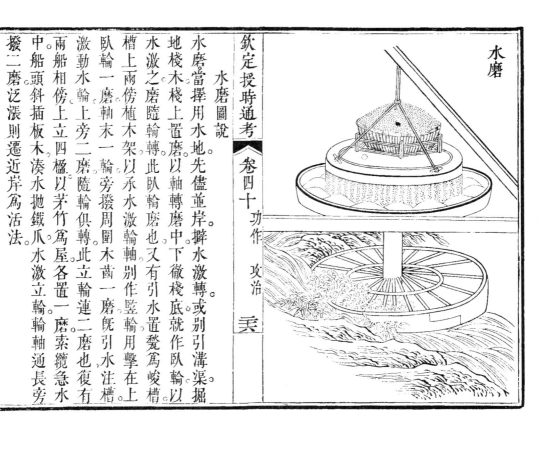

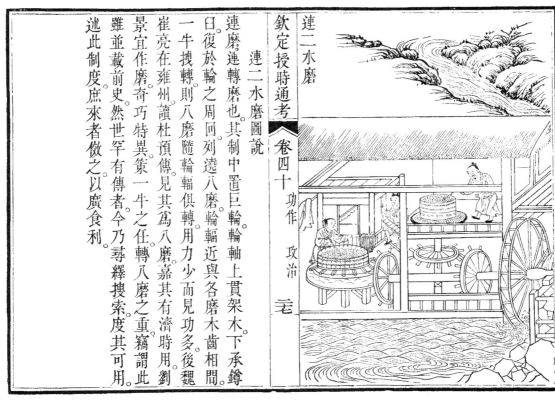

水轉連磨

水轉連磨圖說

水轉連磨制與陸轉連磨不同。須用急流大水以湊水輪。其輪高濶軸圍至合抱長隨宜中列三輪各打大磨一槃。磨高匝列木齒磨在軸上閣以板木。磨旁留一狹孔透輪軸以打上磨木齒此磨既轉。其齒復傍打帶齒二磨。三輪之功互撥九磨。軸首一輪既上打磨齒。復下打碓軸可兼數碓。或遇天旱旋於大輪一週列置水筒。晝夜溉田數頃。此一水輪可供數事。其利甚博。陸轉連磨。下用水輪亦可。

油榨

油榨圖說

油榨取油具也。用堅大四木。各圍可五尺長可丈餘。疊作臥枋於地。其上作槽。其下用厚板嵌作底槃。槃上圓鑿小構下通槽口。以注油於器。凡欲造油。先用大鑊爨炒芝麻。既熟。即用碓舂或輾碾令爛。上甑蒸過。理草為衣。貯之圈內。累積在槽。橫用枋桯相揆。復竪插長楔。高處舉碓或椎擊擗之。極緊則油從槽出。此橫榨。謂之臥槽。立木為之者。謂之立槽。傍用擊楔。或上用壓樑。得油甚速。

麪羅圖說

麪羅以木爲箱中懸羅而著撞機於外立直木以括之機之首叉貫以直木下拄於軸軸有兩耳可容人足人倚於機而踏其軸軸搖則機動而麥末從羅下去麩成麪矣簏簁之屬多以竹治粉者或以絹惟麪羅之容最多而底最細其絹直以羅底名從所用也麪之上者羅至再曰重羅麪殆以精而益求其精者歟

水打羅圖說

水擊麪羅隨水磨用之其機與水排同按圖視譜當自考索羅因水力互擊椿柱篩麪甚速倍於人力又有就磨輪軸作機擊羅亦爲捷巧

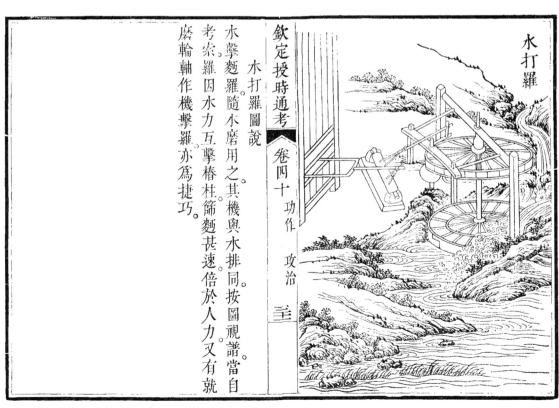

曬槃

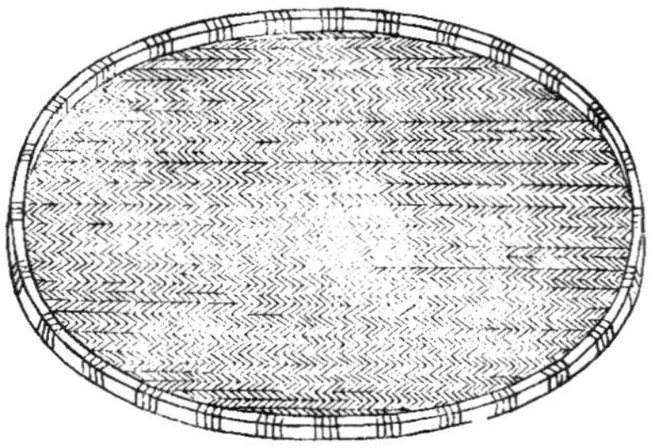

曬槃圖說

曬槃。曝穀竹器。廣可五尺許。邊緣微起。深可二寸。其中平闊。似圓而長。下用溜竹二莖。兩端俱出一握許。以便扛移。趁日攤布穀實曝之。蠶時農家兼用爲筐。但底密而不通風氣。終非蠶具。

穀杷

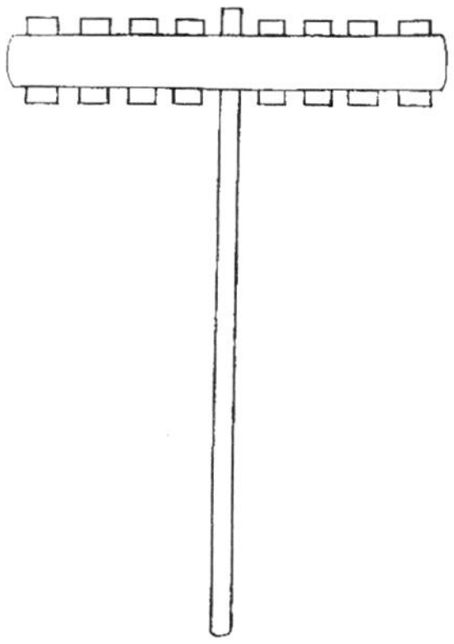

穀杷圖說

穀杷。或謂透齒杷。用攤曬穀。王褒詩云。曬盤留跡以杷名。反覆能令五穀平。

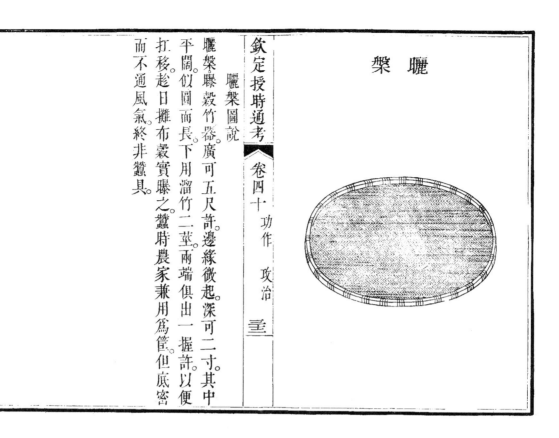

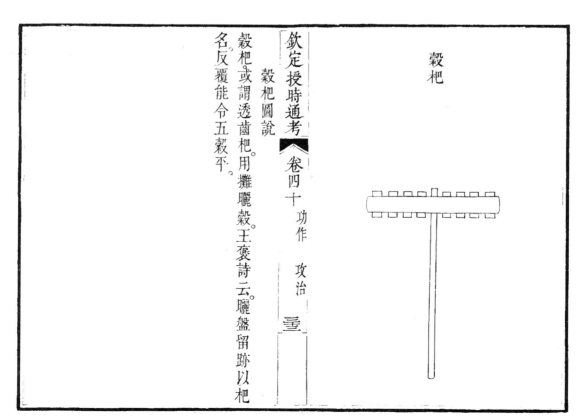

籭

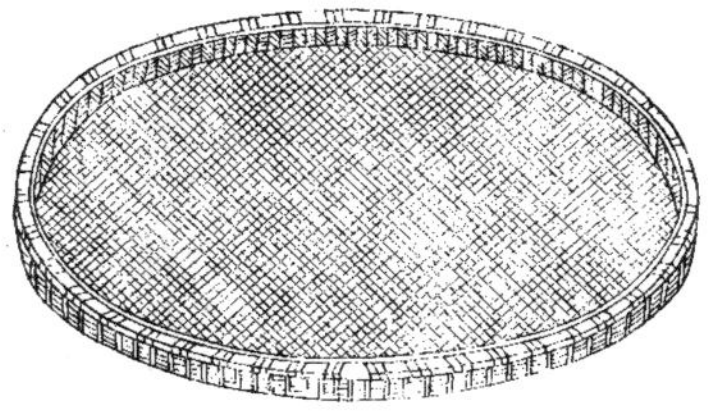

籭圖說

籭竹器用篩穀物。說文云。可以除麤取精。集韻作簛。又作簁。或作篩。其制有疎密大小之分。疎而深者用於撲禾之後同稃穗子粒眝而篩之。上餘穰藁。下留穀物。密者稍淺。礱穀之後用之。尤密者舂碓之後用之。大者懸於架而運之。小者全以人力

箕

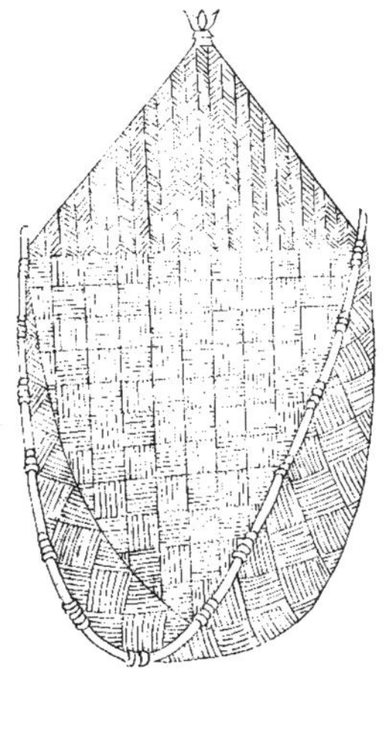

箕圖說

箕。簸箕也。說文云。簸揚米去糠也。莊子曰。箕之簸物。雖去麤留精。然要其終。皆有所除。是也。北人用柳。南人用竹。其制不同。用則一也。詩。維南有箕。載翕其舌。故箕皆有舌。易揚物也。諺云。箕星好風。謂主簸揚。農家所以資其用也。

颺籃

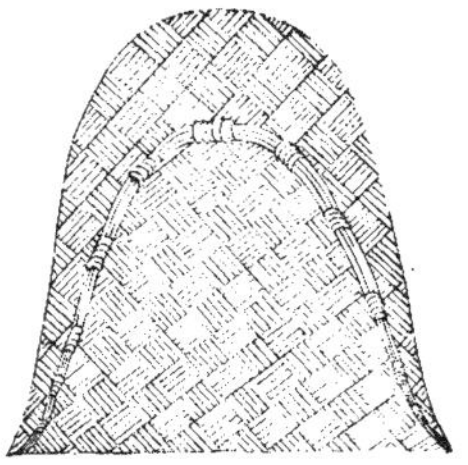

颺籃圖說

颺籃形如簸箕而小。前有木舌。後有竹柄。農夫收穫之後。場圃之間所踩禾穗。穅粃相雜。執此籃而向風擲之。乃得淨穀。不待車扇。又勝箕簸。田家便之。

䇲

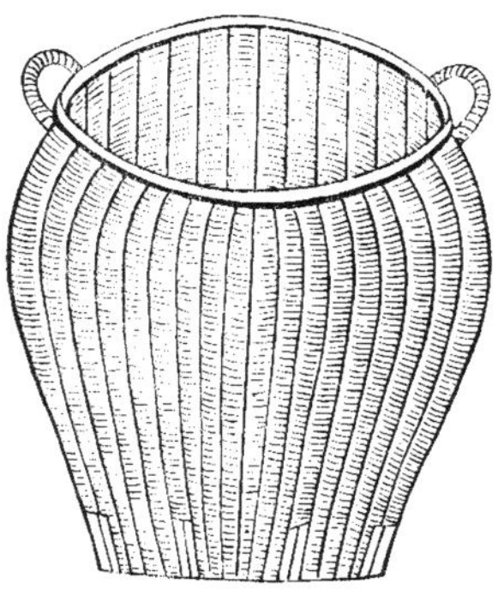

䇲圖說

䇲亦籮屬。比籮稍匾。而用亦不同。䇲則造酒造飯用之漉米。又可盛食物。蓋籮盛其粗者。而䇲盛其精者。精粗各適所受。不可易也。

籅

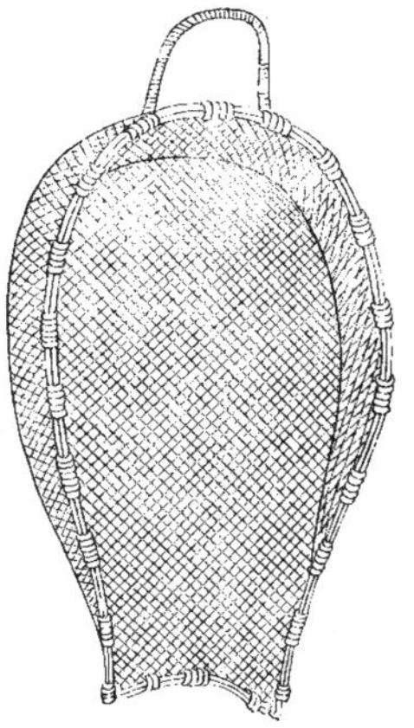

籅圖說

籅，漉米器。說文，淅箕也。又云漉米藪。又炊籅也。廣雅曰，淅蓑㔶籅。方言云，炊籅謂之縮，或謂之篗，或謂之㔶。江東呼爲淅籤也。蓋今炊米日所用者。

筲

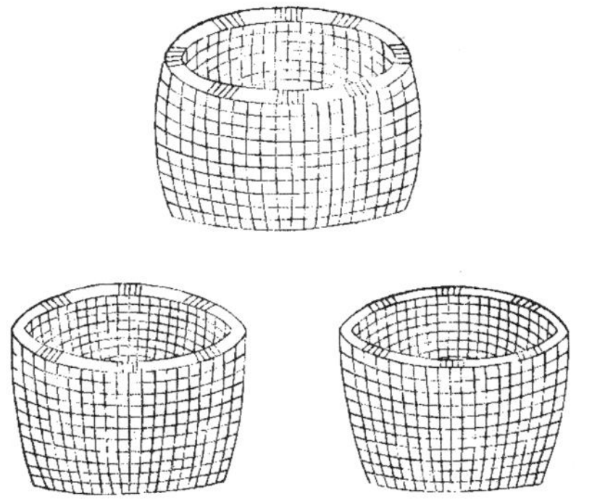

筲圖說

筲，飯筲也。說文，陳留謂飯帚曰筲。從竹，捎聲。一曰飯器，容五升。今人亦呼飯箕爲筲箕。南曰籅，北曰筲。南方用竹，北方用柳，皆漉米器。或盛飯，所以供造酒食，農家所先。雖南北名制不同，而其用則一。

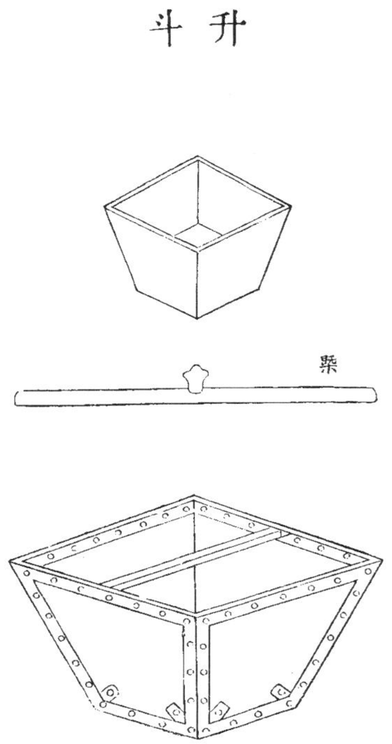

升斗圖說

升。十合量也。漢志云。以子穀秬黍中者。千二百實其龠。以井水準其概。二龠爲合。十合爲升。說文云。升從斗象形。唐韻曰。升成也。斗。十升量也。漢志云。十升爲斗。斗者聚升之量也。說文云。斗象形有柄。天文集云。斗星仰。則天下斗斛不平。覆則歲稔。

槩。平斗斛器。說文云。槩杚斗斛。从木。既聲。杚。平也。漢書以井水準其槩。唐李畬爲御史。得米而羸。詢於吏曰。御史米不槩是也。

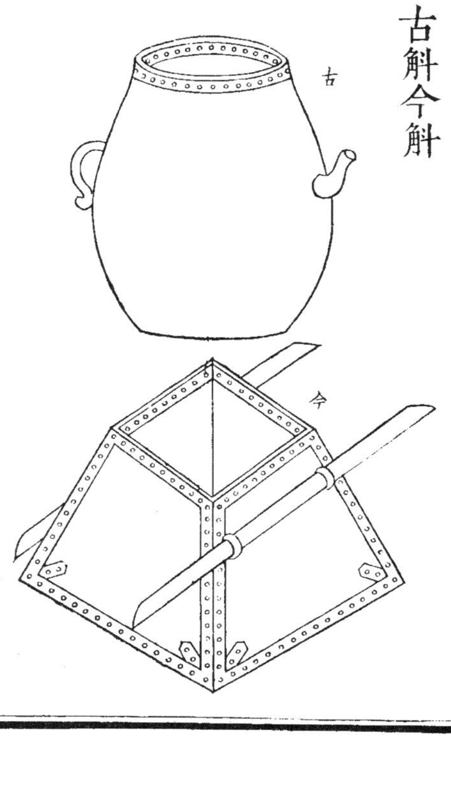

古斛今斛圖說

斛。十斗量也。漢志云。十斗爲斛。斛者角升斗多少之量也。周禮曰。㮚氏爲量。改煎金錫則不耗。漢法。五量用銅。方尺而圓。其外旁有㡇焉。上爲斛。下爲斗。左耳爲升。右耳爲合龠。廣雅曰。斛謂之鼓。方斛謂之角。

擊壤圖

擊壤圖說

擊壤。釋名曰。擊壤、野老之戲。蓋擊塊壤之具。因以爲戲也。藝苑曰。擊壤古戲也。又曰。壤以木爲之。前廣後銳。長尺四寸。闊三寸。其形如履。將戲先側一壤於地。遥於三四十步。以手中壤敲之。中者爲上。風土記曰。擊壤以木爲之。其形如履。臘節僮少以爲戲。分部如摘博也。

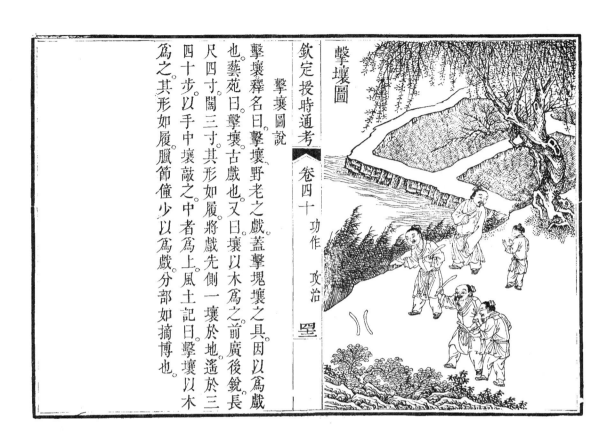